PROGRAMMER
INTERVIEW NOTES

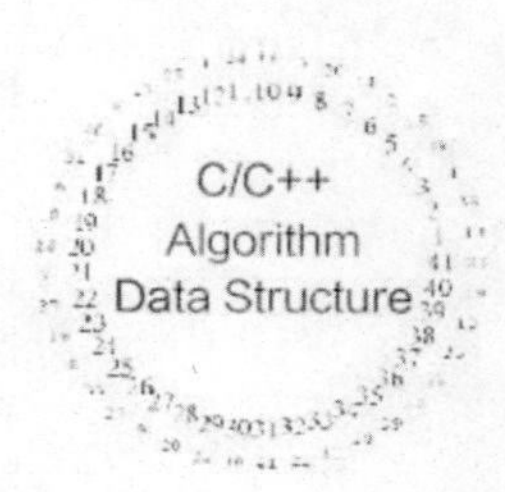

程序员面试笔记

C/C++、算法、数据结构篇

杨峰　吴波　王楠◎编著

机械工业出版社
CHINA MACHINE PRESS

本书是为了满足广大应聘 IT 岗位的毕业生及社招人士复习所学知识，提高职场竞争力而编写的。书中涵盖了 C/C++程序员面试所需掌握的全部知识点，内容涉及 C/C++基础、面向对象、字符串、数据结构、算法设计、操作系统、数据库、计算机网络以及综合能力测试题等面试中经常出现的知识点。与此同时，本书还包含了相当篇幅的面试技巧介绍，并精心搜集了面试官常问的 20 个问题和外企常考的 20 道英文面试题，帮助求职者在面试过程中展现自身技术硬实力的同时更能充分发挥自身素质和个人魅力等软实力。

本书不只是一部“习题集”，在每节中都对本节所涉及的知识点进行了完整的梳理，这样不仅可以帮读者夯实专业基础，从根本上掌握程序员笔试面试的要领，也为未来的工作打下了坚实的基础。

本书采用笔记体裁方式编写，核心内容用红色高亮标注，重点问题和知识点加批注注释，使读者在阅读此书时易于上手，掌握关键信息，提高学习效率。

为了更好地帮助读者备战笔试面试，本书还对每一节中的知识点梳理以及一些比较有代表性的题目进行了视频讲解，使读者学习起来更加灵活有趣，知识掌握得也更加牢固。

本书涵盖了各大公司近年来 C/C++笔试面试真题，具有权威性，在讲解上力求深入浅出，循序渐进，并配以插图解说，使读者能够学得懂，记得牢，愿意学，帮助读者更好地进行求职准备。

本书是一本计算机相关专业毕业生以及社招人员笔试、面试求职参考书，同时也可作为有志于从事 IT 行业的计算机爱好者阅读使用。

图书在版编目(CIP)数据

程序员面试笔记. C/C++、算法、数据结构篇 / 杨峰，吴波，王楠编著. —北京：机械工业出版社，2017.7（2023.9 重印）
ISBN 978-7-111-57758-4

Ⅰ.①程… Ⅱ.①杨… ②吴… ③王… Ⅲ.①程序设计 Ⅳ.①TP311.1

中国版本图书馆 CIP 数据核字(2017)第 200297 号

机械工业出版社(北京市百万庄大街 22 号 邮政编码 100037)
策划编辑：时 静 责任编辑：时 静
责任校对：张艳霞 责任印制：郜 敏

北京富资园科技发展有限公司印刷

2023 年 9 月第 1 版 · 第 5 次印刷
184mm×260mm · 26.5 印张 · 636 千字
标准书号：ISBN 978-7-111-57758-4
定价：88.00 元

电话服务
客服电话：010-88361066
010-88379833
010-68326294

网络服务
机 工 官 网：www.cmpbook.com
机 工 官 博：weibo.com/cmp1952
金 书 网：www.golden-book.com
机工教育服务网：www.cmpedu.com

如何使用本书

相比于其他面试类书籍，本书有一些自己的特点。因此在学习本书时，需要重点了解以下几点：

- ❑ 本书采用笔记形式，将重点内容用红色高亮突出，读者阅读时应多多留意这部分内容。

举例：

> 在 VS2005 中单击运行按钮，就会看到程序的运行结果。实际上，源程序经过预处理、编译、汇编、链接等多个步骤后，才能生成可以在机器上直接运行的可执行程序。完整的处理流程如图 10-1 所示。
>
> 重点内容用红色高亮突出，提醒读者注意阅读

- ❑ 正文中包含了一些小结和批注，这些内容都是起到强调提醒和归纳总结的作用。

举例：

> 虽然 switch 语句完全可以用 if 语句取代，但是在某些分支较多的情况下，用 switch 语句可以写出更加优雅的代码。
>
> 
>
> **注意啦——case 中的 break 语句**
>
> 通常每个 case 分支的最后都有一条 break 语句，因为大多数时候每个 case 分支内的代码只对应当前 case 的逻辑。在有特殊需求时，每个 case 对应的逻辑是当前 case 分支内的代码和之后所有 case 分支的代码。
>
> “注意啦”提示，提醒读者需要注意的关键点

- ❑ 在有些面试题讲解的后面会额外添加一个“拓展性思考”的专栏，它是对本题解法深度和广度的延伸，阅读这部分内容会给读者带来一些不一样的思路，相信会对读者有所帮助。

举例：

> 拓展性思考——不改变数据在数组中的先后次序
>
> 到此为止，本题应当算是一道比较容易的题目，但是我们不应就此满足，如果进一步思考，这道题还是有许多值得寻味的地方…
>
> 拓展性思考，对本题进行更深一步的探讨和研究

- ❑ 对于编程题和算法设计题，本书中都包含了一个“实战演练”环节，在这里会给出程序的完整源代码，读者可以通过扫描下面这个二维码下载全书的源代码程序，并在计算机中编译、运行、调试该程序，这样大家可以更加直观地了解代码的实现，加深对程序的理解。本书中的源代码都已在 Visual Studio 2010 环境下编译通过，读者可以直接运行调试。

举例：

> 4. 实战演练
>
> 本题完整的代码及测试程序见云盘中 source/16 – 1/，读者可以编译调试该程序。在测试函数中首先创建了一个初始大小为 MAXSIZE = 10 的顺序表……
>
> 实战演练环节，提供了本题的完整源代码，读者可以在亚马逊云盘http://qr.cmpedu.com/CmpBookResource/download_resource.do?id=3302中下载编译执行

书中源代码二维码下载地址

- ❑ 本书对每一节的知识点梳理以及一些比较有代表性的题目都进行了视频讲解，并将视频对应的二维码印在章节标题或题目标题的旁边，读者可以通过扫描二维码下载视频并学习。

举例：

> 10.1.1 知识点梳理  知识点梳理部分的视频二维码
>
> 在 VS2005 中单击运行按钮，就会看到程序的运行结果……
>
> 【面试题 2】简述#与##在 define 中的作用。  题目讲解的视频二维码

- ❑ 为了帮助广大读者更好地学习此书，更好更快地掌握笔试面试技巧，我们开通了微信订阅号“程序员面试笔试之家”，我们会将最新鲜的面试笔试资讯和优质的考题素材通过这个订阅号分享给大家。同时订阅号中也提供了作者的线上联系方式，如果读者在阅读本书过程中有任何疑问可以直接联系作者寻求帮助。此外，我们的微博平台“80 后传播者”也已上线，在微博中会分享一些与 IT 相关的好玩的、有用的资讯，助您掌握 IT 行业的最前沿信息。有兴趣的读者可关注我们的微信公众号和微博。

微信公众号“算法匠人”

微博“80 后传播者”

前　言

IT 行业在中国经历了几十年的发展，当下正处在一个爆炸式高速发展的时代，尤其最近几年，IT 市场的行业产值和利润总额正以每年超过 20% 的速度迅猛增长，对我国经济发展的贡献日趋显著，"互联网 +" 的经济模式正成为推动中国经济发展的新动力。

在这样的大环境下，IT 行业的人才竞争也日趋激烈。每年的招聘季也是广大学子角逐的战场！本书就是为了满足广大应聘 IT 岗位的莘莘学子及社招人士复习已有知识，提高职场竞争力而编写的。

C/C ++ 语言作为 IT 行业的入门级语言，无论在各大高校还是在培训机构都被广泛推广和教授，而许多 IT 公司也将对 C/C ++ 语言的考查作为衡量一名 IT 从业人员技术水平的重要参考标准，因此 C/C ++ 语言的相关知识在大小公司的面试笔试中大量出现。此外，根据第三方对国内外大型 IT 公司技术类岗位招聘信息的统计结果显示，C/C ++ 语言的市场需求在所有开发语言中常年稳居三甲之列，长盛不衰。

此外，基于 C/C ++ 的数据结构和算法知识也是各大公司面试笔试中必不可少的内容。数据结构和算法是程序设计的灵魂，也最能考查一个面试者是否真正具备一个优秀程序员的素养，特别是一些知名的 IT 公司，更加重视对这部分内容的考查。

基于以上考虑，我们精心编写了这本《程序员面试笔记——C/C ++、算法、数据结构篇》。希望这本书可以帮助广大应聘程序员岗位的读者更好地提升自己实力，稳操胜券地拿到心目中理想公司的 Offer。

本书有哪些亮点？

内容丰富，双管齐下： 本书不但介绍 C/C ++、算法和数据结构，还包含了操作系统、计算机网络及数据库等面试常考内容，知识点覆盖全面无死角，读者可通过这本书掌握 C/C ++ 面试的全部要领。与此同时，本书还将一些面试攻略、面试官常提问的问题、综合类测试题等通用的面试技巧融入其中，使求职者在面试过程中展现自身技术硬实力的同时更能充分发挥自身素质和个人魅力等软实力，从而给面试官留下良好的印象。

条理清晰，知识点驱动： 市面上的程序员面试书籍普遍采用"题目驱动"编写，也就是罗列一些题目，并对题目进行讲解。这样做的缺点就是知识点相对零散，读者很难做到系统地复习。有的读者甚至反映说"题目做的不少，但是题型一变还是不会！"造成这种现象的根本原因在于读者只是在"就题学题"，并没有对知识点进行完整的梳理。所以本书首先通过知识点梳理将每一个章节中的重点难点进行串讲，使读者有一种提纲挈领的全面了解，然后结合各大 IT 公司的面试题对知识点进行综合应用分析。这样读者在这些经典面试题中反复锤炼，深化这些知识点，做到知其然，更知其所以然，从而提高专业知识水平和应试能力。

讲解深入，追根求源： 针对当前计算机面试类书籍讲解肤浅、过于简单的弊端，本书不主张单纯贴代码式的分析方法，而是将题目的思维过程清晰地阐释给读者，把问题讲清讲透，使读者在看懂例题的同时学到正确的思考问题的方法，从而在遇到类似问题时能够举一反三、触类旁通。这也是本书异于其他同类图书的特点之一。

形式新颖，视频教学： 这是本书的一个亮点！本书将核心章节的知识点梳理以及一些比较有代表性的题目进行了视频讲解，并将视频对应的二维码印在书中，这样读者需要视频学习时，只需拿出手机扫描对应的二维码，便可从云端下载视频，即学即看。这样不但使读者学得更灵活，更有趣，同时使读者通过读、听、看三个维度进行学习，更加有利于对知识的吸收和巩固。通过扫描书中的二维码，读者也可获得全书的源代码程序，这样读者可在计算机上实际编译、运行、调试该程序，使学习不再是纸上谈兵，更是实战演练，学习效果必然会更好。这也是本书异于其他同类图书的另一个特点。

笔记体裁，易于上手：本书的书名为《程序员面试笔记》，所以在内容形式上与该书名相契合。全书采用双色套印排版，知识点梳理和题目的讲解上采取重点突出的方法，一些关键内容附以批注，重点的语句采用红色高亮的方式突出。这样读者阅读该书时就会有一种翻阅自己学习笔记的感觉，把一些重点难点的内容都归纳提炼出来，学习效率会更高，阅读效果也会更好。

本书的内容概述

第一部分，即第1~9章，具体如下。

第1~8章：介绍了面试的技巧和经验。具体来说，从求职前的准备、简历技巧、笔试技巧、面试技巧、Offer选择技巧、职业生涯规划这六个方面介绍了笔试面试过程中应该注意的问题和应对的技巧。另外，这部分还精心总结了面试官常问的20个问题和外企常考的20道英文面试题，让大家在参加面试前可以有所准备，做到知己知彼，百战不殆。

第9章：总结了一些的面试中常考的综合能力测试题。这些题目在程序员笔试考试中虽然不是重点，但能起到画龙点睛的作用。它可以从某种程度上反映出面试者分析问题，解决问题的能力以及逻辑思维能力，所以读者可以在学习之余阅读这部分内容。

第二部分，即第10~22章，具体如下。

第10章：介绍了C++程序设计基础，并精选了各大公司C++基础相关的面试题进行详细讲解。内容涉及程序的编译与执行、变量、条件语句与循环语句、宏定义与内联、sizeof的使用、内存分配、位运算、main函数等，全面解读C++基础在程序员面试中的各种应用。

第11章：介绍了指针及引用的知识。内容包括指针及其应用、指针常量与常量指针、指针数组与数组指针、指向指针的指针、函数指针、this指针、空指针和野指针以及引用。这些内容极易混淆并给广大求职者造成困惑，所以本章力求将这些易混淆而又常考的内容讲透彻，讲明白。

第12章：介绍了内存分配的相关知识。内容包括堆内存与栈内存、内存泄漏以及内存越界等问题。

第13章：介绍了字符串的相关知识。内容包括两部分：C标准字符串函数，以及字符串算法设计题精讲。字符串是各大公司面试中经常考查的知识点，特别是字符串相关的算法设计更是重中之重，希望读者给予重视。

第14章：介绍了面向对象的相关知识。内容包括面向对象的基本概念、类的声明、构造函数和析构函数、函数重载、运算符重载、继承、虚继承、多态与虚函数。这部分内容是面向对象的核心，涉及了面向对象的思想，是C/C++程序员必须掌握的内容，所以读者应当予以重视。

第15章：介绍了模板与泛型编程的相关知识。内容包括模板、顺序容器、容器适配器、关联容器和智能指针。这些内容可能会在实际工作中经常用到，所以面试时也时常出现。

第16章：介绍了线性结构的相关知识。内容包括数组和顺序表、单链表、循环链表、双向链表以及队列与栈。线性结构是各大公司面试中经常考查的内容，特别是数组和单链表的知识，它们是一切数据结构的基础，也是最常用到的数据结构。

第 17 章：介绍了树结构的相关知识。内容包括树结构的特性、二叉树的基本特性、二叉树的遍历、二叉树相关面试题以及哈夫曼树和哈夫曼编码。

第 18 章：介绍了图结构的相关知识。内容包括图结构的特性以及图结构的遍历算法等。

第 19 章：介绍了排序的相关知识。内容包括直接插入排序、冒泡排序、简单选择排序、希尔排序、快速排序、堆排序以及各种排序算法的比较。

第 20 章：介绍了查找算法的相关知识。内容主要包括折半查找算法及 TOP K 问题。

第 21 章：介绍了一些经典的算法面试题。内容包括斐波那契数列的第 n 项、寻找数组中的次大数、将大于 2 的偶数分解成两个素数之和、计算一年中的第几天、相隔多少天、渔夫捕鱼、丢番图的墓志铭、数的分组、寻找丑数、图中有多少个三角形、递归查找数组中的最大值、分解质因数、在大矩阵中找 k、上楼梯的问题，以及矩阵中的相邻数。这些题目都十分有趣，同时还可以锻炼大家使用不同的算法解决实际问题的能力，推荐大家认真研读本章内容。

第 22 章：介绍了操作系统、数据库及计算机网络的相关知识，并详解了许多大公司相关的面试题。这些知识的讲解和题目的练习，可以帮助大家梳理巩固学过的知识，提高职场竞争力。

除此之外，本书还特意为读者精选了一批经典的面试题，大部分出自最近几年知名 IT 企业的面试真题，并以电子书的形式保存到云盘中，以帮助广大求职者通过考前的强化训练来提高职场竞争力，读者可用手机扫描书中源代码二维码或输入网址 http://qr.cmpedu.com/CmpBookResource/download_resource.do?id=3302 下载学习。

由于编者水平有限，编写过程中难免存在不足和缺陷，欢迎广大读者和专家学者批评指正。

编　者

目录

第二部分 面试笔试技术篇

第一部分　求职攻略技巧篇

第 1 章　凡事预则立，不预则废
——求职准备

当今社会竞争激烈，“天之骄子”风光不再，寻找一份心仪的工作难度倍增。君不见，招聘会上人头攒动，拥挤不堪，求职者为了一个合适的岗位披星戴月，不辞辛劳的奔波。这些现象不断地提醒着我们：在竞争日趋激烈，人才过度集中（特别是在北上广深这样的一线城市）的今天，找到一份理想的工作并非易事。

从事 IT 领域的人士及 IT 相关专业的学生数量非常庞大，要想在人才济济的求职大军中脱颖而出，达到自己理想的职业目标，绝非易事，更需要狠下一番功夫。

凡事预则立、不预则废，为了在求职的征途上取得成功，不但要充分掌握本专业的相关知识，还要熟悉应聘求职的常识和技巧，准备适合应聘的简历，做好充分的心理准备和职业规划。本章讨论如何进行应聘求职的准备，让求职者做到胸有成竹，胜券在握。

1.1　摆脱就业“恐惧症”

大学生久居象牙塔内，在读书、打球、玩游戏、谈恋爱中度过青春时光，步入社会开始工作，突然面临种种压力，几乎所有人都不可避免地会产生一些恐惧、焦虑与不安，不愿意参加笔试面试，见到面试官紧张，语无伦次，发挥失常，这就是就业“恐惧症”的不良后果。

有位心理学家曾说过，人的成功 80% 取决于情商，20% 取决于智商。心理因素对人的自身有至关重要的影响。对于即将走向社会的学生朋友来说，在准备求职的过程中，首要的事情就是转变心态，重塑自己的角色，摆脱就业“恐惧症”。

如何才能摆脱就业“恐惧症”呢？我们应当从以下三个角度转变和提高自己：

1. 从心底里认同你角色的转变

首先是认同从学生角色转变为职场角色。有的学生离开校园后产生种种不适应，最根本的原因就是没有对自己身份角色的转变有一个清晰的认识，处理、思考问题都停留在一个在校学生的层面上，这样必然会与社会脱节。近年出现越来越多的“校漂族”：很多学生毕业了，却留恋校园，依然生活和学习在校园。这是就业“恐惧症”的一种极端表现。

角色的认同并非一朝一夕，需要时间的磨合。我们应当有意识地告诉自己：我们已不是学生了，面对的是更加复杂的社会和充满机遇、挑战和压力的职场，不能再像学生那样一切以自我为中心，我行我素，我们要做一个有担当、负责任的职场人！有了这样的心理暗示和自我觉醒，我们在遇到困难和挫折就不会选择逃避或自暴自弃，而是直面人生，迎接挑战。

2. 对未来充满信心，用行动铸就梦想

社会固然复杂，但我们要对未来充满信心。人的自我暗示有神奇的力量。美国心理机构有项旨在研究自信心对个体未来成就影响的实验：随机将被测试学生分为两组回答测试题，一组学生被告知“你们答案非常出色，展现了非凡的财商，将来很有希望成为杰出的金融家或商人”，另一组学生则被告知“财商一般，不太适合学习经济和金融”。多年后，这家心理机构回访这些被测的学生时发现，第一组学生成为金融家和优秀商人的比例明显高于第二组。这个实验在一定程度上反映了自信心会影响一个人未来的成就。

刚刚毕业的学生，最大的优势就是年轻和精力充沛，对工作更加热情，更具有好奇心。有热情就会有动力，最终的改变要落实到行动上来，不要犹豫，做好准备，做出改变。

3. 从细节之处改变和适应

人不愿改变，主要是惰性使然。我们在学校已经养成了很多不良的习惯，比如睡觉很晚，通宵打游戏、上网，赖床，逃课等。我们应当在准备就业之前就有意识地在这些细节上加以改变，可从下面几点开始做起：

- ❑ 不熬夜，不赖床：每天保证11：00之前上床睡觉，7：00左右起床。
- ❑ 少打或不打游戏：严格控制每周玩游戏的时间，例如3小时之内。
- ❑ 积极锻炼身体：每天保证至少1小时左右的运动，例如打球、跑步、游泳等。

- ❑ 看一本有意义的书：利用在学校的最后闲暇时光看一本有意义的书。
- ❑ 合理安排每天的学习：安排好自己的学习内容和学习进度，有计划有节奏地学习充电。

人的成功多半来自良好的习惯和自我约束，只有有意识地培养良好的生活、学习习惯，才能更加顺利地完成身份的蜕变，有效地摆脱就业“恐惧症”，从而迎接崭新而光明的未来！

1.2　深度剖析自己，找准定位——切忌好高骛远，眼高手低

在求职过程中，最重要的问题就是明确自己的求职方向，找准自己的定位，想清楚自己究竟要做什么，能做什么，不能做什么，不想做什么，切忌好高骛远，眼高手低。

如何深度剖析自己，找准自己的定位呢？下面给出一些建议：

1. 清楚了解自己的兴趣在哪里，自己究竟喜欢一份什么样的工作

了解自己的兴趣并不是一句空话，而是在我们求职找工作的过程中非常重要的一个环节。

对于计算机相关专业的学生，可以从以下四个方面评估自己的工作兴趣和喜好：

1）我是否喜欢编程，是否可以做一名程序员？

2）如果喜欢编程，是更倾向于做界面（UI）还是做底层架构（Framework）？

3）如果对编程不感兴趣，是否可以胜任测试、销售、现场支持等周边工作？

4）如果对计算机领域丝毫不感兴趣，是否可以考虑其他类型的工作？

是否喜欢编程是能否做好一名程序员的分水岭。如果喜爱编程，则比较适合做程序员，下一步需要深入地分析一下自己倾向于做界面还是更倾向于做底层逻辑。如果对用户体验更加了解，或者编程时更加注重界面上的细节，APP 工程师可能更加适合你；如果对算法、数据结构、协议等内部逻辑更感兴趣，那么建议更多倾向于做底层方面的工作。

如果对编程兴趣不大，或者在上学期间没怎么写过代码，就要考虑一下是否可以做计算机专业周边非编码的一些工作。这些工作对编码能力并没有过高的要求，例如 IT 公司里的 QA（测试人员，主要是黑盒测试人员）职位，IT（IT 工程师，一般负责设备维护、维修、系统软件的升级维护等）职位，销售职位，或现场支持等职位。这些职位薪酬也不低，但侧重点并不在编码，所以比较适合那些计算机相关专业出身，而又对编码不感兴趣的人。

如果兴趣点根本不在计算机领域，比如你对金融更感兴趣，或者外语水平很好，希望从事翻译方面的工作，或者更愿意做公务员等，考虑是否果断地放弃计算机领域相关的工作，从事自己爱好和专长的工作，这样你的价值才能在你热爱的工作中得到充分的体现。

2. 客观评估自己的能力水平及各方面特质，以判断自己适合什么类型的公司

我们能找到一个什么档次的工作，最根本的决定因素在于自身的水平。谁都希望拿到微

软、谷歌、BAT 这样世界知名大公司的 Offer，关键就在于你是否达到这些公司的能力水平等各方面要求。对于计算机专业的学生来讲，客观评估自己可以从以下几方面展开：

（1）评估自己的技术能力

首先对自己的技术能力有个基本认知，包括两个方面，即专业知识水平和动手操作能力。

对于计算机相关专业的求职者来说，专业知识主要包括以下几项：

- 是否精通 1～2 门主流编程语言，Java 还是 C++，或者 C。
- 数据结构、操作系统、设计模式、数据库等计算机理论知识。
- 本专业研究方向的核心技术（主要针对研究生）。
- 对前沿知识的了解程度，如手机 APP 编程、中间件框架、云计算、大数据等。

动手操作能力主要包括以下几项：

- 程序设计的能力——编码的功力。
- 测试维护的能力——调试和 Debug 能力。
- 沟通协调的能力——项目管理与团队合作能力。

如果专业知识水平和动手操作能力都比较强，则可以大胆地选择一些技术含量比较高、工作内容比较复杂、富有挑战性的岗位。相反，如果专业技能不是很扎实，或者动手实操能力一般，建议选择一些售前、售后等对实际技术和专业知识要求不是很高的岗位。

（2）评估自己的性格

除了客观地评估自己的技术能力，性格因素也是我们选择工作和职业方向的关键。

对于那些比较富有激情，愿意迎接各种挑战，享受成就感的求职者来说，可以选择研发、设计、销售等比较有挑战性的职位。如果性格偏于保守，或者喜欢富有规律性的生活，或者更加青睐于“慢生活”方式，则可以选择事业单位、公务员，或者是压力不是很大的国企单位。总而言之，工作的选择没有正确和错误之分，适合自己的就是最好的。在选择工作时，将自己的性格特点作为择业因素之一考虑是十分必要的。

（3）综合分析

可以通过一个二维坐标矩阵更加清晰地分析自己的特质，从而帮助我们决策究竟什么样的工作更加适合我们。图 1-1 给出了综合分析技术水平和性格因素的二维坐标矩阵。

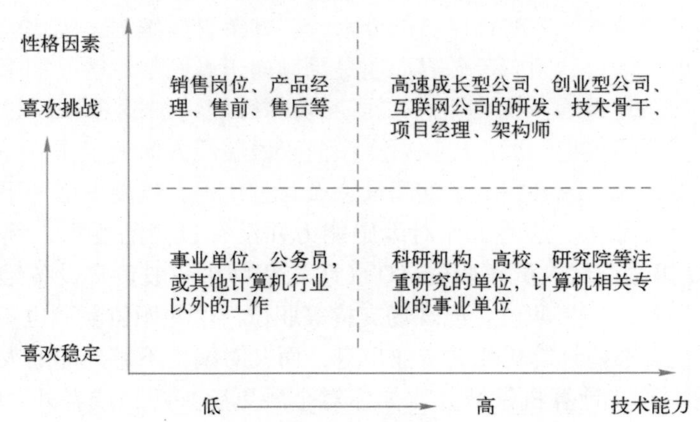

图 1-1　技术水平和性格因素的二维坐标矩阵

将技术能力和性格因素作为二维矩阵的 X、Y 轴，分析自己两个因素的基本值，考虑大体能落在哪个象限，综合判断、预估自己更适合的公司和岗位，是目前最流行的手段之一。

3. 了解职业的方向

寻找和定位自己匹配的职业方向，沿着这个方向寻找工作，并判断自己是否适合这份工作，这份工作是否适合自己，是决定我们未来职业高度的关键所在。

万事开头难，在找工作之前，应当查询和研究 IT 专业的相关方向，主要包括从事工作的主要内容、工作强度、发展轨迹、专业前景等，这样在找工作的过程中，目标才能更明确。表1-1 给出了笔者多年来对 IT 领域职业特点的研究，供读者参考。

表1-1　职业方向指导表

职业方向	主要就业公司	主要工作内容	
互联网方向	BAT、京东、网易、360等、不差钱的创业公司等	研发技术岗	互联网前台后台产品研发，内容因岗位而异
		测试	通过程序查找产品相应 Bug
		设计	网页设计、美工等，需前端技术和 PS 等软件的使用技巧，也需要美术素养
		其他	如产品经理、策划、运维、编辑、市场等
传统 IT 方向	微软、IBM、Oracle，国内的软件公司，如用友等	研发技术岗	产品研发和项目开发，一般使用 Java 或 C ++ 进行开发
		测试	企业级应用项目的 Bug 测试
		技术支持	微软产品线、IBM 产品线、Oracle 产品线的技术支持
金融类和电信类	国有四大行、股份制小银行的 IT 部门；移动联通电信总部、各种设计院、省级运营商	开发	金融类主要以金融新项目开发、金融的系统维护为主，一般部门有软件开发中心和数据中心；电信类一般需要通信专业背景，主要做通信类的项目
		维护	
		测试	
其他	公务员、事业编	开发	公务员，比较稳定但薪水不高（5000～9000 元/月），各大部委的信息中心，作为甲方，以运维为主
		运维	
	垄断央企：中石油、中石化总部	运维	待遇丰厚，甲方，技术要求一般，但进入门槛高
	信息安全公司，如绿盟等	产品实施	主要专注安全领域，薪资一般，注重网络和信息安全知识
	四大会计律师事务所	IT 审计	待遇可以，经常出差

4. 对就业大环境进行评估，判断薪资及工作环境的需求

（1）就业大环境

每年都有不同的就业环境，反映在市场层面，就是各公司当年的招聘计划、招聘人数以及薪资水平，这些指标都可能与往年不同，从而构成当年的就业环境。就业环境的判断可从校园的宣讲会、招聘信息、相关就业论坛、实习期间了解所在公司招聘员工信息等方面窥测到整个趋势。

了解了就业的大环境可以帮助掌握目前市场对人才的需求方向，哪些领域更加热门，哪些领域更具良好的行业前景，这些对于我们的职业规划和方向选择都是很有用的。

就业大环境的评估，是薪资、环境等需求的前提，只有掌握就业大环境，后续的其他考虑才能有所借鉴，才会有真正的意义。

（2）工作环境和强度

IT 理工男对工作环境的舒适度也开始有更高的要求了，不同公司的工作环境、氛围、工作强度都是不同的，传统软件公司的工作时间大概是965，即：早上9点上班，晚上6点下班，一周工作5天。但是薪酬更高的互联网公司，就可能需要996（甚至加班会更多!）。外包的企

业经常需要常驻在客户的工作现场，出差一连好几个月。所以如果你不想加班，不想长期出差，在找工作时就要询问清楚。我们要对将来就业的环境和工作强度等做出严谨的调查，并把这个因素作为择业的一个指标。

（3）薪资

薪资是我们的生存资本，不管是追求起薪高，还是追求有发展的工作，归根到底，薪水都是最重要的衡量指标之一。这里要提醒的是，要区别不同的薪水提法中间的猫腻，比如年薪中上税的问题，是否存在扣除其中的20%～40%年底统一发放或者第二年发放的问题等。图1-2（来自智联招聘网）显示，IT行业的薪水还是有竞争力的。

图1-2　2016年春季求职期十大高薪职业（来自智联招聘网）

公司提供的薪水应当是选择Offer的重要参考指标之一。如果给出的起薪太低，远远低于你对自身能力的评估值，就应该考虑是否将这个Offer推掉，或者评估其他方面是否有可以补偿的优势——比如提供户口、住宿、发展前景较好，或者承诺股票期权之类。太低的起薪对今后的发展，比如跳槽等都有负面的影响。相反，如果起薪太高，超出预期太多，也必须小心谨慎，可能需要评估一下隐含的工作量，比如是否长期加班，是否需要频繁出差，是否只是为了某个项目才召这批人，没有持续发展等。总之，薪水是一份工作的晴雨表，是能反映一份工作的价值几何的重要指标。

综上所述，在择业之前，需做到以下三点：

- 了解自己的兴趣所在。
- 准确评估自身技术水平及各方面的特质。
- 对就业的大环境进行充分的评估，并明确自己对薪资、工作环境方面的要求。

只有这样，我们的定位才是准确而客观的，我们的择业也就会有的放矢，同时我们的应聘也才会是客观而符合预期的，这样的应聘胜算的概率会大很多！

1.3　制订一个详细的求职计划

求职是一个漫长而艰辛的过程，需要体力和智力的巨大付出。我们在校园调查中发现：很多同学着实很努力，拼命考证书，买学习资料，参加招生宣讲会，频繁参加笔试面试，但是却

收获甚微，好像心仪的工作总不眷顾自己。这是什么原因呢？其中一个重要的原因就是缺少一个详尽的计划作为指导，凡事都靠“碰运气”“走一步算一步”，事情就会做得“无章法”，结果就是劳心劳神，事倍功半。所以，为了取得这几乎是人生最重要战役的胜利，建议制订一份详实的求职计划，这样才能做到纲举目张，有条不紊，争取到最大的利益。

下面给出一个具体实例，旨在说明怎样制订自己的求职计划，供读者参考使用。

求职计划书

制定日期：9.1

时间范围：9.1～1.31（五个月）

一、集中准备期

9.1～10.15（一个半月）

主旨：

这段时间的关键词就是“准备”。

- ❑ 梳理完善过往学到的专业知识，多练习笔试面试题，多上机编程实践。
- ❑ 搜集各大公司招聘信息，掌握今年招聘动向和趋势。
- ❑ 评估适合自己的岗位，确定好自己目标。

总之做好求职战役的前期准备。

具体计划：

- ❑ 早上 7:30 起床，洗漱，晨练（把身体练好很重要!），吃早饭。
- ❑ 上午 9:00 去自习室上自习，主要学习专业知识（可以再进一步细化学习哪些知识，以学习本书为例，可以每天结合视频学习 1～2 节的内容）。
- ❑ 中午 12:00～2:00 午饭和午休时间。
- ❑ 下午 2:30～5:00 去自习室上自习，继续学习专业知识。
- ❑ 下午 5:00～6:30 自由活动和晚饭时间，晚饭前可以打打球，去操场跑两圈。
- ❑ 晚上 7:00～9:00 上网搜集招聘信息和相关资料，获取招聘的第一手信息。
- ❑ 晚上 9:00 之后回宿舍跟同学交流心得，11 点之前睡觉。

注：如果学校有课程或其他活动，需要根据具体安排进行调整。如果这段时间接到了公司的笔试面试邀请也不要放弃，因为这也是实战练习的好机会，同时也可以给自己更多的选择。

二、作战期

10.15~1.31（三个半月）

主旨：

这段时间的主要任务是找到自己心仪的工作。

- 经过前面的准备，我们对专业知识进行了梳理和复习，对今年的就业环境有了一定的掌握，对自己的理想和目标也更加明确和清晰。接下来进行实战了！当然在找工作的过程中也要灵活机动，不可墨守成规。可以不断调整自己的目标（应当是小范围内的调整），同时也要持续学习，在笔试面试中遇到的问题回来要及时弄清楚。这样才能随着笔试面试的经验不断丰富而不断提高。

具体计划：

- 早上7:30起床，洗漱，晨练，吃早饭。
- 如果上午有笔试面试邀请，要提早前往，不迟到。如果没有，就把之前笔试面试中遇到的问题进行整理，彻底研究明白，最好举一反三，或者学习一下自己认为还比较薄弱的地方，例如某个算法之前学得还不是很明白，C++中虚函数的一些问题理解得还不是很清楚，大字节序和小字节序的概念有些淡忘了等，这些问题都可以利用这个时间学习，巩固。
- 中午12:00~2:00午饭和午休时间。
- 下午2:30~5:00去自习室上自习，继续学习专业知识。
- 下午5:00~6:30自由活动和晚饭时间，晚饭前可以打打球，去操场跑两圈。
- 晚上7:00~9:00，可参加一些公司组织的宣讲会，或者登录求职论坛（应届生、北邮人）等了解最新的求职信息。

注：根据笔者的经验，很多公司的招聘信息或者笔试面试信息都会在这些热门网站论坛上提早发布出来。

- 晚上9:00之后回宿舍跟同学交流心得，11点之前睡觉。

以上只是一个简单的求职计划模板，仅供读者借鉴参考，具体的求职计划书的编写还要依据具体实际情况而定。总之，有一份求职计划书是必要的，因为这样我们可以有纲可循，知道到什么时候该做什么事情。有了计划书就有了约束，有了一双无形的眼睛在督促你按计划进行，生活、学习都很充实，很有节奏感，自然求职的道路上就会顺坦很多。

1.4 你应该知道的求职渠道

在面试的时候，HR通常会问这样一个问题：你是通过什么渠道知道我们的招聘信息的？通过这个问题HR是在做统计：公司在各种渠道投放的招聘广告，到底哪个最有效。但对于求职者来说，给我们的启示是：有很多不同的求职渠道，而且我们也必须知道这些求职渠道。

那么我们应该知道的求职渠道有哪些呢？

总的来说，求职渠道分为常规渠道和非常规渠道两个层次。求职的基本思路是：紧抓常规

渠道，重视非常规渠道。

1. 常规渠道

常规渠道主要有招聘会、学校就业服务中心、媒体广告和网络招聘等，如图 1–3 所示。

图 1–3　求职的常规渠道

（1）招聘会

招聘会一般有两种形式：大型综合招聘会和校园的定向招聘会。

大型综合招聘会一般由专业机构承办，其优点是大而全，几乎所有的公司都会参加；缺点是人太多，进入这种招聘会“乌央乌央”的都是人，各大展台前的简历堆积如山，很难保证招聘单位会认真读取每个人的简历。

校园的定向招聘会由学校选择一些公司发起邀请，受邀公司选择某些学校组织展台。

优点：公司招人信息明确，重视度高，应聘者可以和招聘公司直接见面。

缺点：可能没有那么全面，并不是所有公司都会举行校园招聘会，要想获得较多机会，就必须奔波于各大校园招聘会，对体力和精力是一个考验。

【参加招聘会成功秘诀】要不辞辛苦，早出晚归，海投简历，广撒网。能参加的都要参加，直截了当找自己想去的公司展位。

（2）学校就业服务中心

各大高校都成立了就业指导中心，中心的网站不断更新最新的招聘信息，需要每天实时地关注。同时，就业中心也会组织一些就业的双选会和指导，可第一时间掌握第一手资料。

优点：竞争小，一般服务于本校。

缺点：覆盖面不是很全，许多岗位可能并非自己理想的。

（3）媒体广告

通过报纸、广播、电视、微博等媒体也可以了解一些重要的招聘信息，部分国企或者事业单位偏爱这种方式发布信息。

随着移动通信的飞速发展，微信公众号已成为了发布招聘信息的又一主流媒介，应聘者第一时间就能掌握招聘信息，一定要予以重视。除了要关注各大型招聘网站的官方公众号（智联、51job 等），这里特推荐几个有特色的招聘类的微信公众号供参考：

500 强校园招聘：校招必备，每日精选全网优质招聘信息；

爱思益求职：更新及时，最新的招聘信息、内推机会、简历模板等非常全面；

程序员笔试面试之家：本书微信订阅号，最新干货应有尽有。

（4）网络招聘

网络日益普及下出现的新的媒体招聘形式，已经成为最主流的求职渠道之一。现在越来越多的人把网络求职作为找工作或者跳槽的首选方式。

优点：信息量大，成本低，方便且快速，能获得求职的最新最全的资料。

缺点：网络求职信息量非常大，过滤和选择有用的信息有一定难度，且网上申请职位非常费时。

网络招聘一般可有三种途径：人才招聘网站、公司招聘主页、论坛的招聘版块。

1）人才招聘网站：这类网站收集了大量公司的招聘信息，信息都分类整合，便于搜索查找，在当下这个信息爆炸的时代，使用人才招聘网站找工作不失为一种便捷而又高效的手段。

下面推荐一些热门的招聘网站：

- 应届生：http://www.yingjiesheng.com 国内最好的大学生就业平台，信息非常全。
- 前程无忧：http://www.51job.com IT类职位较全。
- 智联招聘：http://www.zhaopin.com 北京地区职位较多，偏重北方职位。
- 事业单位招聘考试网：http://www.shiyebian.net 专做事业单位就业方向专业网站。

我们也可以下载相关招聘网站的手机APP客户端，这样检索招聘职位和公司更加方便。

2）公司招聘主页：登录求职公司的招聘主页，可了解该公司的最新信息，包括岗位说明、招收情况等，同时得到的信息也最为权威和全面。

3）论坛的招聘板块：很多论坛都有招聘信息的主页，这种论坛最大的好处就是同学之间口口相传，信息更新很快，而且有很多内幕消息，讨论热烈，第一手资料更新非常及时，所以一定要重视。

论坛招聘版块的推荐：

- 北邮人论坛（版块：毕业生找工作、招聘信息专版、跳槽就业）：http://bbs.byr.cn。
- 水木社区（版块：找工作）：http://www.newsmth.net。

2. 非常规渠道

求职的非常规渠道包括关系网、实习单位、霸笔霸面和主动求职，如图1-4所示。

图1-4　求职的非常规渠道

（1）关系网

人脉关系资源是这世界上最宝贵的资源之一，我们要充分利用起来，让它价值最大化，尤其是我们身边最天然质朴的关系。求职者可以从以下几方面挖掘自己的人脉关系网：

- 师兄弟姐妹：同一所大学，同一个专业甚至同一个实验室的师兄弟姐妹绝对是你求职的一把利器，会为你求职带来巨大好处。
- 亲戚朋友：父辈亲戚都有各自的人脉网，朋友也有自己的其他人脉圈，有效发动他们，也许意外的惊喜就会出现。
- 导师：导师桃李满天下，人脉资源丰富，通过导师推荐，能得到许多就业机会。

（2）实习单位

俗语说：不入虎穴，焉得虎子。正所谓：近水楼台先得月。据统计：利用实习机会找到工作，是成功率最高的求职方式。所以，建议：

- 有机会最好去实习，尽最大可能去你最终想全职就职的公司实习。

- 不要在肯定进不去或者不感兴趣的岗位上浪费时间，要目标明确，有的放矢。
- 实习的过程中一定要努力，要非常努力，这样你留下的把握就会很大。
- 把自己所有的闪光点拿出来，哪怕是 PPT 做得最漂亮也行。
- 获得部门主管的推荐，因为一般要获得实习公司的职位，必须拿到主管的推荐信。

（3）霸笔霸面

狭路相逢，亮剑者胜。求职的过程一定要有此山是我开的勇气和决心。所谓霸笔霸面是指招人单位并没有通知你参加笔试面试，但你依然去参加了笔试面试。求职网站调查显示：霸笔或霸面的成功率在 30%～40%之间，可见招聘单位并不反感这种方式，而你得到的是可能获取一份满意工作的机会。这样的成功案例在我们的调研中不胜枚举。

关于霸笔霸面成功的秘籍如下：

- 多方打听消息，得到笔试面试的地点或时间信息。
- 心理准备，脸皮厚，不怕丢脸，其实即使被拒绝你也没什么大损失。
- 自身本领要硬，短时间打动主考官。
- 不怕死，坚决霸笔或霸面，不要怕，真正的人才用人单位不会反感的。

（4）主动求职

这种方式就是我们说的毛遂自荐。如果一直非常中意某个公司，可以尝试主动联系该公司的招聘工作负责人，可以打电话询问，也可以寄一份附带简历的求职信过去，只要充满诚意，公司有招聘计划时，你的机会就来了。几乎所有公司的 HR 都表示：我们并不反感对我们公司充满兴趣的求职者。

1.5　认识招聘的流程

每年各大公司招聘的时间段大致有三个，如图 1-5 所示。

1）10 月份，各大企业陆续开始在校园召开招聘宣讲会，11 月上旬进入大规模的招录时期，所以 11 月、12 月是第一波找工作的黄金时期，这个时候职位是最多的。但部分学生会在这个时段准备研究生入学考试或者有论文的压力，所以这个时段求职竞争相对小一些。

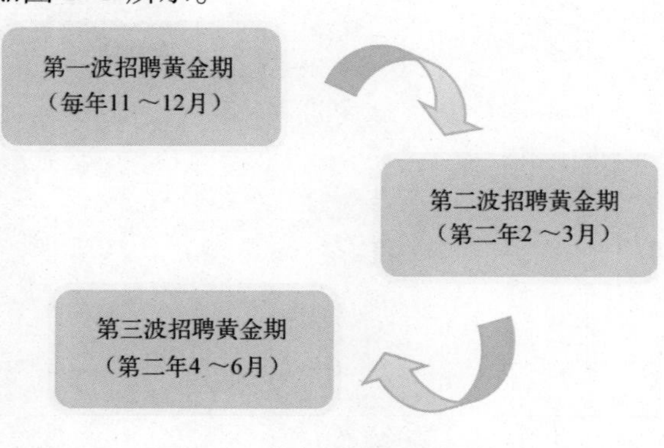

图 1-5　每年招聘的时间点

2）12 月新年过后，还会有一波校园招聘，这是因为前期企业没有招够或者没找到合适的人选，所以利用节后再掀起新一轮的招聘热潮。在此期间主要的竞争者是考研失败的考生和前期没有找到理想工作的学生等。

3）3 月之后，4～6 月，是最后一波，这个时段的招聘主要集中在事业单位、部分国企，这些单位审批流程烦琐，周期较长，所以一般招生时间较晚。

掌握了招聘时间点后，接下来应该认识招聘的流程，各个公司的招聘流程不尽相同，有的简单直接，有的则非常复杂，这里给出一个普遍的招聘流程的主干，供各位应聘者参考。公司一般的招聘流程如图 1-6 所示。

认识招聘的流程，有助有我们在各个时间点把握求职的进度，有效做出安排，做到知己知彼，而在每一个环节上，我们都可以选择不同的求职方式进行切入，找到自己理想的工作。

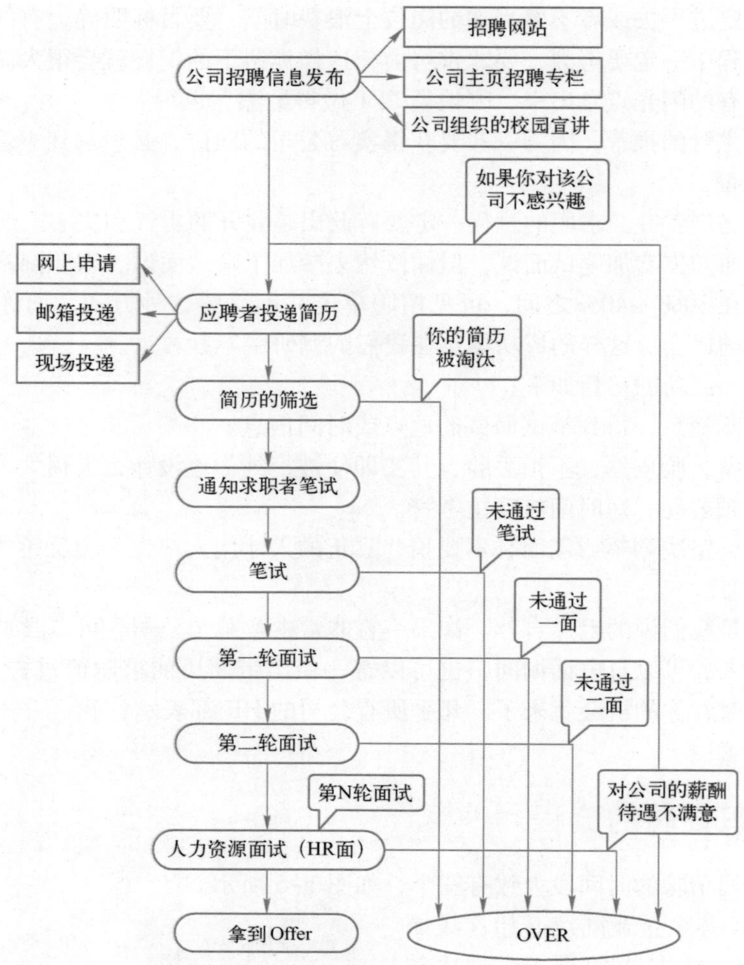

图 1-6　公司一般的招聘流程

第 2 章　打造你的个人名片
——简历技巧

从本章开始接下来的三章，对求职过程中的 3 个最重要的环节：简历、笔试、面试依次进行详细地介绍和指导。

简历是求职者给招聘单位提供的一份简要的自我情况的介绍，包含自己的基本信息：姓名、性别、年龄、民族、籍贯、政治面貌、学历、联系方式、自我评价、工作或实习经历、教育经历、荣誉与成就、求职愿望、对这份工作的简要理解等。

简历是招聘公司了解求职者最重要的窗口，所以，一份良好的简历对获得笔试面试的机会至关重要。

2.1　个人简历的书写要领及注意事项

个人简历的重要性，再怎么强调也不为过。简历虽然篇幅不长，但其书写有很多的要领和注意事项，每一份简历在 HR 眼中的停留时间一般不超过 15 秒（特别是在有大量简历需要 HR 过滤的时候）。在这么短的时间内，怎么迅速抓住 HR 的心呢？在对 13 家外企、11 家国企、8 家私企的 HR 进行问卷调查后，给出如下建议：

1. 个人简历的书写要领

（1）信息必须准确、真实

简历的基本信息包括：姓名、性别、出生日期、籍贯、户口所在地、婚姻状况、教育经历（教育水平、专业和毕业学校）、外语、基本技能、实习情况、项目情况，获得的奖励、证书等。信息要简要、准确地写出，给 HR 留下一个完整的印象，表明自己认真负责的态度。

提示：联系方式务必包括随时可打通的手机、邮箱，座机要标明区号，专业必须写准确，不要笼统。

(2) 重点突出，针对不同领域，调整核心内容呈现位置

简历的基本信息介绍完毕后，接下来重点说明求职意向。求职意向集中明确，必须照顾到自己的专业和招聘的职位，如软件开发工程师、网络系统工程师等。整个简历的内容重点和素材的取舍要围绕求职意向展开，与求职意向无关的素材（兴趣爱好等）尽量简略。

当投递不同的领域时，应调整核心内容的呈现次序，将相关素材摆在前面。例如，投递软件开发类岗位，工程类项目的开发经验、相关实习经历应该优先描述；投递科研类岗位，如研究所、设计院等，论文、研究性项目、专利等就应该摆在首要位置；投递国企或事业单位，奖励、学生会经历、社会活动着重介绍反而更吸引眼球。

提示：不要一张简历走到黑，投递不同岗位时，应调整内容，重点突出，才能收到更好的效果。

(3) 经历描述，顺序合理，衔接严谨

简历里面一般要描述自己的经历，包括教育经历、实习经历、项目经历和工作经历。

针对这一部分，下面给出4条黄金法则：

法则1：时间保持一致性和连贯性，日期到月份，如果时间出现断层，一定要做说明。

法则2：实习经历和工作经历分开介绍，与求职岗位方向无关的经历一笔带过。

法则3：对重点的项目做一个背景介绍，例如，该项目为**局开发的重点项目，历时*年，代码量多少，主要实现的功能是什么。

法则4：不可夸大其词，或者胡乱定位。例如，参与某个项目的局部设计开发，应写为：负责项目中某某模块的开发工作等，不要写成：负责某某项目的设计开发，这样自己不熟悉的模块在面试中很难准确回答，反倒给面试官不诚实的印象。

提示：教育经历中的名校绝对有一定的分量，学校的一等奖学金也是很多企业尤其国企筛查简历的简单标准，所以教育经历中的亮点值得大书特书。

(4) 介绍兴趣、爱好，不要太啰唆

这部分，其实就像大餐之后的甜点，用人单位只是从中想看看求职者的个性特征或者一些价值观，重要性其次，可对反映性格特征阳光面的兴趣爱好简要进行陈述。

但也不是说这部分完全没有必要，比较突出的兴趣爱好还是能起到很大的加分作用的，例如，围棋，业余2段；篮球，校篮球队主力后卫，这些在某些职位里加分不少。特别是在有些大型国企和事业单位，个人爱好有时还是深得领导重视的。

(5) 自我评价，可写可不写

一般来讲，受篇幅所限，如果内容较为充实，自我评价可不写。

如果要写，则应紧密结合应聘职位，做一个简历的最终概括，对自己结论性的东西要在简历里找到证据，比如擅长开发，要有许多的项目经验支撑；擅长科研，要有论文成果支撑等。

不要附庸风雅地写"给我一次机会，还你一片天空"之类的话，这些都是不踏实和不自信的表现。

2. 个人简历的注意事项

以往的经验证明，在简历的编写过程中，有很多的注意事项，也会踩到所谓的"雷区"，让你的简历成为被淘汰的首选。下面总结了9大HR最讨厌的简历类型：

(1) "表面派"死得快

简历的材质并没有什么要求，普通的A4纸就可以，企业一次招聘会面对上千份的简历筛选，这个工作是个苦差事，所以简历力求简洁，重点突出，切忌"表面派"。

- ❑ 用黄色的纸或者彩页打印，不一定有好效果。
- ❑ 装订豪华，封面炫目，像一本书，几乎直接就被 Pass 掉了。
- ❑ 用文件夹夹起来，只会加大工作人员的工作量。
- ❑ 没有要求英文简历的，最好不要附带英文简历，反之，没有要求中文的也一样。
- ❑ 校园招聘简历数量太多，和社会招聘不同，求职信一般不要夹在里面。

（2）“冷幽默”全是害

标新立异的幽默往往会被引为笑料，诚恳认真的简历才会受到欢迎，例如，有学生写自己最大的缺点就是长得太帅。这种冷幽默，对你找工作百害而无一利。

（3）“外形怪”印象坏

简历上是否要贴照片？一般还是要贴的。最好是贴最近的职业装正面照，有些男生提供的照片不修边幅惨不忍睹，有些女生浓妆艳抹的照片都会给人留下不好的印象。如果照片给人的感觉不太好，还不如不放上去比较好。

（4）“裹脚布”太啰唆

HR 业界将简历页数过多形象地称为“裹脚布”，简历内容太过冗长是 HR 最讨厌的。关于简历，建议做两个版本：简约版和完整版。简约版必须只有一页；完整版可控制在两页以内。95% 的工作都以简版简历来投，言简意赅，简洁扼要。完整版可视需要而投，如一些事业单位、国企等招聘人数不是很多的单位。

（5）“万金油”要不得

所有的公司，不同的岗位，都用一份简历投，一点也没有修改，没有针对性，甚至连求职岗位都一样，不针对公司招聘的岗位，到头来就是白费功夫。须知不同的公司，不同的岗位看中的东西都不一样，需要仔细研究招聘的岗位，调整自己的内容和侧重点。

（6）“无重点”懒得看

在 HR 给每份简历的 15 秒里，没有从简历里看到一点点重点内容，求职岗位不填或者填一大堆，无法凸显重点、优势、核心竞争力、个人经历等，简历就没有看下去的必要了。

（7）“无应答”该怪谁

简历上写了电话，座机没区号，手机打不通，拨打的电话已关机或无人接听或是空号，那求职就是一句笑谈。

（8）“马大哈”最反感

简历里出现错别字和简历的关键点出现常识错误，这是一份简历的“污点”，至少说明你没有好好阅读检查，进而说明你对应聘的公司不够重视。

（9）“仅附件”白忙活

在给 HR 信箱投递简历时，建议是：将简历整个复制到邮件的正文中，再简单写几句请查看简历之类的话，同时，附件中可选择挂载或者不挂载 Word 版本的简历。不主张只用附件挂载简历而没有任何说明，这样 HR 可能会担心下载的附件里有木马病毒之类的东西，或者 HR 根本没有工夫去下载你的附件然后打开，影响了简历的投递成功率。切忌：不要用 WINRAR 等压缩软件压缩简历，很多公司不允许 HR 安装压缩软件，很可能就打不开你的简历而直接放弃了。

2.2　英文简历

在简历里，还有一种特殊的简历就是英文简历，主要是在投递外企职位时会用到。对于很多人来说，外企的就职环境、职业发展路线、宽松的氛围都是很有竞争力和诱惑力的，因此外企是某些求职者的首选。对于以外企为求职目标的这部分应聘者，一份专业、地道、优质的英文简历一定会为你的求职增色不少。

英文简历一定要符合外企的风格，言简意赅，这里给出如下建议：

（1）简明扼要

并非内容多，就显得厉害，外企的文化深信这一点。所以英文简历最好在一页以内，如果内容繁多，一定会减分不少，只选择与应聘职位相关的内容陈述即可。

（2）不要有错误

单词拼写错误（Words）、语法错误（Grammar）、标点符号错误（Punctuation），会毁掉一篇优秀的简历。在英文简历中这些错误都非常刺眼，一定不要出现。必要时可以找英文功底比较好的同学、老师帮忙检查一下。

（3）亮点都在开始

把最重要的亮点放在最前面，比如英文简历里面可以在最开始简要列出你的经验、所掌握的技能、闪光点等。

（4）用词精准

无论是描述工作经历，还是教育经历，都以过去时态的动词描述，少用形容词。不要用不精确的词，比如 many，a lot of，several，直接写具体数字，精确化，比如 four years，three months 等。

（5）字体

一般使用 Times New Roman 即可。

（6）内容翔实、排版简洁

这部分的要求和中文简历是一致的，突出自己的亮点，学业的、工作经历的、过去成就等。一份完整的英文简历大概包括 Education，Job experience，Languages，Computer skills 等几个部分。

（7）关于排版顺序

最好选择倒叙，不管是学历还是工作经验。建议是：对于应届生，Education 放在 Experience 之前；对于已经有工作的人，Experience 应写在 Education 的前面，面试之前工作具体到月份，如 May 2015。

（8）其他

还有一些比较重要的注意事项：使用你的学校邮箱或工作邮箱，不要选用 QQ 邮箱等私人邮箱；学校的英文名字应全部用大写；外企的简历不一定附照片。

2.3 简历模板参考

我们始终相信：一份优秀的简历是个人最全面的展现，是一切成功的开端，而良好的开端是成功的一半。而对以甄选简历，为企业挑选优秀人才为己任的 HR 来说，优秀、全面、简洁的简历是一个人才基本面的展现；对于以求职开启人生新篇章的莘莘学子来说，优质、翔实、准确的简历是自己能力和经验的总结，可见，简历无比重要。这里给出一些优秀的简历模板，供广大读者参考。

1. 中文简历模板

简　历

姓名：小明　　　　　　　　　　性别：男
学历：硕士研究生　　　　　　　就读院校：北京大学
专业：计算机科学及应用　　　　毕业时间：2016 年 7 月
电话：158 ＊＊＊＊0418　　　　**E - mail**：xiaoming@ pku. edu. cn

教育背景

2013 年 9 月 –2016 年 7 月：北京大学，计算机科学与技术专业，分布式系统方向，工学硕士。

2009 年 9 月 –2013 年 7 月：北京大学，计算机科学与技术专业，工学学士。RANK：5%

外语水平

英语 CET6 证书（596 分）。具备良好的英文听说读写能力。

专业技能

- 熟练运用 Java 语言，具有 3 年 J2EE 开发经验（JSP、Structs、EJB、Hibernate 等）；
- 熟练使用 Oracle、SQL server 数据库编写存储过程，有数据仓库开发经验；
- 熟悉 UML2 技术，掌握面向对象设计方法，对设计模式有一定的研究；
- 熟练掌握数据结构及相关算法；
- 掌握 Linux 系统管理基础技能，熟练使用 Linux 基本操作命令。

研究/项目经历

◆ 2014 年 3 月至今 ＊＊大学在线教务管理系统（Java、Oracle、Struts、Hibernate）

为＊＊大学开发的一套 B/S 架构的多平台教务管理系统，使得＊＊大学全国各地的教学点可以方便地进行教务管理。项目分为 4 个平台（中央平台，省平台，分校平台和教学点平台）。

◆ 2013 年 1 月 –2014 年 2 月　＊＊进口贸易地图系统（Java、GIS、JavaScript、ETL）

＊＊市科委项目；将＊＊市海关数据导入数据库，根据经济指标方法批量自动计算，将结果导入 Excel 自动生成图表，为专家和企业提供决策辅助；

担任项目组长：负责系统设计，数据导入，程序模块设计。

奖励

–2015 年 获北京大学校级优秀学生奖学金；

–2014 年 参加“北京大学 IBM 杯并行计算大赛”，获得三等奖；

–2012 年 获北京大学校科研优秀奖、科技创新奖。

实践经历

2014 年 6 月至今：爱立信（中国）通信有限公司（CBC – XTK）参与 IPTV 系统的研发实习；

2012 年 7 月—2013 年 6 月：长城软件公司，职务研发工程师。

科研成果

论文：《基于服务管理模块的研究与开发》计算机科学 刊号 ISSN1002 – 13 ＊ X，第一作者；

软件著作权：《轻量级跨平台程序通信及数据交互软件》软件著作权（登记号：2013SR＊＊1694）。

个人评价

性格开朗，善于沟通，工作认真、积极，具有良好的学习能力、工作能力、组织能力。

2. 英文简历模板

Resume

Xiao Ming

Box 4＊9, Peking University　　　　xiaoming@pku.edu.cn
Beijing, China 100＊＊4　　　　86－158＊＊＊＊0418

Education

2013.9－2016.7: Dept. of Computer, Peking University, Master.
2009.9－2013.7: Dept. of Computer, Peking University, Bachelor.

English Skill

CET－6 certificate, fluent in both spoken and written English.

Professional Skills

– Solid Java development capability, knowledge of J2EE architecture (Hibernate) and Web Service
– Familiar with SOA architecture, knowledge of Web Service development
– Linux system experience, familiar with Linux utilities/system administration
– High Performance Computing experience
– Familiar with UML theory and application, Design Pattern theory and application
– Familiar with MySQL and Access in terms of Database

Project Experience

2014.3－Present: ＊＊ University Academic Management System

Keywords: Java, Oracle, Struts, Hibernate

Personal Contribution: Analyze and design the experiment management system by UML2.0 specification, develop parts of modules use J2EE technologies

Technology: UML, Java, Hibernate, Eclipse, Web Service

2013.1—2014.2: **＊＊ Importing Trade Map System**

Keywords: GIS, ETL

Personal Contribution: Analyze and design the business process of our system

Technology: Java, JavaScript

Work Experience

2014.6－present: Ericsson, R&D.
2012.7－2013.6: Great Wall Software, Inc, R&D.

Paper

Research and Development of Service Management Module Based on Service, Computer Science, 2013 Vol.34 No.10.

Hobby

Basketball, Football, Table－tennis, Badminton, Singing

第 3 章　下笔如有神的秘籍

——笔试技巧

当简历被 HR 选中，下一个环节就是公司组织的笔试，此期间注意保持电话畅通和每天查看邮箱，因为可能会有电话、短信或者邮件通知你参加笔试，千万不要错过。

笔试的组织形式有以下 2 种：大的企业如 IBM、百度、阿里等因为招聘人数多，一般会租用某个高校的教室进行笔试，笔试的试卷会有选择题、简答（知识点）、程序设计题和算法设计题等；小的招聘单位在自己公司组织笔试，题目一般都是算法设计题，直接给出几道大题，让笔试者现场写代码解决问题。从以上笔试的组织形式可以看出，大公司注重全面的基础和应聘者的实力，小公司则更看重来之即战的能力。

关于笔试的一些技巧在这里稍作提点：一是笔试可能在不同的大学进行多场，如果一场笔试成绩不理想，那么有时间还可尝试参加同一家公司其他考场的考试；二是每次笔试结束后要对题目进行总结、查缺补漏，因为参加不同的笔试题目相同或者相近的可能性很大；三是笔试要有时间观念，不迟到，笔试题量大，合理分配时间；最后，笔试需要带好身份证和相关文具，提前查好去往考场的路线等。

3.1　笔试是场持久战

笔试是一场持久战，求职的时间从前一年的 11 月持续到第二年的 4 月左右，时间跨度有半年之久。IT 相关的求职岗位非常多，招聘公司层出不穷，所以一个高校的应届毕业生参加的笔试场次可能多达 20 ~ 40 场，而且笔试的时间大都集中在最冷的几个月里，有时候一天还需要参加两场笔试。另外，笔试涵盖的知识面很广，题目类型会包含程序设计基础、数据库、操作系统、数据结构和算法等，所以复习这些知识也需要花费一定的时间。综上所述，笔试是一场体力、信息、能力的持久战争，需要做好心理和体能上的准备。

1. 笔试是场体力持久战

参加 30 多场的考试并不轻松，当你投出上百份的简历后，笔试机会随之而来，你必须随时进入战斗状态。笔试的地点五花八门，有高校、研究院、公司，甚至去上海、杭州、成都，这种跨省去参加笔试都是有可能的，距离遥远的笔试地点，光是坐车等都要耗费很多精力。考试的时间一般在1~2个小时，需要智力和脑力的高速配合，往往一场笔试下来都会觉得筋疲力尽。因此笔试首先是场体力的持久战。

"身体是革命的本钱"，在求职季中要做好身体营养的补充，规范作息，不熬夜不赖床，适当运动，保持良好的心情和旺盛的精力。

2. 笔试是场信息持久战

不要认为笔试就是场上那1~2个小时的答题，有人还吹嘘自己是"裸考"，当然也有"裸考"就通过笔试的，但这些都是凤毛麟角，只是撞大运而已，大部分的求职者还都是踏踏实实准备，实实在在地取得成绩的。这个"准备"特别重要，不同的公司题目存在差异，所以之前收集信息就很关键。可以通过以下几种方式收集某场笔试的相关重要信息：

1）通过互联网搜寻该公司历年考试题目，查询重点。

2）研读市面上关于笔试题目的书籍，寻找靠谱的资源。

3）登录求职论坛、热门的公司职位论坛都会爆料很多有用的信息，比如同一个公司的笔试，深圳已经进行，北京是第二场，论坛就有很多人介绍笔试情况，可以参考。

3. 笔试是场能力角逐的持久战

笔试归根究底还是通过考查应聘者的能力以选拔人才，所谓"唯才是举"，真刀真枪真家伙。计算机专业面很广，涉及程序设计、数据结构、算法设计、操作系统、体系结构、编译原理、数据库、软件工程等，如果跨领域考试，比如金融IT或者能源类IT职位，可能还需要金融或者能源的相关知识。这些知识和技能都是需要我们真正掌握的，别无他法，唯有努力学习、再努力学习；用心准备、再用心准备。

一万年太久，只争朝夕。IT从来都不是慢腾腾的职业，它充满斗志，大步向前，行业特点决定笔试风格，总是希望求职者在较短的时间内解决特别多的问题。所以你经常会看到，搜狗、百度、微软、腾讯这样的互联网大牛的笔试题目，两小时内，三道算法题，手写代码解决问题，题目都涉及动态规划、多元一次方程、树、最短路径等，很多题目（如微软、Google的笔试题）还是全英文的，时间之紧张可想而知。再如国内的大企业或者银行，它们以杂而乱的方式出题，Linux的基本命令、Java或C++语言的特性、设计模式等都会考到，题量巨大，每一次考试都是一次百米冲刺，我们必须保持状态，完成几十次的百米冲刺。

综上所述，笔试是体力、信息、能力的持久战争，需要花费巨大精力去应付，一定要做好准备，不要妄图毕其功于一役，而是应当沉下心来稳扎稳打地应对每一次笔试。

3.2 夯实基础才是王道

笔试，决定性的因素还是专业基础知识和编程动手能力，核心竞争力是实力。九层高台，起于垒土；千里之行，始于足下。无数笔试成功的求职者的经验表明，专业笔试主要考查的是基础知识、基本技能。

所以，夯实基础才是王道，才能让我们在激烈的竞争中脱颖而出。至少在笔试的前三个月，我们就应当开始梳理自己的专业知识并拾遗补阙。要打造扎实的专业基础功底没有捷径，只有看书、看书、再看书，学习、学习、再学习。

这里推荐一些计算机科学领域的经典书籍，书目众多，不可能在很短的时间内读完，而且有的书籍内容比较精深，需要反复学习体会。所以这里罗列出来只是方便读者参考学习，如果

你是刚刚学习计算机的新生，不妨有计划有步骤地安排阅读学习这些书籍，这样几年下来你的水平一定会有极大的提升。

程序编程语言基础

无论你擅长的语言是 C、Java 还是 C++或是 C#，语言本身的基础知识、代码分析能力和代码编写能力是最基本的要求。

C 语言：入门的同学建议先学习谭浩强的《C 程序设计》。虽然网上有些人评论这本书“不够专业”“内容过时”，但是从学习计算机这十几年的经验来看，谭浩强老师的这本书确实是入门的经典，对于没学过 C 语言或者基础比较薄弱的同学来说，这本书无疑是最好的选择！建议读者不要好高骛远，眼高手低，而是要从基础学起。对于有了一定编程功力的同学，可以深入研读一下 Brian W. Kernighan［美］的《C 程序设计语言》，这本书是公认的 C 语言程序设计经典教材。

C++语言：入门的同学可以先学习 Stanley B. Lippman［美］的《C++ Primer》，这本书是久负盛名的 C++经典教程。有了一定基础之后，可以深入研读一下经典的 Stephen Prata［美］的《C++ Primer Plus》。

Java 语言：入门的同学建议学习 Cay S. Horstmann［美］的《Java 核心技术 卷 1 基础知识》。这本书是 Java 领域经久不衰的大作，内容比较基础，通俗易懂，对于初学者来说比较适用。对于有了一定编程功力的同学，可以深入研读一下 Bruce Eckel［美］的《Java 编程思想》。

数据结构

基本要求是：数组、链表、栈、队列、字符串、树、图、查找、排序要非常熟练，经典的实现算法（创建链表、排序算法、二叉树遍历等）最好可以默写出来。

推荐图书：首先是严蔚敏的《数据结构》，这本书内容严谨，所以建议认真阅读。如果喜欢以一种轻松的方式学习数据结构，推荐阅读程杰的《大话数据结构》。

操作系统

操作系统基础、进程间的通信、线程间的通信、Linux 操作系统的常用命令都是面试中经常会考到的，建议着重复习。

推荐图书：汤子瀛等合著的《计算机操作系统》，Abrabam Silberschatz 等合著的《操作系统概念》，这两本书都是公认的学习操作系统的经典之作。另外想学习 Linux 的读者建议读一下《鸟哥的 Linux 私房菜》。

计算机网络

计算机网络的基础知识以及 OSI 七层模型、TCP/IP 协议、各层经典的协议等是其中的重点，相关章节需要一读再读。

推荐图书：谢希仁所著的《计算机网络》，另外 W. Richard Stevens［美］等所著的一套《TCP/IP 详解》（卷Ⅰ～卷Ⅲ）是学习计算机网络的经典，有志于深入学习计算机网络的读者应当认真阅读。

设计模式

常用的设计模式基本原理都应当了解。常见的设计模式包括工厂模式、单列模式、生成器模式、原型模式、适配器模式、桥接模式、装饰器模式、代理模式、命令模式、观察者模式等，必须要掌握代码实现。

推荐图书：Freeman E.［美］等著的《Head First 设计模式》，这本书深入浅出，如果想进一步深入学习，可以研习 GoF 的经典巨著《设计模式》。

计算机常见算法

算法可以说是重中之重，很多公司的面试题中都会出现，特别是一些知名的大公司，更是看重算法设计的考查。所以常见的算法思想（穷举、递归、动态规划、排序算法、查找算法等）应当了然于心。

推荐图书：Sdegewick［美］的《算法》，它是算法领域经典的参考书，全面介绍了算法和数据结构的必备知识。希望深入研究计算机算法的读者可以研读一下经典的《算法导论》。

在选书这个问题上从来没有一定之规，不同的书适合不同水平的读者，所以应当依照自己的真实水平来选择适合自己的书籍来阅读学习，这样才能快速提高。而对于要参加笔试面试的读者，建议手里至少有一本面试宝典之类的书籍，以便应试需要。

3.3　临阵磨枪，不快也光

临阵磨枪三分快，我们参加过无数考试，老师们总会在考前几周押题，这种临阵磨枪的做法，往往会起到意想不到的效果。求职笔试也不例外，笔试前的48小时乃至24小时，正是磨枪的关键时刻，我们可能为笔试的成败做出一些关键的动作。

接到笔试通知后，往往有三到五天的时间，在这段时间里，我们可以搜集资料，准备笔试相关内容。如何利用最短的时间，做最有效的“备课”，这是每位求职者必须掌握的技能。

临阵磨枪不是一味“事急抱佛脚”，有好多求职者考前紧张，感觉知识储备不充分，就熬夜攻坚，第二天精神恍惚，状态不稳，面对试卷反而一片混乱，这些都是不足取的。

临阵磨枪也是有方法、有技巧的，下面给出一些有效建议：

1. 信息搜集，突出重点

在笔试通知后的较短时间内，要想做到面面俱到是不可能的，所以最有效的策略是：只找对你有用的资料，只收集与应聘岗位有关的内容。

信息搜集包括两部分内容：搜集应聘公司的相关信息；搜集应聘岗位的信息。

信息搜集的方法：可以求助于互联网，主要关注求职论坛和公司官网，或者从实习生和师兄师姐那里获得。筛选对自己有用的信息，确定笔试可能的方向和重点。

另外，应该多在网上查一查该公司历年的真题，这也是最直接最有效的方法。因为公司的面试毕竟与中考高考不同，不可能每年花费大量人力去精心组织出题，所以题目的重复率是很高的。所以直击这些真题，或许能有意外的收获。

2. 围绕职位说明（Job Description），有的放矢

一般应聘的职位在招聘信息中都有一个职位说明或者职位详情，来对此岗位的基本要求进行全面的描述。这里以某年京东校园招聘研发工程师岗位职位说明为例，进行以下解读（见图3-1）：

研发工程师的岗位要求共有4条：第1条，要求必须掌握一种主流开发语言，Java/C/C++任选其一，但是可以看到，首先Java写在最前面，其次后续开源框架的要求也以Java领域居多，也就是说，其实该岗位主要还是针对Java领域的。第2条：数据库领域，要求不高，只要求懂原理，会使用即可。第3条：对分布式框架Hadoop、分布式缓存实现机制的理解，也是偏于原理性质的理解。

综上要求，该岗位要求必须熟练使用Java语言，懂得主流开源框架如Struts、EJB、Hibernate的基本原理，能使用主流数据库（Oracle、MySQL），懂得分布式开源架构的原理和实现机制。在笔试之前，重点就突击这些领域的知识，查缺补漏。

研发工程师 开发类

工作地点： 北京，上海，深圳，成都，沈阳，南京

职位方向： 开发类

所属部门： 京东商城

岗位描述： 1、参与京东PC端及移动端前后台系统设计与研发，打造行业内最领先的电商平台；
2、与团队一起解决大数据量，高并发，高可靠性等各种技术问题，不断挑战技术难题，持续对系统进行优化；
3、复杂分布式系统的设计、开发及维护，用技术支撑公司业务的快速发展；
4、辅助运营人员完成系统的上线及线上测试联调等工作。

岗位要求： 1、熟悉Java/C/C++语言，熟悉软件开发流程，熟悉主流开源应用框架；
2、熟悉常用数据库软件(Oracle/MySQL)的原理和使用，熟悉常用ORM和连接池组件，对数据库的优化有一定的理解；
3、熟悉Hadoop、zookeeper等开源分布式系统；熟悉分布式系统的设计和应用，熟悉分布式、缓存、消息、负载均衡等机制和实现；
4、良好的沟通能力，团队合作能力，热衷于技术，对新技术以及新的应用比较敏感。

图 3-1 京东研发工程师岗位说明

3.4 练习一点智力题

笔试的内容里除了知识面的技术考核之外，很多公司的笔试题中还包括智力测试，尤其是外企（如 IBM、Oracle）和银行（国有四大行、其他外资、股份制银行）都会有此类的题目，主要是考查毕业生的分析观察能力、综合归纳能力、数理逻辑能力、思维反应能力、记忆力和学习能力等。

外企和银行的智力题有很大的区别，下面分别说明：

银行 IT 职位智力题 银行类的智力题类似于公务员考试中行测智力题，以数字推理、图形推理、逻辑推理的小题居多。

举例：某银行软件开发智力题例题。

1，2，3，5，( )，13

解答：1 +2 =3 2 +3 =5 5 +8 =13 所以空格里应该填写 8

外企 IT 职位智力题 这类智力题除了考智力外，还有一个特点就是全英文，无疑对英文的要求也很高；另一个特点是时间特别紧张，一般包含计算题、推理题、图形题、阅读理解等。外企的 IT 智力题很多有很大的主观性，重点是看答题人的思路，有很大的灵活性。

举例：SK 公司的智力题：

请推算地铁某号线一小时的客流量。

解答：此题没有标准答案，主要考查求职者的建模能力，可以以地铁某站口的入站刷卡口处记录，估算人数，然后再乘以站数，粗略推算。只要说出你的想法，有一定道理即可。

针对以上智力题，如果我们不进行准备，不了解题型，不知道解题的基本思路，可能会陷入懵然不知所措的窘境，结果可想而知。所以建议：在笔试之前，练习一下智力题。

智力题的练习的方法很简单，题海战术，迅速熟悉题型。

公务员考试行测的历年真题是很好的练习材料，市面上也有很多智力题的相关教材可供参考。互联网上也能查到大量智力题的解题思路和方法，练习的多了，熟能生巧，就掌握了基本的解题思路，也练就了一些套路，懂得了解题技巧，自然能够游刃有余了。

本书中第 9 章归纳总结了一些面试中常考的综合能力测试题，供读者参考练习，从中体会这些智力题出题的方向和解题的思路。

3.5 重视英语笔试和专业词汇

外企和金融行业的笔试中经常还包括英语笔试，有的笔试甚至是全英文形式，这对英文水平提出了一定的要求。关于英语笔试，这里给出如下建议：

1. 思想上给予高度重视

IT 类岗位有先天的特点：需要学习最新的技术和文献，而这些文档和文献几乎全部都是英文的，所以公司对英文的要求自然就很高，而外企尤胜，因为他们的邮件、日常开会等都会用到英文，所以外企的工作人员在讲话时经常夹带一些英文单词就不足为怪了。

基于这点，笔试中经常会出现大量英文题目，无论是技术类的笔试还是非技术类的笔试。很多外企的考试（如 IBM）都是全英文考试，所以我们首先要在思想上高度重视，把英文放在一个比较重要的位置上，在筹备笔试的阶段，就要开始英语的准备。

另外还要特别重视的就是专业词汇，比如计算机类的专业词汇。这些词汇会经常出现在英文笔试的考卷中，所以要提前做好准备。计算机类专业词汇的一个显著特点就是：一些貌似普通的词汇在计算机领域中具有特殊的含义。例如，extends 这个词的意思是拓展延伸，但在计算机中主要指类之间的继承关系；再例如，cast 这个词一般指投射，投掷，但在计算机领域中它还表示类型转换。大家准备英语笔试时应当有目的地对这些特殊的专业词汇予以总结。下面总结了一些英语笔试常见词汇，读者可以简单梳理一下，希望对笔试面试会有所帮助。

abstract	抽象	buffer	缓冲区
abstract base class	抽象基类	built - in type	内置类型
access	访问	byte	字节
access control	访问控制	capacity	容量
adaptor	适配器	case sensitive	大小写敏感
aggregate	聚合	catch	捕获
algorithms	算法	character	字符
alias	别名	class	类
ambiguous	二义性	class template	类模板
anonymous	匿名	comma	逗号
argument	实参	comment	注释
array	数组	complier	编译器
assignment	赋值	condition statement	条件语句
associative container	关联容器	constant	常量
backslash	反斜杠	constructor	构造函数
base class	基类	container	容器
binary	二进制	container adaptor	容器适配器
binary operators	二元运算符	context	上下文
bind	绑定	conversions	类型转换
bit - field	位域	copy constructor	拷贝构造函数
bitwise operators	位运算符	curly	大括号
block	块	dangling pointer	野指针
bracket	中括号	data member	数据成员

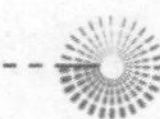

decimal	十进制
declaration	声明
decrement	递减
default	默认
definition	定义
dereference	解引用
derived class	派生类
destructor	析构函数
dynamic binding	动态绑定
dynamical	动态的
encapsulation	封装
enumerator	枚举
escape	转义
exception	异常
exception handling	异常处理
exception safety	异常安全
explicit	显式的
expression	表达式
extension	扩展
flush	刷新
format	格式化
friend	友元
friend class	友元类
friend function	友元函数
function call	函数调用
function object	函数对象
function overloading	函数重载
function pointer	函数指针
function table	函数表
function template	函数模板
generics	泛型
global variable	全局变量
handler	句柄
hash function	哈希函数
header	头文件
heap	堆
hexadecimal	十六进制
hierarchy	层次
identifier	标识符
implementation	实现
implicit	隐式的
increment	递增
indentation	缩进
inheritance	继承
initialization	初始化
inline	内联
instantiation	实例化
interface	接口
invalidatediterator	迭代器失效
iterator	迭代器
label	标签
library	库
lifetime	生存期
linker	链接器
list	列表
local variable	局部变量
logical operators	逻辑运算符
loop statement	循环语句
member function	成员函数
initialization list	初始化列表
memory leak	内存泄漏
memory management	内存管理
mod	取模
multidimensional array	多维数组
multiple inheritance	多重继承
name lookup	名字查找
namespace	命名空间
naming convention	命名规范
nest	嵌套
null pointer	空指针
object	对象
octal	八进制
operator overloading	运算符重载
operators	运算符
out – of – range	越界
overflow	溢出
overload	重载
override	覆盖
parameter	形参
parenthesis	小括号

pass by reference	引用传递	slash	斜杠
pass by value	值传递	smart pointer	智能指针
pointer	指针	source	源文件
polymorphic	多态	specifier	说明符
priority level	优先级	stack	栈
private	私有的	standard library	标准库
program	程序	statement	语句
protected	保护的	static	静态的
public	公有的	string	字符串
queue	队列	struct	结构体
random	随机的	subscript	下标
random access	随机访问	template	模板
recursion	递归	template parameter	模板参数
refactor	重构	template specialization	模板特化
reference	引用	throw	抛出
reference count	引用计数	type checking	类型检查
relational operators	关系运算符	type independence	类型无关
return type	返回类型	unary operators	一元运算符
return value	返回值	undefined	未定义的
reverse iterator	反向迭代器	uninitialized	未初始化的
round	取整	unsigned	无符号的
semicolon	分号	variable	变量
sequential access	顺序访问	vector	向量
sequential container	顺序容器	virtual base class	虚基类
size	大小	virtual function	虚函数

2. 平时加强训练，将英语捡起来

很多求职者在学校里通过四六级考试之后，就不再学习英语了，所以很多年下来，都有些荒废，处于一种比较生疏的状态，我们要早做准备，选用一两本英语基础教程和专业英文教程，做一些英语题目练习，在笔试筹备阶段，将自己的英语水平找回来，并保持住。最后，再寻找一些外企的英语笔试常见题目（各大外企的英语笔试中都有很多雷同的常见题目），进行练习，熟悉大概的出题方向，做到笔试时心里有数。

3.6 建立自己的笔试资料库

关于怎么应对笔试，这里不再赘述，因为我们参加过的考试实在太多，无外乎，保持冷静、平和心态，努力发挥出自己的水平，尽量把能写的知识点都写上，相信大家对这些经验都不陌生。

但是，找工作的笔试又和其他考试有很大的区别：短时间内参加多次考试，在几个月时间里进行几十场的笔试，虽然说不同的公司的笔试会有不同，但归根到底还是对专业基础知识点的反复考试，只是出题角度不同而已。很多题目还会出现相似甚至相同的情况，而且概率是不低的。

所以，每一次笔试结束后，不管你大获全胜还是丢盔弃甲，考试快结束的时候，将题目设法记下来，记在纸上或用手机拍下来，如果记忆力甚佳，回到学校后也要将题目整理出来，这样做的目的是建立自己的笔试资料库。接下来，不会的题目可以找老师同学解答，上网查询，查专业书籍，总之一定把题目解决了，然后把相关知识点进行补充。

参加了 7 ~ 8 场笔试之后，你的笔试资料库就逐渐积累起来了，每次考试前重点复习一下这些题目，下次笔试到来的时候，你会突然发现很多题目都会出现似曾相识的感觉，自然问题也就迎刃而解了。

笔者在多年的笔试辅导中发现，很多有自己笔试资料数据库的学生笔试时总能“幸运”地碰到自己做过的题目，而没有归纳总结整理的应聘者则多次跌倒在同一个陷阱里。经验之谈，值得应聘者重视。

球星贝克汉姆任意球“圆月弯刀”，职业生涯共打进 64 个任意球，很多人惊叹小贝的天赋，贝克汉姆却说，每次训练课结束，都会再加练 50 个任意球。可见，任何成功背后的核心都是不断的练习和努力的结果。

总之，笔试是一场持久的战争，需要几个月的辛勤准备。笔试最重要的是要夯实专业基础，提高代码的编写能力，最好将常考的知识点背诵下来，这样更有利于应试。同时，笔试前也应该练习一些智力题，提高逻辑思维能力，并有意识地将英文的读写能力进行加强训练。当所有知识和能力储备得比较完善以后，临考时还应当学会临阵磨枪，搜集各种笔试的信息，根据求职岗位，重点突击，并进行不断地归纳总结，建立自己的笔试资料库。只要做到以上几点，我们定能在笔试的绿茵场上，笔走如飞，写出自己人生的圆月弯刀！

第 4 章　征服面试官的绝招
——面试技巧

笔试通过之后，招聘单位会通知应聘者进行面试（Interview）。面试是招聘单位精心安排的，一般在公司内部进行，以考官（HR、部门经理、技术总监等）对考生进行面对面的交谈和观察为主要手段，测评应聘者知识水平、技术能力、经验、个人性格等有关素质的考试活动。面试也是用人单位挑选员工的重要方法和必须环节。

面试一般安排在笔试之后进行，主要的目的有 3 个：首先，进一步考核求职者的知识、能力和经验等；其次，考核求职者的工作期望和动机；最后，获取笔试中不能获取的其他信息，比如感官、性格层面的信息。

面试常见的形式有：

- 问答式：面试官提出感兴趣的问题，由应试者回答。这也是最为传统的一种面试形式。
- 讨论式：气氛活跃，面试官抛出一个主题，让各位应试者自由讨论，面试官从旁观察。
- 综合式：综合以上两种或多种面试方式，即提出一些问题，也会让应试者针对自己的项目或者论文进行演讲，甚至用外语进行交谈。

目前针对 IT 相关职位，行业内的面试种类有两种：

- 个体面试：用人单位对求职者个人进行面试，可以是一对一，也可以是多对一。
- 集体面试：简称群面，常见于招聘人数众多的开发部门，一次面试一批人，众多面试者轮流回答问题或就一个问题进行讨论。在集体面试里还有一种叫作无领导小组面试，近年来颇受欢迎。这种面试大都采用情景模拟的方式对考生进行集体面试。考官设定一个事件情景，然后进行小组讨论，考官观察组员应对危机、处理紧急事件以及与他人合作的状况。

面试一般会进行多轮：有技术一面、二面等，HR 面，不同的公司风格也不尽相同，针对不同的个人情况也不尽相同。有人一面就拿到 Offer 了，也有七面八面被淘汰的，大多数公司可能会有二面或者三面来决定是否录用一个人。

面试的过程辛苦且凶险，布满暗礁，难度也很大，我们需要面对面地去征服面试官，除了用硬实力说话外，还需要很多的面试技巧。本章解析在面试中征服面试官的五大秘籍，希望能为求职者开启光辉灿烂的职业生涯贡献力量。

4.1　面试着装的技巧

面试秘籍之头一技：主要看气质。

人靠衣装，佛靠金装，古今至理。面试的着装非常重要，关乎公司对你的第一印象。它是礼仪和修养的外在体现。简洁得体的着装常会让面试官眼前一亮，如沐春风，自然有好印象，好人缘，在面试的过程中也能交谈愉快。试问：谁不想和一个看起来舒服的人一起工作呢？相反，邋遢或者夸张的外形会让人大跌眼镜，还没开始面试就已经减了大半的印象分。

面试着装有很多要注意的地方，甚至对面试成败有直接的影响，以下几点提醒大家注意：

1. 着装力求简洁大方

不管你穿什么，服装力求简洁大方、干练而充满自信。必须干净，邋里邋遢的衣服直接会影响面试的成绩。花里胡哨的衣服、装饰太多的服饰、太过艳丽的衣服都不是好选择。

2. 要符合该行业的穿着

外企面试最好穿比较职业的服装，男生以西装为主，女生以套装为主。银行、证券行业、金融公司等面试，一定要穿正装，袜子最好穿黑色。国企或私企的开发或测试的纯技术岗位，又不宜穿得太过于正式或拘谨，力求大方得体就行。短裤、超短裙一类绝对不能出现在面试的场合。

3. 和周围其他面试者穿着基本融合

某政府机关人事部门的工作人员曾经描述：每年面试的人都穿着正装，个别不穿的，特别扎眼，领导从开始就把他们淘汰了。国有银行（如农业银行）的群面，一批进去 5 人一起面试，4 个穿正装，就 1 个人一身休闲装，这首先会影响到这位面试者的自信心，不会感到融洽放松，有输在起跑线上之感，用人企业可能会觉得你不重视本次面试，这就影响了面试的效果。

最后总结一下 HR 最厌恶的着装类型，用以参考：

1）年龄和气质不配，过于装嫩或者过于老气的着装。

2）浓妆艳抹，过于夸张和个性的装扮。

3）过于暴露的穿着引发反感，过膝的短裙或者短裤不适合面试。

4）搭配不当，牛仔裤穿皮鞋，西裤穿运动鞋等。

5）不分场合，休闲的场合穿得太正式，正式的场合穿得太休闲。

6）不合身材，过于紧身或过于宽大的服装。

4.2　不打无准备之仗——事先准备可能的提问

面试秘籍第二技：不打无准备之仗。

古人云：计熟事定，举必有功。又说，知己知彼，百战不殆。说的是做事之前，必须进行详细的筹谋，谋定而后动，才能取得成功。

面试就如战争，要取得胜利，也是需要筹谋的，不做准备就参加面试，成功的概率远低于做足准备的。

不同公司的面试可能不尽相同，但就其深层次都有某个方面的共通点，也有其隐藏在背后的规律，我们可以从公司的特点、职位的特点、面试官的特点做出分析，事先准备好可能问到的问题的答案，有备无患，这样我们就能在面试中从容应对，取得佳绩。

那么，面试中常被问到的问题，哪些可以事先认真地准备呢？

1. 个人方面的问题

个人介绍、优缺点、个人家庭及婚姻状况

【分析】这部分需要对照自己简历准备一个简短的个人情况说明。重点要准备好缺点部分，缺点不能是原则性的问题，但也不要耍滑头，把优点说成缺点，回答什么“我的缺点就是工作起来停不下来”，这样虚与委蛇的说法，只会招致反感。可以说一些“缺乏社会经验”等之类的大家普遍存在的缺点。个人状况一般会问到“是否定居在某处?”“感情状况如何?”“是否有出国或考研打算”之类，这主要是考查如果招收你，是否会真的到岗或能踏下心来长期工作下去。每个人的实际情况不尽相同，酌情思考，根据自身情况回答。

2. 学业、经历方面的问题

学习成绩、项目情况、论文情况、奖惩情况、社会生活等

【分析】在参加面试之前必须对自己简历上描述的每个学业、经历方面的材料都进行详细的准备，比如参加项目情况，负责哪一部分，取得什么成果，代码量多少，自己贡献了什么。自己做一个简单的归纳总结。总之一个要求：简历里每一个内容，自己都要能够明明白白地说清楚，面试官几乎都是根据简历提问的。

3. 关于招聘公司及岗位方面的提问

【分析】面试前要仔细了解一下你将要参加面试的这家公司。对自己应聘职位的岗位要求进行分析，分析这家公司风格是什么，这个职位需求怎样的人才，最看重什么技术能力和品格，并做好总结和准备。这样在与面试官交流时，他会从你对这家公司的了解程度感觉到你应聘这家公司的诚意。

4. 职业生涯规划问题

自己适合什么样的工作？个人职业生涯规划？

【分析】这两个题目都要提前做好准备，然后临场可再根据实际情况变通地发挥。总之要根据自己特点把个人职业生涯规划描述得脚踏实地而又努力进取，千万不要天花乱坠地幻想一通，这样会让面试官觉得你眼高手低，不靠谱。

5. 技术类问题

【分析】考查专业知识的常考概念，主要从岗位说明（Job Description）出发，对于可能会被问到哪些技术问题心中有数，明确一些易混淆的概念，了解一些较新的名词，免得被问到茫然不知。

6. 个人待遇问题

【分析】提前准备，根据了解的信息提出自己的薪资方面的期望，以及不能接受的条件(如长期外派或出差之类)。这里要注意的是，你提出的期望要在公司可接受的范围之内，这就需要提前做一些调研（可以从在这家公司就职的师兄、师姐、同学、朋友那里获取一些信息，或者从一些论坛中获取消息）。

7. 其他常问问题

【分析】参考本书第7章面试常问的20个问题，大家可提前整理好自己的答案，在面试时再临场发挥一下，应该能取得很好的效果。

谋定而后动，不打无准备之仗，我们对常见问题根据自身情况做好准备，条理清晰，思路完整，在面试时才能侃侃而谈，信心十足，给面试官留下非常好的印象。

4.3 切记！第一轮面试仍是“技术面”

面试秘籍第三技：第一轮“技术面”是重中之重。

面试一般要进行好几轮，传统的分法称为：一面，二面，三面一直到终面。一般 IT 公司

会有三次面试：一面、二面及终面。当然不同的公司情况不同，根据面试的情况还会加面，例如 Google 就以特殊严格的面试流程扬名，曾经有十面面试过应聘者的辉煌纪录。

传统的三次面试，一面为技术面，二面为技术经理或者技术总监面，三面为 HR 面。

有的求职者以为通过了笔试就万事大吉，进了“保险箱”，其实大错特错，因为第一轮面试也很关键，考官要通过第一轮面试对求职者的技术水平有一个更加全面而深入的了解。

第一轮的技术面试与笔试考查的侧重点不同，一般是针对你的项目经验和过往所学进行提问和讨论。所以在准备第一轮面试时，最主要的是要把简历中描述的所学及擅长的知识、项目经验、实习经验等进行仔细的回顾和总结，找出一些亮点来以便跟面试官沟通，这样也可以在面试官面前充分地把你的优势和才华展现出来。

另外，在准备第一轮技术面试时，最好针对应聘职位所需的技术知识进行着重复习。在一面中，面试官一般希望就某一个技术点进行比较深入的交流，而不是浮在表面的“闲聊”，所以面试官大都会提问一些你应聘的职位所需要的技术和知识。比如该公司需要招聘一名 Android 应用程序开发人员，面试官自然想多问你一些 Java、Android 的知识，而不会信马由缰地问你数据库和操作系统的知识。如果你提前知道你要应聘这个岗位，就应当有意识地多了解这个岗位所需的知识。如果你之前有相关的项目开发经验，胜算的概率也会大很多。

第一轮技术面试的考官往往就是你未来的部门经理或顶头上司，所以你的表现会直接决定他是否接纳你，或是直接影响他未来对你的评价。所以第一轮技术面试的重要性绝不亚于笔试，大家要格外的重视。

4.4　重视英语口语

面试秘籍第四技：秀出一口流利的“伦敦音”。

面试中（主要是外企的面试中）经常还包含一个环节——英语面试，这是最令面试者头疼的环节，很多求职者说：面试的气氛那么紧张，中文回答问题都会“结巴”，何况英语？可是，学了这么多年的英语，总不能到了找工作时“认栽”，所以，重视英语口语，早做英语面试准备。

外企的英语面试流程大体如下：

第一轮：HR 担任考官，从个人简历出发，问一些问题，这部分一般有个英语自我介绍。

第二轮：部门主管担任考官，专业领域的业务面试，这部分口语的流利程度会得到考查。

第三轮：大老板、总裁之类担任考官，一般以交谈为主，涉及公司产品和企业精神之类。

针对以上面试流程，相应的应对策略是什么呢？

1. 早做准备

人无远虑，必有近忧，这句话用在英语的学习上是再恰当不过的了。英语的学习全靠平时的积累，如果要想在英语面试中口若悬河，用一口地道的伦敦音抓住面试官的心，那你必须要很早就积极准备才行。

如果确实没有时间准备，或是之前忽视了英语的准备，那也不要灰心，起码在面试前做好以下准备工作：

- ❑ 准备一个漂亮的自我介绍（Self Introduction），而且要通顺地背诵下来，流利地在面试官面前介绍自己。
- ❑ 准备好用英语介绍你的项目经验以及特长、在学校所学的知识等。
- ❑ 提前了解一些职场中常用的英语词汇。

另外，建议多听英语广播，多看英文视频，这些都是提高英语听力和口语水平的好方法。

2. 临场集中精神

首先能听懂考官的问题，其次能做出简短的回答，不要夹杂中文，可以用“well”“however”这样的词过渡、缓冲，然后思考，表述要口语化，以短句为主，发音清晰，不要因为小的语法错误而不敢发声，老外不在乎语法的小错误，尽量避免卡壳，如果某个词想不起来就换个词表达。应聘外企的职位时，英语面试是非常重要的环节，一定要高度重视。重视英语口语，才能在英语面试中有好的发挥。

4.5 细节决定成败

面试秘籍第五技：天下大事，必做于细。

有一个在美国广为流传的求职小故事：一家知名的大公司招聘新人，竞争激烈，如果能够进入该公司工作，则前途无量，已经淘汰了好几批参加面试的人选。这时一位年轻人走进了面试办公室，同时他在门口看到一张小纸片，出于习惯，年轻人弯下腰捡起纸片仔细检查后把它扔到了垃圾筒。面试过后，主持面试的公司总裁当众宣布录取年轻人，年轻人自己都有些不敢相信，总裁笑着解释原因：“你的能力水平确实不是所有应聘者中最好的，但是，只有你在面试时通过了一项最关键的考验——门口的那张小纸片，是我故意叫人放在那里的。”那些与年轻人共同参加应聘的人，应该也都注意到门口的小纸片。对于他们来说捡起地上的小纸片只是弯一下腰那么简单，但是他们却认为不值得一做，所以就错过了进入这家大公司的黄金机会。

这位年轻人就是美国汽车工业之父——亨利·福特，他用自己的实际行动证明了当初那位总裁的独到眼光。福特是幸运的，他的幸运不仅在于自己遇到了慧眼识英才的总裁，更在于他对每一件小事都不疏忽的认真精神。

闻名世界的惠普（HP）公司创始人戴维·帕卡德曾经感叹“小事成就大事，细节成就完美”，可见细节的重要性。在求职时，细节更是不容忽视，“细节效应”在求职市场已经得到广泛重视。现在，几乎所有的公司都认为：穿着、谈吐、礼仪、习惯几乎决定这个人能否很好地融入一个团队，是否符合企业文化，对团体的发展是否有益处。所以，在求职时，我们一定要注意细节处，细节决定胜败。

那么，求职过程中都有哪些细节需要注意呢？

首先，求职材料准备齐全。中英文简历、证件的原件、复印件、电子版缺一不可。

其次，求职硬件物资准备。正装一套，不要有褶皱，整洁干净。全套考试工具，保证可畅通的手机。

第三，电子邮箱选择的学问。尽量不要使用 QQ 邮箱发送求职简历，最好是用学校自己的邮箱或者选择 163 等专业邮箱。

第四，做好记录。申请了哪些公司，哪些职位，网申的明细记录，做到归类明确，一目了然。

第五，求职礼仪。从小事做起，无论参加招聘会，还是笔试面试，尤其电话面试，“你好”“谢谢”“再见”“稍等”这些礼貌用语请经常使用。

第六，收集信息。做到详细认真，BBS 论坛、行业公司的门户网站、相关公司的实习经历、师兄弟的内幕消息，都可以左右你求职的成败。

总之，求职是一项系统而漫长的工程，这其中包含了对能力、性格、职业发展规划等的定位与思考，同时，也是对个人的信心、耐力、勇气以及对细节的把握等能力的考查，所以只有每一个环节都认真对待，我们才能在大浪淘沙中成为时代的宠儿，获得理想的求职结果。

第5章 鱼和熊掌如何取舍——Offer选择技巧

孟子曰：鱼，我所欲也，熊掌，亦我所欲也，二者不可得兼，舍鱼而取熊掌者也。先贤讲的是舍生取义的大道理，但给我们的启示是如何做好选择的问题。

由于我们在投简历、参加笔试面试时很多是本着“撒大网捞小鱼”的心态，先不考虑公司和自己的匹配度，所以得到的Offer不一定都是适合自己的。当我们得到了一些公司的“橄榄枝”后，我们似乎又陷入了新一轮的纠结——如何选择这些Offer呢？

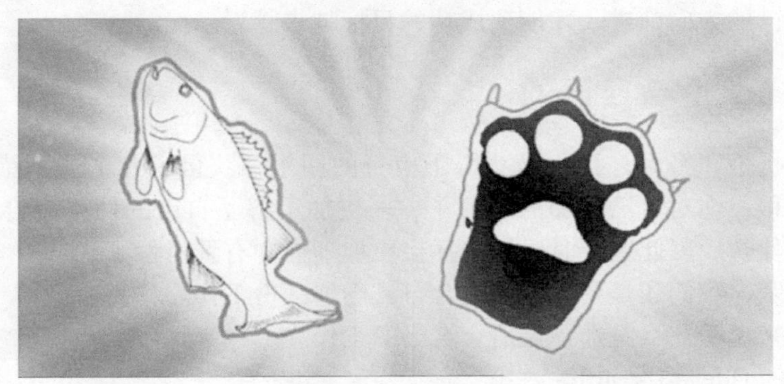

可能有的读者会说：你真是饱汉子不知饿汉子饥，得了便宜又卖乖！其实Offer并非如想象的那样遥不可及，我们身边还是有不少人存在这种“甜蜜的烦恼”的。为此，本章为求职者提供一些选择Offer时的建议。

5.1 选择Offer的大原则——方向第一，赚钱第二

古老的西方有两句奉为至理的谚语：一句是，对于一艘没有航向的船来说，任何方向的风都是逆风；另一句是，如果你不知道你要到哪里去，那通常你哪儿也去不了。它们讲的都是方向无比重要的大道理。

方向的选择比努力更加重要，无数IT大神们早已用行动证明了这一点。所以比尔·盖茨和扎克伯格才会毅然从哈佛辍学，抓住IT发展的浪潮，创建微软和Facebook；马云亦是在大浪淘沙中，看中自己发展的方向，放弃了优裕的教师职位，而取得了辉煌的成就。

我们在求职的时候，应该把握的大原则是：方向第一，赚钱第二。

如何确定自己的职业方向呢？下面给出四点建议以帮助解决困扰：

第一，兴趣是最好的老师，再怎么强调兴趣对事业发展的作用也不为过。

第二，做专业的事。如果已经在专业领域钻研七年或者四年，则不鼓励随意更换专业，因为跨专业，意味着之前的积累全部作废。所以，除非实在需要更换专业，最好从事本专业相关的职业，这样不仅在面试时候有优势，在工作中和发展上也有优势。

第三，性格决定命运，选择职业之前，建议先做一个性格测试，参照结果初步确定职业方向，也可以请教导师和师兄弟，寻求他们对自己性格的评价。然后根据性格上特点，分析自己

适合的行业。

第四，市场潮流可以追捧。IT 技术日新月异，最流行的不一定是最优秀的，但一定是最有效和市场需求量最大的。选择朝阳产业入职，不断修正择业，也不失为一个好方法。

我们都知道赚钱很重要，但并不主张如此短视地以金钱为标准选择职业生涯的起点，我们强烈反对如下几种就业方式：

1）盲目就业。不知自己擅长什么和不擅长什么，盲目就业，之后却怨天尤人。

2）唯薪水就业。比较 Offer 的唯一标准就是薪水，哪个钱多考虑哪个。

3）唯“父母之命”就业。很多人的就业是父母做主，父母说不要去公司，一定要考公务员，就考公务员，然后禁锢在体制内浪费自身的才华。

总之，当几家公司的 Offer 同时摆在我们面前的时候，我们第一位想到的应该是这些公司哪个更利于今后的发展，去哪家公司更有前途，而不要总盯着薪资那一栏犹豫不定。须知，唯有沿着最适合自己的方向前进，才能离成功的目标越来越近。

5.2 选择最适合自己的

经过数月的拼杀和努力，我们已获得了应有的回报，获得了几个还不错的 Offer，同时通过求职的整个过程，你对自己更加的了解了——更加了解了自己的性格、自己的能力和水平，自己喜欢和向往什么。因此这个时候的选择会更加理性和有针对性了。

万变不离其宗，我们还是要选择最适合自己的那一份工作。

举一个例子来说明什么是选择最适合自己的工作。

A 同学得到的 Offer 情况如下：

他同时拿到了两个单位给他的 Offer，一个是一家国有银行的软件开发职位，起步年薪大概 8 万，几年后会有较大涨幅；另一个是一家知名外企的研发工程师职位，起步年薪大约 15 万，未来会随着公司效益提高年薪。

A 同学的情况如下：

在校期间成绩比较优秀，编程和动手能力较强。性格方面比较内向，沉稳，喜欢有规律的生活方式。家境较好，生活压力较小。已有一个固定的女朋友，希望工作 2~3 年后结婚。

请问 A 同学应该怎样选择 Offer 呢？

这里没有绝对的答案，但是从 A 同学 Offer 的特点及自身情况出发，综合考量比较，建议 A 同学选择第一个 Offer，即国有银行的软件开发职位，原因如下：

1）A 同学技术能力较强，而这两个 Offer 同样需要比较强的技术能力，所以在技术这点上没有太多比较意义。

2）A 同学性格较内向沉稳，喜欢有规律的稳定生活。从这一点来看 A 同学更适合银行的工作。因为银行是国企相对稳定，各方面待遇保障比较优厚，加入之后不需要过多地考虑跳槽换工作的事情（事实上很多人选择银行工作就是不想频繁跳槽，而是在一个岗位上深入发展下去）。而外企虽然也相对稳定，但是存在裁员的风险。LG、Nokia 等都有这样的先例。

3）A 同学家境较好，不会太在意起步的年薪，而银行工作的特点往往是初期年薪不高，但是几年后薪水会有较大幅度的增长。从这个角度来看，银行工作比较适合。

4）A 同学存在工作 2~3 年后结婚的问题，银行工作时间比较稳定，更适合稳定的夫妻生活。

综上所述，建议 A 同学选择国有银行的软件开发职位。

这里仅举一例，旨在说明如何选择最适合自己的 Offer。求职者在做出选择的时候应该认真分析待选公司和职位的特点及自己的特点，多角度多因素进行综合考量比较，这样选择的 Offer 才能更加适合自己。

5.3 户口和收入哪个更重要

1. 关于户口

户口，在签约三方协议之前一定要打听清楚，这个单位是“保证解决户口”“可能解决户口”“不保证解决户口”还是“不解决户口”。北京和上海对双外（外地生源、外地户口）的户口卡得非常严，所以用人单位能否解决户口，对于在北京和上海就职并打算长期发展的毕业生来说非常重要。

就北京而言，大多数国企、事业单位、研究所、公务员都是有能力解决户口的，但是，除了公务员外，其他单位也必须要确定清楚。外企和私企解决户口的能力与前面的单位相比要差一些，尤其针对硕士生和本科生解决户口的能力和前两年相比都不能同日而语了，但是不同的单位也有很大的差别，像 IBM、华为每年就能拿到一些名额。所以对于这些私企外企，更要问清楚，到底有多大可能性解决户口。

而随着社会各界多年来持续高涨的呼声，《北京市积分落户管理办法（试行）》已于 2016 年 8 月 11 日正式发布。该办法是北京市发展和改革委员会发布的积分落户新政策，该政策的整体框架可描述为“4 +2 +7”，即 4 个资格条件、2 项基础指标以及 7 项导向指标。从政策的内容来看，积分落户的条件还是非常严苛的，但是至少还是给广大毕业生拿到北京户口又提供了一个新渠道。

上海户口政策历年都采用的是打分制，即根据你的个人情况打分，超过分数线可以获得上海户口，上海近年的落户分数为 72 分。关于分数的细则，每年上海市学生事务中心都会发布，可以参考。分数构成大体包括学历分、毕业学校分、学习成绩分、外语水平分、获奖分和科研创新分等。企业对你的打分的影响在于打分标准里的“用人单位要素分”，这个要素分要和单位核实清楚，参照上海打分标准，自己预先给自己打分，以确定是否能够获得户口。

2. 有关收入

收入也是签约 Offer 时要考虑的另一个非常重要的因素，我们不能只考虑收入来衡量一份工作的优劣，但同时，也不能不考虑收入这个重要指标。仓廪实而知礼节，谁都要糊口养家，安身立命，收入自然是衡量一份工作好坏的标准之一。有了一份体面的薪水，工作时也会充满动力；相反，收入微薄，工作的积极性自然就不高了。因此收入是一个敏感、实际而又绕不开的话题。

税前收入与税后收入

IT 招聘企业的薪水有税前和税后之分，HR 或者人事部门会告诉求职者一个薪水定级。一般外企、私企、大部分国企的薪水较高，说的都是税前工资；而部分国企、事业单位、公务员的薪水一般指的是税后工资。企业的薪水较高，一般都说年薪制，比如 13000 元 ×14.6，表示每月的薪水 13000 元，一年发 14.6 个月，这个是包含奖金等在内的，加起来接近税前年薪 20 万。国企事业单位薪水较低，但工作相对轻松稳定一些，一般都说月薪制，比如北京一般事业单位的工资为 6000 ~9000 元，年终可能会有 2 ~3 个月的奖金，也可能完全没有，取决于具体单位，合算年薪大约 7 ~10 万。

税后工资的计算

HR 告诉你税前工资，很多人想知道税后能拿多少？这个不好具体计算，因为同样的年薪，分配不同，个税是不一样的，也就是拿到手的钱不一样，这个分配主要看月工资水平和奖金发放办法，这里给个常规的计算方式。

以北京地区某公司研发岗位 2015 年硕士研究生 Offer 起薪 13000 元 ×14.6 为例计算税后工资：

该公司提供的薪水为税前每月 13000 元，发 14.6 个月。

（1）公司发工资时首先代扣“五险一金”

养老保险：8%

医疗保险：2%

事业保险：0.2%

公积金：12%

如图 5-1 所示为个人缴纳和单位缴纳的五险一金费用明细。其中公积金个人缴纳的 1560 元和单位缴纳的 1560 元，共计（1560+1560）元=3120 元都属于公积金账户的钱，可供买房和租房使用。

社保与公积金缴费明细(可调整参数)

缴纳项目	个人比例		单位比例	(单位：元)
养老	8 %	1040.00	20 %	2600.00
医疗	2 %	263.00	10 %	1300.00
失业	0.2 %	26.00	1 %	130.00
工伤			0.5 %	65.00
生育			0.8 %	104.00
公积金	12 %	1560.00	12 %	1560.00
合计	个人缴纳：	2889.00	单位缴纳：	5759.00

图 5-1　社保与住房公积金缴费细则

我国采取的是先交费后收税的政策，简称“先费后税”，那么缴纳过“五险一金”后，月剩余金额为（13000-2889）元=10111 元，下面就要缴纳个人所得税了。

（2）缴纳个人所得税

中华人民共和国税法规定：以每个月收入额减除费用 3500 元后的余额，为应纳税所得额。在此基础上，雇员对基本养老保险、医疗保险、失业保险和住房公积金的缴款也可减除。

简单解读：应纳税额=工资-自己承担的社保费用-公积金-3500 元

本例中该公司新员工的应纳税所得额=（10111-3500 元=6611 元）

那么需要纳多少税呢？国家为了调节贫富差距，按照收入的高低分档缴税，收入越高，缴税比例越高，基本缴税额如图 5-2 所示。

如图 5-2 所示，6611 元属于第 3 级，应纳税额=(6611×20%-555)元=767.20 元

$$\begin{aligned}\text{实际税后的工资} &= \text{税前工资}-\text{五险一金缴费}-\text{应纳税额}\\ &=(13000-2889-767.20)\text{元}\\ &=9343.80\text{ 元}\end{aligned}$$

每月实际到手 9343.80 元。

计算公式

应纳税所得额 = 工资收入金额 - 各项社会保险费 - 起征点(3500元)

应纳税额 = 应纳税所得额 x 税率 - 速算扣除数

说明：如果计算的是外籍人士（包括港、澳、台），则个税起征点应设为4800元。

税率表:

级数	全月应纳税所得额		税率（%）	速算扣除税
	含税级距	不含税级距		
1	不超过1500元的	不超过1455元的	3	0
2	超过1500元至4500元的部分	超过1455元至4155元的部分	10	105
3	超过4500元至9000元	超过4155元至7755元的	20	555
4	超过9000元至35000元的部分	超过7755元至27255元的部分	25	1005
5	超过35000元至55000元的部分	超过27255元至41255元的部分	30	2775
6	超过55000元至80000元的部分	超过41255元至57505元的部分	35	5505
7	超过80000元的部分	超过57505元的部分	45	13505

图 5-2　个人所得税缴纳计算公式及税率表

奖金、期权、股票和其他福利

在收入中还有很大一块是奖金，在年终时一次性发放，当然这部分也要上税但不需要缴纳五险一金。不同的公司奖金制度也不尽相同，有些公司有季度奖、年终奖和项目奖等。一般情况下，公司发放给每个员工的奖金额度会依据该员工本年度的绩效考核成绩（KPI）而定，这也是一种激励员工的手段。有些公司还会分给员工原始股和期权，原始股是公司的股份，期权是合同，在该合同下，公司承诺分期按一定价格将股份卖给某人，价值上和拿原始股没有本质区别，但灵活性上更高，比如如何分期，是否允许再转让等。其他福利包括提供住宿、餐补、交通补贴等，不同的公司莫衷一是，我们也要在衡量收入时认真考虑。

Special Offer

IT 公司的薪水除了普通校招薪水外，还有一种高级的待遇称为 Special Offer，这种 Offer 的待遇高于普通 Offer 的待遇，是面试官根据面试情况给予优秀人才的特殊薪水，比如某公司应届毕业硕士生的起薪为 13000 元 × 14.6，而 Special Offer 有 17000 元 × 14.6，提供给面试中表现优异的面试者。

（3）户口和收入哪个更重要

在北上广地区，户口和收入到底哪个更重要，相信仁者见仁，智者见智。最理想的情况是既可以得到户口，又能够获得好的收入，但是经常会出现不可兼得的情况。笔者根据历年毕业生的经验，给出以下建议：

如果打算长期在北上广发展，并落地生根，那最好以应届毕业生的身份解决户口。对普通人来说，正规渠道解决户口的机会几乎就这么一次。以北京为例，没有北京户口，对我们的生活有长远的影响，比如子女入学问题、结婚、医疗、养老，甚至出国等都会成为问题。

如果不打算在北上广常驻，那户口就不那么重要了，收入反倒显得很重要。

还有一种特殊情况就是权衡“收入和户口的性价比”。例如你获得的这份工作实在很好，收入很高，前途也很好，就是没有户口，这种情况需要自己做出决定。

总之，对大多数人来说毕业是获得户口的唯一机会，所以户口一定程度上还是比收入更重要，毕竟收入低点，之后还可以慢慢涨起来，落户的机会失去了就很难再得到了。

第 6 章　我的未来我做主
——职业生涯规划

未来五年，你的职业规划是什么？几乎每一场面试都会问到这么一个问题，轻描淡写却发人深省，是对你未来几年职业方向的一次询问，扪心自问，你，我，他，准备好了么？

职业生涯规划是一份未来的计划书，它是在认识自己，了解行业、企业、岗位特点的基础上，对个人未来职业发展方向和发展轨迹的规划和安排。职业规划一般难以一步到位，因为未来很多因素都是做计划时不能预见的，社会环境、行业环境、就业环境都会发生改变，所以在认知加深的基础上职业规划也需要不断调整。本章针对职业规划提出一些有益的建议，希望读者能够从中得到收获。

6.1　Y 型发展轨迹

IT 的职业发展是有严格的轨迹可循的，几乎所有公司的高管在公开场合都表达过这样的遗憾：很多人有着非常好的素质，只因为不懂得去规划自己的职业生涯和发展轨迹，工作多年之后，依然拿着微薄的薪水。

职业生涯扬帆起航时，大家起步都相差无几，大部分人都是从最低的程序员做起，写代码，调 Bug，在项目团队里作为一颗螺丝钉昏天黑地。在做程序员四五年后，不同的人开始选择不同的路线，分道扬镳。总的来说，有两条路可供选择：技术上得心应手、感觉有前途的，

依然会沉浸在技术第一线，成为一个高级的工程师，这是走技术路线；另一部分，对技术能力没有太大信心，或者不看好自己走技术路线，或者更喜欢和擅长与人沟通协调，就从事管理方向的工作，转向项目管理或者售前。IT 整个职业的发展轨迹呈现一个大 Y 的形态，称之为 Y 型发展轨迹。图 6-1 清晰地勾画出一个程序员将来可能的发展轨迹。

程序员的生存定律：技术向左，管理向右

一个程序员考虑自我增值时永远无法回避的一个根本问题就是：将来做管理还是做技术？可以用简单的二分法将 IT 的职位分得泾渭分明，两条不同的路摆在程序员面前。

在职业生涯早期，在不断的工作积累中，就应该筹划职业发展方向这个问题。根据自己的爱好、特长、性格特点、能力确定发展方向。这种基本方向上的谨慎选择，影响深远，这就好像习武，选择了少林的大开大合、硬桥硬马，就基本告别了武当的四两拨千斤和云淡风轻，一旦选择，改变的难度是很大的。

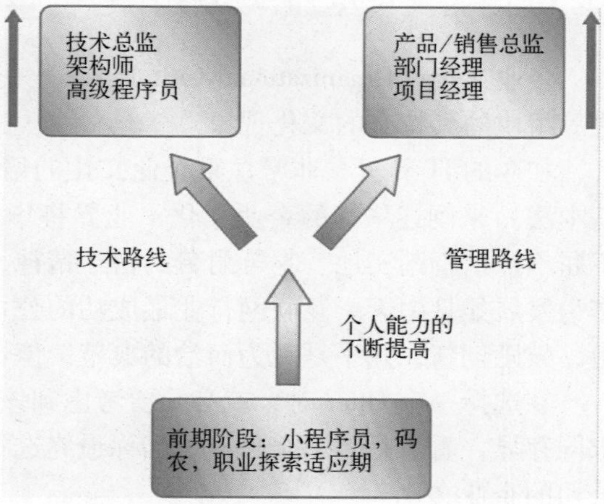

图 6-1　程序员职业发展轨迹

技术与管理的关键差异

公司都喜欢从技术人员中选拔中层管理者，所谓“宰相拔于州郡，将军起于行伍”，这样做的好处是管理者也懂一些技术，不会出现外行管内行的情况。很多人可能会有些疑惑，管理和技术关键的差异是什么呢？

第一个差异：走上管理岗位之后，和技术就会越走越远，和 PPT 越走越近。无法再深层次探究技术细节，最多只是跟踪新技术的走向了。

第二个差异：管理者处理的主要是人与人之间的关系和大量琐碎的工作，比如协调人手，为老板讲解项目，安抚员工等，技术岗位则需要对技术的专注性更高。

第三个差异：做技术的往往可以转去做管理，做管理的想转去做技术则比较困难。这意味着你的技术背景对做管理是有帮助的，而管理背景对做技术的用处却不大。

第四个差异：单纯从收入的角度来看，管理职位往往是高于纯技术岗位的收入，但这并非绝对规则，微软的超级程序员的工资就远高于管理人员。

我适合转做管理吗？

什么样的程序员适合走上管理的道路呢？下面给出简明扼要的判断方法：

1. 擅长社交，能做出决断

团队里有人和大家不合群，你愿不愿和他沟通？有几个人意见分歧很大，你能不能调解？有人不按时完成任务，你敢不敢直面批评他？诸如此类的问题，你可以扪心自问，自己是胆小害羞，沉默安静，还是有自信摆平这些事？如果是后者，管理岗位可以考虑。

2. 情绪稳定，包容豁达，心理承受力强

平和，自信，不怕事，即使坏的事情不断发生也不逃避，没有过大的心理压力，能够处理好琐碎的事情。

3. 上下通达，处理事情能力强

让员工心服口服，让上边的领导也满意，领导布置的任务，你能够分发下去并完成，下面的团队愿意接收，而不抱怨你“瞎接任务”，给领导汇报成果时，领导也满意你的表现等。

根据以上三个方面，就可以判断自己是否适合转管理，如果自己脑子好使，也能静下心来钻研技术，那最好还是往技术方面持续发展。如果技术也还不错，但更善于和人打交道，愿意和人沟通，那尽可能早地转向管理方向会是更好的选择。

6.2 融入企业文化

企业文化（Organizational Culture），是一个组织由其价值观、信念、仪式、符号、处事方式等组成的其特有的文化现象。

如今的IT新贵，非常注重企业文化的培养。华为总裁任正非先生曾经制定了《华为公司基本法》来阐述华为的企业文化，业界将华为的企业文化归纳为“狼性文化”：敏锐的嗅觉，不屈不挠、脚踏实地、吃苦耐劳的奋斗精神，群体奋斗，几乎是军事化管理的典范。几年间，华为发展如日中天。互联网行业最成功的公司谷歌却崇尚这样的企业理念：以人为本、崇尚自由、鼓励创新，几乎是无为而治的典范，但也不阻碍谷歌成为最伟大最成功的公司之一。

在选择一个Offer时，就必须要考虑到该企业的企业文化和你自身性格的相同点和不同点，求同存异，看看是否适合自己。当你最终选择这份工作时，应当是已经经过深思熟虑，认同其公司的企业文化。

选择一个Offer，就是选择一家企业，只有努力融入企业文化中去，工作中才能如鱼得水；相反，如果打心眼里不认同企业的文化，有抵触心理，工作中难免心情郁郁，最终也是不可能把工作干好的。

那么怎样做到融入企业文化呢？以下两点可以遵循：

1. 首先要肯定企业既有文化，理解企业文化里的合理面，并创新发展

曾经有一个计算机专业刚刚毕业的学生向笔者抱怨：公司里的管理太刻板太严格，让他很痛苦，不想继续工作了。笔者告诉他：你所在的公司对产品的时效性要求特别强，管理上自然要严格一些，但正是这种严格，使得公司的项目和产品质量都能得到保障，对你自己的能力提高也很快。要看到这些积极的方面，不要陷入抱怨的怪圈。

这个实例反映的就是新职员对企业文化的不适应现象。每一个新加盟企业的员工都有一个适应的过程，新领导，新同事，新环境，新工作方式，一切都是新的，难免有个过渡期，要面对新公司的既有文化。一个企业从诞生、发展一直到今天，它的企业文化，诚然有很多让你不甚满意之处，但是，既然公司取得了成功，企业的文化必有其精到之处，合理之处。作为新员工，千万不可一有不适应就心生抗拒和排斥的心理，而是要有一种主人翁意识，从心里肯定企业既有文化，了解一些既有做法，然后进行调整，以达到更好的适应。

2. 调整个人文化和企业文化无缝衔接

每个人都有自己的个人风格，尤其在这个崇尚个性的年代。所以大多数人都很推崇个性张扬，很多年轻人会标新立异。其实张扬并不代表不受约束，自由也不是绝对的。很多有趣的职场现象就表明，个人文化和企业文化衔接的必要性。如果个人不去主动适应企业文化，则会对职业生涯造成很大的负面影响。

有一次笔者面试了一位北京大学毕业的研究生小A，曾经才华横溢，但工作7年却一直碌碌无为。我们看到他参加面试时，穿着拖鞋就过来了。当问他为什么如此打扮时，他自己也自有一套道理，认为技术人员不需要注重仪表。然而我们公司却并不认同。我们的理解是，作为一个需要一丝不苟于专业领域的公司，员工不需要衣着华丽，但起码干净整洁。一个在面试如此重大场合都不能注意穿着的人，怎么能做出完美而精细的产品？这就是个性和企业文化之间

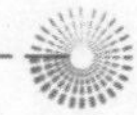

产生了严重的冲突，那结果可想而知……

我们尊重每一个人的个性，但也强调集体的共性，你可以张扬，但不能张狂，可以个性，但不能任性，可以桀骜不驯，但不能飞扬跋扈，凡事都有度，就是一向我行我素的苹果前总裁乔布斯也在肾结石的病痛折磨下依然按照公司的准则努力工作，可见，个人文化衔接企业文化，或者服从企业文化，是必需的准则。

6.3　关于跳槽

这是一个浮躁的时代，现在为了找到一份心仪的工作而不断跳槽的人越来越多。IT 行业更是如此，跳槽从来都是一个非常热门的话题。笔者认为跳槽要谨慎，审时度势，相机而动，有两种极端的情况我们是不赞成的：一是跳槽过于频繁，跳来跳去职业生涯没有向上发展，反而越跳越差；另一种是明明现状很差，却没有改变的勇气，只能在抱怨中维持现状，蝇营狗苟。下面就跳槽的问题分享一些经验。

跳槽的原因

跳槽的原因大致可以分为以下几类：

1. 待遇问题

认为自己付出和收入不成正比，所谓我固有才，所得不及。虽然几乎所有的跳槽者都不承认自己是为了薪水而跳槽，但几乎都有薪水方面的原因。

2. 环境问题

树挪死，人挪活。不适应目前公司的环境，要么在原公司工作不顺利，要么人际关系方面处理得不好，无法忍受严苛的老板等。

3. 发展问题

一种是职业生涯遇到瓶颈，职位升不上去，自己感觉没有受到重视，职业发展没有达到预期，看不到未来的机会；另一种是能力逐渐提高，感觉小庙留不住大佛，去更大更有前途的平台发展。

一般人跳槽都是以上多种原因的综合，薪水不到预期，工作发展不好，人际关系复杂，心生去意。也有一部分人是对自己开始选择的工作方向不满意，进而更换方向而跳槽。最后，还有一小部分人是因为自己能力的提高，想到更大的平台去发展。

跳槽的时机

在这个瞬息万变的 IT 行业里，可能会面临很多的诱惑，常听到某个同事因为跳槽薪水涨了 50%，某个同事跳槽之后做了主管，某个同事跳槽之后工作更轻松了等。猎头也常常会联系你，提供很多的职位给你，所以面对这些可能的情况，怎样才能把握得更好呢？

通过和众多猎头顾问的多番交流，笔者对跳槽的时机提出以下建议：

1. 刚刚入行两年内请控制自己的跳槽欲望

毕业生刚刚踏入职场，成为技术开发人员，很多人的起点并不是很高，薪水不高和从事的工作技术含量也不高，所以天资聪颖的学生大概半年不到就掌握了基本的工作内容，于是，他们开始受人影响，躁动了，认为自己已经很有经验了，是时候工资翻倍了，这是这个行业普遍存在的浮躁心态。我们认为：这个时候，还是稳住心态，踏踏实实再做一段时间，坚持学习，熟悉完备的项目管理流程和标准的开发环境，认认真真地有所积累，在实践中发现自己的兴趣点和优势点，等到发展方向逐渐清晰后，再考虑后续的问题，这时候，应该会比别人得到更多和更好的机会。

2. 最好不要通过跳槽来转行

我们不鼓励随意的转行，因为这是风险最大的选择。我们经常听到这样的抱怨：我不想做这个行业了，不想再做测试了，不想再做售前了，我希望换一个发展方向。这时候，我们常常感到遗憾，这预示着过去几年的经历都化为了乌有。而猎头们经常说：他们介绍一个新的职位给某个目标客户，希望他跳槽，看中的也正是他过往经历的价值。而从头开始，就意味着一切归零。这时候，我们首先建议你认真考虑清楚，是否做好足够准备重新开始？是否有资本从头再来？不要通过跳槽的方式寻求突破，最好的方式是先在当前的公司内部寻求转型，积累经验，这样是比较稳妥的选择。比如你想从纯技术领域向管理领域转型，就可以先考虑从本公司的 FPM（Feature PM）、PL（Project Leader）等职位做起，等到经验丰富，人脉广泛之后再考虑向外发展。在本公司尚且不能成功转行，在竞争激烈的社会招聘中就能找到一席之地吗？

3. 思虑周全，考查清楚再跳槽

我们不反对跳槽，我们反对频繁地瞎跳，盲目地认为阳光就在远处，别人家的月亮都比我家的圆，工作稍有不顺就不干了，两三年下来跳槽好几次，在哪里都干得不开心，还会给用人单位留下不好的印象。在跳槽之前必须分析自己的优势和劣势，对比新的岗位和旧的岗位，了解新公司的优缺点以及和自己的匹配度。预估自己的发展趋势，做好这些考查之后再慎重考虑自己要不要跳槽。

跳槽与积累

工作本身是一件辛苦却需要理智的事情，个性需要有，但更多的是问题和压力。我们并不反对跳槽，但跳槽不是解决所有问题的办法。如果频繁跳槽，都会反映到简历上，对很多公司的企业文化而言，会认为你不能安心工作，忠诚度存在问题。

很多人告诉我们：在本公司工作很不开心，公司有这样或那样的问题。我们常常给出的建议是：如果当前公司不能解决的问题，下一个公司多半也解决不了。围城的思想依然适用于职业范畴。与其逃避问题，不如在当前公司把问题彻底解决掉。

我们不支持频繁跳槽的另一个原因，是关于积累的考虑，职业生涯的发展轨迹应该是曲折向上的，而这种曲折向上的轨迹，最重要的就是积累，知识的积累，能力的积累，其他还有人际关系、经验、人脉、口碑等，这些都需要你在一个稳定的环境里有持续努力的表现才行，工作 3～5 年，才能稍见成绩，而频繁跳槽会彻底损坏这种积累，于职业生涯发展是无益的。

总之，职业生涯的轨迹至关重要，选择发展方向，融入企业文化，职业生涯一步一步发展，有一帆风顺的惬意，也有曲折停滞的失落，你可能需要一边努力一边谋划着未来，或者需要更换新环境，开启职业生涯的新篇章。但是不管怎样，我的未来我做主，职业生涯漫长，且行且悠扬，只要踏实诚心肯干，一定能拥有属于自己的一片天地。

第7章　运筹帷幄，决胜千里
——面试官常问的20个问题

运筹帷幄，故决胜千里，古今王者，莫不如是。虽是称赞谋臣神鬼莫测、洞察战局的本领，也从另一个层面反映了凡事提前准备、提前谋划才能立于不败之地的大道理。面试题目虽然千变万化，但其中也有规律可循，我们要“运筹”面试官常问的20个问题，才能在面试中“决胜”千里。

7.1　谈谈你的家庭情况

问题分析：很多面试官都倾向于从家长里短的问题开始面试，诸如：简单介绍一下你自己，有没有男/女朋友，谈谈你的家庭情况等，都属于此类问题。目的是通过应聘者对家庭的描述了解应聘者的性格、观念、心态等。

注意事项：1. 简单描述家庭人口。尊重事实，尽量描述成员良好的状况。

2. 强调家庭对自己工作的支持和自己对家庭的责任感。

参考答案：我家里有三口人，爸妈还有我。爸爸是个国企工程师，妈妈是中学老师，爸爸对技术的钻研精益求精，妈妈则喜欢文字和理论等比较严谨的东西。我从父母身上获益良多，他们都认为“技术”和“努力”是做好所有工作最重要的因素，所以我一直在努力地寻找在技术上有挑战性的工作，他们也支持我成为技术性的专业人才。

考官点评：全面，简洁，小幽默，令人莞尔。

7.2　你有什么爱好和兴趣

问题分析：爱好和兴趣反映应聘者的生活方式和性格特点，这是问该问题的主要原因。

注意事项：1. 自杀式回答一：我没有什么特别的兴趣和爱好。

2. 自杀式回答二：我喜欢打游戏、看电视剧等（并不是特别好的爱好）。

3. 自杀式回答三：我喜欢乒乓球，因为它是我们国家的“国球”，能令人有自豪感。简单的问题“上纲上线”，太过吹嘘，不显真诚。

4. 最好能有一些户外或者运动类的爱好来“加分”。
5. 如果你喜欢长跑那是再好不过的了，因为现在许多大咖精英都热衷于此，如果你也喜欢这项运动，你未来的老板或许有相见恨晚的感觉。

参考答案：我有许多的爱好，其中能拿得出手的就是登山了，周末有时间的话就会去一趟，一来是为了锻炼身体，二来也呼吸新鲜空气，虽然非常忙，但也挤时间去，有乐趣也有益身心，就是膝盖疼点，也比较担心雾霾的天气。

考官点评：迅速引起面试官的共鸣，身体问题，雾霾问题，有乐趣又真实。

7.3 你自己的优点是什么

问题分析：可以选择和工作相关的优点，可表现自己，举个实例，但不要过分吹嘘。

注意事项：1. 自杀式回答：优点特别多，英勇无畏，聪明剔透，比面试官都强。

2. 这个问题往往隐藏着下一个问题“那你的缺点是什么”。

参考答案：我认为我还是有以下优点，比如做事比较认真，抗压性比较强，其中我认为最大的优点就是抗压性强，我实习的时候做**项目，工期紧，压力大（具体描述），最终我作为主要开发人员，圆满完成了任务。

考官点评：对自己优点认识明确，有实例为证，非常有可信性。

7.4 你自己的缺点是什么

问题分析：几乎是面试的必考题目，考查是否有自知之明，是否采取措施改善。

注意事项：1. 自杀式回答一：直接说自己没有缺点，或者说自己没有大的缺点。

2. 自杀式回答二：把优点说成缺点，有人会自作聪明：我的缺点就是凡事太用心，都不知道休息。类似这种是最危险的回答。
3. 自杀式回答三：说一些严重影响应聘工作的缺点，比如工作效率低。
4. 自杀式回答四：说一些令人不放心，感到难受的缺点，比如小心眼等。
5. 秘籍是：一些“无关紧要”的缺点，缺点和优点交叉着陈述。

参考答案：我认为我有一个明显的缺点：我在公共场合独立发表自己观点时总是很拘谨，会感到有些紧张，虽然在非常熟悉的领域我一般比较有自信。所以当我需要公开表达一些东西的时候，我一般都尽全力做好准备。我确实羡慕那些无论什么话题都能够高谈阔论、随意表达的人。

考官点评：这个回答非常优秀，三层意思：明确认识了缺点；表达了改进办法；中间还委婉地表明了自己非常努力的优点。

7.5 谈谈最令你有成就感的一件事

问题分析：面试官想了解你最大的成就、能力和价值观，选择符合职位要求的成就来说。

注意事项：1. 举自己最有把握的例子去讲，不可前后矛盾。

2. 切忌夸大其词，把别人的功劳说成自己的。最好是和工作结合的成就。

参考答案：目前为止，我取得了很多成绩，我自己感觉最大的成绩是我在IBM实习时负责的**项目，项目虽然有困难，但在我们的努力下取得了成功，还成为全球路演项目之一，感到非常自豪。

考官点评：描述具体，体现了自己的能力和成果，对现在应聘的工作也有参考性。

7.6　谈谈你最近的一次失败的经历

问题分析：面试官想了解的是你面对失败后采取的应对方式，你怎样总结的教训。

注意事项：1. 不能说自己没有失败经历，所谈经历的结果必须是失败的。

2. 不要自作聪明，把明显的成功说成失败。

3. 宜谈是由于外在客观原因导致的失败，在整个失败过程中自己已经尽心尽力，失败之后采取了积极的补救措施，精神上未受大的影响。

参考答案：对于我们即将步入社会的年轻人，社会经验有所欠缺，失败是在所难免的。我刚开始求职时，对自己的认识不够客观，对求职认识过于简单，过于自信，导致在某外企的面试中失败。但是我从中及时吸取教训，总结不足，改变自己找工作的思维方式，看问题更加全面，以更饱满的热情投入到新的找工作大潮中。

考官点评：描述具体失败，失败原因，解决方法，表现自己知错能改，迅速提高。

7.7　你做过什么项目

问题分析：面试官通过这个问题主要是看你的项目经历、个人角色，对个人专业能力进行评估。

注意事项：1. 这个问题是面试中最重要的问题之一。

2. 讲述自己做过的最有代表性的项目，自己的角色、贡献度、项目总量等。

3. 真实可信，突出亮点，不夸大，结尾要讲述自己从项目中获得了什么。

4. 在回答过程中，面试官会就感兴趣的点频繁提问，要做好准备。

参考答案：我在读研期间和实习期间总共完成大小项目 6 个，其中最有代表性的是实验室的 * * 项目。该项目是为 * * 单位的研发项目，是针对该单位从市局到省局再到国家局三级单位的业务处理项目。项目组研发人员 7 名，历时 2 年，代码量 100 万左右，主要大的项目模块 6 个，我主要负责其中的数据传输、报送模块的研发，用 Java 语言开发，涉及 Struts、Hibernate、EJB 等中间件。项目按时交付，后期使用良好，项目也取得了一些学术成果：EI 相关研究论文 1 篇，核心期刊论文 3 篇，软件著作权 4 个，并积累了丰富的项目经验和开发经验。

考官点评：项目描述清晰，突出亮点、成果，给人的感觉是实际经验丰富。

7.8　你有多少代码量

问题分析：这个问题主要对应聘者的工作经验进行量化，同时考查总结经验的能力。

注意事项：1. 一般会问你的代码经验是什么量级的，大概估算出来就可以。

2. 问你代码量，也是想看看你的编码风格。

3. 附带地会问你的 Bug 数，两个问题结合了解你的 Bug 率，看你编码质量。

4. 代码量多并不一定代表能力强，重复工作没意义，少则说明实践不够。

参考答案：研究生阶段做了很多项目，大概的代码量级在 10 W + 左右，除手动编码外，我还会利用很多自动生成代码的工具作为辅助开发。当然主要还是进行手动编码，我会避免做重复工作，同时养成良好的编码风格。

考官点评：量级比较合理，有一定的实践经验，手动编码和自动生成工具结合，很熟练。

7.9 请描述一下你对我们公司的理解

问题分析：重点考查应聘者对公司的认知，可从行业发展、岗位等角度陈述。

注意事项：1. 强调的是“你”的理解，不要背诵公司简介，体现自己的关注度。

2. 从行业地位、职位理解、发展前景角度描述自己的理解。

参考答案：我到百度求职，既有感性的原因也有理性的原因。感性的原因是我一直在用百度提供的服务，百度知道、百度贴吧、百度百科。理性的原因，百度是互联网行业的龙头，在技术领域一直在创新，我的技术背景和公司发展方向比较匹配，我也了解到公司布局了大数据发展计划，我相信有广阔的前景。

考官点评：迅速和面试官拉近距离，对公司有实实在在的理解，真诚可信。

7.10 谈一下最近 5 年内的职业规划

问题分析：通过这个题目面试官想知道你对未来的设想，你的目标是否与公司相符。

注意事项：1. 面试官想知道你是否认真考虑过自己的职业规划。

2. 不能回答“没有想好，或者还没有想过”。

3. 最好的表达是体现自己做过认真思考，表达在该公司成长的愿望。

参考答案：未来 5 年职业规划的问题，我认真思考过多次，因偏爱编码，我想在技术领域持续发展，并希望在几年后谋求一个更资深的职位，等到有所积累，希望向管理的方向努力。我也相信目前应聘的职位可以帮助我实现规划。

考官点评：对自己有比较充分的认识，职业规划和应聘公司紧密相连，非常精彩的答案。

7.11 你觉得工作之后最大的挑战是什么

问题分析：通过这个题目考查面试者对于工作中的困难的预见程度。

注意事项：1. 不宜说出具体困难，否则面试官会怀疑面试者的能力存在问题。

2. 要陈述面对挑战的态度，表明自己已做好准备，能够迎接挑战

参考答案：我认为工作之后会面临学生身份向职场身份的转变，工作开始具有紧迫性和成果的需求。对于我们开发岗位而言，最大的挑战就是项目进展停滞不前时，如何调整自己，团结团队成员，克服困难，最终完成好项目。我一直有不服输和不怕苦的性格，应该能很好地面对这些挑战。

考官点评：对职场的挑战有清晰的认识，在面对挑战方面有心理和行动的准备。

7.12 你对出差和外派的看法是什么

问题分析：这是个非常有倾向性的问题，提问者通过提问已经透露他的答案。

注意事项：1. 应聘的工作可能经常出差或者长期外派，根据自身情况，应该提前有所考虑。

2. 如果确实不能承受长期的外派，面试时要明确表达。

参考答案：关于出差和外派，我可以配合公司的安排，各种短期的出差或外派都不会排斥。长期的外派最近两年应该没有问题，成家后还要根据情况来调整。

考官点评：对于出差和外派的看法表达得很清楚。

7.13　你对加班的看法是什么

问题分析：面试官针对应聘者的工作热忱提出的问题。

注意事项：好多公司提问这个问题，并不表明一定加班，测试点在于是否愿为公司奉献。

参考答案：如果工作需要或者项目到了攻坚阶段，我会义不容辞地加班。目前来说，我个人没有太多家庭负担，可以全身心投入到工作中去。但同时，我会提高我的工作效率，减少或者避免不必要的加班。

考官点评：非常精彩的陈述。表达了愿意为公司奉献，同时避免无理由加班的情况。

7.14　你对跳槽的看法是什么

问题分析：针对 IT 行业存在的跳槽问题询问你的看法，考量工作的韧性和态度。

注意事项：1. 区分跳槽和频繁跳槽的区别。
2. 描述跳槽的利与弊。

参考答案：IT 行业人才竞争激烈，存在跳槽现象，原因可能是不满薪资水平或者求取更好的发展等。我认为频繁的跳槽会导致积累中断，既然选定自己的事业，就要不断努力获取成功。应当努力克服工作中的各种不适，频繁跳槽对自己、对公司都是不利的。

考官点评：对跳槽和频繁跳槽都有陈述，反映了积累和跳槽的不同理解。

7.15　你如何理解你应聘的职位

问题分析：该问题是掌握你对工作职位的主观认识，确认你对公司的了解程度和感兴趣程度。

注意事项：1. 面试前就应下好功夫，预先掌握多一些资料。
2. 不要回答“该职位提供了较高的薪水”之类，重点从发展方向着手。

参考答案：在学校时，我已经积累了很多开发的经验，这也让我对应聘职位有了自己的理解。我了解到目前我这个职位所在的项目组正在负责 Java 相关项目的研发，所以该职位对从业人员的相关研发经验和专业能力有一定的要求，同时也需要一些数据库方面的专业知识，而且良好的沟通能力也是项目完成的关键，我认为我比较适合这个岗位，希望能得到工作机会。

考官点评：对公司和项目组非常了解，对职位的技术和非技术需求定位准确。

7.16　工作中遇到压力你如何缓解

问题分析：这是重要的面试问题之一，考查面试者的抗压能力和处理问题的能力。

注意事项：1. 题目中强调的是工作中的压力。
2. 很多人会回答“听音乐”“健身”之类，这并不是最理想的答案。因为这些都没法在工作时间去完成，以帮助缓解压力。

参考答案：工作中肯定会出现很多压力，我的时间管理能力很强，一定程度上已经规避了很多工作压力。当面对工作压力时，我先进行分析，看压力来自何处，如果是工作量太大，我会重新分配和安排，寻求团队合作；如果是技能水平不足，就需要提高技能；如果压力来自人际关系，就要学会相处之道。学会适当的放松和休息，来缓解压力。

考官点评：答案与众不同，几乎都是和工作紧密结合的减压方式，同时又突出了自己的优点。

7.17 如何看待程序员40岁以后编不动代码

问题分析：IT行业普遍流传的所谓40岁编不动代码“真理”，清晰表达出自己的看法就可。

注意事项：面试官多是编码出身，有一种代码的情怀，所以这个问题答案显而易见。

参考答案：我知道行业里盛传“40岁就编不动代码”的说法，主要是精力、脑力都跟不上了。我不是很赞成这种说法，我知道微软公认的最厉害的工程师David Cutler，70多岁了，主要的工作就是Azure云的代码开发。如果兴趣、技术都在代码领域，我觉得并不存在40岁编不动代码的说法。

考官点评：有理有据反驳行业的一个说法，举的例子非常有说服力，对行业很熟悉。

7.18 在工作中有没有经历过和他人意见不合的时候？你是怎么处理的

问题分析：圈套问题，认真思考，主要考查意见分歧时怎样处理矛盾的能力。

注意事项：一定要回答有意见不合的时候，主要体现你对处理意见不合的情况比较有经验。

参考答案：无论是实习时还是在学校学生会工作时，都偶尔有和别人意见不合的情况。现在大家都非常有主见，我认为处理不同的意见并不难，我一般先要求大家都拿出具体的事实和数据出来，然后一同分析，其实绝大多数情况下，每个人的意见都有部分合理之处，有分歧反倒促进了意见融合，能够使最终方案更完美。

考官点评：明确陈述了自己关于处理意见不合的方法，非常精彩！

7.19 你平时都采取什么样的学习方式

问题分析：对于IT工程师，持续学习是必需的，考查学习方式可以看出学习能力如何。

注意事项：相似的问题是，你要怎样才能跟上飞速发展的时代而不落后。

参考答案：对于IT开发工程师，不断学习新知识是非常重要的。对于我而言，主要的学习方式：一是看专业书籍，尤其是经典国外专业书籍，充实知识储备；二是关注开源社区、专业论坛，如Stack Overflow、CSDN等，和同行就很多问题展开讨论；三是参加各种技术交流会，听取专家报告。

考官点评：学习的方式列举了三种，比较全面，能跟上技术的潮流，也表明了自己擅长学习。

7.20 你还有什么需要了解的问题

问题分析：这是一个看似可有可无的问题，其实很关键，面试官看你是否对公司感兴趣。

注意事项：1. 千万不能说“没有问题”，或者只问工资奖金福利。

2. 可以询问部门工作的信息、公司的晋升机制。

3. 展现积极的状态，了解未来的工作环境。

参考答案：您好，面试官。我还有几个比较感兴趣的问题想询问您：我应聘的是公司的研发事业部，我想问问目前该部门的基本工作情况，比如都有哪些方面的项目？要用到哪些方面的核心技术？还有我感兴趣的另一个问题：在公司工作几年后，都有哪些发展方向？

考官点评：提出了自己感兴趣的两个方向的问题，态度积极，给考官留下了深刻印象。

第8章　知己知彼、百战不殆
——外企常考的20道英文面试题

外企，在很多人心中，是向往的就职天堂。先进的管理理念、宽松自由的工作氛围、不错的薪资待遇、优越的办公环境、和专业领域最杰出的外国专家直接交流，这些无疑都充满巨大的吸引力。如果你志在外企，就要了解外企独有的文化，用外企独特的思维去面对外企面试，抛砖引玉，本章为求职者提供了外企常考的20道英文面试题，以供参考。

8.1 Please tell me something about yourself?

问题分析：外企面试的第一个问题，自我介绍，通过自我介绍全面了解应聘者的概况。

注意事项：可以提前做好准备，尽量简洁，陈述自己的亮点。

参考答案：Good morning, everyone. My name is Zhang. It is really my honor to have this opportunity for the interview. I hope I can make a good performance today. I am 26 years old, born in Hebei province. I graduated from Peking University. My major is computer science and technology, and I got my master degree in 2016. I spent most of my spare time on study, I have passed CET-6 during my university. And I have acquired some basic knowledge of my major and mastered a lot of skills, such as Java, data structure, algorithm and so on. I have done many projects. The most impressive one is Management Information System for ** university. Its main target is to carry out remote data acquisition from other universities. I was involved in design, coding, testing and writing user manual in this project.

In July 2015, I began working for IBM as an intern. My main work was to do Java development. It is my long cherished dream to be a software engineer and I am eager to get an opportunity to fully play my ability. That is the reason why I apply for this position. I think I'm a good team player and a person of great honesty to others. Also I am able to work under high pressure. I am confident that I am qualified for the position in your company.

That is all. Thank you for giving me the chance.

考官点评：介绍得非常全面，关于技术优势说得尤其详细，英语水平优异。

8.2 What experience do you have in this field?

问题分析：考查你的行业经验和经历，可以针对具体职位的要求进行描述。

注意事项：描述行业经验参照应聘职位的职位需求（Job Requirements）。

参考答案：I have been working as a software engineer for 5 years. And I have done Java development in the last 3 years. I am also familiar with relational database such as Oracle.

考官点评：对自己的行业经验介绍得比较全面和详细。

8.3 What is your dream job?

问题分析：考查你对工作的期许和要求。

注意事项：描述一些脚踏实地的愿望，最好能配合当前应聘的工作岗位。

参考答案：My dream job would allow me to do C++ development in the team. I love working to suit different needs. Meanwhile, I love this job emphasizing communication among colleagues.

考官点评：表达了喜爱 C++ 开发和团队合作，对工作的期许符合目前应聘职位的发展需求。

8.4 Why should we hire you?

问题分析：我们为什么雇佣你？面试官希望你证明自己是当前职位的最佳人选。

注意事项：1. 迎合公司对该职位的期望。

2. 不要有狂妄自大的表现。

参考答案：I got a master degree in computer science. That shows my expertise. I have been working as a C developer in the last 3 years. That shows my experience. I could own a project by myself in my last job. That shows my ability. I believe I am qualified for the position.

考官点评：对公司关于职位的期望拿捏得很准，表现了可以为公司做出贡献的能力。

8.5 What are you looking for in a job?

问题分析：在（新）工作中你想要得到什么？

注意事项：1. 面试者想知道应聘者的目标和公司的需求是否一致。

2. 对照自己的兴趣、自己的发展轨迹和新职位的需求（Job Requirements）作答。

参考答案：I'm looking for a position where I can have the opportunity to fully contribute my technical skills and work experience.

考官点评：说明了自己对“技术”的偏爱，要寻找的职位是发挥自己技术特长的职位。

8.6 Are you willing to work overtime?

问题分析：你愿意加班吗？针对加班话题进行的询问。

注意事项：提这个问题，并不意味一定要加班。有两层意思：考查工作效率；考查奉献精神。

参考答案：An overtime work is very common in IT companies. It is no problem for me working overtime if it's necessary. Meanwhile, I will improve work efficiency to avoid working overtime.

考官点评：表达了可以为公司加班的意愿，同时提出要提高工作效率避免不必要的加班。

8.7 What is your greatest weakness?

问题分析：你最大的缺点是什么？考查你对自身缺点的认识。

注意事项：1. 外企认为认识自己重要，不要回避这个问题（**Don't give a cop-out answer**）。

2. 要诚实、实事求是（**Be honest**）。

3. 不要回答影响面试的缺点（**Avoid deal breakers**）。

4. 表达为克服缺点做出了巨大努力（**Your attempts to overcome your weakness**）。

参考答案：Well, I used to like to work on one project to its completion before starting on another, I don't love to cooperate with others. but now I've learned to work on many projects at the same time in a team, and I think it allows me to be more creative and effective in each one.

考官点评：认为自己最大的缺点是并发工作能力较差，同时表达了目前已经在改变。

8.8 What are your strengths?

问题分析：你的优势是什么？这个题目考查是否有足够的自我认知能力。

注意事项：1. 外企认为认识自己的优势和劣势非常重要。

2. 掌握分寸，表达自己的优势，但不宜过分渲染。

参考答案：My greatest strength is my commitment to work. I always strive for excellence and always try to do my best. I am able to work independently and not afraid of hardship.

考官点评：对自己的优势认识比较明确，突出了性格方面的特点。

8.9 Why did you quit your last job?

问题分析：你为什么从上份工作离职？询问离职原因。

注意事项：描述自己离职的原因。务必要把理由解释清楚，不宜描述自己是因为钱而跳槽的。

参考答案：Frankly speaking, my last job is not bad, but I want to leave it simply because I'm attracted by your company and the position you offer. This is the job which I dream of. I think I can get a long - term development in this position.

考官点评：对离职的原因进行了详细描述，主要原因是想获得广阔的发展空间。

8.10 Why do you want to work in our company?

问题分析：你为什么想在我们公司工作？题目考查对公司的了解程度和加盟公司的意愿。

注意事项：1. 这是一个非常重要的问题，在面试前就应做好功课。

2. 千万不要提薪水待遇问题，比如表达因为薪水高而进入公司等。

参考答案：I wish I can work in a global company, because the origination and management are more professional in this kind of company. I think your company can give full play to my talents. I can do my best in this job.

考官点评：对公司的全球化规模很了解，同时对公司、对自己的发展认识明确。

8.11 What kind of salary are you looking for?

问题分析：你期望的薪水是多少？询问关于薪水的期望值。

注意事项：1. 面试官比较喜欢数字，但应聘者最好不要给出数字。

2. 在回答之前，确保你已经弄清楚了工作内容、目标、工作的方式方法等。

参考答案：Salary is not everything. What I care most is the company itself. It is your company that attracts me, and it is also the reason why I apply for the position. I believe I can grow up very fast and contribute a lot in your company.

考官点评：表达对薪水并不特别看重的观点，回避了自己给出的数字过高或过低的问题。

8.12 What do co-workers say about you?

问题分析：你的同事如何评价你？

注意事项：1. 通过描述同事对你的评价，从侧面考查你的个性和人际关系。
2. 不要过分夸大事实，表达出自己的优点即可。

参考答案：The people who have been worked with me believe that I am very easygoing, and with high responsibility and team spirit. They feel no trouble when we do communication. I think I leave a good impression for them.

考官点评：表达了同事对自己的正面评价，从侧面描述了自己的优点。

8.13 What were some of your achievements at your last job?

问题分析：在上一份工作中，你取得了哪些成就？考查过去取得的成绩。

注意事项：1. 外企的认知是：在上一份工作中取得成就，才能在这份工作中也取得成就。
2. 用事实和数字说话，有充分的论据支持。

参考答案：I was responsible for doing 4 projects in the past 3 years. As I was the team leader, the users were all satisfied. It was a great honor to be named " Employee of the Year" in the past two years.

考官点评：用具体的成绩说话，很有说服力。

8.14 Tell me about your ability to work under pressure?

问题分析：告诉我你在压力下的工作能力（抗压性）？

注意事项：可以表明自己有很好的忍耐力来处理工作压力。

参考答案：As I am under pressure if there are too many work ahead of me, I will classify all the tasks into 2 groups. The tasks in group A is emergent and must be done now; the tasks in group B is not urgent and can be done later. Then I can solve these problems based on their priority.

考官点评：表明了自己在压力下按优先级处理工作的方法。

8.15 What have you learned from mistakes on the job?

问题分析：你在工作的失误中领悟到了什么？考查你吸取教训的能力。

注意事项：切忌将错误描述地过细，只要表明怎样吸取教训，从错误最终走向成功。

参考答案：I think I have learned to keep patient. Not to give up in a very short time, because the success is probably going to come here.

考官点评：学到了耐心，能够不放弃，表述得很清楚。

8.16 Where do you see yourself in 5 years?

问题分析：以后5年的职业规划？关于未来发展问题的探讨。

注意事项：必须谨慎回答的问题，和当前应聘的工作紧密结合去回答这个问题。

参考答案：I hope I will be in a senior position such as a team leader. I have the confidence that I can manage our team smoothly after I get enough experience after 5 years. It will be great if I can be a member of management team in your company, and that is my dream job.

考官点评：今后五年的计划是成为一名团队管理者，有明确的未来目标。

8.17　How long would you expect to work for us if hired?

问题分析：考查你今后的设想与打算（Future Plans and Management）。

注意事项：这个问题本身已经有所暗示，希望在公司做得更长久些。

参考答案：I hope I can work here as long as possible if I can contribute to the company constantly.

考官点评：表达了长久在公司发展进步的愿望，只要能在行业学习和进步，就一直待在这里。

8.18　What do you want to know about our company?

问题分析：对于我们公司你还想了解哪些方面？针对个人的提问环节。

注意事项：不可回答“没有”，可提出自己感兴趣的问题，体现对公司提供职位的兴趣。

参考答案：I want to know the career path if I get hired in this position. What else can I be except be an expert in a specific field? I am also interested in your training plan for a new comer.

考官点评：提出了自己在公司长久发展路线的问题，体现了对应聘职位的重视。

8.19　Tell me about a suggestion you have made?

问题分析：了解你最近提出的建议。

注意事项：1. 考查你是否积极主动（Self - starter），这是外企非常看重的特质之一。

2. 考查你是否能产生积极可行的想法（Workable Idea）。

参考答案：I suggest that the R&D department should conduct more training and knowledge sharing, so we are able to broaden our horizon and improve our skills. I believe we will definitely get benefit from those sessions.

考官点评：提出好的建议并被采纳，具有主动性和可行的思考。

8.20　What motivates you to do your best on the job?

问题分析：工作中最能激励你的是什么？

注意事项：这个问题是考查员工工作的动力来源，可对照简历，描述自己取得成绩的主要原因，自己工作中的成就感都来自哪些方面。

参考答案：I prefer the company can assign desirable projects to me. I can highly engaged in a collaborative team. It motivates me to do my best on the job.

考官点评：描述了自己工作中的动力来源，能够在一个和睦相处的团队里进行自己喜欢的项目开发。

第 9 章　IQ 加油站
——综合能力测试题

精明的企业家们始终相信："最强大脑"更有助于事业的腾飞、企业的执行效率和团队的创造性。所以在竞争愈发激烈的求职市场，面试中除去考查专业知识技能外，往往还要增加综合能力的测试题，以求全面考查应聘者的综合素质。这部分题目在考试中是画龙点睛之笔，特别是一些著名的外企、银行、机关事业单位等把这部分内容的考查看得更重要，因为他们认为这类综合能力测试题目更能衡量出一个人的软实力。本章着力讨论一些面试中常见的综合能力测试题，这些题目灵活生动，富有趣味性，希望给读者带来帮助和启发。

9.1　数学类型的测试题

这类题目主要考查应聘者的数学基础，以及应用数学工具解决实际问题的能力。这类题目大都不会很难，但需仔细解答，同时需要一定的逻辑思维能力。

【面试题 1】兔子赛跑

两只兔子赛跑，A 兔到达 10 m 的终点时 B 兔才跑完 9 m。如果让 A 兔在起跑时退后 1 m，两兔重新比赛，问两兔谁先到达终点？

1. 分析问题

解决一个问题要有正确的思路，而不能靠直觉。要判断哪只兔子先到达终点，最直接的方法就是看两只兔子跑完全程所花费的时间。因为两只兔子同时起跑，所以花费时间长的兔子后到达终点，花费时间短的兔子先到达终点。

已知最初两只兔子所跑的路程相等，A 兔到达 10 m 的终点时 B 兔才跑完 9 m，因此 A 兔与 B 兔的速度比为 10:9。不妨设 A 兔的速度为 10v，B 兔的速度为 9v。现在 A 兔起跑时退后 1 m，所要跑的路程是 11 m，B 兔仍是 10 m。A 兔跑完全程耗时为 $11/10v = 1.1/v$，而 B 兔跑完全程耗时为 $10/9v = (1.111\cdots)/v$，显然 A 兔花费的时间较短，因此仍然是 A 兔先到达终点。

2. 答案

A 兔先到达终点。

【面试题 2】女装的成本

一家时装店引进了一款女装，这件女装的购入价再加 2 成就是该店的出售价。由于滞销的原因，店主决定降价甩卖，以定价的 9 折出售该女装，果然奏效，被一位顾客买走了。即便如此，店主仍获利 400 元。请问这件女装购入价是多少？

1. 分析问题

这是一道我们上小学时常见的应用题，但是不要小看它，很多知名公司都愿意出一些类似的题目来考查求职者。这类题目较简单，但是需要我们认真对待。

遇到这样的题目最直接的方法就是解方程。设该件女装的购入价为 x 元，那么有

$$x(1+20\%)\times 90\% = x+400$$
$$\Rightarrow 1.08x - x = 400$$
$$\Rightarrow 0.08x = 400$$
$$\Rightarrow x = 5000$$

最终得出该女装的购入价为 5000 元。

2. 答案

5000 元。

【面试题 3】徘徊的小鸟飞了多少米

甲乙两地相距 1 km，甲车从甲地驶向乙地，乙车从乙地驶向甲地。甲车的速度为 30 m/s，乙车的速度为 20 m/s，一只小鸟在天空飞行的速度为 40 m/s。现在甲乙两车同时从两地出发相向而行，同时小鸟也从甲地出发向乙地飞行。当小鸟与乙车相遇时，便返回头来向甲地飞行；当小鸟与甲车相遇时，便返回头来向乙地飞行。小鸟按照这个规律飞行，直到甲乙两车在中途相遇为止。请问当甲乙两车在中途相遇时，小鸟飞行了多少米？

1. 分析问题

一个错误的思路是：试图搞清楚小鸟的飞行路线、来回往返的次数，按照这个思路解决此问题将会有相当的难度。其实本题并没有那样复杂。要想求出小鸟飞行了多少米，已知小鸟的飞行速度为 40 m/s，只要知道小鸟在这个过程中飞行了多少时间，就很容易得出小鸟飞行的路程。已知甲乙两车同时从两地出发相向而行，同时小鸟也从甲地出发向乙地飞行，甲乙两车在中途相遇后小鸟停止飞行，因此可以知道小鸟飞行的时间为甲乙两车从出发到相遇的时间。小鸟的飞行时间为 $1000/(30+20)\ \text{s} = 20\ \text{s}$，小鸟总共飞行了 $20\ \text{s}\times 40\ \text{m/s} = 800\ \text{m}$。

2. 答案

小鸟飞行了 800 m。

【面试题 4】电视机的价值

雇主约翰聘请山姆来他的农场做工，双方的契约规定山姆工作 1 年的报酬是 600 美元和 1 台电视机。但是山姆只工作了 7 个月就有事要离开，约翰计算了一下山姆的工作量，给了山姆 150 美元和一台电视机。请问一台电视机值多少钱？

1. 分析问题

解决此题最简单的方法是建立方程组求解。设山姆平均每月的薪水为 x 美元，一台电视机价值 y 美元，于是有

$$\begin{cases} 12x = 600 + y \\ 7x = 150 + y \\ \Rightarrow x = 90, y = 480 \end{cases}$$

所以一台电视机的价值为 480 美元。

2. 答案

480 美元。

【面试题 5】被污染的药丸

有 4 个装药丸的罐子，每个药丸都有一定的重量。已知一个罐子中的药丸全部被污染，每个被污染的药丸比没被污染的药丸重量多 1。要求只称量一次，如何判断哪个罐子的药被污染了？

1. 分析问题

要想一次称量就知道哪个罐子的药丸被污染，就必须保证在一次称量中就能准确定位重量发生变化的药丸所在的罐子。因此首先要将这4个罐子依次编号，以准确定位被污染的药丸处于几号罐子之中。然后需要考虑的是，如何才能在一次称量中找出重量发生变化的药丸。如果从每个罐子中取出数目相等的药丸，那么不难想象称量的结果是药丸的总重量一定大于正常情况下药丸的总重量。假设从每个罐子中取出x个药丸，每个药丸正常重量为n，那么称量的结果是药丸的总重量为$3xn+x(n+1)=4xn+x$，而正常情况下，药丸的总重应为4xn。但是这样只能知道某一个罐子中的药丸被污染了，而无法确定被污染的药丸在哪个罐子里。造成这个结果的症结在于从每个罐子中取出的药丸数目相等，都是x，这样得到的药丸的重量差为$4xn+x-4xn=x$，单凭x无法判断被污染的药丸在哪个罐子里，因为任何罐子里的药丸重量发生了变化所导致的药丸的重量差都是一样的。不难想到，如果从4个罐子中取出的药丸数量都不相同，情况就不一样了，因为不同罐子里的药丸重量发生了变化所导致的药丸的重量差会不一样。

假设正常情况下每粒药丸的重量为1，现在从1号罐子里取1粒药丸，从2号罐子里取2粒药丸，3号罐子里取3粒药丸，4号罐子里取4粒药丸，这样不同的罐子中的药丸重量发生变化所导致的药丸重量差是不同的。具体来说，正常情况下（药丸没有被污染）药丸的总重量应为$1+2+3+4=10$。如果1号罐子里的药丸被污染，那么药丸总重量为$2+1*2+1*3+1*4=11$，重量差为1；如果2号罐子里的药丸被污染，那么药丸的总重量为$1+2*2+3+4=12$，重量差为2；依次类推，如果3号罐子里的药丸被污染，那么药丸的总重量为13，重量差为3；如果4号罐子里的药丸被污染，那么药丸的总重量为14，重量差为4。按照这种方法，只称量一次就可以判断出哪个罐子里的药丸被污染了。

2. 答案

见分析。

【面试题6】取水问题

假设有一个池塘，里面有无穷多的水。现有2个空水壶，容积分别为5L和6L，如何只用这2个水壶从池塘里取得3L的水。

1. 分析问题

类似的问题在面试题中也经常出现，要准确判断为3L的水量，可以这样考虑解题步骤：

1）最初一定要将两个水壶中的一个盛满水，否则步骤无法进行下去。

2）将5L的水壶盛满水，倒入6L的水壶中，这样6L的水壶还有1L的空间未用。

3）将5L的水壶盛满水，倒入6L的水壶中，直到将6L的水壶灌满为止，这样5L的水壶中只剩下4L水。

4）将6L的水壶中的水全部倒掉，将5L的水壶中只剩下4L水倒入6L的水壶中，这样6L的水壶中还剩下2L的空间未用。

5）将5L的水壶盛满水，倒入6L的水壶中，直到将6L的水壶灌满为止，这样5L的水壶中只剩下3L水。

2. 答案

见分析。

【面试题7】院墙外的相遇

边长为300m的正方形院墙，甲乙两人分别从对角线两点沿逆时针同时行走，已知甲每分

钟走 90 m，乙每分钟走 70 m，试问甲要走多长时间才能看到乙？

1. 分析问题

这道题有一定难度，有些读者可能会认为：因为甲的速度比乙快，所以甲乙之间的距离会逐渐缩小，只要甲乙两人之间的距离小于 300 m，则甲就可以看见乙了。得出这个结论的读者可能没有考虑到实际的情况。因为院墙是正方形围成的，所以只有甲乙两人都处在同一边的院墙时甲才能看见乙，如图 9–1 所示。

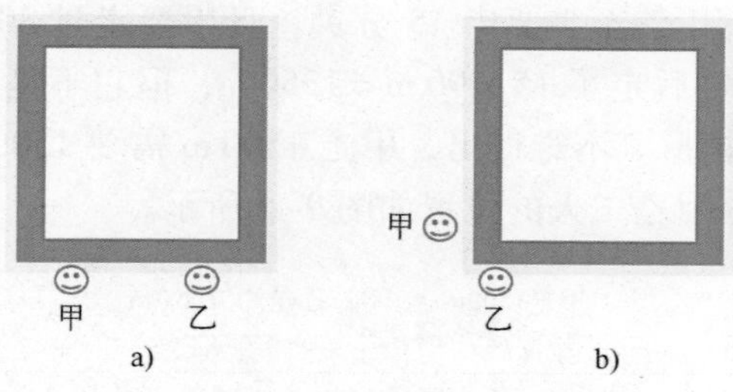

图 9–1　甲可以看到乙的条件

由图可知，图 9–1a 中甲乙二人同处于围墙的一侧，因此甲可以看到乙；图 9–1b 中虽然甲乙二人的距离很近（小于 300 m），但是他们不处于围墙的一侧，因此甲看不到乙。

甲要走多长时间才能跟乙处于围墙的同一侧呢？这里面有一个前提，即甲若想看到乙，他们之间的距离肯定小于或等于 300 m。倘若甲乙之间的距离超过 300 m，则无论如何甲乙二人也不可能同处于围墙的一侧。因此“甲乙二人之间的距离小于或等于 300 m”是“甲可以看到乙”的必要而非充分条件。这样先来求出甲乙二人至少走几分钟后他们之间的距离才能小于或等于 300 m。为了更加形象地说明这个问题，把甲乙二人的行走路线展开成一条直线，如图 9–2 所示。

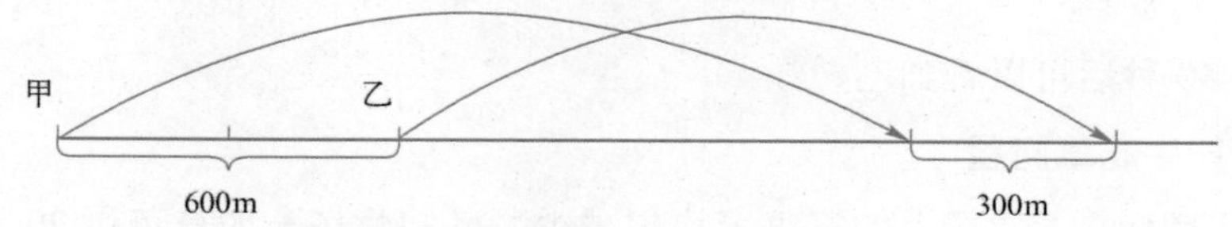

图 9–2　甲乙二人的行走路线

由图可知，最开始甲乙二人相隔 600 m，假设甲乙二人同时走了 x 分钟，此时甲乙二人之间的距离等于 300 m，则甲走的距离为 90x，乙走的距离为 70x，它们之间存在着如下的关系：

$$70x-(90x-600)=300$$

要使甲乙二人的距离小于或等于 300 m，则要满足下列不等式：

$$70x-(90x-600)\leqslant 300$$

很容易得出 $x\geqslant 15$。也就是说，甲乙二人至少走 15 分钟，他们之间的距离才可能小于等于 300 m，也就是甲才可能看到乙。

这样就给出了解题的范围。接下来讨论甲要走多长时间才能跟乙处于围墙的同一侧。

其实本题所要得到的是甲至少要走多长时间才能看到乙。这就给了一个隐含的条件：甲第一次看到乙时一定行走了 300 m 的整数倍，如图 9–3 所示。

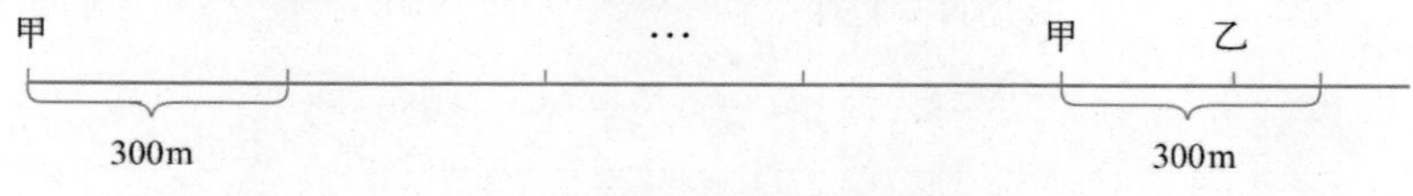

图 9–3　甲乙二人的行走路线

由图可知，假设甲在某一点第一次看见乙，那么甲一定刚好走过了300 m的整数倍距离，即走到围墙拐弯处。这个道理很容易理解，假设甲走过的距离超过300 m的整数倍，此时第一次看见乙，因为甲乙二人行走是同方向的，所以当甲刚好走到300 m的整数倍距离时（当前位置的后面），乙所处的位置一定也在当前的位置之后，所以甲一定能够看见乙，这与甲第一次看见乙的提法矛盾，因此如果甲第一次看见乙，他一定刚好走过了300 m的整数倍距离，也就是刚好走到围墙拐弯处。

这样问题就有了解，即甲乙至少要走15分钟，且甲要走过300 m的整数倍才有可能看到乙。很容易得出甲走15分钟后走了15×90 m=1350 m，但它不是300的整数倍，因此可以试探如果甲走了1500 m时的情形。不难得出，甲走1500 m需要1500/90=50/3分钟，此时乙走了70×50/3 m=3500/3 m，甲乙二人的位置如图9-4所示。

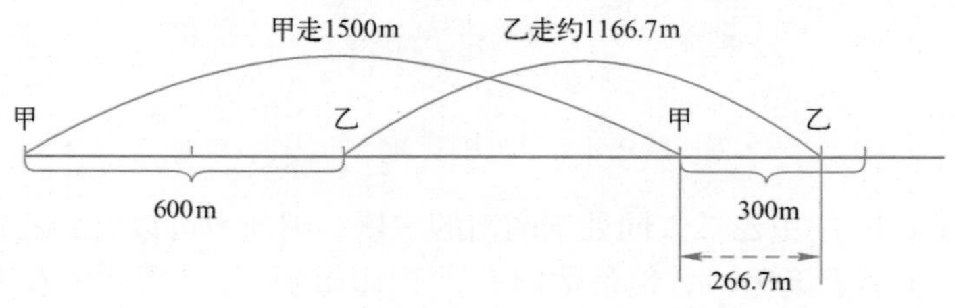

图9-4 甲乙二人的位置

由图可知，当甲乙二人一起走了50/3分钟（16分钟40秒）后，甲走了1500 m，乙走了约1166.7 m，两人之间的距离小于300 m，并且两人处在围墙的同一侧。因此可以得出结论：甲走16分40秒后可以看到乙。

2. 答案

甲走16分40秒后可以看到乙。

【面试题8】牛吃草问题

由于天气逐渐变冷，牧场上的草每天均匀减少，已知牧场上的草可供20头牛吃5天，可供16头牛吃6天，问可供11头牛吃几天？

1. 分析问题

本题的难点在于牧场上的草每天均匀减少，因此草料的消耗不光是牛的因素还有天气的因素。但是不管怎样，在牛的数量一定的前提下，牧场上每天草料的消耗也是一定的，同时牧场上草料的总量（牛消耗的加上天气消耗的草料总量）也是一定的。因此不妨假设一头牛一天消耗的草料为x，由于天气原因每天减少的草料为y。这样牧场上草料消耗的总量可表示为$20x\times5+5y$，或者表示为$16x\times6+6y$。假设同样的牧场可供11头牛吃草N天，则有如下等式：

$$11xN+yN=100x+5y=96x+6y$$

只要计算出N即是本题的答案。

由上式$100x+5y=96x+6y$，易知$y=4x$，将其代入上式可得

$$11xN+4xN=100x+20x=96x+24x$$
$$\Rightarrow 15N=120$$
$$\Rightarrow N=8$$

2. 答案

可供11头牛吃8天。

9.2　逻辑类型的测试题

逻辑类测试题以逻辑推理、情景判断等形式出现，在面试题中也是较为常见的一类试题。逻辑类测试题主要考查应聘者的逻辑思维能力和思维的敏捷度，因此需要答题者具有精准的解题思路和快速的反应能力。下面通过实例来分析一些逻辑类型试题。

【面试题 1】哪位教授与会

一个国际研讨会在某地举行，哈克教授、马斯教授和雷格教授至少有一个人参加了这次大会。已知：①报名参加大会的人必须提交一篇英文学术论文，经专家审查通过后才会发出邀请函；②如果哈克教授参加这次大会，那么马斯教授一定参加；③雷格教授只向大会提交了一篇德文的学术报告。根据以上情况，以下哪项一定为真？( )

（A）哈克教授参加了这次大会　　（B）马斯教授参加了这次大会

（C）雷格教授参加了这次大会　　（D）哈克教授和马斯教授都参加了这次大会

1. 分析问题

这道题只要直接推理就能得出答案。首先可以判断雷格教授不能参加会议，因为他只向大会提交了德文论文，而没有提交英文论文，所以可以排除选项 C。题目中又知如果哈克教授参加会议则马斯教授一定参会，因此可以推出如果马斯教授不参加会议，则哈克教授也不参加会议，这是因为原命题为真，其逆反命题亦为真。这一点可以用反证法的思想去理解，假设马斯教授不参加会议而哈克教授参加会议，根据原命题的条件则马斯教授也应当参加会议（因为哈克教授参会），这与假设矛盾。所以如果马斯教授不参加会议则哈克教授也一定不参加会议，这样就没人能参加会议了，它与至少有一人参加会议的已知产生矛盾，所以可以推导出马斯教授一定参加会议。因此答案为 B。

2. 答案

(B)。

【面试题 2】谁是罪犯

一家珠宝店的珠宝被盗，经查可以肯定是甲、乙、丙、丁中的某一个人所为。审讯中，甲说："我不是罪犯。"乙说："丁是罪犯。"丙说："乙是罪犯。"丁说："我不是罪犯。"经调查证实四人中只有一个人说的是真话。问谁是真正的罪犯？

1. 分析问题

这类逻辑推理题通用的解法是先假设一个人讲的是真话，然后在此基础上推导，如果推导出矛盾，则说明原假设为假；否则说明原假设为真。

假设甲说的为真，由此推导出：甲肯定不是罪犯；乙说的是假话，则丁不是罪犯；丙说的是假话，则乙不是罪犯；丁说的是假话，则丁是罪犯；这样就推出了矛盾，说明甲说的是假话。那么甲一定是罪犯，其他人都不是罪犯，上述的讲话只有丁说的是真话。

2. 答案

甲是罪犯。

【面试题 3】王教授的生日

王教授的生日是 m 月 n 日，小明和小张是王教授的学生，二人都知道王教授的生日为下列 10 组日期中的一天。王教授把 m 值告诉了小明，把 n 值告诉了小张。王教授开始问他们是否猜出了自己的生日是哪一天。小明说：我不知道，但是小张肯定也不知道；小张说：本来我不知道，但是现在我知道了；小明说：哦，原来如此，我也知道了。你能根据小明和小张的对话及下列的10组日期推算出王教授的生日是哪一天吗？

3月4日　3月5日　3月8日

6月4日　6月7日

9月1日　9月5日

12月1日　12月2日　12月8日

1. 分析问题

已知王教授告诉了小明自己生日的月份m，告诉了小张自己生日的日期n，又知王教授的生日为上述10个日期中的一个，这样小明和小张的对话中每一句都能给予对方及我们一些新的信息。下面来推理一下：

首先小明说“我不知道王教授的生日，但我肯定小张也不知道”。小明为什么如此肯定小张也不知道呢？这说明小明知道的m月份值一定不是6月或12月。倘若m的值为6，小明就无法确定小张拿到的n值是否是7，也就不能断定小张也不知道了。如果小张拿到的n值为7，则小张可直接猜出王教授的生日，因为7日在上述的10个日期中是唯一的。同理m的值也不可能为12，因为2日在上述10个日期中也是唯一的。这样答案的范围缩小至：

3月4日　3月5日　3月8日

9月1日　9月5日

然后小张说“我本来不知道，但现在知道了”，为什么小张现在知道了呢？因为上述推理得出的结论（m月份值一定不是6月或12月）小张同样也知道了。在此基础上小张结合自己手中的n值推出了最终的答案。那么小张的这句话可以给我们及小明什么信息呢？小张的这句话说明王教授的生日的日期n值肯定不是5。如果王教授的生日日期n值为5，因为3月份和9月份的日期列表中都有5日这一天，而小张又不知道小明手中的m值，所以他不能确切地说出王教授的生日。这样可以推导出n的值只可能是4、8、1中的一个。于是答案的范围缩小至：

3月4日　3月8日

9月1日

然后小明说“我也知道了”。为什么小明也知道了呢？因为小明同我们一样，也推导出了n的值只可能是4、8、1中的一个，而m值小明是知道的，于是小明很容易得到答案。那么小明的这句话给了我们什么信息呢？我们可以推导出王教授的生日一定不在3月。因为如果王教授的生日在3月，那么小明是无法从3月4日和3月8日中得出最终的结论的。因此王教授的生日必在9月。于是可以推导出王教授的生日是9月1日。

在解此题时要注意从小明和小张的每一句话中推导出的信息不仅是提供给我们的，还是提供给说话的对方的。因此在对每一句话进行逻辑推理时，不但要关注本句话的内容，还要以前面推导出的结论作为本次推导的前提，即假设此人在说这句话时已经从上一句话的内容中推导出了必要的信息。

2. 答案

王教授的生日是9月1日。

【面试题4】是谁闯的祸

甲、乙、丙、丁小朋友在踢球，不小心把邻居家的玻璃打碎了。甲说：“是乙不小心闯的祸”；乙说：“是丙闯的祸”；丙说：“乙说的不是实话”；丁说：“反正不是我闯的祸”。四人中只有一人说了实话，说实话的人是谁？是谁闯了祸？

1. 分析问题

假设甲说的是实话，则玻璃是乙打碎的，乙、丙、丁说的都是假话。但是丙说“乙说的不是实话”，这句话的反语是“乙说的是真话”，这与“乙、丙、丁说的都是假话”的推论相矛盾。因此甲说的是假话。

假设乙说的是实话，则玻璃是丙打碎的，甲、丙、丁说的都是假话。但是丁说“反正不是我闯的祸”，这句话的反语是“玻璃是我（丁）打碎的”，这与推论“玻璃是丙打碎的”相矛盾。因此乙说的是假话。

假设丙说的是实话，则甲、乙、丁说的都是假话。可以推导出玻璃是丁打碎的。

假设丁说的是实话，则甲、乙、丙说的都是假话。但是丙说“乙说的不是实话”，这句话的反语是“乙说的是真话”，这与“甲、乙、丙说的都是假话”相矛盾。因此丁说的是假话。

因此丙说了实话，打碎玻璃的人是丁。

2. 答案

丙说了实话，打碎玻璃的人是丁。

【面试题 5】会哪国语言

甲乙丙丁四人闲聊，他们用中、英、法、日四国语言对话。现在已知：①甲、乙、丙各会 2 种语言，丁只会一种语言；②有 1 种语言 4 人中有 3 人都会；③甲会日语，丁不会日语，乙不会英语；④甲与丙、丙与丁不能直接交谈，乙与丙可以直接交谈；⑤没有人既会日语，又会法语。请问甲乙丙丁 4 人各会什么语言？

1. 分析问题

遇到这类已知条件较多的逻辑推理题，不妨用一个表格来做出判断。只要用“√”和“X”填满了表 9-1 就解决了此题。

表 9-1　推导结论表（1）

	中　文	英　文	法　文	日　文
甲	—	—	—	—
乙	—	—	—	—
丙	—	—	—	—
丁	—	—	—	—

通过已知条件 A、B、C、D、E 的字面叙述，可以得出初步的推论结果，见表 9-2。

表 9-2　推导结论表（2）

	中　文	英　文	法　文	日　文
甲	—	—	—	√
乙	—	**X**	—	—
丙	—	—	—	—
丁	—	—	—	**X**

然后借助表 9-3 进一步分析已知条件的内在逻辑关系，将推导出的结果继续填入表中。

从 D 中可知甲与丙，丙与丁不能直接交谈，又从表 9-2 中得知甲会日语，因此可以断定丙不会日语。从 E 中可知没有人既会日语又会法语，因此可以断定甲不会法语。这样又可以得到一些新的信息，离最终的答案又进了一步，见表 9-3。

表 9-3 推导结论表（3）

	中 文	英 文	法 文	日 文
甲	—	—	X	√
乙	—	X	—	—
丙	—	—	—	X
丁	—	—	—	X

由条件 B 可知有 1 种语言 4 人中 3 人都会，考虑到表 9-3 的状态，这种语言一定不是日语。假设这种语言是英文，那么甲丙就可以直接对话了，这与条件④产生矛盾，因此假设错误。假设这种语言是法文，那么丙丁就可以直接对话了，这与条件④产生矛盾，因此假设错误。那么这种语言一定是中文，且只可能是甲乙丁同时会中文，见表 9-4。

表 9-4 推导结论表（4）

	中 文	英 文	法 文	日 文
甲	√	—	X	√
乙	√	X	—	—
丙	X	—	—	X
丁	√	—	—	X

因为甲乙丙各会 2 种语言，丁只会 1 种语言，因此可以推导出甲不会英文，丁只会中文，丙既会英文也会法文，见表 9-5。

表 9-5 推导结论表（5）

	中 文	英 文	法 文	日 文
甲	√	X	X	√
乙	√	X	—	—
丙	X	√	√	X
丁	√	X	X	X

下面就只要确定乙会哪 2 种语言。因为乙可以与丙直接交谈，因此乙还应当会法语，而不会日语。这样推导出的结论见表 9-6。

表 9-6 推导结论表（6）

	中 文	英 文	法 文	日 文
甲	√	X	X	√
乙	√	X	√	X
丙	X	√	√	X
丁	√	X	X	X

2. 答案

甲会中文和日文，乙会中文和法文，丙会英文和法文，丁只会中文。

【面试题 6】如何拿水果

有三箱水果分别是苹果、橘子、苹果和橘子的混合。3 个箱子都贴上了标签，但是所有的

标签都贴错了。现在要求只拿出一个水果就可以判断三只箱子分别装了什么水果，请问如何拿这个水果？

1. 分析问题

拿水果的方法无外乎有三种：①从贴有苹果标签的箱子里取一个水果；②从贴有橘子标签的箱子里取一个水果；③从贴有苹果和橘子混合标签的箱子里取一个水果。下面判断一下哪一种方法是可行的。

第一种方法，从贴有苹果标签的箱子里取一个水果。已知该箱的标签贴错，那么该箱中一定不是只放苹果，它有可能是橘子，或是苹果和橘子的混合。如果从该箱中取出了苹果，则说明该箱水果为苹果和橘子的混合。那么剩下的两箱水果中贴有橘子标签的一定是苹果，贴有混合标签的一定是橘子。但是如果一开始从该箱中取出了橘子，就无法断定该箱中存放的水果是橘子还是苹果和橘子的混合。因此采用这种方法取水果不能保证准确判断出哪个箱子放了哪种水果。

第二种方法，从贴有橘子标签的箱子中取一个水果。这种做法与第一种方法存在同样的问题，读者可以自己分析一下。

第三种方法，从贴有苹果和橘子混合标签的箱子里取一个水果。首先断定该箱中肯定只放了一种水果，要么是苹果，要么是橘子。如果取出的是苹果，则该箱中一定只放了苹果。剩下的两箱中贴有苹果标签的一定是橘子，贴有橘子标签的一定是苹果和橘子的混合。如果取出的是橘子，则该箱中一定只放了橘子。剩下的两箱中贴有苹果标签的一定是苹果和橘子的混合，贴有橘子标签的一定是苹果。

2. 答案

从贴有橘子和苹果混合的标签的箱子中取一个水果。

【面试题 7】海盗分赃

5 个海盗抢到了 100 枚金币，每枚金币的价值都相等。经过大家协商，他们定下了如下的分配原则：第一步，抽签决定自己的编号（1，2，3，4，5）；第二步，由 1 号海盗提出自己的分配方案，然后 5 个海盗投票表决，只有超过半数的选票通过才能采取该方案，但是一旦少于半数通过选票，该海盗将被投入大海喂鲨鱼；第三步，如果 1 号死了，再由 2 号海盗提出自己的分配方案，然后 4 个海盗投票表决，只有超过半数的选票通过才能采取该方案，但是一旦少于半数选票通过，该海盗将被投入大海喂鲨鱼，以此类推。已知海盗们都足够聪明，他们会选择保全性命同时使自己利益最大化（拿到金币尽量多，杀掉尽量多的其他海盗以防后患）的方案，请问最终海盗是如何分配金币的？

1. 分析问题

本题是一道经典的逻辑推理题，解决本题的方法是从后向前推理。下面描述一下推理的过程：

1）假设 1、2、3 号海盗都死了，只剩下 4 号和 5 号海盗，那么无论 4 号提出怎样的分配方案（哪怕是将金币全给 5 号），5 号海盗都会投反对票，只有这样 5 号海盗才能取得最多的金币同时杀人最多。因此聪明的 4 号海盗决不会否决 3 号海盗的提议，因为只有这样他才能保全性命。

2）3 号海盗也推算出 4 号一定支持他，因此如果 1 号 2 号海盗全死了，他提出的方案一定是（100，0，0），即自己独占 100 枚金币。这样即便 5 号海盗不同意，自己和 4 号海盗也一定同意。

3）2 号海盗也已推算出 3 号海盗分配方案，为了笼络 4 号海盗和 5 号海盗，他一定会提出（98，0，1，1）的方案，因为这样做 4 号和 5 号海盗至少可以得到一枚金币，他们都会支持 2 号海盗的方案，这样 2 号海盗得到的票数就过半了。如果 4 号和 5 号海盗不支持 2 号海盗的方案，他们甚至连 1 枚金币都得不到。

4）1 号海盗也料到以上的情况，为了拉拢至少 2 名海盗的支持，他会提出（97，0，1，2，0）或者（97，0，1，0，2）的方案。这样 3 号海盗一定会支持他，因为不然他就可能得不到金币（倘若 1 号海盗死了）。给 4 号或者 5 号海盗 2 枚金币是因为按照 2 号海盗的分配方案他们最多得到 1 枚金币，因此给他们其中 1 人 2 枚金币就一定能够得到该海盗的支持。这种分配方案可以保证 1 号海盗至少获得 3 张选票。

因此最终 1 号海盗会提出（97，0，1，0，2）的分配方案。2、3、4、5 号海盗虽然心有不甘但也无可奈何。

本题的推理过程是优先考虑简化的极端情况，从后向前依次递推，最终得到答案。

2. 答案

最终 1 号海盗会提出（97，0，1，0，2）的分配方案。

【面试题 8】小镇上的四个朋友

四个好朋友住在小镇上，他们的名字叫柯克、米勒、史密斯和卡特。他们各有不同职业：一个是警察，一个是木匠，一个是农民，一个是大夫。有一天，柯克之子腿断了，柯克带他去见大夫；大夫的妹妹是史密斯的妻子；农民尚未结婚，他养了许多母鸡；米勒常在农民那里买鸡蛋，警察和史密斯是邻居。请根据以上的叙述分析他们四个人的职业各是什么？

1. 分析问题

使用表格作为工具帮助推理。因为柯克带儿子去看病，显然柯克不是大夫；因为大夫的妹妹是史密斯的妻子，所以史密斯不是大夫；因为农民尚未结婚，所以史密斯不是农民，柯克也不是农民（因为他已结婚）；因为米勒常在农民那里买鸡蛋，所以米勒不是农民；警察和史密斯是邻居，因此史密斯不是警察。根据上述已知条件，推理出以下结论，见表 9–7。

表 9–7 推导结论表（1）

	警　察	木　匠	农　民	大　夫
柯克			X	X
米勒			X	
史密斯	X		X	X
卡特				

显然史密斯是木匠，这样又可得到第二张推导结论表，见表 9–8。

表 9–8 推导结论表（2）

	警　察	木　匠	农　民	大　夫
柯克		X	X	X
米勒		X	X	
史密斯	X	√	X	X
卡特		X		

显然柯克是警察，这样又可得到第三张推导结论表，见表 9–9。

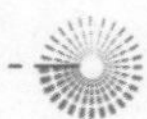

表 9-9　推导结论表（3）

	警　察	木　匠	农　民	大　夫
柯克	√	X	X	X
米勒	X	X	X	
史密斯	X	√	X	X
卡特	X	X		

显然米勒是大夫，而卡特是农民。这样可以得到最终的推论结果，见表 9-10。

表 9-10　推导结论表（4）

	警　察	木　匠	农　民	大　夫
柯克	√	X	X	X
米勒	X	X	X	√
史密斯	X	√	X	X
卡特	X	X	√	X

2. 答案

柯克是警察，米勒是大夫，史密斯是木匠，卡特是农民。

【面试题 9】说谎岛

在大西洋的“说谎岛”上有 X 和 Y 两个部落。X 部落的人总说真话，Y 部落的人总说假话。有一天一个旅行者迷路了，恰好遇到一个土著人 A。旅行者问：“你是哪个部落的人？”A 回答：“我是 X 部落的人。”旅行者相信了 A 的回答，请他做向导。他们在旅途中看到另一位土著人 B，旅行者请 A 去问 B 是属于哪一个部落的，A 回来说：“B 说他是 X 部落的人。”旅行者有些茫然，她问同行的伙伴：“A 到底是 X 部落的人还是 Y 部落的人呢？”伙伴说：“A 是 X 部落的人”，伙伴的判断是正确的，请问为什么伙伴这么说？

1. 分析问题

可以先假设 A 是来自 X 部落的人，然后以此为基础推导出相关结论；再假设 A 是来自 Y 部落的人，然后以此为基础推导出相关结论；最后根据已知条件来分析为什么 A 就是来自 X 部落的。

假设 A 是来自 X 部落，那么 A 说的话都是真话。当 A 去询问 B 时，如果 B 是来自 X 部落的，则 B 如实地告诉 A 自己是来自 X 部落的，这样 A 会传达给旅行者：B 来自 X 部落；当 A 去询问 B 时，如果 B 是来自 Y 部落的，则 B 一定说假话，那么 B 肯定会说自己是来自 X 部落的，这样 A 会传达给旅行者：B 来自 X 部落。也就是说，如果 A 是来自 X 部落的，那么 A 传达给旅行者的消息总会是：B 来自 X 部落。

再来看看如果 A 是来自 Y 部落的情况。

假设 A 是来自 Y 部落的，那么 A 说的话都是假话，A 一定告诉旅行者自己是来自 X 部落的。当 A 去询问 B 时，如果 B 是来自 X 部落的，则 B 如实地告诉 A 自己是来自 X 部落的，而 A 会传达给旅行者：B 是来自 Y 部落的；当 A 去询问 B 时，如果 B 是来自 Y 部落的，则 B 一定说假话，那么 B 肯定会说自己是来自 X 部落的，而 A 会传达给旅行者：B 是来自 Y 部落的。也就是说，如果 A 是来自 Y 部落的，那么 A 传达给旅行者的消息总会是：B 来自 Y 部落。

因为 A 最终告诉旅行者的是：B 是来自 X 部落的，所以根据以上的分析可以断言 A 是来自 X 部落的。

2. 答案

见分析。

第二部分　面试笔试技术篇

第 10 章　C ++ 程序设计基础

10.1　程序的编译和执行

二维码 10-1

10.1.1　知识点梳理

知识点梳理的教学视频请扫描二维码 10-1 获取。

在 VS2005 中单击运行按钮，就会看到程序的运行结果。实际上，源程序经过预处理、编译、汇编、链接等多个步骤后，才能生成可以在机器上直接运行的可执行程序。完整的处理流程如图 10-1 所示。

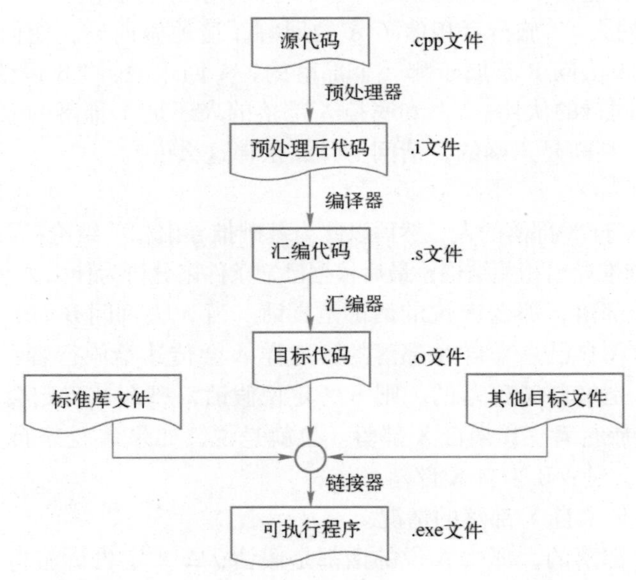

图 10-1　源程序处理流程

预处理器在程序编译之前首先进行一些预处理工作，其中所有以#开头的代码都属于预处理器处理的范畴。

1）#include：将头文件的内容包含到当前源文件中。

2）#define：将宏定义进行宏展开。

3）#ifdef：处理条件编译指令（包括#ifdef、#ifndef、#if、#else、#elif、#endif）。

4）#other：处理其他宏指令（包括#error、#warning、#line、#pragma）。

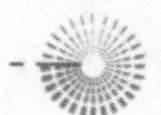

实际上预处理器除了处理#开头的代码行以外，还做了其他一些工作，只是在提到预处理器时总是习惯性地把它的功能与处理#开头的代码划等号。预处理器的其他功能还包括：

1）处理预定义的宏：例如__DATE__、__FILE__（注意前后都是两条下划线）。

2）处理注释：用一个空格代替连续的注释。

3）处理三元符：例如将??=替换成#，??/替换成\。

小知识——三元符

可能有些读者对三元符这个概念比较陌生。实际上，并非所有的键盘都能支持 C 语言中用到的全部字符，例如有些老键盘上就不提供“#”或者“^”这样的字符。这些基本都属于历史遗留问题，如果需要维护一些古老的代码则可能会遇到三元符。

编译器对预处理处理过的代码进行词法分析、语法分析和语义分析，将符合规则的程序转换成等价的汇编代码。

汇编器将编译器生成的汇编代码翻译成计算机可以识别的机器指令，并生成目标文件。之所以不将源程序直接生成机器指令是因为在不同的阶段可以应用不同的优化技术，并且这些优化技术都已经非常成熟，可以保证在每个阶段分别进行优化后最终可以生成更为高效的机器指令。

链接器将所有用到的目标程序链接到一起，无论采用静态链接还是动态链接，最终都会生成一个可以在机器上直接运行的可执行程序。运行可执行程序就会得到执行结果。

10.1.2　经典面试题解析

【面试题 1】简述#include <>和#include""的区别

1. 考查的知识点

❑ Include 指令

2. 问题分析

通过#include <>和#include""都可以将指定文件中的内容引入到当前文件，但在搜索被引入文件时两者采用了不同的搜索策略。

#include <>在搜索时直接从编译器指定的路径处进行搜索。例如，编译器指定的 include 目录是 C:\Program Files\Microsoft Visual Studio 10.0\VC\include，那么编译器就会从该路径开始搜索。如果找不到被引入文件，程序直接报错，因此系统提供的头文件推荐使用#include <>这种方式引入。

#include""首先从运行程序所在的目录处进行搜索，如果搜索失败再从编译器指定的路径处搜索，如果仍然搜索失败，则程序报错，因此用户自定义的头文件必须使用#include""这种方式引入。而系统提供的头文件虽然也可以通过#include""引入，但会首先在用户目录中进行无谓的搜索尝试。

3. 答案

#include <>直接从编译器指定的路径处搜索；

#include""首先在程序当前目录中进行搜索，然后再从编译器指定的路径处搜索。

【面试题 2】简述#与##在 define 中的作用

二维码 10-2

1. 考查的知识点

❑ define 宏定义

2. 问题分析

本题的教学视频请扫描二维码 10-2 获取。

宏定义中的#运算符可以把#后面的宏参数进行完整的字符串替换，这一过程称为字符串化。下面通过程序来说明：

```
#define PRINTCUBE(x) cout << "cube(" << #x << ") = " << (x) * (x) * (x) << endl;

int y = 5;
PRINTCUBE(5);
PRINTCUBE(y);
```

程序中首先定义了一个带参数的宏，用于以特定的格式输出一个数的三次方。在宏定义中使用了#运算符，因此#x 就是会被字符串化的宏参数。

PRINTCUBE(5)输出常量 5 的三次方。其中#x 在字符串化之后相当于"5"，而宏参数 x 也都会被替换成 5，因此经过预处理后代码会被替换成

```
cout << "cube(" << "5" << ") = " << (5) * (5) * (5) << endl;
```

程序输出：cube(5) = 125。

虽然变量 y 的值就等于常量 5，但是代码 PRINTCUBE(y)与 PRINTCUBE(5)的输出结果是有区别的。下面来分析 PRINTCUBE(y)替换后的代码。

代码 PRINTCUBE(5)在预处理后#x 被替换成"5"，注意"5"是一个字符串常量，所以这一过程才被称作字符串化。代码 PRINTCUBE(y)在预处理后，#x 被替换成"y"，"y"同样是一个字符串常量，不会被替换成为变量 y 的值，因此 PRINTCUBE(y)经过预处理后被替换成

```
cout << "cube(" << "y" << ") = " << (y) * (y) * (y) << endl;
```

程序输出：cube(y) = 125。

宏定义中的##运算符可以把##前后的宏参数进行字符串化的连接，而并不依赖于参数的具体类型。下面仍然通过程序来说明：

```
#define LINK3(x,y,z) x##y##z

LINK3("C","+","+");
LINK3(3,5,0);
```

程序中首先定义了一个带三个参数的宏，用于将三个宏参数以字符串的形式连接起来，其中##起到了字符串连接的作用。例如，LINK3("C","+","+")将三个字符串"C"、"+"、"+"连接，连接后的结果是"C++"。

代码 LINK3(3,5,0)中的三个参数 3、5、0 并未加上双引号，形式上是数字，但是##运算符仍将它们视为字符串，因此连接后的结果是"350"。

3. 答案

宏定义中的#运算符将其后面的参数转换成字符串；

宏定义中的##运算符将前后的参数进行字符串连接。

【面试题 3】简述 assert 断言的概念

1. 考查的知识点

❑ assert 的概念

2. 问题分析

对于调试程序来说，使用 assert 宏非常重要。有些读者认为 assert 是一个程序 DEBUG 版本中的错误检测函数，但实际上 assert 是一个带参数的宏，并非一个函数，可以在 assert. h 找到 assert 宏的定义。

在程序中使用 assert 检测条件表达式，如果表达式为假，表示检测失败，程序会向标准错误流 stderr 中输出一条错误信息，再调用 abort 函数终止程序执行。

由于 assert 是一个宏，对其过于频繁的使用会在一定程度上影响程序的性能，增加额外的开销。一个良好的编程习惯是在调试结束后，在#include 语句之前插入 #define NDEBUG 禁用 assert 宏。

在同一个 assert 中虽然可以检测多个条件，但是并不推荐这种使用方式，因为如果断言失败，无法判断究竟是哪个条件最终影响了表达式的计算结果，所以最好在每个 assert 中只检测一个条件。如果需要在同一个位置检测多个条件时，应该使用多个 assert 分别对每个条件进行检测。

在下面的例子中，开始 assert 中有两个条件，如果断言失败，无法判断是因为 grade >0 失败，还是因为 grade <=6 失败，因此应该将这行代码写成两个单独的 assert。

```
修改前:assert( grade >0 && grade <=6);
修改后:assert( grade >0);
       assert( grade <=6);
```

另外不要在 assert 中修改变量的值，因为 assert 只在 DEBUG 版本中起作用，一旦使用了 RELEASE 版本，所有的 assert 都会被忽略，在 assert 内部对变量的修改也随之失效，这就会造成同一变量在不同程序版本中的取值不同，所以应该将 assert 语句与修改变量语句作为两条语句分开书写。

在下面的例子中，开始在 assert 内部修改了变量 success 的值，就会导致程序的 DEBUG 版本和 RELEASE 版本中的 success 变量的值不同，因此应该将 success 的自增语句作为单独的一行代码书写。

```
修改前:assert( success ++ >60);
修改后:assert( success >60);
       success ++;
```

使用断言是为了捕获那些可控的不该发生的情况，因此不是所有地方都适合使用断言。例如，一个对外接口的参数合法性检测就不宜使用断言，因为接口使用者传递的参数对于接口开发人员来说是不可控的，这时候应该用 if 语句对参数进行检测。

如果开发一个内部函数，其参数检测就可以使用断言，因为函数的唯一使用者就是函数的开发者，这时候错误的参数就是可控且不该发生的情况。

3. 答案

assert 用于在程序的 DEBUG 版本中检测条件表达式，如果结果为假，则输出诊断信息并终止程序运行。

10.2 变量

二维码 10-3

10.2.1 知识点梳理

知识点梳理的教学视频请扫描二维码 10-3 获取。

与多数高级程序设计语言一样，C ++ 在变量命名时要求变量名中只能包含字母、数字和下划线这三种字符，并且第一个字符必须是字母或者下划线。此外 C ++ 中的变量是大小写敏感的，例如 sum 和 SUM 表示两个不同的变量。习惯上变量名用小写字母，常量或者宏用大写字母。

有些程序员习惯使用匈牙利命名法给变量命名，所谓匈牙利命名法就是在原有的变量名前附加上变量的类型信息。例如定义一个整型计数器，采用匈牙利命名法会将变量类型 int 和变量名 count 都包含在变量名中，最终的变量名为 iCount。很难衡量这种加入变量类型的命名方式对程序有多大帮助，是否采用还是取决于个人的编程习惯。

每个变量都有作用域，也就是可见范围。在函数内部定义的变量称为局部变量，只在函数内部可见；在函数外部定义的变量称为全局变量。如果将全局变量声明在头文件中，并使用 extern 关键字修饰，其作用是将变量导出，表示在任何通过#include 包含该头文件的文件中都可以使用这个全局变量。

使用 static 修饰的局部变量称为静态局部变量。静态局部变量在程序首次执行到该变量处时初始化，再次执行到该变量处时不重新初始化，而是保留最新取值，因此静态局部变量的作用域是函数内部，但生存期是整个程序的生命周期。使用 static 修饰的全局变量称为静态全局变量，兼具静态变量和全局变量的特性。

使用 const 修饰的变量称为常量型变量，常量型变量初始化后不能修改。全局常量型变量通常在头文件中直接声明和定义，多个源文件引用该头文件不会造成重复定义问题。普通全局变量一般在源文件中定义，在头文件中用 extern 声明，而常量型变量无法采用这种方式，因为在源文件的函数外部定义的常量型变量只限于在当前文件中使用。

10.2.2 经典面试题解析

【面试题 1】简述 i ++和 ++i 的区别

写出下面代码执行后 i、j、m、n 的值：

```
int i = 10, j = 10;
int m = (i ++ ) + (i ++ ) + (i ++ );
int n = ( ++j) + ( ++j) + ( ++j);
```

1. 考查的知识点

❑ i ++ 和 ++ i

2. 问题分析

二维码 10-4

本题的教学视频请扫描二维码 10-4 获取。

首先我们反对书写题目中这种怪异的代码，因为这样的代码大大降低了程序的可读性，而且有时候程序的运行结果还依赖于编译器的实现。

回到题目本身。这里需要明确的是 i ++ 和 ++ i 的区别：i ++ 是先赋值后加一，而 ++ i 是

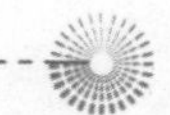

先加一后赋值。结合这个特点来分析题目中的代码：

```
int m = (i ++ ) + (i ++ ) + (i ++ );
```

由于 i ++ 是后加一，因此会先执行加法操作，再执行自增操作，如果查看程序的汇编代码也会发现，所有的加法操作都执行完后，变量 i 才执行三次自增操作，因此最终 m 的值是 30，i 的值是 13。

```
int n = ( ++j) + ( ++j) + ( ++j);
```

而 ++j 是先加一，因此会先执行所有的自增操作，然后再执行加法操作，同样查看汇编代码也会发现，变量 j 先执行了三次自增操作，然后才执行两次加法操作，因此最终 n 的值是 39，j 的值是 13。

有的读者可能认为这道题的分析就结束了，但不幸的是题目中的代码在不同的编译器中会产生不同的运行结果。

在 GCC 编译器中，只要有两个完整的操作数，就会立即执行加法运算。也就是说，++j 在执行两次后已经准备好了两个操作数，此时 j 的值是 12，这时候就会执行第一次加法运算，加法运算的结果 24，和第三次 ++j 的结果 13 又作为两个操作数再次执行加法运算，因此最终 n 的值是 37，j 的值是 13。

图 10-2 中描述了两个不同编译器对同一个表达式在处理过程中的执行顺序。这里再次强调，不要书写题目中这种可能会产生二义性的代码，因为程序的运行结果会依赖于编译器的具体实现。

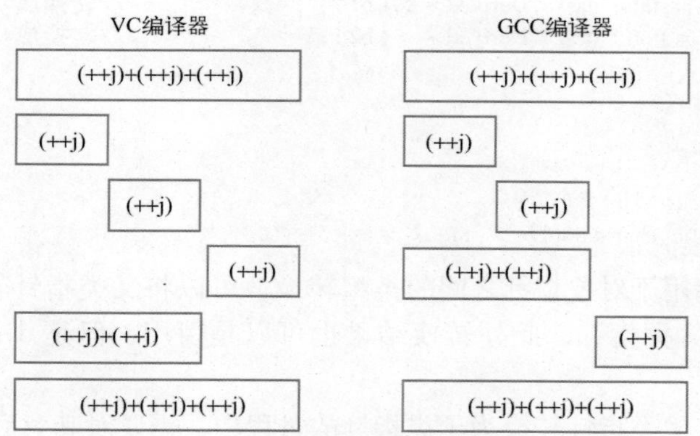

图 10-2　编译器的执行顺序

3. 答案

```
VS2005 下:i = 13; j = 13; m = 30; n = 39
GCC 下:i = 13; j = 13; m = 30; n = 37
```

【面试题 2】简述 C ++ 的类型转换操作符

1. 考查的知识点

❑ 类型转换

2. 问题分析

首先回忆一下 C 语言中的类型转换。在 C 语言中，进行类型转换时只需要在变量前加上变量类型，并且转换可以是双向的，例如，int 类型可以转换成 double 类型，double 类型也可以转换成 int 类型。

```
int i = 1;
double d = 1.5;

int d2i = (int) d;
double i2d = (double) i;
```

这种简单粗暴的类型转换方式对付基本类型还勉强可以，对付复杂的自定义类型就会显得力不从心，因此 C++中提供了四种类型转换操作符：static_cast、dynamic_cast、const_cast 和 reinterpret_cast。

static_cast 可以完全代替 C 风格的类型转换实现基本类型转换。此外在对象指针之间的类型转换时，可以将父类指针转换成子类指针，也可以将子类指针转换为父类指针，但是如果两个类是不相关的，则无法相互转换。

需要注意的是，如果父类指针指向一个父类对象，此时将父类指针转换成子类指针虽然可以通过 static_cast 实现，但是这种转换很可能是不安全的；如果父类指针本身就指向一个子类对象，则不存在安全性问题。

```
class Base(){};
class Derived:public Base{};

Base *b1 = new Base;
Base *b2 = new Derived;

Derived *b2d1 = static_cast<Derived *>(b1);          //转换成功(不安全)
Derived *b2d2 = static_cast<Derived *>(b2);          //转换成功(安全)

int i = 1;
double d = 1.5;

int d2i = static_cast<int>(d);
double i2d = static_cast<double>(i);
```

dynamic_cast 只能用于对象指针之间的类型转换，可以将父类指针转换为子类指针，也可以将子类指针转换为父类指针，此外转换结果也可以是引用，但是 dynamic_cast 并不等同于 static_cast。

dynamic_cast 在将父类指针转换为子类指针的过程中，需要对其背后的对象类型进行检查，以保证类型完全匹配，而 static_cast 不会这样做。只有当一个父类指针指向一个子类对象，并且父类中包含虚函数时，使用 dynamic_cast 将父类指针转换成子类指针才会成功，否则返回空指针，如果是引用则抛出异常。

```
class Base{virtual void dummy(){}};
class Derived:public Base{};

Base *b1 = new Base;
Base *b2 = new Derived;

Derived *b2d1 = dynamic_cast<Derived *>(b1);         //转换失败(返回 NULL)
Derived *b2d2 = dynamic_cast<Derived *>(b2);         //转换成功

Derived &b2d3 = dynamic_cast<Derived&>(*b1);         //转换失败(抛出异常)
Derived &b2d4 = dynamic_cast<Derived&>(*b2);         //转换成功
```

const_cast 可以在转换过程中增加或删除 const 属性。一般情况下，无法将常量指针直接赋值给普通指针，但是通过 const_cast 可以移除常量指针的 const 属性，实现 const 指针到非 const 指针的转换。

```
class Test{};
const Test *t1 = new Test;
Test *t2 = const_cast<Test *>(t1);                    //转换成功
```

reinterpret_cast 可以将一种类型的指针直接转换为另一种类型的指针，不论两个类型之间是否有继承关系。此外 reinterpret_cast 可以把一个指针转换为一个整数，也可以把一个整数转换成一个指针。reinterpret_cast 还经常用在不同函数指针之间的转换。

```
class A{};
class B{};

A *a = new A;
B *a2b = reinterpret_cast<B *>(a);                    //转换成功
```

3. 答案

见分析。

【面试题 3】简述静态全局变量的概念

1. 考查的知识点

❑ 静态全局变量

2. 问题分析

在全局变量前加上 static 关键字，就定义了一个静态全局变量。通常情况下，静态全局变量的声明和定义放在源文件中，并且不能使用 extern 关键字将静态全局变量导出，因此静态全局变量的作用域仅限于定义静态全局变量所在的文件内部。

普通全局变量的作用域是整个工程，在头文件中使用 extern 关键字声明普通全局变量，并在源文件中定义，其他文件只要使用#include 包含声明普通全局变量的头文件，就可以在当前文件中使用普通全局变量。

下面是一个静态全局变量的例子：

```
static int sgn;
void increaseSG(){ sgn++; }

int main(){
    sgn = 10;
    cout << sgn << endl;
    increaseSG();
    cout << sgn << endl;
    getchar();
}
```

程序中首先定义了一个静态全局变量 sgn，并在 main 函数中对静态全局变量赋值，表明静态全局变量在 main 函数中是可见的，然后调用 increase SG 函数对静态全局变量进行自增操作，表明静态全局变量在 increase SG 函数中也是可见的。

如果在头文件中声明静态全局变量，静态全局变量在声明的同时会被初始化，如果静态全局变量没有显式地初始化则会初始化为默认值，相当于在头文件中同时完成声明和定义，而普通全局变量不能直接定义在头文件中。

如果多个源文件都使用#include 包含了定义某个静态全局变量的头文件，那么静态全局变量在各个源文件中都有一份单独的拷贝，且初始值相同，这些拷贝之间相互独立，如果修改了其中某个静态全局变量的值，不会影响静态全局变量的其他拷贝。

3. 答案

见分析。

10.3 条件语句和循环语句

10.3.1 知识点梳理

二维码 10-5

知识点梳理的教学视频请扫描二维码 10-5 获取。

我们在 C 语言入门时学习的 HelloWorld 程序和其他一些小程序都是顺序执行的，但是顺序语句在解决复杂问题时多少有些力不从心，因此大多数程序设计语言都支持条件语句和循环语句，这些高级的控制流语句可以让我们写出复杂的程序逻辑。

首先来看条件语句，图 10-3 描述了条件语句的执行流程。

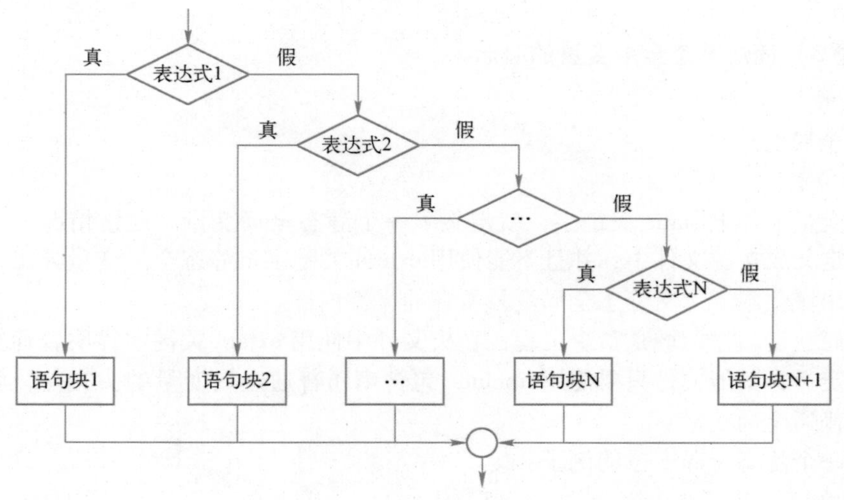

图 10-3 条件语句

（1）if 语句

if 语句是最简单的控制流语句，用作条件判断。当 if 后面的表达式为真时执行 if 分支内的代码；否则继续判断第一个 else if 后面的表达式，如果为真则执行第一个 else if 分支内的代码，当然还可以有第 2 个、第 3 个、…、第 N 个 else if 分支，如果所有条件都不满足，则执行 else 里面的代码。

在 if 语句中，除了 if 分支以外，其余分支都不是必需的。可以写出只有 if 分支的结构，也可以写出 if…else 的结构，在 if 和 else 之间加入多少个 else if 分支没有限制。

（2）switch 语句

switch 语句也属于条件语句。通过对 switch 语句中 case 分支的表达式逐个判断，直到某个 case 分支的表达式为真，则执行该 case 分支内的代码。如果 case 分支内有 break 语句，则在执行完该 case 分支后退出 switch 语句，否则继续依次执行剩余 case 分支内的代码，直至遇到 break 语句为止。此外可以在 switch 语句最后加入 default 分支处理缺省情况。

虽然 switch 语句完全可以用 if 语句取代，但是在某些分支较多的情况下，用 switch 语句可以写出更加优雅的代码。

注意啦——case 中的 break 语句

通常每个 case 分支的最后都有一条 break 语句，因为大多数时候每个 case 分支内的代码只对应当前 case 的逻辑。在有特殊需求时，每个 case 对应的逻辑是当前 case 分支内的代码和之后所有 case 分支的代码。

下面再看循环语句，图 10-4 描述了循环语句的执行流程。

（1）while 语句

while 语句是形式最简单的循环语句。通过对 while 后面的表达式进行判断，如果为真则继续循环，执行循环体内的代码，否则跳出循环，也可以在 while 语句内使用 break 语句强制跳出循环。

在有的程序中会出现 while(1)这样的代码，表示循环条件永远为真，也就是循环会一直执行，这时候循环体内一般会有至少一个 break 语句，使得在某种条件下能够退出循环，否则就成了死循环。

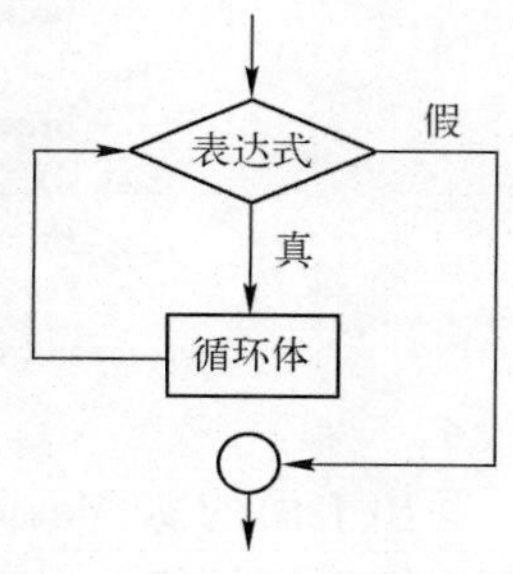

图 10-4　循环语句

（2）for 语句

for 语句的形式稍微有些复杂。for 后面的括号内由三部分组成：第一部分为初始化表达式，只在首次循环开始前执行一次；第二部分为循环条件表达式，与 while 后面的表达式作用相同；第三部分一般用来更新与循环条件有关的变量，在每次循环的最后执行。

所有的 for 语句都能写出对应的 while 语句，但是在写出 while 语句后不难发现，程序由 for 语句的一行变成了 while 语句的三行，从代码角度讲，for 语句写出的代码更加短小精干。

10.3.2　经典面试题解析

【面试题 1】不使用 break 的 switch 语句

公司年底会给员工发一条关于年终奖的短信，奖品根据员工年度绩效考评结果而定，具体见表 10-1。请编写一个函数，输入为员工年度考评结果，输出为短信内容，短信中需要罗列员工所获得的所有奖品。

表 10-1　不同考评结果对应的年终奖品

考评结果	年终奖品
优秀 A	美国或英国十日游、五千元超市卡、两千元亚马逊卡、一个月奖金
良好 B	五千元超市卡、两千元亚马逊卡、一个月奖金
及格 C	两千元亚马逊卡、一个月奖金
未达标 D	一个月奖金

1. 考查的知识点

❑ switch 语句的应用

2. 问题分析

根据员工绩效考评结果发送不同的短信内容显然要用到条件表达式，由于考评结果有4种，因此这里倾向于使用switch语句。

```
string getMessage(char mark){
    string message = "";
    switch(mark){
        case 'A': message = "Your year award: 10 days trip in USA or UK, 5k shopping card of supermarket, 2k coupon of Amazon, one month extra salary";
            break;
        case 'B': message = "Your year award: 5k shopping card of supermarket, 2k coupon of Amazon, one month extra salary";
            break;
        case 'C': message = "Your year award: 2k coupon of Amazon, one month extra salary";
            break;
        case 'D': message = "Your year award: one month extra salary";
            break;
    }
    return message;
}
```

写出上面的getMessage函数很容易，通过switch语句中的case分支判断员工的考评结果，从而发送不同的短信内容，但是这样还不够好，虽然逻辑没有问题，但是代码还不够完美。

通过观察绩效结果对应的年终奖我们发现，年终奖是按梯度排列的：高一等考评结果的年终奖完全涵盖了低一等考评结果的年终奖，并且多了一种更高级的奖品。基于这个特点，将switch语句中的代码做以下修改：

```
string getMessage(char mark){
    string message = "Your year award: ";
    switch(mark){
        case 'A': message.append("10 days trip in USA or UK, ");
        case 'B': message.append("5k shopping card of supermarket, ");
        case 'C': message.append("2k coupon of Amazon, ");
        default: message.append("one month extra salary.");
    }
    return message;
}
```

代码果然优雅了很多，奥妙之处就在于去掉了switch语句每个case分支的break语句。程序中break语句的作用是结束switch语句，如果去掉break语句，在执行switch语句时，会从满足条件的case分支开始执行，并且之后的每个case分支内的语句都会执行，直到最后的default分支。

例如，员工的年度考评结果是B，第一个分支case 'A'不满足条件，因此不执行；第二个分支case 'B'满足条件，后面的语句会执行，由于没有break语句，之后所有分支的语句都会执行，也就是下面的三行代码都会执行：

```
message.append("5k shopping card of supermarket, ");
message.append("2k coupon of Amazon, ");
message.append("one month extra salary.");
```

3. 答案

见分析。

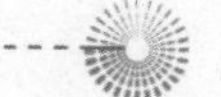

【面试题 2】for 循环的三要素

写出下面程序的输出结果：

```
bool foo(char c){
    cout << c;
    return true;
}

int main(){
    int i = 0;
    for(foo('A'); foo('B') &&( i++ <2 ); foo('C')){
        foo('D');
    }
    getchar();
}
```

1. *考查的知识点*

❑ for 循环的应用

2. *问题分析*

for 循环中的第一个表达式只在首次循环开始前执行一次，相当于初始化；第二个表达式判断循环是否继续进行，在每次循环开始时执行一次；第三个表达式相当于每次循环的最后执行的语句。根据 for 循环三个表达式的功能，可以很容易地写出等价的 while 循环：

```
foo('A');
while(foo('B') &&( i++ <2 )){
    foo('D');
    foo('C');
}
```

回到题目中的 for 循环，对其进行分析。

第一次循环：首先执行初始化表达式 foo('A')并输出 A；然后执行条件判断 foo('B')并输出 B，此时 i 等于 0，小于 2，满足循环条件，i 自增为 1；再执行循环体内 foo('D')并输出 D；最后执行 foo('C') 并输出 C。

第二次循环：初始化表达式 foo('A')不会执行，直接执行 foo('B')并输出 B，此时 i 等于 1，小于 2，满足循环条件，i 自增为 2，需要注意 i++是后自增表达式，也就是说，i 会先与 2 进行比较，然后再自增；再执行循环体内 foo('D')并输出 D；最后执行 foo('C') 并输出 C。

第三次循环：直接执行循环条件判断表达式 foo('B')并输出 B，此时 i 等于 2，不满足循环条件，因此循环结束。

3. *答案*

程序输出：ABDCBDCB。

【面试题 3】巧打乘法口诀表

图 10-5 是我们熟知的乘法口诀表。编写一个函数，接收一个整型参数 n 表示输出规模，例如图中的输出规模为 9。要求只用一重循环输出乘法口诀表的全部内容，并且程序中不能使用任何条件语句。

1. *考查的知识点*

❑ 循环语句

```
1*1=1
2*1=2 2*2=4
3*1=3 3*2=6 3*3=9
4*1=4 4*2=8 4*3=12 4*4=16
5*1=5 5*2=10 5*3=15 5*4=20 5*5=25
6*1=6 6*2=12 6*3=18 6*4=24 6*5=30 6*6=36
7*1=7 7*2=14 7*3=21 7*4=28 7*5=35 7*6=42 7*7=49
8*1=8 8*2=16 8*3=24 8*4=32 8*5=40 8*6=48 8*7=56 8*8=64
9*1=9 9*2=18 9*3=27 9*4=36 9*5=45 9*6=54 9*7=63 9*8=72 9*9=81
```

图 10-5 乘法口诀表

❑ 除法和取模的妙用

2. 问题分析

二维码 10-6

本题的教学视频请扫描二维码 10-6 获取。

打印乘法口诀表最简单的方法就是二重循环，外层对行做循环，内层对列做循环，循环体内只打印乘法口诀中的一项，例如 5 * 3 = 15。具体代码如下：

```
void print(int n) {
    int row = 1;
    int column = 1;
    while(row <= n) {
        column = 1;
        while(column <= row) {
            cout << row << " * " << column << " = " << row * column << "  ";
            column ++;
        }
        cout << endl;
        row ++;
    }
}
```

题目中规定只能使用一重循环，因此需要对上面的代码进行改进，将二重循环扁平化。那么应该保留外层的行循环还是内层的列循环呢？显然应该保留外层的行循环，去掉内层的列循环，因为只有行号才能确定循环是否终止，也就是乘法口诀表输出完毕。

基于上述的分析可以确定函数的框架，如下方代码所示，然后再想办法在循环体内不使用任何条件语句和嵌套循环完成乘法口诀表的输出。这个问题初看起来很难，但是通过分析行号和列号变化，找出其中的规律，最终可以实现题目的要求。

```
void print(int n) {
    int row = 1;
    int column = 1;
    while(row <= n) {
        cout << row << " * " << column << " = " << row * column << "  ";
        #见证奇迹的代码
    }
}
```

下面通过分析图 10-6 中的两行乘法口诀表找出行号和列号变化的规律。最开始行号为 6，列号为 1，然后列号开始递增，行号不变，直到列号等于行号时，列号的递增过程结束，本行的输出也随之结束，然后转到下一行，行号递增，列号从 1 开始。在新的一行中，行号和列号的变化仍然遵循这个规律。

```
6*1=6  6*2=12  6*3=18  6*4=24  6*5=30  6*6=36
7*1=7  7*2=14  7*3=21  7*4=28  7*5=35  7*6=42  7*7=49
```

图 10-6　乘法口诀表

列号变化：1 ->2 ->3 ->4 ->5 ->6 ->1 ->2…

列号的变化规律很容易想到取模运算，这种不断回到起点的数字排列特征符合取模运算的性质，因此获取下一项列号的公式为

下一项列号 = 当前列号 % 当前行号 +1

具体来说，如果列号小于行号，当前列号与当前行号取模的值等于当前列号，因此下一项列号就等于当前列号加 1；如果列号等于行号，当前列号与当前行号取模的值是 0，此时下一项列号回归为 1。

行号变化：6 ->6 ->6 ->6 ->6 ->6 ->7 ->7…

对于行号来说，当列号等于行号时，行号加 1；当列号小于行号时，行号不变。行号的变化规律符合整数除法的性质，当被除数小于除数时，结果为 0；而被除数等于除数时，结果为 1，因此获取下一项行号的公式为

下一项行号 = 当前列号 / 当前行号 + 当前行号

通过总结下一项行号和下一项列号的计算公式，可以写出循环中最关键的三行代码，更新后的程序如下：

```
void print(int n){
    int row = 1;
    int column = 1;
    while(row <= n){
        cout << row << " * " << column << " = " << row * column << "  ";
        int tmp = column % row + 1;
        row = column / row + row;
        column = tmp;
    }
}
```

至此，虽然乘法口诀表顺利输出，但是输出格式不符合要求，所有的输出都在同一行，显然就差一个换行问题了。我们发现，只有当行号等于列号时才会换行，这与行号递增的规律相同，因此同样用整数除法解决换行问题。

这里巧妙地利用一个字符数组，下标为 0 的元素为空格，下标为 1 的元素为换行，再根据列号与行号的除法运算结果决定输出空格还是换行。最终代码如下：

```
void print(int n){
    int row = 1;
    int column = 1;
    char flag[3] = " \n";
    while(row <= n){
        cout << row << " * " << column << " = " << row * column << flag[column/row];
        inttmp = column % row + 1;
        row = column / row + row;
        column = tmp;
    }
}
```

3. 答案

见分析。

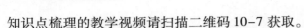

10.4 宏定义和内联

二维码 10-7

10.4.1 知识点梳理

知识点梳理的教学视频请扫描二维码 10-7 获取。

在 C 语言中，可以使用宏定义提高程序的可读性。例如下面的代码中使用 define 关键字定义了数值常量、字符串常量以及常量表达式。代码中由于宏定义的出现，那些看起来非常魔幻的常量和常量表达式得到了有效的解释。

```
#define ERROR_MESSAGE -100
#define FILE_PATH D:\\study\\C++\\chapter1\\exercise.txt
#define SECONDS_PER_DAY 60 * 60 * 24

int open_file_test(){
    FILE *fp = fopen("FILE_PATH","r");
    if(fp == NULL){
        return ERROR_MESSAGE;
    }else{
        return SECONDS_PER_DAY;
    }
}
```

有时候我们并不满足这种简单的常量级别的宏，还想通过更加复杂的方式来定义带参数的函数级别的宏。有的书中将这种形式称为宏函数，但是宏函数并不是函数，它只是使用起来像函数而已。

```
#define OUTPUTINT(x) cout << "INT: " << x << endl
#define OUTPUTCHAR(x) cout << "CHAR: " << x << endl
void output(){
    int i = 100;
    char c = 'a';
    OUTPUTINT(i);
    OUTPUTCHAR(c);
}
```

函数级别的宏定义本质上与常量级别的宏定义相同，都是在预处理阶段进行代码替换，与普通函数相比，宏函数省去了函数调用的过程，节省了函数调用的开销。

虽然宏函数是一个非常不错的概念，如果使用得当能够提供很多方便，但是由于其自身存在缺陷，在有些情况下会发生意想不到的错误，因此 C++ 中提出了内联的概念。内联函数既发挥了宏函数的优势，又避免了声名狼藉的宏函数错误。下面是一个内联函数的例子：

```
class Rectangle{
public:
    Rectangle(int, int);
    int getSquare();
    int getGirth(){ return 2 * ( length + width ); }
private:
    int length;
    int width;
}
```

```
Rectangle::Rectangle(int l, int w):length(l), width(w){}
inline int Rectangle::getSquare(){
    return length * width;
}
```

Rectangle 类将 getSquare 函数通过 inline 关键字定义为内联函数。在编译阶段，编译器在发现 inline 关键字时会将函数体保存在函数名所在的符号表内，在程序中调用内联函数的地方，编译器直接在符号表中获取函数名和函数体，并用内联函数的函数体替换掉函数调用，从而节省了运行时函数调用的开销。

注意啦——内联函数的定义

在定义内联函数时一定要在函数定义时使用 inline 关键字，在函数声明中使用 inline 是没有效果的。函数的使用者不需要知道函数是否为内联函数，这也是 inline 关键字不应该出现在函数声明中的原因。

有一点需要注意的是，如果在函数声明的同时给出函数定义，编译器会自动将函数识别为内联函数，例如 Rectangle 类中的 getGirth 函数。但不推荐使用这种方式，良好的编程习惯应该将函数声明和函数定义分开，将函数定义暴露给类的使用者是不恰当的。

10.4.2 经典面试题解析

【面试题 1】简述内联函数与宏定义的区别

二维码 10-8

1. 考查的知识点

❑ 内联函数与宏定义的区别

2. 问题分析

本题的教学视频请扫描二维码 10-8 获取。

内联函数和宏定义都能够节省频繁的函数调用过程中所产生的时间和空间的开销，提高程序执行的效率，二者的目的是相同的。内联函数和宏定义都是通过将函数调用替换成完整的函数体，二者的实现也是类似的。但是两者在许多方面都存在着差异。

内联函数和宏定义根本的区别在于宏定义仅仅是字符串替换，而内联函数是个函数，具有函数基本性质，因此内联函数可以像普通函数一样调试，而宏定义不能。

内联函数和宏定义的代码展开发生在程序执行的不同阶段，宏定义的展开是在预处理阶段，而内联函数的展开是在编译阶段，因此许多编译阶段的工作只对内联函数有效，例如类型安全检查和自动类型转换。

内联函数作为类的成员函数时，可以访问类的所有成员，包括公有成员、保护成员和私有成员，而 this 指针也会被隐式地正确使用，而宏定义无法实现这些功能。

在函数层面上，内联函数可以完全替代宏定义，因此在程序开发中应该尽量使用内联函数，这对于程序的可读性和安全性来说都是有益的。

在使用内联函数时，要注意内联函数产生的代码膨胀问题。如果一个内联函数的函数体非常庞大，并且在程序各处都会调用这个内联函数，那么代码展开后的内联函数就会内嵌到程序各处，从而造成程序代码体积极度增长，也就是代码膨胀。因此定义一个内联函数时，要确保内联函数的函数体十分简单。

小知识——编译器的抉择

现在的编译器大多都经过优化，能够判断一个函数是否适合作为内联函数，一个长函数即便定义成内联函数，编译器也很可能拒绝将其视为内联函数，从而不会进行代码展开。

3. 答案

见分析。

【面试题2】宏定义的宏展开错误

指出下面程序中宏定义的错误并修改：

```
#define MAX(a,b) a > b ? a:b
#define MUL(a,b) a * b

int main() {
    int x = 4, y = 2;
    int max = MAX(x,y);
    int product = MUL(x,y);
    cout << "the max is " << max << endl;
    cout << "the product is " << product << endl;
}
```

1. 考查的知识点

❑ 宏展开中的问题

2. 问题分析

本题的教学视频请扫描二维码 10-9 获取。

宏定义自身的缺陷是指宏展开错误，主要是由于运算符优先级等原因，使得宏定义展开后的语义与预想发生偏差。有些读者可能对宏展开错误比较陌生，题目代码中的宏定义就是一个典型的例子。

二维码 10-9

程序中的 main 函数执行后会得到正确的结果：MAX(x,y)宏展开后输出 x 和 y 的较大值，最终输出 x 的值为 4；MUL(x,y)宏展开后输出 x 和 y 的积，最终输出 4 * 2 的值为 8。但在某些情况下，程序中的宏定义就会出现问题。例如，修改变量 product 的赋值语句：

```
int product = MUL(x,y+3);
```

程序的本意是想获得 x 和 y+3 的积，x 的值为 4，y+3 的值为 5，最终变量 product 等于 4 * 5 的值 20。但是由于宏展开只是单纯的字符串替换，因此宏展开时会用 x 替换宏定义中的 a，用 y+3 替换宏定义中的 b，替换后的代码如下：

```
int product = x * y + 3;
```

尽管宏展开前的代码似乎没有什么问题，但是展开后代码中的错误还是比较明显的。根据运算符优先级，程序会先执行 x * y，然后再加 3，也就是先执行 4 * 2 再加 3，最后 product 的值为 11，这显然与原意不符。如果展开后的代码像下面一样就不会出错了：

```
int product = (x) * (y+3);
```

通过括号可以强制先计算 y+3，从而得到正确的结果。在宏定义中，最好将参数加上括号，这样在替换时保证括号内的表达式优先运算，就能避免上述错误。更改后的宏定义如下：

```
#define MAX(a,b)(a)>(b)?(a):(b)
#define MUL(a,b)(a)*(b)
```

有些读者可能觉得将参数加上括号从根本上解决了宏展开问题，但事实上并非如此，下面再看一个例子，更新变量 max 的赋值语句：

```
int max = MAX(x,y) +2;
```

程序的本意是将 x 和 y 的最大值加 2，也就是将 x 的值 4 加 2，最终变量 max 的值为 6。但是由于宏展开在进行字符替换后又出现了意料之外的错误，最终结果还是与预期不符。替换后的代码如下：

```
int max = (x) > (y)?(x):(y) +2;
```

替换后的代码逻辑发生了变化：首先比较 x 和 y 的值，如果 x 大于 y，则返回 x 的值，否则返回 y +2 的值。由于“+”运算符比“:”运算符的优先级高，因此(y) +2 会首先结合，最终变量 max 的值为 4。如果展开后的代码像下面一样就不会出错了：

```
int max = ((x) > (y)?(x):(y)) +2;
```

这里还是通过加括号解决问题，利用括号将整个宏定义的内容括起来，保证整个宏定义中的表达式优先运算，就能避免上述错误。更新后的宏定义如下：

```
#define MAX(a,b)((a)>(b)?(a):(b))
#define MUL(a,b)((a)*(b))
```

现在宏定义中能加的括号都加了，但不幸的是，即便如此仍然不能避免某些情况下产生错误的结果。下面再次更新 max 变量的赋值语句：

```
int max = MAX( ++x,y);
```

程序的本意是获得 ++x 和 y 的最大值，x 会首先自增变为 5，再与 y 比较，最后 max 的值为 5。但是由于同一个参数在宏展开时进行了两次替换，程序的结果还是与预期不符。替换后的代码如下：

```
int max = (( ++x) > (y)?( ++x):(y));
```

在替换后的代码中，x 自增了两次，最终 x 的值为 6，赋值后 max 的值也为 6。对于这类问题，很难通过宏定义本身避免，只能在使用宏定义时尽量不要将诸如 ++x 这类表达式作为参数，而应该使用单独的语句修改变量的值。修改后的程序如下：

```
++x;
int max = MAX(x,y);
```

修改后 x 在使用宏之前先自增，保证 x 在这段代码中只自增一次，然后再使用宏定义得到 x 与 y 的最大值，最终 x 的值和 max 的值都为 5。

3. 答案

```
#define MAX(a,b)((a)>(b)?(a):(b))
#define MUL(a,b)((a)*(b))
```

【面试题 3】 内联函数的常识性问题

指出下面关于内联函数的描述错误的是（　　）。

（A）内联函数可以被重载
（B）构造函数可以定义成内联函数
（C）内联函数能够减少函数调用的开销
（D）内联函数应该在函数声明时使用 inline 关键字

1. 考查的知识点

❑ 内联函数的概念

2. 问题分析

内联函数本质上是一个函数，只是在编译阶段做了代码展开，因此内联函数具有普通函数的性质。当内联函数为类的成员函数时，也像普通函数一样能够重载，因此 A 正确。

由于内联函数存在代码膨胀问题，因此短小的函数适宜作为内联函数。构造函数可以定义成内联函数，但构造函数的代码展开可能比想象的要大得多，因为构造函数会隐式地调用基类的构造函数，并初始化成员变量，所以不建议将构造函数定义为内联函数，但确实可以这么做，因此 B 正确。

函数调用需要跳转到被调用函数的入口地址，并在调用后返回主调函数，因此需要在函数调用前保护现场，并在函数调用后恢复现场，这些操作都需要额外的开销，而内联函数直接用函数体替换函数调用，避免了函数调用时的开销，因此 C 正确。

内联函数需要使用 inline 关键字，并且一定要在函数定义时使用，在函数声明时使用 inline 起不到任何作用，因此 D 错误。

3. 答案

D 错误。

10.5 sizeof 的使用

10.5.1 知识点梳理

二维码 10-10

知识点梳理的教学视频请扫描二维码 10-10 获取。

在 C 语言中，可以通过 sizeof 运算符获取其操作数所占内存空间的字节数。需要强调的是，sizeof 是一个单目运算符，并不是一个函数。

在使用 sizeof 运算符时，其操作数可以是类型名，也可以是表达式。如果是类型名，则直接获得该类型的字节数；如果是表达式，则先分析表达式结果的类型，再确定所占的字节数，而并不对表达式实际进行计算。

```
int a = 1;
double b = 1.5;
sizeof(int);                    //结果为 4
sizeof(a);                      //结果为 4
sizeof(a + b);                  //结果为 8
```

虽然对表达式进行 sizeof 运算时可以不加括号，但推荐使用带括号的书写方式。一方面多数程序员习惯带括号的方式，另一方面是为了与类型名做操作数时的写法统一。

在实际应用中，很少单独使用 sizeof 运算符计算某一个类型或表达式所占的字节数，通常使用 sizeof 运算符都是与内存分配或计算数组长度等需求配合使用。

在申请内存空间时，可以使用 sizeof 运算符加上类型名作为分配空间的基数。例如，申请

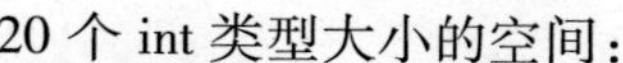

20 个 int 类型大小的空间：

```
int *ptr = (int *)malloc(sizeof(int) *20);
```

在计算数组中元素的个数时，可以使用 sizeof 运算符加上数组元素类型作为基数。例如，要获取 double 类型数组 darray 的元素个数：

```
int count = sizeof(darray)/sizeof(double);
```

代码中 darray 是一个数组名，将数组名作为 sizeof 运算符的操作数可以获得整个数组所占的空间。如果 darray 作为实参传递给子函数，子函数中形参对应的参数已经变为指针，而对指针使用 sizeof 运算符只能获取指针本身所占的字节数。

```
void subfunc(double darray[]){
    cout << sizeof(darray)/sizeof(double) << endl;          //输出 4/8 =0
}

int main(){
    double darray[20];
    cout << sizeof(darray)/sizeof(double) << endl;          //输出 160/8 =20
    subfunc(darray);
}
```

注意啦——sizeof 与 strlen

一定不要用 sizeof 运算符计算字符串的长度，计算字符串长度应该使用 strlen 函数。sizeof 是一个运算符，用于获取类型或表达式所占内存的大小；strlen 是一个函数，用于计算字符串中字符的个数，其中字符串结束符 \0 不会被计算在内。

10.5.2　经典面试题解析

【面试题 1】不能使用 sizeof 计算的表达式

指出下面代码中错误的 sizeof 使用方式：

```
struct baby{
    unsigned int gender:1;
    unsigned int weight:5;
    unsigned int week:7;
    unsigned int blood:3;
    unsigned int height:8;
};

int triple(int number){
    return 3 * number;
}

void show(int rank){
    cout << "I am NO. " << rank << endl;
}

int main(){
```

```
    sizeof(baby);                //A
    sizeof(baby.gender);         //B
    sizeof(triple);              //C
    sizeof(triple(3));           //D
    sizeof(show());              //E
}
```

1. 考查的知识点

❑ sizeof 的适用范围

2. 问题分析

在使用 sizeof 运算符时，需要注意其适用范围，并非所有的变量、类型、表达式都能够通过 sizeof 运算符计算所占用的内存空间。

结构体可以使用 sizeof 运算，因此可以计算出结构体类型 baby 所占的内存空间。在定义结构体 baby 时，使用了位域声明结构体中的成员，在计算空间时，应该遵循位域成员不能横跨两个字节的原则，因此不能把所有位域成员的空间简单相加，还要考虑位域成员的内存布局。

对于结构体 baby 类型来说，gender 和 weight 已经占据了 6 位的空间，而一个字节只有 8 位，因此第一个字节剩余的 2 位不足以存放 week，而只能在第二个字节放入 week，此时第二个字节剩余的 1 位无法存放 blood，blood 只能存放在第三个字节中，同理 height 只能存放在第四个字节中，最终结果为 4 个字节。结构体成员内存布局如图 10-7 所示。

图 10-7 结构体内存布局

虽然能够通过 sizeof 运算符计算出结构体 baby 类型所占据的内存空间，但是不允许计算结构体中某个位域成员占用的空间。sizeof 运算符返回的最小单元为一个字节，而位域成员不能横跨两个字节，只占据了一个字节中的某几位，所以获取位域成员所占用内存空间的字节数是没有意义的，因此 sizeof(baby.gender)是错误的。

此外不允许通过 sizeof 运算符计算函数所占的空间。对一个函数名进行 sizeof 运算很令人困惑，其意义并不十分明确，难道是想知道整个函数体在内存中所占用的空间么？因此 sizeof(triple)是错误的。

但是对函数调用表达式进行 sizeof 运算是允许的。对函数调用进行 sizeof 运算的结果是得到函数返回值类型所占的内存空间，并没有真正调用函数。因此通过 sizeof 计算 triple(3)的值就相当于计算返回值 int 类型所占的空间，结果为 4 个字节。

但是有一种函数调用是不能够使用 sizeof 运算符的。由于 sizeof 运算符不能计算不明确类型所占的空间，如果函数没有返回值，或者说函数的返回值是 void 类型，其函数调用就不能使用 sizeof 运算符，因此 sizeof(show())是错误的。

3. 答案

正确：A、D；

错误：B、C、E。

【面试题 2】sizeof 计算结构体时的内存对齐问题

写出下面两个结构体的 sizeof 计算结果：

```
struct s1{
    char a;
    short b;
    int c;
    double d;
};

struct s2{
    char a;
    short b;
    double c;
    int d;
};
```

1. 考查的知识点

❑ 数据对齐

2. 问题分析

二维码 10-11

本题的教学视频请扫描二维码 10-11 获取。

对基本数据类型进行 sizeof 运算非常简单，但是结构类型就要复杂一些，这里面涉及数据对齐问题。

数据对齐是指在处理结构体中的成员时，成员在内存中的起始地址编码必须是成员类型所占字节数的整数倍。例如，int 类型的变量占用 4 个字节，因此结构体中 int 类型成员的起始地址必须是 4 的整数倍，同理 double 类型成员的起始地址必须是 8 的整数倍。

由于结构体中的成员在内存中存放时需要数据对齐，就会造成结构体中逻辑上相邻成员的内存地址在物理上并不相邻，两个成员之间可能会有空余出来的空间，有些书上也称之为补齐。

结构体成员采用数据对齐主要是为了加快读取数据的速度，减少指令周期，使程序运行得更快，这方面的知识可以参考计算机组成原理的相关书籍。

在了解数据对齐的概念之后，下面再来分析题目中结构体成员的内存布局。为了便于分析，假设结构体的起始地址编码为 0。

```
struct s1{
    char a;
    short b;
    int c;
    double d;
};
```

结构体 s1 的第一个成员 a 为 char 类型，起始地址为 0，占用 1 个字节，下一个地址为 1；第二个成员 b 为 short 类型，占用 2 个字节，起始地址必须是 2 的整数倍，因此地址 1 要空出来，b 的起始地址为 2，下一个地址为 4；第三个成员 c 为 int 类型，占用 4 个字节，当前地址为 4，恰好是 4 的整数倍，因此 c 的起始地址为 4，下一个地址为 8；同理，第四个成员 d 为 double 类型，起始地址为 8，占用 8 个字节，下一个地址为 16。

根据上面的分析，结构体 s1 需要 16 个字节。由于 s1 中占用空间最多的成员为 double 类型，因此计算结果必须为 8 的整数倍，而结果 16 恰好为 8 的整数倍，因此结构体 s1 的 sizeof 运算结果为 16。

下面再来分析结构体 s2 的 sizeof 运算结果，结构体 s2 同结构体 s1 一样包括四种类型的成员，只是在声明的过程中成员的顺序不同。

```
struct s2{
    int a;
    double b;
    short c;
    char d;
};
```

结构体 s2 的第一个成员 a 为 int 类型，起始地址为 0，占用 4 个字节，下一个地址为 4；第二个成员 b 为 double 类型，占用 8 个字节，起始地址必须是 8 的整数倍，因此地址 4～7 共 4 个字节要空出来，b 的起始地址为 8，下一个地址为 16；第三个成员 c 为 short 类型，占用 2 个字节，当前地址为 16，是 2 的整数倍，因此 c 的起始地址为 16，下一个地址为 18；第四个成员 d 为 char 类型，起始地址为 18，占用 1 个字节，下一个地址为 19。

但是千万不要忘记一个规则：结构体 sizeof 的计算结果必须是结构体中占用空间最多的成员所占空间的整数倍。由于 s2 中占用空间最多的成员为 double 类型，因此计算结果必须为 8 的整数倍，地址 19～23 共 5 个字节都要空出来，也就是内存补齐，最终结构体 s2 的 sizeof 运算结果为 24。

结构体 s1 和结构体 s2 的内存布局如图 10-8 所示。

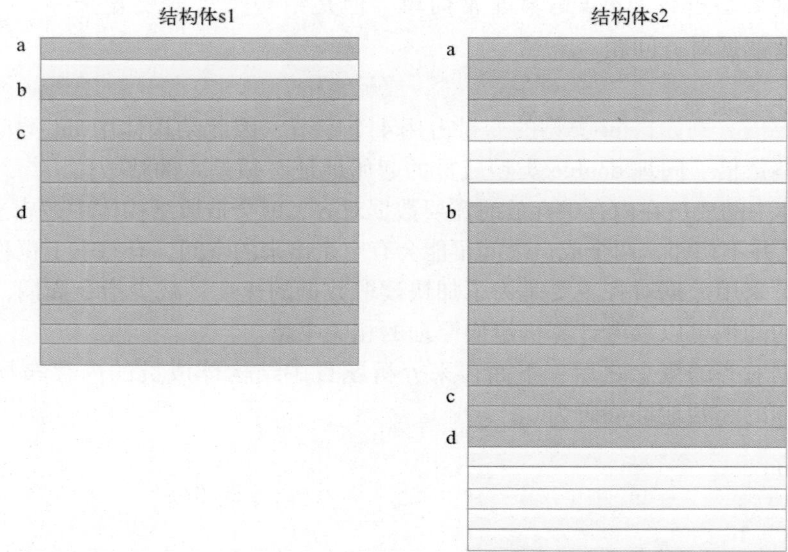

图 10-8　结构体内存布局

3. 答案

```
sizeof(struct s1) = 16
sizeof(struct s2) = 24
```

【面试题 3】结构体嵌套时的 sizeof 运算

写出下面各结构体的 sizeof 计算结果：

```
struct s1{
    int a;
};
struct s2{
    char a[4];
```

```
    };
    struct s3{
        char a[4];
        char b;
    };
    struct s4{
        s1 a;
        char b;
    };
    struct s5{
        s2 a;
        char b;
    };
```

1. 考查的知识点

❑ 结构体中的数组成员

2. 问题分析

二维码 10-12

本题的教学视频请扫描二维码 10-12 获取。

上一道题结构体中的成员都是基本数据类型，如果结构体中的成员包括数组或者其他结构体，在数据对齐时，要以结构体中最深层的基本数据类型为准。

所谓结构体中最深层的基本数据类型是指：如果结构体中的成员为复杂数据类型，不应以复杂数据类型所占空间作为数据对齐的标准，而应深入复杂数据类型内部，查看其所包含的基本数据类型所占空间。如果结构体成员是一个数组，应以数组元素的类型作为数据对齐的标准；如果结构体成员是其他结构体，应该以内层结构体中的基本数据类型成员作为外层结构体数据对齐的标准。

在分析本题时仍然假定结构体初始地址为 0。首先容易确定的是结构体 s1 所占的空间为 4，结构体 s2 所占的空间也为 4。

结构体 s3 中的第一个成员 a 占用 4 个字节，起始地址为 0，下一个地址为 4；第二个成员 b 占用 1 个空间，起始地址为 4，下一个地址为 5。需要注意的是，结构体 s3 中占用空间最大的类型为 char 类型，而不是 char[4]类型，因此结构体 s3 的 sizeof 运算结果只要为 1 的整数倍即可。最终结构体 s3 的 sizeof 运算结果为 5。

结构体 s4 中的第一个成员 a 占用 4 个空间，起始地址为 0，下一个地址为 4；第二个成员 b 占用 1 个空间，起始地址为 4，下一个地址为 5。成员 a 为结构体 s1 类型，结构体 s1 类型中占用空间最大的类型为 int 类型，为 4 个字节，因此结构体 s4 的 sizeof 运算结果也要为 4 的整数倍，地址 5 ~7 共 3 个字节需要做内存补齐，下一个地址为 8。最终结构体 s4 的 sizeof 运算结果为 8。

结构体 s5 中的第一个成员 a 占用 4 个空间，起始地址为 0，下一个地址为 4；第二个成员 b 占用 1 个空间，起始地址为 4，下一个地址为 5。这里成员 a 为结构体 s2 类型，而结构体 s2 类型中占用空间最大的类型为 char 类型，是 1 个字节，因此结构体 s5 的 sizeof 运算结果只要是 1 的整数倍即可。最终结构体 s5 的 sizeof 运算结果为 5。

3. 答案

```
sizeof(struct s1) = 4
sizeof(struct s2) = 4
sizeof(struct s3) = 5
sizeof(struct s4) = 8
sizeof(struct s5) = 5
```

10.6 内存分配

10.6.1 知识点梳理

二维码 10-13

知识点梳理的教学视频请扫描二维码 10-13 获取。

在 C 语言中，通过 malloc 函数动态申请空间，使用后通过 free 函数将空间释放。下面的程序展示了两个函数的基本用法。

```
int *p = NULL;
p = (int *) malloc(sizeof(int) * 10);
free(p);
p = NULL;
```

通过 malloc 函数申请空间时，首先会扫描可用空间链表，直到发现第一个大于申请空间的可用空间，将这段可用空间的首地址返回，并利用剩余空间的首地址和大小更新可用空间链表。动态分配的空间来自堆空间，指针指向一个堆空间的地址，而指针本身作为局部变量存储在栈空间里。

上面的程序通过 malloc 函数申请空间时并没有考虑申请空间失败的情况，实际上这种情况在可用空间不足时是会发生的，这时候 malloc 函数会返回一个空指针，因此为了养成良好的编程习惯，应该处理申请空间失败的情况。

通过 malloc 动态申请的空间必须通过 free 函数释放，这两个函数成对出现。如果申请的空间没有释放，就会发生内存泄漏，系统不会主动回收通过 malloc 在堆上申请的空间。如果不释放 malloc 申请的空间就会造成可用空间越来越少，直到内存耗尽，所以必须调用 free 函数释放空间。

在通过 free 函数释放空间后，最好将指针立即置空，这样可以防止后面的程序对指针的误操作。释放空间后，指针的值没有改变，无法直接通过指针本身判断空间是否已经释放，将指针置空有助于检测一个指针指向的空间是否已经释放。

图 10-9 详细地解释了指针和堆空间在整个内存分配过程中的变化情况。

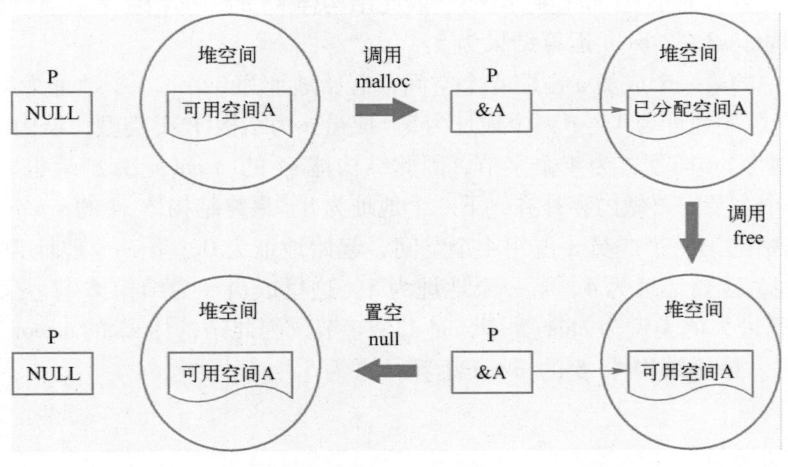

图 10-9　动态内存分配

在反复通过 malloc 和 free 函数申请和释放空间后，可用空间链表不断更新，导致可用空间碎片化。虽然所有可用空间加起来并不少，并且很多可用空间是相邻的，但是它们被切分成许多段，每段的空间很小，因此如果通过 malloc 申请空间，必要时会首先进行空间整理，将相邻较小的可用空间合并成一个较大的可用空间，从而满足申请大空间的需要。

小知识 —— 可用空间链表

系统中维护着一个称为可用空间链表的数据结构，在这个链表中记录着堆中每一段可用空间的起始位置和这段空间的大小，这也是 malloc 函数寻找可用空间的依据。当通过 malloc 申请空间或通过 free 释放空间时，可用空间链表都会被更新。

为了更好地支持对面向对象技术，满足操作类对象需要，C ++中引入了 new 和 delete 两个操作符用于申请和释放空间。下面的程序说明了这两个操作符的基本用法：

```
A:
    int *p = new int(10);
    delete p;
    p = NULL;
B:
    Test *p = new Test();
    delete p;
    p = NULL;
```

new 和 delete 运算符既可以应用于基本类型，也可以应用于自定义类型，其申请和释放的空间同样在堆上。

对于基本类型，new 操作符首先分配空间，然后使用括号内的值初始化堆上的数据，并返回空间的首地址，delete 操作符直接释放堆上的空间；对于自定义类型，new 操作符首先分配空间，然后根据括号内的参数调用类的构造函数初始化对象，delete 操作符先调用类的析构函数再释放对象在堆上的空间。

根据 new 和 delete 的处理流程可知，new 操作符不但申请了空间，还完成了初始化工作，delete 操作符不但释放了空间，而且调用了对象的析构函数。

10.6.2　经典面试题解析

【面试题 1】malloc 和 free 的常识性问题

选出关于 malloc 和 free 说法正确的一项（　　）。

（A）free 函数会将指针置为 NULL

（B）malloc 函数返回的指针移动后，free 函数会自动找到首地址并释放

（C）malloc 函数一次申请 N 个 int 空间，使用后需要循环 N 次逐一调用 free 函数释放

（D）malloc 申请的空间位于堆上

1. 考查的知识点

❑ malloc 和 free 的基本概念

2. 问题分析

二维码 10-14

本题的教学视频请扫描二维码 10-14 获取。

free 函数负责释放空间，具体流程是更新可用空间链表，将这段空间标记为可用，但不会将指针置空，在调用 free 释放空间后应该立即手动将指针置空，因此 A 错误。

malloc 函数返回申请空间的首地址，free 函数接收的参数也应该是这个首地址，因此在使用过程中一定不能失去对这个首地址的控制。如果修改了原先指向首地址的指针，而首地址又没有与其他指针关联，就无法调用 free 函数正确地释放空间，因此 B 错误。

malloc 函数和 free 函数总是成对出现，不存在调用一次 malloc 函数后需要调用多次 free 函数的情况。free 函数可以一次释放 malloc 函数分配的所有空间，因此 C 错误。

malloc 函数申请的空间都是从堆中获取的，需要手动调用 free 函数释放，而栈空间由系统负责分配和释放，因此 D 正确。

3. 答案

D 正确。

【面试题 2】返回一个 64 整数倍的内存地址

编写两个函数，align64malloc 和 align64free，分别用于申请空间和释放空间，但要求申请空间返回的地址必须是 64 的整数倍。

1. 考查的知识点

❑ 动态空间分配

2. 问题分析

二维码 10-15

本题的教学视频请扫描二维码 10-15 获取。

通过 malloc 函数申请空间时，系统在可用空间链表中找出第一个满足条件的可用空间并返回其首地址，这个过程并不会做其他类型的检查，因此返回地址具有随机性，无法满足任何限制条件。

要想保证返回的地址中存在能被 64 整除的地址，最保险的办法是额外申请 64 个地址空间，这样即便申请空间的首地址刚好错过 64 的倍数，加上额外的 64 个地址空间也能保证在整个地址空间中，前 64 个地址空间必然存在一个 64 整数倍的地址，并且后面剩余的地址空间不少于最初申请的空间大小。

还有一个问题需要解决：在释放空间时，free 函数必须知道整个空间的首地址，而 align64malloc 函数返回的是申请的整个地址空间中首个 64 整数倍的地址，也就是前 64 个地址空间中的某一个地址，这样会丢失整个地址空间的首地址，造成释放空间失败。

因此必须记录整个地址空间首地址这一信息，最好的方法是记录在首个 64 整数倍的地址的前面，这样很方便就能访问，通过简单的指针运算就能获取整个地址空间的首地址，然后通过 free 函数释放整个地址空间。

但是如果申请空间的首地址恰好是 64 的整数倍，那么返回的地址就是申请的首地址，这时候要将首地址信息记录在返回地址的前面是很危险的，因为这个信息已经在申请的地址空间外面了。事实上，申请空间的首地址与 64 的余数为 61、62、63、0 时都会存在这个问题，也就是返回的首地址之前没有足够的空间写入信息。

为了解决这个问题，需要再额外申请一个指针的空间，这样就能保证在申请的整个地址空间中，返回的首个 64 整数倍的地址之前至少有 4 个字节，能够保存申请的整个地址空间的首地址。

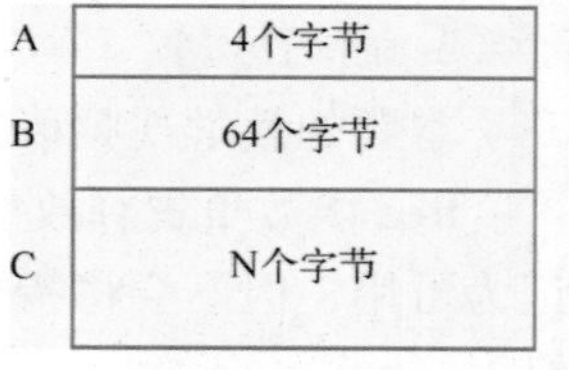

图 10-10　申请空间

假设想申请 N 个字节的空间，通过图 10-10 可以看出，整个申请的空间分为三部分：原本申请的 N 个字节、为保证返回的首地址为 64 整数倍而额外申请的 64 个字节、为保证正确写入整个空间首地址信息而额外申请的 4 个字节，因此总共申请了 N+68 个字节。

需要明确的是，首个 64 整数倍的地址是 B 空间中的某一个地址，与 A 空间无关，而保存整个空间首地址的 4 个字节可能都在 B 空间里，也可能都在 A 空间里，也可能是一部分在 A 空间一部分在 B 空间，这取决于首个 64 整数倍的地址在 B 空间中的具体位置。

搞清了解决问题的关键环节之后，其他问题也就比较轻松了，主要是一些指针运算。首先来看 align64malloc 函数：

```
void * align64malloc(int size){
    void *ptr = malloc(size + 64 + sizeof(void *));
    if(!ptr){
        return NULL;
    }

    ptr = (char *)ptr + sizeof(void *);
    *((int *)(((int)ptr + 64 - (int)ptr % 64) - sizeof(void *))) = ((int)ptr - sizeof(void *));
    return(void *)((int)ptr + 64 - (int)ptr % 64);
}
```

这段程序可能不太容易理解，尤其某些语句比较复杂，下面来逐行分析：

```
void *ptr = malloc(size + 64 + sizeof(void *));
if(!ptr){
    return NULL;
}
```

函数的前三行很简单，如果想申请 size 大小的空间，还需要额外申请 64 个地址空间加上一个指针的空间，三部分加起来是总共需要申请的空间。

```
ptr = (char *)ptr + sizeof(void *);
```

指向整个空间首地址的指针向后移动了一个指针大小的空间，这是因为要空出来一个用于存放整个空间首地址信息的空间，然后在剩余的空间里找到首个 64 整数倍的地址，这样能确保返回的首个 64 整数倍的地址之前有足够的空间保存整个空间的首地址。

```
*((int *)(((int)ptr + 64 - (int)ptr%64) - sizeof(void *))) = ((int)ptr - sizeof(void *));
```

这是程序中最复杂的一句，其作用是在首个 64 整数倍的地址之前写入申请的整个空间的首地址。需要注意的一点是，void *类型的指针无法直接进行加减运算，如果要进行地址空间的加减运算，应该首先转换成 int 类型。

```
((int)ptr - sizeof(void *))
```

先看等式右边。上一行代码执行之后，指针指向整个空间首地址之后一个指针距离的位置，也就是第 5 个字节，因此减去一个指针的空间就得到了整个空间的首地址。

```
*((int *)(((int)ptr + 64 - (int)ptr%64) - sizeof(void *)))
```

等式左边稍微复杂一些。首先指针加上 64 个字节，得到的地址之前一定有一个 64 整数倍的地址。但是这里加多了，需要减去一些字节，具体应该减去指针地址与 64 的余数，此时得到的地址就是需要的 64 整数倍的地址。再减去一个指针的空间就是写入整个地址空间首地址的位置了。

```
return(void *)((int)ptr + 64 - (int)ptr % 64);
```

最后返回的地址实际上已经包含在上一行的代码中。将指针先加上 64 个字节，再减去指针与 64 的余数，就能得到首个 64 整数倍的地址。

最后还要写出一个释放空间的函数。相比于申请空间，释放空间要简单得多。首先来看 align64free 函数：

```
void align64free(void * ptr){
    if(ptr){
        free((void *)(*((void **)ptr-1)));
    }
}
```

释放空间唯一的问题就是获取申请的整个空间的首地址。这个地址保存在申请空间函数返回的首个 64 整数倍的地址之前，通过指针运算直接拿到这个地址，然后调用 free 函数就可以了。

可以看到，void * 不能直接进行加减运算，将其转换成 void ** 类型，但是此时再进行加减运算性质就不同，指针已经转换成指向指针的指针，加减运算会加减若干个指针大小的空间。

align64free 函数中的减 1 运算实际上减去了一个指针大小的空间，即 4 个字节。指针本身指向首个 64 整数倍的地址，减去 4 个字节的位置保存着申请的整个空间的首地址，通过解引用获得首地址后，再将其转换成 void * 类型传递给 free 函数进行空间释放。

3. 答案

见分析。

【面试题 3】简述 malloc/free 与 new/delete 的区别

1. 考查的知识点

❑ malloc/free 与 new/delete 的区别

2. 问题分析

malloc/free 是 C 语言提供的库函数，通过函数调用访问，需要传递参数并接收返回值；而 new/delete 是 C++ 提供的运算符，有自己的一套语法规则和运算方式。

malloc/free 函数只能应用于基本类型，而 new/delete 不但可以应用于基本类型，还可以应用于面向对象中的自定义类型。

malloc 函数返回的是 void * 类型，程序需要显式地转换成所需要的指针类型；new 操作符后面直接指明了类型，不涉及类型转换问题。

malloc 函数只负责申请空间，并返回首地址；new 运算符除了申请空间，还会调用构造函数初始化指针指向的内容；free 函数只负责释放空间，并标识这段空间为可用空间；delete 运算符除了释放空间，还会调用对象的析构函数。

事实上，new/delete 的功能已经完全覆盖了 malloc/free 的功能，之所以 C++ 中还要保留 malloc/free 函数，主要是为了解决兼容性的问题，防止 C++ 中调用包含 malloc/free 的 C 函数时出现错误。

3. 答案

见分析。

【面试题 4】简述 delete 与 delete[ ]的区别

1. 考查的知识点

❑ delete 和 delete[ ]的区别

2. 问题分析

通过 new 动态申请的空间需要通过 delete 释放，因此 new 和 delete 总是成对出现的，如果通过 new[ ]动态分配了一个数组的空间，应该如何将整个数组的空间释放呢？首先来看数组元素是基本类型时的情况：

```
A:
    int  * i = new int[5];
    delete i;
B:
    int  * i = new int[5];
    delete[ ] i;
```

程序中通过 new[ ]分配了 5 个 int 类型大小的空间，指针 i 指向数组的第一个元素。程序 A 使用 delete 释放整个数组空间，程序 B 使用 delete[ ]释放整个数组空间。

实际上，两种方法都能正确释放数组空间，在数组元素是基本数据类型时，通过 delete 和 delete[ ]释放数组空间是等价的。对于基本数据类型，系统可以根据数组长度和数据类型计算出数组所占的空间，然后一次性释放整个空间，因此不需要区分 delete 和 delete[ ]。

下面再来看数组元素是自定义类型时的情况：

```
class Test{
private:
    char  * text;
public:
    Test(int length = 100){
        text = new char[length];
    }
    ~Test(){
        delete text;
        cout << "A destructor" << endl;
    }
};

Test  * a = new Test[5];
delete a;
```

基于对基本数据类型的分析，可以确定在类 Test 内部，构造函数和析构函数对指针 text 的空间申请和释放是正确的。由于 text 是基本数据类型的指针，通过 new[ ]申请空间时，既可以用 delete 也可以用 delete[ ]释放整个数组的空间。

指针 a 仍然通过 new[ ]申请空间，数组中元素的类型是 Test 类的对象，然后像处理基本数据类型一样，调用 delete 释放整个数组元素的空间，但是结果却事与愿违。

输出结果显示，Test 类的析构函数只调用了一次。Test 类的对象数组中，只调用了a[0]的析构函数，只有 a[0]中 text 的空间被释放了，虽然其他四个数组元素本身的空间被释放了，但是由于没有调用析构函数，它们 text 成员申请的空间并未释放。

当通过 new[ ]为数组分配空间时，如果数组元素的类型是自定义类型，必须通过 delete[ ]释放整个数组空间，因为 delete[ ]会逐个调用数组中每个对象的析构函数，只有这样才能将数组元素内部申请的资源释放，从而将整个对象数组的空间完全释放，不会造成潜在的内存泄漏。修改后的代码如下：

```
Test  * a = new Test[5];
delete[ ] a;
```

注意啦——delete与delete[]

当数组中的元素是自定义类型时，delete在释放空间时只会调用数组中首个元素的析构函数，而delete[]在释放空间时会调用数组中所有元素的析构函数。

强烈建议申请和释放空间采用完全配对的形式：new与delete成对使用，new[]与delete[]成对使用，不要去管数组元素是基本类型还是自定义类型，这种配对的方式可以保证程序不会出错。

3. 答案

当new[]中的数组元素是基本类型时，通过delete和delete[]都可以释放数组空间；

当new[]中的数组元素是自定义类型时，只能通过delete[]释放数组空间。

10.7 位运算

10.7.1 知识点梳理

二维码 10-16

知识点梳理的教学视频请扫描二维码10-16获取。

数据在计算机底层都是以二进制的形式存储的，位运算就是对内存中的二进制位进行操作。常见的位运算操作有6种，这些运算符只能用于整型操作数。

（1）按位与：&

按位与运算符将两个二进制数对应的每一位进行逻辑与操作。逻辑与操作的规则是有0为0，无0为1，也就是两个二进制数的对应位只要有一个为0，该位的逻辑与结果就为0，只有两个都为1时，结果才为1。

（2）按位或：|

按位或运算符将两个二进制数对应的每一位进行逻辑或操作。逻辑或操作的规则是有1为1，无1为0，也就是两个二进制数的对应位只要有一个为1，该位的逻辑或结果就为1，只有两个都为0时，结果才为0。

（3）按位异或：^

按位异或运算符将两个二进制数对应的每一位进行逻辑异或操作。逻辑异或操作的规则是相同为0，不同为1，也就是两个二进制数的对应位相同，都为0或都为1，该位的逻辑异或结果就为0，如果两个二进制数的对应位不同，一个为0一个为1，该位的逻辑异或结果就为1。

（4）按位取反：~

按位取反运算符将一个二进制数的每一位进行取反操作。按位取反操作的规则是1则变0，0则变1，也就是二进制数某一位如果为0，该位的取反结果为1，如果某一位为1，该位的取反结果为0。

（5）左移：<<

左移操作将一个二进制数按照移位长度逐位向左移动若干位。左移过程中，高位逐渐移除，低位随之补0。

（6）右移：>>

右移操作将一个二进制数按照移位长度逐位向右移动若干位。右移过程中，低位逐渐移除，高位随之补0。

下面通过例子介绍各种位运算操作。假设计算机的二进制数有 8 位，两个无符号整数：a = 75（二进制为 01001001），b = 153（二进制为 10011001）。

```
a & b = 01001001 & 10011001 = 00001001
a | b = 01001001 | 10011001 = 11011011
a^b = 01001001^10011001 = 11010010
 ~a = ~01001001 = 10110110
a << 5 = 01001001 << 5 = 00100000
a >> 3 = 01001001 >> 3 = 00001001
```

10.7.2　经典面试题解析

【面试题 1】不使用临时变量交换两个数

编写一段代码，不使用临时变量交换 a 和 b 的值。

1. 考查的知识点

❑ 异或操作

2. 问题分析

二维码 10–17

本题的教学视频请扫描二维码 10–17 获取。

交换两个数最简单的方式是通过一个临时变量作为中间变量，题目中要求不使用临时变量无疑增大了难度。对于两个数 a 与 b，要想交换它们的值，通过一条语句通常只能对一个变量赋值。

假设想通过对 a 的旧值和 b 的旧值运算，使得 b 的新值等于 a 的旧值，可以通过等式 b = b + (a – b) 实现，但是不能直接使用这个等式，因为等式执行后 a 和 b 的值都变成了 a 的旧值，b 的旧值就丢失了。先让 a = a – b，这样有关 b 的信息就保存在 a 的新值中，然后通过下面两行运算就可以使 b 的新值等于 a 的旧值，并且保留了 b 旧值的信息。

```
a = a – b;
b = b + a;
```

至此就差最后一步了，如何让 a 的新值等于 b 的旧值？同理，可以通过等式 a = a – (a – b) 实现。当前 b 的新值就是 a 的旧值，而 a 的新值就是 a 的旧值与 b 的旧值的差，因此最后令 a = b – a 即可。

```
a = b – a;
```

通过以上三步不需要临时变量，即可交换 a 与 b 值，看起来非常巧妙，但是还有一种更加“计算机”的方法能够实现。

```
a = a^b;
b = a^b;
a = a^b;
```

有的读者可能有点晕，但是如果将这三行代码整理成完整的程序，运行之后 a 和 b 的值竟然真交换了。归根结底，这种方法使用了异或操作中一个经典的结论：b = a^b^a。

首先 a^b 的含义是：a 和 b 的二进制数中，不同值的位为 1，相同值的位为 0。如果将这个结果与 a 再进行异或操作表示：以 a 为基准，将 a 与 b 不同值的位取反，而 a 与 b 相同值的位保持不变，这意味着 a^b^a 得到的结果就是 b。试想将 a 的二进制数中所有与 b 不同的位都改成跟 b 一样，将所有与 b 相同的位都保持不变，结果就是把 a 改成了 b。

小知识——a^b^a == a^a^b == b

如果读者绕不过这个弯，可以用异或操作的交换律帮助理解。由于 a^b^a 与 a^a^b 等价，并且一个数与其自身异或操作的结果为 0，一个数与 0 的异或结果就是这个数本身，因此 a^a^b 的结果就是 b，也就是 a^b^a 的结果就是 b。

同样为了保留 b 的信息，先令 a = a^b，这样有关 b 的信息就保留在 a 的新值中，然后通过 a = a^b 将 b 的新值修改为 a 的旧值。同理，利用 a = a^b^b 将 a 的新值修改为 b 的旧值，此时 a 的新值为 a^b，而 b 的新值就是 a 的旧值，再次通过赋值语句 a = a^b 就可以将 b 的旧值赋予 a。

3. 答案

```
方法一：
    a = a - b;
    b = b + a;
    a = b - a;
方法二：
    a = a^b;
    b = a^b;
    a = a^b;
```

【面试题 2】计算二进制数中 1 的个数

编写一段代码，统计变量 num 二进制数中 1 的个数。

1. 考查的知识点

❑ 按位与操作

2. 问题分析

这道题本身不难，求二进制数中 1 的个数只需要逐位判断即可，具体方法是将当前位与 1，而其他位与 0 做按位与操作，这样除了当前位的其他位与 0 按位与的结果必然是 0，而当前位如果是 1，则按位与的结果不为 0，当前位如果是 0，按位与的结果为 0。

可以将原数字每次右移一位，再与 1 做按位与操作，也可以不改变原数字，而将 1 不断左移，再与原数字进行按位与操作，然后根据运算结果判断当前位是 0 还是 1。

```
for(count = 0;num != 0;num = num >> 1){
    if(num & 1){
        count ++;
    }
}
```

实际上还可以让程序更简洁一些，去掉 if 语句，在循环内不使用任何额外的条件判断，而只通过循环条件中的 num != 0 就能判断当前位是 0 还是 1。修改后的代码如下：

```
for(count = 0;num != 0;num &= num - 1){
    count ++;
}
```

代码中的难点在于循环中第三部分 num &= num - 1 究竟在做什么。这种解法的思路是每次循环统计二进制数中最后一个 1，将最后一个 1 纳入计数之后，把这个 1 从原数字中去掉，这样在每次循环结束后，当前循环所统计的 1 就会被 0 代替，因此原数字每次循环后都会少一个 1，直至统计完最后一个 1，原数字变为 0，得到最终的统计结果。

如何将二进制数的最后一个 1 替换为 0，方法是将原数字与原数字减 1 的差做逻辑与。原数字减 1 得到的二进制数实际上是将原数字的最后一个 1 变成 0，而最后一个 1 之后的 0 都变为 1，例如，00010100 减 1 后的二进制数为 00010011。

然后再将减 1 后的值与未减 1 的值进行按位与，实际上就是将最后一个 1 之前的各位保持不变，最后一个 1 及其之后的位数都变为零，例如，00010100 与 00010011 按位与的结果为 00010000，从而消灭了最后一个 1。

每次循环都会消灭最后一个 1 并计数，直到最后一个 1 消灭之后原数字变为 0，因此原数字有多少个 1 就会执行多少次循环。例如，00010100 循环两次之后变为 00000000，从而循环结束。

3. 答案

```
方法一:
        for( count = 0;num ! = 0;num >> 1) {
                if( num & 1) {
                        count ++ ;
                }
        }
方法二:
        for( count = 0;num ! = 0;num & = num - 1) {
                count ++ ;
        }
```

【面试题 3】将二进制数倒数第 M 位的前 N 位取反

编写一个函数，将变量 i 二进制数中倒数第 M 位的前 N 位取反并返回。

1. 考查的知识点

❑ 异或操作

2. 问题分析

看到按位取反问题，首先想到的方案就是异或操作，而且是与 1 进行异或操作，因为 0 与 1 异或的结果是 1，而 1 与 1 异或的结果是 0，其结果相当于取反。

题目中要求将二进制数倒数第 M 位的前 N 位取反，因此需要有 N 个连续的 1，并且这 N 个 1 位于二进制的倒数第 M+1 位至倒数第 M+N 位，再将原数字与 N 个 1 组成的数字进行异或操作，就能将原数字二进制数倒数第 M 位的前 N 位取反。

为了讲解方便，假设二进制数一共 8 位，并且实例化 M=2，N=4，也就是将二进制数的倒数第 3 位至倒数第 6 位取反，因此用于取反的二进制数为 00111100。

明确了需要什么样的二进制数，现在的问题就是如何得到这个二进制数，这就需要搞清这个二进制数与 M 和 N 的关系。

首先可以看出，这个二进制数经过了一次左移，并且是左移了 M 位，也就是 2 位，因此 00111100 是通过将 00001111 左移两位得到的。

再看 N（N=4）与 00001111 的关系，这就转换为一个位运算的经典问题：如何得到一个最后 N 位都是 1 的二进制数，方法是将 1 左移 N 位再减 1。将二进制数 00000001 左移 N 位得到 00010000，从而将唯一的 1 置于倒数第 N+1 位上，然后再减 1，从而将倒数第 N+1 位的 1 变为 0，将倒数第 N+1 位后面 N 位的 0 都置为 1，最终得到 00001111。

基于上述的分析可知，将一个二进制数的倒数第 M 位的前 N 位取反需要四步：

1）将 1 左移 N 位（00000001 => 00010000）。

2）将步骤1）得到的数减1（00010000 =>00001111）。

3）将步骤2）得到的数左移M位（00001111 =>00111100）。

4）将步骤3）得到的数与原数字进行异或。

3. 答案

```
int getNum(int i,int m,int n){
    int a = 1 << n;
    a--;
    a = a << m;
    return a^i;
}
```

【面试题4】找出人群中唯一的单身狗

一个数组中除了一个数字只出现一次外，其余数字均出现偶数次，要求只扫描数组一次，找出这个只出现一次的数字。

1. 考查的知识点

❑ 异或操作

2. 问题分析

二维码 10-18

本题的教学视频请扫描二维码10-18获取。

有些读者第一感就是将数组排序，然后从头到尾扫描一遍就可以找出答案，但是由于题目对时间复杂度有要求，因此不能通过排序解决。

通过一次循环，在扫描数组的过程中，将所有重复出现的数字去掉，而只留下唯一的一个只出现一次的数字，那么如何做到这一点呢？答案是异或操作。

根据异或操作的特性，两个相同的数字进行异或操作的结果为0，因此异或操作非常适合去重，将数组中所有出现偶数次的数字进行异或操作最终结果为0。再根据任何数字与0进行异或操作的结果仍然是这个数字本身这一性质，将所有数字进行异或操作，最终的结果就是要找的那个在数组中只出现一次的数字。

3. 答案

假设数组长度为n：

```
int getSingleDog(int * a,int n){
    int result = 0;
    for(int i = 0;i < n;i ++){
        result^ = a[i]
    }
    return result;
}
```

【面试题5】找出人群中三个单身狗中的任意一个

一个数组中除了三个数字只出现一次外，其余数字均出现偶数次，用最小的时间复杂度找出这三个数字中的任意一个。

1. 考查的知识点

❑ 异或操作

2. 问题分析

二维码 10-19

本题的教学视频请扫描二维码10-19获取。

这道题比上一道题要复杂得多，如果直接将数组中所有的数字进行异或操作，最后的结果虽然将所有出现偶数次的数字抵消，但是剩余的三个只出现一次的数字异或的结果无法标识任何一个数字，即便如此，本题仍要从异或操作着手，毕竟异或操作有去重的作用。

现在数组里有三个只出现一次的数字，找出其中任何一个即可。如果能有一种方法将这三个数字分到两个不同的组里，第一组里面两个，第二组里面一个，而每组中剩余元素都出现偶数次，此时对第二组中的元素做异或操作，就能得到想要的结果，因此问题就转换为如何将所有的数字按照某种方式分成两组。

既然要分成两组，自然就想到根据二进制 0 是一组，1 是一组，比如根据二进制的最后一位分组。如果按照二进制数的最后一位分组，能否将所有数字分成我们想要的两组数呢？答案是不一定。

假设所有的数字都是奇数，那么最后一位必然是 1，分组的结果会将所有的数字都分到同一组里，因此只进行一次分组是不够的。

继续以二进制数的倒数第二位进行分组，如果分组结果还是没能将只出现一次的三个数字拆到两个组里，那么可以再尝试以二进制数的倒数第三位进行分组，以此类推，总会找到按照某一位进行分组的结果可以将三个只出现一次的数字拆分到两个组里。

可以用反证法考虑这个问题，只要分到同一组，证明三个数字的二进制数对应位相同。如果找不到任何一位的分组结果能将只出现一次的三个数分到两个不同的组里，也就是说，每次的分组结果都会使三个数字都分到同一组，意味着这三个数的二进制数的每一位都相同，即这三个数相等，显然假设错误。

下面通过一个例子来对解法进行梳理。为了简便，数组里的数字都是很小的整数，假设二进制数只有四位。

数组元素：{2,5,7,6,4,5,7,2,8}

二进制数：2 =0010，5 =0101，7 =0111，6 =0110，4 =0100，8 =1000

首先根据二进制数的最后一位进行分组，分组结果为

组 1：2 =0010，6 =0110，4 =0100，2 =0010，8 =1000

组 2：5 =0101，7 =0111，5 =0101，7 =0111

第二组两个数字 5 和 7 都是成对出现的，意味着第二组异或的结果是 0，证明当前分组没有把三个数字 4、6、8 拆开，它们都被分到了第一组。

值得注意的是，分成两组后必然一组数字有奇数个，另一组数字有偶数个，通过检查数字个数为偶数个的分组的异或结果来判断三个只出现一次的数字是否被拆分到两个不同的组里，这是除了分组方式以外另一个灵活的点。

再根据二进制数的倒数第二位进行分组，分组结果为

组 1：5 =0101，4 =0100，5 =0101，8 =1000

组 2：2 =0010，7 =0111，6 =0110，7 =0111，2 =0010

第一组进行异或操作的结果不为 0，意味着三个数字中有两个分到了第一组，另一个数字分到了第二组，第二组中只有这个数字出现一次，其余都是成对出现，因此第二组进行异或操作的结果会将所有成对出现的数字抵消，剩余唯一出现一次的数字 6 =0110。

由于二进制的位数是有限的，比如 32 位操作系统最多进行 32 次分组检测就能得到最终结果，因此程序的时间复杂度是 O(n)级。

3. 答案

```
#define BITNUM 32
int getSingleDog(int *numbers,int size){
    int i=0,j=0;

    for(i=0;i<BITNUM;i++){
        int resultOdd=0,resultEven=0,countOdd=0,countEven=0;
        int benchmark=1<<i;

        for(j=0;j<size;j++){
            if(j & benchmark){
                resultOdd^=numbers[j];
                countOdd++;
            }else{
                resultEven^=numbers[j];
                countEven++;
            }
        }

        if((countOdd & 1)&& resultEven !=0){
            return resultEven;
        }
        if((countEven & 1)&& resultOdd !=0){
            return resultOdd;
        }
    }
}
```

10.8 main 函数

10.8.1 知识点梳理

二维码 10-20

知识点梳理的教学视频请扫描二维码 10-20 获取。

C 语言入门中首先接触的就是 main 函数，也称主函数，许多书上特意强调 main 函数是整个程序的入口，但这种说法并不准确，实际上 main 函数在执行之前已经做了一些初始化工作，在 main 函数执行之后也有一些扫尾工作。

根据 C99 的标准，main 函数有两种形式：一种是无参，一种是带参。

```
int main()
int main(int argc,char *argv[])
```

两种形式的 main 函数的返回值都是 int 类型，虽然有些程序员习惯将 main 函数的返回值写成 void 类型，并且在某些编译器上也能够正确执行，但这并不是标准的 main 函数，标准 main 函数的返回值是 int 类型，所以 main 函数中的最后一行代码是 return 0，其中 0 表示 main 函数正确结束。

既然 main 函数有返回值，那么必然有地方来接收这个返回值。从这个角度讲，把 main 函数说成是程序的入口就显得有些问题了。

main 函数的参数是固定的：第一个参数 argc 是 argument count 的缩写，整数类型，表示通过命令行输入的参数个数；第二个参数 argv 是 argument value 的缩写，字符串指针数组类型，其中首元素 argv[0]是程序的名字，其余元素为通过命令行输入的参数。

例如合并多个文件，文件名通过 main 函数参数键入，程序的主体框架如下：

```
int main(int argc,char *argv[]){
    for(int i = 1;i <= argc;i ++){
        File *fp = fopen(argv[i],"r");
        while(fp != EOF){
            append_to_new_file();
        }
    }
    return 0;
}
```

在程序中，main 函数的参数 argc 用于外层循环，表示键入文件名的个数，argv 用于循环体内，表示键入的文件名。

10.8.2　经典面试题解析

【面试题 1】简述 main 函数执行前后都发生了什么

1. 考查的知识点

❑ main 函数的执行

2. 问题分析

二维码 10-21

本题的教学视频请扫描二维码 10-21 获取。

在使用 main 函数时，通常我们只关心 main 函数中第一行代码到最后一行代码之间的逻辑，因为这些代码构成了程序的主体结构。很多人认为，程序在运行之后，第一件事就是执行 main 函数的第一行代码，最后一件事就是执行 main 函数的最后一行代码。

这种理解是错误的，main 函数并非程序的全部，其实 main 函数的第一行代码执行之前和最后一行代码执行之后还做了许多事情。首先来看一下 main 函数的第一行代码执行之前发生了什么。

```
class OutTest{
public:
    OutTest(){cout << "OutTest begins" << endl;}
};

class InTest{
private:
    static OutTest innerObj;
};

OutTest outObj;
OutTest InTest::innerObj;

int main(){
    cout << "Main begins" << endl;
}
```

程序在 main 函数外部定义了一个全局对象 outObj，并且全局对象 outObj 和 InTest 类中静态对象 innerObj 也都在 main 函数外部进行了初始化，这种初始化的工作显然是在执行 main 函数的首行代码之前完成的。因此 main 函数执行之前会调用全局对象和静态对象的构造函数，也会初始化基本数据类型的全局变量和静态变量。

程序运行结果显示，程序首先会输出两次 OutTest begins，然后输出 Main begins。下面再来看一下 main 函数中最后一行代码执行之后发生了什么。

```
void func1() {
    cout << "In func1" << endl;
}
void func2() {
    cout << "In func2" << endl;
}
void func3() {
    cout << "In func3" << endl;
}

int main() {
    atexit(func1);
    atexit(func2);
    atexit(func3);
    cout << "In main" << endl;
}
```

有些读者可能对于 atexit 这个函数比较陌生。atexit 函数的参数是一个指向函数的指针，通过将函数名作为参数，可以使函数在 atexit 内部完成函数注册，经过注册的函数会在 main 函数的最后一条语句执行之后调用。

在程序中，函数 func1、func2 和 func3 依次在 atexit 内部注册，因此最后会逐一调用这三个函数，调用顺序与注册顺序相反。因为函数注册中使用了栈，注册时将函数指针入栈，调用时出栈，调用顺序是 func3、func2、func1。

程序运行结果显示，程序首先输出 In main，然后依次输出 In func3、In func2、In func1。

3. 答案

main 函数第一行代码执行之前会调用全局对象和静态对象的构造函数，初始化全局变量和静态变量；main 函数最后一行代码执行之后会调用在 atexit 中注册的函数，并且调用顺序与注册顺序相反。

第 11 章　指针和引用

11.1　指针及其应用

二维码 11-1

11.1.1　知识点梳理

知识点梳理的教学视频请扫描二维码 11-1 获取。

内存中的每个字节都有唯一的编码，称为内存地址。驻留在内存中的变量也都有一个地址与之对应，确定变量在内存中的起始位置。指针中保存的是变量的地址，通过指针可以找到变量在内存中的位置，我们称指针指向该变量。

在图 11-1 中，变量 a 的值为 100，其内存起始地址为 0x2016；指针 p 的值为 0x2016，其地址为 0x8000。指针 p 的值等于变量 a 的地址，因此可以通过 p 找到 a 在内存中的位置，也称 p 指向 a。通常用单箭头 -> 表示指针变量与其指向变量之间的关系。

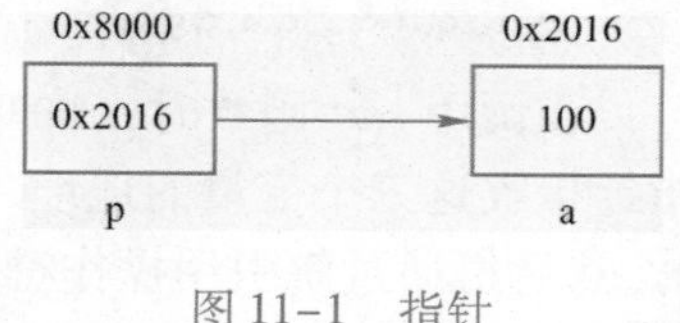

图 11-1　指针

指针定义的一般形式：指向变量类型 ＊指针变量名

```
int a = 100;
int *p = &a;
```

代码中第二行定义了一个指针变量，指针指向的变量类型是 int 类型，＊表示定义的变量是一个指针，指针变量名是 p，因此我们定义了一个指向 int 类型的指针变量 p，指针变量 p 的类型是 int＊类型。

我们可以定义指向任何内置类型和自定义类型的指针变量。例如 char＊类型的指针指向 char 类型的变量；float＊类型的指针指向 float 类型的变量；struct s＊类型的指针指向 struct s 类型的变量；Object＊类型的指针指向 Object 类型的对象。

指针保存着变量的地址，因此指针在初始化或赋值时通常需要获取变量的地址，这就用到了取地址操作符 &，例如 &a 表示获取变量 a 的地址。与取地址操作符对应的是解引用操作符＊，由于指针保存着变量的地址，要想获取指针指向变量的值则需要使用解引用操作符＊，例如，＊p 表示获取变量 a 的值。

指针还可以作为函数的参数，用于将变量的地址作为参数传递给被调函数，从而在被调函数中通过指针访问主调函数中的变量，并且还可以通过指针直接修改指针指向变量的值。当需要在被调函数中直接修改主调函数中的变量时，可以将主调函数中变量的地址作为参数，并在被调函数中使用解引用操作符直接修改指针指向的变量。

11.1.2　经典面试题解析

【面试题 1】被调函数中修改主调函数的变量

编写一个 sort 函数，将主函数中的变量重新赋值，赋值后 a >= b >= c，并在主函数中补充上函数调用语句。

```
int main(){
    int a = 80,b = 60,c = 90;
    ____________________;
    cout << a << " " << b << " " << c << endl;
    getchar();
}
```

1. 考查的知识点

- 指针作为参数的应用
- 修改指针指向变量的值

2. 问题分析

由于 sort 函数需要修改 main 函数中三个变量的值，通过返回值的方式实现比较麻烦，应该考虑使用指针解决问题。

```
void sort(int *p1,int *p2,int *p3);                //函数声明
sort(&a,&b,&c);                                    //函数调用
```

在调用 sort 函数时，将变量 a、b、c 的地址 &a、&b、&c 作为参数，并在 sort 函数中通过指针接收这三个变量的地址，其中指针 p1 指向变量 a，指针 p2 指向变量 b，指针 p3 指向变量 c。然后再通过解引用操作符修改指针指向的变量，从而实现在 sort 函数中直接对 main 函数的变量 a、b、c 重新赋值。

本题中抽象出一个 swap 函数，用于交换主调函数中两个变量的值，并且采用指针作为参数，从而在 swap 函数中通过指针直接交换 sort 函数中两个变量的值。

```
void swap(int *m,int *n);          //函数声明
swap(&pa,&pb);                     //函数调用
```

小技巧——避免重复代码

swap 函数不是必需的，可以将所有逻辑都写在 sort 函数中，但是这样会产生重复代码，因为交换两个变量的逻辑会在 sort 函数中重复出现三次，这显然不是高质量的代码。

3. 答案

```
void swap(int *m,int *n){
    int t = *m;
    *m = *n;
    *n = t;
}

void sort(int *pa,int *pb,int *pc){
    if(*pa > *pb)swap(*pa, *pb);
    if(*pb > *pc)swap(*pb, *pc);
    if(*pa > *pb)swap(*pa, *pb);
}

int main(){
    int a = 80,b = 60,c = 90;
    sort(&a,&b,&c);
    cout << a << " " << b << " " << c << endl;
    getchar();
}
```

【面试题 2】区分指针和数组

程序中定义了 8 个变量，请指出哪些是指针？哪些是数组？并写出程序的输出。

```
void equal(char str7[],char str8[]){
    printf("%d\n",str7 == str8);
}

int main(){
    char str1[15] = "hello,world";
    char str2[15] = "hello,world";
    char str3[] = "hello,world";
    char str4[] = "hello,world";

    char *str5 = "hello,world";
    char *str6 = "hello,world";

    printf("%d\n",str1 == str2);
    printf("%d\n",str3 == str4);
    printf("%d\n",str5 == str6);

    equal(str1,str2);
    getchar();
}
```

1. 考查的知识点

❑ 指针与数组的区别

2. 问题分析

二维码 11-2

本题的教学视频请扫描二维码 11-2 获取。

这道题主要考查的是指针和数组的基本概念和用法。本题将程序中的 8 个变量分成 4 对进行分析。首先需要明确的一点是：数组名等价于数组首元素的地址。

```
char str1[15] = "hello,world";
char str2[15] = "hello,world";
```

首先对于 str1 和 str2。这两个是典型的字符数组，定义时指明了数组类型、数组名称和数组大小。数组存储在栈上，两个数组各自有独立的存储空间，内存地址之间没有任何交集，因此 str1 == str2 表达式的结果为假，输出 0。还有一点需要说明，字符数组不同于字符串，末尾不会自动加上字符串结束符\0。

```
char str3[] = "hello,world";
char str4[] = "hello,world";
```

其次对于 str3 和 str4。这两个同样也是数组，在定义时指明了数组类型和数组名称，没有指明数组大小。数组大小取决于初始化的内容，因此它们的数组大小都为 11。既然 str3 和 str4 同样也为数组，根据同样的原理可知 str3 == str4 表达式的结果为假，输出 0。需要注意的是，当定义一个没有显式指明大小的数组时，必须在定义的同时初始化。

```
char *str5 = "hello,world";
char *str6 = "hello,world";
```

再对于 str5 和 str6。这两个是典型的字符指针，定义时指明了指针类型和指针名称。两个指针都指向字符串常量"hello,world"的首字符。字符串常量保存在字符串常量区中，内容相同的字符串常量在字符串常量区中只有一份拷贝。str5 和 str6 指向同一个字符串常量，也就指向了同一个地址，因此 str5 == str6 表达式的结果为真，输出 1。

```
void equal(char str7[],char str8[]);
equal(str1,str2);
```

最后对于 str7 和 str8。有些读者可能认为 str7 和 str8 是数组，因为它们看起来跟 str3 和 str4 没有区别，而且调用时传入的参数似乎也是数组，但实际上它们是指针。在调用 equal 函数时，将 str1 和 str2 作为参数，当数组名作为参数时，相当于传递了数组首元素的地址，而且只要实参是地址，那么形参一定是指针。

无论 equal 函数中的形参如何声明，它都是指针，因此下面四种 equal 函数的声明方式是等价的。

```
void equal(char *str7,char* str8);
void equal(char str7[1],char str8[1]);
void equal(char str7[15],char str8[15]);
void equal(char str7[100],char str8[100]);
```

有一种区分指针和数组的方式是将变量做自增操作，因为数组名是不能进行自增操作的，而指针可以。经过测试，str7 和 str8 可以进行自增运算，证明它们是指针，可以指向任意空间。

根据上面的分析可知，str7 与 str8 是否相等取决于传入的参数。如果参数是 str1 和 str2，则表达式 str7 == str8 的判断结果为假，输出 0；如果参数是 str5 和 str6，则表达式 str7 == str8 的判断结果为真，输出 1。

3. 答案

```
str1 和 str2 为数组,表达式 str1 == str2 输出 0
str3 和 str4 为数组,表达式 str3 == str4 输出 0
str5 和 str6 为指针,表达式 str5 == str6 输出 1
str7 和 str8 为指针,表达式 str7 == str8 输出 0(参数为 str1 和 str2)
```

【面试题 3】简述指针和句柄的区别

1. 考查的知识点

❑ 指针与句柄的区别

2. 问题分析

句柄是 Windows 编程中一个重要的概念。句柄是一个 32 位的无符号整数，表示一个对象的内存地址列表的整数索引，是分配给资源的唯一标识，这里面的对象指的是诸如应用程序实例、窗口、位图、GDI 之类的资源对象。

句柄并没有直接指向资源对象，而是保存着一个资源对象在资源注册列表中的索引，也就是说，句柄是间接指向资源对象的。资源对象加载到内存时需要将首地址在资源列表中进行注册，注册后无论该资源对象的地址是否发生改变，其在资源列表中的注册位置始终不变，句柄中的 32 位无符号整数对应着资源列表中某个固定的位置。

这种设计的原因是资源对象加载到内存后，其地址可能发生改变。如果资源对象在系统中一直处于空闲状态，操作系统的内存管理模块会将其内存回收，从而将释放出来的内存分配给其他资源。如果再次访问这个资源，系统会为其重新分配内存，这个过程导致资源对象的物理地址发生改变，因此直接通过指针访问资源对象的物理地址是不可取的。

句柄解决了资源对象物理地址发生变化导致的访问失效问题。资源对象的物理地址由资源

注册列表负责维护，列表中的每一个成员保存了资源对象当前的物理地址，而句柄对应资源注册列表中某一个成员的索引，因此句柄只是间接指向资源对象，而不需要关心资源对象实际在内存中的位置。

明确了句柄的定义和用途之后，再来看指针和句柄的区别和联系。

在概念上，句柄中记录着资源对象列表中某个成员的索引，其作用类似于指向指针的指针，虽然句柄本质上也是一个指针，但是指针可以随意指向一个对象，而句柄只能间接指向资源对象。

在使用上，通过指针可以直接修改指针指向的内容；通过句柄只能调用一些 Windows 提供的 API 函数。这种对句柄的限制主要是出于安全考虑，防止用户随意修改系统资源，从而导致异常情况的发生。

3. 答案

见分析。

11.2　指针常量与常量指针

二维码 11-3

11.2.1　知识点梳理

知识点梳理的教学视频请扫描二维码 11-3 获取。

指针常量——指针类型的常量

指针常量本质上是一个常量，指针用来说明常量的类型，表示该常量是一个指针类型的常量。在指针常量中，指针自身的值是一个常量，不可改变，始终指向同一个地址。指针常量的用法如下：

```
int a = 10, b = 20;
int * const p = &a;
*p = 30;
```

代码中第二行定义了一个指针常量，其中 const 与 p 相邻，说明 const 是用来修饰 p 的，因此 p 是常量，p 的内容是不能改变的，也就是指针 p 只能指向某一个确定的地址空间。由于 p 是一个常量，因此必须在定义的时候初始化。

在指针常量中，* p 是可以改变的，通过赋值语句 * p = 30 修改 p 指向的内容，修改后 p 指向的内容为 30，也就是 a 的值更新为 30。图 11-2 解释了指针常量的概念。

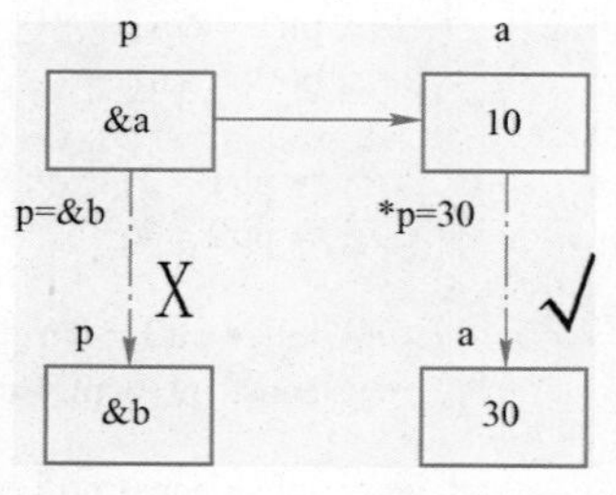

图 11-2　指针常量

常量指针——指向“常量”的指针

常量指针本质上是一个指针，常量表示指针指向的内容，说明该指针指向一个“常量”。在常量指针中，指针指向的内容是不可改变的，指针看起来就好像指向了一个常量。常量指针的用法如下：

```
int a = 10, b = 20;
const int * p = &a;
p = &b;
```

代码中第二行定义了一个常量指针，其中 const 与 * p 相邻，说明 const 是用来修饰 * p 的，因此 * p 的值是不可改变的，即 p 指向的内容不可以通过 p 来修改，也就是说无法通过给 * p 赋值来修改 p 指向的内容。

在常量指针中，p本身是一个变量，因此p的值是可以改变的，通过赋值语句p=&b修改p的内容，修改后p就指向了b。图11-3解释了常量指针的概念。

需要强调的一点是，图11-3中通过赋值语句 *p=30 修改p指向的内容会产生语法错误，因此从指针的角度来看，*p是一个常量，p就好像指向了一个常量，但是仍然可以通过赋值语句a=30修改a的值，因为a本身是一个变量。

实际上，既可以将常量的地址赋值给常量指针，也可以将变量的地址赋值给常量指针，但是无论哪种情况，都不允许通过常量指针修改指针指向的内容，常量指针中的“常量”表达的就是这层意思。

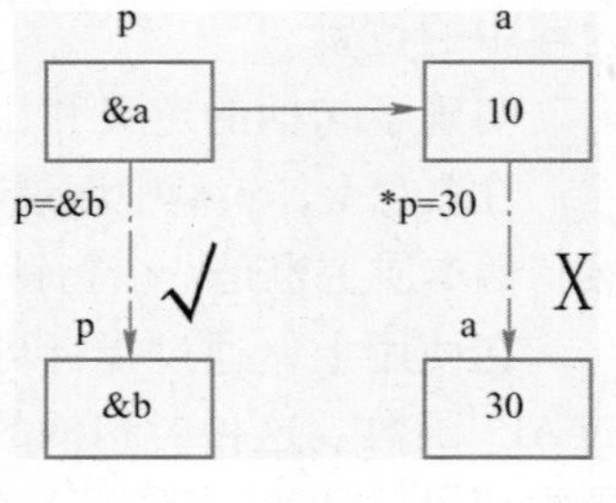

图11-3　常量指针

注意啦——const int *p 等价于 int const *p

有读者可能会对这个解释有一个疑问，const与 *p之间还有一个int呢，怎么能说const与 *p相邻呢？实际上相邻的修饰符是可以交换顺序的，const和int同时作为修饰符出现时，const int *p 等价于 int const *p，这样就清晰地看到const与 *p是相邻的了。

11.2.2　经典面试题解析

【面试题1】指针常量和常量指针的常见错误

请看下面这段程序，并找出程序中的错误。

```
int main(){
    int m = 10;
    const int n = 20;

    const int *ptr1 = &m;
    int * const ptr2 = &m;

    ptr1 = &n;
    ptr2 = &n;

    *ptr1 = 3;
    *ptr2 = 4;

    int *ptr3 = &n;
    const int *ptr4 = &n;

    int * const ptr5;
    ptr5 = &m;

    const int * const ptr6 = &m;
    *ptr6 = 5;
    ptr6 = &n;
}
```

1. 考查的知识点

❑ 指针常量的概念与用法

❑ 常量指针的概念与用法

2. 问题分析

本题的教学视频请扫描二维码 11-4 获取。

二维码 11-4

解决此题时，首先要弄清程序中哪些是指针常量？哪些是常量指针？下面结合程序中的代码进行分析。

```
int m = 10;
const int n = 20;
const int * ptr1 = &m;
int * const ptr2 = &m;
```

程序中首先定义并初始化了变量 m、常量 n、常量指针 ptr1、指针常量 ptr2，这四行代码都是正确的。需要注意的是，作为常量的 n 和 ptr2 必须在定义的同时初始化；此外常量指针 ptr1 可以指向变量 m，但是不能通过 ptr1 修改 m 的值。

```
ptr1 = &n;       //正确,常量指针可以修改指针的值
ptr2 = &n;       //错误,指针常量不能修改指针的值
*ptr1 = 3;       //错误,常量指针不能修改指针指向的内容
*ptr2 = 4;       //正确,指针常量可以修改指针指向的内容
```

上述代码考查了常量指针和指针常量的基本性质。ptr1 是常量指针，可以修改指针的值，不能修改指针指向的内容，也就是 ptr1 可以修改，而 *ptr1 不能修改；ptr2 是指针常量，可以修改指针指向的内容，不能修改指针的值，也就是 *ptr2 可以修改，而 ptr2 不能修改。

```
int * ptr3 = &n;              //错误,常量地址不能初始化普通指针
const int * ptr4 = &n;        //正确,常量地址可以初始化常量指针
```

上述代码考查了常量地址的性质：常量地址只能赋值给常量指针。ptr3 是普通指针，因此可以通过 ptr3 修改其指向的内容，而 n 是一个常量，不能被修改，因此不能将常量 n 的地址赋值给 ptr3。

```
int * const ptr5;      //错误,指针常量定义时必须初始化
ptr5 = &m;             //错误,指针常量不能在定义后赋值
```

上述代码考查了指针常量的初始化。ptr5 是指针常量，必须在定义时初始化，而且不能在使用的过程中赋值。

```
const int * const ptr6 = &m;      //正确,定义一个指向常量的指针常量并初始化
*ptr6 = 5;                        //错误,常量指针不能修改指向的内容
ptr6 = &n;                        //错误,指针常量不能修改指针的值
```

上述代码考查了指向“常量”的指针常量。变量定义中有两个 const 修饰符：第一个 const 修饰指针指向的内容，因此 ptr6 是一个常量指针，不能修改 ptr6 指向的内容；第二个 const 修饰指针本身，因此 ptr6 也是一个指针常量，必须在声明时初始化，而且不能修改 ptr6 的值。综上所述，ptr6 兼具指针常量和常量指针的特点。

3. 答案

见分析。

【面试题 2】指针常量用作函数参数

写出程序的输出结果，并说明在函数 exchange2 中将参数声明为 const 的意义，是否可以将 const 修饰符放在 * 之前？

```
void exchange1(int a,int b){
    int temp = a;
    a = b;
    b = temp;
}

void exchange2(int * const a,int * const b){
    int temp = * a;
    * a = * b;
    * b = temp;
}

int main(){
    int m = 10,n = 20;
    exchange1(m,n);
    cout << "m = " << m << ";n = " << n << endl;

    exchange2(&m,&n);
    cout << "m = " << m << ";n = " << n << endl;
    getchar();
}
```

1. 考查的知识点

❑ 指针常量用作函数参数

2. 问题分析

由于 C/C ++ 在函数调用时采用值传递的方式传递参数，在调用函数 exchange1 时，将实参 m 和 n 的值传递给形参 a 和 b，在函数 exchange1 中交换 a 和 b 的值对实参 m 和 n 没有影响，因此在函数调用 exchange1 后 m 和 n 的值没有交换，如图 11-4 所示。

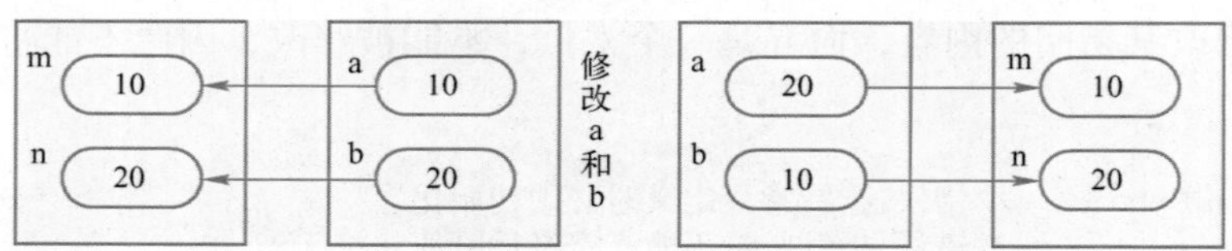

图 11-4　在 exchange1 中修改 m 和 n 的值

而在调用函数 exchange2 时，将 m 和 n 的地址作为参数传递给形参 a 和 b，此时指针 a 指向 m 而指针 b 指向 n。通过对指针修改指针指向的内容，也就是修改 * a 和 * b，相当于修改了实参 m 和 n，从而达到交换两个变量的目的，因此在函数调用 exchange2 后 m 和 n 的值发生了交换，如图 11-5 所示。

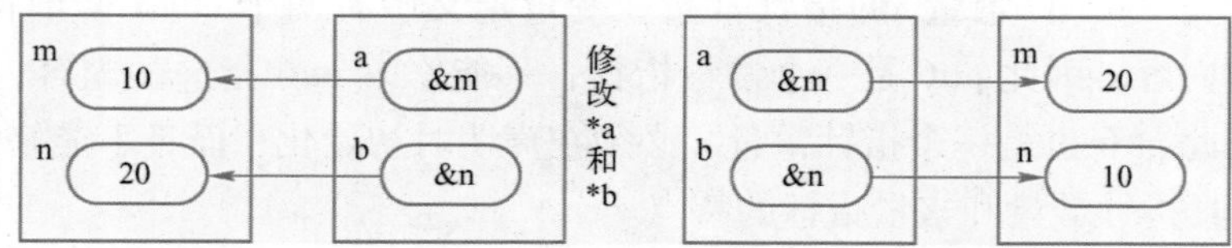

图 11-5　在 exchange2 中修改 m 和 n 的值

再来看函数 exchange2 的定义：

```
void exchange2(int * const a,int * const b)
```

两个参数 a 和 b 都被声明成指针常量，表明指针 a 和 b 的值是不能改变的，也就是 a 始终

指向 m，b 始终指向 n，但是指针指向的内容是可以改变的，因此可以通过 * a 和 * b 分别修改 m 和 n 的值，从而实现交换 m 和 n 的目的。

参数中 const 的作用是保证指针 a 和 b 不会指向 m 和 n 以外的地址，一旦由于编程错误不小心修改了 a 和 b 的值，编译器会报错，提示指针常量不能在初始化后进行赋值操作，因此参数中的 const 修饰符提高了程序的健壮性和可读性。

如果将 const 修改到 * 之前，函数定义变为

```
void exchange2(const int *a,const int *b)
```

此时两个参数为常量指针，表明指针 a 和 b 指向的内容不能被修改，也就是 * a 和 * b 不能修改，因此赋值语句 * a = * b 和 * b = temp 在编译时都会报错。

3. 答案

```
int m = 10,n = 20;
exchange1(m,n);
cout << "m = " << m << ";n = " << n << endl;      //输出:m = 10;n = 20
exchange2(&m,&n);
cout << "m = " << m << ";n = " << n << endl;      //输出:m = 20;n = 10
```

在函数 exchange2 的参数中，const 的作用是将指针声明为指针常量，防止指针 a 和 b 在使用过程中意外发生改变。如果将 const 放在 * 之前，指针 a 和 b 变为常量指针，无法修改指针指向的内容，从而无法实现交换 m 和 n 的目的。

小技巧 —— 将函数参数声明为 const

如果指针参数的值不应该在函数调用过程中被修改，在函数定义时，可在指针形参的前面加上 const 修饰符，使其成为指针常量，这样在函数中一旦有对指针的值进行修改，编译器会报错，从而及时发现程序中的错误。

【面试题 3】指针常量与字符串常量的冲突

请写出下面程序的运行结果：

```
int main(){
    char *const str = "apple";
    *str = "orange";
    cout << str << endl;
    getchar();
}
```

1. 考查的知识点

❑ 字符串常量的概念

2. 问题分析

本题的教学视频请扫描二维码 11-5 获取。

二维码 11-5

该程序看起来非常简单，首先定义一个指针常量 str 并初始化，str 指向的内容为"apple"，之后改变 str 指向的内容，因此 str 指向的内容由"apple"变为"orange"，最后输出 str 的值，根据字符串的性质，输出结果为"orange"，如图 11-6 所示。

上面的分析看起来顺理成章，可能有些读者也会得出同样的结论，但实际上这种理解是完全错误的，下面来进行一下分析：

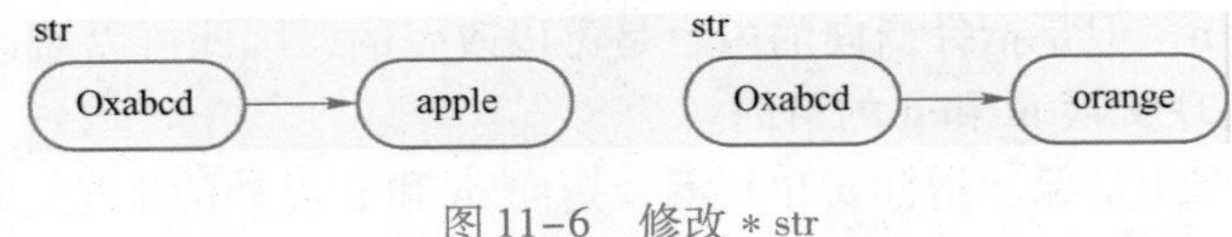

图 11-6　修改 * str

```
char * const str = "apple";
```

第一行初始化 str 的过程中，系统会在常量区的一块空间中写入字符串"apple"并返回其首地址，此时 str 指向常量区中字符串常量"apple"的首地址，如图 11-7 所示。

```
* str = "orange";
```

第二行的本意是修改 str 指向的内容，但其语法本身是错误的。首先 str 指向的是字符串常量"apple"的首地址，也就是字符 a 的地址，因此 str 指向字符 a，* str 就等于字符 a，对 * str 的修改是对字符串首字符 a 的修改，但是通过 * str 修改字符 a 是不被允许的，因为字符串"apple"是作为一个字符串常量存放在常量区中，而常量的值不能被修改。

根据字符串赋值规则，可以修改整个字符串，方法是对指向字符串的指针 str 进行赋值，修改后的程序为

```
str = "orange";
```

但是程序依然无法通过编译。在该赋值语句中，系统会在常量区一块新的空间中写入字符串"orange"并返回其首地址，如图 11-8 示。此时 str 由指向字符串常量"apple"的首地址改为指向字符串常量"orange"的首地址，str 指向的地址发生了变化，相当于修改了 str 的值，而 str 作为指针常量不能被修改，因此编译失败。

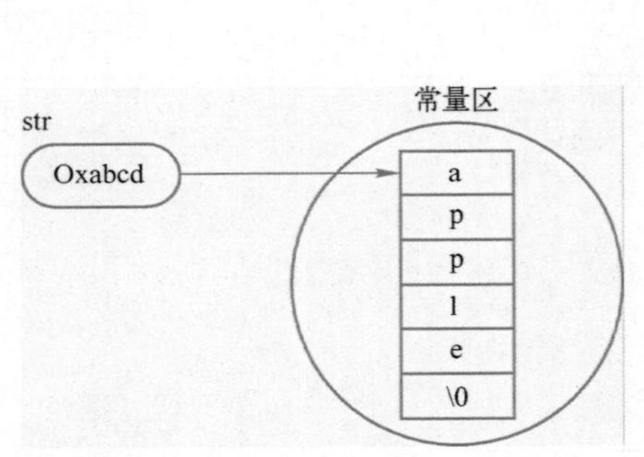

图 11-7　初始化后的 str

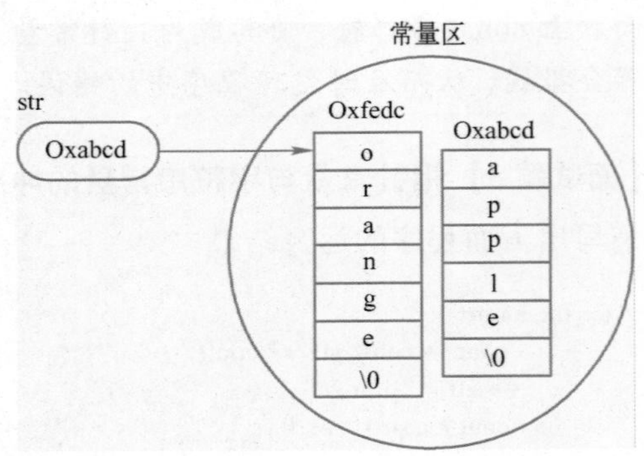

图 11-8　修改后的 str

如果想使程序编译通过，就不能将 str 声明为指针常量，否则 str 在初始化之后就无法修改。因此将 const 修饰符去掉，并修改字符串赋值语句，修改后的程序如下：

```
int main() {
    char * str = "apple";        //str 指向字符串常量"apple",去掉 const 修饰
    str = "orange";              //修改 str 的内容,使其指向新的字符串常量"orange"
    cout << str << endl;         //输出字符串
    getchar();
}
```

修改后的程序编译通过，运行后输出字符串"orange"。

3. 答案

题目中给出的程序有误，程序不能通过编译。

```
int main(){
    char * const str = "apple";          //错误,为了修改 str 的值应该去掉 const
    * str = "orange";                    //错误,根据字符串赋值规则应为 str = "orange"
    cout << str << endl;
    getchar();
}
```

11.3　指针数组与数组指针

11.3.1　知识点梳理

二维码 11-6

知识点梳理的教学视频请扫描二维码 11-6 获取。

指针数组：存放指针的数组

指针数组本质上是一个数组，指针是数组中的内容，表示数组中的每个元素都是指针，因此指针数组就是存放指针的数组。下面通过一个例子来了解指针数组的用法：

```
int a = 10, b = 20;
int * p[3];
p[0] = &a;
p[2] = &b;
```

上面的代码中定义了一个指针数组 p，图 11-9 描述了指针数组的定义方式，指针数组的定义可以抽象为：指向变量类型 ＊数组名称 [数组长度]。

在指针数组的定义中，根据运算符优先级，[ ]的优先级高于＊的优先级，因此变量 p 先与[3]结合，表明 p 是一个数组，而数组元素的类型在变量的左侧声明，因此数组 p 是int＊ 类型的数组。综上所述，变量 p 是一个长度为 3 的数组，并且数组中的元素是指向 int 类型的指针，因此 p 是一个指针数组。

图 11-10 描述了指针数组 p 赋值后的情况。指针数组 p 中的第一个元素指向变量 a，第二个元素没有初始化，因此随机指向某一个内存空间，第三个元素指向变量 b。

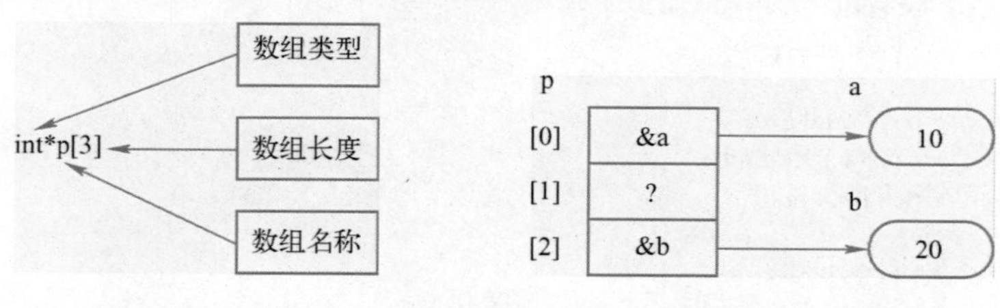

图 11-9　指针数组　　　　图 11-10　指针数组 p 的赋值

数组指针：指向数组的指针

数组指针本质上是一个指针，数组是指针指向的类型，表示指针指向一个数组，因此数组指针就是指向数组的指针。下面通过一个例子来了解数组指针的用法：

```
int a[3] = {1,2,3};
int( * p)[3];
p = &a;
```

上面的代码中定义了一个数组指针 p，图 11-11 描述了数组指针定义的方式，数组指针的定义可以抽象为：数组元素类型（* 指针名称）[数组长度]。

在数组指针定义中，通过将 p 与 * 括起来，使变量 p 先与 * 结合，表明 p 是一个指针，然后将（*p）遮住，剩余部分就是指针指向的类型，也就是 int[3]类型。综上所述，变量 p 是一个指针，指针指向一个长度为 3 的 int 类型的数组，因此 p 是一个数组指针。

图 11-12 描述了数组指针 p 赋值后的情况。数组指针 p 指向数组 a，需要注意的是，数组指针 p 指向的是整个数组 a，而非数组 a 的首元素，虽然数组 a 的地址与数组 a 中首元素的地址相同。

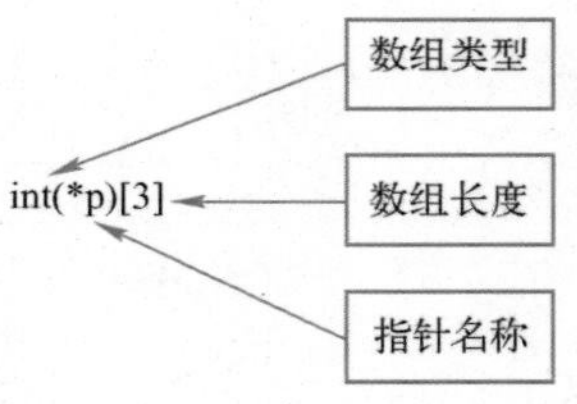

图 11-11　数组指针

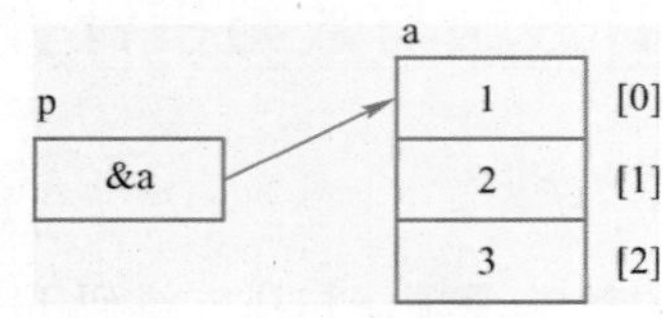

图 11-12　数组指针 p 的赋值

小技巧 —— 区分指针数组和数组指针

通过指针数组和数组指针的声明不难看出，形式上两者唯一的区别就是() 的存在，() 直接影响了 p 的结合顺序。

无() 则 p 与[] 首先结合构成数组，从而声明一个指针数组：int *p[3]

有() 则 p 与 * 首先结合构成指针，从而声明一个数组指针：int(*p)[3]

11.3.2　经典面试题解析

【面试题 1】简述数组指针与二维数组的区别

请写出下面程序的输出结果（假设数组 a 的地址 &a 为 0x001DF720）：

```
int main(){
    int a[2][5] = {{1,2,3,4,5},{6,7,8,9,10}};
    int(*p)[5] = a;
    cout << p << endl;
    cout << p + 1 << endl;

    cout << *p << endl;
    cout << *(p+1) << endl;
    cout << *p + 1 << endl;

    cout << **p << endl;
    cout << **(p+1) << endl;
    cout << *(*p+1) << endl;
    getchar();
}
```

1. 考查的知识点

❑ 数组指针的概念

❑ 二维数组的概念

2. 问题分析

本题的教学视频请扫描二维码 11-7 获取。

二维码 11-7

这道题目考查的知识点较多，而且有一些容易混淆的地方，为了让读者有一个清晰的脉络，下面对程序逐行进行分析。有一个知识点必须明确，无论是一维数组、二维数组，还是 N 维数组，数组名始终等价于数组首元素的地址：a <=> &a[0]。

```
int a[2][5] = {{1,2,3,4,5},{6,7,8,9,10}};
int(*p)[5] = a;
```

程序中首先定义了一个二维数组，数组中包含两个元素：{1,2,3,4,5}、{6,7,8,9,10}，而这两个元素又分别是一个一维数组。下一行代码定义了一个数组指针，指针指向一个拥有 5 个 int 型元素的数组，数组指针 p 的下面两种初始化方式是等价的：

```
int(*p)[5] = a
int(*p)[5] = &a[0]
```

第二种方式可能更直观，因为 a[0]是一个拥有 5 个 int 型元素的一维数组，而 p 是指向一个拥有 5 个 int 型元素的一维数组的指针，因此用 a[0]的地址初始化 p 没有问题，但是直接用数组名初始化的方式更为常见，符合大多数程序员的编程习惯。

下面再逐一分析程序的输出：

```
cout << p << endl;
```

第一行输出 p 的值。由于 p = a 并且 a 等价于 &a[0]，因此输出 p 的值就等于输出数组 a 首元素的地址 &a[0]。数组 a 的首元素 a[0]是一维数组{1,2,3,4,5}，其地址 &a[0]的值等于数组 a 的地址 &a，输出结果为 0x001DF720。

注意啦——数组地址与数组首元素的地址

再次强调，数组地址 &a 与数组首元素的地址 &a[0] 只是在数值上相等，概念上完全不同，将两者同时解引用，结果更加一目了然，数组地址 &a 解引用后成为 &a[0]，而数组首元素的地址 &a[0] 解引用后成为 a[0]。

```
cout << p + 1 << endl;
```

第二行输出 p + 1 的值。由于 p 表示数组 a 首元素的地址 &a[0]，因此 p + 1 就是数组 a 第二个元素的地址 &a[1]。数组 a 的第二个元素 a[1]是{6,7,8,9,10}，其地址为数组 a 的起始地址偏移首元素{1,2,3,4,5}所占的空间，即 sizeof(int) * 5 = 20 个字节，输出结果为 0x001DF734。

```
cout << *p << endl;
```

第三行输出 *p 的值。将 p = &a[0]两边同时解引用，得到 *p = a[0]。由于 a[0]是一个一维数组，可以把 a[0]视为这个一维数组的数组名，数组 a[0]的首元素是 a[0][0]，根据数组名等价于数组首元素地址的原则，a[0]等价于 &a[0][0]，所以 *p 就是数组a[0]首元素的地址 &a[0][0]，其值等于数组 a 的地址 &a，输出结果为 0x001DF720。

```
cout << *(p+1) << endl;
```

第四行输出 *(p + 1)的值。通过解引用得到 *(p + 1) = a[1]，再根据 a[1]等价于 &a[1][0]可知，*(p+1)就是数组 a[1]首元素的地址 &a[1][0]，数组 a[1]的首元素a[1][0]

是{6}，其地址为数组 a 的地址偏移 sizeof(int) * 5 = 20 个字节，输出结果为 0x001DF734。

```
cout << *p+1 << endl;
```

第五行输出 *p+1 的值。根据运算符优先级，首先得到 *p 的值。根据上面分析可知，*p 是数组 a[0]首元素的地址 &a[0][0]，那么 *p+1 就是数组 a[0]第二个元素的地址 &a[0][1]，数组 a[0]的第二个元素 a[0][1]是{2}，其地址为数组 a 的地址偏移数组 a[0]首元素{1}所占的空间，即 sizeof(int) * 1 = 4 个字节，输出结果为 0x001DF724。

```
cout << **p << endl;
```

第六行输出 **p 的值。将 p = &a[0]两边解引用得到 *p = a[0]，即 *p = &a[0][0]，再次解引用得到 **p = a[0][0]，因此输出 **p 就等于输出 a[0][0]的值，输出结果为 1。

```
cout << **(p+1) << endl;
```

第七行输出 **(p+1)的值。将 p+1 = &a[1]两边解引用得到 *(p+1) = a[1]，即 *(p+1) = &a[1][0]，再次解引用得到 **(p+1) = a[1][0]，因此输出 **(p+1)就等于输出 a[1][0]的值，输出结果为 6。

```
cout << *(*p+1) << endl;
```

第八行输出 *(*p+1)的值。由于 *p+1 相当于数组 a[0]第二个元素的地址&a[0][1]，即 *p+1 = &a[0][1]，通过解引用可得 *(*p+1) = a[0][1]，因此输出 *(*p+1)就等于输出 a[0][1]的值，输出结果为 2。

3. 答案

```
p 输出数组 a 首元素的地址 &a[0]:0x001DF720
p+1 输出数组 a 第二个元素的地址 &a[1]:0x001DF734
*p 输出数组 a[0]首元素的地址 &a[0][0]:0x001DF720
*(p+1)输出数组 a[1]首元素的地址 &a[1][0]:0x001DF734
*p+1 输出数组 a[0]第二个元素的地址 &a[0][1]:0x001DF724
**p 输出数组 a[0]首元素的值 a[0][0]:1
**(p+1)输出数组 a[1]首元素的值 a[1][0]:6
*(*p+1)输出数组 a[0]第二个元素的值 a[0][1]:2
```

【面试题 2】简述数组地址与数组首元素地址的区别

指出下面程序中的错误：

```
int main(){
    int a[6] = {1,2,3,4,5,6};
    int *p = &a;
    cout << p << endl;
}
```

1. 考查的知识点

❑ 数组指针的概念

2. 问题分析

程序中首先声明了一个一维数组，然后通过数组的地址初始化指针 p，之后输出 p 的值。相信读者通过上面对程序的解读就已经发现了其中的错误。

```
int *p = &a;
```

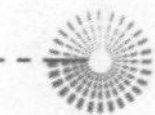

指针 p 是指向 int 类型的指针，而 &a 表示数组 a 的地址，不是数组首元素的地址&a[0]，因此两者类型不匹配。这里需要再次强调，数组 a 的地址 &a 和数组 a 首元素的地址 &a[0]虽然数值相等，但是含义并不相同。

如果想获取数组的地址，应该使用数组指针：

```
int( *p)[6] = &a;
```

如果想获取数组首元素的地址，应该通过如下方式之一：

```
int *p = a;
int *p = &a[0];
```

3. 答案

```
int *p = &a;      //等号两边类型不匹配
```

【面试题 3】简述指针数组与指向指针的指针的区别

写出指针数组 str 中四个指针元素的值。

```
int main( ){
    char *str[4] = {"welcome","to","new","Beijing"};
    char **p = str + 1;

    str[0] = ( *p++ ) + 1;
    str[1] = *(p + 1);
    str[2] = p[1] + 3;
    str[3] = p[0] + (str[2] - str[1]);
}
```

1. 考查的知识点

二维码 11-8

- 指针数组的概念
- 指向指针的指针的概念

2. 问题分析

本题的教学视频请扫描二维码 11-8 获取。

读者看到程序中各种指针操作可能瞬间头晕目眩，实际上遇到这类面试题，如果不能一眼看出结果，可以通过画图的方式搞清每个指针指向的内容。

```
char *str[4] = {"welcome","to","new","Beijing"};
```

程序中首先声明了一个指针数组 str，数组中的每个元素都是指向 char 型的指针，初始化后四个指针分别指向四个字符串的首字母。

```
char **p = str + 1;
```

数组名 str 等价于数组首元素的地址，而 str + 1 表示数组中第二个元素的地址 &str[1]，因此指针 p 指向数组 str 中第二个元素 str[1]，而 str[1]本身也是指针，指向字符串“to”的首字符 t，因此指针 p 是一个指向指针的指针。各个指针的初始状态如图 11-13 所示。

下面的程序中逐一修改了指针数组中每个指针的值，我们来逐一分析指针的变化。

```
str[0] = ( *p++ ) + 1;
```

由于指针 p 指向 str[1]，因此 *p 表示 str[1]本身，也就是说 *p 指向字符串“to”的首字符 t。此外 *p++ 中的 *p 没有括号并且是后 ++，因此赋值语句相当于执行了str[0] = *p + 1

后再执行 p++，而 *p+1 指向字符串“to”中的第二个字符 o，因此 str[0]指向了字符 o，p++后 p 指向指针数组 str 的第三个元素 str[2]。此时指针状态如图 11-14 所示。

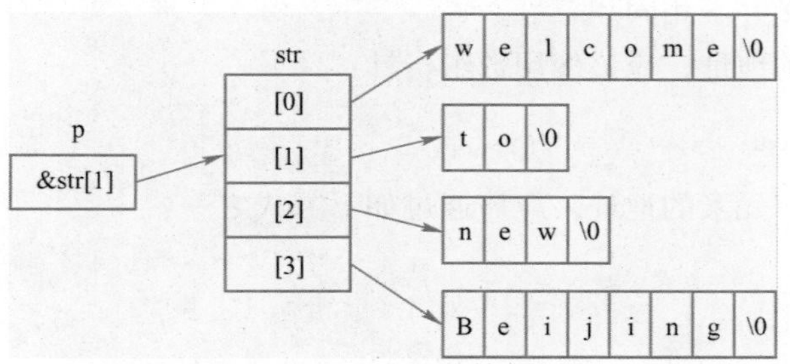

图 11-13　初始化后的指针

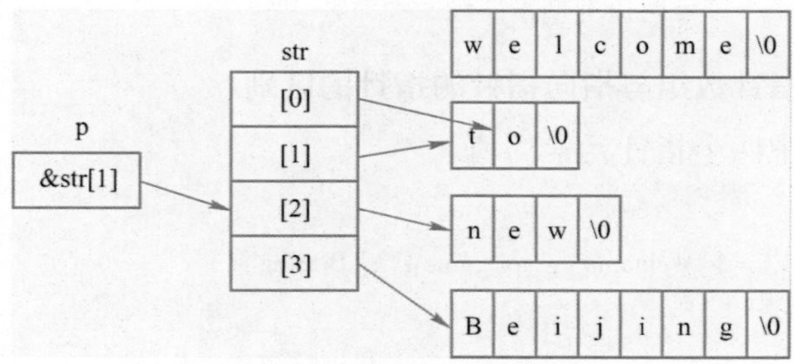

图 11-14　str[0]赋值后的指针

```
str[1] = *(p+1);
str[2] = p[1] +3;
```

此时 p 指向 str[2]，p+1 指向 str[3]，也就是 p+1=&str[3]，解引用可得 *(p+1)=str[3]，因此 str[1]=str[3]。由于 str[3]指向字符串“Beijing”的首字母 B，因此 str[1]也指向同样的位置。

在分析 str[2]时，首先应该明确 p[1]等价于 *(p+1)，这是访问数组元素的两种方式。根据对 str[1]的分析可知，*(p+1)指向字符串“Beijing”的首字符 B，也就是 p[1]指向字符串“Beijing”的首字符 B，p[1]+3 就指向字符串“Beijing”的第 4 个字符 j，因此str[2]就指向字符串“Beijing”的第 4 个字符 j。此时指针状态如图 11-15 所示。

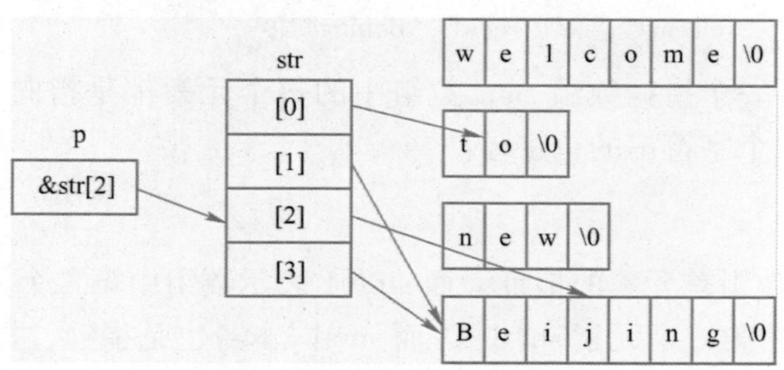

图 11-15　str[1]和 str[2]赋值后的指针

```
str[3] = p[0] + (str[2] - str[1]);
```

表达式 str[2]-str[1]表示两个指针之间元素的个数，str[2]指向字符串“Beijing”的第四个字符 j，而 str[1]指向字符串“Beijing”的首字符 B，相差 3 个字符，因此 str[2]-str[1]=3。

此外 p[0]等价于 *(p+0)，也就是 *p，而 *p=str[2]，因此 p[0]同样指向字符串“Beijing”的第 4 个字符 j，而 p[0]+3 就指向字符串“Beijing”的第 7 个字符 g。指针最终状态如图 11-16 所示。

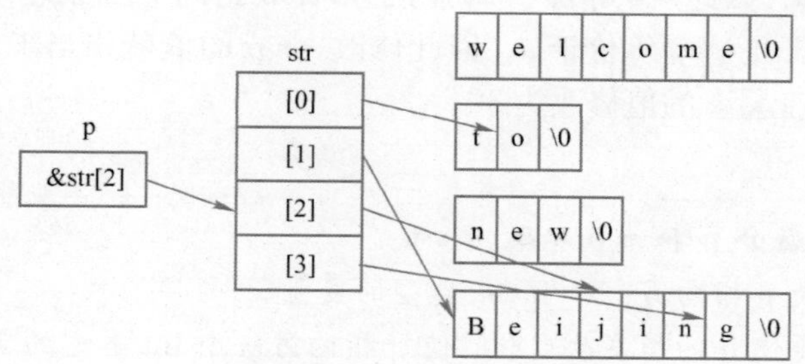

图 11-16　str[3]赋值后的指针

3. 答案

```
str[0]输出结果为:o
str[1]输出结果为:Beijing
str[2]输出结果为:jing
str[3]输出结果为:g
```

11.4　指向指针的指针

11.4.1　知识点梳理

二维码 11-9

知识点梳理的教学视频请扫描二维码 11-9 获取。

在程序中可以声明指向任意数据类型的指针，例如指向浮点类型的指针、指向字符类型的指针。指针也可以指向指针类型，称为指向指针的指针。下面通过一个例子来了解指向指针的指针：

```
int a=10,b=20;
int *q=&a;
int **p=&q;
**p=30;
```

程序中首先定义了一个指向 int 类型的指针 q，并将其初始化为 a 的地址。为了便于说明，将指针变量 q 的定义加上括号：int(* q)。括号里面的 * 表示 q 是一个指针，括号外面是指针指向的类型，即 int 类型。

采用同样的方式来分析指针 p 的声明，将 p 的声明加上一个括号：

```
int *( * p)=&q;
```

括号里面的 * 表示 p 是一个指针，括号外面是指针指向的类型，即 int * 类型，这表示指针 p 指向一个 int * 类型的变量，而 int * 又表示指向 int 类型的指针，因此 p 是一个指向指针的指针。具体来说，p 是一个指向 int * 类型的指针。变量 q 是一个指向 int 类型的指针，或者说 q 的类型是 int * 类型，因此可以将指向指针的指针 p 初始化为指针 q 的地址。

在图 11-17 中可以看到，变量 a 是一个 int 型变量；变量 q 是一个指向 int 类型的指针，指向 int 类型的变量 a；变量 p 是一个指向 int * 类型的指针，也就是指向指针的指针，指向 int * 类型的变量 q。

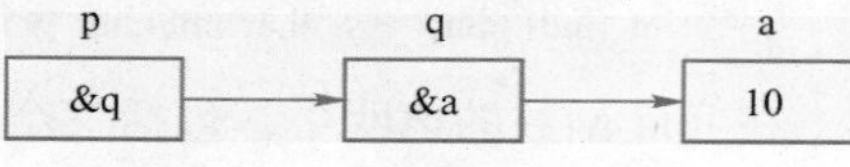

图 11-17　指向指针的指针

下面着重来看程序中的最后一行代码，通过指向指针的指针 p 修改变量 a 的值：

```
**p=30;
```

由于指针 q 指向 a，因此 *q 等价于 a；由于指针 p 指向 q，因此 *p 等价于 q。根据上面两个等价关系，可以推出 **p 等价于 a，因此修改 **p 的值就相当于修改了 a 的值。程序中 **p=30 的作用是将变量 a 的值修改为 30。

注意啦——区分 p 和 *p 以及 **p

修改 p 的值会使 p 指向另一个 int* 类型的变量；

修改 *p 的值会使 q 的值发生变化，使 q 指向另一个 int 类型的变量；

修改 **p 的值会使 a 的值发生变化。

11.4.2 经典面试题解析

【面试题 1】指针作为参数的常见错误

已知姓名用“名字#姓氏”的方式存储在字符串中，例如 James#Lebron。编写一个 find 函数，获取姓名中名字的长度并获取姓氏。例如 James#Lebron 中名字的长度是 5，姓氏为 Lebron。某位同学编写了 find 函数并写了一个测试程序，你能发现其中的错误么？

```
int find(char *s,char ch,char *sub){
    for(int i=0;*(s+i)!='\0';i++){
        if(*(s+i)==ch){
            sub=s+i+1;
            return i;
        }
    }
    return 0;
}

int main(){
    char fullName[]={"Michael#Jordan"};
    char *givenName;

    int cnt=find(fullName,'#',givenName);
    cout<<givenName<<"has a"<<cnt<<"characters'family name"<<endl;
    getchar();
}
```

1. 考查的知识点

- ❑ 指向指针的指针的概念
- ❑ 指针用作函数参数

2. 问题分析

首先来分析上面这段错误的程序。题目中要求通过调用 find 函数获取名字的长度并分离出姓氏，由于需要得到两个信息，而函数只有一个返回值，因此可以考虑使用指针作为参数，并在被调函数中修改指针指向的内容，从而实现修改主调函数中的变量。

```
int find(char *s,char ch,char *sub)
```

在 find 函数的声明中，包括三个参数和一个返回值。参数一：char *s，待处理的姓名字符串；参数二：char ch，姓氏与名字之间的分隔符；参数三：char *sub，表示分离出的姓氏。

返回值：int，名字的长度。

前两个参数都仅仅是为了将主调函数中变量或常量传递给 find 函数，而第三个参数是为了通过将指针修改主调函数的变量，从而获得在 find 函数中分离出的姓氏。

小技巧 —— 多个返回值的处理方法

当需要通过函数调用返回多个值的时候，除了通过指针传递的方法，还有其他方法么？

答案是肯定的。可以声明一个结构体类型，将所有返回值都作为结构体的成员，这样在函数声明的时候就可以将结构体类型作为函数的返回值类型，从而实现返回多个值的目的。

在 find 函数中，通过一个循环扫描字符串中的字符，当发现#分隔符时，将分隔符后面首字符的地址赋值给参数 sub 并返回分隔符前面字符的个数。主函数获得信息之后打印出名字长度和姓氏。

程序似乎并没有什么问题，但是运行程序却发生了错误，其原因就在于第三个参数 char * sub。这里通过图 11-18 来解释一下程序运行错误的原因。

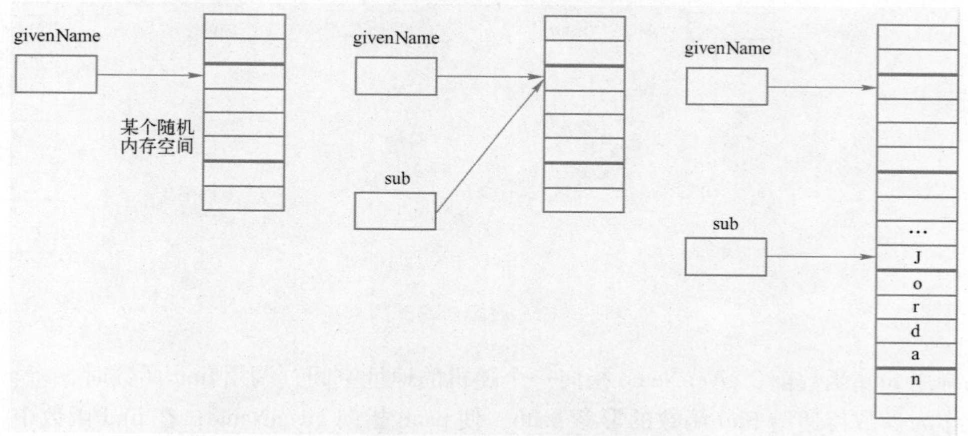

图 11-18　指针的变化

在调用 find 函数前，指针 givenName 没有初始化，随机指向一个地址空间；调用 find 函数时，将 givenName 作为参数传递给 find 函数的形参 sub，sub 也指向了这个随机的地址；在 find 函数中，将分隔符后面首字符的地址赋值给 sub，sub 的值发生变化，指向字符串中的字符 J，而此时 givenName 的值并没有变化，仍然指向原来的空间；函数调用结束后，givenName 仍旧没有被初始化和赋值。

因此 find 函数中修改指针 sub 的值并不会影响主调函数中的指针 givenName。如果想通过指针在被调函数中修改主调函数的变量，必须将主调函数变量的地址作为参数，在被调函数中修改指针指向的内容。

注意啦 —— 指针传递的误区

通过指针传递参数时，最大的忌讳就是以为只要参数是指针就万事大吉了。实际上，应该首先确定要修改的变量类型，然后再将其地址作为参数。如果要修改的变量本身就是指针，就应该将该指针的地址作为参数，此时的形参类型是指向指针的指针。

要想在 find 函数中修改 givenName 的值，就得将 givenName 的地址 &givenName 作为参数传递给 find 函数。由于 givenName 本身就是指针，因此在 find 函数的参数中应该使用指向指针的指针 char ** psub。修改后 find 函数的声明和调用如下：

```
int find(char *s,char ch,char **psub);
int cnt = find(fullName,'#',&givenName);
```

将需要修改的变量的地址作为参数，也就是将 givenName 的地址 &givenName 作为参数；在被调函数中修改指针指向的内容，被调函数中的指针是 psub，指针指向的内容是 *psub，在被调函数中对 *psub 进行赋值，就相当于修改了主调函数的变量 givenName。图 11-19 描述了修改后指针的变化。

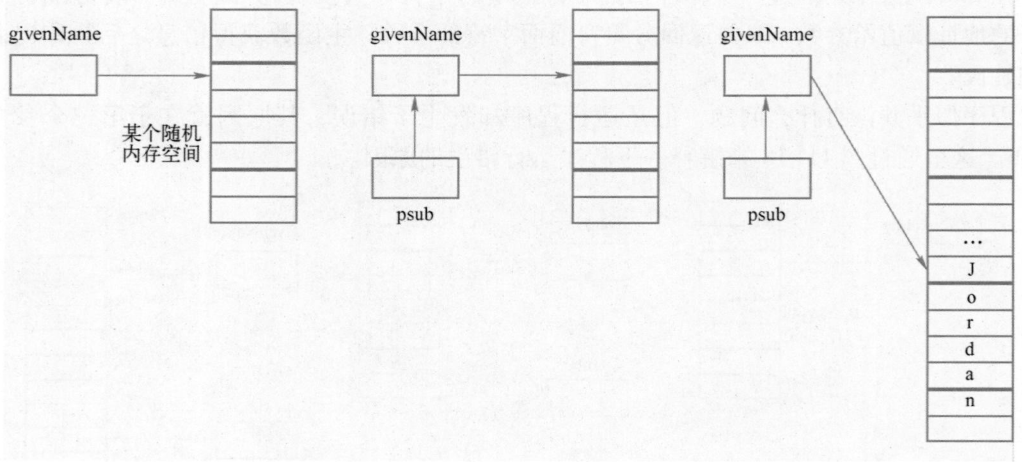

图 11-19　修改后指针的变化

在调用 find 函数前，givenName 指向一个随机的地址空间；调用 find 函数时，将 givenName 的地址作为参数传递给 find 函数的形参 psub，使 psub 指向 givenName；在 find 函数中，修改指针 psub 指向的内容 *psub，就相当于修改了主调函数中的 givenName，使得 givenName 指向字符 J；函数调用结束后，givenName 指向字符 J。

3. 答案

修改后的程序如下：

```
int find(char *s,char ch,char **psub){
    for(int i=0; *(s+i)!='\0';i++){
        if(*(s+i)==ch){
            *psub=s+i+1;
            return i;
        }
    }
return 0;
}

int main(){
    char fullName[]={"Michael#Jordan"};
    char *givenName=NULL;

    int cnt=find(fullName,'#',&givenName);
```

```
    cout << givenName << " has a" << cnt << " characters 'family name" << endl;
    getchar();
}
```

【面试题 2】指向指针的指针与二维数组的区别

找出下面程序中的错误并修改：

```
int main(){
    int a[2][3] = {{1,2,3},{4,5,6}};
    int **p = a;
    cout << **p << endl;
    getchar();
}
```

1. 考查的知识点

❑ 指向指针的指针与二维数组的区别

2. 问题分析

二维码 11-10

本题的教学视频请扫描二维码 11-10 获取。

该程序首先定义并初始化了一个二维数组，然后用数组名 a 初始化指向指针的指针 p。由于数组名 a 表示数组首元素的地址&a[0]，而 a[0]本身又是一维数组，因此可以通过 a 初始化 p，最后输出 **p 的值，也就是 a[0][0]的值，输出结果为 1。

实际上通过上面的分析已经能够看出端倪，下面再来仔细分析一下对指向指针的指针 p 初始化这行代码：

```
int **p = a;
```

由于 p 是指向指针的指针，p 指向一个 int * 类型的变量，而数组名 a 表示数组首元素的地址 &a[0]，因此 p 指向 a[0]。然而 a[0]并不是 int * 类型的变量，与 p 应该指向的类型不同，因此在初始化时编译器会发现类型不匹配，产生编译错误。

二维数组 a[2][3]中有两个元素 a[0] 和 a[1]，它们又分别是一个一维数组，a[0]表示数组{1,2,3}，a[1]表示数组{4,5,6}，因此 a[0]表示一个含有三个 int 元素的一维数组，a[0]的类型为 int[3]，a[1]的类型也为 int[3]。

由于 p 的类型是 int **，而 a 等价于 a[0]的地址，其类型是 int *[3]，因此初始化表达式左侧是一个指向指针的指针，右侧是一个指向数组的指针，两边类型不同。如果想让程序编译通过，需要定义一个指向数组的指针，并用数组名 a 初始化该指针。

```
int(*p)[3] = a;
```

3. 答案

程序中 int **p = a 两边类型不匹配，修改后的程序如下：

```
int main(){
    int a[2][3] = {{1,2,3},{4,5,6}};
    int(*p)[3] = a;
    cout << **p << endl;
    getchar();
}
```

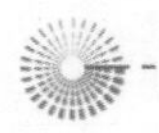

小技巧——变量的类型

变量的类型在声明之初就已经确定，在程序中只要将声明语句中变量名去掉，剩下的部分就是变量类型。

int * * p 的类型：int * *

int a[2][3] 的类型：int[2][3]

const int(const * p)[3] 的类型：const int(const *)[3]

11.5 函数指针

11.5.1 知识点梳理

知识点梳理的教学视频请扫描二维码 11-11 获取。

二维码 11-11

指针变量可以指向任意类型的数据，也可以指向一个函数。每个函数在内存中都占用一段存储单元，这段存储单元的首地址称为函数的入口地址，指向这个函数入口地址的指针称为函数指针。图 11-20 描述了函数指针和函数的关系。

图 11-20 指向函数的指针

下面通过一个例子来了解函数指针的基本用法：

```
int max(int a,int b){return a>b ? a:b;}
int( * p)(int,int) = max;
int x = 10,y = 20;
int z = p(x,y);
```

在上面的程序中首先定义了一个 max 函数，函数接收两个 int 类型的参数并返回其中的最大值。这里着重分析函数指针的定义和初始化。

```
int( * p)(int,int) = max;
```

这行代码定义了一个函数指针 p，在定义函数指针时必须指明函数指针所指向函数的返回值和参数列表。代码中的函数指针 p 所指向函数的返回值为 int 类型，参数列表为两个 int 类型的参数，这与 max 函数的返回值和参数列表一致，因此可以用函数 max 初始化函数指针 p。需要说明的是，函数名等价于函数的入口地址。

关于函数指针的定义和初始化有两点需要注意：

1. 括号不可少

在定义时 * p 必须用括号括起来，如果去掉括号代码变为

```
int * p(int,int)                    //p 是函数而非函数指针
```

上面代码中的 p 不是一个函数指针，而是一个函数名。代码声明了一个函数 p，函数返回值类型为 int * 类型，并且包括两个 int 类型的参数。

2. 类型要匹配

在对函数指针初始化或赋值的过程中，一定要保证函数的参数个数和类型与函数指针的定义相匹配。如果代码改成如下形式：

```
int( * p)(int) = max;                    //函数指针与函数不匹配
```

上面代码中的函数指针 p 指向的函数只有一个 int 类型参数，而 max 函数的参数列表有两个 int 类型的参数，因此它们的参数个数不匹配，代码会在编译时报错。

小知识——函数指针的一般定义

函数指针的一般定义为：数据类型(* 指针变量)(参数列表)。

这里面的数据类型是函数指针所指向的函数的返回值类型，参数列表是函数指针所指向的函数的参数列表中的数据类型列表。

下面继续分析例子中的代码，来看如何通过函数指针进行函数调用。

```
int z = p(x,y);
```

函数指针赋值后就可以通过该指针进行函数调用了，其调用方式与普通函数调用没有区别，上面代码中的函数指针 p 在使用时与函数 max 相同。有些程序员习惯将普通函数调用和函数指针的函数调用区分开，通过函数指针的函数调用可以写成：

```
int z = ( * p)(x,y);
```

这种书写方式可以一目了然地分辨出 p 是一个函数指针。两种书写方式各有利弊，读者可以根据自己的偏好随意选择。

11.5.2　经典面试题解析

【面试题 1】通过函数指针实现四则运算

指出下面程序中的不足，并提出更好的设计方案。

```
int add(int a,int b){return a + b;}
int minus(int a,int b){return a - b;}
int multi(int a,int b){return a * b;}

int process(int a,int b,char operation){
    switch(operation){
        case '+':return add(a,b);
        case '-':return minus(a,b);
        case '*':return multi(a,b);
        default:return 0;
    }
}

int main(){
    int a = 10,b = 20;
    int res1 = process(a,b,'+');
    int res2 = process(a,b,'-');
    int res3 = process(a,b,'*');
    cout << res1 << "" << res2 << "" << res3 << endl;
    getchar();
}
```

1. 考查的知识点

❑ 函数指针的应用场景

2. 问题分析

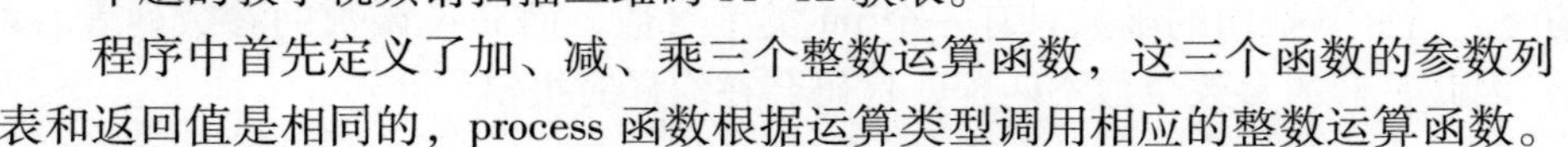

二维码 11-12

本题的教学视频请扫描二维码 11-12 获取。

程序中首先定义了加、减、乘三个整数运算函数，这三个函数的参数列表和返回值是相同的，process 函数根据运算类型调用相应的整数运算函数。

不难看出程序的可扩展性较差。如果要增加一个整数除法运算，不仅需要编写整数除法运算函数，而且还要修改 process 函数，在 switch 语句中添加一个分支，用来处理运算类型为除法的情况。具体修改方式如下面代码所示：

```
int divide(int a,int b){return a / b;}
int process(int a,int b,char operation){
    switch(operation){
        case '+':return add(a,b);
        case '-':return minus(a,b);
        case '*':return multi(a,b);
        case '/' :return divide(a,b);
        default:return 0;
    }
}
int result = process(a,b,'/');
```

我们希望在增加整数运算函数时，只需添加整数运算函数本身，而无须修改 process 函数，这就需要在 process 函数中使用函数指针代替运算类型参数 operation。由于 process 函数的参数列表发生改变，导致还需要修改调用 process 的 main 函数。修改后的代码如下：

```
int process(int a,int b,int(*func)(int,int)){return func(a,b);}
int main(){
    int a = 10,b = 20;
    int res1 = process(a,b,add);
    int res2 = process(a,b,minus);
    int res3 = process(a,b,multi);
    getchar();
}
```

将 process 函数的第三个参数修改为函数指针，在调用 process 函数时将任一整数运算函数的函数名作为参数传递给形参 func。在 process 函数中，通过函数指针 func 调用其指向的函数，如果函数指针 func 指向 add 函数，则会调用 add 函数。

修改后的程序在可扩展性方面得到了极大的改善。如果需要增加一个整数除法运算，只需编写整数除法运算函数，而无须修改 process 函数。如果想使用整数除法函数，只需要在调用 process 函数时将除法运算函数的函数名作为参数传递给形参 func 即可。

```
int divide(int a,int b){return a / b;}
int result = process(a,b,divide);
```

函数指针最常见的用途就是参数传递，在主调函数中将函数名作为参数传递给被调函数参数列表中的函数指针，从而在被调函数中能够根据参数值灵活地调用不同的函数。

3. 答案

修改后的代码如下：

```
int add(int a,int b){return a + b;}
int minus(int a,int b){return a - b;}
int multi(int a,int b){return a * b;}
```

```
int divide(int a,int b){return a / b;}

int process(int a,int b,int(*func)(int,int)){
    return fun(a,b);
}

int main(){
    int a = 10,b = 20;
    int res1 = process(a,b,add);
    int res2 = process(a,b,minus);
    int res3 = process(a,b,multi);
    int res4 = process(a,b,divide);
    getchar();
}
```

【面试题 2】简化超长的函数指针类型

请解释 process 函数中四个参数的作用。其中第四个参数 int（*fun）（int，int，int）似乎不太美观，有什么办法让它看起来更加简洁?

```
int maxof3(int a,int b,int c);
int minof3(int a,int b,int c);
int avgof3(int a,int b,int c);
int process(int a,int b,int c,int(*func)(int,int,int)){return func(a,b,c);}
```

1. 考查的知识点

- ❑ typedef 关键字的用法
- ❑ 函数指针的概念

2. 问题分析

首先来看 process 函数的定义：

```
int process(int a,int b,int c,int(*func)(int,int,int));
```

函数 process 的参数列表中有四个参数，前三个参数是整型变量，第四个参数 func 是一个函数指针，指向一个参数列表为三个 int 类型参数并且返回值为 int 类型的函数。在 process 函数中，通过 func 调用其所指向的函数。

函数 maxof3、minof3、avgof3 分别用于求三个整数的最大值、最小值和平均值。这三个函数拥有相同的参数列表和返回值，并且与函数指针 func 的类型匹配，因此这三个函数均可以作为 process 函数的参数，或者说参数 func 可以指向 maxof3、minof3、avgof3 中的任何一个函数。

如果想在 process 函数的参数列表中简化参数 func 的定义，首先应该想到使用 typedef 关键字，因为 typedef 关键字的作用是给复杂的声明起一个简单的别名。typedef 关键字在结构体定义中最为常见，在函数指针定义中也同样适用。

```
typedef int(*Pfunc)(int,int,int);
```

函数指针 func 的类型是 int(*)(int,int,int)，因此用 typedef 关键字为该类型起一个别名。在上面的语句中，将类型 int(*)(int,int,int)命名为 Pfunc，这样在程序中就可以使用 Pfunc 来代替 int(*)(int,int,int)。

```
int process(int a,int b,int c,Pfunc func);
```

在重新定义 process 函数时，使用 Pfunc 类型定义参数 func 起到了同样的效果，这里面的 func 仍然是一个函数指针，其类型是 Pfunc 类型，而 Pfunc 类型表示拥有三个 int 类型参数并且返回值也为 int 类型的函数指针。

3. 答案

使用 typedef 关键字对函数指针类型重定义，并在定义函数指针时使用通过 typedef 重定义后的类型名。

```
typedef int( * Pfunc) (int,int,int);
int process(int a,int b,int c,Pfunc func);
```

11.6 this 指针

11.6.1 知识点梳理

二维码 11-13

知识点梳理的教学视频请扫描二维码 11-13 获取。

在面向对象程序设计中，每个非静态成员函数中都包含一个特殊的指针，指向调用该函数的对象，这个指针称为 this 指针。当对象访问类中的非静态成员函数时，编译器会自动将对象的地址隐式地作为第一个参数传递给 this 指针，在非静态成员函数中访问非静态成员时都隐含地使用了 this 指针。

```
class Student{
private:
    int age;
public:
    void setAge(int age) {this -> age = age;}
    int getAge() {return age;}
};

int main() {
    Student stud = Student();
    stud.setAge(20);
    cout << stud.getAge() << endl;
    getchar();
}
```

在上面的代码中，Student 类的对象 stud 调用非静态成员函数 setAge 设置学生年龄，编译器在处理时，会将对象 stud 的地址隐式地作为函数的第一个参数，在 setAge 函数中通过 this 指针接收对象 stud 的地址。

```
stud.setAge(20) => setAge(&stud,20)
setAge(int age) => setAge(Student * this,int age)
```

同样对于 getAge 函数来说，对象 stud 的地址也会隐式地作为函数的第一个参数，并且在 getAge 函数中访问非静态数据成员 age 时，也会隐式地通过 this 指针访问。

```
stud.getAge() => getAge(&stud)
getAge() {return age;} => getAge(Student * this) {return this -> age;}
```

通过分析非静态成员函数 setAge 和 getAge 可知，this 指针的作用域是在非静态成员函数内部，在调用非静态成员函数时构造 this 指针，在非静态成员函数调用结束后销毁 this 指针。

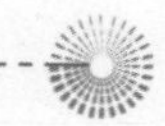

注意啦——this 指针只适用于非静态成员

通过 this 指针访问的数据成员和方法成员都必须是类的非静态成员。类的静态成员属于整个类，不属于某一个对象，没有对象也就谈不上 this 指针，因此 this 指针只能在类的非静态成员函数中出现，而不能在类的静态成员函数中使用。

在编写代码过程中，有时也会显式地使用 this 指针。当参数名与对象数据成员的名称冲突时，必须通过使用 this 指针加以区分。例如，在 setAge 函数中通过 this -> age = age 给数据成员 age 赋值，左侧 this -> age 表示对象的数据成员，右侧 age 表示参数。

当函数需要返回对象的地址时，可以返回 this 指针。因为 this 指针指向对象，可以通过 this 指针直接得到对象的地址。例如，在下面的代码中，重新定义了 setAge 函数，并且增加了 setName 和 setGender 函数。

```
Student * setAge(int age) {this -> age = age;   return this;}
Student * setName(string name) {this -> name = name;   return this;}
Student * setGender(char gender) {this -> gender = gender;   return this;}
```

将对象的地址作为返回值主要是为了支持链式访问。例如，在定义并初始化了对象指针 pstud 后，可以通过一行代码设置对象的多个属性。

```
Student *pstud = new Student();
pstud -> setName("Tom") -> setAge(10) -> setGender("M");
```

小知识——this 指针存放的位置

编译器的实现决定了 this 指针存放的位置，但是通常情况下，编译器会对 this 指针进行优化，将 this 指针存放在寄存器中，提高使用效率。例如，VC 通过 ecx 寄存器传递 this 指针。

11.6.2　经典面试题解析

【面试题 1】this 指针常识性问题

下面关于 this 指针的说法正确的是：

（A）调用类的成员函数时，对象的地址会隐式地作为第一个参数传递给 this 指针

（B）通过取地址符 & 可以获得 this 指针的地址

（C）对象进行 sizeof 运算时会加上 this 指针所占用的空间

（D）不能对 this 指针进行赋值操作

1. 考查的知识点

❑ this 指针的性质

2. 问题分析

本题的教学视频请扫描二维码 11-14 获取。

二维码 11-14

只有在访问类的非静态成员函数时编译器才会自动将对象的地址隐式地作为第一个参数传递给 this 指针，而在访问类的静态成员函数时并不会如此，因此 A 是错误的。

由于 this 指针是一种特殊的指针，无法直接获取 this 指针的地址，如果试图通过取地址操

作符 & 来获取 this 指针的地址，编译器会报错，因此 B 是错误的。

由于 this 指针并不是类的成员，不属于类的一部分，其作用域仅限于非静态成员函数内部，因此 C 是错误的。

由于 this 指针只能指向试图访问非静态成员的对象本身，而不能指向其他的对象，因此 this 指针是一个常量，不能够修改 this 指针的值，因此 D 是正确的。

3. 答案

D 正确。

【面试题 2】链式访问对象成员

图书类 Book 有三个数据成员：书名 name（string）、定价 price（double）、语种 language（char）。编写一个图书类，使用缺省的构造函数和析构函数，只需写出 set 和 get 方法，要求能够通过链式访问设置对象的数据成员，并且方法的参数与数据成员同名。

1. 考查的知识点

❑ this 指针的用法

2. 问题分析

实现 get 方法非常简单，只需返回对应的数据成员即可，get 方法不需要参数，返回值为对应数据成员的类型，以 getPrice 方法为例：

```
double getPrice() {
    return price;
}
```

实现 set 方法需要满足题目中的要求，首先能够支持链式访问，其次要求参数名与数据成员同名，因此需要用到 this 指针，以 setPrice 方法为例：

```
Book * setPrice(double price) {
    this -> price = price;
    return this;
}
```

代码中两次用到了 this 指针。首先由于函数参数 price 与数据成员 price 同名，因此为了避免名字冲突，访问数据成员时应该使用 this 指针；其次为了支持链式访问，需要在 setPrice 函数中返回对象的地址，也就是返回 this 指针，函数返回值为 Book * 类型。

3. 答案

```
class Book {
private:
    string name;
    double price;
    char language;

public:
    string getName() {return name;}
    double getPrice() {return price;}
    char getLanguage() {return language;}

    Book * setName(string name) {this -> name = name;return this;}
    Book * setPrice(int price) {this -> price = price;return this;}
    Book * setLanguage(char language) {this -> language = language;return this;}
```

```
};

int main() {
    Book * book = new Book();
    book -> setName("C ++") -> setPrice(65.5) -> setLanguage('E');
    cout << book -> getName().c_str() << ":" << book -> getPrice() << endl;
    getchar();
}
```

【面试题 3】通过空指针调用类的成员函数

下面程序中的 main 函数分别通过空指针 pTest 调用了 Test 类中的四个函数，请指出哪些函数会调用成功？哪些函数会调用失败？

```
class Test{
public:
    static void func1() { cout << stat << endl; }
    void func2() { cout << "Test" << endl; }
    void func3(int test) { cout << test << endl; }
    void func4() { cout << var << endl; }

private:
    static int stat;
    int var;
};

int Test::stat = 5;

int main() {
    Test * pTest = NULL;
    pTest -> func1();
    pTest -> func2();
    pTest -> func3(10);
    pTest -> func4();
    getchar();
}
```

1. 考查的知识点

❑ 空指针的概念

❑ this 指针的概念

二维码 11-15

2. 问题分析

本题的教学视频请扫描二维码 11-15 获取。

许多读者看到这段程序时可能会有些诧异，因为程序试图通过一个空指针访问类的成员函数，这种方式必然会产生错误，因此四个函数调用都不会成功，但事实并非如此。

首先要明确第一点是，在访问类的非静态成员函数时，编译器会自动将对象的地址隐式地作为函数的第一个参数，并且在非静态成员函数中访问非静态成员时，都会隐式地通过 this 指针访问。

```
static void func1() { cout << stat << endl; }
pTest -> func1();
```

函数 func1 是 Test 类的静态成员函数，在通过空指针 pTest 调用时，编译器会将其转换成通过类名调用的方式：pTest -> func1() => Test::func1()，转换后的代码与空指针 pTest 无关，因此 func1 调用成功。

```
void func2() { cout << "Test" << endl; }
pTest -> func2();
```

函数 func2 是 Test 类的非静态成员函数，在通过空指针 pTest 调用时编译器会将空指针隐式地作为第一个参数：pTest -> func2() => Test::func2(NULL)，func2 函数体中的 this 指针为空指针，但是由于在 func2 中并没有使用 this 指针，因此 func2 调用成功。

```
void func3(int test) { cout << test << endl; }
pTest -> func3();
```

函数 func3 是 Test 类的非静态成员函数，在调用 func3 时编译器会将函数调用转换为：pTest -> func3(10) => Test::func3(NULL,10)，func3 函数体中的 this 指针为空指针，但是由于在 func3 中只访问参数 test，而并没有使用 this 指针，因此 func3 调用成功。

```
void func4() { cout << var << endl; }
pTest -> func4();
```

函数 func4 是 Test 类的非静态成员函数，在调用 func4 时编译器会将函数调用转换为：pTest -> func4() => Test::func4(NULL)，func4 函数体中 this 指针为空指针。但是在 func4 中对非静态成员的访问隐式地使用了 this 指针，打印 var 时会通过 this -> var 来访问。由于 this 指针是空指针，因此会产生运行时错误，func4 调用失败。

注意到 func4 的不同之处就在于其使用了 this 指针，虽然在访问非静态成员时这种使用是隐式的，但还是会导致 this 指针为空指针时的运行错误。func1 是静态成员函数，不涉及 this 指针问题；而 func2 和 func3 虽然是非静态成员函数，但是函数体内并没有使用 this 指针，因此即便 this 指针为空指针，也不受影响。

3. 答案

```
pTest -> func1():调用成功
pTest -> func2():调用成功
pTest -> func3(10):调用成功
pTest -> func4():调用失败
```

11.7 空指针和野指针

11.7.1 知识点梳理

二维码 11-16

知识点梳理的教学视频请扫描二维码 11-16 获取。

空指针：没有指向的指针

空指针是一种特殊的指针，它处于空闲状态，没有指向任何变量。通常情况下，空指针用 0 表示，因为任何变量的地址都不会是 0。在标准库中，通过 define 宏定义将 NULL 定义为 0，使用 NULL 来表示空指针提高了程序的可读性。

```
int *p = NULL;
```

上面的代码定义了一个指向整型变量的指针 p，并将其初始化为空指针。初始化后，指针 p 的值为 0，不指向任何地址。判断一个指针是否为空指针需要将指针与空指针常量 NULL 进行比较，如果相等就表示指针是一个空指针，否则指针就指向某一个具体的位置。

野指针：指向垃圾的指针

野指针不是空指针，而是指向不明或不当的内存地址。野指针很难识别，有时会隐藏得很深，不容易发现，并且操作野指针非常危险，可能会发生不可预知的错误。野指针在下面三种情况中会出现：

1. 指针未初始化

指针变量在定义时不会自动初始化成空指针，而是随机的一个值，可能指向任意空间，这就使得该指针成为野指针。因此指针在初始化时要么指向一个合理的地址，要么初始化为 NULL。下面三种指针的初始化方式都是合法的：

```
int  * p = NULL;
int  * p = &a;
int  * p = (int * ) malloc( sizeof( int) ) ;
```

2. 指针指向的变量被 free 或 delete 后没有置为 NULL

在调用 free 或 delete 释放空间后，指针指向的内容被销毁，空间被释放，但是指针的值并未改变，仍然指向这块内存，这就使得该指针成为野指针。因此在调用 free 或 delete 之后，应该将指针置为 NULL。

```
int  * p = (int * ) malloc( sizeof( int) ) ;
free( p) ;
p = NULL;
```

3. 指针操作超过所指向变量的生存期

当指针指向的变量的生命周期已经结束时，如果指针仍然指向这块空间，就会使得该指针成为野指针。这种错误很难防范，只有养成良好的编程习惯，才能避免这类情况发生。

注意啦——野指针只能避免而无法判断

无法判断一个指针是否为野指针，因为野指针本身有值，指向某个内存空间，只是这个值是随机的或错误的。而空指针具有特殊性和确定性，可以进行判断，因此要避免在程序中出现野指针。

11.7.2　经典面试题解析

二维码 11-17

【面试题 1】常见的野指针

本题的教学视频请扫描二维码 11-17 获取。

找出下面程序中的错误并修正：

程序 1

```
void getMemory( char  ** p) {
      if( * p == NULL) {
            * p = ( char * ) malloc(15) ;
      }
}

int main( ) {
      char  * str;
      getMemory( &str) ;
```

```
    strcpy(str,"hello,world!");
    cout << str << endl;
    getchar();
}
```

1. 考查的知识点

❑ 野指针的概念

2. 问题分析

程序通过 strcpy 函数将字符串常量拷贝到指针 str 指向的地址空间，getMemory 函数通过指向指针的指针 p 检查其指向的指针变量 *p 是否为空指针，如果是空指针，则调用 malloc 函数申请 15 个字节的空间，并让指针 *p 指向这段空间的首地址。

由于没有初始化指针 str，其定义后指向一个随机的空间，因此产生了一个典型的野指针问题。在 getMemory 函数中，指针 str 与 NULL 判断的结果为假，因此不会分配空间。函数调用后指针 str 仍然是一个野指针，指向最初那个随机的空间，而操作野指针指向的空间可能会发生不可预知的错误，因此必须将指针 str 初始化为 NULL。

3. 答案

```
int main(){
    char *str = NULL;
    getMemory(&str);
    strcpy(str,"hello,world!");
    cout << str << endl;
    getchar();
}
```

程序 2

```
void getMemory(char **p){
    if(*p == NULL){
        *p = (char*)malloc(15);
    }
}

int main(){
    char *str = (char*)malloc(15);
    strcpy(str,"love it!");
    cout << str << endl;
    free(str);

    getMemory(&str);
    strcpy(str,"hello,world!");
    cout << str << endl;
    getchar();
}
```

1. 考查的知识点

❑ 野指针的概念

2. 问题分析

指针 str 初始化时就指向一块动态分配的空间的首地址，调用 strcpy 函数并打印拷贝后的值，再将动态分配的空间释放，然后调用 getMemory 函数重新分配空间。

由于在调用 free 函数后没有显式地将指针 str 置为 NULL，因此产生了一个典型的野指针问

题。指针 str 指向的空间在调用 free 函数释放后，指针 str 仍然指向这个已经被释放的空间。在 getMemory 函数中，指针 str 与 NULL 判断的结果为假，因此不会分配空间。函数调用后指针 str 仍然是一个野指针，指向那块已经被释放的空间，而操作野指针指向的空间可能会发生不可预知错误，因此必须在调用 free 函数后将指针 str 置为 NULL。

3. 答案

```
int main(){
    char *str = (char*)malloc(15);
    strcpy(str,"love it!");
    cout << str << endl;
    free(str);
    str = NULL;

    getMemory(&str);
    strcpy(str,"hello,world!");
    cout << str << endl;
    getchar();
}
```

程序 3

```
void getMemory(char **p){
    if(*p == NULL){
        char ch[15];
        *p = ch;
    }
}

int main(){
    char *str = NULL;
    getMemory(&str);
    strcpy(str,"hello,world!");
    cout << str << endl;
    getchar();
}
```

1. 考查的知识点

❑ 野指针的概念

2. 问题分析

在函数 getMemory 中，当发现指针 *p 为空指针时，定义一个字符数组，并将数组首字符的地址赋值给指针 *p，函数调用结束后再通过 strcpy 函数进行字符串拷贝。

由于指针 str 指向了一个已经超过生存期的变量，因此产生了一个典型的野指针问题。字符数组 ch 是函数 getMemory 中的局部变量，在栈中分配空间，函数调用结束后栈空间释放，变量 ch 的生命周期结束。函数调用结束后指针 str 指向一个已经被释放的空间，成为一个野指针，而操作野指针指向的空间可能会发生不可预知错误，因此在函数 getMemory 中应该使用堆空间动态分配内存。

3. 答案

```
void getMemory(char **p){
    if(*p == NULL){
        *p = (char*)malloc(15);
    }
}
```

【面试题 2】在构造函数中释放对象本身

写出下面程序的运行结果：

```
class Test{
public:
    Test(){
        i=10;
        delete this;
    }
    int i;
};

int main(){
    Test *test=new Test();
    cout<<test->i<<endl;
    getchar();
}
```

1. 考查的知识点

- ❑ 野指针的概念
- ❑ 析构函数

2. 问题分析

main 函数中声明一个 Test 类的对象指针并用 new 构造一个对象，然后输出对象成员。这里面比较特殊的是 Test 类的构造函数，因为在构造函数中使用了 delete 操作符释放了对象自身的空间，并引发析构函数的调用，相当于对象在构造时把自己释放掉了。

基于上述分析，有的读者可能会得出如下结论：程序本身语法没有错误，但是由于在构造函数中使用了 delete this，相当于调用了析构函数，对象被销毁，之后访问对象的数据成员 a 会产生运行错误。

这种解释听起来似乎很有道理，但是运行后我们发现，程序不但编译通过，而且运行时竟然也没有报错，产生了输出结果，只是输出结果并不是 10，而是一个看起来随机的值，并且每次运行的输出结果都不尽相同。

其实这个结果并不难解释。在执行 delete this 后，指针 test 成为一个野指针。由于野指针 test 指向的是一个有效的地址，因此在访问数据成员 a 时，依然会按照 Test 类的对象模型访问相应的空间，并输出这个空间中的内容，因此输出结果是随机的。

3. 答案

程序编译通过，运行成功，但会输出一个随机的值。

注意啦——delete 和 free 只能释放堆内存

如果程序中使用“Test test = Test();”的方式定义并初始化一个 Test 类的对象，程序在运行时会产生错误。对象 test 是在栈上创建的，在构造函数中使用 delete 操作符会产生错误，因为栈空间只能由系统释放，只有堆空间才能手动释放。

11.8　引用

11.8.1　知识点梳理

二维码 11-18

知识点梳理的教学视频请扫描二维码 11-18 获取。

引用就是变量的别名。这句话概括了引用的实质，引用就是给变量又起了一个名字，就好像一个人本名叫张三，领导叫他小张，父母叫他三儿，爷爷叫他狗剩儿，同学叫他小三儿，同事叫他张子，这些称呼都是张三的别名，指代的都是同一个人，如图 11-21 所示。

```
int ival = 10;
int &rval = ival;
```

上面的代码中定义了一个整型变量 ival，然后定义了一个整型变量的引用 rval 并通过变量 ival 初始化。引用的初始化并不是值的拷贝，而是将引用方与被引用方绑定在一起。在后面的程序中，变量 ival 与引用 rval 是等效的，图 11-22 描述了二者之间的关系。

需要注意的是，引用在定义时必须初始化，从而与一个变量绑定在一起。初始化后，引用不能再绑定其他变量，也无法修改引用的绑定，对引用变量的修改等效于对所绑定变量的修改。

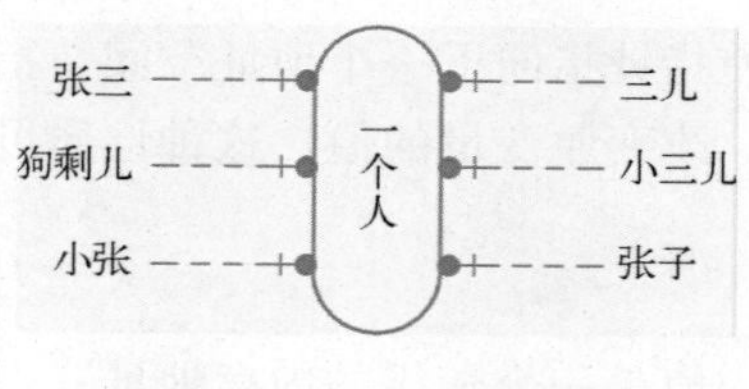

图 11-21　张三的名字

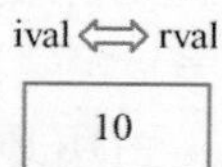

图 11-22　变量与引用

引用最常用的场合是函数参数的传递。通过将函数的形参声明成引用类型，在被调函数内修改形参就相当于修改了主调函数的实参，通过这种方式改变实参的值并没有数量的限制。由于函数返回值只能返回一个值，如果函数需要多个返回值，就可以通过将形参声明成引用的方式解决。

例如，要找出两个字符串中的最大子串，并将这个最大子串从两个字符串中删除，就可以声明一个函数，将最大子串作为函数的返回值，将两个字符串分别作为函数的两个引用参数，在函数中通过引用直接修改两个字符串。

```
string deleteLongestSubstring (string &s1,string &s2);
```

通过将函数参数声明成引用的另一个好处是可以避免对象的拷贝。如果函数参数占用了很大的内存空间，在值传递时就可能拷贝整个对象的空间，很多时候这种拷贝工作是没有必要的，通过将函数参数声明成对象的引用，就可以避免对象拷贝。此外，虽然通过指针可以实现同样的目的，但是使用引用的程序可读性更强。

11.8.2　经典面试题解析

【面试题 1】简述指针与引用的区别

1. 考查的知识点

❑ 指针与引用的区别

2. 问题分析

指针和引用作为 C++ 中两个非常重要的概念，在使用的过程中有时会发生混淆，尤其在编程时可能不知道应该使用指针还是引用，这都是由于没有搞清指针和引用的区别，对两者适用范围不明确。

在面试过程中，考查指针与引用的区别作为一道经常出现的面试题往往让考官屡试不爽，因为这个问题既考查了应聘者对两个基本概念的理解，又考查了应聘者在使用过程中是否注意积累。我们对两者的区别做出如下总结，供读者参考。

3. 答案

● 指针是变量的地址，引用是变量的别名。

指针本身也是一个变量，指针的值是另一个变量的内存地址，指针指向这个变量，指针和指针指向的变量是两个不同的变量。引用是给变量起了一个别名，可以认为引用与原变量是同一个变量，只是这个变量有两个不同的名字。

正是由于这个最根本的区别导致了某些运算符运算结果的差异，例如：

✓ sizeof 运算符的运算结果不同。

指针进行 sizeof 运算得到的是指针本身占用的空间，返回结果为 4 个字节；而引用进行 sizeof 运算得到的是原变量占用的空间，返回结果取决于原变量的数据类型。

✓ 自增 ++ 运算符的意义不同。

指针进行自增运算是对指针本身自增，使指针指向下一个地址空间，指针指向的变量没有改变；引用进行自增运算是对原变量的自增，改变原变量的值。这种性质可以扩展到其他操作符上。

● 指针可以不初始化，引用必须初始化。

指针在定义时可以不初始化，此时指针的值是一个随机的内存地址；引用在定义时必须初始化，从而绑定某个变量，成为该变量的别名。

● 指针本身可以被修改，引用本身不能被修改。

指针在使用过程中可以修改指针的值，使指针指向不同的内存地址；引用在其生命周期内永远是初始化中变量的别名，不能修改引用本身让其成为另一个变量的别名。

● 指针可以为 NULL，引用不能为 NULL。

指针可以初始化或赋值为空，此时指针不指向任何内存地址，称为空指针；引用不能初始化为空，不存在空引用的概念。

● 指针可以定义二重指针，引用不能定义二重引用。

指针在使用时可以定义二重指针（**a），称为指向指针的指针，表示指针指向的变量也是一个指针；引用在使用时不能定义二重引用（&&a），因为引用只是一个变量的别名，二重引用没有实际意义。

● 指针需要先解引用，引用直接使用。

指针本身的值是内存地址，想要操作指针指向的变量需要使用解引用操作符；引用作为变量的别名直接使用就相当于操作引用绑定的变量。

【面试题 2】指针和引用的使用

写出下面程序的输出：

```
int main() {
    int a = 10, b = 20;
```

```
        int &r = a;
        int  * p = &a;
        int *  &rp = p;

        if((int)&r == (int)&a) {
            cout << "&r == &a" << endl;
        } else {
            cout << "&r != &a" << endl;
        }

        if((int)&p == (int)&a) {
            cout << "&p == &a" << endl;
        } else {
            cout << "&p != &a" << endl;
        }

        r = b;
        cout << "a = " << a << endl;
        cout << "b = " << b << endl;

        ( * p) ++ ;
        ( * rp) ++ ;

        cout << "a = " << a << endl;
        cout << "b = " << b << endl;
        getchar();
}
```

1. 考查的知识点

❑ 指针和引用的应用

2. 问题分析

二维码 11-19

本题的教学视频请扫描二维码 11-19 获取。

程序中定义了 5 个变量：a 和 b 两个整型变量；引用 r 初始化为变量 a 的引用；指针 p 初始化为变量 a 的地址；引用 rp 初始化为指针 p 的引用。

```
(int)&r == (int)&a
```

程序对引用 r 的地址和变量 a 的地址进行比较。由于 r 是 a 的引用，也就是 a 的一个别名，两者可以看作是同一个变量，只是这个变量有两个名字 r 和 a，因此两者具有相同的地址，比较结果为真。

```
(int)&p == (int)&a
```

程序对指针 p 的地址和变量 a 的地址进行比较。由于 p 是指向 a 的指针，p 的值是 a 的地址，而 p 本身作为一个独立的变量拥有自己的地址空间，因此两个变量具有不同的地址，比较结果为假。

```
r = b;
```

对引用 r 进行赋值操作不是改变引用本身，并非将 r 修改为变量 b 的引用，因为 r 在其生存期内始终只能是 a 的引用。对 r 的赋值等价于对变量 a 进行赋值，代码相当于将 b 的值赋值给 a。

```
(*p)++;
(*rp)++;
```

第一行代码首先对指针 p 解引用，获得了指针 p 所指向的变量，之后的自增操作相当于将变量 a 的值自增；第二行代码对引用 rp 解引用，等价于对指针 p 解引用，因此与第一行代码的功能相同，相当于将变量 a 自增。

3. 答案

```
&r == &a
&p != &a
a = 20
b = 20
a = 22
b = 20
```

【面试题 3】使用常量初始化引用

找出下面程序中的错误：

```
void printAge(int &age){
    cout << "The age of the dog is " << age << endl;
}

int main(){
    int &a = 10;
    int b = 10;

    printAge(a);
    printAge(b);
    printAge(10);
    getchar();
}
```

1. 考查的知识点

❑ 常量引用的应用

2. 问题分析

在分析程序中的错误之前，首先要明确引用的概念：引用是变量的别名。因此声明一个引用的前提是需要先有一个变量，或者说引用需要一个左值，对引用进行初始化的实质就是给变量起了一个别名。

```
int &a = 10;
```

程序中 main 函数的第一行代码就有问题。因为 a 是一个引用，而初始化语句的等号右边是一个常量，也就是右值，这与引用的要求不符。如果这行代码成立，那后面的语句能对 a 进行赋值么？如果对 a 赋值，难道是改变常量 10 的值么？

小知识——左值与右值

许多读者可能不太清楚左值和右值如何区分，这里有一个通俗的方法：在赋值语句中，只能出现在等号右边的是右值，既能出现在等号左边也能出现在等号右边的是左值。

看起来常量和引用成了一对矛盾，因为常量是右值而引用需要左值。如果想使用常量初始

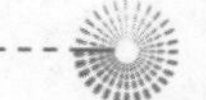

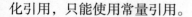

化引用，只能使用常量引用。

```
const int &a = 10;
```

有些读者可能会质疑，常量引用归根结底还是引用，引用是变量的别名，加一个 const 并不能改变引用的性质，还是没有看到左值出现。实际上，对于常量引用这种特殊的引用，编译器会对其做特殊处理，具体处理方式如下：

```
int temp = 10;
const int &a = temp;
```

常量引用的初始化操作实际上分两步执行：首先将常量存放在一个临时变量中，然后使用这个临时变量初始化常量引用。这样一来，常量引用就成了这个临时变量的别名，从而满足引用的要求。

当然上面的处理方式对于开发人员是不透明的，它是编译器内部对于常量引用初始化的处理。需要强调的是，这种通过创建临时变量初始化引用的方式只发生在常量引用初始化的过程中，普通引用的初始化不会如此处理。

```
void printAge(int &age);
printAge(10);
```

基于同样的原理我们发现了程序中的另一处错误。上面两行代码试图使用一个常量初始化引用，解决方式仍然是使用常量引用。

```
void printAge(const int &age);
printAge(10);
```

将函数 printAge 的参数类型改为常量引用，使得参数初始化分为创建临时变量和通过临时变量初始化引用两步进行，这样在调用 printAge 函数时传入的实参既能是变量也能是常量，左值和右值都可以。

常量引用在函数声明时的作用还是非常明显的，如果将函数的参数声明为常量引用，在发挥引用本身特性的同时，还能保证在函数内不会错误地修改参数值，而且在调用函数时不用特意区分左值和右值。

3. 答案

如果想使用常量初始化引用则应该使用常量引用，修改后的代码如下：

```
void printAge(const int &age) {
    cout << "The age of the dog is " << age << endl;
}

int main() {
    const int &a = 10;
    int b = 10;

    printAge(a);
    printAge(b);
    printAge(10);
    getchar();
}
```

第 12 章　内 存 管 理

12.1　堆内存与栈内存

12.1.1　知识点梳理

二维码 12-1

知识点梳理的教学视频请扫描二维码 12-1 获取。

在程序中，数据存储在不同的区段，通常将整个数据区分成四部分：栈存储区、堆存储区、全局及静态存储区、常量存储区。

栈存储区主要存储函数参数和局部变量，这部分数据的空间由编译器负责分配和回收，由于其存储数据时采用后进先出的方式，因此该区段被称为栈存储区。

堆存储区主要存储动态分配的内存块，这部分数据的空间编译器不会自动处理，需要由程序员负责分配和回收。如果程序始终没有主动释放动态分配的空间，在该程序运行结束时，操作系统会回收这部分内存。

全局及静态存储区主要存储全局变量和静态变量，由于这类变量比较特殊，其生命周期在程序运行期间始终存在，在程序结束时操作系统才会回收这部分空间，因此用一个单独的区段管理全局及静态数据。

常量存储区也叫字符串常量区，用于存放字符串常量，在对字符串赋值时，会在字符串常量区开辟一块空间来存储对应的字符串常量，然后返回这块空间的首地址。

12.1.2　经典面试题解析

【面试题 1】简述程序中的四大存储区

下面程序中的变量定义都涉及哪些存储区？

```
int a = 0;

int main() {
    char ch = 'a';
    static int c = 0;

    char * p1 = "abc";
    char * p2 = "abc";
    char * p3 = &ch;
    char * p4 = (char * )malloc(10);
}
```

1. 考查的知识点

❑ 存储区

2. 问题分析

二维码 12-2

本题的教学视频请扫描二维码 12-2 获取。

程序在 main 函数外定义并初始化了全局变量 a，在 main 函数内定义并初始化了静态变量 c，它们都保存在全局及静态存储区。

字符变量 ch 以及四个指针变量 p1、p2、p3、p4 都是普通的局部变量，它们保存在栈存储区。虽然四个指针指向了其他地址空间，这些地址空间位于不同的数据区段，但是指针变量本身保存在栈存储区。

字符串常量"abc"保存在字符串常量区，指针 p1 和 p2 指向同一个字符串常量，所以两个指针变量的值是相同的，指向字符串常量区的同一个地址。

程序最后一行通过 malloc 在堆存储区中动态申请了一块空间，并返回这块空间的首地址，指针 p4 指向这个地址。

四个指针变量中，p1 和 p2 指向常量存储区中的地址，p3 指向栈存储区中的地址，p4 指向堆存储区中的地址，当然还可以创建指向全局和静态存储区的指针变量，但是无论指针指向哪个存储区，指针变量本身都保存在栈存储区。

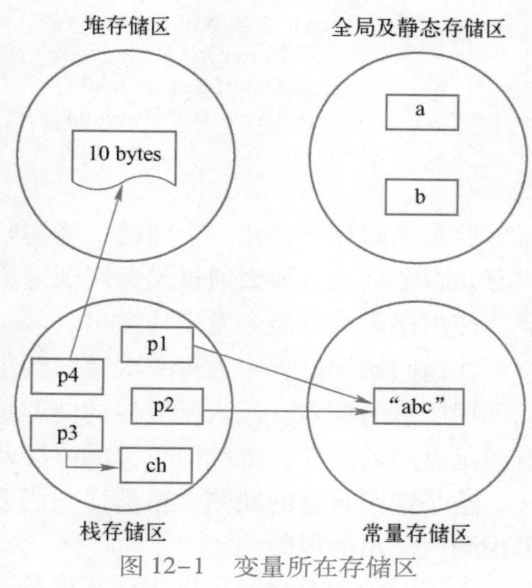

图 12-1　变量所在存储区

3. 答案

见分析，图 12-1 更加形象地予以解释。

【面试题 2】简述栈空间与堆空间的区别

1. 考查的知识点

❑ 栈空间与堆空间

2. 问题分析

栈空间用于存储函数参数和局部变量，所需空间由系统自动分配，回收也由系统管理，无须人工干预；堆空间用于存储动态分配的内存块，分配和释放空间均由程序员控制，有可能产生内存泄漏。

栈空间作为一个严格后进先出的数据结构，可用空间永远都是一块连续的区域；堆空间在不断分配和释放空间的过程中，可用空间链表频繁更新，造成可用空间逐渐碎片化，每块可用空间都很小。

栈空间的默认大小只有几 M 的空间，生长方式是向下的，也就是向着内存地址减小的方向消耗空间；堆空间的理论大小有几 G 的空间，生长方式是向上的，也就是向着内存地址增大的方向消耗空间。

栈空间有计算机底层的支持，压栈和出栈都有专门的指令，效率较高；堆空间通过函数动态获取空间，涉及可用空间链表的扫描和调整以及相邻可用空间的合并等操作，效率相对较低。

3. 答案

见分析。

【面试题 3】简述递归程序潜在的风险

1. 考查的知识点

❑ 递归的风险

2. 问题分析

许多算法的实现都用到了递归，尤其当数据结构本身就带有递归性质时，通过递归实现算法更加容易。例如，二叉树的左子树和右子树也都是二叉树，因此二叉树的遍历算法可以通过递归实现。下面的代码实现了二叉树的前序遍历，函数中先访问根结点，然后通过递归依次先访问左子树和右子树。

```
void preOrder(BiTree *root){
    if (node != NULL) {
        visit(root);
        preOrder(root->lchild);
        preOrder(root->rchild);
    }
}
```

但是递归算法存在一个问题：当递归层数过深时，有可能产生栈溢出。例如，如果二叉树只有几百个结点，那么通过递归实现遍历算法不会有什么问题，但是如果二叉树有几百万个结点，使用递归就可能会发生栈溢出。

在递归调用过程中，每一次递归调用都会保留现场，把当前的上下文压入函数栈，随着递归调用层数的深入，压入函数栈的内容越来越多，直到函数栈的空间用尽，而递归程序仍然没有满足返回的条件，继续向更深的一层调用，就会发生栈溢出。

这是递归自身的缺陷。虽然递归函数书写简单，可读性强，但是只要编写递归函数，就要考虑到栈溢出的风险。

为了避免栈溢出，可以用循环代替递归。原则上任何递归都可以用循环的方式实现，虽然使用循环会造成代码变长，可读性降低，但是避免了栈溢出问题。

```
void preOrder(BiTree *root){
    stack<BiTree*> s;
    BiTree *p=root;

    while (p != NULL || !s.empty()) {
        while (p!=NULL) {
            visit(p);
            s.push(p);
            p=p->lchild;
        }

        if (!s.empty()) {
            p=s.top();
            s.pop();
            p=p->rchild;
        }
    }
}
```

上面的程序通过循环实现了二叉树的前序遍历，代码明显比递归长了不少，逻辑也更加复杂，但是通过循环代替了递归，提高了程序的健壮性。

有时鱼和熊掌不可兼得，只能舍鱼而取熊掌，代码的可读性就好比是鱼，程序的健壮性就好比是熊掌。相比于随时可能崩溃的漂亮代码而言，还是运行稳定的难看代码更加符合产品的需要。

3. 答案

使用递归解决问题时要考虑到栈溢出的问题，如果确实有可能发生，可以考虑使用循环代替递归。

12.2　内存泄漏

二维码 12-3

12.2.1　知识点梳理

知识点梳理的教学视频请扫描二维码 12-3 获取。

内存泄漏是一种资源泄漏，是指计算机程序没有合理地管理已经分配的内存，导致不再使用的内存没有及时释放。随着程序运行时间的增长，泄漏的内存越积越多，可用的内存越来越少，最终无法为程序分配新的内存，进而导致程序崩溃。

内存泄漏是最难检测的程序问题之一。首先内存泄漏是程序运行期间产生的问题，并非语法错误，因此编译器无法检测；其次小规模的内存泄漏不容易引起重视，因为程序在运行初期并不会有什么异常，直到大量的内存发生泄漏，系统性能不断下降，内存泄漏问题才会浮出水面。

产生内存泄漏的原因很简单，就是分配的内存没有及时回收。由于栈内存由编译器负责分配和回收，因此不存在内存泄漏问题；而堆内存由程序员负责分配和回收，正是这种人为控制导致了内存泄漏的发生。

具体来讲，内存泄漏是由于在程序中通过 malloc 或者 new 从堆中申请了一块空间，但是在使用后并没有调用 free 或者 delete 释放，导致这块空间既无法使用也无人回收，从而造成内存泄漏。

12.2.2　经典面试题解析

【面试题 1】预防内存泄漏的方法

简述几种内存泄漏的防范机制。

1. 考查的知识点

❑ 内存泄漏的预防

2. 问题分析

用智能指针代替普通指针，由于智能指针自带引用计数功能，能够记录动态分配空间的引用数量，在引用计数为零时，自动调用析构函数释放空间。

借助一些内存泄漏检测工具，例如 Valgrind 作为一款功能丰富的调试工具集，其包含的 Memcheck 工具是一个强大的内存检查器，可以帮助我们检测各种内存问题，包括检测内存泄漏。

当然最有效的避免内存泄漏的方法还是要靠程序员养成良好的编程习惯：保证 malloc 和 free、new 和 delete 成对出现，每个 malloc 函数都有对应的 free 函数，每个 new 操作符都有对应的 delete 操作符。

3. 答案

见分析。

【面试题 2】找出不易察觉的内存泄漏

找出下面程序中可能发生的内存泄漏：

```
void doSomething(int size) {
    char *p = new char[size];
```

```
        if (! validationCheck(p,size)) {
            cout << "error" << endl;
            return;
        }

        memoryOperation(p,size);
        delete p;
    }
```

1. 考查的知识点

❑ 内存泄漏；

2. 问题分析

二维码 12-4

本题的教学视频请扫描二维码 12-4 获取。

检查程序中的内存泄漏时，第一步就是给 new 和 delete 配对，保证每个 new 操作符都有对应的 delete 操作符。在 doSomething 函数中，第一行通过 new 定义了一个大小为 size 的字符数组，程序最后一行通过 delete 释放了字符数组的空间，似乎是配对了。

但是细心的读者不难发现，通过 new 分配空间后，马上进行 if 检测，如果检测失败则打印 error 并返回。问题就出在这里，如果 if 检测没有通过，就不会执行最后一行的 delete 语句，函数提前退出，内存泄漏也就发生了。

因此应该在 if 语句内部，函数返回之前加上一个 delete 语句，确保无论 if 检测是否通过，程序都会执行一次 delete 释放通过 new 分配的空间，修改后的程序如下：

```
void doSomething(int size) {
    char *p = new char[size];
    if (! validationCheck(p,size)) {
        cout << "error" << endl;
        delete p;
        return;
    }

    memoryOperation(p,size);
    delete p;
}
```

有些读者可能认为程序还是存在问题，因为分配空间时通过 new[ ]分配了一个数组的空间，因此在释放空间时也应该通过 delete[ ]释放掉一个数组的空间，否则通过 delete 只能释放掉数组中第一个元素的空间。

这种理解是片面的，如果数组元素是基本类型，通过 delete 或 delete[ ]释放空间是等价的，都会正确释放整个数组的空间。如果通过 new[ ]创建的数组元素是自定义类型，则应该使用 delete[ ]释放空间，因为 delete 只会执行数组中的第一个对象的析构函数。

3. 答案

见分析。

12.3 内存越界

二维码 12-5

12.3.1 知识点梳理

知识点梳理的教学视频请扫描二维码 12-5 获取。

内存越界又称内存访问越界，是指访问了所申请空间之外的内存。如果对越界的内存进行读操作，读取的结果具有随机性且无法预知；如果对越界的内存进行写操作，写入的结果可能会破坏其他数据。

```
char a[8] = "hello";
memset(a,0,16);
```

上面的代码中数组 a 的大小为 8，占 8 个字节，而 memset 函数却试图初始化数组 a 首地址之后的 16 个字节，显然超过了数组 a 的空间，这时候就会发生内存越界。试想如果数组 a 后面保存着其他变量，如图 12-2 所示，就会错误地修改这些变量，造成 b 和 c 的值被置为 0。

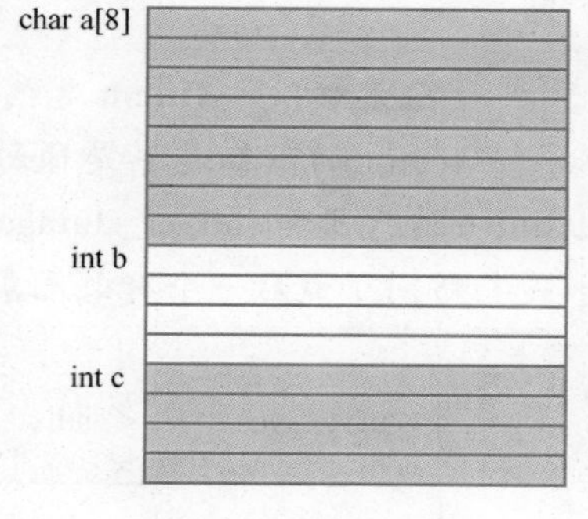

图 12-2 内存布局

内存越界很难检查出来，因为它不属于语法错误，无法通过编译器发现，甚至程序运行初期也不会发生错误，直到某种特定情况下才会由于内存越界导致程序崩溃，此时程序已经运行了一段时间，因此内存越界问题很难检测。

内存越界无法从根本上避免，只能预防。这要求编程人员对操作的内存空间要有一个明确的认识，确保只修改程序分配的空间。

12.3.2 经典面试题解析

【面试题 1】访问 vector 元素时的越界问题

写出下面程序的运行结果：

```
int main() {
    vector<int> ivec(10);
    cout << ivec[0] << endl;
    cout << ivec[100] << endl;
    getchar();
}
```

1. 考查的知识点

❑ 下标越界

2. 问题分析

vector 中包含三个迭代器：first 迭代器指向第一个元素；finish 迭代器指向最后一个有效元素的下一个位置；end_of_storage 迭代器指向整个 vector 空间末尾的下一个位置。访问 vector 中的成员都是通过这三个迭代器实现的。

假设 vector 申请了 16 个空间大小，并且已经使用了前 6 个空间，图 12-3 标明了三个迭代器的位置：first 迭代器指向第一个元素；finish 迭代器指向第 6 个元素之后的位置，也就是第 7 个元素；end_of_storage 迭代器指向第 16 个元素的下一个位置。

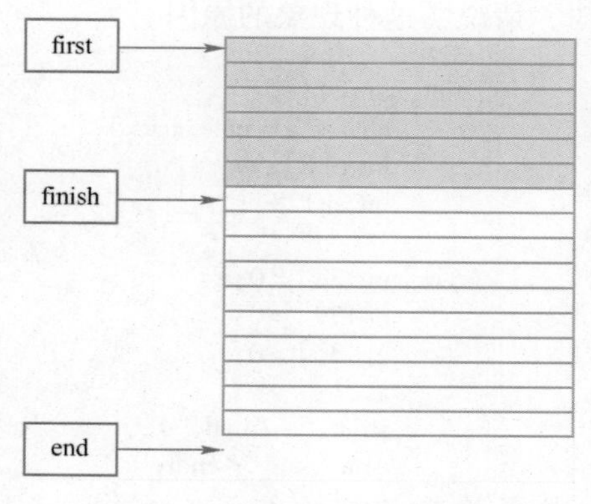

图 12-3 vector 中的迭代器

为了在使用 vector 时能像使用数组一样便捷，vector 重载了[ ]运算符，使得通过[ ]运算符能够像访问数组一样访问 vector 中的元素。准确地说，operator[ ]中通过将下标与 first 迭代器相加得到元素的地址，然后返回地址中存储的值。

通过下标访问 vector 中的元素时不会做边界检查，即便下标越界。也就是说，下标与 first 迭代器相加的结果超过了 finish 迭代器的位置，程序也不会报错，而是返回这个地址中存储的值。

注意啦——finish 迭代器

vector 的下标越界是通过 finish 迭代器判断的。由于 vector 采用预分配空间的机制，finish 迭代器和 end_of_storage 迭代器并不指向同一个位置。在访问 vector 中的元素时，越界是指访问了最后一个有效元素之后的空间，而不是整个分配空间之后的空间。

```
cout << ivec[0] << endl;
cout << ivec[100] << endl;
```

第一行代码没有任何问题，输出 vector 中首元素的值。虽然第二行代码逻辑上有问题，属于典型的越界访问，但是程序仍然会编译通过并输出对应地址中的值。

如果想在访问 vector 中的元素时首先进行边界检查，可以使用 vector 中的 at 函数。通过使用 at 函数不但可以通过下标访问 vector 中的元素，而且在 at 函数内部会对下标进行边界检查，虽然这会耗费一点点额外的时间。使用 at 函数唯一的劣势是：at 函数不如 operator[ ]那样看起来像在使用数组。

有些读者可能在使用 vector 时从来没有用过 at 方法，感觉 at 方法完全多余，甚至可以被 opeartor[ ]代替，希望读者今后能够改变这种观点。

3. 答案

程序编译通过并正常运行，首先输出 first 迭代器对应地址中的值，然后再输出 first + 100 对应地址中的值。

【面试题 2】越界操作导致程序崩溃的原理

下面的程序可以正常运行，但是如果注释掉定义变量 b 这行代码，程序在运行时直接崩溃，请说明这种现象的原因。

```
int main() {
    char * a = new char[32];
    int b[8];
    int c[128];

    c[128] = 0;
    c[129] = 0;
    c[130] = 0;

    strcpy(a, "hello");
    cout << a << endl;
    getchar();
}
```

1. 考查的知识点

❑ 内存布局

❑ 下标越界

2. 问题分析

本题的教学视频请扫描二维码 12-6 获取。

二维码 12-6

程序中显然存在内存越界问题：数组 c 的长度为 128，下标范围为 0 ~ 127，但是在赋值时超过了数组的最大下标，因此发生内存越界。由于通过下标对数组元素赋值时不会自动检测下标越界，因此程序会在相应的地址上进行赋值，这样造成的结果就是可能错误地修改了其他变量的值。

函数的局部变量保存在栈空间中，根据栈后进先出的性质，指针 a 保存在栈底，占用 4 个字节，之后是数组 b，占用 4 * 8 = 32 个字节，栈顶元素是数组 c，占用 4 * 128 = 512 个字节。实际的内存布局可能稍有变化，但原则是按照变量在函数中声明的顺序依次入栈。

当数组 c 赋值时发生了内存越界，实际改变了数组 b 中某些元素的值，由于程序并未对数组 b 中的元素进行任何操作，因此运行时并没有什么异常，程序也会正确地输出。但是不能妄下断言，认为这种越界的赋值操作是无害的。

```
int b[8];
```

如果注释掉定义数组 b 这行代码，程序运行就会出问题了。此时内存布局更加简单，栈底元素是指针 a，占用 4 个字节，栈顶元素是数组 c，占用 512 个字节，其中指针 a 指向堆中一块动态分配的内存。

下面三个赋值语句由于发生了内存越界问题，赋值操作会导致指针 a 的值变为 0，不再指向堆空间。这时候堆中动态分配的内存没有任何指针指向它，既无法使用，也无法释放，从而导致内存泄漏。

由于地址编码为 0 的内存属于保护段，因此不能够操作这段内存，修改保护段的内存会导致程序崩溃。程序中字符串拷贝语句试图将字符串"hello"拷贝到地址为 0 的内存空间中，违反了保护段内存不能修改的原则，因此在执行字符串拷贝时程序崩溃。

3. 答案

由于将定义变量 b 的代码注释掉后，越界的赋值语句导致指针 a 指向地址为 0 的内存空间，这段空间属于保护段内存，不能修改，在试图将字符串拷贝到保护段空间时会导致程序崩溃。

第13章　字　符　串

在 C/C ++ 的笔试面试中，字符串是经常考查的知识点，因为字符串不但是 C/C ++ 程序设计中重要的组成部分，同时在实际的工作和开发中也会经常遇到。所以读者应当掌握字符串的相关知识和使用。

字符串相关的面试题大致分为两种：①考查字符串的存储形式以及常用的标准库函数的使用和实现方法；②与字符串相关的一些算法设计题。本章将围绕着这两类问题进行讨论和讲解。

13.1　C 标准字符串函数

二维码 13-1

13.1.1　知识点梳理

知识点梳理的教学视频请扫描二维码 13-1 获取。

在 C/C ++ 语言中，没有专门的字符串变量，一个字符串通常都保存在一个字符数组里。但是在 C 语言中还规定了所谓的“标准字符串”，这类字符串的特点是以“ \0”作为字符串的结束符。之所以要这样规定字符串的格式，主要是因为 C 标准库中定义了许多字符串处理函数，而这些函数所能处理的字符串就是这种标准格式的字符串。

掌握一些常见的标准字符串函数可以加深我们对字符串的理解，同时，在许多面试笔试中，经常会出这样一类题目：要求考生自己编写程序实现某些标准字符串函数的功能。解答这类题目的前提就是要灵活掌握这些常见的标准字符串函数，熟悉其函数的接口、参数、返回值以及实现的功能。

这里重点介绍以下字符串处理函数，它们都是定义在头文件 string. h 中的标准库函数。其他的字符串处理函数可参看相关函数手册。

- strcmp：字符串比较函数。
- strcpy：字符串拷贝函数。
- strcat：字符串连接函数。
- strlen：统计字符串中字符的个数（字符串长度）。
- strstr：字符串匹配函数。

strcmp

1. 函数原型

```
int strcmp(char * str1,char * str2)
```

2. 函数功能

函数 strcmp 的功能是比较两个字符串 str1 和 str2 的大小。也就是把字符串 str1 和字符串 str2 从首字符开始逐个字符的进行比较，直到某个字符不相同或者其中一个字符串比较完毕才停止比较。字符的比较为 ASCII 码的比较，例如，字符串“abd”大于字符串“abc”，字符串

“abcd”大于字符串“abc”，字符串“ad”大于字符串“abcde”等。

3. 返回值

若字符串 str1 大于字符串 str2，返回结果大于零；若字符串 str1 小于字符串 str2，返回结果小于零；若字符串 str1 等于字符串 str2，返回结果等于零。

strcpy

1. 函数原型

```
char *strcpy(char *str1,char *str2)
```

2. 函数功能

把 str2 指向的字符串拷贝到 str1 中去。注意：str1 指向的内存空间应足够容纳字符串 str2。

3. 返回值

返回指向字符串 str1 的指针。

strcat

1. 函数原型

```
char *strcat(char *str1,char *str2)
```

2. 函数功能

将两个字符串连接合并成一个字符串，也就是把字符串 str2 连接到字符串 str1 后面，连接后的结果放在字符串 str1 中。注意：str1 指向的内存空间要足够容纳字符串 str2。

3. 返回值

指向字符串 str1 的指针。

strlen

1. 函数原型

```
int strlen(char *str)
```

2. 函数功能

求字符串的长度，即求字符串 str 中有多少个字符。

3. 返回值

字符串 str 的长度（字符的个数，不包括字符串结符）。

strstr

1. 函数原型

```
char *strstr(char *str1,char *str2)
```

2. 函数功能

在字符串中 str1 中查找另一个字符串 str2 首次出现的位置。

3. 返回值

如果找到匹配的字符串，返回第一次匹配到的字符串的指针，否则返回 NULL。

以上简单地介绍了几个常用的 C 语言标准字符串函数，这几个函数使用最为频繁，出题概率也相对较高，所以读者务必掌握。这些库函数的使用细节及编程实现在后面的面试题中都会有所体现。

13.1.2 经典面试题解析

【面试题1】字符串标准库函数的使用1

写出下面这段代码的运行结果：

```
#include <stdio.h>
#include <string.h>
main(void){
    char dest[20] = {""};
    char *src = "Hello World";
    int result;
    printf("%s\n",strcpy(dest,src));
    result = strcmp(dest,src);
    if(!result)
        printf("dest is equal to src");
    else
        printf("dest is not equal to src");
}
```

1. 考查的知识点

二维码 13-2

❑ strcmp 函数的应用

❑ strcpy 函数的应用

2. 问题分析

本题的教学视频请扫描二维码 13-2 获取。

在这段代码中首先初始化了一个字符串常量 char *src = "Hello World"；并且定义了一个字符数组 dest[20]初始化为一个空串""。然后调用函数 strcpy 将字符串 src 拷贝到字符数组 dest 中去。函数 strcpy 的第一个参数为目的字符串的首地址，也就是该字符数组的首地址 dest；第二个参数为源字符串的首地址，也就是字符串"Hello World"的首地址 src。所以最终字符数组 dest 中也保存了字符串"Hello World"，并以'\0'为结束标志。

接下来调用函数 strcmp 对字符串 dest 和 src 进行比较。因为 dest 是 src 的一份拷贝，且它们都是标准字符串（都是以'\0'作为结束标志），所以 strcmp 的返回值为 0，即两个字符串相同。

3. 答案

本程序的运行结果为

```
Hello World
dest is equal to src
```

注意啦

在使用 strcpy 函数进行字符串拷贝时，要保证目的字符串 dest 中有足够的空间（例如本题代码中分配了 20 个字节大小）。虽然有时候即使 dest 数组空间不够也会得到正确的结果，但随着程序的运行，不能保证超出下标范围的部分还能以正确的形式存在。

拓展性思考——为什么函数 char *strcpy(char *str1,char *str2)的返回值为指向 str1 的指针？

函数 strcpy 的返回值之所以为指向字符串 str1 的指针，即指向目的字符串的指针，是因为

这样有利于对函数 strcpy 的扩展使用，增加其灵活性，支持链式表达。具体来说，这样可以将函数 strcpy 的返回值作为其他函数的参数而直接引用。例如：

```
length = strlen(strcpy(str,"Hello World"));
```

首先将字符串常量 Hello World 拷贝到 str 指向的内存空间中去，并返回指针 str，然后通过返回的指针 str 计算该字符串的长度。这样只使用了一条语句就实现了两个函数的功能。

再例如上面这段代码中：

```
printf("%s\n",strcpy(dest,src));
```

这条语句做了两件事情：①将字符串 src 拷贝到 dest 指向的空间；②因为函数 strcpy 的返回值为字符串 dest 的首地址，所以可以通过上面这条语句直接将 dest 字符串输出。

【面试题 2】字符串标准库函数的使用 2

写出下面这段代码的运行结果：

```
#include <stdio.h>
#include <string.h>
main(void){
    char *str1 = "Borland International", *str2 = "national";
    char *result;
    result = strstr(str1,str2);                     /*指针 result 指向字符串"national" */
    if(result)
        printf("The substring is:%s\n",result);     /*输出子串*/
    else
        printf("Not found the substring");
}
```

1. 考查的知识点

❑ strstr 函数的应用

2. 问题分析

strstr 也是 C 的一个标准库函数，虽然该函数使用频率没有 strcpy 或 strlen 那样高，但仍然是一个十分有用的函数，读者应该灵活掌握该函数的用法。

程序首先初始化了两个字符串 *str1 = "Borland International" 和 *str2 = "national"，然后调用函数 strstr(str1,str2);查找字符串 str2 在字符串 str1 中第一次出现的位置。很显然，字符串 str2 是字符串 str1 的一个子串，所以匹配成功，函数会返回字符串"national"在字符串"Borland International"中首次出现的位置，其返回值也是一个指针，指向该子串"national"，如图 13-1 所示。

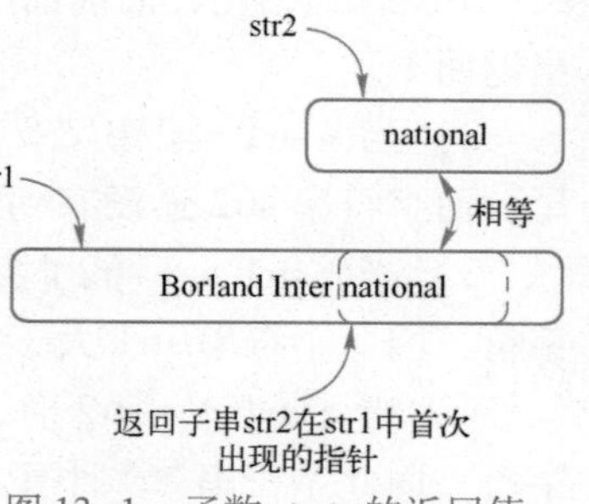

图 13-1　函数 strstr 的返回值

3. 答案

上面这段代码的输出结果是

```
The substring is:national
```

注意啦

如果这段代码改为 *str1 ="Borland International !", *str2 ="national";那么这段程序的运行结果是什么呢？如果代码修改为 *str1 ="Borland International", *str2 ="national !";程序的运行结果又是什么呢？答案是:The substring is:national!和 Not found the substring。

【面试题 3】不使用 C/C++库函数，编程实现函数 strcmp 的功能

函数接口为

```
int mystrcmp(char *str1,char *str2)
```

要求：如果字符串 str1 大于字符串 str2，则返回 1，如果字符串 str1 小于字符串 str2，则返回 -1，如果字符串 str1 等于字符串 str2，则返回 0。

1. 考查的知识点

二维码 13-3

- ❑ 对库函数 strcmp 的理解
- ❑ 字符串的操作

2. 问题分析

本题的教学视频请扫描二维码 13-3 获取。

最简单的办法就是将两个字符串从头开始逐个字符进行比较。如果两个字符串都没有比较结束，并且当前比较的字符也都相等，则两个比较的指针（或数组下标）均向后移动，重复上述操作，直到有一个字符串比较结束或者当前比较的字符不相等为止。这个过程可通过下面这个 while 循环实现。

```
while(*str1!='\0'&& *str2!='\0'&& *str1 == *str2){
    str1++;
    str2++;
}
```

其中 str1 是指向第一个字符串 str1 中元素的指针，str2 是指向第二个字符串 str2 中元素的指针。初始状态下，str1 和 str2 指向各自字符串中的第一个字符。这里字符串的结束标志仍规定为'\0'。

当离开这个 while 循环后，就可以判断出字符串 str1 和 str2 的大小。此时可能出现 5 种情形，需要分类加以判断。

1）当*str1 != '\0'&& *str2 =='\0'时，表示字符串 str2 已经比较到了结尾，而字符串 str1 还没有到结尾，而前面所比较过的字符一定都相等。因此字符串 str1 大于字符串 str2，应当返回 1。

2）当*str1 =='\0'&& *str2!= '\0'时，与上述情况正好相反，表示字符串 str1 已到结尾，而字符串 str2 还没有到结尾。因此字符串 str1 小于字符串 str2，应当返回 -1。

3）当*str1 > *str2 时，表示当前比较的字符中，字符串 str1 指向的字符大于 str2 指向的字符，因此字符串 str1 大于字符串 str2，应当返回 1。

4）当*str1 < *str2 时，表示当前比较的字符中，字符串 str1 指向的字符小于 str2 指向的字符，因此字符串 str1 小于字符串 str2，应当返回 -1。

5）除了以上 4 种情形外，就表明字符串 str1 等于字符串 str2，于是返回 0 即可。

完整的算法描述如下：

```
int mystrcmp(const char *str1,const char *str2){
    if(str1 == NULL || str2 == NULL){
        printf("The string is error! \n");          /*非法的字符串比较*/
        exit(0);
    }
    while(*str1!='\0'&& *str2!='\0'&& *str1 == *str2){
        str1++;          /*将两个字符串从头开始逐个字符进行比较*/
```

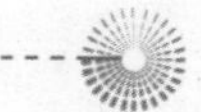

```
        str2 ++;
    }
    if( *str1 != '\0'&& *str2 =='\0'){
        return 1;           /*字符串 str2 已经比较到了结尾,而字符串 str1 还没有到结尾*/
    }
    else if( *str1 =='\0'&& *str2 != '\0'){
        return -1;          /*字符串 str1 已到结尾,而字符串 str2 还没有到结尾*/
    }
    else if( *str1 > *str2){
        return 1;           /*字符串 str1 中的字符大于 str2 中的字符*/
    }
    else if( *str1 < *str2){
        return -1;          /*字符串 str1 中的字符小于 str2 中的字符*/
    }
    return 0;               /*字符串相等,返回 0*/
}
```

3. 答案

见分析。

4. 实战演练

本题完整的源代码及测试程序见云盘中 source/13-1/，读者可以编译调试该程序。在测试程序中用户从终端输入两个字符串，然后程序会调用 mystrcmp(str1,str2)，对这两个字符串进行比较，并将比较结果输出到屏幕上。程序 13-1 的运行结果如图 13-2 所示。

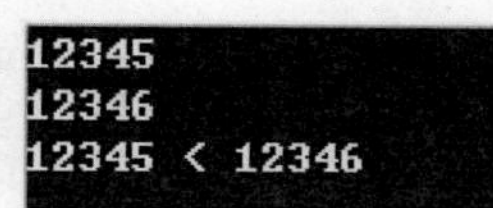

图 13-2　程序 13-1 的运行结果

【面试题 4】不使用 C/C++库函数，编程实现函数 strcpy 的功能

函数接口为

```
char *mystrcpy(char *str1,char *str2)
```

要求：把 str2 指向的字符串拷贝到 str1 中去，并返回字符串 str1 的指针。

1. 考查的知识点

- ❑ 对库函数 strcpy 的理解
- ❑ 字符串的操作

2. 问题分析

要实现字符串的拷贝，首先要保证指针 str1 指向一段开辟好的内存空间，指针 str2 指向一个已存在的字符串，而 str1 所指向的内存空间应该足够的大，至少可以存放字符串 str2 的内容(包括结束标志)。上述工作都要由调用函数者自己完成，然后调用函数 mystrcpy 将字符串 str2 拷贝到 str1 指向的内存空间中去。

在执行字符串的拷贝时，可以将 str2 中的每一个字符拷贝到 str1 中对应的位置，通过一个循环来实现。直到遇到 str2 的字符串结束标志'\0'为止。完整的算法描述如下：

```
char *mystrcpy(char *str1,const char *str2){
    char *p = str1;
    if(p == NULL || str2 == NULL){
        printf("The string is error! \n");  /*非法的字符串拷贝,程序终止*/
        exit(0);
    }
```

```
    while( *str2 != '\0'){                  /*实现字符串的拷贝*/
        *p = *str2;
        p++;
        str2++;
    }
    *p='\0';                                /*向字符串 str1 中添加结束标志*/
    return str1;                            /*返回目的字符串的头指针*/
}
```

上述算法描述了字符串拷贝的过程。在完成字符串拷贝操作之后，还要在字符串 str1 的最后添加字符串结束标志'\0'，以形成标准的字符串格式。同时按照函数 mystrcpy 的要求，返回目的字符串 str1 的头指针。

3. 答案

见分析。

4. 实战演练

本题完整的源代码及测试程序见云盘中 source/13-2/，读者可以编译调试该程序。在测试程序中初始化字符数组 char str1[20]和字符串常量 char * str2 = "Hello World"，然后通过 printf("%s\n",mystrcpy(str1,str2))，将 str2 拷贝到 str1 的数组空间中，并在界面上输出结果。程序 13-2 的运行结果如图 13-3 所示。

```
Hello World
```

图 13-3 程序 13-2 的运行结果

【面试题 5】不使用 C/C++库函数，编程实现函数 strstr 的功能

函数接口为

```
char *mystrstr(char *str1,char *str2)
```

要求：在字符串 str1 中查找第一次出现字符串 str2 的位置，如果找到匹配的字符串，返回第一次匹配字符串的指针，否则返回 NULL。

1. 考查的知识点

- ❑ 对库函数 strstr 的理解
- ❑ 字符串的操作

2. 问题分析

二维码 13-4

本题的教学视频请扫描二维码 13-4 获取。

要实现函数 strstr 的功能，最主要的是设计一个算法实现字符串匹配的功能，也就是在字符串 str1 中查找是否有与字符串 str2 完全相等的字符子串。如果字符串 str1 中包含字符串 str2，则返回 str2 在 str1 中第一次出现的位置（字符串首地址），否则返回 NULL。

可以通过下面的算法实现函数 strstr 的功能：

```
char *mystrstr(const char *str1,const char *str2){
    char *src, *sub;

    if(str1 == NULL || str2 == NULL){
        printf("The string is error! \n");
        exit(0);
    }
    while( *str1 != '\0'){
        src = str1;
```

```
        sub = str2;
        do{
            if( * sub =='\0'){
                return str1;        /* 找到子串 */
            }
        }
        while( * src ++ == * sub ++ );
        str1 ++ ;
    }
    return NULL;
}
```

上述算法中使用了一个二重循环实现字符串的匹配。在每次执行外层循环操作时，都将字符指针 str1 赋值给 src，将字符指针 str2 赋值给 sub。这里请注意，指针 str1 会随着字符串的比较而向后移动，所以指针 src 指向的是源字符串的某个子串；指针 str2 在整个字符串匹配过程中不发生移动，所以每次进入外层循环，指针 sub 都重新指向字符串 str2 的首地址。

然后进入内存循环。内层循环采用 do－while 结构，它是将 src 所指向的字符串与 sub 指向的字符串进行匹配的过程。在比较过程中指针 src 和指针 sub 同步后移，进行字符的逐个比较。如果执行到 * sub =='\0'，就表示匹配成功，于是返回该字符子串的首地址 str1。如果中途出现字符匹配不相等的情况，那么内层循环就会提前终止，然后在外层循环中执行 str1 ++ 的操作，重新执行下一次的外层循环操作，从字符串 str1 的下一个字符开始继续查找字符串 sub（即字符串 str2）。

这个算法的实现有些抽象，关键是要理解指针 str1、str2 以及 src 和 sub 之间的关系如何变化。为了更加清楚地解释这个算法的执行过程，下面通过一个具体实例加以说明。

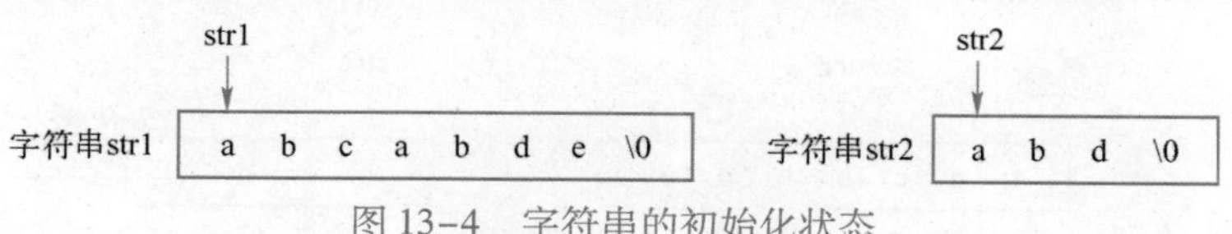

图 13-4　字符串的初始化状态

如图 13-4 所示，初始状态，指针 str1 和 str2 分别指向字符串 str1 和 str2 的第一个字符。

如图 13-5 所示为执行第一次外层循环的过程。首先将指针 str1 的值赋值给 src，将字符指

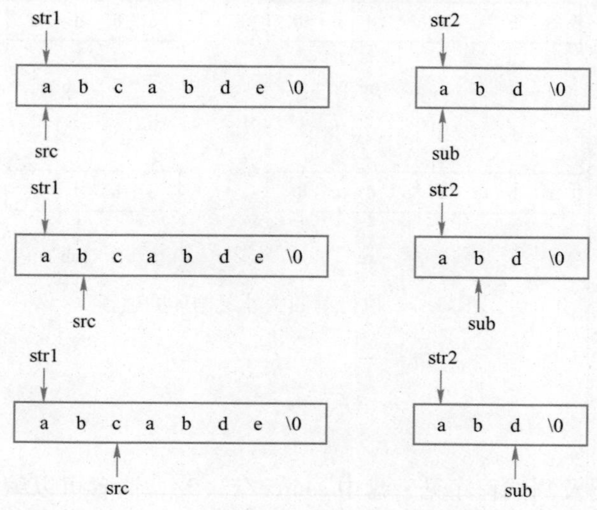

图 13-5　执行第一次外层循环的过程

针 str2 的值赋值给 sub。然后比较 * src 的值是否等于 * sub 的值，如果相等两指针就同步顺序后移。如图 13-5 所示，当比较到第三个字符（'c'和'd'）时匹配失败，于是内层循环终止。

如图 13-6 所示为执行第二次外层循环的过程。首先执行 str1 ++ 的操作，然后将指针 str1 的值赋值给 src，将字符指针 str2 的值赋值给 sub。重复上述的比较操作。因为在本例子中第一次比较字符就不相等（'b'和'a'），所以匹配失败，终止内层循环。

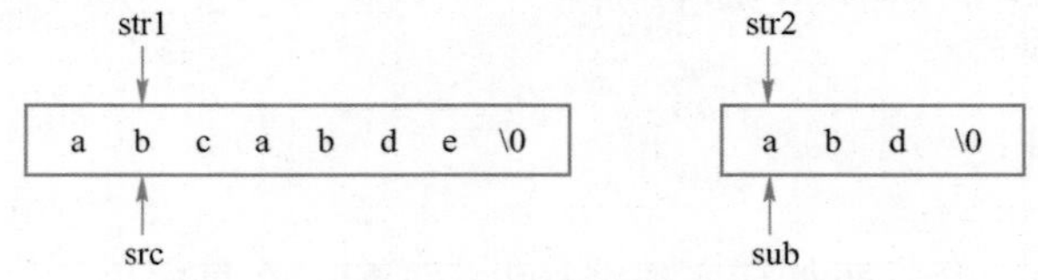

图 13-6　执行第二次外层循环的过程

同理第三次外层循环中 src 指向字符'c'，sub 指向字符'a'，第一次比较字符就不相等，所以匹配失败，终止内层循环。

接下来进入第四次外层循环。如图 13-7 所示为执行第四次外层循环的过程（首先执行 str1 ++ 的操作，然后将指针 str1 的值赋值给 src，将字符指针 str2 的值赋值给 sub，重复上述的比较操作）。当比较到 sub 指向的内容为\0'时表示字符串匹配成功，即找到了子串"abd"。于是返回该字符子串的首地址 str1。

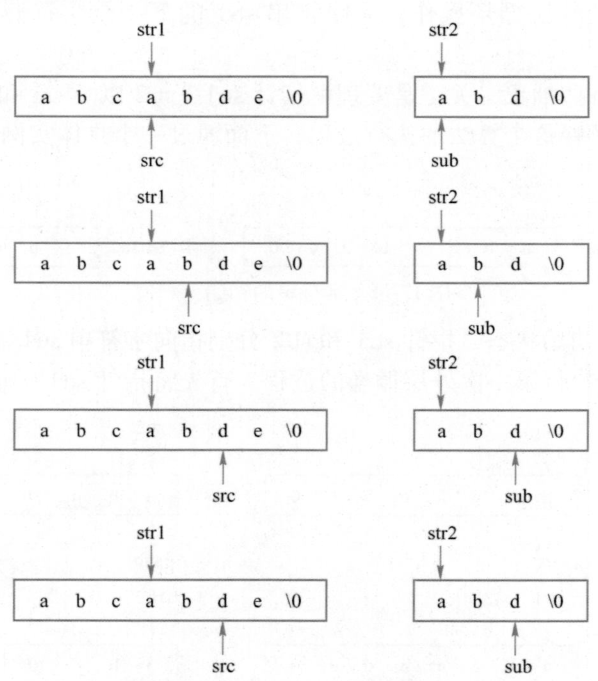

图 13-7　执行第四次外层循环的过程

3. 答案

见分析。

4. 实战演练

本题完整的源代码及测试程序见云盘中 source/13-3/，读者可以编译调试该程序。在测试程序中初始化了两个字符串常量 char * str1 = "This is a test" 和 char * str2 = "test"，然后调用

mystrstr(str1,str2)，在 str1 中查找 str2，并将位置返回。最后将该位置（指针）指向的字符子串输出到屏幕上。程序 13-3的运行结果如图 13-8 所示。

```
The substring is test
```

图 13-8　程序 13-3 的运行结果

【面试题 6】简述 memcpy 与 strcpy 的区别

1. 考查的知识点

❑ 对库函数 memcpy 和 strcpy 的理解

2. 问题分析

函数 memcpy 和 strcpy 都是 C 标准库函数，两个函数的作用类似，但是存在着本质的区别。

memcpy 函数是 C 语言中的内存拷贝函数，它只提供了一般的内存拷贝功能，而不是只针对字符串的。memcpy 函数的原型为

```
void *memcpy( void *dest,const void *src,size_t count );
```

它的功能是将以参数 src 为起始地址的一段连续内存空间的 count 个字节拷贝到 dest 指向的连续内存空间中去，并返回指针 dest。需要提醒的是，指针 src 和指针 dest 指向的内存空间不能有重叠。

而 strcpy 则是专为字符串拷贝定义的函数，其函数原型为

```
char *strcpy(char *str1,char *str2)
```

其作用是将指针 str2 指向的字符串拷贝到指针 str1 指向的连续内存空间中去。在使用 strcpy 进行字符串的拷贝时，它不仅拷贝字符串的内容，还会拷贝字符串的结束标志'\0'。使用 strcpy 进行字符串拷贝时不需要指定拷贝的长度，函数会自动查找结束符'\0'。所以只有符合规范的字符串（标准字符串）才能使用函数 strcpy 进行拷贝。

与 strcpy 相比，memcpy 不是专为字符串而定义的，它是内存块拷贝函数，它可以拷贝内存中的任何内容。memcpy 遇到'\0'不会结束，也不会在内存块的结尾自动添加字符串结束标志'\0'，而是会完整拷贝参数中指定的长度。所以在 memcpy 的定义中参数采用 void * 类型，返回值也是 void * 类型，这样可以传递任何类型的指针，其应用范围更加广泛。

3. 答案

见分析。

注意啦

本题是一道常考题目，strcpy 和 memcpy 的区别主要在于以下几点：

1）函数 strcpy 主要用于标准的字符串拷贝，非标准的字符串（没有字符串结束标志）不能使用该函数。

2）函数 memcpy 主要用于内存块的整体拷贝，在使用时要指定拷贝的长度，拷贝数据的类型没有限制。

【面试题 7】程序改错

有下面几段程序，可能存在着错误，如果有错误请指出错误所在，并加以改正。

程序 1

```
void procedure1(){
```

```
    char strDst[10];
    char *strSrc = "0123456789";
    strcpy(strDst,strSrc);
}
```

程序 2

```
void procedure2(){
    char strSrc[10];
    char strDst[10];
    int i;
    for(i=0;i<10;i++){
        strSrc[i] = i+'0';
    }
    strcpy(strDst,strSrc);
}
```

程序 3

```
void procedure3(){
    int a[5] = {0,1,2,3,4}, *p;
    p=a;
    printf("%d\n", *(p+4*sizeof(int)));
}
```

程序 4

```
void procedure4(){
    char *s1 = "123";
    char *s2 = "456";
    printf("%s\n",strcat(s1,s2));
}
```

1. 考查的知识点

- 内存越界的问题
- 库函数的使用

2. 问题分析

对于程序 1 来说，按照这种字符串初始化的方法，系统会自动在字符串的尾部添加结束标志'\0'，所以字符串 strSrc 实际占用空间长度为 11 个字节。而 strDst 的空间大小为 10 个字节，因此调用 strcpy 进行字符串拷贝时会造成内存的越界。代码修改如下：

```
void procedure1(){
    char strDst[11];                    /*多分配一个字节的内存单元*/
    char *strSrc = "0123456789";
    strcpy(strDst,strSrc);
}
```

对于程序 2 来说，采用循环赋值的方法初始化字符数组 strSrc，它的长度为 10 个字节。但是问题在于该字符数组并不是一个标准的字符串，因为它没有字符串结束标志'\0'。这样就不能调用函数 strcpy 进行字符串的拷贝。代码修改如下：

```
void procedure2(){
    char strSrc[11];
    char strDst[11];                    /*字符数组都多分配一个空间*/
```

```
        int i;
        for(i =0;i <10;i ++){
            strSrc[i] = i +'0';
        }
        strSrc[10]  ='\0';                 /* 添加字符串结束标志 */
        strcpy(strDst,strSrc);
    }
```

对于程序 3 来说，p 指向数组中的第 1 个元素，因此 p + i 就表示指向数组中的第 i + 1 个元素。这里 p + i 并不意味着将地址值 p 的内容简单加 i，编译系统会将 p + i 理解为 p + i * d，其中 d 是一个数组元素所占的字节数。这样看来 p + 4 就已经指向数组 a 的最后一个元素了，*(p + 4)等价于 a[4]。而 p + 4 * sizeof(int)则表示 p + 16，此时它指向数组 a 的第 17 个元素，这显然是越界了。代码修改如下：

```
void procedure3(){
    int a[5] = {0,1,2,3,4}, *p;
    p = a;
    printf("%d\n", *(p+4));      /* 打印出数组的第 5 个元素 a[4] */
}
```

对于程序 4 来说，该程序的本意是将 str2，也就是字符串"456"，连接到字符串"123"的后面，然后在屏幕上输出"123456"。但是函数 char * strcat(char *str1,char *str2)中要求参数 str1 必须指向一段内存空间，并且 str1 指向的内存空间要足够容纳 str2 字符串。而本题中参数 str1 指向了一个字符串常量"123"，所以它的后面无法添加任何字符，程序运行到这里会发生异常。代码修改如下：

```
void procedure4(){
    char s1[10] = "123";  /* 将字符串"123"保存在一个字符数组中,且数组空间足够大 */
    char *s2 = "456";
    printf("%s\n",strcat(s1,s2));
}
```

3. 答案

见分析。

注意啦

本题中应掌握以下几个要点：

1）用字符串常量初始化一个字符串，系统会默认在字符串最后添加结束标志'\0'。

2）标准字符串处理函数只能处理标准的字符串（包含字符串结束标志）。

3）C 语言中规定，如果指针变量 p 指向数组中的一个元素，则 p + 1 指向同一数组中的下一个元素，依次类推，p + i 指向同一数组中的第 i + 1 个元素。

4）char *str = "abc";这样定义的是一个字符串常量，不可以修改。

13.2　字符串算法设计题精讲

在程序员笔试面试中，还有一类常考的题目就是字符串相关的算法设计题。这类题目主要考查对字符串进行各种各样灵活的处理。解决此类问题既需要熟练掌握字符串的各种操作，又需要具有一定的算法设计能力，因此在面试和笔试中会经常遇到。

要轻松驾驭字符串相关的算法题，最有效的方法就是多练习，多编程实践，多总结归纳。通过对各大公司历年笔试面试题的总结，笔者发现字符串相关的算法设计题的题型是有章可循的，很多题目虽然形式不同，但是核心算法是相通的。因此只要广泛地练习这类题目，并有意识地进行归纳总结，考试时定会有一种似曾相识的感觉，这样再处理起这类问题时就会得心应手了。

【面试题1】编程实现字符串中单词的翻转

编写一个函数 reverseWords(char *str)，实现将字符串 str 中的单词位置倒置。例如，原字符串是“I am a student”，倒置后字符串应变为“student a am I”，单词内部的结构不变。

1. 考查的知识点

- ❑ 字符串的操作
- ❑ 字符串相关的算法设计

2. 问题分析

二维码 13-5

本题的教学视频请扫描二维码 13-5 获取。

本题是一道经典的字符串算法设计题，在许多公司的面试题中都经常出现。如果在参加考试之前没有遇到过类似的题目，那么要想在很短时间内解决此题是有一定的难度的。因此，建议读者在考前多多接触这类有一定难度而又十分经典的题目，以提高竞争实力。

解决本题有一种十分巧妙的方法，首先将整个字符串进行倒置，然后将每一个单词进行倒置。例如，对字符串“I am a student”进行处理时，先将整个字符串进行倒置变为“tneduts a ma I”，然后将每一个单词进行倒置变为“student a am I”，这样就实现了题目的要求。

要实现第一步“将整个字符串进行倒置”的操作很容易，只要将字符串中的所有字符的顺序颠倒过来即可。这里的难点是如何实现第二步“将每一个单词进行倒置”。我们约定，这里所操作的字符串都是由字母和空格组成的。所谓一个单词就是指一连串字母，它的前面或者是一个空格符，或者是字符串的开始；它的后面或者是一个空格符，或者是字符串的结束标志'\0'。这样就很容易通过程序辨析出一个单词，然后对它进行倒置的操作。本题算法描述如下：

```
int reverseWords(char *str){
    int wordBegin=0,wordEnd=0,len=0;
    if(str==NULL || *str=='\0'){
        return 0;
    }
    len=strlen(str);
    reverseStr(str,0,len-1);                  /*将字符串倒置*/
    while(wordEnd<len){
        if (str[wordEnd] != ' ') {            /*跳过访问到的空格符*/
            wordBegin=wordEnd;                /*wordBegin 指向单词的第一个字符*/
            while(str[wordEnd] !=''&& str[wordEnd] !='\0'&& wordEnd<len){
                    wordEnd++;                /*循环使得 wordEnd 向后移动*/
            }
            wordEnd--;                        /*使得 wordEnd 指向单词最后一个字符*/
            reverseStr(str,wordBegin,wordEnd);  /*翻转单词*/
        }
        wordEnd++;                            /*wordEnd 向后移动,遍历整个字符串*/
    }
    return 1;
}
```

函数 reverseWords(str)的功能是将字符串 str 中的单词顺序进行翻转。算法中首先调用函数 reverseStr 将整个字符串倒置。函数 reverseStr 包含 3 个参数：第一个参数是字符串的首地址，第 2 个参数和第 3 个参数为字符数组的下标。调用函数 reverseStr(str,begin,end)可将字符串 str 中从下标为 begin 的元素至下标为 end 的元素范围内的子串进行倒置。如果要将整个字符串倒置，则只要传递参数 0 和 strlen(len) - 1 即可。函数 reverseStr 的实现如下：

```
int reverseStr(char *str,int begin,int end){
    char tmp;
    if(str == NULL){
        return 0;
    }
    if(begin < end){
        tmp = str[begin];
        str[begin] = str[end];          /*交换 str[begin]和 str[end]元素位置*/
        str[end] = tmp;
        /*递归调用,交换 str[begin + 1]和 str[end - 1]元素的位置*/
        reverseStr(str,begin + 1,end - 1);
    }
    return 1;
}
```

然后通过一个二重的 while 循环将字符串中每一个单词进行翻转。其中外层循环控制对整个字符串的扫描。在每次进入外层的 while 循环时，先要进行判断 if (str[wordEnd] ！= ' ')，这样可以保证跳过当前访问到的空格符，进入内层循环时 wordEnd 指向单词的第一个字符。

内层循环的作用是将一个单词进行翻转。进入内存循环，首先将 wordEnd 赋值给 wordBegin，这样变量 wordBegin 就是一个单词的第一个字母在字符串 str 中的下标。再通过内层的 while 循环将变量 wordEnd 向后移动，当 str[wordEnd]的内容为空格符或者是字符串结束标志'\0'时表明已经扫描过了一个单词。然后将 wordEnd 的内容自减 1，变量 wordEnd 便指向一个单词的结尾字母。最后再调用函数 reverseStr(str,wordBegin,wordEnd)将单词倒置。

3. 实战演练

本题完整的源代码及测试程序见云盘中 source/13 - 4/，读者可以编译调试该程序。在测试程序中首先初始化一个字符串 str 为"I am a student"，并将其显示在屏幕上，然后调用函数 reverseWords 将字符串 str 中的单词位置倒置，并将结果显示在屏幕上。程序 13-4 的运行结果如图 13-9 所示。

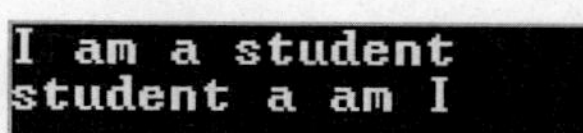

图 13-9　程序 13-4 的运行结果

【面试题 2】编程实现字符串的循环右移

编写一个函数 void LoopMoveStr(char *str,int n)，将字符串 str 循环右移 n 个字符。例如字符串"abcdefg"循环右移 3 个字符后变为"efgabcd"。

1. 考查的知识点

❑ 字符串的操作

❑ 字符串相关的算法设计

2. 问题分析

二维码 13-6

本题的教学视频请扫描二维码 13-6 获取。

这个问题有两种解决方法：一种方法是逐个字符的循环右移；另一种方法是 n 个字符整体移动。下面分别介绍这两种方法：

第一种方法的实现过程比较直观，它是按照操作要求将字符串尾部的字符逐一向字符串首部移动，循环移动 n 次。每次从字符串尾部取出一个字符存放在临时变量 tmp 中，再将前面的所有字符顺序向后移动一个字符的位置，最后将变量 tmp 中保存的字符放置在字符串的首部。重复上述操作 n 次，即可实现字符串循环右移 n 个字符。

但是如果在笔试中遇到这类问题，最好不要采用这种方法，因为该算法的效率很低，面试官想要得到的一定不是上面这个解法。

该算法效率低下有以下两点原因：

1）假设字符串的长度为 L，那么每循环右移 1 个字符，都要将前面 L-1 个字符顺序向后移动一个字符的位置，也就是要执行 L-1 次的元素移动操作。因此，要实现字符串循环右移 n 个字符，则要执行 n(L-1)次的元素移动操作，其时间复杂度为 $O(n^2)$。

2）假设字符串的长度为 L，当要执行的循环右移的字符个数 n 大于或等于 L 时，其实真正要移动的字符个数为 n%L，而上述算法进行循环右移操作并没有考虑这一点。

基于上述考虑，这里提出第二种循环右移 n 个字符的算法——n 个字符整体移动的方法。

这种方法首先计算实际需要移动字符的个数 n，然后将该字符串尾部的 n 个字符整体取出放入缓冲区中，再将前面的所有字符都向后移动 n 个字符的位置，最后将刚才从字符串尾部取出的 n 个字符一齐填充到字符串的首部。例如，字符串"abcdefg"，将其循环右移 3 个字符的过程如图 13-10 所示。

下面给出第二种方法的算法描述：

```
int LoopMoveStr(char *str,int n){
    int i=0,len=0;
    char *tmp;
    if(n<0){
        printf("The n is lower than 0\n");    /*参数有效性判断*/
        return 0;
    }
    if(str==NULL){
        printf("This string is NULL\n");      /*参数有效性判断*/
        return 0;
    }
    len=strlen(str);
    if(n>=len){
        n=n % len;                             /*n为实际要移动的字符个数*/
    }
    tmp=(char *)malloc(n);
    for(i=0;i<n;i++){
        tmp[i]=str[len-n+i];   /*将尾部的n个字符保存在临时开辟的缓冲区tmp中*/
    }
    for(i=len-1;i>=n;i--){
        str[i]=str[i-n];                       /*将前面的len-n个字符向后移动*/
    }
    for(i=0;i<n;i++){
        str[i]=tmp[i];   /*将刚才从字符串尾部取出的n个字符一齐填充到字符串的首部*/
    }
    free(tmp);
    return 1;
}
```

使用上述方法实现字符串循环右移比第一种方法的效率有了较大的提高。首先，当 n 大于或等于字符串的长度 len 时执行一步 n=n%len 操作，这样就保证了 n 的值一定小于字符串的长度

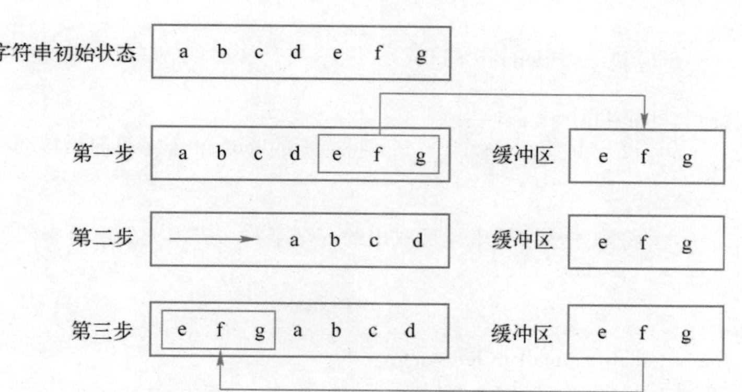

图 13-10　n 个字符整体移动的方法实现循环右移 3 个字符

len，消除了不必要的字符移动。另外，在本算法中将欲移动的字符串尾部的 n 个字符一次性地取出，并保存在临时开辟的缓冲区 tmp 中，然后通过一个 for 循环将字符串前面的 len－n 个字符向后移动 n 个字符的位置，最后将刚才从字符串尾部取出的 n 个字符一齐填充到字符串的首部。很显然如果使用第二种方法，当字符串的长度为 L，要实现字符串循环右移 n 个字符，只需要执行 L－n 次的元素移动操作。整体来看，第二种方法的时间复杂度为 O(n)。

第二种算法之所以较第一种算法高效，原因在于它首先将要移动的 n 个字符全部从数组中取出并保存到缓冲区中，这样就腾出了 n 个字节的空间，前面的 len－n 个字符可以一次移动 n 个字符的位置，如此就避免了“一个字节一个字节”地反复向后移动，实现了跳跃式的数据移动。但是第二种算法为实现跳跃式数据移动付出的代价是需要 n 个字节大小的缓冲区用于辅助存储。所以第二种算法的空间复杂度为 O(n)。

细心的读者可能还会发现这样一个问题：如果循环右移的字符个数 n 较大（但是小于字符串长度 len），用于缓存 n 个字符的缓冲区占用空间就会较长。其实如果反向思考一下便知，循环向右移动 n 个字符其实就等价于循环向左移动 len－n 个字符（字符串长度为 len）。所以当循环右移字符个数 n 大于 len/2 时，可以用循环左移 len－n 个字符来取代之，这样算法的空间复杂度会相对小一些。算法描述如下：

```
int LoopMoveStr(char *str,int n){
    int i=0,len=0;
    char *tmp;
    if(n<0) {
        printf("The n is lower than 0\n");           /*参数有效性判断*/
        return 0;
    }
    if(str==NULL) {
        printf("This string is NULL\n");              /*参数有效性判断*/
        return 0;
    }
    len=strlen(str);
    if(n>=len) {
        n=n % len;                                    /*n为实际要移动的字符个数*/
    }
    if (n<=len/2) {
        tmp=(char *)malloc(n);
        for(i=0;i<n;i++) {
            /*将尾部的n个字符保存在临时开辟的缓冲区tmp中*/
```

```
                tmp[i] = str[len - n + i];
            }
            for(i = len - 1;i >= n;i --) {
                str[i] = str[i - n];          /* 将前面的 len - n 个字符向后移动 */
            }
            for(i = 0;i < n;i ++) {
                /* 将刚才从字符串尾部取出的 n 个字符一齐填充到字符串的首部 */
                str[i] = tmp[i];
            }
        } else {
            tmp = (char *)malloc(len - n);
            for(i = 0;i < len - n;i ++) {
                tmp[i] = str[i];   /* 将头部的 n 个字符保存在临时开辟的缓冲区 tmp 中 */
            }
            for(i = len - n;i < len;i ++) {
                str[i - len + n] = str[i];  /* 将后面的 n 个字符向前移动 */
            }
            for(i = 0;i < len - n;i ++) {
                /* 将刚才从字符串尾部取出的 n 个字符一齐填充到字符串的首部 */
                str[n + i] = tmp[i];
            }
        }
        free(tmp);
        return 1;
    }
```

因此第三种算法应该是最好的答案。

3. 实战演练

本题完整的源代码及测试程序见云盘中 source/13-5/，读者可以编译调试该程序。在测试程序中首先初始化一个字符串 str 为"abcdefg"，并将其显示在屏幕上，然后调用函数 LoopMoveStr 将字符串 str 循环右移 6 个字符的位置，并将结果显示在屏幕上。程序 13-5 的运行结果如图 13-11 所示。

```
The string is abcdefg
The string after loop right move 6 charactors is bcdefga
```

图 13-11　程序 13-5 的运行结果

注意啦

在处理这类字符移动的问题时，需要综合分析其时间复杂度和空间复杂度，选择最为适合的算法。以本题为例，如果按照第一种算法循环右移字符串，势必产生很多的冗余操作，显然这不是面试官所希望看到的答案。如果采用第二种算法循环右移字符串，虽然可以大大减少冗余的字符移动，但是会造成内存空间的开销增大。只有第三种算法才能既避免冗余的字符移动，又可以最大限度地减少算法的内存空间消耗。因此，第三种方法是最好的解法。

【面试题 3】从字符串的指定位置删除指定长度的子串

编写一个程序，从字符串的指定位置开始删除指定长度的子串，例如，一个字符串为"abcdefg"，指定从第 3 个字符开始（数组下标为 2）删除长度为 3 的子串，删除后字符串变为"abfg"。

1. 考查的知识点

❑ 字符串的操作

❑ 字符串相关的算法设计

2. 问题分析

对于一个字符串，其实质就是一个字符数组结构。当从字符串中删除一部分字符之后，原字符串空间的大小会大于字符串的长度。如果该字符串的内存空间是开辟在堆内存上的，那么可以回收其多余的内存空间，只保留存放字符串内容的部分。如果字符串的内存空间是创建在栈内存上的，就无法回收其多余的内存空间了。而对于大多数的字符串来说，它们都是创建在函数栈上的（用于函数内部临时使用），因此这里只讨论这种情形的字符串。

其实只要在字符串中最后一个字符的后面添加上一个字符串结束标志'\0'就可以表示字符串到此结束了。至于它后面是否还有多余的内存空间，多余的内存空间中保存哪些值，都不会影响系统对该字符串的判断。明确了这一点就可以很容易地解决此题。其算法描述如下：

```
int delChars(char *str,int pos,int len){
    int strLength,i,j;
    if(str == NULL)    return 0;                         /*参数的有效性检验*/
    strLength = strlen(str);
    if(pos + len - 1 > strLength || len < 0 || pos <= 0){   /*参数的有效性检验*/
        printf("Delete error\n");                        /*非法删除,返回 0*/
        return 0;
    }

    i = pos - 1;
    j = pos + len - 1;
    while(str[j] != '\0'&& j < strLength){               /*从 pos 处删除长度为 len 的子串*/
        str[i] = str[j];
        j ++;
        i ++;
    }
    str[strlength - len] = '\0';                         /*最后要添加字符串结束标志*/
    return 1;
}
```

函数 delChars 包含 3 个参数，str 为字符串的首地址，pos 为要删除的字符串的指定位置，len 为要删除的子串长度。首先检查参数 pos 和 len 的有效性。有以下几种情况为非法的删除操作：

1）pos + len - 1 > strLength：从字符串的第 pos 个字符开始删除 len 个字符超过了原字符串的下界，这样的删除操作显然是非法的。

2）len < 0：要删除的子串的长度小于 0，这样的删除操作显然是非法的。

3）pos <= 0：约定俗成地认为字符串中字符的位置 pos 的取值范围是[1,strLength]，为了统一规范，这里认为 pos <= 0 和 pos > strLength 都是非法的。pos > strLength 和 pos + len - 1 > strLength 可合并为一个条件。

在通过有效性检查后，就可以执行“从字符串的指定位置开始删除指定长度的子串”的操作。在函数 delChars 中，变量 i 指向字符串中第 pos 个元素（其下标为 pos - 1），变量 j 指向字符串中从 pos 开始第 len 个字符之后的第一个字符。然后通过一个 while 循环将第 len 个字符之后的所有字符（直到该字符串结束）向前移动 len 个字符的位置。最后在经过“压缩”后的字符串的最后添加字符串结束标志'\0'。为了更好地说明上述算法的执行过程，参看图 13-12

所示的执行步骤，这里要从字符串"abcdefg"中第3个位置开始删除3个字符。

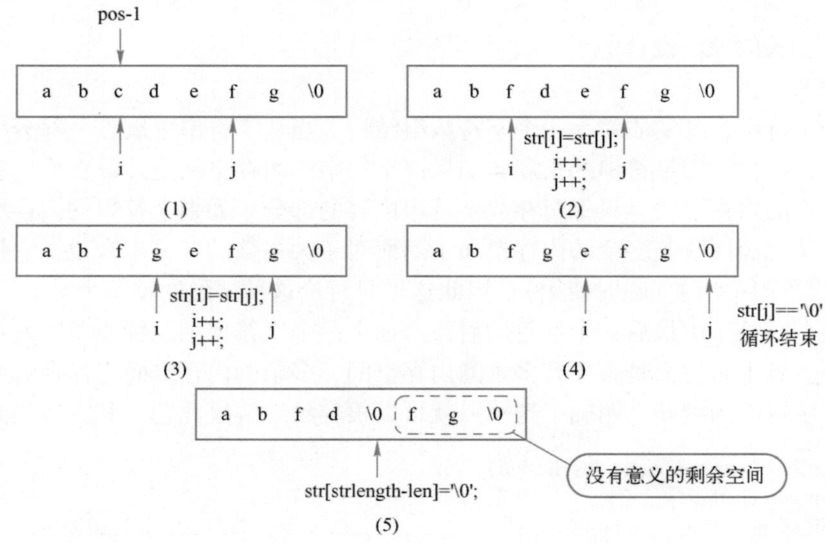

图 13-12　从字符串的指定位置开始删除指定长度子串的执行步骤

虽然原字符串所占据的内存空间的大小并没有发生变化，但是字符串的长度却减小了，因此要在字符串内容的结尾处添加一个字符串结束标志'\0'，以表示字符串的结束，这样后续的内存空间就没有意义了。

3. 实战演练

本题完整的源代码及测试程序见云盘中 source/13－6/，读者可以编译调试该程序。在测试程序中首先初始化一个字符串"abcdefg"，并将其输出在屏幕上，然后从该字符串的第3个位置开始删除3个字符长度的子串，并在屏幕上输出结果。程序13-6的运行结果如图13-13所示。

```
The string is abcdefg
The string after delChars is abfg
```

图 13-13　程序 13-6 的运行结果

【面试题 4】找出 0/1 字符串中 0 和 1 连续出现的最大次数

编写一个程序，找出0/1字符串中0和1连续出现的最大次数。例如，0/1字符串"111001111110000"中0连续出现的最大次数为4，1出现的最大次数为6。

1. 考查的知识点

- ❑ 字符串的操作
- ❑ 字符串相关的算法设计

2. 问题分析

首先设置两个变量max0和max1分别存放字符0和1连续出现的最大次数，它们的初始值设定为0。

然后对0/1字符串进行扫描。在扫描整个0/1字符串时，每扫描到一组连续的字符0或者字符1时，都要记录下它们连续出现的次数，并保存在两个临时变量tmp_max0和tmp_ max1 中。

接下来将 tmp_max0、tmp_max1 分别与变量 max0 和 max1 进行比较，将较大的值分别替换给变量 max0 和 max1。这样做可以保证 max0 中始终存放的是当前已扫描过的 0/1 字符串中连续出现 0 的最大次数，同时保证了 max1 中始终存放的是当前已扫描过的 0/1 字符串中连续出现 1 的最大次数。

这样只要通过扫描一次该 0/1 字符串就可以计算出字符串中 0 和 1 连续出现的最大次数。其算法描述如下：

```
int getMaxCount(char *str,int *max0,int *max1){
    int i,len,tmp_max0 = 0,tmp_max1 = 0;
    if(str == NULL)
        return 0;                    /*参数有效性检验,返回 0 表示失败*/
    len = strlen(str);
    for(i = 0;i < len;i ++){
        if(str[i] =='0'){
            if(str[i-1] =='1'&& i! =0){          /*如果是字符串的 1-0 转换点*/
                if(tmp_max1 > *max1)             /*判断是否需要修改 max1 的值*/
                    *max1 = tmp_max1;
                tmp_max1 = 0;                    /*临时变量 tmp_max1 清零*/
            }
            tmp_max0 ++;                         /*变量 tmp_max0 自增 1,记录 0 的次数*/
        }
        if(str[i] =='1'){
            if(str[i-1] =='0'&& i! =0)          /*如果是字符串的 0-1 转换点*/
            {
                if(tmp_max0 > *max0)            /*判断是否需要修改 max0 的值*/
                    *max0 = tmp_max0;
                tmp_max0 = 0;                   /*临时变量 tmp_max0 清零*/
            }
            tmp_max1 ++;                        /*变量 tmp_max1 自增 1,记录 1 的次数*/
        }
    }
    if(tmp_max1 > *max1)                        /*补充的比较*/
        *max1 = tmp_max1;
    if(tmp_max0 > *max0)
        *max0 = tmp_max0;
    return 1;
}
```

在本算法中，函数 getMax 的返回值为 0 表示统计失败，返回 1 表示统计成功。函数 getMax 包含 3 个参数，参数 str 为 0/1 字符串的首地址，参数 max0 和 max1 分别为记录字符'0'和字符'1'连续出现的最大次数的两个变量的指针。因为要在函数中修改变量 max0 和 max1 的值，所以这里用指针传递。在参数传递时，max0 和 max1 的初始值应为 0。

首先计算出 0/1 字符串 str 的长度（使用 strlen 函数得到），然后通过一个循环扫描整个 0/1字符串，找出字符串中 0 和 1 连续出现的最大次数。具体的操作步骤如下：

如果扫描到的当前字符为'0'时，需要做以下工作：

1）判断它的前一个字符是否为'1'，如果是则称它为字符串的“1-0 转换点”。如果是字符串的 1-0 转换点，则要判断刚才记录下的连续的'1'的个数 tmp_max1 是否大于 max1 的值，如果大于 max1 的值，则要将 tmp_max1 赋值给 max1。然后将变量 tmp_max1 清零。这样保证 max1 中存放的是当前连续字符'1'的最大值。

2）将记录字符串中连续的'0'的个数的临时变量 tmp_max0 自加 1，开始统计字符'0'的个数。

当扫描到的当前字符为'1'时，需要做以下工作：

1）判断它的前一个字符是否为'0'，如果是则称它为字符串的“0-1 转换点”。如果是字符串的 0-1 转换点，则要判断刚才记录下的连续的'0'的个数 tmp_max0 是否大于 max0 的值，如果大于 max0 的值，则要将 tmp_max0 赋值给 max0。然后将变量 tmp_max0 清零。这样保证 max0 中存放的是当前连续字符'0'的最大值。

2）将记录字符串中连续的'1'的个数的临时变量 tmp_max1 自加 1。开始统计字符'1'的个数。

如此循环直至扫描完整个 0/1 字符串。

需要注意一点的是，当扫描字符串中第一个字符时无须判断它是否是“1-0 转换点”或者“0-1 转换点”，如果第一个字符为'1'，就执行 tmp_max1++操作；如果第一个字符为'0'，就执行 tmp_max0++操作。

由于只有在字符串的 1-0 转换点或者 0-1 转换点时，程序才会判断临时记录下的连续'1'的次数 tmp_max1 或者连续'0'的次数 tmp_max0 是否大于 max1 或者 max0，因此扫描完整个字符串时会少一次比较，所以最后还要补充比较一次，这样 max1 的值就一定是字符串中连续出现字符'1'的最大次数，max0 的值一定是字符串中连续出现字符'0'的最大次数。

3. 实战演练

本题完整的源代码及测试程序见云盘中 source/13-7/，读者可以编译调试该程序。在测试程序中首先初始化一个字符串"101001100000111"，并初始化变量 max0 和 max1 为 0，调用函数 getMaxCount 计算字符串中 0 和 1 连续出现的最大次数，并用变量 max0 和 max1 将结果返回，最终在屏幕上输出结果。程序 13-7 的运行结果如图 13-14 所示。

```
101001100000111
The number of consecutive character '0'are 5
The number of consecutive character '1'are 3
```

图 13-14　程序 13-7 的运行结果

【面试题 5】编程查找两个字符串中的最大公共子串

编写一个程序，在两个字符串中查找出最大公共子串。例如，字符串 A="abcdefg"，字符串 B="cdeab"，其最大公共子串为"cde"。

1. 考查的知识点

❑ 字符串的操作

❑ 字符串相关的算法设计

2. 问题分析

二维码 13-7

本题的教学视频请扫描二维码 13-7 获取。

这是一道有一定难度的题目。要查找两个字符串的最大公共子串，可以从这两个字符串中其中较短的那个字符串出发，求其全部的子串，然后在较长的字符串中逐一查找是否也存在这些子串。在求解较短字符串的全部子串的过程中，本着由长到短，逐步减小的原则，这样可以保证第一次得到的公共子串即为两字符串的最大公共子串。这里通过图 13-15 来描述在两个字符串中查找出最大公共子串的过程。

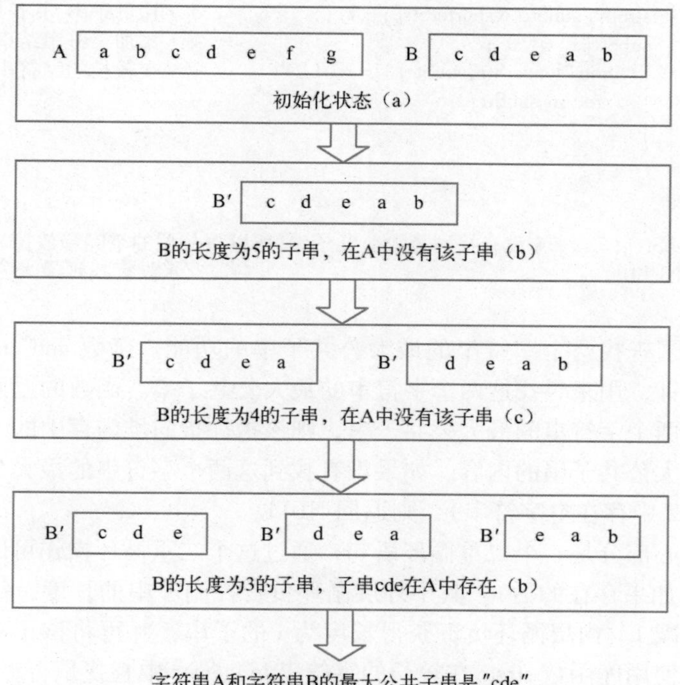

图 13-15 在两个字符串中查找出最大公共子串的过程示意

如图 13-15 所示，我们所要做的工作就是将其中一个较短的字符串进行分解，从长至短地求出其子串。每求出一组子串，都要在较长的字符串中进行查找，一旦匹配成功就可以得到两个字符串的最大公共子串。在这里约定，两个字符串的最大公共子串最多有一条。

上述求解过程可由下面算法描述：

```
char * getCommonString(char * str1,char * str2){
    char * longerStr, * shorterStr, * subStr;
    int i,j;

    if(str1 == NULL || str2 == NULL){
        return NULL;                                /* 非法查找 */
    }
    if(strlen(str1) <= strlen(str2)){               /* 指针 shorterStr 指向较短的字符串 */
        shorterStr = str1;                          /* 指针 longerStr 指向较长的字符串 */
        longerStr = str2;
    }
    else{
        shorterStr = str2;
        longerStr = str1;
    }
    if(strstr(longerStr,shorterStr)! = NULL){
        return shorterStr;                          /* 如果较短的字符串就是最大的公共子串 */
    }
    subStr = (char * )malloc(strlen(shorterStr));   /* 申请内存空间以存放子串 */
    for(i = strlen(shorterStr) - 1;i > 0;i --){     /* 外层循环控制子串的长度 */
```

```
        for(j = 0;j <= strlen(shorterStr) - i;j ++){       /* 内层循环获得长度为 i 的子串 */
            strcpy(subStr,&shorterStr[j],i);               /* 拷贝子串,其长度为 i */
            subStr[i] = '\0';                              /* 添加字符串结束标志 */
            if(strstr(longerStr,subStr) != NULL){          /* 在较长的字符串中查找该子串 */
                return subStr;
            }
        }
    }

    free(subStr);      /* 没有找到最大公共子串,所以将分配的空间释放掉 */
    return NULL;                                           /* 没有找到最大公共子串 */
}
```

上述算法实现了查找两个字符串的最大公共子串的功能。函数 getCommonString 的参数是两个字符串的头指针，用来寻找这两个字符串的最大公共子串。函数的返回值为一个字符型指针，如果找到了这两个字符串的最大公共子串，则该指针指向堆内存中的一段空间，该空间中存放的是它们的最大公共子串的内容。如果没有找到这两个字符串的最大公共子串，或是非法的查找（str1 或 str2 中存在空字符串），则返回 NULL。

上述代码的核心部分是一个二重循环语句，通过这个二重循环操作可以找出两个字符串中的最大公共子串（如果存在的话）。其中外层循环负责控制子串的长度，每执行一次外层循环操作，子串的长度减 1。内层循环负责获得长度为 i 的子串，并再将该子串拷贝到 subStr 指向的堆内存中，然后使用库函数 strstr 在较长的字符串 longerStr 中查找是否存在子串 subStr。由于我们约定两个字符串的最大公共子串最多有一条，因此只要在较长的字符串 longerStr 中查找到了子串 subStr，就可以将指针 subStr 返回，即找到了最大公共子串。

3. 实战演练

本题完整的源代码及测试程序见云盘中 source/13-8/，读者可以编译调试该程序。在测试程序中首先初始化两个字符串 *str1 = "abcdefg"， *str2 = "defgab"，然后调用函数 getCommonString 查找字符串 str1 和 str2 的最大公共子串，并将其显示在屏幕上。程序 13-8 的运行结果如图 13-16 所示。

```
The common string of abcdefg and defgab is defg
```

图 13-16　程序 13-8 的运行结果

【面试题 6】在字符串中删除特定字符

编写一个效率尽可能高的函数删除字符串中指定的字符。函数的接口定义如下：

```
void removeChars(char str[],const char remove[]);
```

函数 removeChars 中包含两个参数：str 为源字符串，remove 为要从 str 中删除的字符组成的字符串。字符串 remove 中所有的字符都必须从 str 中删除干净。

例如，源字符串 str 为"this is a test"，remove 为"tes"，则 removeChars 可将字符串 str 转换为"hi i a"。

1. 考查的知识点

- ❑ 字符串的操作
- ❑ 字符串相关的算法设计

2. 问题分析

二维码 13-8

本题的教学视频请扫描二维码 13-8 获取。

最直观最简单的想法是：扫描源字符串 str，每当扫描到 str 中的一个字符时，都在字符串 remove 中查找是否包含该字符。如果包含该字符，则在 str 中删除该字符，如果不包含该字符，则继续扫描下一个字符。这种方法简单直观，易于实现，但效率十分低下，不满足题目中“编写一个效率尽可能高的函数”的要求。如果在面试中给出这样的答案，面试官是不会满意的。

下面先来分析上述算法的缺点，进而一步一步地推导出更好的解决方案。

上述算法的时间复杂度是 $O(n^2m)$ 级别的。其中 n 为源字符串 str 的长度，m 为字符串 remove 的长度。首先扫描整个源字符串 str 是 O(n) 级的；然后在 remove 字符串中查找，如果采用顺序查找其时间复杂度也是 O(m)；如果在 remove 中查找到了当前扫描的字符，则从 str 中删除该字符的时间复杂度也是 O(n)，所以综合起来该算法的时间复杂度为 $O(n^2m)$。

要改进这个算法，就要从上面所述的这三个过程入手。

首先扫描源字符串 str 的动作是省不掉的，因为不完全扫描字符串 str 就无法从中删除全部的 remove 中指定的字符，所以这个过程无法优化。

第二个过程明显存在着可优化的空间。因为在 remove 中查找当前扫描到的字符完全没有必要使用时间复杂度为 O(m) 的顺序查找，可以采用更为有效的算法，例如折半查找（详见本书第 22 章介绍），这样其时间复杂度可降为 O(lgm)。但是这里更加推荐使用数组下标法查找，因为它的时间复杂度为 O(1)。因为一个字符由 8 位二进制构成，所以任何一个字符都会对应 0～255 中的一个整数。如果把 remove 中字符对应的整数值作为数组 removeCharsArray 的下标，并在该位置上置 1，在 removeCharsArray 中其他的位置上置 0，这样当查找 str[i] 是否在 remove 中时，只要判断 removeCharsArray[str[i]] 是否等于 1 就可以了，这个操作的时间复杂度显然为 O(1)。这个过程如图 13-17 所示。

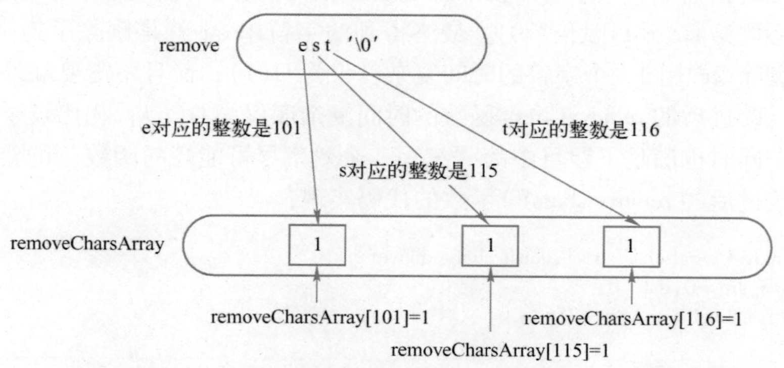

图 13-17　remove 字符串中的字符在数组 removeCharsArray 中的映射

如图 13-17 所示，remove 字符串中包含 3 个字符 'e'、's'、't'，它们的 ASCII 码分别是 101、115、116，所以 removeCharsArray [101]、removeCharsArray [115]、removeCharsArray [116] 分别置 1，数组的其他位置置 0。这样当扫描源字符串 str 并判断 str[i] 是否在 remove 中时，只需要以 str[i] 作为数组 removeCharsArray 的下标判断 removeCharsArray[str[i]] 是否等于 1 即可，如果 removeCharsArray[str[i]] 等于 1，则说明 str[i] 为字符 'e'、's'、't' 中的一个，所以应当删除；如果 removeCharsArray[str[i]] 等于 0，则说明 str[i] 不在字符串 remove 中，因此不需要删除。

这样第二个过程就被优化了，时间复杂度为 O(1)，代价是空间复杂度有所提高，需要额外占用256个整数空间。不过与顺序查找的 O(n)时间复杂度相比，这样的代价是值得的。

第三个过程，即从源字符串 str 中删除字符 str[i]，也存在优化的空间。按照正常的理解，从一个字符串中删除一个字符，需要将该字符后面的所有的字符（连同字符串结束符'/0'）都向前移动一个位置。其实这种方法一般只适用于确定删除字符串中一个（或少数几个）字符的情况，但是如果像本题这样不确定删除字符的个数，是不推荐使用这种方法的，因为该方法存在着大量的冗余操作，如图 13-18 所示。

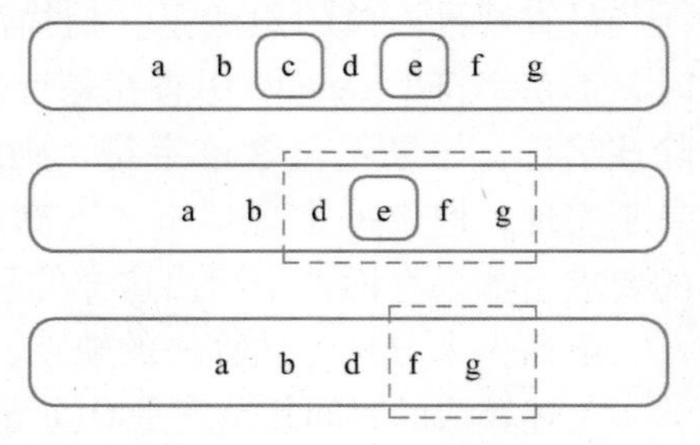

图 13-18　传统的删除字符串中字符的方法（存在冗余操作）

例如，要从字符串"abcdefg"中删除字符'c'和'e'，首先要将'c'后面的所有字符'd'、'e'、'f'、'g'(虚线框中的内容）都向前移动一个位置，然后将'e'后面的所有字符'f'、'g'(虚线框中的内容）都向前移动一个位置。细心的读者不难发现，第一次移动后只有字符'd'移动到了它的最终位置上，字符'e'、'f'、'g'的移动只是"临时的"，因为在第二次的移动中，字符'e'会被覆盖掉，而字符'f'、'g'仍要继续向前移动一个位置。所以第一次移动的'e'、'f'、'g'都是冗余的，完全可以将'f'和'g'一步到位地移动到它们最终的位置上，而不是"一个位置一个位置"地向前移动。

在这里推荐一种更为高效的删除字符串中字符的方法。可以用两个指针（数组下标）dst 和 src 分别指向该字符串中某字符最终要移动到的位置和当前正在扫描的字符。如果当前正在扫描的字符不需要被删除，则将 str[src]赋值给 str[dst]，表示将字符 str[src]放置到它最终的位置上，然后再执行 dst++和 src++继续扫描字符串中下一个字符；如果当前正在扫描的字符需要被删除，则只执行 src++即可，表示当前扫描的这个字符将不会被放置到字符串 str 中，而是忽略它，继续扫描下一个字符。按照上述步骤循环操作执行，直到 src 指向字符串结束标志为止，最后还要给 str[dst]赋值'\0'。最终得到的字符串 str 就是删除了指定字符的字符串。按照上述算法删除 str 中的一个字符的时间复杂度仅为 O(1)，而且不需要额外开辟内存空间。

综上所述，改进后的 removeChars 函数的时间复杂度仅为 O(n)，相比较于之前的算法，性能上大为提高。同时也满足了题目中的"编写一个效率尽可能高的函数"的要求。

下面给出改进后的 removeChars()函数的代码实现：

```
void removeChars(char str[],const char remove[]) {
    int i,src =0,dst =0;
    int removeCharsArray[256];

    for (i =0;i <256;i ++) {
        removeCharsArray[i] =0;              /* 初始化数组 removeCharsArray,全部赋值为 0 */
    }

    for (i =0;remove[i]! ='\0';i ++) {
        removeCharsArray[remove[i]] =1;  /* 构造 removeCharsArray 数组 */
    }

    do{
        if (removeCharsArray[str[src]] ==0) {
            /* str[src]需要保留,不删除 */
            str[dst] = str[src];
```

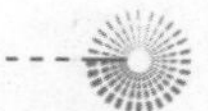

```
            dst ++ ;
        }
        src ++ ;
    } while(str[src] != '\0');
    str[dst] ='\0';                /* 最后还要在 dst 的位置上添加结束标志 */
}
```

3. 实战演练

本题完整的源代码及测试程序见云盘中 source/13-9/，读者可以编译调试该程序。在测试程序中初始化了一个字符串 str[] = "this is a test"，给定的 remove[]字符串为"tes"，然后调用函数 removeChars()从字符串 str[]中删除 remove[]中指定的字符，并将结果输出到屏幕上。程序 13-9 的运行结果如图 13-19 所示。

hi i a

图 13-19　程序 13-9 的运行结果

【面试题 7】字符串内容重排

写一个函数，实现对给定的字符串（字符串里面包括英文字母、数字和符号）的处理。经过处理后的字符串的内容按照“字母、数字、符号”的顺序存放。函数声明如下：

```
void parseString(char * pstr);
```

要求不改变字母数字等在字符串中原有的出现顺序（先后次序）。

例如，给定的字符串为"A,2.d?3!e4r87we79"，输出结果应为"Aderwe2348779,.?!"。

1. 考查的知识点

- ❑ 字符串的操作
- ❑ 字符串相关的算法设计

2. 问题分析

本题的解法较多。一种比较容易理解和实现且时间复杂度较低的方法是，开辟一段与源字符数组等长的内存缓冲区，然后将源字符中的字符按照“字母、数字、符号”的顺序转存到这个临时的缓冲区中，然后将该缓冲区中的字符串拷贝到源字符数组中。这样做的优点是时间复杂度较低，只要 O(n)级的时间复杂度即可实现，且易于实现。但是为此付出的代价是需要开辟一段与源字符数组等长的内存空间，因此空间复杂度较高。下面给出这种方法的代码实现：

```
void parseString(char * pstr) {
    int letterCount = 0, digitCount = 0;
    int i, index1 = 0, index2 = 0, index3 = 0;
    char * tmp = (char * )malloc(strlen(pstr));
    for (i = 0; i < strlen(pstr); i ++ ) {
        /* 统计字符串中字母,数字的个数 */
        if ((pstr[i] >='a'&& pstr[i] <='z') || (pstr[i] >='A'&& pstr[i] <='Z')) {
            letterCount ++ ;
        } else if (pstr[i] >='0'&& pstr[i] <='9') {
            digitCount ++ ;
        }
    }

    for (i = 0; i < strlen(pstr); i ++ ) {    /* 通过一次循环扫描将字符串内容重新排列 */
        if ((pstr[i] >='a'&& pstr[i] <='z') || (pstr[i] >='A'&& pstr[i] <='Z')) {
```

```
            tmp[index1++] = pstr[i];                              /*保存字母字符*/
        } else if (pstr[i] >='0'&& pstr[i] <='9') {
            tmp[letterCount + (index2++)] = pstr[i];              /*保存数字字符*/
        } else {
            tmp[letterCount + digitCount + (index3++)] = pstr[i]; /*保存其他字符*/
        }
    }

    for (i =0;i < strlen(pstr);i++) {
        pstr[i] = tmp[i];      /*将临时缓冲区中的字符拷贝到源字符数组中*/
    }
    free(tmp);
}
```

在该算法中首先使用 malloc 函数在堆内存上开辟一个 strlen(pstr)大小的内存空间，并将其首地址赋值给 tmp，用来存放重新排列后的字符。因为 tmp 指向的这段内存空间只是用来存放排序后的字符，最终还要将这些字符拷贝回 pstr 指向的字符数组中，所以 tmp 中不需要保存字符串结束标志'\0'，其长度为 strlen(pstr)即可。

然后通过一个循环操作分别统计出源字符串中字母字符的个数 letterCount 和数字字符的个数 digitCount。这个实现起来很简单，只需要顺序遍历一遍源字符串就可以计算出来。

接下来再通过一次循环操作将源字符串中的字符分类拷贝到临时缓冲区 tmp 中。这里只需要顺序访问源字符串中的每一个字符，然后根据访问到的不同字符做以下不同的操作：

当访问到一个字母字符时，将其拷贝到 tmp[index1]中（index1 从 0 开始累加），再将数组下标 index1 加 1；

当访问到一个数字字符时，将其拷贝到 tmp[letterCount + index2]中（index2 从 0 开始累加，letterCount 为之前统计的字母字符的个数，所以这里可以确定数字字符在 tmp[]中的下标是从 letterCount 开始的），再将数组下标 index2 加 1；

当访问到一个其他字符时（既非字母也非数字），将其拷贝到 tmp[letterCount + digitCount + index3]中（index3 从 0 开始累加，letterCount 为之前统计的字母字符的个数，digitCount 为之前统计的数字字符的个数，所以这里可以确定其他字符在 tmp[]中的下标是从 letterCount + digitCount 开始的），再将数组下标 index3 加 1。

这样只要通过对源字符串的一次遍历，就可将源字符串中的字符按照“字母、数字、符号”的顺序转存到临时缓冲区 tmp 中。

最后再通过一次循环操作将 tmp 中的字符拷贝到源字符数组中。这里需注意，源字符数组中的最后一位仍是字符串结束标志'\0'，它并不会在字符串的拷贝中被覆盖掉。

上述方法思路简单，易于实现，且时间复杂度为 O(n)，因此不失为一种不错的方法。但是对于这类字符串相关的题目，有时可能会附加一条“不能额外开辟内存空间”的限制，所以在研究字符串相关的面试题时，最好不要拘泥于一种解法，想一想如果不额外开辟内存空间，这道题应当怎么做？

下面介绍一种不需要额外地开辟内存空间就能实现字符串内容重排的算法。首先给出该算法的代码实现，然后结合代码详细讲解。

```
void parseString(char * pstr) {
```

```
    int i,changed = 0;
    int n = strlen(pstr);
    do{
        changed = 0;
        for(i = 1;i < n; ++i){
            if(compare(pstr[i - 1],pstr[i]) < 0){
                changed = 1;
                swap(&pstr[i - 1],&pstr[i]);
            }
        }
        --n;
    } while (changed);
}
```

该算法中通过一个 do - while 循环嵌套一个内层 for 循环实现字符串中字符的重新排列。在每一次的内层 for 循环中通过一个 compare 函数对字符串中相邻的两个字符 pstr[i - 1]和 pstr[i]进行比较，并根据比较的结果决定是否交换 pstr[i - 1]和 pstr[i]的位置。所以 compare 函数是该算法的一个关键子函数。

compare(a,b)函数的比较规则见表 13-1。

表 13-1　compare(a,b)函数的比较规则

a ╲ b	字母字符	数字字符	其他符号
字母字符	0	1	1
数字字符	-1	0	1
其他符号	-1	-1	0

按照这种比较规则，当 compare(a,b)的返回值为 -1 时，则交换字符 a、b 的位置，否则不交换 a、b 在数组中的位置。这样每次的内层 for 循环都是尽量地将字母字符交换到数组的最前端，将数字字符交换到数组的中间位置，将其他的符号字符交换到数组的后端。如果比较的两个字符是同类的字符（两个字母字符或者两个数字字符或者两个其他的符号字符），则 compare 的返回值为 0，这样是不会交换这两个字符的位置的，因此可以确保“不改变字母、数字等在字符串中原有的出现顺序”的要求。

如果在本次的内层 for 循环中发生了相邻两元素之间的位置交换，则将变量 changed 置为 1，说明此时字符数组中的字符排列尚不是最终结果，所以还要进行下一次的循环比较。如果本次循环中没有发生相邻两元素之间的位置交换，则说明字符串中的字符一定已按照“字母、数字、其他符号”的顺序排列了，这样 compare 函数才不会返回 -1。这种情况下，变量 changed 保持为 0，外层的 do - while 循环将被终止，字符重排操作结束。

该算法中的子函数 compare 和 swap 的代码实现如下：

```
int isalpha(char c) {                             /* 判断参数 c 是否是字母字符 */
    if ((c >='a'&& c <='z') || (c >='A'&& c <='Z')) {
        return 1;                                 /* 是字母字符,返回 1 */
    } else {
        return 0;                                 /* 不是字母字符,返回 0 */
    }
}

int isdigit(char c) {                             /* 判断参数 c 是否是数字字符 */
```

```
    if (c >='0'&& c <='9') {
        return 1;                       /* 是数字字符,返回 1 */
    }
    return 0;                           /* 不是数字字符,返回 0 */
}

int compare(char a,char b){             /* 比较字符 a 和 b */
    if(isalpha(a)){
        if(isalpha(b)){
            return 0;                   /* a 是字母,b 是字母,返回 0 */
        } else{
            return 1;                   /* a 是字母,b 不是字母,返回 1 */
        }
    }
    else if(isdigit(a)){
        if(isalpha(b)){
            return -1;                  /* a 是数字,b 是字母,返回 -1 */
        } else if(isdigit(b)){
            return 0;                   /* a 是数字,b 是数字,返回 0 */
        }else{
            return 1;                   /* a 是数字,b 是其他符号,返回 1 */
        }
    }
    else{
        if(isalpha(b) || isdigit(b)){
            return -1;          /* a 是其他符号,b 是数字或字母,返回 -1 */
        }else{
            return 0;           /* a 是其他符号,b 是其他符号,返回 0 */
        }
    }
}

void swap(char *a,char *b) {
    char tmp;
    tmp = *a;                   /* 交换变量 a 和 b 的内容 */
    *a = *b;
    *b = tmp;
}
```

上述算法类似于排序算法中的冒泡排序法（在第 19 章中会有详细介绍）。每一次的内层 for 循环相当于冒泡排序中的一趟排序过程。第 k 次的内层 for 循环，可以确保 pstr[n-k]的元素已经交换到了它最终的位置上，所以每执行一次内层 for 循环，都会执行一次 --n 操作，这样下一次循环操作字符串数组的范围可减小 1。当本次 for 循环中不再有相邻字符的位置交换，则可以通过给变量 changed 置 0 的方法提前结束外层的 do-while 循环，以避免不必要的冗余比较。

3. 实战演练

本题完整的源代码及测试程序见云盘中 source/13-10/，读者可以编译调试该程序。在测试程序中实现了上述两种算法的字符串内容重排，函数名分别为 parseString1 和 parseString2。对于初始化的字符串 char str[] = "a123bc^&de456fg**98s#"，无论调用 parseString1()或者 parseString2()对该字符串的内容进行重排，其结果都是相同的。程序 13-10 的运行结果如图 13-20 所示。

```
abcdefgs12345698^&**#
```

图 13-20 程序 13-10 的运行结果

第14章　面向对象

14.1　面向对象的基本概念

14.1.1　知识点梳理

二维码 14-1

知识点梳理的教学视频请扫描二维码 14-1 获取。

由于面向过程的程序设计在可维护性和可扩展性等方面存在诸多弊端，面对日益复杂的规模庞大的系统显得有些力不从心，因此人们希望有一种编程方式能够直接模拟现实世界，于是面向对象的概念应运而生。

面向对象思想认为一切皆对象。世界是由各种具有内部状态和运动行为的对象组成，客观世界中的任何事物都可以视为对象。例如，学校里的班级可以视为对象，班级中的学生也可以视为对象，学生用的铅笔橡皮都是对象。对象的两个要素是属性和方法。

对象的属性用来描述对象静态特征，比如张三的身高和体重就是张三这个对象的属性，李四的学历和职称就是李四这个对象的属性。对象的方法用来描述对象的动态行为，例如，张三可以吃饭睡觉，那么吃饭和睡觉就是张三这个对象的方法，李四可以学习考试，那么学习和考试就是李四这个对象的方法。

将相同或相似的对象抽象出来就形成了类，因此类是对象的抽象。例如，学校里的每个班级都是一个对象，每个对象明确指代一个具体的班级，将所有具体的班级抽象出来，就形成了一个“班级”类，“班级”类是一个抽象的概念，没有明确指代某个具体的班级。

14.1.2　经典面试题解析

【面试题 1】简述面向过程和面向对象的区别

1. 考查的知识点

❑ 面向过程与面向对象的区别

2. 问题分析

要想弄清面向过程和面向对象的区别，首先要搞清面向过程和面向对象的概念，明确面向过程思想和面向对象思想在设计系统时考虑问题的方式，了解面向对象程序设计解决了面向过程程序设计中的哪些问题。

此外还应该知道如何根据面向过程思想和面向对象思想各自的特点，确定两种编程思想在开发中的适用范围。

3. 答案

从设计思路来看

面向过程程序设计的重点是分析问题解决的步骤，明确每个步骤的输入和输出以及完成各步骤的流程，是一种结构化的自上而下的程序设计方法。面向对象程序设计的重点是把构成问题的事务分解成对象，从局部着手，通过迭代的方式逐步构建出整个程序，是一种以数据为核心，以类设计为主要工作的自下而上的程序设计方法。

从适用范围来看

面向过程的程序性能更高，由于不涉及实例化对象等操作，系统开销更小，因此像嵌入式等对性能和资源要求较高的系统大多采用面向过程的开发方式。面向对象由于其抽象、封装、继承、多态的特性，使得系统具有更好的可扩展性、可复用性、可维护性，对于功能复杂且维护成本较高的系统大多采用面向对象的开发方式。

从代码复用来看

面向过程和面向对象虽然都可以实现代码复用，但是面向过程重用的是函数，而面向对象重用的是类。

【面试题 2】简述面向对象的基本特征

1. 考查的知识点

- ☐ 面向对象的特征

2. 问题分析

二维码 14-2

本题的教学视频请扫描二维码 14-2 获取。

抽象

抽象就是找出对象的共性，然后将这些对象抽象成类。因此类是对象的抽象，对象是类的具体表现形式。同一个类的不同对象具有某些相同的属性和行为，也就是共性，而特性应该从类中排除。

例如，张三和李四这些对象可以抽象出一个“人”类，每个人都有姓名、年龄，因此属于共性，应该放在“人”类中，而职称并非人人具备，因此属于特性，不应该放在“人”类中。

封装

封装是指类可以把自己的属性和方法隐藏起来，对外只暴露有限的信息。具体来讲就是类在实现过程中把对数据的定义和操作放在类的内部，对外只提供访问数据的接口，而实现细节隐藏在内部，对外不可见。

通过封装可以让使用者只关心对象对外提供的接口，而无须了解具体的实现方式。封装有效地做到了信息隐藏，提高了程序的安全性，并且内部实现的改动不会影响外部的使用，提高了程序的可维护性。

继承

继承可以使一个类拥有其他类的功能，在无须重复实现同样功能的前提下扩展自身的新增功能。这种开发模式大大提高了程序开发效率，当子类继承父类的时候，子类继承了父类所有的属性和方法。

使用继承时一定要确保子类与父类是“是一个”的关系。例如，地铁“是一个”交通工具，因此地铁类可以作为交通工具类的子类。但是车厢类和地铁类就不是继承关系，因为车厢不“是一个”地铁，而是地铁的一个组成部分，应该将车厢类作为地铁类的一个属性。

多态

多态是指不同对象对于同样的消息做出不同的响应。例如，下达了吃饭指令后，中国人用筷子吃，美国人用刀叉吃，巴西人用勺子吃，印度人用双手吃，同样是面对吃饭指令，不同人做出的响应也不同。

程序中可以通过运行时绑定实现多态。例如，一个父类的指针只有在运行时才知道自己实际绑定的对象类型，程序可以将子类对象的地址赋值给父类的指针，在调用方法时，根据具体的对象类型执行相应子类中的方法。

3. 答案

抽象、封装、继承、多态。

【面试题 3】简述面向对象的设计原则

1. 考查的知识点

❑ 面向对象的设计原则

2. 问题分析

单一职责原则

单一职责原则的核心思想是要求一个类只具有一项职责，并且引起这个类发生变化的原因只有一个。

如果一个类承担的职责过多，这些职责之间难免相互关联，高度耦合，这与面向对象高内聚低耦合的原则是相悖的。当类的职责过多，就应该考虑将类拆分，而拆分的原则就是单一职责原则。

使用单一职责原则可以使类变得简单，复杂度很低，并且短小的代码也更容易维护，可读性更高，此外当程序发生变更时，可以将变更风险降到最低。

里氏替换原则

里氏替换原则也叫利斯科夫替换原则，由图灵奖得主芭芭拉利斯科夫女士提出，其核心思想是父类出现的地方必然能用其子类替换，并且替换后程序的行为不会发生变化。

需要注意的是，里氏替换原则反之是不成立的，也就是说，子类出现的地方不一定能用父类代替，因为子类中可以添加新的行为，而这些行为是子类特有的，父类中并不具备。

里氏替换原则实际上对继承的方式提出了约束。在遵循里氏替换原则的前提下，子类应该尽可能不覆盖父类中已实现的方法，因为这可能会破坏继承体系，使得系统的行为难以控制，但是子类中新增的方法不受限制。

依赖倒置原则

依赖倒置原则的核心思想是程序应该依赖于抽象的接口，而不应该依赖于具体的类，或者说编程时应该面向接口编程。

在上层调用下层的过程中，如果下层是具体的类，那么类一旦发生变化，上层代码很可能也会发生变更。如果下层是抽象的接口，而接口的变化概率很小，即便实现接口的类发生了改变，只要接口保持稳定，上层代码就不需要改变。

由于下层模块的修改而迫使上层模块发生变更的设计是荒谬的，因此在设计时应该使用面向接口编程的方式：下层模块实现抽象的接口，而上层模块只需依赖于这些抽象的接口，而无须依赖于具体的实现。

开放封闭原则

开放封闭原则的核心思想是程序应该是可扩展的，而不是可修改的，或者说程序对扩展开放，对修改封闭。

实现开放闭合原则的关键还是要面向接口编程，让类依赖于抽象的接口。由于接口不会发生改变，因此依赖于接口的类也不会发生改变，从而实现对修改封闭，而通过实现接口可以定义新的类，满足新需求，从而实现对扩展开放。

通过开放闭合原则设计出来的系统既能保证程序的灵活性，很方便地扩展新功能，又能保证程序的稳定性，控制需求变更的风险，降低维护成本。

接口隔离原则

接口隔离原则的核心思想是尽量使用多个功能单一的小接口，而不要使用一个功能复杂的大接口，对一个庞大接口的依赖很容易造成接口污染。

如果接口中包含很多方法，实现接口的类必须实现接口中的每一个方法，不管这个方法对于类是否有实际意义，这显然不是一个好的设计，因此需要对这个接口进行拆分，将其拆分为若干个小接口。

在运用接口隔离原则设计接口时，需要把握好接口的粒度，过大的接口会造成接口臃肿，过小的接口会造成接口泛滥，遵循的原则是接口只暴露调用方所需要的方法即可。

最少知道原则

最少知道原则也叫迪米特原则，其核心思想是一个对象对其他对象的了解应该尽可能地少，对象之间通过尽量少的方法联系。

最少知道原则的目的是降低类之间的耦合度。由于每个类都减少了对其他类的不必要的依赖，因此类之间的耦合度降低了。但是为了让非直接类之间进行通信，必须使用中介类，这无疑增加了程序的复杂度。

如果读者想了解最少知道原则在实际程序设计中的应用，可以参考设计模式中的门面模式和中介者模式。

3. 答案

单一职责原则、里氏替换原则、依赖倒置原则、开放封闭原则、接口隔离原则、最少知道原则。

14.2 类的声明

14.2.1 知识点梳理

二维码 14-3

知识点梳理的教学视频请扫描二维码 14-3 获取。

关于类和对象，可以用一句话概括两者的关系：类是一系列对象的抽象，对象是类的具体实例。

例如，大学就是一个抽象的概念，并没有特指某一所具体的大学，而是所有大学的一个抽象的统称，因此学校是一个类；而清华大学是一个具体的实例，在现实世界中特指一所具体的大学，因此清华大学是一个对象。

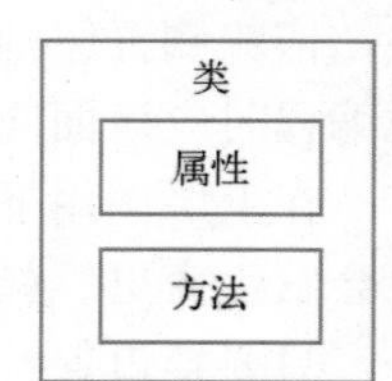

图 14-1　类的构成

在定义类的过程中，需要确定类的属性和方法，如图 14-1 所示。例如，学校类可以将建校时间、学生人数作为学校类的属性，将举行开学典礼、毕业典礼作为学校类的方法，下面是一个学校类 School 的定义：

```
class School{
public:
    School(){yearEstbl=0; numStud=0;}
    School(int year,int num){yearEstbl=year; numStud=num;}
    void opening(int newStud){yearEstbl++; numStud+=newStud;}
    void graduation(int oldStud){numStud-=oldStud;}
private:
    int yearEstbl;
    int numStud;
};
```

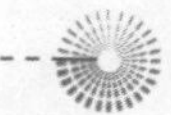

```
School pku;
```

在声明类的属性和方法时，需要通过成员访问限定符确定每个成员的访问属性。C ++ 支持三种成员访问限定符：public（公有）、protected（保护）和 private（私有）。

声明为 public 的成员为公有成员，可以不受限制的访问；声明为 private 的成员为私有成员，只能在当前类中使用；声明为 protected 的成员为保护成员，只能在当前类及其子类中访问。

小技巧 —— 巧记成员访问限定符

公有成员就像一个人的名字，所有人都可以知道，不受限制；保护成员就像一个人的财产，只有自己和继承人知道，其他人都不知道；私有成员就像一个人的隐私，只有自己知道，其他任何人都不知道。

在学校类 School 中，学生人数 numStud 被声明成 private 成员，外部无法直接访问，只能通过 opening 这种 public 接口来获取，这体现了面向对象中封装的概念，将类的一部分对外隐藏，使类看起来就像一个黑盒子，从而防止了类的使用者对其随意修改。

小技巧 —— 类中成员的顺序

在定义一个类时，习惯将 public 成员写在前面，而将 private 成员写在后面。因为对于类的使用者来说，只有 public 部分是对其开放的，所以使用者在阅读一个类时往往只关心 public 部分，因此将 public 成员写在前面能够方便使用者阅读。

14.2.2　经典面试题解析

【面试题 1】简述类和结构体的区别

1. 考查的知识点

❑ 类和结构体的区别

2. 问题分析

有些读者可能认为，类 class 和结构体 struct 的区别在于结构体中只包含数据成员，而类中不仅包括数据成员，还包括方法成员，实际上这种理解是错误的。

在 C ++ 出现的时候为了兼容 C 语言，保留了结构体的概念，但是对结构体做了扩展。C ++ 中的结构体不仅可以包含数据成员，还可以包含方法成员，因此从构成的角度来讲，类和结构体没有区别。例如，可以分别用类和结构体定义一个工资类。

```
class Salary{
    int num;
    void setNum(int n){num = n;}
    int getNum(){return num;}
}

struct Salary{
    int num;
```

```
        void setNum(int n){num = n;}
        int getNum(){return num;}
    }
```

实际上类和结构体还是有一点细微的差别。在工资类 Salary 中，没有加上成员访问限定符，就是为了说明两者的区别。在定义时如果没有显式地使用成员访问限定符，类中默认是 private 成员，而结构体中默认是 public 成员。

这里再次强调，类和结构体除了默认的成员访问权限不同之外，没有其他区别，但是应该尽量使用 class 来定义一个类，毕竟 class 是专门为了面向对象设计而产生的，而 struct 是为了兼容 C 语言而保留的。

3. 答案

类 class 中默认的访问控制是 private，结构体 struct 中默认的访问控制是 public。

【面试题 2】类中的静态数据成员与静态成员函数

请找出 Trade 类中的错误。

```
class Trade{
public:
        Trade(double amount){this -> amount = amount;}
        double getDirty(){return amount;}
        static doublegetFee(){return Fee;}
        static doublegetClean(){return amount * (1 - Fee/100);}
private:
        double amount;
        static double Fee;
};
double Trade::Fee = 0.08;
```

1. 考查的知识点

❑ 类中的静态成员

2. 问题分析

本题的教学视频请扫描二维码 14-4 获取。

二维码 14-4

在 C 语言中，通过 static 修饰符可以在函数外定义静态全局变量实现变量在所有函数间的共享，也可以在函数内定义静态局部变量实现保存变量上次调用后的最新值。在 C++ 中，将 static 修饰符运用到类中，定义类的静态数据成员和静态成员函数。

首先应该明确 static 修饰符在类中的用法。在 Trade 类中使用 static 修饰符声明了一个静态数据成员：

```
static double Fee;
```

静态数据成员属于整个类，不属于某个对象，因此无论创建了多少个对象，静态数据成员只有唯一的一份拷贝，所有对象共享类中的静态数据成员。没有使用 static 修饰的数据成员是非静态数据成员，在每个对象中都有自己的一份拷贝。

需要注意的是，静态数据成员必须在类的内部声明，在类的外部初始化。静态数据成员的初始化方式如下：

```
double Trade::Fee = 0.08;
```

在 Trade 类中还定义了两个静态成员函数，但是这两个静态成员函数却隐藏着一个巨大的问题：

```
static doublegetFee(){return Fee;}
static doublegetClean(){return amount * (1 - Fee/100);}
```

静态成员函数与静态数据成员类似，都属于类本身，而不属于某个对象。静态成员函数与普通成员函数最大的区别在于，静态成员函数中没有 this 指针。普通成员函数在调用时，会将对象的地址隐式地作为第一个参数，也就是我们所说的 this 指针。

既然静态成员函数中没有 this 指针，那么在静态成员函数中也就不能访问类的非静态成员了，因为非静态成员都是隐式地通过 this 指针访问的。在静态成员函数中只能访问类的静态成员，包括静态数据成员和静态成员函数。

关于静态成员函数和非静态成员函数访问静态成员和非静态成员的关系，可参见表 14-1 中的总结。

表 14-1　成员函数访问权限

成员函数	静态成员	非静态成员
静态成员函数	√	×
非静态成员函数	√	√

根据上面的分析不难看出，代码中的 getClean 函数违反了静态成员函数只能访问静态成员的原则。如果想实现函数中的功能，应当去掉 getClean 函数的 static 修饰符，将其声明为普通成员函数。修改后的 getClean 函数如下：

```
double getClean{return amount * (1 - Fee/100);}
```

在访问静态成员时，可以通过对象访问，也可以通过类访问。通过对象访问会转换成通过类访问的方式，对象不会隐式地作为第一个参数，两种访问方式是等价的。

```
Trade::getFee();                    //类::静态成员
Trade tr;
tr.getFee();                        //对象.静态成员
Trade * ptr = new Trade;
ptr->getFee();                      //对象指针->静态成员
```

静态成员也可以通过成员访问限定符控制其访问属性。例如，Trade 类中的静态成员函数 getFee 是 public 的，可以在任何地方访问，而静态数据成员 Fee 是 private 的，只能在 Trade 类的内部访问。

3. 答案

类中的 getClean 函数是静态成员函数，不能访问非静态成员，修改后的代码如下：

```
double getClean(){return amount * (1 - Fee/100);}
```

【面试题 3】简述 const 修饰符在类中的用法

1. 考查的知识点

❑ 类中的 const 成员

2. 问题分析

在 C 语言中，通过 const 修饰符可以声明一个常量，初始化后常量的值不能改变。在C++中，可以将类的数据成员或成员函数声明成 const 成员。

```
class Baby{
public:
    Baby(double wgt,char gen):gender(gen),weight(wgt){}
    double getWeight() const{return weight;}
    char getGender() const{return gender;}
    void setWeight(double wgt){weight = wgt;}
private:
    const char gender;
    double weight;
};
```

在 Baby 类中，声明了两个数据成员，一个是普通数据成员 weight；一个是 const 数据成员 gender。其中 gender 作为 Baby 类的 const 数据成员，必须通过构造函数的初始化列表初始化，在初始化后 gender 的值不能修改。

注意啦——const 数据成员的初始化

在初始化类中的 const 数据成员时，必须通过构造函数的初始化列表进行初始化，不能在构造函数体内进行赋值，因为初始化不同于赋值，构造函数中的赋值语句相当于改变了初始化列表在初始化时的默认值，这与 const 数据成员初始化后不能修改的原则相悖。

在成员函数的参数列表后面加上 const 修饰符表示不能在函数中修改类的数据成员。虽然成员函数的 const 修饰符对程序本身没有影响，但是加上 const 修饰符能够标识函数的性质，防止数据成员的意外修改。下面是两个 const 成员函数的定义：

```
double getWeight() const{return weight;}
char getGender() const{return gender;}
```

在创建对象时也可以通过 const 修饰符创建一个 const 对象，表示对象是一个常量。常量对象的任何数据成员在对象创建后都不能被修改，并且常量对象只能调用类的 const 成员函数，因为只有 const 成员函数才能保证对象的数据成员不被修改。

```
const Baby bb(6.8,'M');
char gen = bb.getGender();                //正确,常量对象只能调用 const 成员函数
```

尽管在程序设计中 const 修饰符经常会被忽略，但是在了解 const 修饰符的作用之后，在类中合理地使用 const 修饰符可以有效提高代码质量。

3. 答案

通过 const 修饰数据成员表示数据成员在初始化后不能修改，且 const 数据成员只能通过构造函数初始化列表初始化；通过 const 修饰成员函数表示函数中不会修改类中的数据成员；通过 const 修饰对象表示对象是一个常量，且常量对象只能调用类的 const 成员函数。

【面试题 4】简述友元函数和友元类的概念

1. 考查的知识点

❑ 友元函数和友元类

2. 问题分析

友元函数不是类的成员函数，而是类外部的函数，友元函数能够访问类的非公有成员。如果一个函数需要频繁访问类中的非公有数据成员，并且该函数会被多次调用，为了减小函数调

用的开销，可以将该函数声明成类的友元函数。

```
class Father{
public:
      Father(int salary,int age){this -> salary = salary; this -> age = age;}
      int getAge() const{return age;}
      friend int getFatherSalary(Father &f);
private:
      int salary;
      int age;
};

int getFatherSalary(Father &f){return f.salary;}
```

在这段代码中，爸爸的薪水是私有成员，但是妈妈创造了一个很厉害的 getFatherSalary 方法，这个方法在 Father 类中被声明为友元函数，因此在 getFatherSalary 方法中可以访问 Father 类的私有成员，包括薪水，因此对于妈妈来说爸爸的薪水就不再保密了。

友元类与友元函数功能类似，可以将一个类 B 声明成另一个类 A 的友元类，这样类 B 就可以访问类 A 的非公有成员，友元类 B 中的所有成员函数都是类 A 的友元函数。

```
class Father{
public:
      Father(int salary,int age){this -> salary = salary; this -> age = age;}
      int getAge() const{return age;}
      friend class Mother;
private:
      int salary;
      int age;
}
```

在这段代码中，Mother 类声明成 Father 类的友元类，在 Mother 类中可以访问 Father 类的非公有成员，当然也包括 salary，因此妈妈可以随时检查爸爸的工资。

需要注意的是，友元关系是单向的。例如，类 A 是类 B 的友元，不能推出类 B 也是类 A 的友元，就好像妈妈可以随便查看爸爸的工资，但是爸爸不可以随便查看妈妈的工资。此外，友元关系是不能继承的。例如，类 A 是类 B 的友元，不能推出类 A 的子类也是类 B 的友元，就好像妈妈可以随便查看爸爸的工资，但是儿子不可以随便查看爸爸的工资。

3. 答案

友元函数是可以直接访问类的非公有成员的非成员函数，友元类的所有成员函数都是另一个类的友元函数。

14.3　构造函数和析构函数

14.3.1　知识点梳理

二维码 14-5

知识点梳理的教学视频请扫描二维码 14-5 获取。

构造函数

构造函数是一种特殊的成员函数，在创建对象时自动调用，用于初始化对象中的数据成员。构造函数的名称必须与类名相同，并且没有返回值类型，构造函数中禁止使用 return 语句。下面通过一个例子来了解构造函数：

```
class Complex{
public:
    Complex(){real=0;imag=0;}
    Complex(int r,int i):real(r),imag(i){}
    Complex(const Complex &comp){real=comp.real; imag=comp.imag;}
private:
    int real;
    int imag;
};

Complex c1;                //调用无参的构造函数 Complex()
Complex c2(4,9);           //调用带参的构造函数 Complex(int,int)
Complex c3(5);             //调用失败,没有匹配到合适的构造函数
Complex c4(c2);            //调用拷贝构造函数 Complex(const Complex &)
```

构造函数可以重载，因此一个类中可以有多个构造函数。Complex 类中声明了三个构造函数：

```
Complex(){real=0;imag=0;}
```

第一个构造函数是无参的构造函数。在创建对象时，如果没有给定参数，系统会调用无参的构造函数。在用户自定义的无参的构造函数中，通常会将一系列默认值赋值给对象的数据成员。

如果在类中没有显式地声明任何一个构造函数，系统会自动生成一个无参的构造函数，作为默认的构造函数，函数体为空。但是只要用户显式地声明了一个构造函数，无论是无参的还是带参的，系统都不会再生成默认的无参的构造函数。

```
Complex(int r,int i):real(r),imag(i){}
```

第二个构造函数是带参的构造函数。根据函数重载的定义，类中可以声明多个带参数的构造函数。在创建对象时，根据参数列表，系统会匹配出最佳的构造函数并调用，完成对象的初始化。

在这个构造函数中，并没有在函数体内对数据成员进行赋值，而是通过构造函数的初始化列表对数据成员进行初始化。严格意义上说，构造函数的执行分为两个阶段：首先执行构造函数的初始化列表，然后执行构造函数的函数体。

小技巧——优先使用初始化列表

虽然有时使用初始化列表和函数体赋值的效果相同，但是推荐使用初始化列表对数据成员进行初始化。实际上，即便不显式地使用初始化列表，程序也会在执行构造函数的函数体之前将所有的数据成员通过默认的方式初始化，使用初始化列表可以避免二次赋值。

```
Complex(const Complex &comp){real=comp.real; imag=comp.imag;}
```

第三个构造函数是一种特殊的构造函数，称为拷贝构造函数。拷贝构造函数的作用是根据一个已知对象拷贝出一个新对象。拷贝构造函数的参数是一个类对象的 const 引用，函数体的逻辑是数据成员的拷贝。

如果在类中没有显式地声明自定义的拷贝构造函数，系统会自动生成一个默认的拷贝构造函数，并将类中的所有数据成员做浅拷贝。如果类中的数据成员需要做深拷贝，例如拷贝一些指针指向的内容，那么默认的拷贝构造函数就力不从心了。

在测试程序中，对象 c1、c2、c4 在创建时根据参数列表分别成功匹配到了构造函数并完成初始化，而 c3 由于没有匹配到合适的构造函数而造成编译错误。

析构函数

析构函数也是一种特殊的成员函数，它与构造函数相反，在释放对象前被自动调用，完成对象的清理工作，例如，释放对象动态申请的空间和资源句柄。析构函数的名称是类名之前加上 ~ 取反操作符。析构函数没有参数，没有返回值类型，析构函数中禁止使用 return 语句。下面通过一个例子来了解析构函数：

```
class WriteTXT{
public:
    WriteTXT(string filename){
        ptr = (int * )malloc(sizeof(int));
        outfile.open(filename);
    }
    ~WriteTXT(){
        free(ptr);
        ptr = null;
        outfile.close();
    }
private:
    int * ptr;
    ofstream outfile;
};
```

由于析构函数没有参数，因此析构函数不能重载。在程序中，WriteTXT 类的析构函数释放了动态申请的空间，并关闭了处于打开状态的文件流，在对象被销毁前完成了对象的清理工作。

14.3.2　经典面试题解析

【面试题 1】构造函数中的常见错误

二维码 14-6

本题的教学视频请扫描二维码 14-6 获取。

指出下列程序中的错误：

程序 1

```
class Square{
public:
    Square(int length){this -> length = length;}
    void setLength(int length)    {this -> length = length;}
    int area(){return length *  length;}
private:
    int length;
};

Square cube;
```

1. 考查的知识点

❑ 无参构造函数

2. 问题分析

程序在创建 Square 类的对象 cube 时没有给出参数，因此程序会调用无参的构造函数，但是在 Square 类中并没有声明无参的构造函数。

有些读者可能认为系统会自动生成一个无参的构造函数，因此对象 cube 在创建时会调用系统生成的这个默认的构造函数。这种理解是错误的，忽略了默认的无参构造函数生成的前提条件。

只有当类中没有声明任何构造函数时，系统才会生成一个无参的构造函数。而在 Square 类中，已经声明了一个带参的构造函数，因此系统不会再自动生成无参的构造函数。对象 cube 在创建时由于没有给定参数，无法匹配到合适的构造函数，创建对象失败。

3. 答案

程序编译错误，应该在 Square 类中添加一个无参版本的构造函数。

```
Square() {length = 0;}
```

程序 2

```
class Square{
public:
    Square(int len) {
        length = (int *)malloc(sizeof(int));
        *length = len;
    }
    void setLength(int len) { *length = len;}
    int area() {return *length * *length;}
    ~Square() {
        free(length);
        length = NULL;
    }
private:
    int *length;
};

Square cube1(3);
Square cube2(cube1);
```

1. 考查的知识点

❑ 拷贝构造函数

2. 问题分析

这里对 Square 类做了一些改动，将数据成员 length 声明为指针类型，并在构造函数中动态分配空间，在析构函数中将空间释放。

在创建对象 cube2 时，将对象 cube1 作为参数，此时会调用拷贝构造函数。由于 Square 类中没有声明拷贝构造函数，因此系统会生成一个默认的版本，默认版本的拷贝构造函数将对所有数据成员做浅拷贝。

```
Square(const Square &obj) {this.length = obj.length};
```

当对象中包含指针类型的数据成员时，这种浅拷贝通常是有问题的。例如，Square 类中的指针成员 length，浅拷贝后对象 cube1 的 length 和对象 cube2 的 length 指向同一块空间，这块空间是创建对象 cube1 时在其构造函数中动态分配的。

调用 setLength 函数修改 length 指向的内容时，无论通过哪个对象修改，实际上也修改了另一个对象的 length 指向的内容，一般这不是我们想要的结果。此外对象销毁时调用析构函数，cube1 和 cube2 的析构函数会分别调用，最终 free 函数一共执行两次，而 malloc 函数只调用了一次。

3. 答案

程序运行时报错，应该在 Square 类中添加拷贝构造函数实现指针 length 的深拷贝。

```
Square(const Square &obj){
    length = (int *)malloc(sizeof(int));
    *length = *(obj.length);
}
```

程序 3

```
class Diopter{
public:
    Diopter(int v){value = v;}
private:
    int value;
};

class Lens{
public:
    Lens(int p){pupil = p;}
    Lens(int p,int v){diop(v); pupil = p;}
private:
    Diopter diop;
    int pupil;
};

Lens left(38);
Lens right(39,6);
```

1. 考查的知识点

❑ 初始化列表

2. 问题分析

程序首先定义了一个 Diopter 类，这个类比较简单，只有一个带参的构造函数，这里主要分析一下 Lens 类。

在 Lens 类中，数据成员包括一个 Diopter 类的对象 diop 和一个整型变量 pupil。第一个构造函数只初始化了 pupil，第二个构造函数同时初始化了 diop 和 pupil。这种设计方式的初衷是好的，但是编译无法通过，因为没有理解构造函数初始化列表的概念。

这里再次强调，类中所有的数据成员都会在执行构造的函数体之前，通过构造函数的初始化列表初始化，不论该数据成员是否显式地出现在初始化列表中。以 Lens 类中的第一个构造函数为例：

```
Lens(int p){pupil = p;}
Lens(int p):diop(),pupil(0){pupil = p;}
```

上面两种写法是等价的。虽然构造函数的初始化列表为空，但是系统会默认在初始化列表中自动初始化数据成员：调用对象 diop 的无参构造函数并将 pupil 初始化为 0。

系统的这种处理方式会导致一个错误，因为 Diopter 类中没有无参的构造函数。由于系统不会为 Diopter 类生成无参的构造函数，因此需要在 Diopter 类中添加一个无参的构造函数，虽然这个构造函数中看起来什么也没做。

```
Diopter(){};
```

再来看 Lens 中的第二个构造函数，这个构造函数的错误更严重一些：

```
Lens(int p,int v){diop(v); pupil=p;}
Lens(int p,int v):diop(),pupil(0){diop(v); pupil=p;}
```

上面两种写法同样是等价的。程序试图在构造函数的函数体内初始化对象 diop，但是对象 diop 已经通过初始化列表完成了初始化，而同一对象不能初始化两次。如果想初始化类中的对象数据成员，必须使用构造函数的初始化列表，构造函数的函数体内只能使用赋值操作。下面两种方式都是正确的。

```
Lens(int p,int v):diop(v){pupil=p;}
Lens(int p,int v):diop(v),pupil(p){}
```

3. 答案

程序中对象创建失败，应该在 Diopter 类中添加无参的构造函数，并修改 Lens 类中的第二个构造函数。

```
class Diopter{
public:
    Diopter(){}
    Diopter(int v){value=v;}
private:
    int value;
};

class Lens{
public:
    Lens(int p){pupil=p;}
    Lens(int p,int v):diop(v){pupil=p;}
private:
    Diopter diop;
    int pupil;
};
```

【面试题 2】构造函数和析构函数的执行顺序

写出下面程序的输出结果：

```
class Square{
public:
    Square(int len):length(len){
        cout << "The square (" << length << ") is constructed" << endl;
    }
    int area(){return length * length;}
    ~Square(){
        cout << "The square (" << length << ") is destructed" << endl;
    }
private:
    int length;
};

Square cube1(3);
Square cube2(5);
```

1. 考查的知识点

❑ 构造函数和析构函数的执行

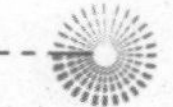

2. 问题分析

程序中创建了 cube1 和 cube2 两个对象，在对象创建和销毁时会分别调用构造函数和析构函数。有些读者可能认为程序的执行顺序是：创建对象 cube1→创建对象 cube2→销毁对象 cube1→销毁对象 cube2，但这种理解是错误的。

首先要明确的是，局部变量存放在当前作用域的栈中。根据栈后进先出的性质，最先创建的对象最先入栈，位于栈的底部，在弹出时最后出栈；最后创建的对象最后入栈，位于栈的顶部，在弹出时最先出栈。

对象 cube1 和 cube2 在创建时执行入栈操作，调用构造函数，在销毁时执行出栈操作，调用析构函数。因此程序的执行顺序是：调用构造函数创建对象 cube1→调用构造函数创建对象 cube2→调用析构函数销毁对象 cube2→调用析构函数销毁对象 cube1。

3. 答案

程序输出结果如下：

```
The square(3) is constructed
The square(5) is constructed
The square(5) is destructed
The square(3) is destructed
```

【面试题 3】实现一个最基本的 String 类

实现 String 类的构造函数、析构函数并重载赋值操作符。

```
class String{
public:
    String();
    String(const char * pStr);
    String(const String &str);
    String &operator = (const String &str);
    virtual ~String();
private:
    char * data;
};
```

1. 考查的知识点

❑ 构造函数和析构函数的应用

❑ 赋值操作符的重载

2. 问题分析

首先来实现无参的构造函数。在无参的构造函数中，只需要将数据成员 data 初始化为字符串结束符。

```
String::String(){
    data = new char[1];
    data[0] = '\0';
}
```

对于带参的构造函数，应该判断参数是否为空。如果为空，则将数据成员 data 初始化为字符串结束符；如果不为空，则调用字符串拷贝函数初始化数据成员 data。需要注意的是，通过 strlen 函数获取字符串长度时，是不包括字符串结束符的，而在申请空间时，则需要考虑字符串结束符所占的空间，因此要比 strlen 的返回值多申请一个空间。

```
String::String(const char * pStr){
    if (pStr == NULL){
        data = new char[1];
        data[0] = '\0';
    }else{
        data = new char[strlen(pStr) + 1];
        strcpy(data,pStr);
    }
}
```

对于拷贝构造函数，直接申请空间然后调用字符串拷贝函数拷贝字符串即可，因为拷贝构造函数的参数是一个 String 对象，至少包含一个字符串结束符。

```
String::String(const String &str){
    data = new char[strlen(str.data) + 1];
    strcpy(data,str.data);
}
```

重载赋值操作符的赋值函数首先要判断参数是否为对象本身，如果参数是同一个对象则直接返回该对象，否则就要先释放原字符串空间，然后根据参数中字符串的长度重新申请空间并进行字符串拷贝。

```
String &String::operator=(const String &str){
    if (&str == this){
        return * this;
    }
    delete[] data;
    data = new char[strlen(str.data) + 1];
    strcpy(data,str.data);
    return * this;
}
```

最后是析构函数，因为在构造函数中通过 new 动态申请了空间，因此需要在析构函数中通过 delete 将空间释放。

```
String::~String(){
    delete[] data;
}
```

3. 答案

见分析。

14.4 函数重载

14.4.1 知识点梳理

知识点梳理的教学视频请扫描二维码 14-7 获取。

二维码 14-7

函数重载是指在同一作用域内，一组具有不同参数列表的同名函数。通常情况下，这组函数实现相似的功能，函数重载有效地解决了由于参数类型不同而造成函数名的数量膨胀问题。

例如，编写一个打印函数，打印的数据可能是整数、浮点数或者字符。下面的代码通过函数重载，使得 print 函数可以打印不同类型的数据。三个 print 函数实现的功能类似，都是打印参数的值，只是函数的参数列表不同。

```
void print(int a){cout << "Integer:" << a << endl;}
void print(float a){cout << "Float:" << a << endl;}
void print(char a){cout << "Char:" << a << endl;}
```

如果没有函数重载，就只能通过函数名区分，这样就会有三个不同名的函数：print_int、print_float 和 print_char。三个函数可能还好，但是如果参数列表有十种组合，那就需要定义十个不同名的函数，而有了函数重载，使用者只需要记住一个函数名就可以了。

注意啦——返回值类型与函数重载

在讨论函数重载时的一个必要条件是函数的参数列表不同，而函数的返回值类型与函数重载没有任何关系，不能声明两个同名函数并且它们的参数列表相同而只有返回值类型不同，否则编译器会提示有重复的函数定义。

实际上，在介绍类的构造函数时就已经使用了函数重载的概念，因为所有构造函数的函数名都与类名相同，本质上就是函数重载。

14.4.2 经典面试题解析

【面试题 1】C 语言不支持函数重载的原因

1. 考查的知识点

❑ 函数重载

2. 问题分析

可以用一句话概括 C ++ 支持函数重载而 C 语言不支持的原因：C ++ 在编译过程中会对函数重命名，而 C 语言则保留原始的函数名。下面通过一个例子来说明：

```
namespace test{
    class Calc{
        int add(int a,int b);
        float add(float a,float b);
        char add(char a,char b);
    };
}
```

在 Calc 类中利用函数重载声明了三个 add 函数，它们的参数列表不同。在编译过程中，编译器对函数进行重命名时会将函数的参数类型附加到原始函数名的后面，因此三个函数编译后的函数名为

```
int add(int a,int b);          =>        add_int_int
float add(float a,float b);    =>        add_float_float
char add(char a,char b);       =>        add_char_char
```

由于重命名后的函数名将函数的参数类型作为后缀，因此重载函数在重命名后的函数名已经不再相同，也就不存在函数名冲突的问题了。至此，可以初步认为重命名后的函数名为：原始函数名 + 参数列表。

实际上，在对函数重命名的过程中，编译器不仅将函数的参数类型作为重命名后的函数名的一部分，还将函数的返回值和作用域附加到原始函数名的前面，因此三个函数编译后的函数名为

```
int add(int a,int b);            =>        int_test_Calc_add_int_int
float add(float a,float b);      =>        float_test_Calc_add_float_float
char add(char a,char b);         =>        char_test_Calc_add_char_char
```

其中作用域包括函数的命名空间和所属类，这两个信息与原始函数名和参数列表共同确保了全局范围内函数名的唯一性。

根据函数重载的性质，程序中不会出现两个具有相同的作用域和参数列表而只是返回值类型不同的同名函数，但是一些编译器仍然把返回值类型附加到重命名后的函数名中，而有的编译器则在重命名函数时不考虑返回值类型。

综上所述，重命名函数名 = （返回值类型 + ）作用域 + 原始函数名 + 参数列表。

3. 答案

C++在编译过程中对函数重命名的规则保证了重载函数在重命名后函数名的唯一性，而C语言在编译过程中并不会对函数重命名。

【面试题2】识别真假函数重载

找出下面函数重载中正确的一组：

```
A: int calculation(int a,int b);
   double calculation(int a,int b);

B: int calculation(int a,int b);
   int calculation(const int a,const int b);

C: int calculation(int * a,int * b);
   int calculation(int * const a,int * const b);

D: int calculation(int * a,int * b);
   int calculation(const int * a,const int * b);

E: extern "C" int calculation(int a,int b);
   extern "C" double calculation(double a,double b);
```

1. 考查的知识点

❑ 函数重载

❑ extern C

2. 问题分析

本题的教学视频请扫描二维码 14-8 获取。

二维码 14-8

函数重载的概念虽然很容易理解，但在实际应用中仍然有许多细节需要注意。题目中许多地方错误地使用了函数重载，下面对五组函数逐一进行分析：

```
A: int calculation(int a,int b);
   double calculation(int a,int b);
```

第一组中两个函数具有相同的参数列表，不符合函数重载的要求。函数重载要求参数类型和数量不能完全相同，不同的返回值类型对函数重载没有影响，因此第一组属于重复的函数声明。

```
B: int calculation(int a,int b);
   int calculation(const int a,const int b);
```

第二组中两个函数的参数列表看似不同，但是编译器在对函数重命名时不会考虑参数的

const 修饰符，参数本身是不是 const 对函数重载没有影响，因此第二组也属于重复的函数声明。

```
C： int calculation(int * a,int * b);
    int calculation(int *  const a,int *  const b);
```

第三组中两个函数的参数都是指针类型，并且都是指向 int 类型的指针，第一个函数的参数是普通指针，第二个函数的参数是指针常量，即指针本身是一个常量。与第二组相同，参数本身是不是 const 对函数重载没有影响，因此第三组仍属于重复的函数声明。

```
D： int calculation(int * a,int * b);
    int calculation(const int * a,const int * b);
```

第四组中的两个函数与第三组相似，但还是有不同之处。第二个函数的参数不是指针常量，而是常量指针，即指向常量的指针，const 修饰的不是指针本身，而是指针指向的类型，两个函数的参数中指针指向的类型不同，这种情况下 const 修饰符会影响函数重载，因此第四组是正确的函数重载。

```
E： extern "C" int calculation(int a,int b);
    extern "C" double calculation(double a,double b);
```

第五组中的两个函数使用了 extern "C"，其作用是在 C ++的代码中调用 C 编译过的函数，也就是说，这两个函数都是 C 函数，因此与函数重载无关。C 函数在编译时不会重命名，这两个函数具有相同的函数名，因此第五组属于重复的函数声明。

小知识——extern C

如果直接在 C ++程序中调用 C 编译过的函数，会发生链接错误(Link Error)，因为 C ++函数在编译过程中会重命名，而 C 函数不会。C ++编译器如果不知道调用的函数是 C 函数，就会试图寻找重命名后函数。而使用 extern C 就明确告诉编译器调用的函数是 C 函数，这样编译器就不会使用重命名规则，从而能够找到调用的 C 函数。

3. 答案

D 正确。

【面试题 3】简述函数重载与函数覆盖的区别

1. 考查的知识点

❑ 函数重载与函数覆盖的区别

2. 问题分析

要弄清函数重载 overload 与函数覆盖 override 的区别，首先要明确函数重载与函数覆盖的概念，这里通过图 14-2 来说明一下。

函数重载发生在同一个类的内部。在一个类中定义了一组函数，这组函数具有相同的函数名，但是它们的参数列表却各不相同。在函数调用过程中根据传入的参数类型，匹配最佳函数并调用。图 14-2 中类 A 的三个 print 函数就是函数重载。

函数覆盖发生在子类与父类之间。在父类中定义了一个虚函数，在子类中重新实现这个函数，函数在子类和父类中具有相同的函数名和参数列表，它们的函数原型是相同的。在函数调用过程中根据对象的类型，调用相应类中的函数。图 14-2 中子类 C 的 print 函数就覆盖了父类

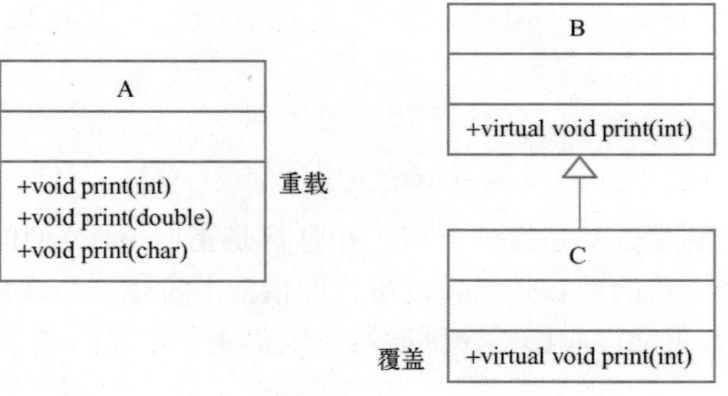

图 14-2　函数重载与函数覆盖

B 的 print 函数。

3. 答案

函数重载是同一类中的不同方法，函数覆盖是不同类中的同一方法；重载函数的参数列表不同，覆盖函数的参数列表相同；重载函数调用时根据参数类型选择方法，覆盖函数调用时根据对象类型选择方法。

【面试题 4】容易忽视的名字隐藏问题

写出下面程序的输出

```
class Base{
public:
    virtual void print(int a){cout << "Base print int " << a << endl;}
    virtual void print(char a){cout << "Base print char " << a << endl;}
    virtual void print(double a){cout << "Base print double" << a << endl;}
};

class Derived:public Base{
public:
    void print(int a){cout << "Derived print int " << a << endl;}
};

Derived d;
d.print(10);
d.print(5.88);
d.print('d');
```

1. 考查的知识点

❑ 名字隐藏

2. 问题分析

本题的教学视频请扫描二维码 14-9 获取。

二维码 14-9

程序中首先定义了一个父类 Base 类，类中包含三个 print 函数，并且这三个函数都被声明为虚函数。子类 Derived 类重新实现了参数为 int 类型的 print 函数。测试程序中创建了一个 Derived类的对象，然后分别调用三个 print 函数。

有些读者认为函数重载会根据参数类型匹配最佳函数，而函数覆盖会根据对象类型调用相应类中的函数，因此参数类型为 int 时会调用 Derived 类中的函数，参数类型为 double 和 char 时会调用 Base 类中的函数。程序输出如下：

```
Derived print int 10
Base print double 5.88
Base print char d
```

这种理解实际上是错误的，它忽视了 C++ 中一个重要的概念：名字隐藏。所谓名字隐藏是指父类中有一组重载函数，子类在继承父类时如果覆盖了这组重载函数中的任意一个，则其余没有被覆盖的同名函数在子类中是不可见的。

如果想解决名字隐藏问题，可以在子类中不使用函数覆盖，而是给子类的方法选择一个不同的函数名，区别于父类的方法，但是这样做有一个前提，就是在子类和父类中使用不同的方法名是可以接受的。

另一种解决方案就是子类覆盖父类中所有的重载方法，虽然子类中有些方法的实现与父类完全一致，但是这样做的好处是不会增加新的函数名。

回到本题中的程序，通过上述分析不难看出，Derived 类只覆盖了 Base 类中一组重载函数中的一个，因此参数类型为 double 和 char 的两个重载函数对于 Derived 类是不可见的，但是程序不会报错，因为 double 和 char 都可以自动转换成 int 类型，最终三次调用子类中的 print 函数。

3. 答案

```
Derived print int 10
Derived print int 5
Derived print int 100
```

14.5 运算符重载

14.5.1 知识点梳理

知识点梳理的教学视频请扫描二维码 14-10 获取。

二维码 14-10

在 C++ 中，不仅函数能够重载，运算符也可以重载，重载后的运算符根据操作数的类型实现不同功能。

在编写程序的过程中，实际上已经用到了运算符重载。例如，<< 本身是左移运算符，但在与流对象 cout 配合使用时，实现了基本输出功能。运算符重载的方式有两种：类成员函数和友元函数。下面通过一个例子来解释一下这两种运算符重载的方式：

```
class Step{
private:
    int num;
public:
    Step(int num){this->num = num;}
    Step& operator++();
    friend Step operator+(const Step &p1,const Step &p2);
};

Step& Step::operator++(){
    num++;
    return *this;
}
```

```
    Step operator + (const Step &p1,const Step &p2){
        return Step(p1.num + p2.num);
    }
```

程序中定义一个 Step 类，用于统计行走的步数，通过重载单目运算符 ++ 和双目运算符 + 实现步数的累加功能。

自增运算符 ++ 使用了类成员函数的方式重载运算符，函数 operator ++ 是 Step 类的成员函数，调用时会将对象本身作为函数的第一个参数。加法运算符 + 使用了友元函数的方式重载运算符，函数 operator + 是 Step 类外部的函数，在 Step 类中将该函数声明为友元函数。

小技巧 —— 类成员函数和友元函数

既然有类成员函数和友元函数两种运算符重载的方式，那应该如何进行选择呢？我们建议，对单目运算符进行重载时使用类成员函数的方式，对双目运算符进行重载时使用友元函数的方式，但是 ( ) 和 [ ] 重载时必须使用类成员函数，<< 和 >> 重载时必须使用友元函数。

重载后的运算符不能改变操作数的个数和运算符优先级，因此使用方式不会发生变化。可以像两个整数相加一样将两个 Step 类的对象相加，也可以像整数的自增操作一样将一个 Step 类的对象自增。

14.5.2 经典面试题解析

【面试题 1】运算符重载的常识性问题

选出下面说法中正确的一项（　　）。

（A）通过重载 sizeof 运算符可以实现个性化的空间分配逻辑

（B）单目运算符只能使用类成员函数进行重载，双目运算符只能使用友元函数进行重载

（C）输出操作符可以使用类成员函数进行重载，也可以使用友元函数进行重载

（D）运算符重载函数不能在参数列表中给参数设置默认值

1. 考查的知识点

❑ 运算符重载的概念

2. 问题分析

二维码 14-11

本题的教学视频请扫描二维码 14-11 获取。

不是所有的运算符都能重载，其中成员访问运算符 . 、成员指针访问运算符 .* 、域运算符::、长度运算符 sizeof 和条件运算符?: 不能重载，选项 A 中提到的 sizeof 运算符属于五个不能被重载的运算符之一，因此 A 错误。

多数情况下，无论单目运算符还是双目运算符，都可以使用类成员函数和友元函数两种方式中的任何一种进行重载，我们只是建议单目运算符使用类成员函数的方式重载，双目运算符使用友元函数的方式重载，并非强制规定，因此 B 错误。

输出操作符 << 只能使用友元函数的方式重载，因为 operator << 要求第一个参数必须是输出流对象，如果使用类成员函数重载，就会将类对象作为第一个参数，因此 C 错误。

由于运算符重载不能改变操作数的个数，如果使用了默认参数值，会导致操作数的个数减少，因此不能在运算符的重载函数中使用默认参数值的形式，D 正确。

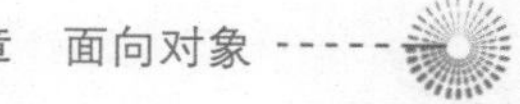

3. 答案

D 正确。

【面试题 2】重载前自增运算符和后自增运算符

下面代码中 Step 类重载的自增运算符能否同时正确实现前自增运算和后自增运算，如果不能请对程序进行修改。

```
class Step{
private:
    int num;
public:
    Step(int num){this->num = num;}
    int getStep(){return num;}
    Step operator++();
};

Step Step::operator++(){
    num++;
    return *this;
}
```

1. 考查的知识点

❑ 自增运算符的重载

2. 问题分析

为了便于分析，首先写一个测试程序，创建一个 Step 类的对象，然后分别使用前自增操作和后自增操作，并打印自增操作后 step 对象的步数。

```
int main(){
    Step step(1);
    ++step;
    cout << step.getStep() << endl;
    step++;
    cout << step.getStep() << endl;
}
```

通过观察运行结果我们发现，无论是前自增操作还是后自增操作，都调用了程序中的运算符重载函数，并且每次调用后对象的步数都会加一。运行结果不禁让人产生疑问，前自增操作和后自增操作难道等价了么？为了进一步探究，对测试程序做以下修改：

```
int main(){
    Step step(1);
    Step a = ++step;
    cout << a.getStep() << endl;
    Step b = step++;
    cout << b.getStep() << endl;
}
```

再次观察程序的运行结果我们发现了问题。运行结果显示对象 a 输出 2，对象 b 输出 3，也就是对象 a 和对象 b 都相当于在对象 step 自增后再赋值。换句话说，++step 和 step++ 的行为都是先自增操作，这与传统意义上自增操作是矛盾的。

实际上代码中重载的只是前自增操作符，而没有重载后自增操作符。在这种情况下，编译器会对代码进行处理，如果只重载了前自增操作符，那么后自增操作会与重载后的前自增运算符绑定，使两者的行为相同。如果想避免这种情况，在重载自增运算符时应该同时重载前自增运算符和后自增运算符。后自增运算符的重载方式如下：

```
Step Step::operator ++ (int){
    Step temp = *this;
    ++ *this;
    return temp;
}
```

为了区分前自增运算符和后自增运算符的重载函数，后自增运算符的重载函数的参数列表中需要增加一个 int 类型的参数，在使用中完全可以忽略这个参数，编译器会对其做特殊处理。

前自增运算符和后自增运算符的重载函数在实现上也有区别。前自增运算符的重载函数首先自增，然后返回对象自身的引用；后自增运算符先创建一个对象的副本，然后使用前自增操作调用前自增运算符的重载函数，最后返回对象的副本。

如果再次运行测试程序就会发现，对象 a 和 b 的输出结果都是2，表明 ++ step 调用的是前自增运算符的重载函数，step ++ 调用的是后自增运算符的重载函数。

3. 答案

修改后的 Step 类如下：

```
class Step{
private:
    int num;
public:
    Step(int num){this -> num = num;}
    int getStep(){return num;}
    Step& operator ++ ();                    //重载前自增运算符
    Step operator ++ (int);                  //重载后自增运算符
};

Step& Step::operator ++ (){
    num ++;
    return *this;
}

Step Step::operator ++ (int){
    Step temp = *this;
    ++ *this;
    return temp;
}
```

【面试题 3】通过运算符重载实现复数加减

编写复数类 Complex 并实现复数加减运算。

1. 考查的知识点

❑ 运算符重载的应用

2. 问题分析

复数类 Complex 的每个对象表示一个复数，由于复数由实部和虚部构成，因此 Complex 类中应该包括实部 real 和虚部 imag 两个数据成员。

复数加减的运算规则是将两个复数的实部和虚部分别加减，因此需要重载 + 和 - 两个二元运算符。对于二元运算符，建议使用友元函数的方式重载。重载函数的参数是两个 Complex 类的对象，运算结果是一个新的复数，因此返回值也是一个 Complex 对象。

```
friend Complex operator + (Complex com1,Complex com2);
friend Complex operator - (Complex com1,Complex com2);
```

此外还应该实现一个 print 函数，用于输出复数对象。需要注意的是，复数输出时需要考虑虚部大于零、小于零和等于零三种情况。

3. 答案

```
class Complex{
private:
    int real;
    int imag;
public:
    Complex(int r,int i):real(r),imag(i){}
    friend Complex operator + (Complex com1,Complex com2);
    friend Complex operator - (Complex com1,Complex com2);
    void print();
};

Complex operator + (Complex com1,Complex com2){
    return Complex(com1.real + com2.real,com1.imag + com2.imag);
}
Complex operator - (Complex com1,Complex com2){
    return Complex(com1.real - com2.real,com1.imag - com2.imag);
}

void Complex::print(){
    if(imag ==0){
        cout << real << endl;
    }else if (imag  >0){
        cout << real << " + " << imag << "i" << endl;
    }else{
        cout << real << " - " << imag << "i" << endl;
    }
}
```

14.6 继承

14.6.1 知识点梳理

知识点梳理的教学视频请扫描二维码 14-12 获取。

二维码 14-12

继承是面向对象程序设计的重要特性之一，它解决了代码复用问题，使我们在定义新的数据类型时不但可以添加自身的新成员，还可以重用已定义的旧成员。在继承关系中，位于上层的类称为基类或父类，位于下层的类称为派生类或子类。图 14-3 表示类 B 和类 C 分别继承类 A。

在继承时，子类除了拥有父类的成员之外，还可以添加属于自己特有的成员。例如，类 B 中添加了数据成员 b，类 C 中添加了成员函数 sqrt。子类中也可以定义与父类同名的成员，这时父类中的成员会被子类的同名成员覆盖。

在 C ++ 有三种继承方式：public 公有继承、private 私有继承和 protected 保护继承。继承关系中父类成员在子类中的可见性见表 14-2。

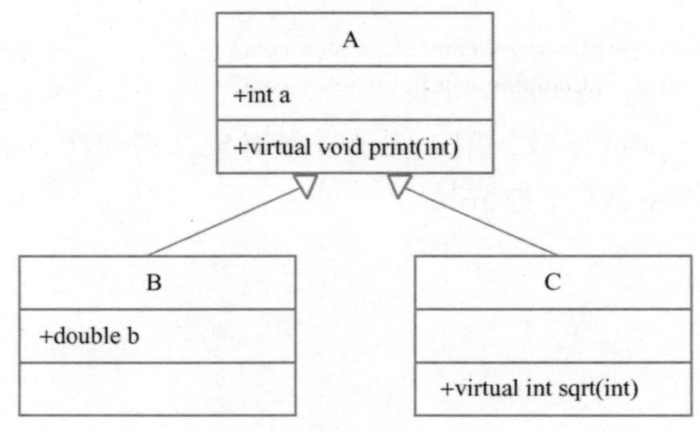

图 14-3　继承关系

表 14-2　继承关系中的成员可见性

继承方式	public 成员	protected 成员	private 成员
公有继承 public	公有 public	保护 protected	不可见
私有继承 private	私有 private	私有 private	不可见
保护继承 protected	保护 protected	保护 protected	不可见

在公有继承中，父类的公有成员在子类中仍然为公有成员，可以随意访问；父类中的保护成员在子类中仍然为保护成员，只能在子类及子类的子类中访问；父类中的私有成员对于子类不可见。

在私有继承中，父类的公有成员和保护成员在子类中都成为私有成员，只能在子类中访问；父类中的私有成员对于子类不可见。

在保护继承中，父类的公有成员和保护成员在子类中都成为保护成员，可以在子类及子类的子类中访问；父类中的私有成员对于子类不可见。

小技巧——成员可见性

如果对表 14-2 死记硬背可能会有点晕，其实只要掌握两点就可以了。首先是私有成员的不可见性，也就是父类中的私有成员在子类中是不能访问的。其次就是逢低取低原则，公有 > 保护 > 私有，比如父类的公有成员在私有继承中就变成子类的私有成员。

上面讲到的成员访问都是针对类而言，也就是讨论成员在类中的可访问性，而不是针对类的对象。对象只能访问类中的公有成员，父类的对象只能访问父类中的公有成员，不能直接访问父类中的保护成员和私有成员。子类的对象除了可以访问子类自身的公有成员，通过公有继承还可以访问父类中的公有成员。

注意啦——可访问性之于类和对象

一定要区分成员对于类的可访问性和对于类对象的可访问性。对于类的可访问性体现在类的内部，也就是定义类的代码中；对于类对象的可访问性体现在类的外部，也就是使用类的代码中。

14.6.2　经典面试题解析

【面试题 1】简述继承与组合的区别

1. 考查的知识点

❑ 继承与组合的区别

2. 问题分析

继承和组合都体现了面向对象中代码复用的特性，想要弄清继承与组合的区别，首先应该了解两者的适用范围，什么情况适用继承，什么情况适用组合。

如果两个类在逻辑上是 is - a 的关系，应该考虑使用继承。更准确地说，两个类是“一种”（a kind of）的关系时应该考虑使用继承。例如，鸟类 Bird 和动物类 Animal，可以说鸟 is - a 动物，或者说鸟是一种动物，因此可以使用继承：Bird 类继承 Animal 类。

如果两个类在逻辑上是 has - a 的关系，应该考虑使用组合。更准确地说，两个类是“一部分”（a part of）的关系时应该考虑使用组合。例如，喙类 Beak 和鸟类 Bird，可以说鸟 has-a 喙，或者说喙是鸟的一部分，因此可以使用组合：Bird 类中包含一个 Beak 类的对象。

在判断两个类之间的关系是继承还是组合时，只要按照上面的标准去衡量，就基本不会发生误用。如果发现无论使用 is-a 还是 has-a 都不适合的时候，就应当重新考虑两个类是否真的有联系。

3. 答案

继承是 is-a 的关系，组合 has-a 的关系。

【面试题 2】简述公有继承、私有继承和保护继承的区别

判断字母标记行的代码是否正确。

```
class Base{
private:
    int priVar;
protected:
    int proVar;
public:
    int pubVar;
};

class DerivedPub:public Base{
public:
    void print(){
        cout << "DerivedPub:public variable = " << pubVar << endl;        #
        cout << "DerivedPub:protected variable = " << proVar << endl;     #
        cout << "DerivedPub:private variable = " << priVar << endl;       #C
    }
};

class DerivedPri:private Base{
public:
    void print(){
        cout << "DerivedPri:public variable = " << pubVar << endl;        #D
        cout << "DerivedPri:protected variable = " << proVar << endl;     #E
        cout << "DerivedPri:private variable = " << priVar << endl;       #F
    }
```

```
};

class DerivedPro:protected Base{
public:
        void print(){
            cout << "DerivedPro:public variable = " << pubVar << endl;       #G
            cout << "DerivedPro:protected variable = " << proVar << endl;    #H
            cout << "DerivedPro:private variable = " << priVar << endl;      #I
        }
};

int main(){
        int var;
        DerivedPub objPub;
        var = objPub.pubVar;                                                  #J
        var = objPub.proVar;                                                  #K
        var = objPub.priVar;                                                  #L

        DerivedPri objPri;
        var = objPri.pubVar;                                                  #M
        var = objPri.proVar;                                                  #N
        var = objPri.priVar;                                                  #O

        DerivedPro objPro;
        var = objPro.pubVar;                                                  #P
        var = objPro.proVar;                                                  #Q
        var = objPro.priVar;                                                  #R
}
```

1. 考查的知识点

❑ 继承

2. 问题分析

本题的教学视频请扫描二维码 14-13 获取。

二维码 14-13

本题考查的是公有成员、私有成员和保护成员在公有继承、私有继承和保护继承中的可访问性，下面来对代码逐行分析：

子类 DerivedPub 可以访问 Base 类的公有成员 pubVar 和保护成员 proVar，因此 A 和 B 正确，C 错误。DerivedPub 类公有继承 Base 类，Base 类的公有成员 pubVar 和保护成员 proVar 在 DerivedPub 类中仍然分别为公有成员和保护成员。DerivedPub 类的对象 objPub 只能访问 DerivedPub 类的公有成员 pubVar，因此 J 正确，K 和 L 错误。

子类 DerivedPri 可以访问 Base 类的公有成员 pubVar 和保护成员 proVar，因此 D 和 E 正确，F 错误。DerivedPri 类私有继承 Base 类，Base 类的公有成员 pubVar 和保护成员 proVar 在 DerivedPri 类中都变为私有成员。DerivedPri 类的对象 objPri 只能访问 DerivedPri 类的公有成员，因此 M、N 和 O 都是错误的。

子类 DerivedPro 可以访问 Base 类的公有成员 pubVar 和保护成员 proVar，因此 G 和 H 正确，I 错误。DerivedPro 类保护继承 Base 类，Base 类的公有成员 pubVar 在 DerivedPro 类中变为保护成员，保护成员 proVar 在 DerivedPro 类中仍然为保护成员。DerivedPro 类的对象 objPro 只能访问 DerivedPro 类的公有成员，因此 P、Q 和 R 都是错误的。

3. 答案

正确：A、B、D、E、G、H、J。

错误：C、F、I、K、L、M、N、O、P、Q、R。

【面试题 3】父类构造函数与子类构造函数的关系

指出下面程序中的错误：

```
class Base{
private:
    int baseVar;
public:
    Base(int var){baseVar = var;}
};

class Derived:public Base{
private:
    int derivedVar;
public:
    Derived(int var){derivedVar = var;}
};
```

1. 考查的知识点

❑ 父类构造函数的调用

2. 问题分析

当创建一个子类的对象时，系统在执行子类构造函数的函数体之前，首先调用父类的构造函数，初始化父类的成员，如果在子类构造函数的初始化列表中没有显式地调用父类的构造函数，系统会隐式地调用父类无参的构造函数。

在子类的构造函数中，如果想显式地调用父类的构造函数，可以在子类构造函数的初始化列表中直接调用父类的构造函数，否则父类中就需要提供无参的构造函数，因为系统会自动调用父类无参的构造函数。

对于本题的程序来说，子类 Derived 的构造函数初始化列表没有显式地调用 Base 类的构造函数，系统会隐式地调用 Base 类无参的构造函数，但是 Base 类中既没有声明无参的构造函数，又由于已经声明了一个有参的构造函数而造成系统不会自动生成默认的无参构造函数，因此在创建 Derived 类的对象时会发生初始化错误。

3. 答案

方法一：为 Base 类声明一个无参的构造函数。

```
class Base{
private:
    int baseVar;
public:
    Base(){baseVar = 0;}
    Base(int a){baseVar = a;}
};
```

方法二：在 Derived 类的构造函数初始化列表中调用 Base 类的构造函数。

```
class Derived:public Base{
private:
    int derivedVar;
public:
    Derived(int a,int b = 0):Base(b){derivedVar = a;}
};
```

14.7 虚继承

二维码 14-14

14.7.1 知识点梳理

知识点梳理的教学视频请扫描二维码 14-14 获取。

多重继承是指一个子类同时继承多个父类。多重继承在现实世界中也很常见，例如，水上汽车兼具了汽车和游船的特性，因此水上汽车类可以同时继承汽车类和游船类。

在多重继承体系中，有一种比较特殊的继承关系称为菱形继承。菱形继承是指多重继承中的多个父类又继承自同一个类，如图 14-4 所示。

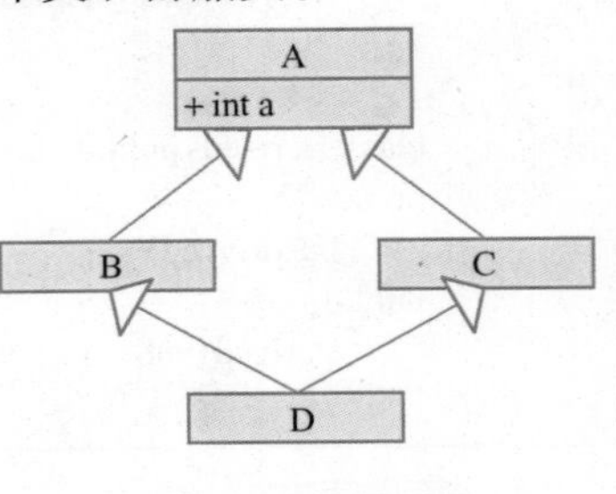

图 14-4 菱形继承

菱形继承中存在着访问二义性问题，由于类 D 间接继承了类 A 两次，因此类 D 中有两个数据成员 a，当通过 D 类的对象访问数据成员 a 时，无法确定访问的是通过类 B 继承自类 A 的数据成员 a，还是类 C 继承自类 A 的数据成员 a。

为了让菱形继承中位于底层的类 D 只间接继承位于顶层的类 A 一次，从而使类 D 中只有唯一的一份数据成员 a，必须在类 A 的直接子类中使用虚继承，也就是在类 B 和类 C 继承类 A 时使用虚继承。

```
class A{
    public:int a;
};
class B:virtual public A{};
class C:virtual public A{};
class D:public B,public C{};
```

在使用虚继承时，通过 virtual 关键字修饰继承关系，虚继承中的父类称为虚基类。虽然对于程序来说只是多了一个 virtual 关键字，但是对于内存布局来说却发生了很大变化，类 A 子类的对象中增加了一个指向虚基类 A 的指针。

使用虚继承后，避免了访问二义性问题。通过类 D 的对象访问数据成员 a 时，编译器不会报错，因为虚继承保证了类 D 中只有类 A 的一份拷贝。

14.7.2 经典面试题解析

【面试题 1】虚继承中的构造函数的调用

写出下面程序的输出：

```
class A{
public:
    char c1;
    A(){c1 = 'A';}
    A(char c1){this->c1 = c1;}
};

class B:public virtual A{
public:
    char c2;
    B(){c2 = 'B';}
```

```
    B(char c1,char c2):A(c1){this->c2=c2;}
};

class C:public virtual A{
public:
    char c3;
    C(){c3='C';}
    C(char c1,char c3):A(c1){this->c3=c3;}
};

class D:public B,public C{
public:
    char c4;
    D(){c4='D';}
    D(char c1,char c2,char c3,char c4):B(c1,c2),C(c3,c3){this->c4=c4;}
};

D obj('a','b','c','d');
cout<<obj.c1<<obj.c2<<obj.c3<<obj.c4<<endl;
```

1. 考查的知识点

❑ 虚继承中构造函数的调用

2. 问题分析

二维码 14-15

本题的教学视频请扫描二维码 14-15 获取。

代码中四个类之间的继承关系是菱形继承，并且使用了虚继承。在创建类 D 的对象 obj 时，会调用下面的构造函数：

```
D(char c1,char c2,char c3,char c4):B(c1,c2),C(c3,c3)
```

有些读者认为程序会输出 cbcd，因为在类 D 构造函数的初始化列表中首先调用类 B 的构造函数将 c1 和 c2 初始化为'a'和'b'，再调用类 C 的构造函数将 c1 和 c3 初始化为'c'和'c'，最后将 c4 初始化为'd'，因此输出 cbcd。

这种理解是错误的，因为虚继承保证继承关系中的虚基类只被初始化一次，因此类 A 的构造函数不会执行两次。

基于上述原因，有些读者认为程序会输出 abcd，因为在类 D 构造函数的初始化列表中首先调用类 B 的构造函数将 c1 和 c2 初始化为'a'和'b'，然后调用类 C 的构造函数时，由于类 A 是虚基类，已经被初始化过一次，因此不会再调用类 A 的构造函数，而只会将 c3 初始化为'c'，最后将 c4 初始化为'd'，因此输出 abcd。

这种理解也是有问题的，虽然答案考虑了虚基类只初始化一次的特性，但是没有考虑虚基类的另一个特性：在菱形继承中，底层类的构造函数初始化列表中会首先调用顶层类的构造函数，如果底层类的初始化列表中没有显式调用顶层类的构造函数，编译器会自动调用顶层类无参的构造函数，因此类 D 的构造函数等价于：

```
D(char c1,char c2,char c3,char c4):A(),B(c1,c2),C(c3,c3)
```

创建 D 类的对象 obj 时，首先调用类 A 无参的构造函数将 c1 初始化为'A'，然后调用类 B 的构造函数，由于虚基类 A 已经初始化过一次，因此只会将 c2 初始化为'b'，同样调用类 C 的构造函数会将 c3 初始化为'c'，最后将 c4 初始化为'd'，因此输出 Abcd。

3. 答案

程序输出：Abcd。

【面试题 2】计算虚继承中对象占用的空间

请写出 sizeof 的运算结果。

程序 1

```
class Base{
    void f(){}
};
class Derived1:public Base{
    void f1(){}
};
class Derived2:public virtual Base{
    void f2(){}
};

sizeof(Base);
sizeof(Derived1);
sizeof(Derived2);
```

1. 考查的知识点

❑ 虚继承中对象的内存空间

2. 问题分析

Base 类没有任何数据成员，但是 Base 类的对象占用的空间却不是 0，由于对象存储在内存中，不占用空间的对象在内存中无法标识，因此 Base 类的对象在内存中会有一个占位符，占用空间为 1 个字节。

Derived1 类继承 Base 类，没有任何数据成员，因此 Derived1 类的对象也只有一个占位符，占用空间为 1 个字节。

Derived2 类虚继承 Base 类，没有任何数据成员，但是由于虚继承的关系，Derived2 类的对象中会有一个指向虚基类 Base 的指针，指针占用的空间为 4 个字节，因此 Derived2 类的对象占用空间为 4 个字节。

3. 答案

```
sizeof(Base) = 1
sizeof(Derived1) = 1
sizeof(Derived2) = 4
```

程序 2

```
class Base{
    virtual void f(){}
};
class Derived1:public Base{
    virtual void f1(){}
};
class Derived2:public Base{
    virtual void f2(){}
};
class Derived3:public virtual Base{
    virtual void f3(){}
```

```
};

sizeof(Base);
sizeof(Derived1);
sizeof(Derived2);
sizeof(Derived3);
```

1. 考查的知识点

❑ 虚继承中含有虚函数时对象的内存空间

2. 问题分析

Base 类中没有任何数据成员，但是由于 Base 类中有虚函数，Base 类的对象中会有一个指向虚函数表的指针，因此 Base 类的对象占用空间为 4 个字节。

Derived1 类继承 Base 类，没有任何数据成员，但是 Derived1 类继承了 Base 类中的虚函数，使得 Derived1 类的对象中也含有一个指向虚函数表的指针，因此 Derived1 类的对象占用空间为 4 个字节。

Derived2 类继承 Base 类，没有任何数据成员，但是 Derived2 类不但继承了 Base 类的虚函数，还有自己的虚函数，这两个虚函数关联同一个虚函数表，因此 Derived2 类的对象中只有一个指向虚函数表的指针，占用 4 个字节。

Derived3 类虚继承 Base 类，这个情况比较复杂，不同编译器的实现不同。这里只分析一下主流的 VC 编译器和 GCC 编译器。

对于 VC 编译器来说，虚继承中父类和子类不共享指向虚函数表的指针，因此 Derived3 类的对象中有三个指针：指向 Base 类虚函数表的指针，指向 Derived3 类虚函数表的指针，指向虚基类 Base 的指针，总共占用空间为 12 个字节。

对于 GCC 编译器来说，无论普通继承还是虚继承，任何对象只有一个指向虚函数表的指针，因此 Derived3 类的对象中有两个指针：指向虚函数表的指针，指向虚基类 Base 的指针，总共占用空间为 8 个字节。

3. 答案

```
sizeof(Base) = 4
sizeof(Derived1) = 4
sizeof(Derived2) = 4
sizeof(Derived3) = 8(GCC)或 12(VC)
```

14.8　多态与虚函数

14.8.1　知识点梳理

二维码 14-16

知识点梳理的教学视频请扫描二维码 14-16 获取。

多态是指不同对象对于同样的消息做出不同的响应，C++ 中的多态性通过虚函数实现。多态性的原理是延迟绑定，也就是在函数调用时才绑定函数，这也是虚函数的工作原理。虚函数通过 virtual 关键字标识，下面的代码是一个虚函数的应用：

```
class Base{
public:
    virtual void f1(){cout << "Base::f1()" << endl;}
    void f2(){cout << "Base::f2()" << endl;}
```

```
};

class Derived:public Base{
public:
    void f1(){cout << "Derived::f1()" << endl;}
    void f2(){cout << "Derived::f2()" << endl;}
};

Base * b = new Derived();
b->f1();
b->f2();
```

Base 类中定义了两个函数，其中 f1 被声明为虚函数，f2 为普通函数。Derived 类继承 Base 类并覆盖了函数 f1 和 f2。在测试程序中定义了一个 Base 类的指针 b，实际指向一个 Derived 类的对象，最后通过指针 b 调用函数 f1 和 f2。

由于函数 f1 为虚函数，根据多态性原理，调用函数 f1 时会根据指针指向的对象类型动态选择函数，因此 b->f1()会调用 Derived 类中的 f1 函数。而函数 f2 不是虚函数，调用函数 f2 时会根据指针的类型选择函数，因此 b->f2()会调用 Base 类中的 f2 函数。

可以将一个虚函数声明为纯虚函数，纯虚函数一般不给出具体实现，因此无法调用纯虚函数。含有纯虚函数的类称为抽象类，抽象类不能创建对象，只能作为父类使用。下面是一个纯虚函数的例子：

```
class Base{
public:
    virtual void f1() =0;
    void f2(){cout << "Base::f2()" << endl;}
};
```

在 Base 类中声明了一个纯虚函数 f1，纯虚函数必须采用代码中的语法。Base 类是抽象类，不能创建 Base 类的对象，纯虚函数 f1 需要在 Base 类的子类中实现，如果子类中没有给出函数 f1 的实现，那么子类也是抽象类。

注意啦——抽象类和具体类

抽象类的子类可以是抽象类也可以是具体类，这取决于子类是否实现了父类中所有的纯虚函数。具体类的子类只能是具体类，不能在具体类的子类中新增纯虚函数使子类变为抽象类。

14.8.2 经典面试题解析

【面试题 1】虚函数的常识性问题

选出下面说法中正确的一项（　　）。

(A) 构造函数和析构函数不能声明为虚函数

(B) 函数不能既是内联函数又是虚函数

(C) 静态函数可以声明为虚函数

(D) 父类中声明的虚函数在子类中需要使用 virtual 关键字才能成为子类中的虚函数

1. 考查的知识点

❑ 虚函数的概念

2. 问题分析

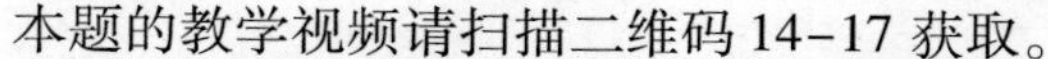

本题的教学视频请扫描二维码 14-17 获取。

二维码 14-17

构造函数不能声明为虚函数，但是析构函数可以声明为虚函数，并且为了让父类中申请的资源得到释放，强烈建议将析构函数声明为虚函数，因此 A 错误。

内联函数会在预编译时会进行代码展开，省略函数调用，因此内联函数不能是虚函数。虽然使用 inline 和 virtual 共同修饰一个函数时能够通过编译，并在调用时会表现出虚函数的性质，但这是因为编译器在函数声明中遇到 virtual 关键字时，会选择忽略 inline 关键字，不进行代码展开，因此 B 正确。

虚函数体现了对象在运行时的多态性，而静态函数属于整个类，不属于某个对象，不能声明为虚函数，因此 C 错误。

虚函数具有继承属性，一个函数如果在父类中被声明为虚函数，子类中仍然保留虚函数的属性，即便子类中没有使用 virtual 关键字显式地声明，父类中的虚函数在子类和子类的子类中仍然为虚函数，因此 D 错误。

3. 答案

B 正确。

【面试题 2】简述虚函数表的概念

1. 考查的知识点

❑ 虚函数表

2. 问题分析

本题的教学视频请扫描二维码 14-18 获取。

二维码 14-18

如果一个类中有虚函数，那么这个类就对应一个虚函数表，虚函数表中的元素是一组指向函数的指针，每个指针指向一个虚函数的入口地址。在访问虚函数时，通过虚函数表进行函数调用。

在含有虚函数的类对象模型中，除了对象的数据成员外，还有一个指向虚函数表的指针，称为虚指针，虚指针位于对象模型的顶部。下面通过一个例子来了解一下虚函数表和虚指针的概念：

```
class Base{
protected:
    int a;
public:
    virtual void f1(){cout << "Base::f1()" << endl;}
    virtual void f2(){cout << "Base::f2()" << endl;}
    virtual void f3(){cout << "Base::f3()" << endl;}
};

Base b;
b.f2();
```

代码中定义了一个 Base 类，类中包括一个数据成员和三个虚函数，图 14-5 描述了对象 b 的数据模型。

在 Base 类的对象 b 中，虚指针 vptr 位于对象模型的顶部，指向虚函数表，虚函数表中保

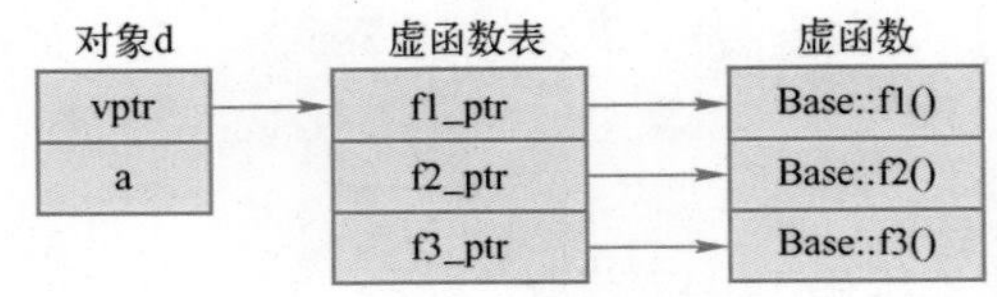

图 14-5　Base 类的对象模型

存着指向 Base 类中三个虚函数的函数指针。

执行代码 b. f2()时，首先判断 f2 是虚函数，需要通过 vptr 找到 Base 类的虚函数表，再从虚函数表中找到指向虚函数 f2 的指针 f2_ptr，通过 f2_ptr 调用虚函数 Base::f2()。

由于 Base 类的对象模型是确定的，因此可以直接获取 Base 类中的任何一个虚函数的入口地址，然后直接调用这些虚函数。为了简化代码，使用 typedef 定义指向虚函数的函数指针类型。

```
typedef void( * Fun)(void);
Base b;
((Fun) * ((int * ) * (int * )(&b) +0))();
((Fun) * ((int * ) * (int * )(&b) +1))();
((Fun) * ((int * ) * (int * )(&b) +2))();
```

无论直接调用哪个虚函数，都必须先获得对象 b 中的虚指针 vptr。由于 b 是一个对象，而虚指针位于对象模型的顶部，因此直接对 b 取地址得到 &b 后，再将其转换为 int * 类型，就可以获得一个指向虚指针 vptr 的指针，再将其解引用就获得了虚函数表的地址。

```
* (int * )(&b)                          //获取虚函数表的地址
```

由于虚函数表的地址指向整个虚函数表，如果想获得指向第一个虚函数 f1 的指针还需要使用同样的方法：转换成 int * 类型。

```
(int * ) * (int * )(&b)                 //指向虚函数 f1 的指针
```

可以将指向虚函数 f1 的指针理解成一个指向数组元素的指针，如果想获得指向虚函数 f2 的指针，就相当于获取指向数组下一个元素的指针。

```
(int * ) * (int * )(&b) +1              //指向虚函数 f2 的指针
```

然后对指向虚函数 f2 的指针解引用，获得虚函数 f2 本身，再将其转换成预定义的 Fun 类型，也就是虚函数 f2 的类型，就可以直接调用虚函数 f2 了。

```
(Fun) * ((int * ) * (int * )(&b) +1)()  //调用虚函数 f2
```

在程序中当然不会用这种复杂的方式直接调用虚函数，但是通过分析可以更加清晰地了解对象模型。最后再来看有继承关系的情况：

```
class Derived:public Base{
protected:
    int b;
public:
    virtual void f1(){cout << "Derived::f1()" << endl;}
    virtual void f4(){cout << "Derived::f4()" << endl;}
};

Derived d;
d.f1();
```

如图 14-6 所示，在 Derived 类的对象 d 中，虚指针 vptr 位于对象模型顶部，指向虚函数表。虚函数表中保存着四个指向虚函数的函数指针，依次是：f1_ptr 指向 Derived 类重定义的 f1 函数，f2_ptr 和 f3_ptr 指向继承自 Base 类的 f2 和 f3 函数，f4_ptr 指向 Derived 类新增的 f4 函数。

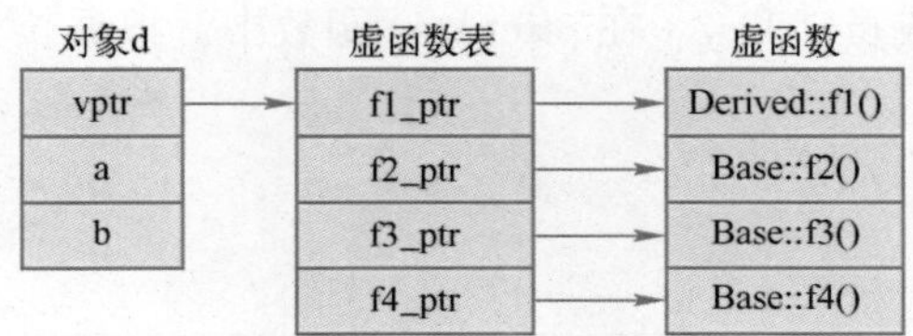

图 14-6　Derived 类的对象模型

```
((Fun)*((int*)*(int*)(&d)+0))();
((Fun)*((int*)*(int*)(&d)+1))();
((Fun)*((int*)*(int*)(&d)+2))();
((Fun)*((int*)*(int*)(&d)+3))();
```

与 Base 类相同，也可以直接通过代码获取到 Derived 类中的任何一个虚函数的入口地址，然后直接调用这些虚函数。

3. 答案

见分析。

【面试题 3】通过虚函数实现各种图形计算的多态性

程序中定义了一个图形类 Shape，请实现其三个子类并编写测试程序，使用 Shape 类的指针调用三个子类的 printArea 方法。

```
class Shape{
protected:
    float x;
    float y;
public:
    Shape(float i,float j):x(i),y(j){}
    virtual void printArea()=0;
};

class Rectangle:public Shape;
class Triangle:public Shape;
class Circle:public Shape;
```

1. 考查的知识点

❑ 纯虚函数

2. 问题分析

图形类 Shape 中的 printArea 函数是一个纯虚函数，因此 Shape 类是一个抽象类，不能创建 Shape 类的对象。

下面以 Rectangle 类为例实现其中的一个子类。在实现 Rectangle 类时，只需做两件事：定义一个构造函数，实现 Shape 类中的纯虚函数 printArea。

```
class Rectangle:public Shape{
public:
```

```
    Rectangle(float i,float j):Shape(i,j){}
    void printArea(){cout << "Rectangle:" << x * y << endl;}
};
```

在 Rectangle 类的构造函数中，使用初始化列表直接调用 Shape 类的构造函数，通过 Shape 类的构造函数初始化数据成员 x 和 y。在 printArea 函数中，根据长方形面积公式输出长方形面积。下面是测试程序：

```
Rectangle r(4,6);
Shape * s = &r;
s -> printArea();
```

代码中定义了一个 Rectangle 类的对象 r 并将其地址初始化一个 Shape 类的指针 s，通过指针 s 调用 printArea 方法，根据虚函数多态性，实际会调用 Rectangle 类的 printArea 方法，程序输出 Rectangle：24。

3. 答案

三个具体图形类的代码如下：

```
class Rectangle:public Shape{
public:
    Rectangle(float i,float j):Shape(i,j){}
    void printArea(){cout << "Rectangle:" << x * y << endl;}
};

class Triangle:public Shape{
public:
    Triangle(float i,float j):Shape(i,j){}
    void printArea(){cout << " Triangle:" << x * y/2 << endl;}
};

class Circle:public Shape{
public:
    Circle(float i):Shape(i,i){}
    void printArea(){cout << "Circle:" << 3.14 * x * x << endl;}
};
```

第 15 章　模板与泛型编程

15.1　模板

15.1.1　知识点梳理

二维码 15-1

知识点梳理的教学视频请扫描二维码 15-1 获取。

模板是 C ++ 的特性之一，也是 STL 的基础。在模板出现之前，对于参数类型不同但功能相同的函数，或者成员类型不同但功能相同的类，需要编写多个版本的代码，尽管每个版本之间除了类型不同并无其他差异。在模板出现之后，利用模板可以编写类型无关的程序，大大提高了编程效率。

函数模板

编写一个比较大小的函数时，如果参数类型不确定，则需要编写一组重载函数，以满足不同数据类型的需求。而且一旦函数逻辑发生变化，所有的重载函数都得随之改变，这无形中增加了维护的成本。

通过使用函数模板可以轻松解决这个问题，只要参数类型支持比较操作，就可以直接使用定义好的函数模板。

```
template < typename T >
int compare( const T &v1, const T &v2) {
    if ( v1 < v2)    return  -1;
    if ( v2 < v1)    return 1;
    return 0;
}

int r1 = compare( 1,10) ;
int r2 = compare( 1.6,4.8) ;
```

函数模板的声明以关键字 template 开头，后面跟着模板参数列表，列表中的每个模板参数都用 typename 关键字修饰，多个模板参数之间用逗号分隔。每个模板参数表示一个待定的类型，函数模板中可以使用这种待定类型。

调用函数模板时，无须显式指定模板参数的类型，编译器会根据参数进行推断，然后实例化一个特定类型版本的函数。例如，程序中分别实例化了一个 int 类型版本的 compare 函数和一个 double 类型版本的 compare 函数。

显式地指定模板参数的类型也是允许的，这种情况下编译器会跳过推断类型的过程，直接使用程序中指定的类型。

```
int r = compare < double > (1.6,4.8) ;
```

实际上函数模板 compare 并不适用于所有数据类型，只有支持比较操作符 < 的类型才能使用这个函数模板，像 char[ ]这种不支持比较操作的类型就不能使用，除非通过特化函数模板的方式解决。

小技巧——模板中的操作符

函数模板compare中只使用了 < 操作符，而没有同时使用 < 和 > 两种操作符，这是泛型编程的一种好习惯，尽量使用通用的或相同的操作符能够减少模板对类型的依赖。就像compare模板只要求模板类型支持 < 操作符，而不需要支持 > 操作符。

类模板

类模板中的数据成员和函数成员都可以使用模板参数中的待定类型。与函数模板不同，类模板在实例化时必须指定模板参数的类型。因为创建对象必须要有一个明确的类，只有指定模板参数的类型，才能保证在对象创建之前先实例化一个与对象相关版本的类。

```
template < typename T > class Test{
public:
    Test(T a):a(a){}
    void set(const T &a){this -> a = a;}
    T get(){return a;}
private:
    T a;
};

Test < int > t1(100);
Test < char > t2('a');
```

类模板的声明以关键字template开头，后面跟着模板参数列表，列表中每个模板参数都用typename关键字修饰，多个模板参数用逗号分隔。每个模板参数表示一个待定的类型，类中的数据成员和函数成员都可以使用这种待定类型。

小知识——模板参数列表

在模板参数列表中使用typename关键字和class关键字是等效的，但是推荐使用typename，毕竟typename望文生义就能知道参数是一个类型名字，class没有那么直观，容易误解。

通过类模板创建对象时必须指定模板参数的类型，编译器根据类型信息首先实例化出具体的类，然后再创建这个类的对象。每个实例化的类都是一个独立的类，彼此之间没有特殊的访问权限。程序中实例化了两个类：一个int类型版本的类Test < int > 和一个char类型版本的类Test < char >。

15.1.2 经典面试题解析

【面试题1】模板全特化和偏特化的使用方式

找出下面程序中错误的模板特化方式：

```
template < typename T1,typename T2 >
class Test{
public:
    Test(T1 a,T2 b):a(a),b(b){cout << "normal" << endl;}
private:
```

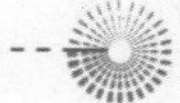

```
        T1 a;
        T2 b;
};

//A
template < >
class Test < char,int > {
public:
        Test(char a,int b):a(a),b(b){cout << "full" << endl;}
private:
        char a;
        int b;
};

//B
template < typename T >
class Test < T,char > {
public:
        Test(T a,char b):a(a),b(b){cout << "partial" << endl;}
private:
        T a;
        char b;
};

template < typename T1,typename T2 >
void fun(T1 a,T2 b){cout << "normal" << endl;}

//C
template < >
void fun < char,int > (char a,int b){cout << "full" << endl;}

//D
template < typename T >
void fun < T,char > (T a,char b){cout << "partial" << endl;}
```

1. 考查的知识点

❑ 模板特化

2. 问题分析

二维码 15-2

本题的教学视频请扫描二维码 15-2 获取。

使用模板的目的是编写类型无关的程序，但在有些情况下，并非所有类型都适用我们编写的模板。

```
template < typename T >
T add(T a,T b){
        return a + b;
}
```

上面的程序编写一个加法的函数模板，返回两个参数的和，模板可以轻松处理 int、float、double 类型。如果参数可能接收 char 类型的小写字母，并且希望将两个字母在字母表中的序号相加，返回结果对应的小写字母。这显然超出了模板函数的处理能力，因此需要为 char 类型特化一个函数模板。

```
template < >
```

```
char add(char a,char b){
    return ( a+b - 192 ) % 26+96;
}
```

模板特化是将模板中的模板参数指定为特定的类型，模板特化后可以针对特定类型实现特定逻辑，而不拘泥于通用模板。模板特化丰富了模板的使用方式。

模板特化分为全特化和偏特化。模板全特化是将所有模板参数进行特化，特化后所有的模板参数都有确定的类型；偏特化是将部分模板参数进行特化，特化后只有部分模板参数指定了类型，因此模板偏特化后仍然是一个模板。

程序中首先定义了一个包含两个模板参数的类模板，然后通过指定两个模板参数的类型对模板进行全特化，再通过指定其中一个模板参数的类型对模板进行偏特化，因此类模板的相关代码没有问题。

之后程序定义了一个包含两个模板参数的函数模板，然后对函数模板进行全特化，再对函数模板进行偏特化。但是 C++规定，函数模板只能全特化，不能偏特化，如果想实现偏特化的效果，可以通过函数重载或模板重载的方式解决，因此 D 段代码错误。

3. 答案

D 错误。

【面试题 2】模板函数的重载问题

找出下面程序中错误并修改：

```
template <typename T>
int compare(const T &v1,const T &v2){
    if (v1 < v2)    return -1;
    if (v2 < v1)    return 1;
    return 0;
}

int r = compare(6,3.5);
```

1. 考查的知识点

❑ 模板函数的重载

2. 问题分析

题目中定义了一个函数模板，用于比较两个变量的大小，模板中有一个模板参数，测试程序想比较常数 6 和 3.5 的大小。

在实例化模板函数的过程中，只有模板参数的类型完全一致时，函数模板才会实例化一个模板函数，而普通函数参数在类型不完全匹配时，会尝试进行隐式类型转换，这是模板参数与函数参数在类型匹配方式上的不同。

代码中两个参数的类型分别为 int 和 float，而函数模板要求两个参数的类型一致，因此函数模板无法正确实例化。最简单的解决方式是将函数模板中的两个模板参数声明成不同类型。在新定义的函数模板中，允许两个模板参数的类型不同。

```
template <typename T1,typename T2>
int compare(const T1 &v1,const T2 &v2){
    if (v1 < v2)    return -1;
    if (v2 < v1)    return 1;
    return 0;
}
```

通过重载模板函数的方式也可以解决这个问题。模板函数通过模板实例化而得，本质上也是函数，因此可以重载。例如，重载一个参数为两个 double 类型的 compare 函数。

```
int compare(double &v1,double &v2){
    if (v1 < v2)    return -1;
    if (v2 < v1)    return 1;
    return 0;
}
```

重载的函数是一个普通函数，并非模板函数，不存在模板参数类型匹配的问题，因此在函数调用时会进行隐式类型转换。程序中的参数类型分别为 int 和 float，在调用 compare 函数时会自动转成 double 类型。

有些读者可能会想到一个问题：调用 compare 函数时，如果参数本身是两个 double 类型，那么程序会调用重载后的普通函数，还是会通过函数模板实例化一个参数为 double 类型的模板函数。

在函数调用时，函数的匹配规则如下：首先程序会寻找参数完全匹配的普通函数；如果没有找到，则寻找模板参数完全匹配的函数模板，并实例化一个模板函数；如果仍然没有找到，则寻找可以通过隐式类型转换匹配的普通函数；如果前面三种尝试全都失败，证明函数调用有误，编译失败。

3. 答案

程序调用 compare 函数时由于模板参数类型不匹配，无法正确实例化模板函数，可以通过将模板参数定义为不同类型或重载模板函数的方式来解决。

15.2　顺序容器

15.2.1　知识点梳理

二维码 15-3

知识点梳理的教学视频请扫描二维码 15-3 获取。

顺序容器支持顺序访问元素的功能，根据元素在容器中的位置，按序依次访问容器中的每一个元素。STL 中提供的顺序容器包括：vector、list、deque 和 string。

vector 容器在堆空间中建立了一个一维数组，地址空间是连续的，支持快速随机访问。但是在 vector 中插入删除元素的效率较低，插入操作会导致插入位置及其后面的元素向后移动，删除元素会导致删除位置之后的元素向前移动。在 vector 尾部插入删除元素最快，不需要移动任何元素；在头部插入删除元素最慢，需要移动所有元素。

string 可以理解为元素类型为 char 的 vector 容器。string 的性质也与 vector 相似，只是 string 提供了丰富的字符串处理函数，方便对字符串进行操作。

list 容器的本质是一个双向链表，链表中逻辑相邻的结点在物理上并不相邻，逻辑相邻的结点通过指针关联，支持任意位置的快速插入和删除，找到插入删除的位置之后只需修改相关指针即可。但是 list 由于物理空间不连续，因此不支持快速随机访问，只能从链表的表头开始顺序遍历。

deque 容器内部的实现比较复杂。与 vector 类似，deque 随机访问元素的效率很高，接近 vector，但是向任意位置插入删除元素的效率一般，远逊于 list，但强于 vector，在某些情况下甚至比 vector 要好得多。此外 deque 的头部和尾部插入、删除元素都很快，而 vector 只在尾部插入、删除元素时很快。

vector 和 deque 都涉及动态申请空间的问题。vector 在数组已满的情况下会申请一块更大的空间，将所有数据拷贝到新空间中。deque 在首段数据空间或尾段数据空间已满的情况下会申请一段新空间，附加到整个 deque 的空间中，在首段数据空间或尾段数据空间为空的情况下会将这段空间释放，从整个 deque 的空间中移除。

遍历容器操作通常使用迭代器，每种容器都有自己的迭代器。迭代器就好像指向容器元素的指针，对迭代器解引用可以获得容器的元素。容器迭代器可以操作［begin，end）之间的元素，begin 迭代器指向容器首元素，end 迭代器指向容器尾元素之后的位置。

创建顺序容器时需要指定容器中元素的类型，可以是基本类型，也可以是自定义类型。参数中可以指定顺序容器初始状态的大小，在指定大小的前提下，可以进一步指定容器元素的初始值。容器的创建方式如下：

```
vector < int > v
vector < int > v(10)                //指定容器大小
vector < int > v(10, -1)            //指定容器大小和元素初始值
```

15.2.2 经典面试题解析

【面试题 1】简述 vector 容器空间增长的原理

1. 考查的知识点

❑ vector 的空间增长原理

2. 问题分析

二维码 15-4

本题的教学视频请扫描二维码 15-4 获取。

为了支持随机访问，vector 容器中的元素是连续存储的。在向 vector 中插入元素时，如果 vector 当前的空间已经满了，没有额外的空间存储新元素时，vector 会申请一块更大的空间，将所有元素拷贝到新空间中，并将待插入的元素插入到新空间里。那么 vector 在当前空间已满的情况下重新申请空间时，究竟会申请多大的空间?

当然 vector 不会每次重新申请的空间只比原有空间多出一个元素的大小，因为如果采用这种策略，意味着每插入一个元素，vector 都处于已满的状态，只要在 vector 中再插入一个新元素，都要重新申请空间，这样无疑效率很低。

另外，vector 也不会在元素很少的情况下申请一块巨大的空间，因为这样会造成不必要的空间浪费。如果一个拥有上万个元素空间的 vector 中只存储了一两个元素，那么剩余的空间暂时都会处于空闲状态。

因此 vector 申请的空间要比实际需要的空间适当大一些。这样做的好处是不必在每次插入元素时都重新分配空间，也不会过分地浪费空间。大多数时候 vector 中都会有适量的剩余空间，只有当剩余空间用尽，vector 才会申请一块更大的空间，重新申请的空间除了能装下所有的旧元素和待插入的新元素外，还有一部分预留空间供今后插入元素使用。

至于每次具体申请多大的空间，不同版本可能采用不同的策略。有些文献中提出每次申请的空间都是上次申请空间的两倍，实际上是不严谨的，因为这种策略可能在某个版本中得到验证，但在其他版本中就不灵了。

3. 答案

如果向一个已满的 vector 中插入元素，会重新分配一块内存空间，并将原有元素和新插入

元素拷贝到新空间中。新空间的大小比原空间大若干个元素大小的空间，可以使今后若干次插入元素时无须重新分配空间。

【面试题 2】简述 vector 容器中 size 和 capacity 函数的用途

1. 考查的知识点

❑ vector 的常用函数 size 和 capacity

2. 问题分析

size 函数返回容器中已保存的元素个数；capacity 函数返回当前容器中最多可以存放的元素个数。当容器已满时，size 的值等于 capacity 的值；当容器空间未满时，size 的值小于 capacity 的值。capacity 与 size 的差就是剩余空间，也就是还可以插入元素的个数。

每向容器中插入一个元素时，size 的值加 1，表示容器中已保存的元素多了一个；只有当插入元素时容器处于已满的状态，也就是 size 的值等于 capacity 时，容器重新分配空间，此时 capacity 的值才会改变，capacity 的值等于新空间最多可以保存元素的个数。下面通过一个例子来说明 size 函数和 capacity 函数：

```
int main(){
    vector<int> iv(2,0);
    cout << "size = " << iv.size() << "\tcapacity = " << iv.capacity() << endl;

    for (int a = 1; a <= 8; a ++){
        iv.push_back(a);
        cout << "size = " << iv.size() << "\tcapacity = " << iv.capacity() << endl;
    }
    getchar();
}
```

程序中首先定义了一个大小为 2 的 vector 容器，并将容器中的两个元素初始化为 0。初始化后 size 的值为 2，capacity 的值也为 2。

随后程序通过循环，向容器中总共添加了 8 个元素，添加第一个元素时就涉及内存重新分配的问题，因为此时 size 的值等于 capacity 的值。之后的添加元素操作也可能会重新分配内存，具体的内存分配策略可以观察程序的输出结果。需要再次强调的是，不同版本产生的输出可能不同。

```
size = 2 capacity = 2
size = 3 capacity = 3                    -->第一次分配内存
size = 4 capacity = 4                    -->第二次分配内存
size = 5 capacity = 6                    -->第三次分配内存
size = 6 capacity = 6
size = 7 capacity = 9                    -->第四次分配内存
size = 8 capacity = 9
size = 9 capacity = 9
size = 10 capacity = 13                  -->第五次分配内存
```

输出显示添加元素的过程中一共导致了 5 次内存重新分配。最开始的两次内存分配中，vector 只申请了比原空间多 1 个元素大小的空间，第三次申请了比原空间多 2 个元素大小的空间，第四次申请了比原空间多 3 个元素大小的空间，第五次申请了比原空间多 4 个元素大小的空间。随着 vector 空间的增长，每次申请的保留空间也逐渐增大。

由于程序循环的次数较少，可能给读者一个错觉就是申请的保留空间呈线性增长，并且每次比上次的保留空间多一个，实际申请空间的策略要复杂得多。如果增加循环次数，会发现第六次申请了比原空间多6个元素大小的空间，第七次申请了比原空间多9个元素大小的空间，第八次申请了比原空间多14个元素大小的空间。

vector 申请的保留空间大小依次为 2->3->4->6->9->13->19->28->42->……

3. 答案

size 函数返回当前容器中已保存的元素个数。

capacity 函数返回当前容器中最多可以保存的元素个数。

【面试题3】手工调整 vector 容器空间的方式

1. 考查的知识点

- vector 的常用函数 reserve、shrink_to_fit 和 resize

2. 问题分析

在上一道题中，虽然只向 vector 容器中插入了 8 个元素，但却导致了 5 次内存重新分配，因此默认的内存分配策略在某些时候也不那么令人满意，尤其是在能够预知需要添加多少元素的情况下。如果能强制 vector 多分配一些空间，效率就会高一些。

容器的 reserve 函数支持手工设置 vector 分配空间的大小。例如，在上面的例子中，可以在初始化后一次性分配 10 个元素的空间大小，然后通过循环插入 8 个元素，整个过程只需一次内存重新分配。

```
int main() {
    vector<int> iv(2,0);
    cout << "size = " << iv.size() << "\tcapacity = " << iv.capacity() << endl;
    iv.reserve(10);

    for (int a = 1; a <= 8; a++) {
        iv.push_back(a);
        cout << "size = " << iv.size() << "\tcapacity = " << iv.capacity() << endl;
    }
    getchar();
}
```

循环中 capacity 的值始终是 10，也就是通过 reserve 函数设置的大小。需要注意 reserve 不支持回收剩余空间，也就是无法通过 reserve 函数减小 capacity 的值。当 capacity 的值大于等于 reserve 函数的参数时，程序什么也不会做，因此只能通过 reserve 扩展空间。

但是容器中提供了 shrink_to_fit 函数回收全部剩余空间。调用 shrink_to_fit 函数后，size 的值等于 capacity 的值，容器处于已满的状态。如果确定容器不会插入新元素时，可以通过 shrink_to_fit 函数节省一部分浪费的空间。

容器的 resize 函数可以改变 size 的大小。调用 resize 函数后，size 的值等于 resize 函数指定的大小。如果 resize 的参数大于 capacity 的值，容器会被拓展，并且拓展后所有的空间都被初始化，此时 size 的值等于 capacity 的值，容器处于已满状态；如果 resize 的参数小于 capacity 的值，容器大小不会改变，只是超过 resize 指定大小之后的元素会被删除。

3. 答案

reserve 函数可以让容器重新分配指定大小的空间。

shrink_to_fit 函数可以回收所有尚未使用的剩余空间。

resize 函数可以强制调整容器中已保存的元素个数。

【面试题 4】简述 deque 容器的插入删除原理

1. 考查的知识点

❑ deque 的插入删除原理

2. 问题分析

双端队列 deque 是一种双向开口的存储空间分段连续的数据结构，每段数据空间内部是连续的，而每段数据空间之间则不一定连续。deque 的数据结构如图 15-1 所示。

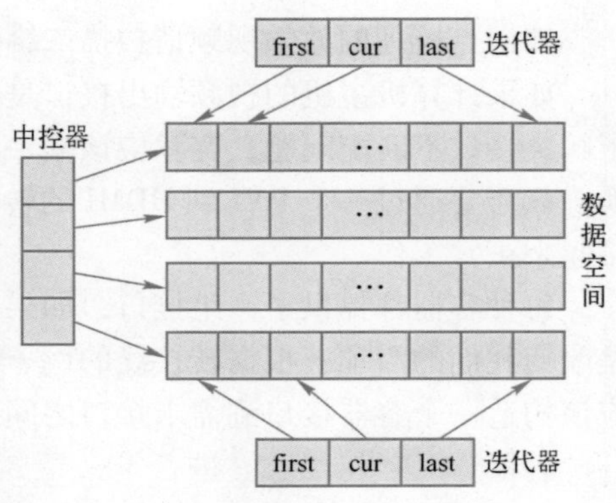

图 15-1　deque 的结构

图中的 deque 有四段数据空间，这些空间都是程序运行过程中在堆上动态分配的。中控器保存着一组指针，每个指针指向一段数据空间的起始位置，通过中控器可以找到所有的数据空间。如果中控器的空间满了，会重新申请一块更大的空间，并将中控器的所有指针拷贝到新空间中。

初始状态下，双端队列中只有一段数据空间，中控器的第一个指针指向这段空间。在向 deque 插入和删除元素的过程中，会根据数据空间的状态，动态分配和释放空间，数据空间段的数量会发生变化。

如果无法向 deque 的队首插入更多的元素，表明首段数据空间已满，deque 会申请一段新的数据空间，这段新的数据空间会作为首段数据空间，原有的首段数据空间作为第二段数据空间。

如果无法向 deque 的队尾插入更多的元素，表明末段数据空间已满，deque 会申请一段新的数据空间，这段新的数据空间会作为末段数据空间，原有的末段数据空间作为倒数第二段数据空间。

如果从队首删除元素后首段数据空间为空，deque 会将首段数据空间释放，并将原有的第二段数据空间作为首段数据空间。

如果从队尾删除元素后末段数据空间为空，deque 会将末段数据空间释放，并将原有的倒数第二段数据空间作为末段数据空间。

此外 deque 中还有两组迭代器，分别关联首段数据空间和末段数据空间，用于在队首和对尾进行插入删除操作。

图 15-1 中位于上方的一组迭代器称为队首迭代器。队首迭代器中有三个指针：first 指针指向队首数据空间的起始位置；cur 指针指向队首数据空间的第一个有效元素；last 指针指向队首数据空间的结束位置。由于在插入删除过程中，队首数据空间的前若干个元素可能为空，因此第一个有效元素可能位于队首数据空间中的任何位置。

图 15-1 中位于下方的一组迭代器称为队尾迭代器。队尾迭代器中有三个指针：first 指针指向队尾数据空间的起始位置；cur 指针指向队尾数据空间的最后一个有效元素；last 指针指向队尾数据空间的结束位置。由于在插入删除过程中，队尾数据空间的最后几个元素可能为空，因此最后一个有效元素可能位于队尾数据空间中的任何位置。

通过两组迭代器中的 cur 指针能够分别找到 deque 的队首元素和队尾元素，从而执行插入删除操作。

3. 答案

见分析。

15.3 容器适配器

二维码 15-5

15.3.1 知识点梳理

知识点梳理的教学视频请扫描二维码 15-5 获取。

如果计算机主机的视频输出接口是 DVI 接口，而显示器的视频输入接口是 HDMI 接口，为了解决接口不匹配问题，究竟应该换一台主机还是换一台显示器。答案是两个设备都不需要更换，只需要通过一个 DVI 到 HDMI 的转接线，就能将 DVI 接口的主机和 HDMI 接口的显示器连接起来正常工作。

每种容器都提供了一组接口，如果容器中的接口不能满足需求，那么应该重新编写容器还是改变我们的需求？根据转接线的例子可知，既不需要重新编写容器也不需要修改需求，而是应该构造一个容器接口到需求接口之间的转换器，称为容器适配器。

容器适配器将原容器进行了一层封装，底层基于普通容器，上层对外提供封装后的新接口，满足不同使用者的需求。常用的栈 stack、队列 queue、优先级队列 priority_queue 在 STL 中都有自己的容器适配器。

容器适配器对使用者是个黑盒，使用者无须知道容器适配器封装的容器类型，而只需了解容器适配器提供的接口。除了使用 STL 提供的容器适配器，也可以构造自己的容器适配器，将 STL 中的容器进行封装，对外提供所需的接口。

容器适配器可以封装的容器类型根据容器适配器对外提供的接口和容器适配器的内部算法而定。但是任何容器适配器对底层容器都有一些通用的要求，例如，底层容器必须支持添加删除和访问尾元素操作，因此 array 不能作为容器适配器的底层容器。

栈适配器和队列适配器默认的底层容器是 deque，优先队列适配器默认的底层容器是 vector。在创建容器适配器的对象时，也可以指定其他合理的容器作为容器适配器的底层容器。创建容器适配器对象的方式如下：

```
栈：
stack<int>s                                  //默认使用 deque
stack<int,vector<int>>s                      //指定使用 vector
队列：
queue<int>q                                  //默认使用 deque
queue<int,list<int>>q                        //指定使用 list
优先队列：
priority_queue<int>p                         //默认使用 vector
priority_queue<int,deque<int>>p              //指定使用 deque
priority_queue<int,vector<int>,cmp>>p        //指定使用 vector 和权重比较函数 cmp
```

注意啦——容器适配器中的元素

容器适配器和底层容器是组合的关系，插入容器适配器中的元素最终都保存在底层容器中，容器适配器中的数据成员包括一个用于存储元素的底层容器对象和一些辅助数据。

15.3.2 经典面试题解析

【面试题 1】简述 STL 中容器适配器的概念

1. 考查的知识点

❑ STL 中的容器适配器

2. 问题分析

STL 中提供了三种容器适配器：栈适配器、队列适配器和优先队列适配器。在使用 STL 时，可以像使用普通的栈 stack、队列 queue 和优先队列 priority_queue 那样去操作数据。

栈的特征是后进先出，后入栈的元素先出栈，先入栈的元素后出栈，因此栈适配器应该支持从栈顶添加删除元素以及访问栈顶元素的操作。容器 vector、list 和 deque 都满足栈操作的条件，因此都能作为栈适配器的底层容器，STL 中默认使用 deque 作为栈适配器的底层容器。

队列的特征是先进先出，先入队的元素先出队，后入队的元素后出队，因此队列适配器应该支持从队头删除元素、向队尾添加元素以及访问队头队尾元素的操作。由于容器 vector 在删除首元素时需要移动所有元素，因此不适合作为队列适配器的底层容器，应该选用 list 或者 deque，STL 中默认使用 deque 作为队列适配器的底层容器。

优先队列在逻辑上与队列相似，一端插入元素另一端删除元素，但是优先队列在元素中加入了权重的概念。优先队列中的元素并非像队列一样按照插入的顺序依次排列，而是根据元素的权重排列。添加元素时按照元素优先级插入到相应的位置，删除元素时将优先级最高的元素删除。

优先队列中权重相邻的元素在底层容器中并不相邻。实际上优先队列利用底层容器实现了一个堆，堆顶的元素优先级最高。堆背后的数据结构是一个二叉树，底层容器中的元素就是二叉树中的结点，二叉树通过顺序容器的下标存储父子结点之间的关系。

优先队列的插入删除元素在底层容器实现的堆上进行操作。在堆的插入删除算法中，需要随机访问元素，因此不能使用 list 作为优先队列适配器的底层容器，比较而言 deque 也不太适合，STL 中默认使用 vector 作为优先队列适配器的底层容器。

栈适配器支持删除栈顶元素 pop，向栈顶压入元素 push，返回栈顶元素 top；队列适配器支持删除队首元素 pop，向队尾添加元素 push，返回队首元素 front，返回队尾元素 back；优先队列适配器支持删除最高优先级元素 pop，添加元素 push，返回最高优先级元素 top。

3. 答案

见分析。

【面试题 2】自定义优先队列的元素权重

使用优先队列保存一组矩形对象，矩形长宽为 1 ~ 100 的随机数，要求优先队列的元素权重为矩形面积，并按照面积大小依次输出矩形的长和宽。

1. 考查的知识点

❑ 优先队列 priority_queue

2. 问题分析

二维码 15-6

本题的教学视频请扫描二维码 15-6 获取。

根据题目要求，首先构造一个矩形类，类中的数据成员包括矩形的长和宽。为了方便，使用 struct 代替 class，因为 struct 中的所有成员默认为 public。

```
struct square{
    int length;
    int width;
    square(int l,int w):length(l),width(w){}
};
```

然后创建一个优先队列的对象，并指定优先队列的底层容器为 vector 容器，且 vector 中的元素为 square 类型的对象。

```
priority_queue<square,vector<square>> p;
```

有些读者可能已经发现，上面创建优先队列的对象有问题，因为题目中要求优先队列的权重为矩形面积，与优先队列的默认权重不同，而且优先队列默认的权重比较算法仅限于基本类型，不适用于自定义类型，因此需要使用函数对象实现权重比较算法。

```
struct compare{
    bool operator() (square x,square y){
        return ((x.length * x.width) < (y.length * y.width));
    }
};
```

优先队列的自定义权重比较算法通过函数对象实现，并将函数对象的类名作为参数初始化优先队列。修改后创建优先队列对象的代码如下：

```
priority_queue<square,vector<square>,compare>p;
```

至此，题目中的关键问题已经解决了，其余就是优先队列的应用：通过 push 函数向优先队列中插入元素；通过 top 函数访问优先队列中优先级最高的元素；通过 pop 函数删除优先队列中优先级最高的元素。

3. 答案

```
struct square{
    int length;
    int width;
    square(int l,int w):length(l),width(w){}
};

struct compare{
    bool operator() (square x,square y){
        return ((x.length * x.width) < (y.length * y.width));
    }
};

int main(){
    priority_queue<square, vector<square>, compare> p;

    for(int i=0;i<10; ++i) {
        p.push(square(rand()%100+1,rand()%100+1));
    }

    while(! p.empty()) {
        cout << p.top().length << " * " << p.top().width << endl;
        p.pop();
    }
    getchar();
}
```

15.4 关联容器

15.4.1 知识点梳理

二维码 15-7

知识点梳理的教学视频请扫描二维码 15-7 获取。

STL 中常用的关联容器有四种：set、map、multiset 和 multimap。这四种容器中的元素都是按照键有序排列的，向容器中插入元素时会将元素插入到适当的位置，插入删除操作都不会破坏键的有序性。

关联容器中元素的键必须是可比较的。如果键是基本类型，可以直接使用，因为基本类型都是可比较的；如果键是自定义类型，则需要定义带有比较谓词的构造函数才能作为关联容器的类型参数。

map 中保存着一系列键值对，每个键对应一个值。键也叫关键字，其作用类似于索引，map 中的键具有唯一性。值表示键关联的数据，通过键可以访问其关联的数据。英文字典就是一个典型的 map 应用，每个英文单词就相当于键，单词的解释就相当于值。

可以使用下标操作符访问 map 中的元素。与数组下标不同，map 的下标是键，键可以是任何可比较类型，map 会根据键找到其对应的值并返回，也可以通过下标操作符直接给 map 添加元素。

set 中的每个元素只包含一个键，并且 set 中的键也具有唯一性。例如，统计所有不及格的同学，而不关心具体的分数，使用 set 保存挂科学生的学号非常适合。

multiset 和 multimap 与 set 和 map 的区别在于允许重复的键，在 multiset 和 multimap 中一个键可以出现多次，因此相邻的键可能相同。例如，银行的开户信息就可以使用 multimap 保存，身份证号为键，卡号为值，一个身份证在银行中可以开多张卡。

map 中的元素是一系列键值对，每个键值对是 pair 类型，可以创建一个 pair 类型的变量并添加到 map 中，pair 中的第一个元素作为 map 元素的键，第二个元素作为 map 元素的值。可以通过 first 和 second 访问 pair 中的元素，具体方式如下：

```
pair<string, int> p("John",25);
string s = p.first;
int i = p.second;
```

访问 set 和 map 的效率很高，可以达到对数级别，其效率上的优势是通过红黑树这种复杂的数据结构保证的。对于 set 和 map 容器的使用者来说，不需要关心红黑树的具体实现方式，这里只做简单介绍。

红黑树需要满足四条性质：每个结点要么为红色要么为黑色；根结点必须为黑色；红色结点的子结点必然为黑色；任何一个结点到空结点的任何路径包含同样个数的黑色结点。在插入和删除结点时，通过改变结点颜色和旋转子树使红黑树的性质始终得到满足，且左右子树不会产生过大的高度差。

红黑树的数据结构和算法比较复杂，尤其插入删除结点时涉及多种情况，每种情况的处理原则都是为了使红黑树的两个子树重新保持平衡，不破坏红黑树的性质，关于红黑树的具体介绍，读者可以参见数据结构的相关书籍。

15.4.2　经典面试题解析

【面试题 1】迭代器失效问题

找出下面迭代器错误的使用方式：

```
int main() {
    vector<int> v1, v2;
    set<int> s1, s2;

    for(int i = 0; i < 10; i++) {
```

```
            v1.push_back(i);
            v2.push_back(i);
            s1.insert(i);
            s2.insert(i);
        }
    //A
        vector<int>::iterator it1 = v1.begin();
        while(it1 != v1.end()){
            v1.erase(it1++);
        }
    //B
        vector<int>::iterator it2 = v2.begin();
        while(it2 != v2.end()){
            it2 = v2.erase(it2);
        }
    //C
        set<int>::iterator it3 = s1.begin();
        while(it3 != s1.end()){
            s1.erase(it3++);
        }
    //D
        set<int>::iterator it4 = s2.begin();
        while(it4 != s2.end()){
            it4 = s2.erase(it4);
        }
    }
```

1. 考查的知识点

❑ 迭代器失效

2. 问题分析

二维码 15-8

本题的教学视频请扫描二维码 15-8 获取。

对容器进行删除操作时，容器中元素的数量发生变化，这种变化可能会导致某些元素的物理地址发生改变，使指向这些元素的迭代器失效，但是并非所有容器的添加删除操作都会导致迭代器失效。

vector 的删除操作都会导致迭代器失效。向 vector 中插入元素时，end 迭代器一定失效，因为最后一个元素已经发生变化。如果插入时 vector 中原空间已满，vector 会重新申请空间并将所有元素拷贝到新空间，由于 vector 中所有元素都移动了位置，因此会导致所有迭代器失效，包括 first 迭代器和 end 迭代器。

从 vector 中删除元素时会导致被删除元素及其后面所有的迭代器失效，包括 end 迭代器，而被删除元素之前的迭代器不受影响，包括 first 迭代器。删除元素操作会使被删除元素之后所有元素向前移动，end 迭代器也会随之前移，因此原来指向这些元素的迭代器都会失效。

list 的操作不会导致任何迭代器失效，删除操作只会导致被删除元素的迭代器失效。由于 list 容器的底层是链表，向链表中删除元素不会影响链表中其他结点的物理位置，因此指向其他元素的迭代器不会失效，包括 first 迭代器和 end 迭代器。

deque 的删除操作都会导致迭代器失效。在 deque 的首部删除元素会导致 first 迭代器失效；在 deque 的尾部删除元素会导致 end 迭代器失效；在 deque 的任意位置删除元素可能导致部分迭代器失效，可能包括 first 迭代器和 end 迭代器。

在 deque 的首部删除元素只会影响第一段数据空间的第一个有效元素；在 deque 的尾部删

除元素只会影响最后一段数据空间中的最后一个有效元素；在 deque 的任意位置删除元素会导致多段数据空间的元素整体发生移动。

set 和 map 的操作不会导致迭代器失效，删除操作只会导致被删除元素的迭代器失效。由于 set 和 map 容器的底层是红黑树，向红黑树中删除元素不会影响其他结点的物理位置，因此指向其他元素的迭代器不会失效，包括 first 迭代器和 end 迭代器。

根据对各种容器迭代器失效的总结，再来分析题目中的四段程序。

```
//A
    vector < int > : : iterator it1 = v1. begin( ) ;
    while( it1  ! = v1. end( ) ) {
        v1. erase( it1 ++ ) ;
}
```

vector 在删除操作时会导致被删除元素及其后面的迭代器失效，因此 it1 ++ 在删除操作后已经失效了，A 错误。

```
//B
    vector < int > : : iterator it2 = v2. begin( ) ;
    while( it2  ! = v2. end( ) ) {
        it2 = v2. erase( it2) ;
}
```

erase 函数在删除元素之后返回被删除元素后继元素的迭代器，如果被删除元素是最后一个元素则返回 end 迭代器，因此 it2 始终有效，B 正确。

```
//C
    set < int > : : iterator it3 = s1. begin( ) ;
    while( it3  ! = s1. end( ) ) {
        s1. erase( it3 ++ ) ;
}
```

set 在删除操作时会导致被删除元素的迭代器失效，而 it3 ++ 指向被删除元素后继元素的迭代器，因此更新后的 it3 是有效的，C 正确。

```
//D
    set < int > : : iterator it4 = s2. begin( ) ;
    while( it4  ! = s2. end( ) ) {
        it4 = s2. erase( it4) ;
}
```

与第二段程序类似，只是容器由 vector 换成了 set，但是原理并没有改变，因此 it4 始终有效，D 正确。

3. 答案

A 错误。

【面试题 2】set 和 map 的配合使用

某支行保存着所有开户人的身份证号和账户信息，身份证前三位表示所在城市。设计一个程序，统计并输出开过户的城市代码以及开户数量超过一个的身份证号。

某开户信息：<u>1104001935010142886220010198743200</u>（保存在 vector 中），其中前 18 位为开户人身份证信息，后 16 位为账户信息。

1. 考查的知识点

❑ set 和 map 的应用

2. 问题分析

统计开户人所在城市最适合使用 set，因为 set 中的元素没有重复。在遍历每个开户信息时，只需要将字符串中代表城市的前三位取出并插入 set，容器本身会保证数据唯一性，遍历结束后 set 中的结果就是所有的城市代码。

统计开户超过一个的开户人很容易想到使用 map，容器中的键为身份证号，值为开户数量，通过遍历每个开户信息可以统计这些数据。但这种方法会使 map 容器中保存着所有开户人的数据，还需要遍历 map 结果将只开了一个账户的开户人删除。

由于 map 在删除元素时只有被删除元素的迭代器才会失效，因此可以在删除元素的同时改变迭代器指向的元素，通过一个循环就可以在原统计结果中同时完成删除不符合条件的开户人和输出符合条件的开户人。

由于程序需要返回两个统计信息，开户人所在城市和开户数超过一个的用户，因此通过返回值不容易解决，可以采用参数传引用的方式，使得两个统计信息在函数调用结束后都可以被主调函数使用。

3. 答案

```
void statistic(vector<string> &acc, set<string> &city, map<string,int> &people){
    for(vector<string>::iterator it = acc.begin(); it != acc.end(); it++){
        string uid = (*it).substr(0,18);
        city.insert(uid.substr(0,3));
        people[(*it).substr(0,18)]++;
    }

    for(set<string>::iterator it = city.begin(); it != city.end(); it++){
        cout << *it << endl;
    }

    map<string,int>::iterator it = people.begin();
    while(it != people.end()){
        if((*it).second < 2){
            people.erase((*it++).first);
        }else{
            cout << (*it).first << " : " << (*it).second << endl;
            it++;
        }
    }
}
```

小知识——直接操作 map 中不存在的键

直接将 map 中元素某个键对应的值自增时，如果键并不存在，map 会首先添加一个键值对，并将值初始化为默认值，int 类型默认初始化为 0，然后再将值加 1。

15.5 智能指针

15.5.1 知识点梳理

二维码 15-9

知识点梳理的教学视频请扫描二维码 15-9 获取。

由于 C ++ 不支持垃圾自动回收机制，程序员必须手动释放动态申请的空间，否则会发生内存泄漏，这无疑对编程提出了更高的要求。为了解决令人头疼的内存泄漏问题，STL 引入了智能指针。

智能指针实际上是一个类模板，对普通指针进行了一层封装，模板参数是指针指向的类型，通过重载 -> 和 * 两个操作符使智能指针的用法与普通指针相同。通过析构函数释放指针指向的空间，使得内存管理完全由智能指针自动完成，无须手动释放。

由于 C ++ 11 抛弃了传统的智能指针 auto_ptr，因此在新代码中最好不要使用 auto_ptr。C ++ 11 常用的三个智能指针包括：unique_ptr 独享指针、shared_ptr 共享指针和 weak_ptr 弱指针。

独享指针 unique_ptr 唯一拥有所指向对象的所有权，不支持拷贝和赋值操作，因此不能用 unique_ptr 对另一个智能指针初始化或赋值，而只能通过 move 函数将其所有权转移给其他智能指针，确保不和其他智能指针指向同一个对象。

```
unique_ptr < int > p1( new int(1) );
unique_ptr < int > p2 = p1;                          //错误,不能进行赋值操作
unique_ptr < int > p2 = std::move( p1 );             //正确,可以通过 move 函数转移所有权
```

共享指针 shared_ptr 是最常见的智能指针，多个 shared_ptr 共享所指向对象的所有权，通过引用计数管理指向同一对象的智能指针个数，每增加一个智能指针指向对象时，引用计数加 1，当指向同一对象的所有智能指针的生命周期都结束时，引用计数为 0，此时释放对象的内存空间。

弱指针 weak_ptr 配合 shared_ptr 一起使用，weak_ptr 可以与 shared_ptr 指向同一个对象，但是不改变引用计数的值。

```
shared_ptr < int > p1( new int(1) );          //引用计数为 1
shared_ptr < int > p2 = p1;                   //引用计数为 2
weak_ptr < int > p3 = p2;                     //引用计数仍然为 2
```

根据三种智能指针的性质不难看出，当对象无须共享所有权时，应该使用 unique_ptr 独享指针；当对象需要共享所有权时，应该使用 shared_ptr 共享指针；当需要与 shared_ptr 共享对象所有权而又不想改变引用计数时，应该使用 weak_ptr 弱指针。

15.5.2 经典面试题解析

【面试题 1】简述环状引用问题及其解决方案

1. 考查的知识点

❑ shared_ptr 与 weak_ptr 的应用

2. 问题分析

两个 shared_ptr 指针所指向对象的数据成员中，如果含有指向对方对象的 shared_ptr 指针则会产生环状引用。环状引用导致释放资源时发生死锁，引用计数不会降为 0，造成对象空间无法释放。环状引用的定义比较晦涩，下面通过一个例子来解释：

```
class A{
public:
    shared_ptr < B > bptr;
    ~A(){cout << " ~A() " << endl;}
};

class B{
```

```
public:
    shared_ptr<A> aptr;
    ~B(){cout << " ~B()" << endl;}
};

int main(){
    shared_ptr<A> a(new A());
    shared_ptr<B> b(new B());

    a -> bptr = b;
    b -> aptr = a;
}
```

程序中通过 new 创建了一个类 A 的对象和一个类 B 的对象并通过 shared_ptr 指向它们，之后通过指向另一个对象的智能指针对自身的数据成员 ptr 进行赋值，因此两个对象的引用计数都为 2。

当程序退出时，main 函数中创建的智能指针由于生命周期结束，其所指向对象的引用计数减 1，但是由于环状引用，对象内部的智能指针的生命周期都不会结束，两个对象的引用计数始终为 1。

具体来讲，就是对象 A 中的智能指针 bptr 只有在对象 A 析构之后才会结束其生命周期，从而将对象 B 的引用计数降为 0；而对象 A 并不会被销毁，因为对象 A 销毁的条件是指向 A 的智能指针的引用计数降为 0，而对象 B 中指向 A 的智能指针只有在 B 对象析构后才会结束其生命周期，从而将对象 A 的引用计数降为 0。

因此上述逻辑就成了一个死结，就好像两个人打架都揪着对方的头发，并且叫嚣着只要对方松手自己就松手，但是两个人谁也不愿意首先让步，结果这两个人始终保持着同样的姿势，除非某一方实在坚持不住放弃了。

程序中不存在某个对象坚持不住首先主动释放的情况，因此必须处理环状引用问题。解决环状引用问题的钥匙就是 weak_ptr，因为 weak_ptr 不会增加对象的引用计数。

```
class A{
public:
    weak_ptr<B> bptr;
    ~A(){cout << " ~A()" << endl;}
};

class B{
public:
    weak_ptr<A> aptr;
    ~B(){cout << " ~B()" << endl;}
};

int main(){
    shared_ptr<A> a(new A());
    shared_ptr<B> b(new B());

    a -> bptr = b;
    b -> aptr = a;
}
```

将类中的智能指针类型由 shared_ptr 改为 weak_ptr，在 main 函数中初始化两个智能指针时会将对象的引用计数加 1，但是对类中的数据成员进行赋值时不会增加对象的引用计数。程序退出时，main 函数中创建的两个智能指针生命周期结束，对象的引用计数由 1 减为 0，对象空

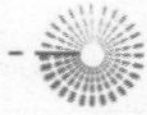

间释放。

3. 答案

在可能出现环状引用的地方使用 weak_ptr 弱指针代替 shared_ptr 共享指针可以有效地避免环状引用问题。

【面试题 2】unique_ptr 优于 auto_ptr 的原因

请简述 C ++11 中使用 unique_ptr 代替 auto_ptr 的原因。

1. 考查的知识点

❑ auto_ptr 与 unique_ptr 的区别

2. 问题分析

二维码 15-10

本题的教学视频请扫描二维码 15-10 获取。

首先 auto_ptr 存在潜在的安全问题。auto_ptr 允许赋值操作，只是赋值操作的含义是将指针指向对象的所有权转移给另一个 auto_ptr 指针，原指针在失去对象的所有权后成为空指针，如果后续程序错误地使用了这个空指针可能会发生潜在的问题，而 unique_ptr 从根本上禁止了赋值操作。

既然 unique_ptr 不支持赋值操作，那么如果函数的返回值是 unique_ptr 怎么办呢？是否能将函数返回值声明成 unique_ptr 呢？

实际上 unique_ptr 在赋值问题上做了折中：如果赋值给一个临时变量，则允许进行赋值操作。因为临时变量在赋值后会立即销毁，不会被使用，也就不会产生的安全问题。

```
unique_ptr<int> p1(new int(1));
unique_ptr<int> p2 = p1;                          //不允许
unique_ptr<int> p3 = unique_ptr<int>(new int(1)); //允许
```

其次 auto_ptr 不能作为容器的元素。由于容器中的对象需要支持拷贝构造函数，拷贝构造函数的参数为 const 类型，值不能改变，而 auto_ptr 在赋值时肯定会修改参数值，因为 auto_ptr 需要将参数中的指针置空，避免两个 auto_ptr 指向同一个对象，而 unique_ptr 解决了这个问题。

```
vector<auto_ptr<int> > vs;      //不允许
vector<unique_ptr<int> > vs;    //允许
```

最后 auto_ptr 不适用于动态数组。由于动态数组使用 delete[]释放数组中所有元素的空间，而 auto_ptr 在释放对象空间时默认使用 delete 操作符，只会释放动态数组首元素的空间，造成内存泄漏，而 unique_ptr 则会正确使用 delete[]释放整个动态数组的空间。

```
auto_ptr<int> p1(new int[10]);      //不允许
unique_ptr<int> p2(new int[10]);    //允许
```

基于上述原因，C ++11 中引入了 unique_ptr 代替 auto_ptr，在开发中应该尽量避免使用 auto_ptr 这种过时的类型。

3. 答案

由于 unique_ptr 在内存安全性、充当容器元素和支持动态数组方面均优于 auto_ptr，因此 C ++11 中使用 unique_ptr 代替了 auto_ptr。

第 16 章　线 性 结 构

线性结构是数据结构的基础，在我们平时编写程序时用得最多最普遍。同时线性结构的内容也很丰富，包括顺序表、链表、队列、栈等内容。本章重点围绕线性结构的相关知识展开讨论。

16.1　数组和顺序表

16.1.1　知识点梳理

二维码 16-1

知识点梳理的教学视频请扫描二维码 16-1 获取。

顺序表是一种最为简单的线性结构，它使用一组连续的存储单元依次存放数据元素。

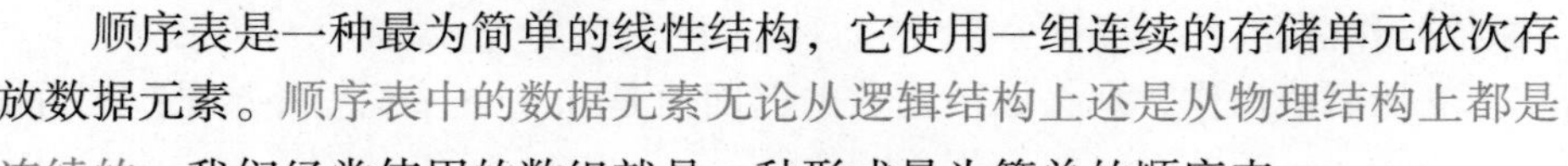

顺序表中的数据元素无论从逻辑结构上还是从物理结构上都是连续的。我们经常使用的数组就是一种形式最为简单的顺序表。

顺序表分为两种，一种是静态顺序表，一种是动态顺序表。所谓静态顺序表是指一旦定义了该表，其大小始终固定不变。函数调用时，静态顺序表在函数栈上开辟内存空间。我们熟悉的数组就是一种静态顺序表。静态顺序表的定义如下：

```
#define MAXSIZE 100
ElemType Sqlist[MAXSIZE];
int len;
```

其中 ElemType 是顺序表中元素的类型（例如 int、double），顺序表的表名是 Sqlist，表的存储空间是 MAXSIZE 个存储单元，len 表示当前顺序表 Sqlist 中已存放的有效数据个数，即顺序表的当前长度。初始时 len 为 0，表示顺序表中无任何元素。当 len 的值等于 MAXSIZE 时表示顺序表已满，不能再存放更多的元素。

上述定义的顺序表本质上就是一个数组，只是比一般的数组多了一个变量 len 来标识其当前长度，以便知道该顺序表中实际存放的有效数据个数，方便对顺序表进行操作。

更为灵活的一种顺序表是动态顺序表，它创建在内存的动态存储区，也就是创建在堆内存，因此其长度可动态改变。动态顺序表的定义如下：

```
#define MAXSIZE 100
#define LISTINCREMENT 10
typedef struct{
    ElemType * elem;
    int length;
    int listsize;
    int incrementsize;
}Sqlist;
```

在结构体类型 Sqlist 中维护了几个变量：elem 是顺序表的头指针，指向顺序表的第一个元素，变量 length 类似于静态顺序表中的 len，表示当前顺序表的长度；变量 listsize 表示当前顺序表所占的空间大小，即当前顺序表最多可存放的数据元素个数；变量 incrementsize 表示约定

的增补空间量，当顺序表的存储空间不够时，每次增补 incrementsize 个空间大小，它也是以 ElemType 为单位的。

在代码中还定义了两个宏 MAXSIZE 和 LISTINCREMENT。其中 MAXSIZE 表示顺序表最大分配空间的个数，初始化顺序表时将 MAXSIZE 赋值给变量 listsize。LISTINCREMENT 为每次增补空间的大小，初始化顺序表时将 LISTINCREMENT 赋值给变量 incrementsize。

以上给出的静态顺序表和动态顺序表的定义都是比较标准和完整的定义形式，在实践中要灵活应用，不要局限于以上的定义形式。

另外需要注意的一点是，要区分顺序表元素的下标与顺序表中元素的位置。一般认为，顺序表中元素的位置是从 1 开始，最开始的元素称为“第 1 个元素”，然后顺次加 1 递增。而顺序表元素的下标是从 0 开始，这是 C/C ++ 语言对于数组的规定。为了统一规范，本书中顺序表元素的位置都是从 1 开始计算的。

注意啦 —— 元素位置

元素位置这个概念没有统一的标准，只是人们约定俗成的一种编程习惯，读者在理解这个问题时应当灵活掌握，不要刻板地拘泥于一个概念。有的公司的面试题可能将数组元素的位置与数组元素的下标统一为一个概念，希望读者能够正确辨析和理解。

无论是哪种类型的顺序表，其最基本的操作主要包括顺序表的初始化、向顺序表中插入元素、从顺序表中删除元素等。其他的复杂操作都可以通过基本操作来实现。

16.1.2　经典面试题解析

【面试题 1】顺序表的常识性问题

（1）长度为 n 的顺序表 L，删除其中一个元素的时间复杂度为（　　）。

（A）O(1)　　（B）O(n)　　（C）$O(n^2)$　　（D）O(logn)

1. 考查的知识点

- 从顺序表中删除一个元素的操作
- 算法的时间复杂度

2. 问题分析

从顺序表中删除一个元素是顺序表的基本操作之一。删除顺序表中一个元素的基本思想是，将要删除元素的后续元素依次向前移动 1 个数据单元的位置，也就是将要删除的元素覆盖掉，然后再将顺序表的长度减 1。这个过程可用图 16-1 表示。

这里要明确一点的是，要删除顺序表中第几个元素并不确定，而删除元素位置的不同会导致移动后续元素个数的不同。例如，若要删除顺序表中最后一个元素，则不需要移动其他元素；若要删除顺序表中第 1 个元素，则要移动 n - 1 个元素。但是平均起来，每删除一个元素，要移动后续元素的个数与 n 存在线性关系，因此删除顺序表中元素的时间复杂度为 O(n)。

3. 答案

（B）

（2）长度为 n 的非空顺序表，删除表中第 i 个元素，需要移动表中的（　　）个元素。

（A）n - i　　（B）n + i　　（C）n - i + 1　　（D）n - i - 1

1. 考查的知识点

❑ 从顺序表中删除一个元素的操作

2. 问题分析

在第（1）题中已经提到，删除顺序表中的一个元素是将该元素的后续元素向前移动一个位置，从而将要删除的元素覆盖掉，如图 16-1 所示。因此要删除顺序表中的第 i 个元素，需要移动的元素个数就是该元素的后续元素的个数，也就是 n - i 个元素，如图 16-2 所示。

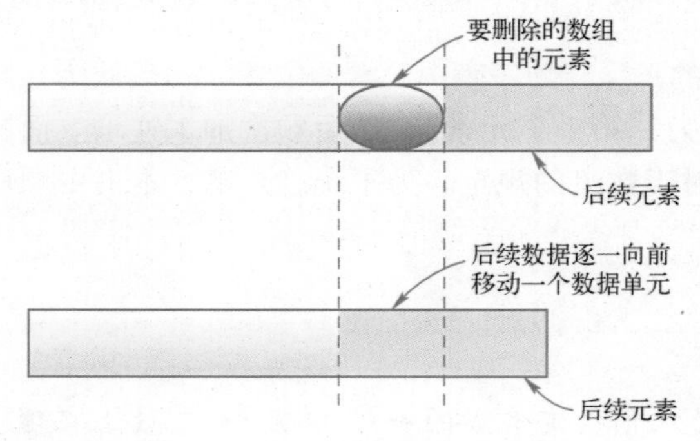

图 16-1　在顺序表中删除一个元素

后面n-i个元素前
移一个单元
1 2 … i i+1 … n

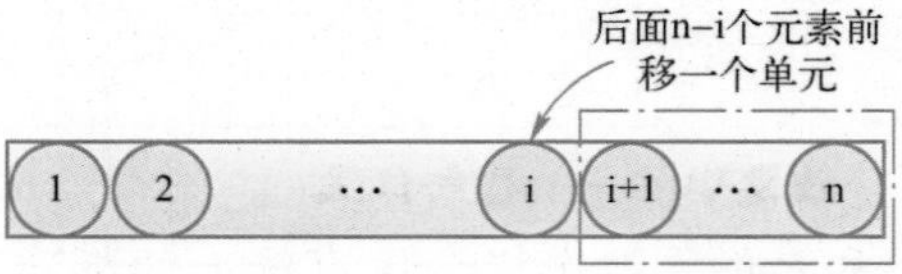

图 16-2　删除顺序表中元素需要移动元素的个数

3. 答案

（A）

（3）长度为 n 的顺序表，在表的第 i 个位置插入一个元素，需要移动的元素的个数是（　　）。

（A）i　　（B）n + i　　（C）n - i + 1　　（D）n - i - 1

1. 考查的知识点

❑ 向顺序表中插入一个元素的操作

2. 问题分析

向顺序表的第 i 个位置插入一个元素的过程是：先将第 i 个位置上的元素及其后续元素全部向后移动 1 个位置，然后再将新元素放到顺序表的第 i 个位置上。与删除元素不同，插入元素时不但要移动第 i 个元素的后续元素，还要移动第 i 个元素本身，而且移动的方向也不同。因此要在顺序表的第 i 个位置插入一个元素，需要移动 n - i + 1 个元素。其中 n - i 为第 i 个元素的后续元素个数，1 为第 i 个元素。

3. 答案

（C）

【面试题 2】 向顺序表中的第 i 个位置插入元素

已知一个整型的顺序表定义如下。编写一个程序，创建一个顺序表，向该顺序表中插入 15 个整数，并打印出该顺序表中的内容以及顺序表的长度和所占空间的大小。

```
#define MAXSIZE 10
#define LISTINCREMENT 10
typedef struct{
    int * elem;              /* 指向顺序表的第一个元素 */
    int length;              /* 顺序表的长度 */
    int listsize;            /* 顺序表的存储空间,初始空间大小为 MAXSIZE */
    int incrementsize;       /* 顺序表空间不足时追加的空间量,每次追加 LISTINCREMENT */
}Sqlist;                     /* 顺序表类型 */
```

1. 考查的知识点

二维码 16-2

- ❑ 向顺序表中插入一个元素的具体操作
- ❑ 动态顺序表的相关操作

2. 问题分析

本题的教学视频请扫描二维码 16-2 获取。

题目中给出了整型的顺序表定义，这是一个动态顺序表的定义方法，因此当顺序表空间不足时可动态地追加内存空间。

代码中规定 MAXSIZE 为 10，因此初始时顺序表所占的内存大小为 sizeof(int) * 10，也就是最多存放 10 个整数。而题目中要求向顺序表中插入 15 个整数，因此当空间不足时需要动态追加内存空间，同时修改顺序表的长度 L -> length 以及顺序表所占空间大小 L -> listsize。

本题的核心算法是向动态顺序表的第 i 个位置插入整数元素，算法描述如下：

```
int InsertElem(Sqlist * L, int i, int item){
    /* 向顺序表 L 中第 i 个位置上插入元素 item */
    int * base, * insertPtr, * p;
    if(i < 1 || i > L -> length + 1){
        return 0;                          /* 非法插入 */
    }
    if(L -> length >= L -> listsize){
        base = (int * )realloc(L -> elem,
            (L -> listsize + L -> incrementsize) * sizeof(int));
        /* 重新追加空间 */
        if(base == NULL) return 0;         /* 内存分配失败 */
        L -> elem = base;                  /* 更新内存基地址 */
        L -> listsize = L -> listsize + L -> incrementsize;
        /* 存储空间增大 L -> incrementsize 个存储单元 */
    }
    insertPtr = &(L -> elem[i - 1]);       /* insertPtr 为插入位置 */
    for(p = &(L -> elem[L -> length - 1]); p >= insertPtr; p --){
        * (p + 1) = * p;                   /* 将 i - 1 后的元素顺序后移一个元素的位置 */
    }
    * insertPtr = item;                    /* 在第 i 个位置上插入元素 item */
    L -> length ++;                        /* 表长加 1 */
    return 1;
}
```

函数 InsertElem 的作用是在顺序表 L 的第 i 个位置上插入整型元素 item。理解该函数时应注意以下几点：

1）动态顺序表内存不够时可以动态分配空间，因此不存在顺序表溢出的非法现象。

2）如果顺序表中的内存空间不足，可通过函数 realloc 追加内存单元。

3）对于长度为 length 的顺序表，插入元素的位置只能在[1, length + 1]范围内，因此需要做参数的有效性检验，i <1 或者 i > L -> length + 1 都是非法插入。注意 i 是数组中的位置。

4）函数 InsertElem 返回 1 表示插入操作成功，返回 0 则表示插入操作失败。

3. 答案

见分析。

4. 实战演练

本题完整的代码及测试程序见云盘中 source/16-1/，读者可以编译调试该程序。在测试函数中首先创建了一个初始大小为 MAXSIZE = 10 的顺序表，然后调用 InsertElem 向该顺序表中依次插入15个元素。当插入到元素11时，顺序表会追加LISTINCREMENT=10个数据单元，于是顺序表的容量变为20。最终在屏幕上输出顺序表中的15个元素、当前顺序表的长度和容量。程序16-1的运行结果如图16-3所示。

```
The content of the list is
1 2 3 4 5 6 7 8 9 10 11 12 13 14 15
The length of the Sqlist is 15
The ListSize of the Sqlist is 20
```

图16-3　程序16-1的运行结果

注意啦

向顺序表中插入元素时，需要对插入的位置做参数有效性检验。在编写其他程序时也要特别注意这一点，面试官往往以“函数是否有参数有效性检验”作为评判一个程序员是否具有良好编程习惯的标准之一。此外，顺序表的length和listsize是两个不同的概念，读者要加以区分。

【面试题3】编程实现顺序表的逆置

编程实现顺序表的逆置，利用原表的存储空间将顺序表($a_1,a_2,\cdots,a_n$)逆置为($a_n,a_{n-1},\cdots,a_1$)。

1. 考查的知识点

- ❑ 顺序表中元素的引用
- ❑ 与顺序表相关的算法设计

2. 问题分析

顺序表的逆置操作不需要改变顺序表本身空间的大小，因此静态顺序表的逆置与动态顺序表的逆置算法上是相同的。这里仅以静态顺序表为例说明如何实现顺序表的逆置操作。

要实现长度为len的顺序表的逆置，需要利用一个临时变量buf作为数据的缓冲区，同时要设置两个变量low和high分别指向顺序表的表头和表尾。操作过程如下：

1）将low指向元素与high指向的元素通过缓冲区buf交换位置。

2）low++，high--，重复1）的操作，直到low>=high为止。

上述算法描述可以实现一个长度为len的顺序表的逆置操作，其时间复杂度为O(n)，空间复杂度为O(1)。该算法的代码描述如下：

```
void reverseSqList(int a[], int len){
    int buf;
    int low = 0;                    /*初始状态下,low指向数组的第一个元素*/
    int high = len - 1;             /*初始状态下,high指向数组的最后一个元素*/
    while(low < high){
        buf = a[low];               /*将元素交换位置*/
        a[low] = a[high];
        a[high] = buf;
        low ++;
        high --;
    }
}
```

3. 答案

见分析。

4. 实战演练

本题完整的源代码及测试程序见云盘中 source/16-2/，读者可以编译调试该程序。程序首先初始化了一个数组 a[ ] = {1,2,3,4,5}，然后调用函数 reverseSqList 将该数组逆置，并将逆置后的结果输出。程序 16-2 的运行结果如图 16-4 所示。

```
The elems of the array before reversed
  1  2  3  4  5
The elems of the array after reversed
  5  4  3  2  1
```

图 16-4　程序 16-2 的运行结果

【面试题 4】编程实现删除一个数组中的重复元素

编写一个函数，删除一个只包含正整数的数组中的重复元素，例如，一个数组中的元素为{2,3,5,2,5,3,6,9,11,6}，删除重复元素后数组变为{2,3,5,6,9,11}。

1. 考查的知识点

二维码 16-3

- ❑ 从顺序表中删除一个元素的具体操作
- ❑ 数组相关的算法设计

2. 问题分析

本题的教学视频请扫描二维码 16-3 获取。

```
void purge(int a[ ],int * len){
    int i = 0,j;
    while(i < * len){
        j = i + 1;                          /* 从 a[i+1]开始与 a[i]逐一比较 */
        while(j < * len){
            if(a[i] == a[j]){               /* 如果元素 a[j]与 a[i]重复,删除 a[j] */
                DelElem(a,len,j + 1);       /* 删除数组 a[ ]中第 j+1 个元素 a[j] */
            }else{
                j ++;                       /* 否则继续比较下一个元素 */
            }
        }
        i ++;
    }
}
```

上面这段代码实现了删除一个整型数组中重复元素的操作。代码中变量 i 所指向的数组元素为数组中确定保留的元素，然后通过变量 j 从元素 a[i+1]开始顺次地与后续每个元素逐一比较，一旦发现元素 a[j]与元素 a[i]重复，就调用 DelElem 函数将元素 a[j]删除。其中函数 DelElem 是顺序表的基本操作，其定义如下：

```
int DelElem(int Sqlist[ ], int * len, int i){
    int j;
    if(i < 1 || i > * len){             /* 参数有效性检验 */
        return 0;                       /* 非法删除 */
    }
    for(j = i; j < * len; j ++){
        Sqlist[j - 1] = Sqlist[j];      /* 将第 i 位置以后的元素依次前移 */
    }
    * len = * len - 1;                  /* 表长减 1 */
    return 1;
}
```

函数 DelElem 的作用是删除数组 Sqlist 中的第 i 个元素（下标为 i-1），同时修改数组长度 *len 的值。

在函数 purge 中，内层的 while 循环直到 j 等于数组长度 *len 停止，表示数组中再没有与元素 a[i]重复的元素了（注意，数组长度 *len 会在调用 DelElem 后发生改变，所以采用指针传递）。外层循环由变量 i 控制，表示在数组 a 中删除与当前元素 a[i]重复的所有元素。

上述算法简单直观，但是时间复杂度却是 $O(n^3)$。首先通过二重循环找出数组中每个元素的重复元素，这个操作的时间复杂度为 $O(n^2)$。每当调用 DelElem 函数删除重复元素时，又要批量移动数组元素，这个操作的时间复杂度为 $O(n)$。该算法还存在一些可优化的空间。

其实当找到重复元素后，可以不马上调用 DelElem 函数删除这个重复元素，而是可以先做个标记，这样就会节省掉每次调用 DelElem 都要批量移动元素的开销。当找出全部重复元素后再进行一次整体删除，这样该算法只需要一个二重循环找出数组中的重复元素，再加上一次循环删除重复元素的操作即可，时间复杂度降为 $O(n^2)$。改进后算法描述如下：

```
void purge(int a[],int *len){
    int i,j;
    int length = *len;
    for(i=0; i<length; i++){                    /* 找出数组中的重复元素 */
        if(a[i] != FLAG){
            for(j=i+1; j<length; j++){
                if(a[j] == a[i]){               /* 找到 a[i]的重复值,先用特殊标记覆盖它 */
                    a[j] = FLAG;
                }
            }
        }
    }

    for(i=0; a[i] != FLAG; i++);                /* 找到第一个特殊标记 */
    for(j=i+1; j<length;){                      /* 删除数组中的特殊标记 */
        if(a[j] != FLAG){
            a[i++] = a[j++];
        }else{
            j++;
        }
    }
    *len = i;                    /* 修改 *len 的值,因为删除重复元素后数组的实际长度会发生改变 */
}
```

在改进后的算法中，首先通过一个二重 for 循环找出数组中的全部重复元素，并将这些重复元素用标记 FLAG 覆盖，然后通过一个一重 for 循环将 FLAG 标记的重复元素删除（用后面的元素覆盖掉），最后修改数组长度 *len 的值。上述过程可通过图 16-5 表示。

图 16-5　改进后 purge 算法的执行过程

3. 答案

见分析。

4. 实战演练

本题完整的源代码及测试程序见云盘中 source/16-3/，读者可以编译调试该程序。本程序采用的是改进后的 purge 算法。在该程序中，首先初始化了一个包含 10 个正整数的数组 a[10] = {2,3,5,2,5,3,6,9,11,6}，然后调用改进后的 purge 函数将数组中的重复元素删除，最后将删除重复元素后的数组内容和数组长度输出。程序 16-3 的运行结果如图 16-6 所示。

```
The elems of array after purging
 2  3  5  6  9 11
The length of the array is 6
```

图 16-6　程序 16-3 的运行结果

【面试题 5】数组元素两两之差绝对值的最小值

有一个整数数组，求出两两之差绝对值的最小值。要求：只要得出最小值即可，不需要求出是哪两个数。

1. 考查的知识点

❑ 数组的基本操作

❑ 数组相关的算法设计

2. 问题分析

题目中要求计算出数组中所有元素两两之差绝对值的最小值，而且只要计算出这个最小值即可，不需要求出是哪两个数。可以这样思考本题：

1）设定一个最小值初值 minVal，这个值不妨等于一个较大的数，总之要确保它比计算出来的最小值要大。

2）计算出数组中每两个元素之差的绝对值 difference，并将 difference 与 minVal 进行比较，如果 difference 更小，则将 difference 赋值给 minVal，使得 minVal 成为新的最小值。

3）重复 2）的操作，直到比较完数组中全部的两两元素的差值。

4）返回 minVal 即为结果。

下面通过一个实例来说明这个过程。例如，数组 a = {2, 4, 6}，计算步骤如下：

首先设定 minVal 等于 100，本例中最小值不可能大于 100。计算 $|2-4|=2$，2 小于 minVal = 100，将 minVal 更新为 2；计算 $|4-6|=2$，2 等于 minVal = 2，不需要更新 minVal；计算 $|2-6|=4$，4 大于 minVal = 2，不需要更新 minVal；因为 $|2-4|=|4-2|$，$|4-6|=|6-4|$，$|2-6|=|6-2|$，所以不用比较 $|4-2|$、$|6-4|$、$|6-2|$ 这三组差值；最终返回 minVal = 2，即为所求最小值。

本题最大难点在于如何计算数组中每两个元素之差的绝对值。上面的数组只包含 3 个元素，因此很容易找到每两个元素之差的绝对值，但是如果数组中包含 300 个元素甚至更多，那么就需要找到一个很好的算法求解。这里介绍一种简单易懂且比较高效的方法。

假设一个数组 a 中包含 n 个元素，这些元素分别记为 a_1，a_2，…，a_i，a_{i+1}，…，a_n。那么这个数组中每两个元素的组合都可以与下面这个矩阵中的元素对应，如图 16-7 所示。

在这个 n × n 的矩阵中，每个元素都对应数组中两个元素的一种组合，例如，(a_1，a_1)，(a_2，a_n) 等，因此共包含 n × n 种组合。只要利用这个矩阵穷举出这 n × n 种组合，并求出每一种组合元素之差的绝对值，就可以轻松找到这个最小值。

有些读者可能发现，该矩阵是一个 n × n 阶的方阵，矩阵对角线上的元素对应的数组元素对之差为 0，矩阵的上三角与下三角元素对应的数组元素对之差互为相反数，因此不需要穷举

出 n×n 种组合，而只需穷举出矩阵的上三角元素（或下三角元素）对应的$(n^2-n)/2$种组合，如图 16-8 所示。因为$|a_i-a_j|=|a_j-a_i|$，所以优化后省掉了一半的冗余计算。

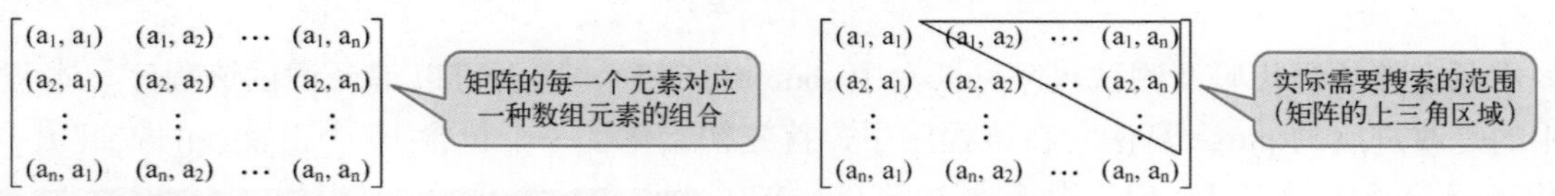

图 16-7　矩阵对应的数组中两两元素的组合　　图 16-8　矩阵中上三角元素对应的数组元素组合

在设计算法时，可以通过一个二重循环访问到矩阵上三角元素对应的每一种组合，然后计算每一种组合对应的数组元素差的绝对值，并与 minVal 比较，根据比较结果决定是否更新 minVal，最后返回 minVal。算法的代码描述如下：

```
int getMinDifference(int array[], int len){
    int minVal = 32767;
    int row = 0;
    int rank = 0;
    for(row = 0; row < len; row ++ ){
        for(rank = row + 1; rank < len; rank ++ ){
            if(abs(array[rank] - array[row]) < minVal){      /* 找到一种组合 */
                minVal = abs(array[rank] - array[row]);
            }
        }
    }
    return minVal;
}
```

函数 getMinDifference 返回数组元素两两之差绝对值的最小值，参数 array 为数组的首地址，len 为数组长度。

算法中通过一个二重循环访问数组元素的组合。外层循环通过变量 row 模拟矩阵的行，内层循环通过变量 rank 模拟矩阵的列，每一次循环 row 和 rank 的组合模拟对应矩阵中的元素，然后求出元素差的绝对值 abs(array[rank] - array[row])，并将其与 minVal 比较，当该值小于 minVal 时，将 minVal 替换为该值。

需要注意的一点是，内存循环控制矩阵列号的变量 rank 从 row+1 开始向后递增，相当于只访问矩阵的上三角元素，避免了冗余操作。

虽然借助上三角矩阵减少了计算次数，但时间复杂度仍为$O(n^2)$。其实如果不介意改变数组元素的位置，可以先将数组元素排序，再扫描一遍数组计算相邻两数之差绝对值的最小值。排序的时间复杂度可控制在 O(nlogn)，扫描数组的时间复杂度为 O(n)，总时间复杂度为 O(n)+O(nlogn)，优于上面的算法，但代价是破坏原数组结构。如果用一个额外的数组拷贝原数组元素再操作，固然可以在不破坏原数组结构的前提下提高算法效率，但是空间复杂度又上去了。所以比较算法优劣时，要依据实际需求找到一个符合应用场景的算法。

3. 答案

见分析。

4. 实战演练

本题完整的源代码及测试程序见云盘中 source/16-4/，读者可以编译调试该程序。在该程序中首先初始化了一个整型数组 array[7] = {1,12,23,4,25,20,2}，然后调用 getMinDifference 函数计算该数组中元素两两之差的最小值，并输出计算结果。程序 16-4 的运行结果如图 16-9 所示。

```
The min value of difference between two elems in array is 1
```

图 16-9　程序 16-4 的运行结果

小技巧

在解决这类“两两比较”的问题时，最常想到的方法是穷举法。穷举法固然容易理解且易于实现，但是效率较低，会产生大量的冗余计算。所以在解决这类“两两比较”的问题时，需要更深一步地思考搜索的空间和范围，避免不必要的重复计算。

【面试题 6】重新排列数组使得数组左边为奇数，右边为偶数

给定一个存放整数的数组，重新排列数组使得数组左边为奇数，右边为偶数。

要求：空间复杂度为 O(1)，时间复杂度为 O(n)。

1. 考查的知识点

❑ 数组的基本操作

❑ 数组相关的算法设计

2. 问题分析

本题要求将数组元素重排，使得数组左边为奇数，右边为偶数。这有些类似于快速排序的过程：在快速排序的一趟排序中，首先指定一个基准点，然后实现数组元素的一次划分，将小于基准点的元素移动到基准点之前，将大于基准点的元素移动到基准点之后。本题可以借鉴快速排序算法的思想来解决，数组重排的过程如下：

1）设定两个变量 low 和 high，作为数组下标分别指向数组第一个和最后一个元素。

2）循环执行 low ++ 操作，直到 low 指向一个偶数元素或者 low >= high。

3）循环执行 high -- 操作，直到 high 指向一个奇数或者 high <= low。

4）如果 low >= high，则程序结束，此时数组的左边为奇数，右边为偶数；否则将数组中 low 指向的元素与 high 指向的元素交换位置。再重复 2）、3）、4）的操作。

下面通过一个实例进一步理解该算法，如图 16-10 所示。

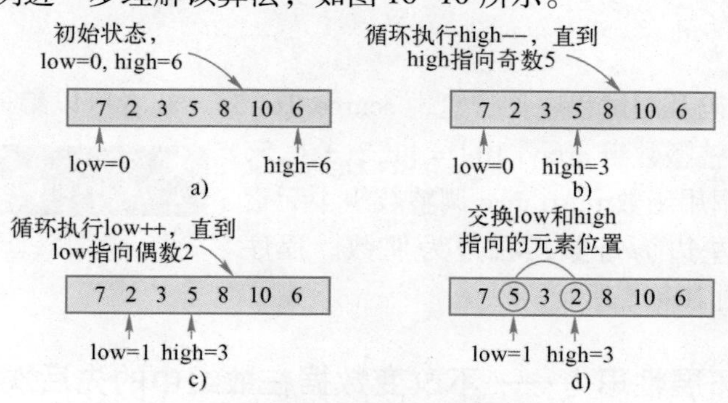

图 16-10　数组重排列算法演示

图 16-10 中，图 16-10a 为初始状态，数组内容为{7,2,3,5,8,10,6}，此时 low 和 high 分别指向数组第一个元素和最后一个元素；图 16-10b 为循环执行 high --，直到 high 指向了一个奇数，此时 high 等于 3；图 16-10c 为循环执行 low ++，直到 low 指向了一个偶数，此时 low 等于 1；因为 low 小于 high，所以将 low 指向的元素与 high 指向的元素交换位置，变成图 16-10d 的样子；接下来重复图 16-10b、图 16-10c、图 16-10d 的操作，直到 low 大于等于 high 程序结束。最终数组为{7,5,3,2,8,10,6}。

该算法的代码描述如下：

```
int reArrange(int array[], int len){
    int low = 0, high = len - 1;
    if(len < 1 || low >= high){
        return 0;                          /* 参数非法,程序返回 0 */
    }
    while(1){
        while(! isEvenNum(array[low]) && low < high){
            low ++;                        /* 循环操作,使 low 指向偶数元素 */
        }

        while(isEvenNum(array[high]) && low < high){
            high --;                       /* 循环操作,使 high 指向奇数元素 */
        }

        if(low >= high){
            return 1;                      /* low >= high,表明每个元素都已遍历,程序返回 1 */
        }else{
            swap(array, low, high);        /* 交换 low 和 high 元素的位置 */
            low ++;                        /* 指向下一个元素,继续比较 */
            high --;                       /* 指向下一个元素,继续比较 */
        }
    }
    return 1;                              /* 数组调整成功,返回 1 */
}
```

算法中函数 isEvenNum 用来判断一个整数是否是偶数，函数 swap 用于交换数组中两个元素的位置。函数 reArrange 简单直观，易于实现。从时间复杂度来看，数组中每个元素都仅遍历一次，因此时间复杂度为 O(n)。从空间复杂度来看，算法实现了将数组在原地址空间上重新排列，唯一用到的内存空间开销就是临时变量用来实现两个元素的位置交换，因此空间复杂度为 O(1)。该算法符合题目要求。

3. 答案

见分析。

4. 实战演练

本题完整的源代码及测试程序见云盘中 source/16-5/，读者可以编译调试该程序。在本程序中首先初始化一个整型数组 array[10] = {1,2,3,4,5,6,7,8,9,10}，然后调用函数 reArrange 调整数组中元素的位置，使得数组左边为奇数，右边为偶数。程序 16-5 的运行结果如图 16-11 所示。

```
1  2  3  4  5  6  7  8  9 10
1  9  3  7  5  6  4  8  2 10
```

图 16-11　程序 16-5 的运行结果

拓展性思考——不改变数据在数组中的先后次序

到此为止，本题应当算是一道比较容易的题目，但是我们不应就此满足，如果进一步思考，这道题还是有许多可拓展的地方。

如果把题目稍加修改：给定一个整数数组，重新排列数组使得数组左边为奇数，右边为偶数，要求不改变原数据在数组中的先后次序。例如，数组初始状态为{1, 2, 3, 4, 5, 6, 7, 8, 9, 10}，重排后的数组为{1, 3, 5, 7, 9, 2, 4, 6, 8, 10}，这些数据都不改变在原数组中的次序，比如 1 始终在 3 前面、3 始终在 5 前面、7 始终在 9 前面等。

首先上面给出的算法不能满足要求，从图 16-11 中可以看出，对于初始状态为{1，2，3，4，5，6，7，8，9，10}的数组，使用该算法进行重排后，数组内容调整为{1，9，3，7，5，6，4，8，2，10}，所以不符合题目要求。

有的读者可能会马上想到可以使用一个额外的数组实现这个功能。也就是定义一个与该存放整数的数组 A 等长的数组 B，然后通过一次扫描数组 A 将里面的奇数逐一读出，并保存在数组 B 中，然后再扫描一次数组 A，将里面的偶数逐一读出，保存在数组 B 的后半部分。这样做是可以的，这里给出该算法的代码实现和程序的执行结果：

```
int reArrange(int array[], int len){
    int i,j;
    int * tmp_array;
    if(len <= 0){
        return 0;                          /* 参数的合法性检验 */
    }
    tmp_array = (int * )malloc(sizeof(int) * len);
    if(tmp_array == NULL){
        return 0;                          /* 堆内存分配失败 */
    }

    for(i = 0, j = 0; i < len; i ++ ){
        if(! isEvenNum(array[i])){         /* 将数组中的奇数拷贝到 tmp_array 的前半部 */
            tmp_array[j] = array[i];
            j ++ ;
        }
    }

    for(i = 0; i < len; i ++ ){
        if(isEvenNum(array[i])){           /* 将数组中的偶数拷贝到 tmp_array 的后半部 */
            tmp_array[j] = array[i];
            j ++ ;
        }
    }

    for(i = 0; i < len; i ++ ){
        array[i] = tmp_array[i];           /* 将 tmp_array 的内容拷贝到原数组 array 中 */
    }

    free(tmp_array);                       /* 释放 tmp_array 的堆内存空间,防止内存泄漏 */
    return 1;
}
```

完整的程序源代码读者可在云盘中 source/16-6/得到并编译执行。程序 16-6 实现了将数组{1，2，3，4，5，6，7，8，9，10}进行重新排列，程序 16-6 的运行结果如图 16-12 所示。

```
1 2 3 4 5 6 7 8 9 10
1 3 5 7 9 2 4 6 8 10
```

图 16-12　程序 16-6 的运行结果

该算法满足题目要求，即不改变原数据在数组中的先后次序，但是该算法的空间复杂度较大，为 O(n) 级别，因为需要一个与原数组等长的临时数组作为缓冲区实现数组重排。如果想单纯地降低空间复杂度，可以通过下面算法解决这个问题：

```
int reArrange(int array[], int len){
    int i, j, k;
    int tmp_elem;
    if(len <= 0){
        return 0;                          /* 参数的合法性检验 */
    }
```

```
        for(i = 0; i < len; i ++ ){
            if(isEvenNum(array[i])){
                break;                              /* 找到数组中第一个偶数 */
            }
        }
        for(j = i + 1; j < len; j ++ ){
            if(! isEvenNum(array[j])){             /* 遇到一个奇数 array[j] */
                tmp_elem = array[j];                /* 将 array[j]暂存起来 */
                for(k = j - 1; k >= i; k -- ){
                    array[k + 1] = array[k];        /* 数据后移 1 个单元,将 array[i]空出 */
                }
                array[i] = tmp_elem;                /* 将遇到的奇数放到 array[i]的位置上 */
                i = i + 1;                          /* i 仍指向第一个偶数 */
            }
        }
        return 1;
    }
```

该算法首先扫描数组，找到数组中的第一个偶数，并用下标 i 指向这个元素，即 array[i]为第一个偶数。然后通过一个循环扫描 array[i]之后的元素，当找到一个奇数 array[j]时，就将 array[j]移动到 array[i]的位置上，array[i] ~ array[j - 1]的元素顺序后移一个单元，这个操作也需要通过一个循环完成。此时第一个偶数元素向后移动了一个单元的位置，因此 i 要做加 1 操作。如此循环下去，直到扫描完整个数组。这个时候 array[i]仍是数组中的第一个偶数，而 array[i]之后的元素已不含任何奇数了，因为奇数都已经移到了 array[i]的前面。这样就保证了 array[i]后面的偶数元素保持原顺序，而 array[i]前面的奇数也是按照原顺序一个一个向后插入。本算法的时间复杂度为 $O(n^2)$，空间复杂度为 O(1)。

完整的程序源代码读者可在云盘中 source/16-7/得到并编译执行。程序 16-7 实现了将数组{1,2,3,4,5,6,7,8,9,10}进行重新排列，程序 16-7 的运行结果如图 16-13 所示。

```
1 2 3 4 5 6 7 8 9 10
1 3 5 7 9 2 4 6 8 10
```

图 16-13　程序 16-7 的运行结果

古人云："差之毫厘，谬以千里"，一道题目只要稍稍改动一个条件，其解法可能就会大相径庭。我们在原题中仅仅添加了一个条件"不改变原数据在数组中的先后次序"，其算法思路就比之前复杂许多，带来的直接影响就是空间复杂度或时间复杂度的增加。

【面试题 7】两个有序数组的交集

给定两个有序整型数组 array_1 和 array_2，数组中的元素是递增的，且各数组中没有重复元素。计算 array_1 和 array_2 的交集。

例如，array_1 = {2,5,6,8,9}，array_2 = {1,5,6,7,8}，它们的交集为{5,6,8}。

1. 考查的知识点

❑ 数组的基本操作

❑ 数组相关的算法设计

2. 问题分析

看到本题，有些读者可能会第一时间给出解法：通过一个循环扫描 array_1 中的每一个元素，然后用该元素去比较 array_2 中的每一个元素，如果 array_1 中的元素在 array_2 中出现，则将其加入交集。这个算法固然能够实现题目的要求，但却存在大量冗余计算。

首先上面的算法时间复杂度过高，它需要一个二重循环来实现，其时间复杂度为 $O(n^2)$。其次，该解法没有利用题目中"数组元素递增且没有重复元素"的条件。

对于本题，最常规和经典的解法是参考数组的二路归并法。用变量 i 指向 array_1 的第一个元素，变量 j 指向 array_2 的第一个元素，然后执行下面的操作：

1）如果 array_1[i]等于 array_2[j]，则该元素是交集元素，将其放到 intersection 数组中，然后执行 i++，j++，继续 1）、2）、3）的比较。

2）如果 array_1[i]大于 array_2[j]，则执行 j++，然后重复 1）、2）、3）的比较。

3）如果 array_1[i]小于 array_2[j]，则执行 i++，然后重复 1）、2）、3）的比较。

4）一旦 i 等于数组 array_1 的长度，或者 j 等于数组 array_2 的长度，循环终止。最终数组 intersection 中的元素即为 array_1 和 array_2 的交集元素。

该算法的代码描述如下：

```
int getIntersection(int array_1[], int len_1, int array_2[],int len_2, int intersection[]){
    int i=0;
    int j=0;
    int k=0;
    int len=0;
    while(i<len_1 && j<len_2){                    /*当 i 等于 len1 或 j 等于 len2 时,循环结束*/
        if(array_1[i]==array_2[j]){
            intersection[k]=array_1[i];           /*发现交集元素,赋值给 intersection[k]*/
            i++;
            j++;
            k++;
        }
        if(array_1[i]>array_2[j]){
            j++;                                  /*array_1[i]大于 array_2[j],则 j++*/
        }
        if(array_1[i]<array_2[j]){
            i++;                                  /*array_1[i]小于 array_2[j],则 i++*/
        }
    }
    len=k;
    return len;                                   /*返回交集数组 intersection 的长度*/
}
```

函数 getIntersection 计算数组 array_1 和 array_2 的交集，将结果保存到数组 intersection 中。参数 len_1 和 len_2 分别为数组 array_1 和 array_2 的长度。函数 getIntersection 的返回值为交集数组 intersection 的长度，如果 array_1 和 array_2 没有交集，则返回 0。

算法的时间复杂度为 O(n)，相比最初的算法要高效得多。本算法中利用了“数组元素递增且没有重复元素”的条件，通过二路归并的方式。只需扫描一遍数组便可以找到两个数组的交集元素。

3. 答案

见分析。

4. 实战演练

本题完整的源代码及测试程序见云盘中 source/16-8/，读者可以编译调试该程序。在本程序中初始化了两个整型数组 array_1[5]={2,5,6,8,9}和 array_2[5]={1,5,6,7,8}，然后调用函数 getIntersection 找到这两个数组元素的交集并保存到数组 intersection 中，最后输出交集数组 intersection 的内容。程序 16-8 的运行结果如图 16-14 所示。

```
5 6 8
```

图 16-14　程序 16-8 的运行结果

拓展性思考——两个数组长度相差悬殊的情况

上述的算法可以适用于一般情况下求两个数组的交集，但是如果两个数组的长度相差悬殊则另当别论，因为有更优的算法可以使用。

假设有两个数组，其中 array_1 只包含 3 个元素{1,100,10000}，而 array_2 包含 10000 个元素{1,2,3,…,9999,10000}。如果用上面的二路归并法处理，就要遍历 array_2 整个数组，而其实最多只有 3 个交集元素。

那么有没有更好的办法可以减少元素之间的比较次数而同样可以找到两数组的交集元素呢？实际上，可以遍历较小的数组，将访问到的元素在长数组中进行二分查找，如果找到该元素则将其放入到交集元素数组 intersection 中，否则继续遍历较小的数组，直到较小的数组遍历完为止。该算法描述如下：

```
int getIntersection(int array_1[], int len_1, int array_2[],int len_2, int intersection[]){
    int i, len_short, len_long, index, k = 0;
    int * array_short;
    int * array_long;
    if(len_1 < len_2){                              /* 找到较小的数组 */
        len_short = len_1;
        len_long = len_2;
        array_short = array_1;
        array_long = array_2;
    }else{
        len_short = len_2;
        len_long = len_1;
        array_short = array_2;
        array_long = array_1;
    }

    for(i = 0; i < len_short; i ++){              /* 遍历较小的数组 */
        /* 调用二分查找算法 */
        index = bin_search(array_long, 0, len_long, array_short[i]);
        if(index != -1){
            /* 如果 index 不为 -1 表示查找成功,返回该元素在 array_long 中的下标 */
            intersection[k] = array_short[i];
            k ++;
        }
    }
    return k;                                       /* 返回数组 intersection 的长度 */
}
```

函数 getIntersection 返回交集数组 intersection 的长度。函数中首先找到较小的数组和该数组的长度，并用指针 array_short 指向该数组，用变量 len_short 记录数组长度。然后通过一个循环遍历较小的数组 array_short，将其中每个元素在长数组 array_long 中进行二分查找，如果在长数组中找到该元素，则函数 bin_search 返回其在数组中的下标，否则返回 -1。

函数 bin_search 实现了一个二分查找算法，其中第一个参数为要查找的数组首地址，第二个参数和第三个参数为查找范围的首尾元素下标，最后一个参数为要查找的元素。

完整的程序源代码读者可在云盘中 source/16-9/得到并编译执行。程序 16-9 实现了求解数组 array_1 = {1,100,10000}和 array_2 = {1,2,3,…,9999,10000}的交集，并将交集元素保存在数组 intersection 中的功能。程序 16-9 的运行结果如图 16-15 所示。

应用二分查找算法解决两个数组长度相差悬殊的情况是一种很高效的方法，如果面试题中出现这种条件，大家不妨使用这种方法。

```
1      100   10000
```

图 16-15 程序 16-9 的运行结果

【面试题 8】判断数组中的元素是否连续

现有一个整数数组，其元素是 0 ~ 65535 之间的任意数字。已知相同数字不会重复出现，而 0 可以重复出现，且 0 可以通配任意一个数字。设计一个算法判断该数组中的元素是否连续。注意以下几点：

- 数组中的数据可以是乱序的，例如，{3，2，5，4，0}，这个数组中的元素是连续的，因为 0 通配成 1 或 6 后数组元素连续的。
- 0 可以出现多次，例如，{0，2，3，0，0}，这个数组中的元素也是连续的。

1. 考查的知识点

- 数组的基本操作
- 数组相关的算法设计

2. 问题分析

有一个很巧妙的方法解决这个问题。如果一个数组包含 n 个元素，并且该数组中元素是连续的，那么它一定具有“数组中最大值元素与最小值元素之差为 n - 1”的性质。如果这些元素中包含 0 这样的通配数字，并且要保证数组中的元素是连续的，那么数组中的非 0 最大值与非 0 最小值之差则不能超过 n - 1。下面举几个例子来说明：

例如，数组中元素为{5,7,6,0,9,10}，该数组包含 6 个元素，非 0 最大元素为 10，非 0 最小元素为 5，两者之差为 5，等于 n - 1，即 6 - 1，所以数组是连续的；

例如，数组中元素为{3,2,1,0,0}，该数组包含 5 个元素，非 0 最大元素为 3，非 0 最小元素为 1，两者之差为 2，小于 n - 1，所以数组是连续的；

例如，数组中元素为{2,3,7,0,0}，该数组包含 5 个元素，非 0 最大元素为 7，非 0 最小元素为 2，两者之差为 5，大于 n - 1，所以数组不是连续的。

理解了问题的本质之后，可以通过一次扫描数组得到非 0 元素的最大值和最小值，然后按照上面的性质判断该数组中元素是否连续即可。算法描述如下：

```
int isContinuousArray(int array[], int len){
    int maxVal = array[0], minVal = array[0];
    int i;
    for(i = 1; i < len; i ++){
        /* 扫描数组找出最大值和最小值 */
        if(array[i] > maxVal && array[i] != 0){
            maxVal = array[i];
        }else if(array[i] < minVal && array[i] != 0){
            minVal = array[i];
        }
    }

    if(maxVal - minVal > len - 1){
        return 0;           /* 非 0 最大值与非 0 最小值之差大于 len - 1 */
    }else{
        return 1;           /* 非 0 最大值与非 0 最小值之差小于 len - 1 */
    }
}
```

函数 isContinuousArray 的功能是判断数组中的元素是否连续，参数 array 为数组的首地址，len 为该数组的长度。程序通过一个循环找出该数组中的最大非 0 元素和最小非 0 元素，并将其赋值给变量 maxVal 和 minVal，并通过计算 maxVal 和 minVal 之差来判断该数组中的元素是否连续。该算法只需要一次扫描数组找出最大值和最小值，因此时间复杂度为 O(n)。

3. 答案

见分析。

4. 实战演练

本题完整的源代码及测试程序见云盘中 source/16-10/，读者可以编译调试该程序。程序首先初始化了两个整型数组 array_1[ ] = {3,2,1,0,0} 和 array_2[ ] = {2,3,7,0,0}，然后分别调用函数 isContinuousArray 判断它们是否连续，并将结果输出。程序 16-10 的运行结果如图 16-16 所示。

```
array_1 is continuous
array_2 is NOT continuous
```

图 16-16 程序 16-10 的运行结果

【面试题 9】判断数组中是否有重复元素

给定一个长度为 N 的数组，其中每个元素的取值范围都是 1 ~ N。判断数组中是否有重复的数字。

1. 考查的知识点

- 数组的基本操作
- 数组相关的算法设计

2. 问题分析

一种最简便直观的方法就是先将数组排序，然后再遍历该数组，判断相邻两个元素是否存在相等的情况。但是题目中只要求判断数组中是否有重复数字，而排序算法是对整个数组做完整的排序，因此会产生一些冗余计算。

可能读者会想到开辟一个长度为 N 的数组来记录原数组中的元素个数，其中 array[i]表示数字 i+1 在原数组中出现的次数。例如，原数组为{2, 5, 3, 8, 3, 5, 8, 8}，数组中包含 8 个元素，每个元素的取值范围都是[1,8]之间，所以可以用一个长度为 8 的数组 array[8]记录数组中每个元素出现的次数，但是这样做无疑增加了空间复杂度。

实际上这道题有一种非常巧妙的方法。由于原数组长度为 N，并且取值范围是 1 ~ N，如果数组中不包含重复元素，那么数组中的元素一定是 1 ~ N 内每个数都出现一次，这 N 个数的和是 N * (N+1)/2。其逆否命题就是，如果长度为 N，取值范围为 1 ~ N 的数组中，所有元素之和不等于 N * (N+1)/2，那么数组中一定包含重复元素。算法描述如下：

```
int haveRepeatElem(int org[], int n){
    inti, sum = 0;
    for(i = 0; i < n; i++){
        sum += org[i];
    }
    if(sum != (n * (n+1)/ 2)){
        return 1;           /* 存在重复元素,返回 1 */
    }else{
        return 0;           /* 不存在重复元素,返回 0 */
    }
}
```

函数 haveRepeatElem 的功能是判断数组 org 中是否包含重复元素，参数 org 为数组的首地址，n 为数组的长度。程序通过一个循环计算出数组中所有元素的和，然后与 n∗(n+1)/2 进行比较，如果不等表示数组中存在重复元素返回 1，否则返回 0。本算法的时间复杂度为 O(n)，空间复杂度为 O(1)。

3. 答案

见分析。

4. 实战演练

本题完整的源代码及测试程序见云盘中 source/16-11/，读者可以编译调试该程序。本程序中首先初始化了两个数组 org_1[ ] = {2,5,3,8,1,4,6,7} 和 org_2[ ] = {2,5,3,8,3,5,8,8}，然后调用函数 haveRepeatElem 判断是否有重复元素，并将结果输出。程序 16-11 的运行结果如图 16-17 所示。

```
org_1 have no repeat elems
org_2 have repeat elems
```

图 16-17　程序 16-11 的运行结果

16.2　单链表

16.2.1　知识点梳理

二维码 16-4

知识点梳理的教学视频请扫描二维码 16-4 获取。

单链表也是一种线性数据结构，与顺序表占据一段连续的内存空间不同，链表是用一组地址任意的存储单元来存储数据，每个存储单元分散在内存的任意地址上，存储单元之间用指针连接。在链表中，每个数据元素都存放到链表的一个结点中，结点之间由指针串联在一起，这样就形成了一条如同“链”的结构，故称作链表。

一般有两种结构的单链表。一种是带头结点的单链表，即单链表的首部有一个头结点，该头结点不存放任何元素，只是为了操作方便，头结点的指针域指向第一个结点。另一种是不带头结点的单链表，即通过一个指针直接指向第一个结点。为了统一标准，本书中所有的单链表都是不带头结点的单链表。单链表的逻辑结构如图 16-18 所示。

图 16-18　单链表的逻辑结构

可以通过下面的代码定义一个单链表：

```
typedef struct node{
    ElemType data;         /∗数据域∗/
    struct node ∗ next;    /∗指针域∗/
}LNode, ∗ LinkList;
```

其实上面这段代码定义的是一个单链表的结点。每一个结点包括两部分：数据域和指针域。其中数据域用来存放数据元素本身的信息，指针域用来存放后继结点的地址。

这里使用 typedef 将结构体 struct node 定义为 LNode 类型，表示链表中每个结点的类型为 LNode，它等价于结构体类型 struct node。另外，∗ LinkList 是指向 LNode 类型的指针类型，当定义一个指向 LNode 类型数据的指针变量时，LNode ∗ L 与 LinkList L 是等价的。

一个链表只要得到了头指针就可以操作链表上的每一个结点，因此把 LinkList 类型抽象地看作是单链表类型。也就是说，只要得到了 LinkList 类型的链表头结点指针，就可以操作整个单链表。

单链表的最基本的操作包括创建一个单链表、向单链表中插入结点、从单链表中删除结点等，这些将在后续的面试题中结合具体问题进行讲解。

16.2.2 经典面试题解析

二维码 16-5

【面试题 1】单链表的常识性问题

本题的教学视频请扫描二维码 16-5 获取。

(1) 一般情况下，链表中所占用的存储单元的地址是（　　）。

(A) 无序的　　(B) 连续的　　(C) 不连续的　　(D) 部分连续的

1. 考查的知识点

❑ 链表的逻辑结构特性

2. 问题分析

在知识梳理中已经讲到，链表是一种线性数据结构，但是与顺序表不同的是，链表使用一组地址任意的存储单元存储数据。也就是说，链表逻辑上是连续的，而物理上并不一定连续。

3. 答案

(C)

(2) 如果要频繁地对线性表进行插入或删除操作，选取（　　）数据结构最为合适。

(A) 散列表　　(B) 顺序表　　(C) 链表　　(D) 索引

1. 考查的知识点

❑ 各种线性结构插入和删除的操作的复杂度

2. 问题分析

如果要对线性表进行频繁地插入删除操作，最好选用链表作为存储容器。因为链表的插入或删除操作不需要移动任何数据元素，只需要通过修改相关结点的指针域就可以实现，因此其时间复杂度为 O(1)。而顺序表的插入或删除操作的时间复杂度为 O(n)。散列表和索引都是应用于查找的数据结构，它们的查找效率都很高，但是插入删除的效率则不一定高。

3. 答案

(C)

(3) 删除非空线性链表中由 p 所指向结点的直接后继结点的过程依次是（　　）。

(A) r = p -> next; p -> next = r; free(r);

(B) r = p -> next; p -> next = r -> next; free(r);

(C) r = p -> next; p -> next = r -> next; free(p);

(D) p -> next = p -> next -> next; free(p);

1. 考查的知识点

❑ 从单链表中删除结点的具体操作

2. 问题分析

要删除的结点是 p -> next 所指向的结点，其过程可以通过图 16-19 描述。图 16-19a 表示初始状态，此时指针 p 指向某一个结点，现在要删除 p 所指向结点的直接后继结点。图 16-19b 表示将 p -> next 赋值给指针变量 r，r 指向 p 所指向结点的后继结点。图 16-19c 表示将 r -> next 赋值给 p -> next，使 p 所指向结点的后继结点发生了改变。图 16-19d 表示调用 free 函数将 r 指向的结点空间释放。通过上述步骤就可以删除非空线性链表中由 p 所指向结点的直接后继结点。其代码描述为

```
r = p -> next; p -> next = r -> next; free(r);
```

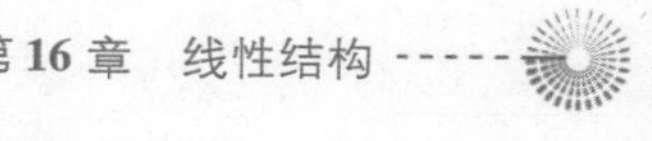

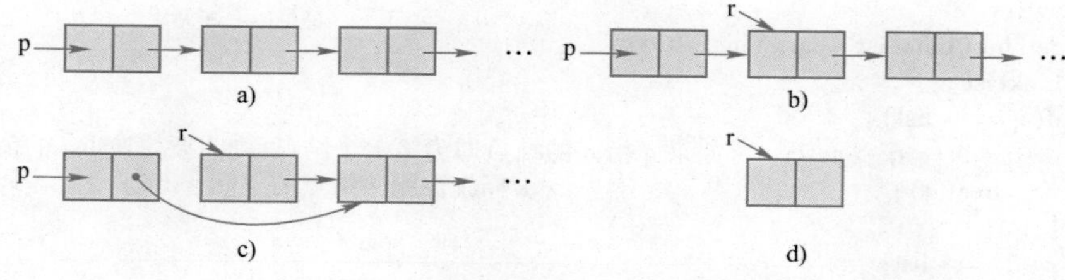

图 16-19　单链表删除结点的操作

3. 答案

（B）

（4）在非空的线性链表中由 p 所指向的结点后面插入一个 q 指向的结点，所需要的过程依次是（　　）。

（A）q -> next = p；p -> next = q；　　（B）q -> next = p -> next；p -> next = q；

（C）q -> next = p -> next；p = q；　　（D）p -> next = q；q -> next = p；

1. 考查的知识点

❑ 向单链表中插入结点的具体操作

2. 问题分析

图 16-20 描述了插入结点的这一过程。图 16-20a 表示初始状态，欲将 q 指向的结点插入到 p 指向的结点的后面；图 16-20b 表示将 p -> next 赋值给 q -> next；图 16-20c 表示将 q 赋值给 p -> next；经过上述操作，就可以将 q 指向的结点插入到 p 指向的结点的后面，其代码描述为

```
q -> next = p -> next; p -> next = q;
```

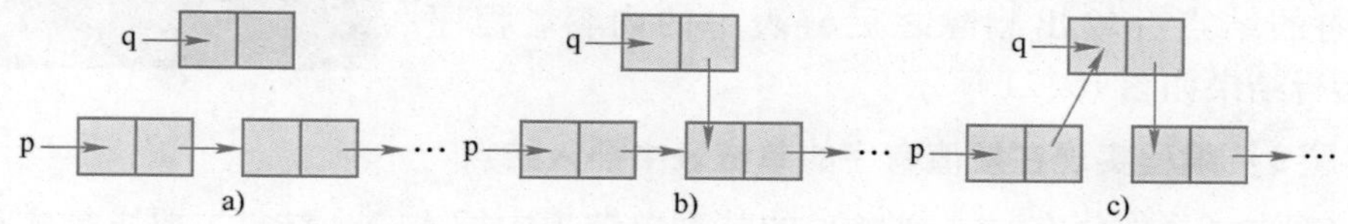

图 16-20　单链表中插入结点的过程

3. 答案

（B）

【面试题 2】删除单链表中指针 q 指向的结点

有一个非空单链表 list，每个结点中存放一个整型数据。指针 q 指向链表中某一个结点，编写一个函数 delLink，删除 q 指向的结点。

1. 考查的知识点

❑ 链表的基本操作

2. 问题分析

本题考查的是最基本的删除链表中结点的操作。从前面的题目中不难看出，要删除单链表中的结点，最重要的是获取其前驱结点的指针。但是本题中只给出了要删除的结点指针 q，并不知道其前驱结点的指针，因此无法直接删除 q 指向的结点。这里需要通过一个循环来遍历链表，找到 q 的前驱结点，完成删除结点的操作。算法的代码描述如下：

```
void delLink(LinkList *list, LinkList q){
    LinkList r;
    if(q == *list){
        *list = q->next; /* 如果 q 指向的结点即为第 1 个结点,则需要修改 list 的值 */
        free(q);                        /* 释放被删除结点的空间 */
    }else{
        r = *list;
        while((r->next != q)&&(r->next != NULL)){
            r = r->next;                /* 通过循环找到 q 所指结点的前驱结点 */
        }

        if(r->next != NULL){
            r->next = q->next;          /* 通过指针 r 删除 q 所指向的结点 */
            free(q);                    /* 释放被删除结点的空间 */
        }
    }
}
```

需要注意的是，如果要删除的结点为该链表的第 1 个结点，则需要修改链表的头指针 list。该算法的时间复杂度为 O(n)。

3. 答案

见分析。

4. 实战演练

本题完整的源代码及测试程序见云盘中 source/16-12/，读者可以编译调试该程序。在测试程序中，首先要求用户通过终端键入 10 个整数来创建一个单链表，然后调用函数 delLink 删除 q 指向的结点并输出删除之后链表的内容，本次调用删除链表中的第一个结点，此后改变指针 q 的值使之指向链表中第 5 个元素，再次调用函数 delLink 删除 q 指向的结点并输出删除之后链表中的内容。程序 16-12 的运行结果如图 16-21 所示。

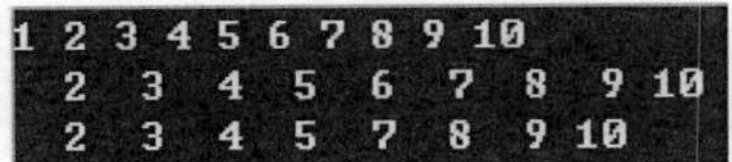

图 16-21　程序 16-12 的运行结果

【面试题 3】编程实现在按值有序的单链表中插入结点

编程实现向一个按值有序（递增）的整型单链表中插入一个结点，要求插入后链表仍然保持按值有序排列。

1. 考查的知识点

❑ 向单链表中插入结点的操作

❑ 单链表相关算法的设计

2. 问题分析

本题是单链表中插入结点操作的扩展，已知链表按值有序，要求插入之后仍然按值有序。解题的关键是要找到插入结点的位置 pos，并使用指针 r 指向第 pos－1 个结点，然后再将新的结点插入 r 指向的结点的后面即可。下面给出本题的算法描述：

```
void insertListInOrder(LinkList *list,int e){
    /* 向按值有序(递增序列)的链表 list 中插入包含元素 e 的结点 */
    LinkList p, q, r;
    q = *list;
    p = (LinkList)malloc(sizeof(LNode));      /* 生成一个新结点,由 p 指向它 */
    p->data = e;                              /* 向该结点的数据域赋值 e */
    if(*list == NULL||e < (*list)->data){
        p->next = *list;
```

```
            * list = p;                         /* 将 p 指向的新结点插入到链表的第一个位置 */
        }else{
            while(q != NULL && e >= q -> data){  /* 循环找到插入结点的位置 */
                r = q;                          /* r 指向 q 的前驱结点 */
                q = q -> next;                  /* q 指针向后移动 */
            }
            p -> next = q;                      /* 插入新的结点 */
            r -> next = p;
        }
    }
```

函数 insertListInOrder 实现在一个按值有序（递增序列）的链表中插入一个包含数据元素 e 的结点的操作。

首先创建一个结点并通过指针 p 指向该结点，其数据域值为 e。如果 * list 为空链表或者要插入的元素 e 比链表中第一个元素(* list) -> data 还小，直接将 p 指向的结点插入到链表的第一个位置，同时修改头指针 * list（因为函数中可能会修改链表的头指针，所以头指针参数采用指针传递），如图 16-22 所示描述了第一种情况。

注意啦——边界检测

在设计链表相关的算法时，需要考虑边界情况，尤其在面试中，这能反映出一个求职者考虑问题是否全面。本题中当插入的元素为整个链表中最小的元素时，需要做特殊处理。在平时程序的开发中，也应该对这些边界情形进行测试。

如果不是上述情形，就要找出要插入结点的位置。如果要插入的元素 e 大于指针 q 指向的结点，就将指针 q 后移，直到指针 q 指向了第一个大于 e 的结点，或者等于代表链表结束的标志 NULL。查找过程中，指针 r 始终指向 q 的前驱结点，最终要插入新结点的位置就在 r 指向的结点之后，如图 16-23 所示描述了第二种情况。

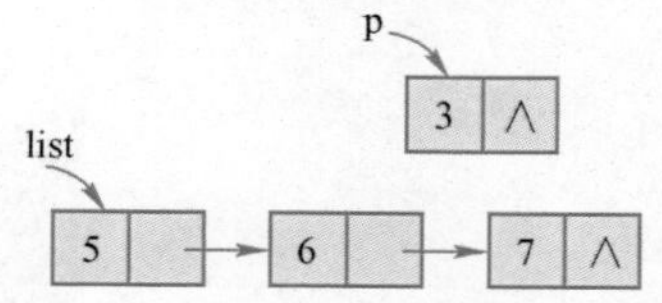

图 16-22　将 p 指向的结点插入链表的第一个位置

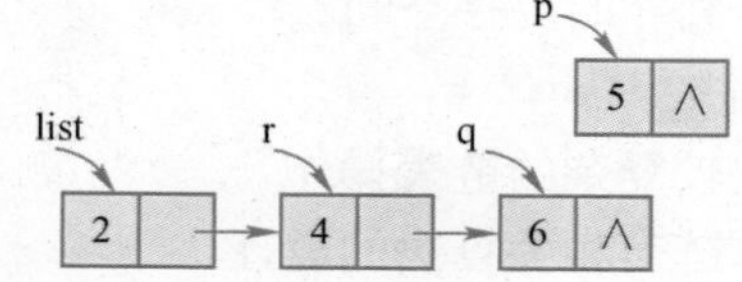

图 16-23　将 p 指向的结点插入 r 指向的结点之后

3. 答案

见分析。

4. 实战演练

本题完整的源代码及测试程序见云盘中 source/16-13/，读者可以编译调试该程序。在测试程序中，首先调用 CreateLinkList 函数创建一个长度为 10 的链表并打印链表内容，这里要求链表中数据元素必须按值有序递增，然后分别向链表中插入元素 3、0、11，每次插入后都输出链表的内容。程序 16-13 的运行结果如图 16-24 所示。

```
1 2 3 4 5 6 7 8 9 10

The elems of this linklist is
  1  2  3  4  5  6  7  8  9 10

The elems of this linklist is
  1  2  3  3  4  5  6  7  8  9 10

The elems of this linklist is
  0  1  2  3  3  4  5  6  7  8  9 10

The elems of this linklist is
  0  1  2  3  3  4  5  6  7  8  9 10 11
```

图 16-24　程序 16-13 的运行结果

【面试题4】编写程序销毁一个单链表

1. 考查的知识点

- ❑ 销毁一个单链表的操作
- ❑ 单链表相关算法的设计

2. 问题分析

销毁链表的操作也是一项很基本的操作。销毁链表是指将链表中的所有结点删除，并且释放掉每个结点所占用的内存空间，使其成为一个空链表。可以在顺序遍历链表的过程中依次删除链表中的每个结点，并释放掉它的内存空间。算法的代码描述如下：

```
void deleteLinkList(LinkList * list) {
    LinkList p = * list;                /* p 指向第一个结点 */
    while(p != NULL) {
        * list = p -> next;             /* list 指向 p 的下一个结点 */
        free(p);                        /* 释放掉 p 指向结点的内存空间 */
        p = * list;                     /* p 再指向第一个结点 */
    }
}
```

3. 答案

见分析。

4. 实战演练

本题完整的源代码及测试程序见云盘中 source/16-14/，读者可以编译调试该程序。在测试程序中，首先调用 GreatLinkList 函数创建一个包含 10 个结点的链表，然后调用函数 deleteLinkList 销毁该链表。

【面试题5】编程将两个有序的单链表归并

编写一个函数 LinkList MergeList(LinkList list1, LinkList list2) 实现将两个有序的链表 list1 和 list2 合并成一个链表，返回合并后链表的头指针。要求合并后的链表依然按值有序，并且不能开辟额外的内存空间。

1. 考查的知识点

- ❑ 比较复杂的链表操作
- ❑ 单链表相关算法的设计

二维码 16-6

2. 问题分析

本题的教学视频请扫描二维码 16-6 获取。

实现两个有序链表的归并是一个比较复杂的操作。所谓合并就是将多个原链表的结点进行重新组合排列，重组成一个新的链表。可以采用下面算法实现两个有序链表的合并，在这里链表 list1 和 list2 都是按值递增的序列。

```
LinkList MergeList(LinkList list1, LinkList list2) {
    LinkList list3;
    LinkList p = list1, q = list2;
    LinkList r;

    if(list1 -> data <= list2 -> data) {
        list3 = list1;                  /* list1 的第一个元素最小,list3 指向它 */
        r = list1;                      /* 指针 r 指向 list1 的第一个元素 */
        p = list1 -> next;              /* p 指向 list1 的第二个元素 */
```

```
    }else{
        list3 = list2;                  /* list2 的第一个元素最小,list3 指向它 */
        r = list2;                      /* 指针 r 指向 list2 第一个元素 */
        q = list2 -> next;              /* q 指向 list2 的第二个元素 */
    }

    while(p != NULL && q != NULL){
        if(p -> data <= q -> data){     /* 若当前 p 指向的结点值不大于 q 指向的结点值 */
            r -> next = p;              /* 将 p 指向的结点链接到 r 所指向的结点的后面 */
            r = p;                      /* 指针后移 */
            p = p -> next;              /* 指针后移 */
        }else{
            r -> next = q;              /* 将 q 指向的结点链接到 r 所指向的结点的后面 */
            r = q;                      /* 指针后移 */
            q = q -> next;              /* 指针后移 */
        }
    }

    r -> next = p ? p : q;              /* 插入剩余结点 */
    return list3;                       /* 返回合并后的链表 list3,即链表首地址 */
}
```

函数 MergeList 的作用是将有序递增的链表 list1 和 list2 合并成一个链表，并用 list3 指向合并后链表的第一个结点，然后返回该指针。下面通过一个具体的实例来理解这个单链表合并算法。

如图 16-25 所示，链表 list1 包含 3 个结点，结点中的数据为 1、3、5。链表 list2 包含 5 个结点，结点中的数据为 2、4、6、8、9。将 list1 和 list2 合并的步骤如下：

1）将 list3 指向 list1 和 list2 所指结点中的较小者。因为 list1 的第一个结点等于 1，list2 的第一个结点等于 2，所以 list3 指向 list1 的第一个结点。同时还要初始化指针变量 p、q、r。指针 r 始终指向当前 list3 的最后一个结点，此时 list3 等于 list1，因此 r 最初指向 list3 指向的结点（当前 list3 只有一个结点）。p 和 q 分别指向 list1 和 list2 当前待比较插入的结点，此时 p 指向 list1 的下一个结点，q 指向 list2 指向的结点，下一步将比较这两个结点的大小。这一步完成后链表状态如图 16-26 所示。

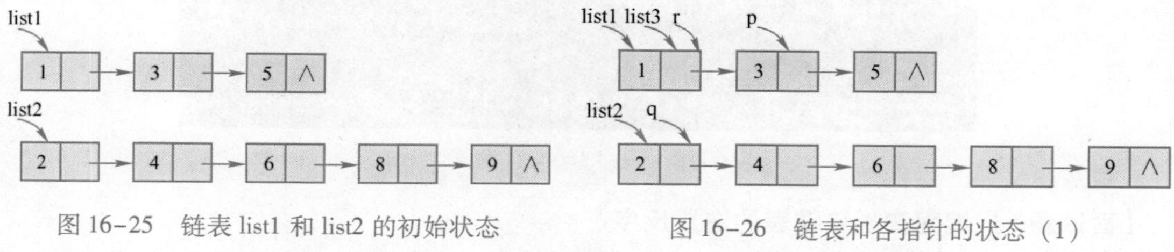

图 16-25 链表 list1 和 list2 的初始状态　　图 16-26 链表和各指针的状态（1）

2）然后进入一个循环，循环中不断比较指针 p 和指针 q 指向结点的数据。如果指针 p 指向结点的值不大，则将 p 所指向的结点插入到 r 所指向结点的后面，然后 r 和 p 后移；否则就将 q 所指向的结点插入到 r 指向结点的后面，然后 r 和 q 顺序后移。总之，将元素值较小的结点插入到 r 所指向结点的后面，然后用 r 指向它，使之成为 list3 中当前的最后一个结点。本例中第一次循环后，链表的状态如图 16-27 所示。

此时已将链表 list2 的第一个结点并入到链表 list3 中，指针 r 指向该结点，说明它是 list3 当前的最后一个结点。指针 p 仍然指向本次循环前所指向的结点，指针 q 则后移指向了下一个结点，接下来将继续比较指针 p 和指针 q 指向结点的数据。

3）不断重复步骤 2）的操作，比较指针 p 和指针 q 指向结点的数据，直到 p 或 q 为 NULL，此时 list1 或 list2 中至少有一个链表的结点全部合并到 list3 中。

4）最后还要将 list1 或 list2 中的剩余结点插入到 r 指向结点的后面，完成将链表 list1 和链表 list2 合并成为链表 list3 的操作。本例中链表合并后的状态如图 16-28 所示。

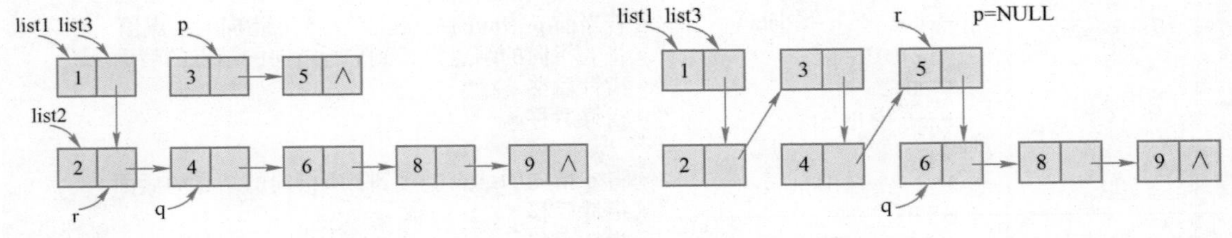

图 16-27　链表和各指针的状态（2）　　图 16-28　链表合并后的状态

链表合并后其结点中元素的值仍然是按值有序递增的，且整个过程中没有开辟额外的内存空间，符合题目的要求。

3. 答案

见分析。

4. 实战演练

本题完整的源代码及测试程序见云盘中 source/16-15/，读者可以编译调试该程序。在本程序中，首先调用函数 GreatLinkList 两次，分别创建一个包含 10 个结点的按值有序递增排列的链表 list1 和 list2，并输出两个链表的内容，然后调用函数 MergeList 将 list1 和 list2 合并，最后输出合并后的链表 list3 的内容。程序 16-15 的运行结果如图 16-29 所示。

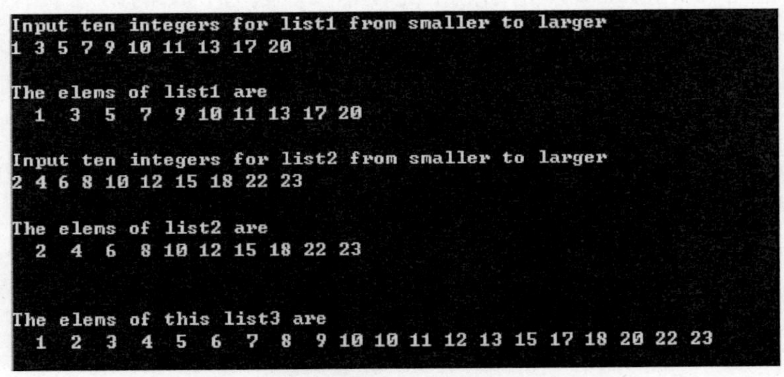

图 16-29　程序 16-15 的运行结果

【面试题 6】编程实现单链表的逆置反序

编写一个程序，实现单链表的逆置，原链表的数据元素为$(a_1,a_2,a_3,\cdots,a_{n-1},a_n)$，链表逆置后变为$(a_n,a_{n-1},\cdots,a_3,a_2,a_1)$。要求不增加新的链表结点空间。

1. 考查的知识点

- ❑ 比较复杂的链表操作
- ❑ 单链表相关算法的设计

2. 问题分析

所谓链表的逆置，就是指在不增加新结点的前提下，通过修改链表中结点的指针实现链表

的反序。如图 16-30 所示，图 16-30a 为原链表，逆置后变为图 16-30b 的样子，图 16-30b 中的每个结点都是图 16-30a 中原有的结点，无须开辟新的结点空间，只是结点顺序发生了改变。

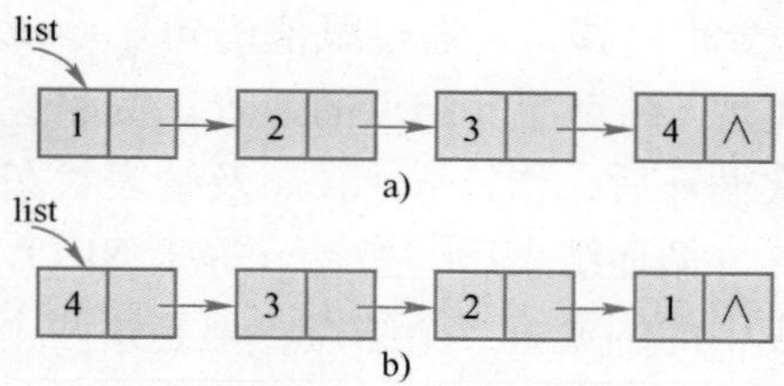

图 16-30　原链表与逆置后的链表

单链表的逆置也是一个很经典的算法，它是通过三个指向不同结点的指针完成链表的逆置。算法的代码描述如下：

```
void reverseLinkList(LinkList * list) {
    LinkList p, q, r;
    p = * list;
    q = NULL;
    r = NULL;
    while(p != NULL) {
        r = q;
        q = p;
        p = p -> next;
        q -> next = r;
    }
    * list = q;
}
```

上面这段代码利用了三个指针 p、q、r 将链表 list 进行逆置，最终将逆置后链表的第一个结点的地址赋值给 * list。因为在函数 reverseLinkList 中需要修改链表头指针 list 的值，所以采用指针传递的方式。下面通过一个具体的实例来分析理解这个算法。

假设初始状态下链表 list 如图 16-31 所示。此时指针 list 和指针 p 都指向链表的第一个结点，指针 q 和 r 初始化为 NULL。

接下来进入一个循环。第一次循环后，指针 p、q、r 及链表状态如图 16-32 所示。

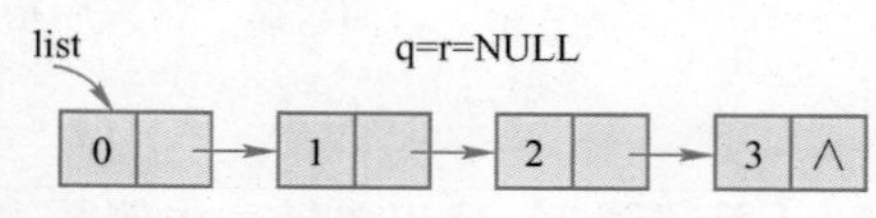

图 16-31　初始条件下链表 list 及各个指针的状态

第一次循环后，指针 r 为 NULL，指针 q 指向原链表的第一个结点，指针 p 指向原链表的第二个结点，指针 q 指向结点的 next 等于 r 的值，也就是 NULL。这样原链表中第一个结点与第二个结点之间就“断开了”。此时 p 不为 NULL，所以要继续循环，第二次循环后，指针 p、q、r 及链表状态如图 16-33 所示。

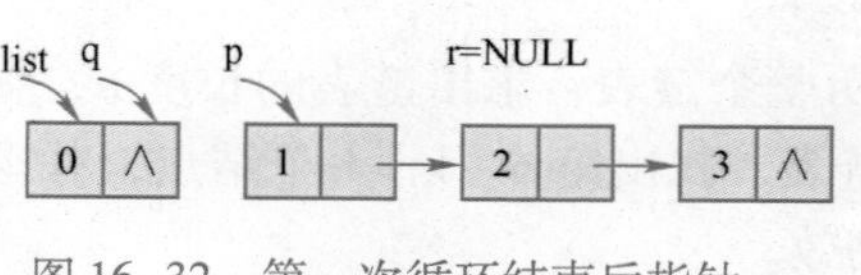

图 16-32　第一次循环结束后指针 p、q、r 以及链表的状态

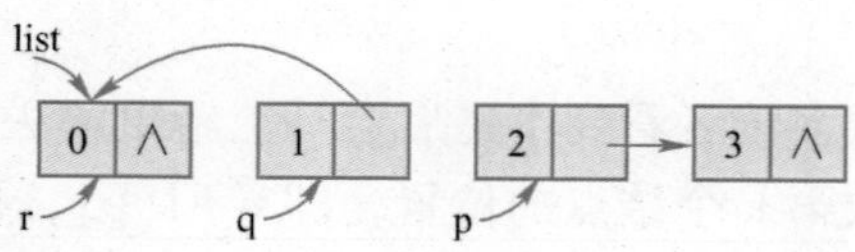

图 16-33　第二次循环结束后指针 p、q、r 以及链表的状态

第二次循环后，指针 r 指向原链表的第一个结点，指针 q 指向原链表的第二个结点，指针 p 指向原链表的第三个结点，指针 q 指向结点的 next 域为 r 的值，即原链表的第一个结点的地址。此时原链表的第一个结点和第二个结点的顺序已经改变，第一个结点变为第二个结点的后继结点。

有些读者可能已经找出其中的规律。算法中首先将指针 q 赋值给指针 r，然后将指针 q 和

p 分别后移，再通过赋值语句 q -> next = r；将 r 指向的结点置为 q 指向结点的后继结点，从而实现 r 结点与 q 结点的逆置。按照这种方式循环操作，直到 p 等于 NULL。第三次循环和第四次循环后，指针 p、q、r 及链表状态如图 16-34 所示。

循环结束后，指针 p 等于 NULL，指针 q 指向原链表中的最后一个结点，指针 r 指向原链表中的倒数第二个结点，但是这两个结点的逻辑顺序已经发生改变，此时 r 结点是 q 结点的后继结点。

最后将 q 的值赋值给 * list，这样主调函数中的指针变量 list 就会被修改，从而指向原链表的最后一个结点，也就是逆置后链表的第一个结点。

3. 答案

见分析。

4. 实战演练

本题的源代码及测试程序见云盘中 source/16-16/，读者可以编译调试该程序。在测试程序中，程序首先要求用户输入 10 个整数创建一个链表，并输出链表内容，接下来调用函数 reverseLinkList 将链表逆置，并输出逆置后的链表内容。程序 16-16 的运行结果如图 16-35 所示。

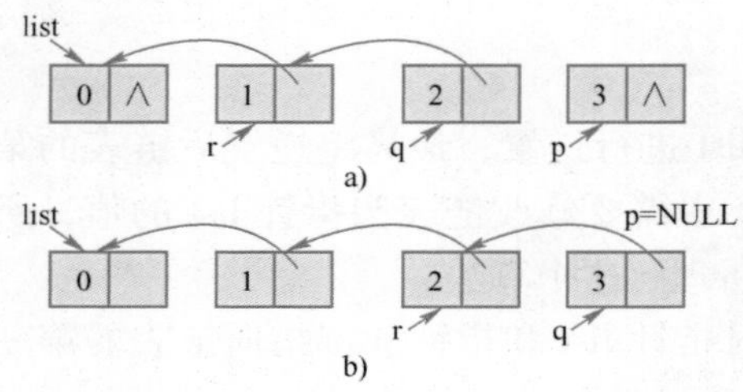

图 16-34　第三、四次循环结束后指针 p、q、r 以及链表的状态

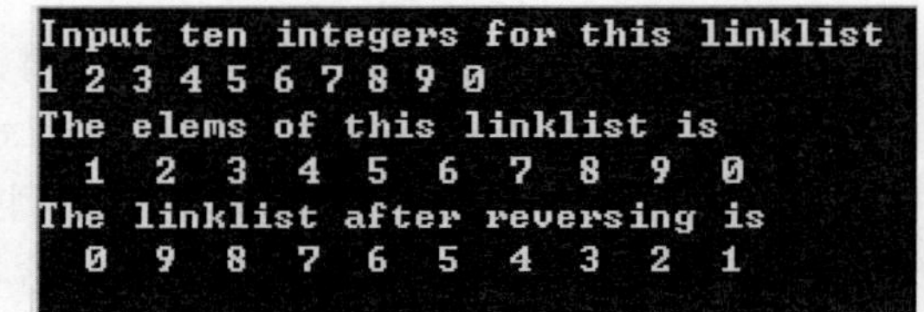

图 16-35　程序 16-16 的运行结果

【面试题 7】找出单链表中倒数第 k 个元素

编写一个程序，找出一个单链表中倒数第 k 个元素，并返回该结点的指针。

1. 考查的知识点

❑ 比较复杂的链表操作

❑ 单链表相关算法的设计

2. 问题分析

很多读者看到本题后会马上给出解法：首先遍历整个链表，求出链表的长度 n，然后计算出倒数第 k 个结点的位置，即 n - k + 1，再次遍历链表，找出第 n - k + 1 个结点，并返回其指针。该算法的时间复杂度为 O(n)，应该也算比较高效。

但是这道题还有一个十分巧妙的解法，只要遍历一次链表就可以得到链表中倒数第 k 个结点的指针。

可以设置两个指针 p 和 q。首先用指针 p 从链表的第一个结点开始遍历链表，当遍历到第 k 个结点时，再用指针 q 指向链表的第一个结点，然后 p 和 q 同步向后移动，当 p 指向最后一个结点时，指针 q 指向的那个结点就是倒数第 k 个结点。

如果指针 p 还没有指向第 k 个结点的时候 p 就已经等于 NULL 了，则说明链表长度小于 k，此时程序应当返回 NULL，表示找不到倒数第 k 个元素。

下面给出本题的算法描述：

```
LinkList findKToLastElem(LinkList list, int k){
    LinkList p, q;
    int i;

    p = list;                          /* p 指向链表的第一个结点 */
    for(i = 1; i < k && p != NULL; i ++){
        p = p -> next;                 /* 循环完毕时 p 指向第 k 个结点 */
    }

    if(i == k && p != NULL){
        q = list;                      /* 如果 p 指向了第 k 个结点,q 指向第一个结点 */
    }else{
        return NULL;                   /* 否则链表的长度小于 k */
    }
    while(p -> next != NULL){
        p = p -> next;                 /* 指针 p 和 q 同步向后移动,直到 p 遍历完链表 */
        q = q -> next;
    }
    return q;                          /* q 指向了倒数第 k 个结点,返回之 */
}
```

函数 findKToLastElem 的功能是找出链表 list 中的倒数第 k 个结点，并将其指针返回。首先通过一个循环将指针 p 指向链表的第 k 个结点，循环条件加上 p! = NULL 的判断是为了防止链表长度小于 k 的情况。循环结束后如果 i 等于 k，并且 p 不等于 NULL，说明 p 指向链表的第 k 个结点，此时将指针 q 指向链表的第一个结点，否则说明链表长度小于 k，程序返回 NULL。最后再通过一个循环将指针 p 和 q 同步向后移动，直到 p 指向链表中的最后一个结点，此时 q 指向的那个结点就是链表的倒数第 k 个结点，程序返回指针 q。

3. 答案

见分析。

4. 实战演练

本题的源代码及测试程序见云盘中 source/16-17/，读者可以编译调试该程序。在测试程序中首先创建一个包含有 10 个结点的链表，然后通过调用函数 findKToLastElem 分别找到该链表的倒数第 1～10 个元素，并在屏幕上输出。最后调用函数 findKToLastElem 找出链表中倒数第 11 个元素，函数返回 NULL，并输出提示。程序 16-17 的运行结果如图 16-36 所示。

```
Input 10 integer to create a linklist
1 2 3 4 5 6 7 8 9 0
The last 10th elem in linklist is 1
The last 9th elem in linklist is 2
The last 8th elem in linklist is 3
The last 7th elem in linklist is 4
The last 6th elem in linklist is 5
The last 5th elem in linklist is 6
The last 4th elem in linklist is 7
The last 3th elem in linklist is 8
The last 2th elem in linklist is 9
The last 1th elem in linklist is 0
There is no the last 11th elem in linklist
```

图 16-36　程序 16-17 的运行结果

16.3　循环链表

二维码 16-7

16.3.1　知识点梳理

知识点梳理的教学视频请扫描二维码 16-7 获取。

循环链表是一种特殊的单链表，其最后一个结点的指针域指向链表的头结点或者直接指向第一个元素结点。图 16-37 和图 16-38 分别描述了带头结点和不带头结点的循环链表。

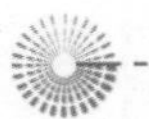

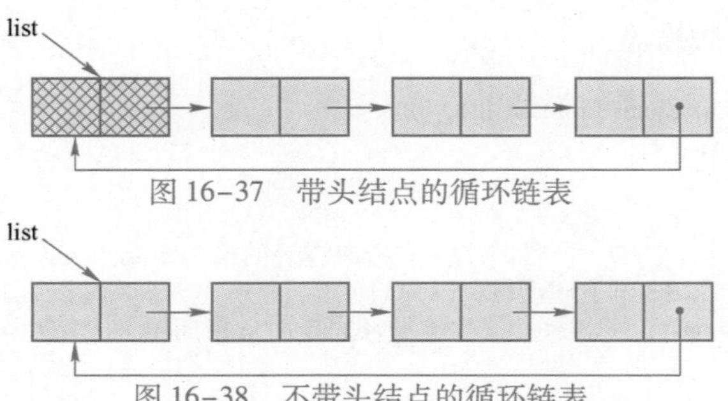

图 16-37　带头结点的循环链表

图 16-38　不带头结点的循环链表

上述两种形式的循环链表没有本质区别，只是在操作上略有不同。为了方便起见，习惯使用第二种不带头结点的循环链表，因为这样指针在循环移动的过程中所指向的结点都是数据元素结点，中间没有头结点的“障碍”。为了统一规范，本节中所定义的循环链表都是不带头结点的循环链表。

之所以要构造出循环链表这种特殊的数据结构，是因为循环链表的一些操作比普通单链表更加方便，在解决某些问题时，循环链表操作更加灵活，实现更加容易。

在 C 语言中，循环链表的定义与普通的单链表定义类似：

```
typedef struct node{
    ElemType data;          /* 数据域 */
    struct node * next;     /* 指针域 */
}LNode, * LoopLinkList;
```

循环链表的每个结点同样包含一个数据域和一个指针域。LNode 为链结点的类型，LoopLinkList 为指向 LNode 类型变量的指针类型。

循环链表最基本的操作包括链表的创建、结点的插入和删除。其中结点的插入和删除操作与单链表类似，这里主要说明如何创建一个循环链表。

```
LoopLinkList CreatLoopLinkList(int n){
    LoopLinkList list, p, r;
    ElemType e;
    int i;
    Get(&e);                                            /* 得到第一个元素结点数据 */
    r = list = (LoopLinkList)malloc(sizeof(LNode));     /* 创建第一个结点 */
    list -> next = list;                                /* 指针指向自身 */
    list -> data = e;                                   /* 复制第一个结点的数据元素 */
    for(i = 1; i <= n - 1; i ++){
        /* 循环创建后续的 n - 1 个结点 */
        Get(&e);
        p = (LoopLinkList)malloc(sizeof(LNode));
        p -> data = e;
        p -> next = list;                               /* 指向链表第一个结点 */
        r -> next = p;                                  /* 将新结点连入循环链表 */
        r = r -> next;                                  /* 指针 r 后移 */
    }
    return list;
}
```

函数 CreatLoopLinkList 可以创建一个包含 n 个结点的不带头结点的循环链表，参数 n 为创建循环链表结点的个数，返回值为 LoopLinkList 类型的变量，它是指向循环链表第一个结点的指针。在理解上述代码时，以下方面应当注意：

函数 CreatLoopLinkList 首先创建第一个元素结点，并通过函数 Get 得到结点中数据元素的值，然后通过一个循环生成后续的 n - 1 个结点。语句 list -> next = list 和 p -> next = list 的作用是将链表中最后一个结点的指针指向第一个结点，从而实现循环链表的结构。对于不带头结点的链表，链表为空的判断条件是链表指针 list 为 NULL，此时表示链表不存在，同时表示链表为空（注意：这与带头结点的循环链表不同）。

16.3.2 经典面试题解析

【面试题 1】约瑟夫环问题

编号为 1 ~ N 的 N 个人顺时针围成一个圈，每人都持有一个密码（正整数），开始时任选一个正整数作为报数上限值 M，从编号为 1 的人开始顺时针方向从 1 报数，报到 M 时停止，报 M 的人出列，并将他手中的密码作为新的报数上限 M，从他顺时针方向的下一个人开始从 1 报数，如此下去，直至所有人出列为止。编写一个程序，求这些人的出列顺序。

1. 考查的知识点

❑ 循环链表的实际应用

2. 问题分析

本题的教学视频请扫描二维码 16-8 获取。

二维码 16-8

约瑟夫环问题是一道经典的数据结构问题，最简单的解法是使用一个不带头结点的循环链表来存储约瑟夫环中每个人的编号和手中的密码，然后按照规则进行报数和出列的动作。其中报数对应循环链表的循环遍历操作，出列对应的是循环链表的删除结点操作。

首先要确定链表结点的结构，可以如下定义该循环链表的结点：

```
typedef struct node{
    int id;             /* 成员编号 */
    int key;            /* 密码 */
    struct node * next; /* 指针域 */
}LNode, * LoopLinkList;
```

每个链结点中包含一个成员编号 id、一个密码 key、和指向后继结点的指针 next。然后通过下面代码创建一个约瑟夫环。

```
LoopLinkList CreatJosephRing(int n){
    LoopLinkList list, p, r;
    int e;
    int i;

    scanf("%d",&e);                                   /* 得到第一个元素结点数据 */
    r = list = (LoopLinkList)malloc(sizeof(LNode));   /* 创建第一个结点 */
    list -> next = list;                              /* 指针指向自身 */
    list -> key = e;                                  /* 复制第一个结点的数据元素 */
    list -> id = 1;
    for(i = 2; i <= n; i ++){
        /* 循环创建后续的 n - 1 个结点 */
        scanf("%d",&e);
        p = (LoopLinkList)malloc(sizeof(LNode));
        p -> key = e;
        p -> id = i;
        p -> next = list;                             /* 指向链表第一个结点 */
        r -> next = p;                                /* 将新结点连入循环链表 */
```

```
        r = r -> next;                          /* 指针 r 后移 */
    }
    return list;
}
```

函数 CreatJosephRing 的作用是创建一个包含 n 个成员的不带头结点的约瑟夫环。这个过程与创建一个循环链表的过程 CreatLoopLinkList 类似，都是先创建出第一个结点，再通过一个循环创建出后续 n - 1 个结点。不同之处在于，每个结点中需要用户输入的数据为当前成员手中的密码 key，成员编号 id 从 1 至 n 自动设置。

通过上面的代码创建出一个约瑟夫环之后，就要对其实施题目中所说的“报数-出列”操作。这部分逻辑可以在 main 函数中实现，代码如下：

```
main(){
    LoopLinkList list = NULL, p = NULL, q = NULL;
    int n,m,i;
    printf("Input the number of the people in Joseph Ring\n");
    scanf("%d",&n);
    printf("Input the password of the people\n");
    list = CreatJosephRing(n);
    printf("Input the first Maximum Number M\n");
    scanf("%d",&m);
    printf("The order of leaving Joseph Ring\n");

    q = p = list;
    while(q -> next != list){
        q = q -> next;                          /* q 指向 p 的前驱结点 */
    }
    while(p != q){
        for(i = 0; i < m - 1; i ++){
            p = p -> next;
            q = q -> next;
        }
        printf("%3d",p -> id);                  /* 输出出队者的编号 */
        m = p -> key;                           /* 下一次的报数上限 */
        q -> next = p -> next;                  /* 删除结点 */
        free(p);                                /* 释放删除的结点空间 */
        p = q -> next;
    }
    printf("%3d",p -> id);
    free(p);
    list = p = q = NULL;
    printf("\n");
}
```

在 main 函数中，首先调用 CreatJosephRing 创建一个包含 n 个结点的约瑟夫环并用指针 list 指向其第一个元素结点，然后设置指针 p 和 q 分别指向循环链表的第一个结点和它的前驱结点。这样便构成了一个初始状态，如图 16-39 所示。

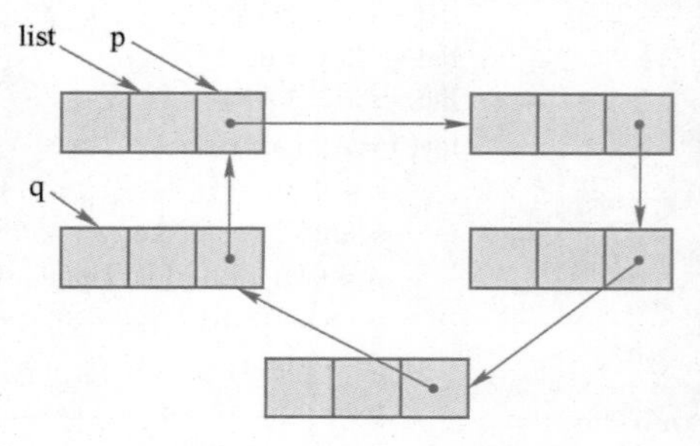

图 16-39　约瑟夫环初始状态

接下来就可以动态地执行“报数-出列”的动作，每出列一个成员，实际上就是在循环链表中删除一个结点，并输出该结点的编号 id 作为出队序列，同时将

该结点的密码 key 作为下一次的报数上限 M。这个过程可以通过下面这段程序片断来实现：

```
while(p != q){
        for(i = 0; i < m - 1; i ++ ){
                p = p -> next;
                q = q -> next;
        }
        printf("%3d",p -> id);              /* 输出出队者的编号 */
        m = p -> key;                        /* 下一次的报数上限 */
        q -> next = p -> next;               /* 删除结点 */
        free(p);                             /* 释放删除的结点空间 */
        p = q -> next;                       /* p 指向 q 的后继结点 */
}
printf("%3d",p -> id);
free(p);
```

当指针 p 不等于 q 时表明该循环链表中不只有一个结点，所以循环继续。每次循环过程中，指针 p 和 q 都顺次后移 m - 1 次，最终指针 p 指向要出列的成员结点，指针 q 指向其前驱结点。然后通过指针 q 从链表中删除该结点，通过指针 p 读出出列成员结点的 id 和 key。将 id 输出作为出列序列，将 key 赋值给 m 作为下一次循环的报数上限。

图 16-40　循环链表中只剩下一个结点的状态

当循环链表中只剩下一个结点时，指针 p 和 q 指向同一个结点，但不一定是 list 所指向的结点，如图 16-40 所示。此时约瑟夫环中只剩下一个成员，其他的成员都已出列，那么这个成员手中的密码也没有用了，于是输出该结点中的成员编号 id 即可。

3. 答案

见分析。

4. 实战演练

本题的源代码及测试程序见云盘中 source/16-18/，读者可以编译调试该程序。程序首先提示用户输入约瑟夫环的人数，由用户手动输入每个人的密码（编号由程序自动生成），并在输入密码的过程中创建出一个约瑟夫环。最后输出约瑟夫环的出列顺序，也就是每次出列人的编号。程序 16-18 的运行结果如图 16-41 所示。

```
Input the number of the people in Joseph Ring
7
Input the password of the people
3 1 7 2 4 8 4
Input the first Maximum Number M
6
The order of leaving Joseph Ring
  6  1  4  7  2  3  5
```

图 16-41　程序 16-18 的运行结果

【面试题 2】如何判断一个链表是否是循环链表

给定一个链表，它可能是以 NULL 结尾的非循环链表，也可能是一个循环结构的循环链表（注意：这里所说的循环结构是指链表中某个结点的 next 域指针指向链表中在它之前的某个结点，并不一定是第一个结点），已知这个链表的头指针，编写一个函数来判断该链表是否是一个循环链表。要求函数不得修改链表本身。

1. 考查的知识点

❑ 循环链表的实际应用

2. 问题分析

题目中定义的循环链表与传统意义上的循环链表略有不同。一般的循环链表是指单链表的最后一个结点的指针指向链表的头结点或者直接指向第一个元素结点。然而本题中的循环链表是更加广义上的形式。如图 16-42 所示的这些链表在本题中都可以称为循环链表。

不妨将链表中的这个指向前面某个结点的结点称为回环结点。如果这个链表中存在回环结点，那么它就是一个循环链表，否则不是循环链表。本题的难点在于如何判断该链表中是否存在回环结点。

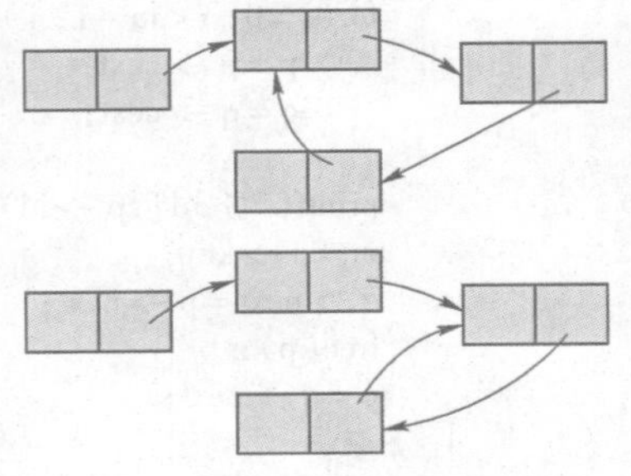
图 16-42　几种循环链表示意

如果本题中定义的循环链表与知识点梳理中的相同，那么只需用一个指针 p 指向链表的第一个结点，用另一个指针 q 遍历链表，如果遍历过程中 q -> next 等于 NULL，则链表不是循环链表，如果遍历过程中 q -> next 等于 p，则链表是循环链表（此时 q 指向回环结点）。但本题中即使链表存在回环结点，也不知道回环结点的 next 指针指向谁，所以问题更加复杂。

既然回环结点的 next 指针指向谁无法确定，那么可以用一个动态数组记录下每次访问到的结点地址，同时每访问一个结点，还要在这个动态数组中遍历查找，看当前访问结点的 next 域地址是否已记录在这个动态数组里。如果该地址存在，则说明当前访问的这个结点就是回环结点，该链表是循环链表。如果该地址不存在，则继续访问下一个结点，如此循环往复，直到找到回环结点或者遇到 NULL 为止。

这个方法不失为一种解法，但其时间复杂度为 $O(n^2)$，空间复杂度为 $O(n)$，如果链表的长度很长，而环又很小，则相当耗时耗空间，因此不建议采用这种解法。

下面介绍一种经典而巧妙的算法，该算法不需要占用额外的内存空间，而且时间复杂度为 $O(n)$。

该算法采用两个指针 fast 和 slow 分别指向链表的两个结点，初始条件下，slow 指向链表的第一个结点，fast 指向其下一个结点。然后 slow 和 fast 两个指针顺序向后遍历链表，在遍历过程中指针 slow 一次只访问一个链表结点，而指针 fast 一次访问两个链表结点。在 slow 和 fast 每完成一次访问后都要判断 slow 是否等于 fast，或者 fast 是否为 NULL，如果 slow 等于 fast 则说明该链表是循环链表；如果 fast 等于 NULL 则说明该链表不是循环链表。

在理解该算法时，可以形象地将该算法的比较过程想象成在环形跑道上赛跑，fast 指针相当于跑得快的运动员，slow 指针相当于跑得慢的运动员。如果两个运动员保持各自的速度不变（即 fast 一次访问两个结点，slow 一次访问一个结点），那么最终速度快的运动员一定能超过速度慢的运动员一圈，也就是算法中 slow 等于 fast 的情形。如果跑道是直的，那么速度快的运动员一定会先到达终点，也就是 fast 等于 NULL 的情形。

下面来看该算法的代码实现：

```
int isLoopLinkList(LinkList list) {
    LinkList fast, slow;
    fast = list -> next;
    slow = list;

    while(1) {
        if(fast == NULL||fast -> next == NULL) {
            return 0;
        } else if(fast == slow||fast -> next == slow) {
            return 1;
```

```
            }else{
                fast = fast -> next -> next;
                slow = slow -> next;
            }
        }
    }
```

函数 isLoopLinkList 的作用是判断链表 list 是否是一个循环链表，如果是循环链表则返回 1，否则返回 0。

首先指针 slow 指向链表的第一个结点，指针 fast 指向 slow 的下一个结点，然后进入到一个循环遍历链表。在遍历过程中，首先判断 fast 或者 fast -> next 是否等于 NULL。因为在每次循环中，slow 只向后遍历一个结点，而 fast 向后遍历两个结点，如果该链表不是循环链表，则 fast 一定先跑到最后，所以只需要判断指针 fast 即可。另外，指针 fast 每次要访问两个结点，因此只要 fast 或者 fast -> next 有一个为 NULL，就说明该链表不是循环链表，程序返回 0。

接下来判断 fast 或者 fast -> next 是否等于 slow。只要指针 fast 访问的这两个结点中有一个结点是当前 slow 访问的结点，就说明该链表是循环链表，程序返回 1。

如果上述条件均不满足，则指针 fast 和 slow 继续向后遍历链表，slow 指针向后遍历一个结点，fast 指针向后遍历两个结点。

3. 答案

见分析。

4. 实战演练

本题的源代码及测试程序见云盘中 source/16-19/，读者可以编译调试该程序。在测试程序中，首先通过函数 GreatLoopLinkList 创建了一个特殊的循环链表，又通过函数 GreatLinkList 创建了一个普通的单链表，最后调用函数 isLoopLinkList 判断这两个链表是否是循环链表并输出结果。程序 16-19 的运行结果如图 16-43 所示。

```
Create a 10 elems linklist without loop
1 2 3 4 5 6 7 8 9 0
This linklist is NOT LoopLinkList
Create a 10 elems loop linklist
1 2 3 4 5 6 7 8 9 0
This linklist is LoopLinkList
```

图 16-43 程序 16-19 的运行结果

16.4 双向链表

16.4.1 知识点梳理

二维码 16-9

知识点梳理的教学视频请扫描二维码 16-9 获取。

双向链表是单链表的一种改进。单链表只能顺着指针方向找到结点的后续结点，而无法找到其前驱结点。为此人们发明了循环链表，因为循环链表的最后一个结点指针域指向链表的第一个结点，因此只要通过循环的指针后移，就一定可以找到前驱结点。但是循环链表操作起来时间复杂度比较高，需要循环遍历整个链表。为了克服这些缺点，可以使用双向链表。对于那些需要经常沿两个方向移动指针的链表来说，双向链表更加合适。

与单链表的结点不同，双向链表的每个结点一般包含 3 个域，除了数据域外还设置两个指针域，一个指针指向其直接前驱结点，另一个指针指向其直接后继结点。双向链表结点的结构如图 16-44 所示。

left	data	right

图 16-44 双向链表的结点结构

与单链表类似，双向链表可以设置成为带头结点的，也可以设置成为不带头结点的。带头结点的双向链表的结构如图 16-45 所示，不带头结点的双向链表的结构如图 16-46 所示。

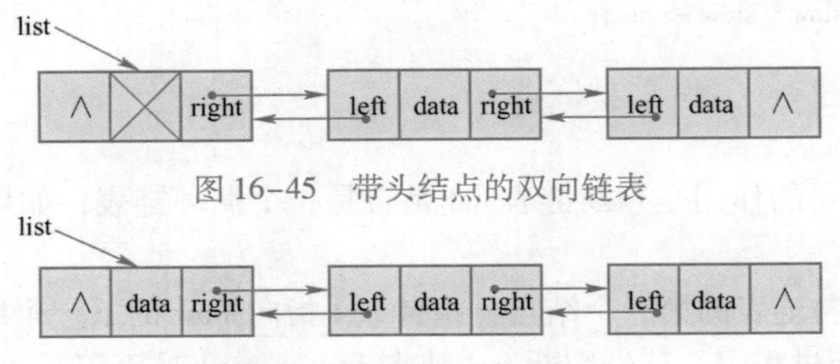

图 16-45　带头结点的双向链表

图 16-46　不带头结点的双向链表

与单链表不同，双向链表在实现上多采用带头结点的方式。这是因为双向链表常有插入结点、删除结点、交换前后结点位置等操作，而每种操作都要修改很多结点的指针域，相比于单向链表的操作要复杂一些，所以为了操作更加方便，减少头指针的频繁修改和各种条件判断，常采用带头的双向链表结构。

在 C 语言中，双向链表的定义如下：

```
typedef struct node{
    ElemType data;                  /* 数据域 */
    struct node *left, *right;      /* 左右指针域 */
}DLNode, *DLinkList;
```

双向链表的基本操作包括创建一个双向链表、在双向链表的某结点后插入一个结点、删除双向链表中的指定结点等，下面结合具体题目进行分析讲解。

16.4.2　经典面试题解析

【面试题 1】双向链表的常识性问题

本题的教学视频请扫描二维码 16-10 获取。

二维码 16-10

（1）在非空的双向链表中由 q 所指向的结点后面插入一个由 p 所指向的结点，其动作依次为：p -> left = q；p -> right = q -> right；q -> right = p；________（　　）。

（A）q -> left = p;　　　　（B）q -> right -> left = p;

（C）p -> right -> left = p;　　　　（D）p -> left -> left = p;

1. 考查的知识点

❑ 向双向链表中插入结点的操作

2. 问题分析

向双向链表中插入结点的操作，关键是要修改 3 个结点中 4 个指针域的内容。只要牢牢地把握住这一点，并认真分析每一步的操作，就可以得到正确的答案。

首先执行 p -> left = q，如图 16-47 所示。这样就改变了 p 指向的结点的左指针域内容（用实心的填充标志），使得 p 指向的结点的前驱结点变为 q 指向的结点。

再执行 p -> right = q -> right，如图 16-48 所示。这样就改变了 p 指向的结点的右指针域内容，使得 p 指向的结点的后继结点为原先 q 结点的后继结点。

然后执行 q -> right = p，如图 16-49 所示。这样就改变了 q 指向的结点的右指针域的内容，使得 q 指向的结点的后继结点变为 p 指向的结点。

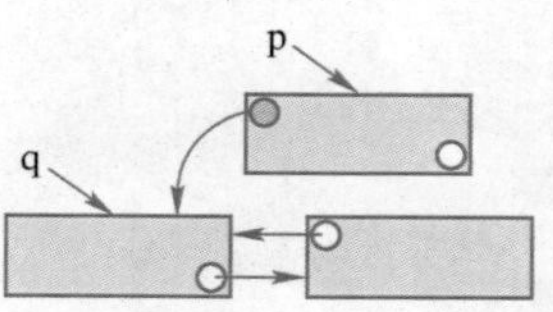

图 16-47　p -> left = q

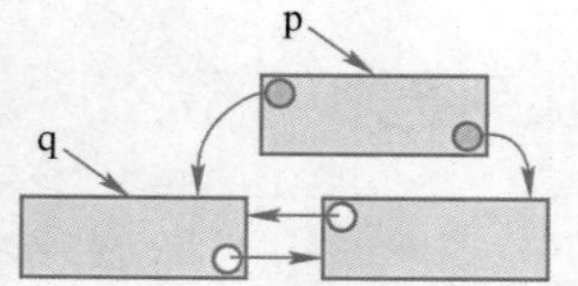

图 16-48　p -> right = q -> right

最后需要改变的指针域就是原先 q 结点的后继结点的左指针域内容。此时要得到该结点的指针通过指针 p 是最方便的，因为通过第二步的操作，p 结点的直接后继结点就是该结点。因此执行 p -> right -> left = p 就可以实现结点的插入，如图 16-50 所示。

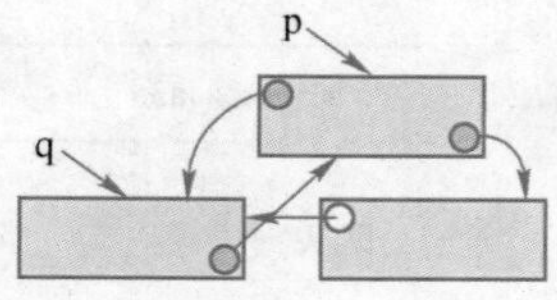

图 16-49　q -> right = p

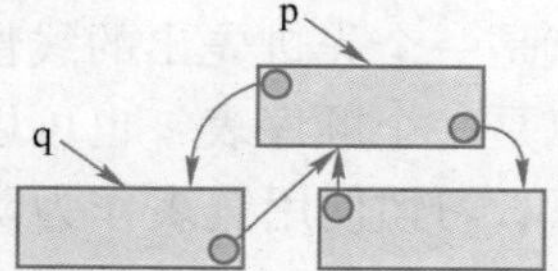

图 16-50　p -> right -> left = p

3. 答案

（C）

（2）在非空的双向链表中，向 q 所指向的结点前面插入一个 p 所指向的结点，其动作依次为：p -> right = q；p -> left = q -> left；q -> left = p；________（　）。

（A）q -> left = p；　　（B）q -> left -> right = p；

（C）p -> right -> right = p；　　（D）p -> left -> right = p；

1. 考查的知识点

❑ 向双向链表中插入结点的操作

2. 问题分析

本题的解决思路与上一题类似，关键是要修改 3 个结点中 4 个指针域的内容。其操作步骤如下：

首先执行 p -> right = q，如图 16-51 所示；再执行 p -> left = q -> left，如图 16-52 所示；然后执行 q -> left = p，如图 16-53 所示；最后需要修改的指针域一定是原先 q 结点的前驱结点的右指针域的内容，因此执行 p -> left -> right = p 就可以实现结点的插入，如图 16-54 所示。

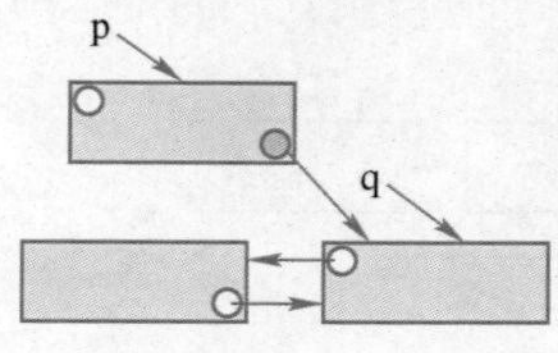

图 16-51　p -> right = q

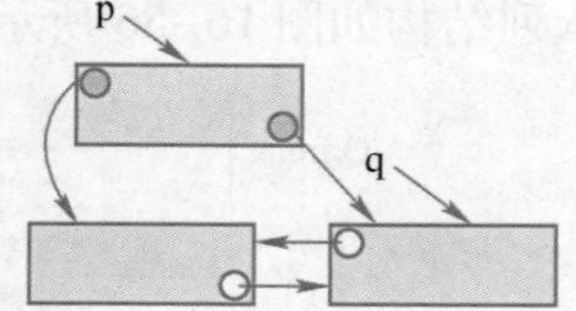

图 16-52　p -> left = q -> left

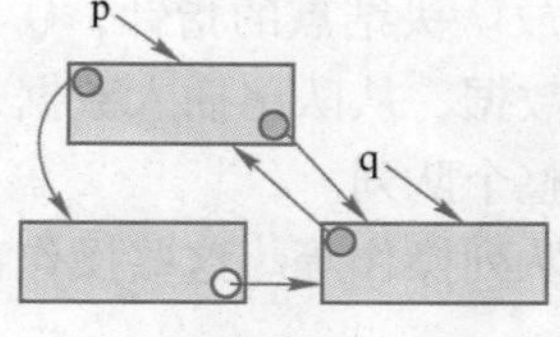

图 16-53　q -> left = p

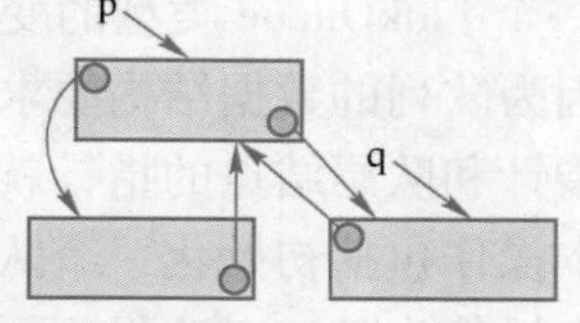

图 16-54　p -> left -> right = p

3. 答案

（D）

16.5 队列与栈

16.5.1 知识点梳理

二维码 16-11

知识点梳理的教学视频请扫描二维码 16-11 获取。

队列（Queue）是一种常见的线性数据结构，它是一种先进先出（FIFO）的线性表。一个队列只允许从它的一端插入数据，而从另一端取出数据。插入数据的一端称为队尾（Rear），取出数据的一端称为队头（Front）。队列结构如图 16-55 所示。

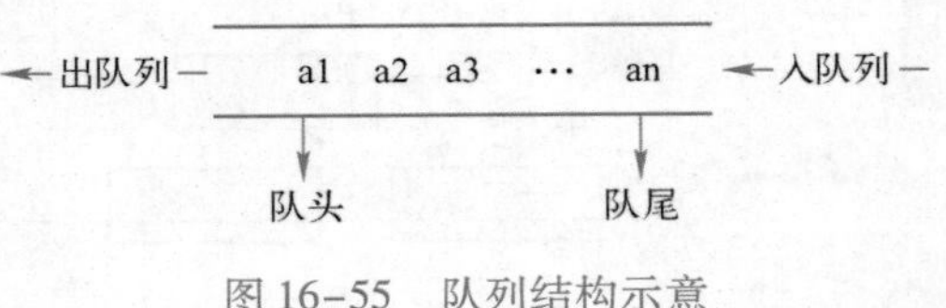

图 16-55 队列结构示意

一个队列就是一个先进先出的线性表，它的实现载体既可以是一个顺序表，也可以是一个链表。一般情况下，习惯使用链表作为队列的存储结构，因此这里讨论的队列都是基于链表而建立的链队列。可以通过以下代码定义一个队列结构：

```
typedef struct QNode{
    QelemType data;
    struct QNode * next;
}QNode, * QueuePtr;

typedef struct{
    QueuePtr front;        /* 队头指针 */
    QueuePtr rear;         /* 队尾指针 */
}LinkQueue;
```

上述代码定义了一个完整的队列。QNode 是队列的结点类型，而每个队列的结点中又都包含一个数据域和一个指针域，这与链表结点的定义是类似的。QueuePtr 为指向 QNode 类型元素的指针类型，等价于 QNode *。

然后定义了一个 LinkQueue 类型，这是链队列类型。它包含两个域，front 域指向队列的头结点，用来存放队头元素的指针；rear 域指向队列的尾结点，用来存放队尾元素的指针。上述代码定义的链队列结构如图 16-56 所示。

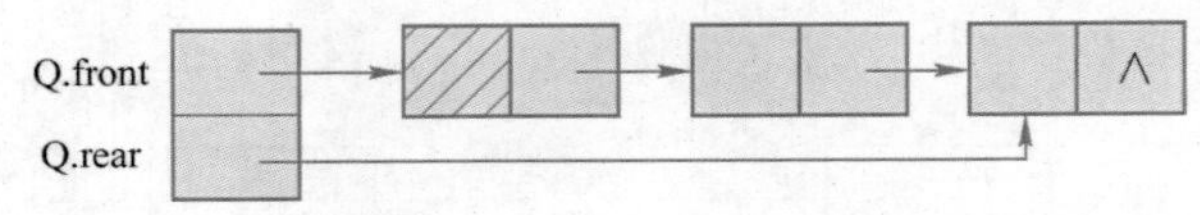

图 16-56 链队列的结构

其中 Q 为一个 LinkQueue 类型的变量，Q. front 中存放队头结点的指针，Q. rear 中存放队尾结点的指针。因为队列的数据结构要求只能从队头取出数据，从队尾插入数据，所以只要掌握了队头结点的指针和队尾结点的指针就可以方便地操作整个队列。

队列的基本操作包括初始化一个队列、入队列和出队列操作等。这些操作都是以基本的顺序表操作和链表操作为基础，这里不再给出具体代码。

栈（Stack）是一种后进先出（LIFO）的线性表，栈规定只能在线性表的尾部进行插入和删除元素操作。由于栈中元素后进先出的特性，栈的操作只能限定在线性表的表尾进行，这是栈的独特之处。栈的表尾，即插入和删除数据的地方，称为栈顶（Top），相应的表头称为栈

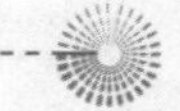

底（Bottom）。栈的结构如图 16-57 所示。

数据都是从栈顶插入，同时又是从栈顶取出。线性表有两种存储形式，即顺序表存储和链表存储。栈一般采用顺序表存储形式实现，因此在这里只对顺序表栈加以介绍。

可以通过下面这段代码定义一个顺序栈：

```
typedef struct{
    ElemType * base;
    ElemType * top;
    int stacksize;
}sqStack;
```

这里定义了一个顺序栈 sqStack 类型，该结构体包含 3 个数据项：base 是指向栈底的指针变量；top 是指向栈顶的指针变量；stacksize 为栈当前的可用的最大容量，在对栈进行操作时，可以通过 base 和 top 对栈进行各种操作，通过 stacksize 判断栈空间的分配情况。

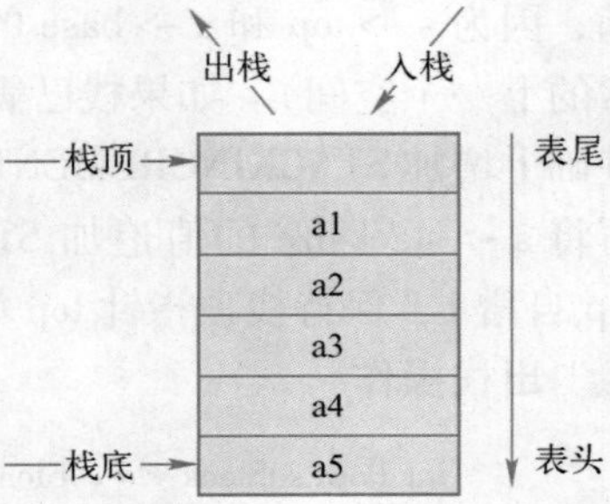

栈的基本操作包括栈的初始化、入栈和出栈操作。下面给出这些操作的代码实现。

图 16-57　栈的结构

栈的初始化

```
#define STACK_INIT_SIZE 10
int initStack(sqStack * s){
    /* 内存中开辟一段连续空间作为栈空间,首地址赋值给 s -> base */
    s -> base = (ElemType * )malloc(STACK_INIT_SIZE * sizeof(ElemType));
    if(! s -> base)return 0;              /* 分配空间失败 */
    s -> top = s -> base;                 /* 最开始,栈顶就是栈底 */
    s -> stacksize = STACK_INIT_SIZE;     /* 最大容量为 STACK_INIT_SIZE */
    return 1;
}
```

通过以上代码可以创建一个空栈。首先通过 malloc 函数在堆上开辟一段内存空间，大小为预定义的初始分配量 STACK_INIT_SIZE 与每个栈元素类型 ElemType 的乘积，并用指针 s -> base 指向该空间的首地址。由于初始化时栈中没有任何内容，因此是一个空栈，栈顶与栈底相同，即 s -> top = s -> base。但是这个栈的可用空间的大小为 STACK_INIT_SIZE，即 s -> stacksize = STACK_INIT_SIZE。

注意啦 —— 最大容量与当前容量

栈的最大容量和栈的当前容量的概念是不同的。对于上面这段代码初始化的栈来说，其最大容量为 10 个 ElemType 类型空间大小（10 * sizeof(ElemType)），但是它是一个空栈，即当前容量为 0，因为它里面并没有任何内容，栈顶等于栈底。

入栈操作

```
#define STACKINCREMENT 10
int Push(sqStack * s, ElemType e){
    if(s -> top - s -> base >= s -> stacksize){
        /* 栈满,追加空间 */
        s -> base = (ElemType * )realloc(s -> base,(s -> stacksize +
```

```
            STACKINCREMENT) * sizeof(ElemType));
        if(! s -> base) return 0;                          /* 存储分配失败 */
            s -> top = s -> base + s -> stacksize;
            s -> stacksize = s -> stacksize + STACKINCREMENT;   /* 设置栈的最大容量 */
        }
        *(s -> top) = e;                                   /* 放入数据 */
        s -> top ++;
        return 1;
    }
```

首先通过计算 s -> top 和 s -> base 的差值与最大容量 s -> stacksize 进行比较判断栈是否已满，因为 s -> top 和 s -> base 的差表示该栈的当前的实际容量（一般规定指针 top 指向栈顶元素的上一个空间）。如果栈已满，则需要通过 realloc 函数进行空间追加，在原有的 stacksize 的基础上增加 STACKINCREMENT 个存储单元，并将 s -> top 指向 s -> base + s -> stacksize 的位置，再将 s -> stacksize 的值追加 STACKINCREMENT。最后将待存放到栈中的数据 e 存放到栈顶，top 自增 1，保持栈顶指针 top 始终指向栈顶元素的上一个空间。

出栈操作

```
int Pop(sqStack * s , ElemType * e){
    if(s -> top == s -> base) return 0;    /* 栈空,非法操作 */
    * e = * --(s -> top);
    return 1;
}
```

首先判断栈是否为空，即判断 s -> top 是否等于 s -> base。如果 s -> top 与 s -> base 相等则说明栈空，因此无法执行出栈操作，返回 0 表示失败。如果两者不等，则可以执行出栈操作。出栈操作是先将指针 s -> top 减 1，返回 1 表示成功。

16.5.2 经典面试题解析

【面试题 1】队列堆栈的常识性问题

本题的教学视频请扫描二维码 16-12 获取。

二维码 16-12

（1）一个队列初始为空，若它的输入序列为 a，b，c，d，则它的输出序列为（　　）。

（A）a，b，c，d　　（B）d，c，b，a　　（C）a，c，b，d　　（D）d，a，c，b

1. 考查的知识点

❑ 队列的基本特性

2. 问题分析

队列的最基本特性就是 FIFO，即先进先出，因此先入队列的元素一定先出队列。所以当输入序列为 a，b，c，d 时，输出的序列也一定是 a，b，c，d。

3. 答案

（A）

（2）非空的链式队列中队列元素大于 2，队头指针是 front，队尾指针是 rear，该链队列包含一个头结点。要删除一个队列元素的过程依次为：p = front -> next，（），free（p）。

（A）rear = p　　（B）rear = p -> next

（C）front -> next = p　　（D）front -> next = p -> next

1. 考查的知识点

❑ 队列的基本操作

2. 问题分析

删除一个队列元素总要从队列的头部删除，要删除队头元素则需要修改队头指针 front 的 next 域（因为 front 指针指向队列的头结点，头结点中不存放元素）。又已知队列的元素个数大于2，因此删除一个队列元素后队列不会为空，这样队尾指针 rear 并不需要做任何操作。于是删除一个队列元素的过程依次为

```
p = front -> next;              /* 指针 p 指向队头元素结点 */
front -> next = p -> next;      /* 队头指针的 next 域指向下一个结点,此时 p 仍指向第一个结点 */
free(p);                        /* 释放掉第一个元素结点 */
```

3. 答案

(D)

(3) 已知5个元素的出栈序列为1，2，3，4，5，则入栈序列可能是（　　）。

(A) 2，4，3，1，5　　(B) 2，3，1，5，4

(C) 3，1，4，2，5　　(D) 3，1，2，5，4

1. 考查的知识点

❑ 栈的入栈出栈操作

2. 问题分析

根据栈的先进后出的特性不难理解，先出栈的元素一定比后出栈的元素晚进入到栈中，除非该元素提前出栈了，也就是在后续元素未入栈前就出栈了，否则一旦后续元素入栈，后续元素一定比先入栈的元素提前出栈，因此可以对四个选项逐一判断得出答案。

选项 A 一定不是答案，因为只有当2，4，3，1 都入栈后才可能将元素 1 出栈，但这种情况下，元素 2 不可能为第 2 个出栈的元素。

选项 B 一定不是答案，因为只有当2，3，1 都入栈后才可能将元素 1 出栈，但这种情况下，元素 2 不可能为第 2 个出栈的元素。

选项 C 一定不是答案，如果像选项 C 那样入栈序列为3，1，4，2，5，它的出栈序列不可能为1，2，3，4，5。可以参看下列入栈出栈的步骤，见表 16-1。

表 16-1　序列入栈出栈的步骤

入栈序列	栈中元素（栈底—栈顶）	出栈序列
3，1，4，2，5	—	—
1，4，2，5	3	—
4，2，5	3，1	—
4，2，5	3，	1
2，5	3，4	1
5	3，4，2	1
5	3，4	1，2

由表 16-1 可以看出，当前的出栈序列为1，2 时，此时栈顶元素为4，栈底元素为3，显然元素 3 不可能为第 3 个出栈元素，因为它的上面有元素 4。

只有选项 D 所示的入栈序列才能得到1，2，3，4，5 这样的出栈序列。

3. 答案

(D)

(4) 栈初始为空，Push 和 Pop 分别表示对栈的一次入栈操作和出栈操作。如果入栈序列为

a，b，c，d，e，经过操作 Push，Push，Pop，Push，Pop，Push，Push 后，得到的出栈序列为（ ）。

（A）b，a （B）b，c （C）b，d （D）b，e

1. 考查的知识点

❑ 栈的入栈出栈操作

2. 问题分析

按照题目中给定的入栈队列 a，b，c，d，e，经过一系列的入栈和出栈操作，就可以最终得到出栈的序列。每执行一步操作后，堆栈、入栈序列、出栈序列的状态见表 16-2。

表 16-2 堆栈、入栈队列、出栈队列的状态

堆栈状态（栈底—栈顶）	操 作	入栈序列	出栈序列
空	—	a, b, c, d, e	空
a	Push	b, c, d, e	空
a, b	Push	c, d, e	空
a	Pop	c, d, e	b
a, c	Push	d, e	b
a	Pop	d, e	b, c
a, d	Push	e	b, c
a, d, e	Push	空	b, c

按照入栈队列的顺序，每执行 Push 操作，都是将入栈序列中的第一个元素压入堆栈中。每执行 Pop 操作，都是将堆栈中的栈顶元素取出并放入出栈序列的尾部。最终入栈序列中的元素为空，出栈序列中的元素为 b，c。

3. 答案

（B）

（5）设 n 个元素的入栈序列为 1，2，3，…，n，出栈序列为 p_1，p_2，…，p_n，若 $p_1 = n$，则 $p_i(1 \leqslant i < n)$的值为（ ）。

（A）i （B）n－i （C）n－i＋1 （D）有多种可能

1. 考查的知识点

❑ 栈的入栈出栈操作

2. 问题分析

题目中已知 n 个元素的入栈序列为 1，2，3，…，n，出栈序列为 p_1，p_2，…，p_n，同时 $p_1 = n$，因此可知最后一个入栈的元素一定是 n，否则出栈序列的第一个元素 p_1 不可能是 n。同时也说明元素是按照进栈序列的顺序 1，2，…，n 依次进栈的。如果中途有元素出栈，那么出栈序列的第一个元素不可能为 n。元素出栈时也必须按照 n，n－1，…，2，1 的顺序出栈，才符合堆栈先进后出的原则。因此 p_i（$1 \leqslant i < n$）的值为 n－i＋1。

3. 答案

（C）

【面试题 2】编程实现一个二/八进制的转换器

编写一个程序，使用栈结构实现一个二/八进制的转换器，二进制数和八进制数均可用字符串表示，因此这里可以将任意长度的二进制数转换为八进制数。

1. 考查的知识点

❑ 栈的各种基本操作

❑ 使用栈结构解决实际问题

2. 问题分析

进制转换经常使用栈实现，这与数据流的输入方式有关。输入一串 0/1 字符串，先输入的字符处于二进制数的高位，后输入的字符处于二进制数的低位。二进制转换为八进制时，必须从低位开始每三位 0/1 串转换成一个八进制数，因此使用栈可以很方便实现这一功能。具体步骤如下：

1）输入二进制表示的 0/1 字符串，将每次输入的 0/1 字符放入栈 s1 中保存。按照这种方式进栈后，栈底存放的是二进制数的最高位，栈顶存放的是二进制数的最低位。

2）从栈 s1 中取出元素，每取出三位 0/1 串，就将其转换成一个对应的八进制数，并用字符表示。因为先得到的是八进制数的低位，所以可以将该八进制数保存到一个新栈 s2 中，直到将栈 s1 中的元素取完为止。这样八进制数的高位位于 s2 栈顶，低位位于 s2 栈底。

3）将栈 s2 中的字符逐一取出显示，就得到了原二进制数对应的八进制表示。

只要通过对两个动态栈的初始化、入栈、出栈等基本操作，就可以方便地解决二/八进制转换的问题。算法描述如下：

```
void Bi2Oct(){
    sqStack s1;
    sqStack s2;
    char c;
    int i,sum = 0;
    initStack(&s1);                         /* 创建一个栈 s1,用来存放二进制字符串 */
    initStack(&s2);                         /* 创建一个栈 s2,用来存放八进制字符串 */
    /* 输入 0/1 字符表示的二进制数,以#结束 */
    scanf("%c",&c);
    while (c != '#') {
        if(c =='0'|| c =='1')
            Push(&s1,c);
        scanf("%c",&c);
    }

    while (s1.top != s1.base) {
        for (i = 0;i < 3 && s1.top != s1.base;i++) {
            Pop(&s1,&c);                    /* 取出栈顶元素 */
            sum = sum + (c - 48) * pow(2,i); /* 转换为八进制数 */
        }
        Push(&s2,sum + 48);                 /* 将八进制数以字符形式压入栈中 */
        sum = 0;
    }
    while(s2.base != s2.top ) {             /* 输出八进制栈的内容 */
        Pop(&s2,&c);
        printf("%c",c);
    }
}
```

首先初始化两个栈 s1 和 s2，然后通过一个循环将表示二进制数的 0/1 字符串依次插入到栈 s1 中。输入字符“#”时表示输入结束。然后通过一个二重循环将栈 s1 中的元素从栈顶依次取出，每 3 个 0/1 字符串转换为 1 个八进制字符表示，并插入栈 s2 中。这样栈 s2 中就保存了刚才输入的二进制 0/1 字符串的八进制字符串表示，并且八进制数的高位位于栈顶，低位位于栈底。

最后将栈 s2 中的数据从栈顶依次取出打印，就是输入的二进制 0/1 字符串的八进制表示。

按照上述方法将二进制数 1001101 转换为八进制的过程如图 16-58 所示。

由图 16-58 可以看出，最终栈 s2 中存放的是二进制数 1001101 的八进制字符串表示，其高位处于栈顶，低位处于栈底，将栈内元素逐一取出得到对应的八进制形式 115。

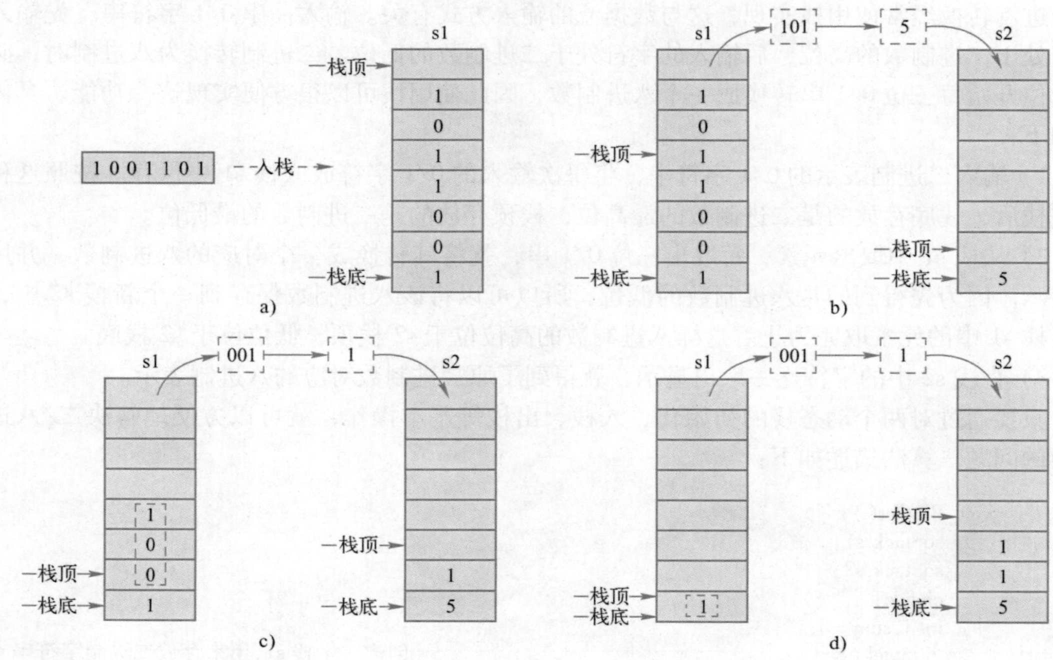

图 16-58　将二进制数 1001101 转换为八进制的过程

a）将 0/1 字符串入栈　b）将 101 出栈，转换为八进制 5，再入栈 s2

c）将 001 出栈，转换为八进制 1，再入栈 s2　d）将 1 出栈，转换为八进制 1，再入栈 s2

因为这里使用的是动态的顺序栈结构，当栈内存不足时可以动态追加，所以理论上可以对任意长度的二进制数据进行转换。

3. 答案

见分析。

4. 实战演练

本题完整的源代码及测试程序见云盘中 source/16-20/，读者可以编译调试该程序。在测试程序中，用户输入一个二进制字符串，以#结束，然后程序会将其转换为八进制的结果输出。程序 16-20 的运行结果如图 16-59 所示。

```
Please input a binary number to convert to octal number
11010111#
327
```

图 16-59　程序 16-20 的运行结果

【面试题 3】括号匹配问题

已知表达式中只允许两种括号：圆括号和方括号，它们可以任意地嵌套使用，例如，[()]等都是合法的。但是要求括号必须成对出现，像[(])或者([)]的形式都是非法的。编写一个程序，从终端输入一组括号，以字符'#'结束，判断输入的括号是否匹配合法。

1. 考查的知识点

❑ 堆栈的各种操作

❑ 使用栈结构解决实际问题

2. 问题分析

二维码 16-13

本题的教学视频请扫描二维码 16-13 获取。

这是一道栈的经典问题。由于题目要求括号必须成对出现，因此可以利用一个栈来保存输入的括号，每输入一个括号都与栈顶的括号进行匹配。如果输入的括号与栈顶中保存的括号相匹配，例如'['与']'或'('与')'，则将栈顶的括号出栈，否则将输入的括号入栈。按照这个规律进行下去，如果输入的括号完全匹配，当输入结束标志'#'时，栈恰好为空，如果此时堆栈中仍有元素，则表明输入的括号不匹配。具体的算法描述如下：

```
void MatchBracket( ) {
    sqStack s;
    char c,e;
    initStack(&s);                          /* 初始化一个空栈 */
    scanf("%c",&c);                         /* 输入第一个字符 */
    while (c !='#') {                       /*'#'为输入的结束标志 */
        if (s.top == s.base) {
            Push(&s,c);   /* 如果栈为空,则说明输入的是第一个字符,因此保存在栈中 */
        } else {
            Pop(&s,&e);                     /* 取出栈顶元素 */
            if (match(e,c) != 1) {          /* 如果输入元素与取出的栈顶元素匹配失败 */
                Push(&s,e);                 /* 先将原栈顶元素重新入栈 */
                Push(&s,c)                  /* 再将输入的括号字符入栈 */
            }
        }
        scanf("%c",&c);                     /* 输入下一个字符 */
    }
    if (s.top == s.base) {
        /* 如果栈 s 为空,则括号完全匹配 */
        printf("The brackets are matched\n");
    } else {
        /* 如果栈 s 不为空,则括号不完全匹配 */
        printf("The brackets are not matched\n");
    }
}
```

函数 MatchBracket 实现了括号匹配的操作。程序从终端输入 1 个字符，如果不是#则进入循环。在循环中，首先判断栈是否为空。如果栈为空，则无条件地将该括号保存到栈中。否则取出栈顶元素，通过 match 函数判断栈顶元素是否与刚才输入的括号匹配，如果匹配则继续输入下一个字符；如果不匹配则将刚才取出的栈顶元素重新入栈，再将刚才输入的括号也入栈，然后再输入下一个字符。重复循环中的操作，直到用户输入结束字符'#'为止。函数 match 定义如下：

```
int match(char e,char c) {
    if (e =='('&& c ==')') return 1;
    if (e =='['&& c ==']') return 1;
    return 0;
}
```

通过这种方法输入括号，如果括号是完全合法匹配的，最终的栈应当为空。假设输入一组括号“[()]”，按照上面代码描述的算法进行括号匹配的过程如图 16-60 所示。

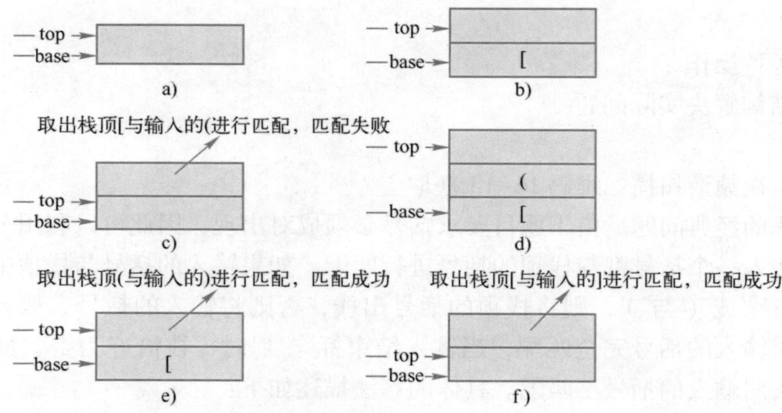

图 16-60　括号组“[()]”的匹配的过程

从图 16-60 可以看出，首先初始化一个空栈，然后输入一个中括号'['，因为栈为空，所以直接入栈。输入第二个字符'('，此时取出栈顶元素'['与输入的'('进行匹配，匹配失败，因此将原栈顶元素'['重新入栈，并将输入的'('也入栈。输入第三个字符')'，此时取出栈顶元素'('与输入的')'进行匹配，匹配成功。输入第四个字符']'，此时取出栈顶元素'['与输入的']'进行匹配，匹配成功。最后输入结束标志'#'，此时栈为空，表明输入的括号完全匹配。

3. 答案

见分析。

4. 实战演练

本题完整的源代码及测试程序见云盘中 source/16-21/，读者可以编译调试该程序。在测试程序中，用户输入一串括号，然后程序判断这一串括号是否匹配，并输出匹配结果。程序 16-21 的运行结果如图 16-61（括号匹配的情况）和图 16-62（括号不匹配的情况）所示。

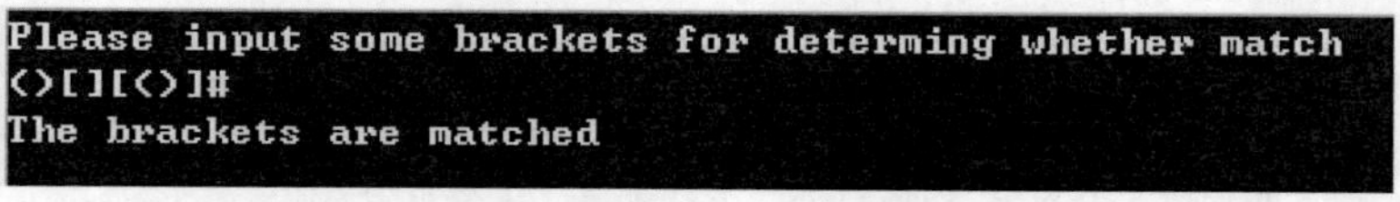

```
Please input some brackets for determing whether match
()[][()]#
The brackets are matched
```

图 16-61　程序 16-21 的运行结果（括号匹配的情况）

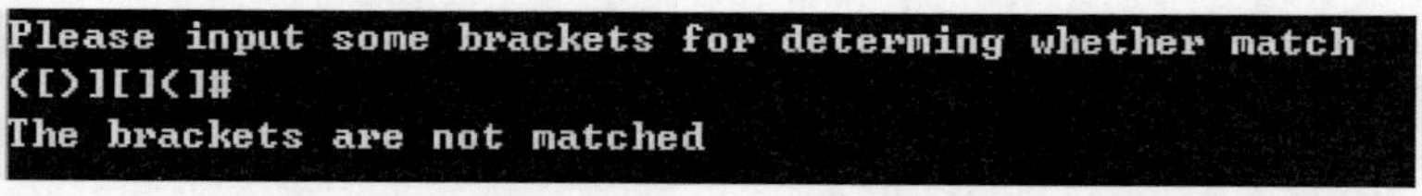

```
Please input some brackets for determing whether match
([)][]()#
The brackets are not matched
```

图 16-62　程序 16-21 的运行结果（括号不匹配的情况）

【面试题 4】用两个栈实现一个队列

请用两个栈实现一个队列的功能，要求实现下列的队列操作：

- ❑ 入队：int EnQueue(int x);　　　/* 将整数 x 入队,返回 1 表示入队成功,返回 0 表示失败 */
- ❑ 出队：int DeQueue(int *x);
  　　/* 将队头出队元素赋值给 x,返回 1 表示出队成功,返回 0 表示失败 */
- ❑ 判断队列是否为空：int IsEmptyQueue();　/* 返回 1 表示队列为空,返回 0 表示队列不为空 */
- ❑ 获取队列中元素的个数：int getCount();　/* 返回队列中元素的个数 */

1. 考查的知识点

- ❑ 对队列和栈逻辑特性的理解
- ❑ 队列和栈的基本操作

2. 问题分析

本题的教学视频请扫描二维码 16-14 获取。

二维码 16-14

栈与队列都是线性结构，都可以用顺序表或链表来实现，其最大的区别在于它们的逻辑特性不同。栈是一个先进后出的线性表，最开始入栈的元素总是最后一个出栈。而队列是一个先进先出的线性表，最开始入队的元素总是第一个出队。所以要用栈实现队列的功能，就必须通过一种方式将先进后出转化为先进先出，模拟队列的逻辑特性。

一种普遍的做法是使用两个栈，一个栈 s1 用来存放数据，另一个栈 s2 作为缓冲区。当入队操作时，将元素压入栈 s1 中；当出队操作时，将 s1 的元素逐个弹出并压入 s2，将 s2 的栈顶元素弹出作为出队元素，然后再将 s2 中的元素逐个弹出并压入 s1 中。这样就能通过两个栈之间的数据交换实现入队列和出队列操作，如图 16-63 所示。

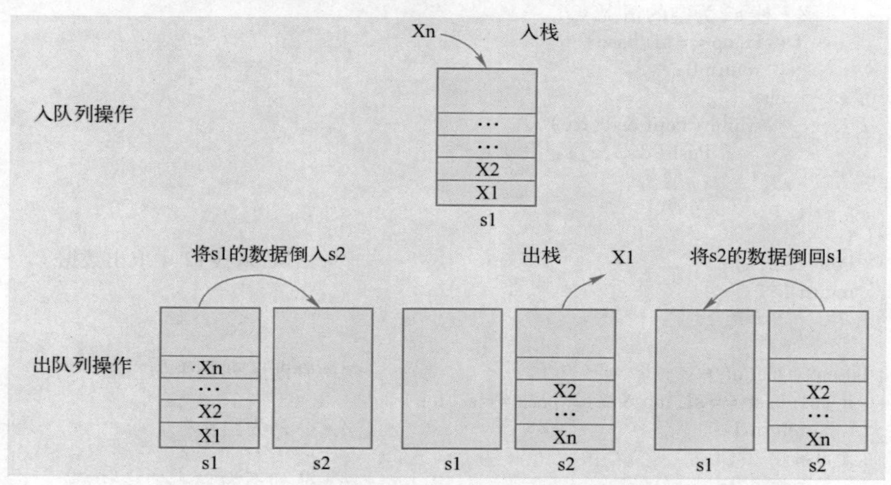

图 16-63　用两个栈模拟队列的操作

这种方法固然能够实现用两个栈模拟一个队列的功能，但是读者深入思考就会发现，其实当出队列操作的第二步“出栈”完成后，没有必要将栈 s2 中的数据全部倒回栈 s1 中，因为下次的出队操作还要在 s2 中完成，且下一次的出队操作取出的元素仍是当前 s2 的栈顶元素。那么下一次入队操作之前是否要把 s2 中的数据倒回 s1 呢？其实这也没有必要。如果约定每次出队时都从栈 s2 的栈顶获取数据，入队列时都把数据压入栈 s1 中，当 s2 中的数据为空后再将 s1 中的数据全部倒入 s2 中，这样 s2 中的数据就会始终排在 s1 中数据的前面，s1 的栈顶相当于队列的队尾，s2 的栈顶相当于队列的队首。

总结一下改进后方法：入队操作时，将元素压入栈 s1 中；出队操作时，判断 s2 是否为空，如果 s2 不为空，则直接取出 s2 的栈顶元素；如果 s2 为空，则将 s1 的元素逐个弹出并压入 s2，再取出 s2 的栈顶元素。

按照上面的方法可以实现 EnQueue 和 DeQueue 两个函数。函数 IsEmptyQueue 通过判断栈 s1 和栈 s2 是否都为空来实现。函数 getCount 通过计算 s1 和 s2 的当前容量之和来实现。所有函数的具体代码描述如下：

```
sqStack s1,s2;                              /* 定义两个栈 s1 和 s2,用它们实现一个队列 */

int initQueue() {
    if (initStack(&s1) && initStack(&s2)){
```

```
        return 1;
    }
    return 0;
}

int EnQueue(int x) {                              /*入队操作*/
    if (Push(&s1,x)) {
        return 1;                                 /*入队,将 x 压入栈 s1*/
    }
    return 0;
}

int DeQueue(int *x) {                             /*出队操作*/
    int e;
    if (s2.base == s2.top) {
        /*栈 s2 为空的情况*/
        if (s1.top == s1.base) {
            return 0;
        } else {
            while (Pop(&s1,&e)) {
                Push(&s2,e);
            }
        }
    }
    Pop(&s2,x);                                   /*出队,从栈 s2 中取出数据*/
    return 1;
}

int IsEmptyQueue() {                              /*判断队列是否为空*/
    if (s1.base == s1.top && s2.base == s2.top) {
        return 1;                                 /*队列为空*/
    } else {
        return 0;                                 /*队列不为空*/
    }
}

int getCount() {                                  /*获取队列中元素个数*/
    return s1.top - s1.base + s2.top - s2.base;   /*计算两个栈当前容量之和*/
}
```

为了方便起见，把栈 s1 和 s2 设为全局变量，这样每个函数都可以自由操作这两个栈。其中栈的定义以及栈的各种操作已在知识梳理中有过介绍，这里不再赘述。

3. 答案

见分析。

4. 实战演练

本题完整的源代码及测试程序见云盘中 source/16-22/，读者可以编译调试该程序。测试程序中检测了入队、出队、输出当前队列元素个数以及判断当前队列是否为空等操作。程序 16-22 的运行结果如图 16-64 所示。

```
 0  1  2  3  4
The number of elements in the queue is 5
 5  6  7  8  9 10 11 12 13 14 15 16 17 18 19
The number of elements in the queue is 0
The queue is empty
```

图 16-64　程序 16-22 的运行结果

拓展性思考——用两个栈实现一个队列的功能的 C ++ 实现

以上给出了本题的 C 语言解法。算法中用两个全局变量栈 s1 和 s2 作为队列的实体，通过实现上述 4 个接口模拟一个队列的操作。其实本题最好采用 C ++ 语言来实现。

首先定义一个栈 stack 类，将 stack 的属性和方法都封装起来。然后实现一个队列 queue 类，将 stack 类的对象作为 queue 类的成员，并在 queue 类中实现题目中要求的 4 个接口。这样就相当于在 stack 类的外面加了一层封装，将其转换为队列的实现。在设计模式中，这种设计被称为适配器模式。

下面给出用两个栈实现一个队列的功能的 C ++ 实现的源代码供读者参考：

```
#include "malloc.h"
#include "iostream"

using namespace std;

#define STACKINCREMENT 10
#define STACK_INIT_SIZE 10

class stack {
public:
    int *base;
    int *top;
    int stacksize;

    bool initStack() {
        base = (int *)malloc(STACK_INIT_SIZE * sizeof(int));
        if(! base) return false;                          /*分配空间失败*/
        top = base;
        stacksize = STACK_INIT_SIZE;
        return true;                                      /*初始化栈成功*/
    }

    bool Push(int e) {
        if(top - base >= stacksize) {                     /*栈满,追加空间*/
            base = (int *)realloc(base,(stacksize + STACKINCREMENT) * sizeof(int));
            if(! base) return false;                      /*存储分配失败*/
            top = base + stacksize;
            stacksize = stacksize + STACKINCREMENT;       /*设置栈的最大容量*/
        }
        *top = e;                                         /*放入数据*/
        top++;
        return true;
    }

    bool Pop(int &e) {
        if(top == base) return false;                     /*栈空,非法操作*/
        e = * --top;
        return true;
    }

    ~stack() {
        if (base != NULL) {
```

```
                free(base);                         /* 析构函数,释放堆内存空间 */
            }
        }
    };

    class queue {
        stack s1,s2;                                /* 定义两个栈 s1 和 s2,用它们实现一个队列 */

    public:
        bool initQueue() {                          /* 初始化队列,调用 stack 的初始化 */
            if (s1.initStack() && s2.initStack()) {
                return true;
            }
            return false;
        }

        bool EnQueue(int x) {
            if (s1.Push(x)) {
                return true;                        /* 入队列,将 x 压入栈 s1 */
            }
            return false;
        }

        bool DeQueue(int &x) {
            int e;
            if (s2.base == s2.top) {                /* 栈 s2 为空的情况 */
                if (s1.top == s1.base) {
                    return false;
                } else {
                    while (s1.Pop(e)) {
                        s2.Push(e);
                    }
                }
            }

            s2.Pop(x);                              /* 出队列,从栈 s2 中取出数据 */
            return true;
        }

        bool IsEmptyQueue() {
            if (s1.base == s1.top && s2.base == s2.top) {
                return true;                        /* 队列为空 */
            } else {
                return false;                       /* 队列不为空 */
            }
        }

        int getCount() {
            return s1.top - s1.base + s2.top - s2.base;    /* 计算两个栈当前容量之和 */
        }
    };
```

程序的源代码见云盘中 source/16-23/，读者可以编译调试该程序。本程序的运行结果与程序 16-22 相同。

第 17 章　树　结　构

树结构是一种重要的数据结构，在实际应用中使用广泛。树结构是以分支关系定义的一种层次数据结构，应用树结构组织起来的数据应当具有层次关系。因此在处理某些问题方面，树结构有着自身独特的优势。

17.1　树结构的特性

17.1.1　知识点梳理

知识点梳理的教学视频请扫描二维码 17-1 获取。

二维码 17-1

树结构的定义

树结构的形式化定义如下：

树是由 n(n≥0)个结点组成的有限集合。在任意一棵非空树中：

1）有且仅有一个称为根（Root）的结点。

2）当 n>1 时，其余结点分为 m(m>0)个互不相交的有限集：$T_1,T_2,\cdots,T_m$，其中每一个集合本身又是一棵树，并称为根的子树（SubTree）。

这种定义似乎有些抽象，可以通过图 17-1 更加直观地理解树的概念。

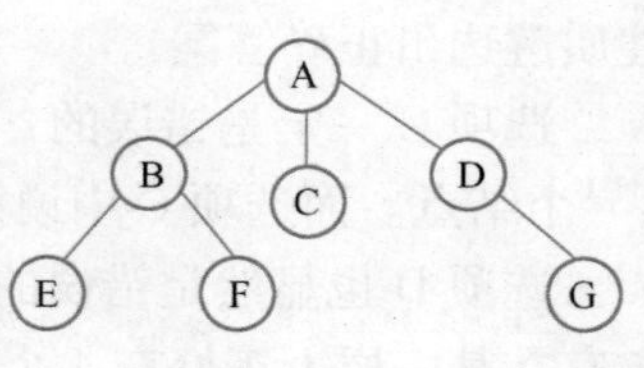

图 17-1　树

图中每个圆圈表示树的一个结点，结点 A 称为树的根结点，结点{B,E,F}、{C}、{D,G}构成 3 个互不相交的集合，它们称作根结点 A 的子树。同时每一棵子树本身也是树。

常见术语

结点的度（Degree）：结点拥有的子树的数目称为该结点的度。例如图 17-1 中，结点 A 的度为 3，因为它有 3 棵子树。

树的度：树中各结点度的最大值称为该树的度。例如图 17-1 中，树的度为 3。

叶子结点（Leaf）：度为 0 的结点称为树的叶子结点。例如图 17-1 中，结点 E、F、C、G 都是叶子结点。

孩子结点（Child）：一个结点的子树的根结点称为该结点的孩子结点。例如图 17-1 中，结点 B、C、D 均为结点 A 的孩子结点。

双亲结点（Parent）：双亲结点与孩子结点对应，如果结点 B 是结点 A 的孩子结点，那么结点 A 称为结点 B 的双亲结点。例如图 17-1 中，结点 A 称为结点 B、C、D 的双亲结点。

兄弟结点（Sibling）：一个双亲结点的孩子之间互为兄弟结点。例如图 17-1 中，结点 B、C、D 之间互为兄弟结点。

结点的层次（Level）：从根结点开始，根结点为第一层，根结点的孩子为第二层，依次类推。如果某结点位于第 l 层，其孩子就在第 l+1 层。例如图 17-1 中，结点 E、F、G 的层次均为 3。

树的深度（Depth）：树中结点的最大深度称为树的深度。例如图 17-1 中，树的深度为 3。

森林（Forest）：$m(m\geqslant 0)$棵互不相交的树的集合称为森林。

树结构的性质

性质1：非空树的结点总数等于树中所有结点的度之和加1。

性质2：度为k的非空树的第i层最多有k^{i-1}个结点$(i\geqslant 1)$。

性质3：深度为h的k叉树最多有$(k^h-1)/(k-1)$个结点。

性质4：具有n个结点的k叉树的最小深度为$\lceil \log_k(n(k-1)+1)\rceil$。

以上总结的4条性质是树结构的一些最基本的特性，在此不做证明，有兴趣的读者可参看其他参考书目了解其证明过程。

17.1.2 经典面试题解析

【面试题1】树的常识性问题

本题的教学视频请扫描二维码17-2获取。

二维码17-2

(1) 对于一棵具有n个结点，度为4的树（　　）。

(A) 树的深度至多是n-4　　(B) 树的深度至多是n-3

(C) 第i层上至多有4(i-1)个结点　　(D) 最少在某一层上正好有4个结点

1. 考查的知识点

❑ 树结构的特性

2. 问题分析

解决这道题可以使用排除法逐一排除错误答案，同时结合知识点梳理中所提到的树结构的性质遴选出正确答案。

选项C一定是错误的，因为根据知识点梳理中的性质2，度为k的非空树的第i层最多有k^{i-1}个结点。而选项C中说第i层上至多有4(i-1)个结点，显然与性质2相悖。

选项D也显然是错误的，一棵树的度为4，只表示它的各结点中度的最大值为4，并不一定存在某一层上正好有4个结点的情况。例如图17-2中，树的度为4，但并不存在某一层正好有4个结点的情况。

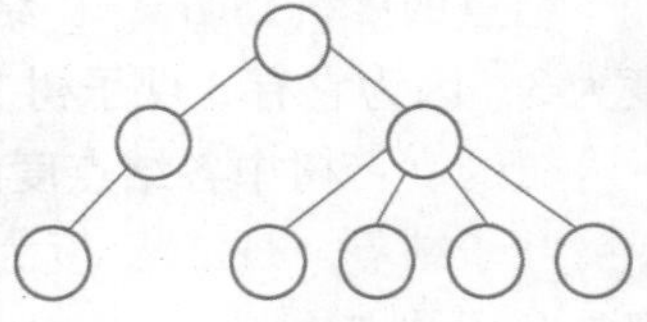

图17-2　选项D的反例

因此答案在选项A和B中选择。虽然知识点梳理中并未提到树的最大深度，但是不难理解，在结点数目一定的前提下，要使得树的深度最大，就要使树的每一层结点数目尽量少。当然每层结点数目不可能小于1。对于具有n个结点、度为4的树，其最大深度的情形是：除了一个结点的度为4，其他非叶子结点的度都为1。也就是说，在该树中除了某一层中结点个数为4外，其他层中结点个数均为1。这样计算该树的深度应该是$n-4+1=n-3$。

3. 答案

(B)

小技巧

你知道为什么树的深度是$n-4+1$吗？首先$(n-4)$为除了那一层4个结点外其他层的结点数之和，也就是除了包含4个结点之外的层数之和。计算树的深度时还要加上4个结点的那一层，因此树的深度等于$n-4+1$。读者也可以通过画图的方法找到这个规律。

（2）若一棵度为 7 的树有 8 个度为 1 的结点，有 7 个度为 2 的结点，有 6 个度为 3 的结点，有 5 个度为 4 的结点，有 4 个度为 5 的结点，有 3 个度为 6 的结点，有 2 个度为 7 的结点，则该树共有（　　）个叶子结点。

（A）35　　（B）28　　（C）77　　（D）78

1. 考查的知识点

□ 树结构的特性

2. 问题分析

根据知识点梳理中的性质 1：非空树的结点总数等于树中所有结点的度之和加 1，可以轻松地解决此题。

题目中已知度为 7 的树有 8 个度为 1 的结点，有 7 个度为 2 的结点，…，有 2 个度为 7 的结点，因此可以得出该树所有结点的度之和为 $8+7\times2+6\times3+5\times4+4\times5+3\times6+2\times7=112$。设该树中的叶子结点个数为 n，于是得到：$8+7+6+5+4+3+2+n=112+1=113$，可以得到 $n=78$。即该树中共有 78 个叶子结点。

3. 答案

（D）

小技巧

对该题进行推广，一棵树有 n_1 个度为 1 的结点，n_2 个度为 2 的结点，…，n_m 个度为 m 的结点。该树中叶子结点的数量根据等式：

$$n_1+2n_2+3n_3+\cdots+mn_m+1=n_0+n_1+n_2+\cdots+n_m$$

可得 $n_0=n_2+2n_3\cdots+(m-1)n_m+1$ 即为树中叶子结点数量。

17.2　二叉树的基本特性

17.2.1　知识点梳理

知识点梳理的教学视频请扫描二维码 17-3 获取。

二维码 17-3

二叉树是一种特殊形式的树结构，因此前面所讲的树结构的特性及一些术语也同样适用于二叉树。

二叉树的定义

二叉树（Binary Tree）是这样的树结构：它或者为空，或者由一个根结点加上根结点的左子树和右子树组成，这里要求左子树和右子树互不相交，且同为二叉树。很显然，这个定义是递归形式的。如图 17-3 所示为一个二叉树。

在二叉树中每个结点至多有两个孩子结点，其中左边的孩子结点称为左孩子，右边的孩子结点称为右孩子。

满二叉树与完全二叉树

如果一棵二叉树的任意一个结点或者是叶子结点，或者有两棵子树，同时叶子结点都集中在二叉树的最下面一层上，这样的二叉树称为满二叉树。如图 17-4 所示为一棵满二叉树。

若二叉树中最多只有最下面两层结点的度小于2，并且最下面一层的结点（叶子结点）都依次排列在该层最左边的位置上，具有这样结构特点的树结构称为完全二叉树。如图17-5所示为一棵完全二叉树。

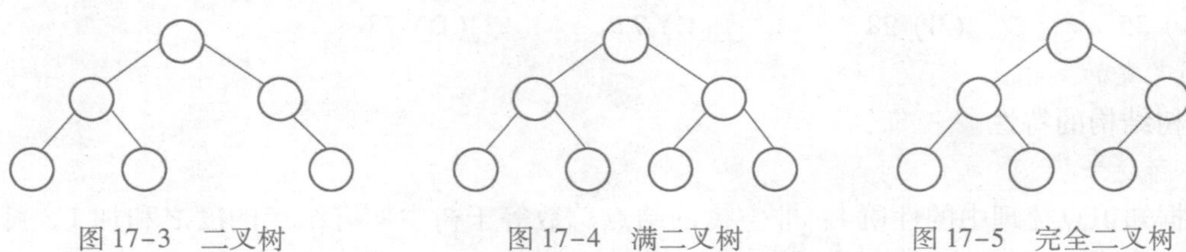

图17-3 二叉树　　图17-4 满二叉树　　图17-5 完全二叉树

由于二叉树结构的特殊性，二叉树有一些重要的性质需要大家掌握。

性质1：在二叉树中第i层上至多有2^{i-1}个结点($i \geqslant 1$)。

性质2：深度为k的二叉树至多有2^k-1个结点($k \geqslant 1$)。

性质3：对于任何一棵二叉树，如果其叶子结点数为n_0，度为2的结点数为n_2，则$n_0=n_2+1$。

性质4：具有n个结点的完全二叉树的深度为$\lfloor \log_2 n \rfloor +1$。

二叉树的存储形式

二叉树的存储一般采用多重链表的方式。直观地讲，就是将二叉树的各个结点用链表的形式连接在一起。这样通过特定的算法可以对二叉树中的每个结点进行操作。图17-6所示就是多重链表存储的二叉树结构。每个结点都包含3个域，除了一个数据域用来存放结点数据外，还包含两个指针域，用来指向其左右两个孩子结点。当该结点没有孩子结点或者缺少某个孩子结点时，相应的指针域为NULL。

二叉树的每个结点的结构如图17-7所示。

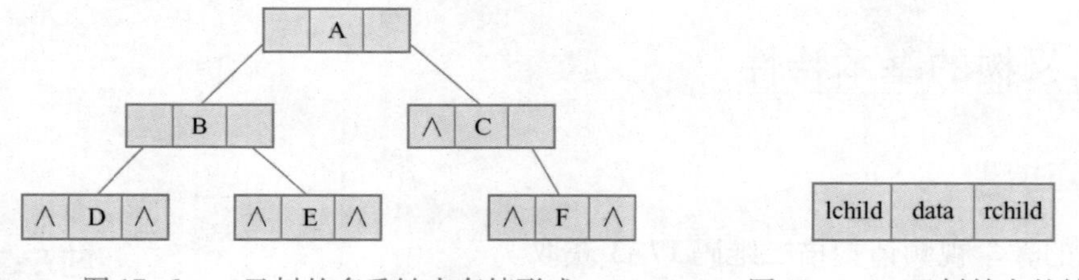

图17-6 二叉树的多重链表存储形式　　图17-7 二叉树结点的结构

从图17-7可以看出，二叉树结点包含3个域，其中lchild和rchild为指针域，指向该结点的左孩子和右孩子。data是数据域，用来存放该结点中包含的数据。二叉树的结点可定义如下：

```
typedef struct BiTNode{
    ElemType data;                          /*结点的数据域*/
    struct BiTNode *lchild, *rchild;        /*指向左孩子和右孩子*/
} BiTNode, *BiTree;
```

上述代码定义了一个二叉树的结点类型BiTNode，同时定义了BiTree类型，它是指向BiTNode类型数据的指针类型，等价于BiTNode *。

通常都是用一个BiTree类型的变量T来表示一棵二叉树。例如：

```
BiTree T;
```

其实 T 是一个指向二叉树根结点的指针变量。因为只要得到了二叉树根结点的地址，就可以通过二叉树的链结构访问到二叉树中的每一个结点，所以一般用二叉树根结点的指针代表一棵二叉树。

17.2.2　经典面试题解析

二维码 17-4

【面试题 1】二叉树的常识性问题

本题的教学视频请扫描二维码 17-4 获取。

（1）若一棵二叉树有 10 个度为 2 的结点，则该二叉树的叶子结点个数是（　　）。

（A）9　　（B）11　　（C）12　　（D）不确定

1. 考查的知识点

❑ 二叉树的特性

2. 问题分析

根据知识点梳理中二叉树的性质可知，对于任何一棵二叉树，如果其叶子结点数为 n_0，度为 2 的结点数为 n_2，则 $n_0 = n_2 + 1$。本题中 n_2 的值为 10，n_0 为待求值，因此 $n_0 = 10 + 1 = 11$。

因为二叉树是一种特殊形式的树结构，所以树的所有性质都适用于二叉树。所以本题也可以通过 17.1.1 节中介绍的树结构的基本性质来求解。由于非空树的结点总数等于树中所有结点的度之和加 1，可以设该二叉树中叶结点数为 n_0，度为 1 的结点数为 n_1，度为 2 的结点数为 n_2，因此 $n_0 + n_1 + n_2 = n_1 + 2n_2 + 1 \rightarrow n_0 = n_2 + 1$。

3. 答案

（B）

（2）深度为 h 的满二叉树的第 i 层有（　　）个结点。

（A）2^{i-1}　　（B）$2^i - 1$　　（C）$2^h - 1$　　（D）2^{h-1}

1. 考查的知识点

❑ 二叉树的特性

2. 问题分析

对于一棵满二叉树，它的每一层结点数都达到了最大值。因此本题等价于求解一棵二叉树中第 i 层最多有多少个结点。知识点梳理中介绍的二叉树性质 1 中提到：在二叉树中第 i 层上至多有 2^{i-1} 个结点，因此满二叉树的第 i 层有 2^{i-1} 个结点。

3. 答案

（A）

（3）某完全二叉树的深度为 h，则该完全二叉树中至少有（　　）个结点。

（A）2^h　　（B）$2^h - 1$　　（C）$2^h + 1$　　（D）2^{h-1}

1. 考查的知识点

❑ 二叉树的特性

2. 问题分析

本题考查的是完全二叉树的深度与其结点个数的关系。根据二叉树的性质可知，具有 n 个结点的完全二叉树的深度为 $\lfloor \log_2 n \rfloor + 1$。现在题目中已知完全二叉树的深度为 h，要反推求出它的结点个数 n，因此可以令 $\lfloor \log_2 n \rfloor + 1 = h$，于是可以得出 n 至少为 2^{h-1}。也就是说，深度为 h 的完全二叉树中至少有 2^{h-1} 个结点。

3. 答案

(D)

(4) 若一棵满二叉树有 2047 个结点，则该二叉树中叶子结点的个数为（　　）。

(A) 512　　(B) 1024　　(C) 2048　　(D) 4096

1. 考查的知识点

❑ 二叉树的特性

2. 问题分析

对于一棵满二叉树，它的任意一个结点或者是叶子结点，或者有两棵子树，而且它的叶子结点全部集中在最底下一层。因此可以从二叉树的结点个数与度的关系方面考虑这个问题。这里利用二叉树的性质 2 来解决此题。

假设该二叉树中叶子结点的个数为 n_0，那么非叶子结点的个数就是 $2047-n_0$。因为该二叉树是满二叉树，所以该树中非叶子结点就是度为 2 的结点。这样根据二叉树性质 2 可以得出：$n_0=n_2+1 \rightarrow n_0=2047-n_0+1$，于是得到 $n_0=1024$，即叶子结点的个数为 1024。

3. 答案

(B)

(5) 具有 2000 个结点的非空二叉树的最小深度为（　　）。

(A) 9　　(B) 10　　(C) 11　　(D) 12

1. 考查的知识点

❑ 二叉树的特性

2. 问题分析

直观地考虑，要想使得二叉树的深度最小，就必须使得每层的结点数目尽量多，这样在结点数目一定的前提下，二叉树的深度最小。显然，完全二叉树就是这样一个特例，即在结点数目一定的前提下，完全二叉树（也可能是满二叉树）的深度是最小的。当然，同样深度的二叉树也可能不是完全二叉树，但是完全二叉树一定是二叉树中深度最小的一个特例。

因此本题目可以理解为求解具有 2000 个结点的完全二叉树的深度。根据性质 4 可知，具有 n 个结点的完全二叉树的深度为 $\lfloor \log_2 n \rfloor+1$，因此具有 2000 个结点的完全二叉树的深度为 $\lfloor \log_2 2000 \rfloor+1=11$。

3. 答案

(C)

17.3 二叉树的遍历

17.3.1 知识点梳理

知识点梳理的教学视频请扫描二维码 17-5 获取。

二维码 17-5

所谓二叉树的遍历就是要通过一种方法将一棵二叉树中的每个结点都访问一次，且只访问一次。二叉树的遍历是二叉树最基本的操作，在实际的应用中经常需要按照一定的顺序对二叉树的每个结点逐一访问，并对某些结点进行处理，因此二叉树的遍历是二叉树应用的基础。

二叉树的遍历分为两种：第一种是基于深度优先搜索的遍历，它是利用二叉树结构的递归特性而设计的，先序遍历、中序遍历、后序遍历都属于这一类遍历算法；第二种是按层次遍历

二叉树，它是利用二叉树的层次结构并使用队列等数据结构设计的算法。有关二叉树的遍历以及相关的算法设计会在后面的面试题解析中详细讲解。

17.3.2　经典面试题解析

【面试题 1】编程实现二叉树的先序、中序、后序遍历

1. 考查的知识点

❑ 二叉树遍历操作

2. 问题分析

本题的教学视频请扫描二维码 17-6 获取。

二维码 17-6

二叉树的遍历是二叉树中的一项基本操作。在知识点梳理中已经提到，所谓二叉树的遍历，就是依照某种顺序访问二叉树中的所有结点。这里的“访问”要依具体情况而定，它可能是输出结点中的数据，可能是对结点进行某种处理和操作等。遍历操作本着“不重不漏”的原则，即每个结点只能访问一次，且全部结点都必须访问到。

从二叉树的定义可知，一棵二叉树宏观上由三部分组成：根结点、根结点的左子树和根结点的右子树。因此只要完整地遍历了这三部分，就等于遍历了整棵二叉树。二叉树的根结点可以通过指针直接访问到根结点中的数据。但是如何遍历根结点的左子树和右子树呢？其实可以把根结点的左子树和右子树看作两棵独立的二叉树，以同样的方式来遍历左子树和右子树，显然这是一种递归形式的遍历。

二叉树通常有 3 种遍历方法：先序遍历（DLR）、中序遍历（LDR）和后序遍历（LRD），其中 D 表示根结点，L 表示左子树，R 表示右子树。因为二叉树结构本身就是一种递归的结构，所以这 3 种遍历方式也都是递归形式定义的，下面来具体介绍。

先序遍历（DLR）

❑ 访问根结点；

❑ 先序遍历根结点的左子树；

❑ 先序遍历根结点的右子树；

其代码描述如下：

```
void PreOrderTraverse(BiTree T) {
    if(T) {                                    /* 如果二叉树为空,递归遍历结束 */
        visit(T);                              /* 访问根结点 */
        PreOrderTraverse(T -> lchild);         /* 先序遍历 T 的左子树 */
        PreOrderTraverse(T -> rchild);         /* 先序遍历 T 的右子数 */
    }
}
```

中序遍历（LDR）

❑ 中序遍历根结点的左子树；

❑ 访问根结点；

❑ 中序遍历根结点的右子树；

其代码描述如下：

```
void InOrderTraverse(BiTree T) {
    if(T) {                                    /* 如果二叉树为空,递归遍历结束 */
        InOrderTraverse(T -> lchild);          /* 中序遍历 T 的左子树 */
        visit(T);                              /* 访问根结点 */
```

```
            InOrderTraverse(T->rchild);            /*中序遍历T的右子数*/
        }
    }
```

后序遍历（LRD）

- ❑ 后序遍历根结点的左子树；
- ❑ 后序遍历根结点的右子树；
- ❑ 访问根结点；

其代码描述如下：

```
    void PostOrderTraverse(BiTree T){
        if(T){                                     /*如果二叉树为空,递归遍历结束*/
            PostOrderTraverse(T->lchild);          /*后序遍历T的左子树*/
            PostOrderTraverse(T->rchild);          /*后序遍历T的右子数*/
            visit(T);                              /*访问根结点*/
        }
    }
```

在上述代码中，访问根结点的函数visit要依据实际情况而定，它可以是读取结点中的数据操作，也可以是其他复杂的操作。

3. 答案

见分析。

4. 实战演练

本题完整的源代码及测试程序见云盘中source/17-1/，读者可以编译调试该程序。在测试程序中首先创建了一棵二叉树（有关创建二叉树的操作在后面的题目中会有涉及），然后通过上述三种遍历方式对该二叉树进行遍历，每访问到一个结点就将其结点内容输出。程序17-1的运行结果如图17-8所示。

注：上述执行过程中首先通过在程序中输入一棵二叉树的先序序列创建了一棵如图17-9所示的二叉树。然后调用函数PreOrderTraverse、InOrderTraverse、PostOrderTraverse分别对该二叉树进行先序遍历、中序遍历和后序遍历。在遍历算法中，函数visit的实现就是将结点中的字符元素输出到屏幕上。显然，该二叉树的先序遍历序列为A B C D E F，中序遍历序列为C B D A E F，后序遍历序列为C D B F E A。

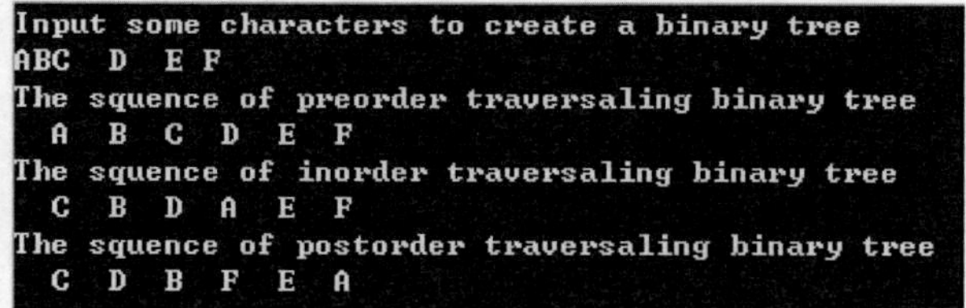

图17-8　程序17-1的运行结果

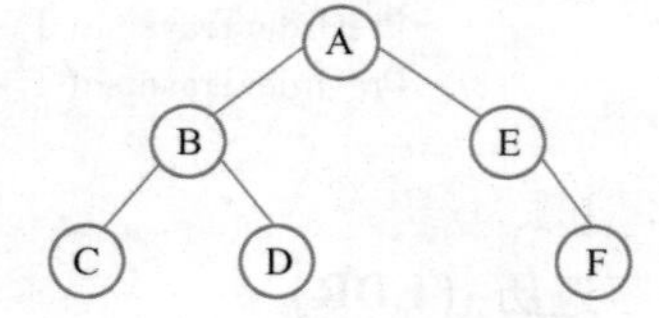

图17-9　创建的二叉树的逻辑结构

【面试题2】编程创建一棵二叉树

编写一个程序，创建一棵二叉树，该二叉树采用多重链表的形式存储，二叉树结点中的数据可使用字符类型数据。

1. 考查的知识点

- ❑ 创建二叉树的操作
- ❑ 二叉树遍历操作

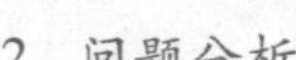

2. 问题分析

一般情况下，人们习惯采用多重链表的形式存储二叉树，本书中的二叉树也都是基于多重链表。最常见的创建二叉树的方式是利用二叉树遍历的思想，在遍历过程中生成二叉树的结点，进而建立起整个二叉树。二叉树的结点可定义为

```
typedef struct BiTNode {
    ElemType data;                                    /* 结点的数据域 */
    struct BiTNode *lchild, *rchild;                  /* 指向左孩子和右孩子 */
} BiTNode, *BiTree;
```

其中 data 用来存放结点数据，指针 lchild 指向该结点的左孩子，指针 rchild 指向该结点的右孩子。

为了生成一棵二叉树，需要按照一定的顺序生成二叉树的每一个结点，同时建立起双亲结点与孩子结点之间的关系。一般情况下可以按照先序序列建立一棵二叉树，例如，要创建如图 17-9 所示的二叉树，其先序序列是 A，B，C，D，E，F。如果按先序序列生成这棵二叉树，生成结点的次序也应该是 A，B，C，D，E，F。

按照先序序列创建一棵二叉树的代码如下，其中每个结点中保存一个字符数据。

```
/* 先序序列创建一棵二叉树 */
void CreateBiTree(BiTree *T){
    char c;
    scanf("%c",&c);
    if(c==' ') *T=NULL;
    else {
        *T=(BiTNode *)malloc(sizeof(BiTNode));      /* 创建根结点 */
        (*T)->data=c;                                /* 向根结点中输入数据 */
        CreateBiTree(&((*T)->lchild));               /* 递归地创建左子树 */
        CreateBiTree(&((*T)->rchild));               /* 递归地创建右子树 */
    }
}
```

上述代码的执行过程如下：

1）输入一个字符作为根结点中的元素。

2）若输入空格符，则表示二叉树为空，将 *T 置为 NULL。

3）若输入不是空格符，则创建该结点，并将其指针赋值给 *T，将输入的字符赋值给 (*T)->data，然后递归地创建该结点的左子树和右子树。

需要注意的是，参数 T 为指向 BiTree 类型的指针类型，也就是指向指针的指针，*T 实质上是一个指针变量。因为在递归函数 CreateBiTree 中会生成当前子树的根结点，上一层调用中的指针变量 T 会被赋值修改，所以这里采用指针传递的方式。

如果要创建一棵如图 17-9 所示的二叉树，在执行本段程序时，要从终端输入每个结点的内容，并按照下列顺序输入字符：

ABC##D##E#F##

输入序列中‘#’表示空格符。空格符是递归结束的标志，当创建叶子结点时，由于叶子结点的左右子树都为空，因此要连续输入两个空格符表示结束。在创建二叉树的过程中，程序总是按照创建二叉树的根结点、创建根结点的左子树、创建根结点的右子树的顺序进行。每棵子树的创建过程也是相同的。

3. 答案

见分析。

4. 实战演练

参看 source/17-1/中的代码，里面包含创建一棵二叉树的过程。

【面试题 3】编程实现二叉树的按层次遍历

1. 考查的知识点

❑ 二叉树遍历操作

2. 问题分析

二维码 17-7

本题的教学视频请扫描二维码 17-7 获取。

按层次遍历二叉树是一种基于广度优先搜索思想的二叉树遍历算法。不同于先序、中序和后序遍历，它的遍历次序是针对二叉树的每一层进行的。若二叉树非空，则先访问二叉树第一层的结点，然后再依次访问第二层的结点，第三层的结点，……直到访问了二叉树最下面一层的结点为止。对二叉树中每一层结点的访问都是按照从左至右的顺序进行的。

在进行二叉树的按层次遍历时，需要一个队列结构辅助。遍历步骤如下：

1）把二叉树的根结点的指针入队。

2）获取队首元素并出队，访问该指针指向的结点；然后依次把该结点的左孩子结点（如果存在）和右孩子结点（如果存在）的指针入队。

3）重复 2）的操作，直到队列为空。

按照上述步骤实现的二叉树的按层次遍历的代码如下：

```
void LayerOrderTraverse(BiTree T) {
    BiTree queue[20],p;
    int front,rear;
    if(T!=NULL) {
        queue[0]=T;                  /*将根结点的指针(地址)入队列*/
        front=-1;
        rear=0;
        while(front<rear) {          /*当队列不为空时进入循环*/
            p=queue[++front];        /*取出队头元素*/
            visit(p);                /*访问p指向的结点元素*/
            if(p->lchild!=NULL)      /*将p结点的左孩子结点指针入队列*/
                queue[++rear]=p->lchild;
            if(p->rchild!=NULL)      /*将p结点的右孩子结点指针入队列*/
                queue[++rear]=p->rchild;
        }
    }
}
```

按照上述算法，实现对图 17-9 所示的二叉树的按层次遍历，访问结点的次序及队列状态变化见表 17-1。

表 17-1　按层次遍历二叉树的访问结点次序及队列状态

出队列并访问的结点元素	入队列元素	队列的状态（队首→队尾）
—	A	A
A	B、E	B E
B	C、D	E C D
E	F	C D F
C	—	D F
D	—	F
F	—	—

在上述的代码中，队列 queue 用来存放二叉树结点的指针。为了方便该队列采用静态数组实现，这里假设队列长度取 20 是足够的。变量 front 和 rear 分别为队首和队尾元素的下标。函数 visit 是二叉树结点访问操作，根据用户需求实现。如果 front 小于 rear，表示队列中还有元素，遍历操作继续；如果 front 等于 rear，表示队列为空，遍历操作结束。

3. 答案

见分析。

4. 实战演练

本题完整的源代码及测试程序见云盘中 source/17-2/，读者可以编译调试该程序。在执行该程序时，首先按照先序序列创建一棵二叉树，然后程序调用函数 LayerOrderTraverse 按层次遍历该二叉树，每访问到一个结点就将其结点内容输出。程序 17-2 的运行结果如图 17-10 所示。

```
Input some characters to create a binary tree
ABC  D  E F

The sequence of layerorder traversaling binary tree
 A  B  E  C  D  F
```

图 17-10　程序 17-2 的运行结果

注： 图 17-10 中输入二叉树先序序列为 ABC##D##E#F##，可以创建一棵如图 17-9 所示的二叉树。然后通过调用函数 LayerOrderTraverse 按层次遍历该二叉树。按层次遍历该二叉树结点的访问次序为 ABECDF。

拓展性思考——灵活应用 STL 模板

在上述算法中，是用数组 queue[20] 模拟一个队列来存放二叉树结点的指针。但是如果熟悉 C++的 STL（标准模板库），就可以轻松地使用 queue 模板类实现按层次遍历的操作。代码如下：

```
void layerOrderTraverse(BiTree T){
    BiTree p;
    queue<BiTree> q;                    /*定义 queue<BiTree>对象 q*/
    if(T!=NULL){
        q.push(T);                      /*将根结点的指针(地址)入队列*/
        while(!q.empty()){              /*当队列不为空时进入循环*/
            p=q.front();                /*取出队头元素*/
            q.pop();                    /*从队列中删除对头元素*/
            visit(p);                   /*访问 p 指向的结点元素*/
            if(p->lchild!=NULL)         /*将 p 结点的左孩子结点指针入队列*/
                q.push(p->lchild);
            if(p->rchild!=NULL)         /*将 p 结点的右孩子结点指针入队列*/
                q.push(p->rchild);
        }
    }
}
```

我们推荐使用这种方法，一方面灵活地使用 STL 模板可以使代码更加简洁、高效，更加像实际工程中的代码；另一方面这也会让面试官觉得你有比较坚实的 C++基础。

【面试题 4】已知二叉树的先序和中序序列，求其后序序列和按层次遍历序列

已知一棵二叉树的先序序列为 ABCDEFG，中序序列为 CDBEAGF，求其后序序列和按层次遍历序列。

1. 考查的知识点

❑ 由遍历序列恢复二叉树

2. 问题分析

在解决这类问题时，可以通过已知的二叉树先序序列和中序序列求解出该二叉树的具体形态，这样其后序序列和按层次遍历序列就迎刃而解了。因此解决本题的关键就是如何通过二叉树的先序序列和中序序列求解出二叉树的具体形态。

因为二叉树的结构具有递归性质，即二叉树是由根结点、左子树和右子树三部分组成，而左子树和右子树本身也是二叉树，所以可以通过二叉树的先序序列和中序序列先确定出该二叉树的根结点以及其左子树和右子树中所包含的结点，然后再以同样的方法分析其左子树和右子树，这样递归地一层一层分析下去，直至确定出整棵二叉树的形态。

以本题为例，采用上述递归方法确定该二叉树的具体形态。

首先通过二叉树的先序序列 ABCDEFG 和中序序列 CDBEAGF 先确定出该二叉树的根结点以及其左子树和右子树所包含的结点。因为先序遍历总是最先访问二叉树的根结点，显然该二叉树的根结点为 A。而对于中序遍历来说，它的遍历顺序是先遍历二叉树的左子树，然后再访问其根结点，最后遍历二叉树的右子树。所以在二叉树的中序序列中是以根结点作为划分的，根结点左边为左子树的结点，根结点右边为右子树的结点。因此该二叉树根结点的左子树包括结点{C，D，B，E}，根结点的右子树包括结点{G，F}，由此可以得到图 17-11 所示的信息。

接下来用同样的方法分析根结点的左子树和右子树。为了使分析的条理更加清晰，可以借鉴先序遍历的思想，先递归地分析左子树，再递归地分析右子树。

因为左子树中包括结点{C，B，D，E}，而其先序序列为 BCDE，中序序列为 CDBE，所以该子树的根结点为 B，其左子树包括结点{C，D}，其右子树包含结点{E}，可以得到如图 17-12 所示的信息。

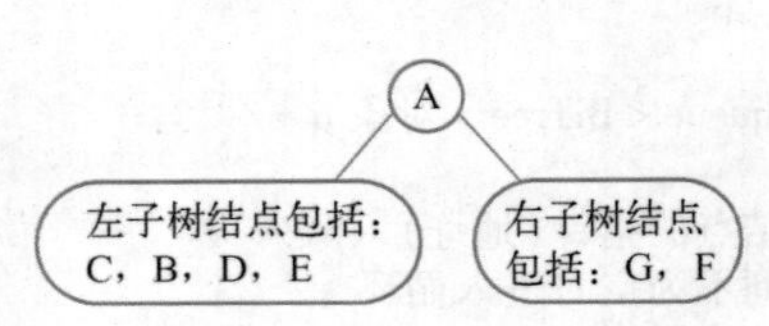

图 17-11　确定二叉树的根结点及左右子树

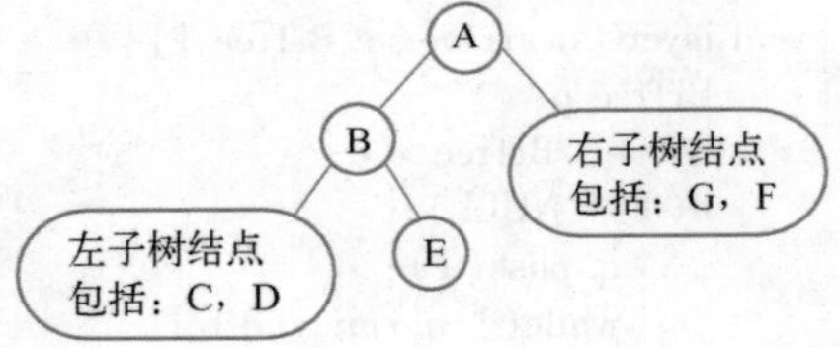

图 17-12　确定了左子树的根结点及其左右子树

按照上述方法递归地一层一层分析下去，直到左子树为空，然后再回到上一层继续分析当前根结点的右子树。分析右子树的方法与分析左子树的方法一致，同样按照先分析其根结点的左子树再分析右子树的顺序。当以某一个结点为根结点的子树分析完毕后，就退回到上一层中，最终退回到整棵二叉树的根结点，分析完毕。

通过已知的二叉树的先序序列和中序序列得到这棵二叉树的具体形态如图 17-13 所示，这样就不难得出该二叉树的后序序列和按层次遍历的序列了。

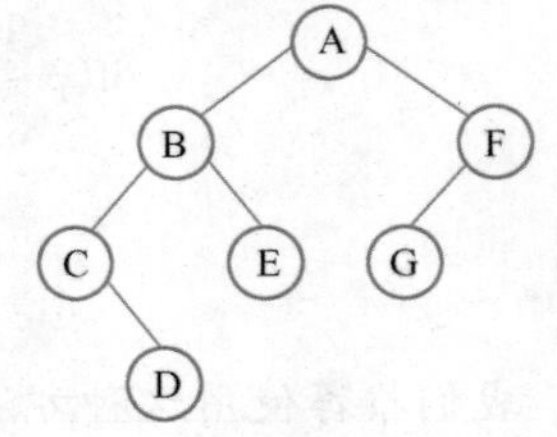

图 17-13　二叉树的具体形态

3. 答案

后序序列：DCEBGFA；

按层次遍历序列：ABFCEGD。

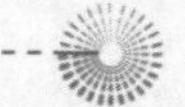

17.4　二叉树相关面试题

二叉树相关题目在面试中屡见不鲜，因为这类题目考查的内容比较丰富全面。它不但涉及二叉树的存储、二叉树的遍历等基础知识，还能考查求职者对递归思想的理解程度和应用能力。更重要的是，二叉树数据结构在实际工作中也很有用，特别是在一些偏底层的系统级开发中，二叉树的用途比较广泛，读者应当予以重视。

经典面试题解析

【面试题 1】编程计算二叉树的深度

1. 考查的知识点

❑ 二叉树相关的算法设计

❑ 二叉树的遍历

2. 问题分析

二维码 17-8

本题的教学视频请扫描二维码 17-8 获取。

二叉树相关的算法题目中往往都要使用到二叉树的遍历操作，本题就是一个例子。要计算二叉树的深度，最直观的方法就是要找出二叉树中最底层叶子结点的深度，因此可以通过深度优先遍历二叉树的每一个结点，记录下二叉树中最深的结点深度，也就是二叉树的深度。具体的操作步骤如下：

1）设置一个变量 level，记录访问过的二叉树结点的最大深度，初值为 0。

2）深度优先遍历二叉树（先序、中序、后序遍历皆可），每访问到一个结点求其在二叉树中的深度 n，如果 n > level，将 n 赋值给 level，否则 level 的值不变；重复该操作直到遍历完整棵二叉树。

3）level 的值即为二叉树的深度。

上述过程可用下面的代码来描述：

```
void getDepth(BiTree T,int n,int *level){
    /*递归遍历二叉树,用变量 level 记录下二叉树的最深结点的深度*/
    if(T!=NULL){
        if(n > *level){
            *level=n;                              /*将较大的深度值赋值给变量 level*/
        }
        getDepth(T->lchild,n+1,level);     /*遍历左子树*/
        getDepth(T->rchild,n+1,level);     /*遍历右子树*/
    }
}

int getBitreeDepth(BiTree T){
    /*程序接口,调用函数 getDepth 计算二叉树的深度,并返回其深度值*/
    int level=0;
    int n=1;
    getDepth(T,n,&level);
    return level;
}
```

这段代码描述了计算二叉树深度的过程。其中函数 getBitreeDepth 为程序接口，它调用递归函数 getDepth，得到深度 level 并返回。

函数 getDepth 包含 3 个参数：参数 T 为指向二叉树结点的指针，初始状态下指向二叉树的根结点；参数 n 用来记录当前访问到的结点深度，每当递归调用函数 getDepth 继续深度探索下一层的结点时，n 的值都加 1 传递；参数 level 用来记录二叉树的结点的最大深度，即二叉树的深度。如果当前访问的结点深度 n 大于 level 时，就将 n 赋值给 level。变量 level 采用指针传递，以保证在每次递归调用结束时变量 level 不会被释放掉（变量 level 定义在函数 getBitreeDepth 中，通过指针传递在递归调用中修改它的值），从而得到二叉树的深度。

3. 答案

见分析。

4. 实战演练

本题完整的源代码及测试程序见云盘中 source/17-3/，读者可以编译调试该程序。在测试程序中，首先通过先序序列的方式手动创建一棵二叉树，然后调用函数 getBitreeDepth 获得该二叉树的深度，并将其输出到屏幕上。程序 17-3 的运行结果如图 17-14 所示。

```
Input some characters to create a binary tree
ABC D  E  FG

The depth of the binary tree is 4
```

图 17-14　程序 17-3 的运行结果

注：图 17-14 中输入二叉树先序序列为 ABC#D##E##FG###，可以创建一棵如图 17-13 所示的二叉树。然后调用函数 getBitreeDepth 计算它的深度，其深度为 4。

拓展性思考——一种更漂亮的递归解法

上面给出的递归算法易于理解，因为该算法只是在先序遍历算法的基础上稍加改造而成。在该算法中最为核心的要素就是函数 getDepth 的两个参数 n 和 level。参数 n 是记录当前递归的层数，每当递归地调用 getDepth 的时候，都会将 n 加 1 并作为参数传递。参数 level 采用指针传递，它用来记录所有访问到的结点中最大深度的结点的层数，即该二叉树的深度。

这个算法固然容易理解，但是并没有很好地体现出这个问题的递归特性，它只是利用了递归的过程遍历了二叉树中的每一个结点，从而计算出二叉树的深度。其实下面给出这个递归解法看上去会更加漂亮。

```
int getBitreeDepth(BiTree T){
    int leftHeight,rightHeight,maxHeight;
    if (T != NULL) {
        leftHeight = getBitreeDepth(T->lchild);        /*计算左子树的深度并赋值给 leftHeight*/
        rightHeight = getBitreeDepth(T->rchild);       /*计算右子树的深度并赋值给 rightHeight*/
        maxHeight = leftHeight > rightHeight ? leftHeight :rightHeight;
                                                        /*比较左右子树的深度*/
        return maxHeight+1;                 /*返回二叉树的深度*/
    } else {
        return 0;                           /*如果二叉树为 NULL,返回 0*/
    }
}
```

上面这个解法看上去更有递归的味道。因为二叉树本身的递归性质，所以在计算二叉树的深度时依然可以利用这种递归结构，首先计算二叉树根结点左子树的深度 leftHeight，再计算根结点右子树的深度 rightHeight，然后比较两值并将较大值赋值给 maxHeight，最后返回 max-

Height 加 1 的值，也就是加上当前根结点的一层，最终得到二叉树的深度。在计算左子树和右子树的深度时，依照同样的办法，也就是递归调用该函数，将左子树的根结点T -> lchild 和右子树的根结点 T -> rchild 作为参数传递。该函数的递归结束条件是当前子树为 NULL，这样函数会直接返回 0。

该算法配套的完整的测试程序见云盘中 source/17-4/，读者可以编译调试该程序。

注意啦

在使用递归算法时，关键要找出问题的递归特性，然后直接或间接地调用原函数，重复相同的步骤，最终得到问题的答案。例如，计算二叉树的深度，宏观上就是计算二叉树根结点左子树和右子树的深度，取其中较大值加 1 即为二叉树的深度。而计算左子树和右子树的深度时，完全可以重复上述的操作，这就是很明显的递归特性。

【面试题 2】编程计算二叉树的叶子结点个数

1. 考查的知识点

- 二叉树相关的算法设计
- 二叉树的遍历

2. 问题分析

二叉树的遍历可以访问到二叉树的每一个结点，因此本题可以通过遍历整棵二叉树，并设置一个变量 count 累计叶子结点的个数。对于二叉树的遍历，可以采用先序遍历、中序遍历、后序遍历和按层次遍历。所谓叶子结点就是其左孩子和右孩子均为 NULL 的结点。计算二叉树叶子结点个数的算法如下：

```
void getLeavesCount(BiTree T,int *count){
    if(T! =NULL && T->lchild ==NULL && T->rchild ==NULL) {          /*访问到叶结点*/
        *count = *count +1;
    }
    if(T) {
        getLeavesCount (T->lchild,count);   /*先序遍历 T 的左子树*/
        getLeavesCount (T->rchild,count);   /*先序遍历 T 的右子数*/
    }
}
```

本算法采用先序遍历的方法访问到二叉树中的每一个结点，当访问到的结点为叶子结点时，变量 *count 加 1。最终变量 *count 的值即为该二叉树中叶子结点的个数。

为了使程序的结构性更好，仍然在递归函数外面封装一层接口函数，在里面定义计数器 count 变量，并调用递归函数 getLeavesCount 获取二叉树的叶子结点个数，最后把叶子结点的个数返回。代码如下：

```
int getBiTreeLeavesCount(BiTree T){
    int count =0;                    /*在主调函数中定义变量 count,初始值为 0*/
    getLeavesConut(T,&count);        /*调用递归函数 getLeavesConut 计算叶子结点个数*/
    return count;                    /*返回叶子结点个数*/
}
```

3. 答案

见分析。

4. 实战演练

本题完整的源代码及测试程序见云盘中 source/17-5/，读者可以编译调试该程序。在测试程序中，首先通过先序序列的方式创建一棵二叉树，然后调用函数 getBiTreeLeavesCount 获取该二叉树叶子结点的个数，并在屏幕上输出。程序 17-5 的运行结果如图 17-15 所示。

```
Input some characters to create a binary tree
ABC D  E  FG
The number of leaves of BTree are 3
```

图 17-15　程序 17-5 的运行结果

注： 图 17-15 中输入二叉树先序序列为 ABC#D##E##FG###，可以创建一棵如图 17-13 所示的二叉树。然后调用函数 getBiTreeLeavesCount 计算叶子结点的个数，其叶子结点个数为 3。

拓展性思考——一种更漂亮的递归解法

与上一题类似，本题同样有更能体现递归特性的解法。请看下面这段代码：

```
int getLeavesCount(BiTree T) {
    int leftLeavesCount;
    int rightLeavesCount;
    if (T == NULL) {
        return 0;              /* T 为 NULL,则一定不存在叶结点,返回 0 */
    } else if (T -> lchild == NULL && T -> rchild == NULL) {
        return 1;              /* T 指向的结点为叶结点,返回 1 */
    } else {
        leftLeavesCount = getLeavesConut(T -> lchild);      /* 计算根结点左子树中叶结点数目 */
        rightLeavesCount = getLeavesConut(T -> rchild);     /* 计算根结点右子树中叶结点数目 */
        return leftLeavesCount + rightLeavesCount;          /* 返回左右子树叶子结点数目之和 */
    }
}
```

上面这个算法看上去更加具有递归的味道。要计算二叉树叶子结点个数，其实就是计算二叉树根结点左子树和右子树的叶子结点个数之和。而计算左子树和右子树的叶子结点个数的方法与上述方法相同，从而找到了问题的递归结构。如果该二叉树为 NULL，则叶子结点数目为 0；如果该二叉树只包含一个根结点，那么它的根结点就是叶子结点，因此叶子结点数为 1。这两个条件构成了递归的出口，即递归的结束条件。

该算法配套的完整的测试程序见云盘中 source/17-6/，读者可以编译调试该程序。

【面试题 3】编程计算二叉树中某结点的层数

编写一个函数 int getBiTreeNodeLayer(BiTree T, char key)；实现在二叉树中查找与字符 key 内容相同的结点（这里规定二叉树的结点中存放字符元素），并返回其在二叉树中的层数。如果二叉树中不存在该结点，则返回 -1。

1. 考查的知识点

- ❑ 二叉树相关的算法设计
- ❑ 二叉树的遍历

2. 问题分析

本题的教学视频请扫描二维码 17-9 获取。

二维码 17-9

本题依然可以通过遍历二叉树找到与指定字符 key 相等的结点，然后返回该结点的层数。解决这类问题的通用方法是在遍历算法的递归函数参数中设置一个变量 level，用来记录当前访问结点的层数。每当递归地调用一次该函数，递归调用便会更深一层，level 加 1，并将新值作为递归函数的参数进行传递。一旦程序遍历到包含字符 key 的结点就停止遍历后续结点，并返回此时的层数 level。该算法描述如下：

```
int getNodelayer(BiTree T,int level,char key) {
    int l;
    if(T) {
        if(T->data == key) {
            return level;               /* 子树的根结点与 key 值相等,将层数 level 返回 */
        }
        /* 否则在根结点的左子树中继续查找 key 结点,并得到其层数 */
        l = getNodelayer (T->lchild,level + 1,key);
        if(l != -1) {
            return l;                   /* 找到 key 结点,返回其位于二叉树中的层数 */
        } else {
            /* 否则继续在根结点的右子树中继续查找 key 结点,并返回其层数 */
            return getNodelayer (T->rchild,level + 1,key);
        }
    }
    return -1;                          /* T 为 NULL,返回 -1 */
}
```

上述算法实现了计算二叉树中某结点层数的功能。在函数 getNodelayer 中，参数 level 用来记录访问结点的层数，随着递归调用层次的加深而不断增加。需要注意的是，每一次的递归调用中变量 level 都是在本次调用的函数栈上分配的局部变量，当本次递归调用结束后，变量 level 随着函数栈的回收而被释放。函数 getNodelayer 中还包含一个参数 key，表示要在该二叉树中要查找的字符。

当找到包含元素 key 的结点后，程序立即返回当前所在的层数，相应遍历二叉树的操作也要随即结束。因为如果继续遍历，变量 level 仍会随着递归调用而发生改变，这样记录下的层数 level 就没有意义了，所以程序必须及时返回。如果没有找到包含元素 key 的结点，则程序返回 -1。

通过递归函数 getNodelayer(BiTree T, int level, char key) 可以求得与字符 key 内容相等的结点的层数。但是题目中的函数声明为 int getBiTreeNodeLayer(BiTree T, char key)，因此还需要在 getNodelayer 的基础上做一次封装，代码如下：

```
int getBiTreeNodeLayer(BiTree T,char key) {
    int level = 1;         /* 初始化 level 等于 1 */
    return getNodelayer(T,level,key);          /* 调用递归函数 getNodelayer ,并返回 key 的层数 */
}
```

3. 答案

见分析。

4. 实战演练

本题完整的源代码及测试程序见云盘中 source/17-7/，读者可以编译调试该程序。在测试程序中，首先通过先序序列的方式创建一棵二叉树，然后输入要查找的结点 key，程序会调用 getBiTreeNodeLayer 计算 key 结点在二叉树中的层数，并将结果输出到屏幕上。程序 17-7 的运行结果如图 17-16、图 17-17 所示。

```
Input some characters to create a binary tree
ABC D  E  FG
Input the node element in this bitree
F
The element F is in the level 2 in this bitree
```

图 17-16 程序 17-7 的运行结果（找到‘F’结点）

```
Input some characters to create a binary tree
ABC D  E  FG
Input the node element in this bitree
K
There is no element K is in this bitree
```

图 17-17 程序 17-7 的运行结果（没有找到‘K’结点）

注：图 17-16 和图 17-17 中输入二叉树先序序列为 ABC#D##E##FG###，可以创建一棵如图 17-13 所示的二叉树。该二叉树中结点‘F’位于第 2 层，不包含结点‘K’。与前面两道题目类似，本题也可以采用更加具有递归特色的算法实现。

17.5 哈夫曼树和哈夫曼编码

17.5.1 知识点梳理

二维码 17-10

知识点梳理的教学视频请扫描二维码 17-10 获取。

哈夫曼树的应用很广，特别是在多媒体技术、编解码技术、通信技术等领域有着特殊的用途。首先回顾一下哈夫曼树及哈夫曼编码的概念。

二叉树带权路径长度及哈夫曼树

设二叉树有 m 个叶子结点，每个叶子结点分别赋予一个权值，那么该二叉树的带权路径长度定义为

$$WPL = \sum_{i=1}^{m} w_i l_i$$

其中 w_i 为第 i 个叶子结点被赋予的权值，l_i 为第 i 个结点的路径长度。如图 17-18 所示，这棵二叉树中叶子结点被赋予权值为 W = {2,5,3}，其对应结点的路径长度为 L = {2,2,1}，因此该二叉树的带权路径长度为 WPL = 2 ×2 +5 ×2 +3 ×1 = 17。

其实给定相同权值的叶子结点，可以构造出不同的带权二叉树，如图 17-19 所示，该二叉树中叶子结点被赋予的权值仍为 W = {2,5,3}，但其对应结点的路径长度为 L = {2,1,2}，因此该二叉树的带权路径长度为 WPL =2 ×2 +5 ×1 +3 ×2 =15。

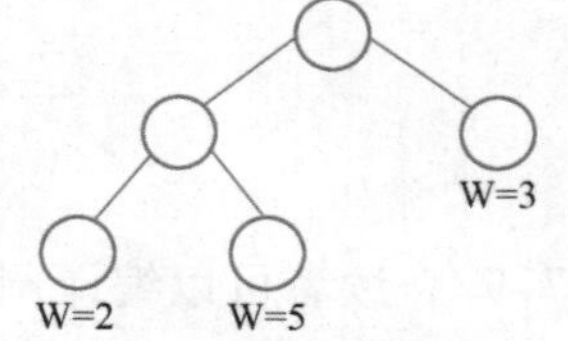

图 17-18 带权的二叉树（1）

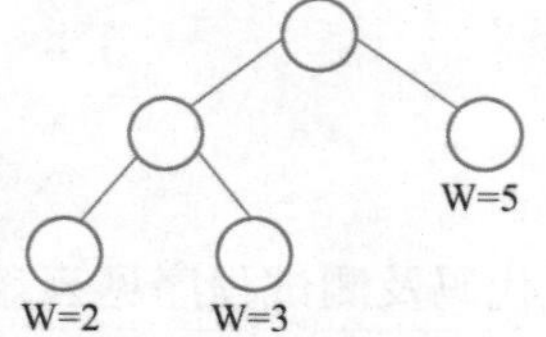

图 17-19 带权的二叉树（2）

由此给出定义：给定一组权值，构造出的具有最小带权路径长度的二叉树称为哈夫曼

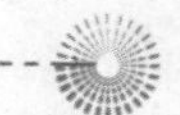

(Huffman) 树。例如，图 17-19 所示的二叉树，就是由给定权值 W = {2,5,3} 构造出的哈夫曼树。

总结一下哈夫曼树的特性：

- 哈夫曼树一定是一棵二叉树，每个叶子结点都被赋予一个权值，并且它是包含了这些相同叶子结点的不同形态的二叉树中带权路径长度最小的。
- 在哈夫曼树中，权值越大的叶子结点离根结点越近，权值越小的叶子结点离根结点越远。
- 哈夫曼树可能不唯一，但是它的带权路径长度 WPL 是唯一的。

哈夫曼算法（哈夫曼树的构造过程）

由给定的一组权值构造出哈夫曼树的算法称为哈夫曼算法。哈夫曼算法的形式化描述如下：

1）将给定的权值按照从小到大的顺序排列($W_1,W_2,\cdots,W_n$)，然后构造出森林 $F=(T_1,T_2,\cdots,T_n)$，其中每棵树都是左子树和右子树均为空的二叉树，T_i的权值为 W_i。

2）把森林 F 中根结点权值最小的两棵二叉树 T_1和 T_2合并为一棵新的二叉树 T，T 的左子树为 T_1，右子树为 T_2，令 T 的根结点的权值为 T_1和 T_2根结点权值之和，然后将 T 按照其根结点权值大小加入到森林 F 中，同时从 F 中删除 T_1和 T_2这两棵二叉树。

3）重复步骤 2）直到构造出一棵二叉树为止。

下面通过一个实例来了解哈夫曼树的构造过程。假设给定的权值为 W = {8,6,2,3}，那么根据哈夫曼算法生成一棵哈夫曼树的过程如图 17-20 所示。

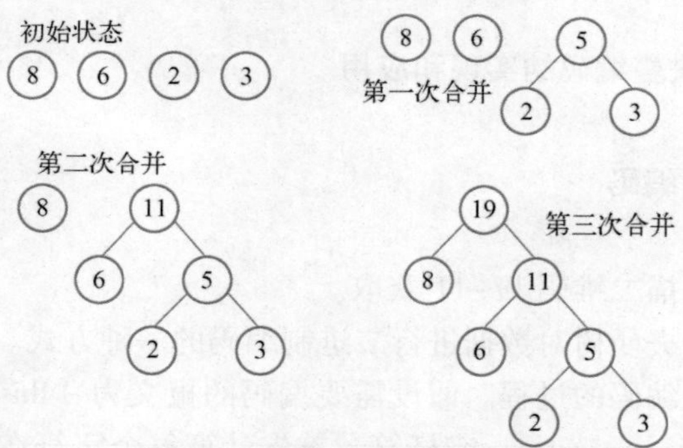

图 17-20　哈夫曼树的构造过程

哈夫曼编码

利用哈夫曼树对数据进行二进制编码称为哈夫曼编码。假设 $D=(d_1,d_2,d_3,\cdots,d_n)$为需要编码的字符集，$W=(w_1,w_2,w_3,\cdots,w_n)$为每个字符在传输报文中出现的次数集合。以 w_i为权值集合构造出一棵哈夫曼树，以 d_i为哈夫曼树中被赋予权值 w_i的叶子结点名。规定从根结点到叶子结点 d_i的路径上，每经过一条左树枝，取二进制值 0，每经过一条右树枝，取二进制值 1，于是从根结点到叶结点 d_i的路径上得到的由二进制 0 和 1 构成的二进制序列即为字符 d_i对应的哈夫曼编码。

按照上述编码方式，报文中出现次数越少的字符，其哈夫曼编码越长；相反出现次数越多的字符，其哈夫曼编码越短，这样就保证了整体报文的编码长度最短。因为哈夫曼编码是不等长编码，即不同字符的编码长度可能不同，所以必须保证任何一个字符的编码都不是另一个字符编码的前缀，这样才能正确区分每个字符的编码，这样的编码也称为前缀编码。由于哈夫曼编码是基于哈夫曼树生成的，而代表每个字符的结点都是哈夫曼树的叶子结点，不可能出现在从根结点到另一个字符的路径上，从而保证了哈夫曼编码一定是前缀编码。

17.5.2 经典面试题解析

【面试题 1】一棵哈夫曼树有 4 个叶子，则它的结点总数是多少

1. 考查的知识点

❑ 哈夫曼树的特性

2. 问题分析

由前面介绍的哈夫曼树的构造过程中可知，包含 4 个叶子结点的哈夫曼树，只可能有如图 17-21 所示的这两种形态，因此包含 4 个叶子结点的哈夫曼树结点总数一定为 7。

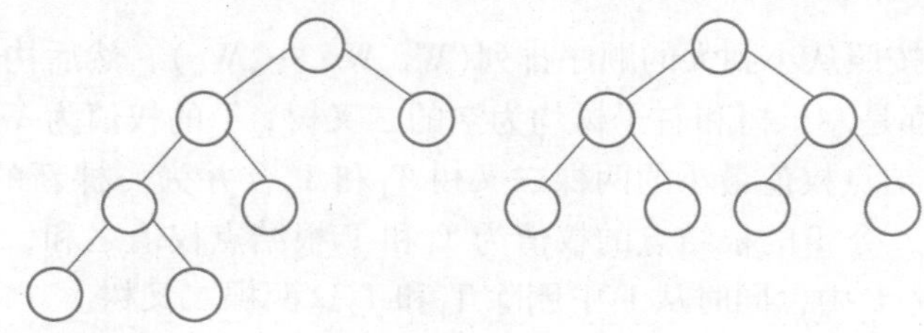

图 17-21　包含 4 个叶子结点的哈夫曼树

3. 答案

7 个结点。

【面试题 2】简述哈夫曼编码的实现和应用

1. 考查的知识点

❑ 哈夫曼树及哈夫曼编码

2. 问题分析

本题的教学视频请扫描二维码 17-11 获取。

二维码 17-11

哈夫曼编码是利用哈夫曼树对数据进行二进制编码的一种方式。下面通过一个实例来说明哈夫曼编码的过程。假设需要编码的报文为“this is a test”，这段报文包含 7 种字符，分别为 t、h、i、s、a、e、空格符。首先计算每个字符在报文中出现的次数 w_i，见表 17-2。

表 17-2　字符在报文中出现的次数

字符 d_i	t	h	i	s	a	e	空格符
出现次数 w_i	3	1	2	3	1	1	3

接下来要以表 17-2 为依据，将每个字符作为叶子结点，将对应的出现次数作为该结点的权值构造出一棵哈夫曼树，如图 17-22 所示。

根据哈夫曼编码规则，每个字符的哈夫曼编码见表 17-3。

表 17-3　字符的哈夫曼编码

字符 d_i	t	h	i	s	a	e	空格符
出现次数 w_i	10	00000	001	11	00001	0001	01

可以看到，字符 h、a、e 在报文中出现的频率较小，其哈夫曼编码的长度较长；字符 t、s、空格符在报文中出现的频率较大，其哈夫曼编码的长度较短。

哈夫曼编码可以根据字符在报文中出现的频度采用不等长编码方式进行编码，保证了报文的编码总长度最短。同时哈夫曼编码又是一种前缀码，避免了解码过程中的二义性问题。

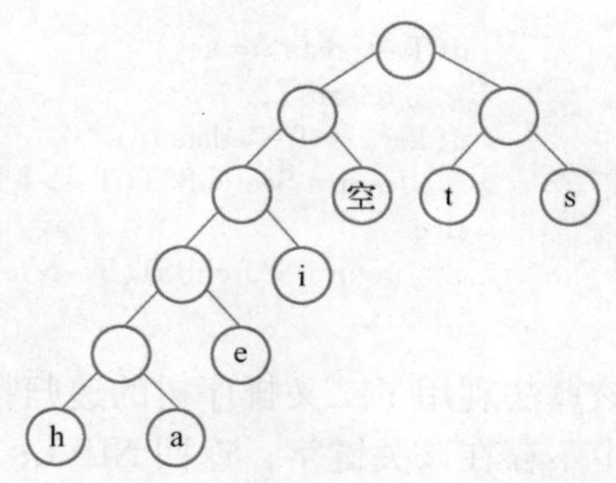

图 17-22　字符集 {t, h, i, s, a, e, 空格符} 生成的哈夫曼树

3. 答案

见分析。

小技巧

在解答这类问题时，可以参照本题思路通过一个实例给出说明。因为如果只给出形式化的描述就显得过于生硬了，考官也不见得愿意看到这样的答案，更重要的是，又有几个人能背下这种教科书式的形式化定义呢？所以不妨通过一个具体的实例进行说明。

17.6　二叉排序树

17.6.1　知识点梳理

二维码 17-12

知识点梳理的教学视频请扫描二维码 17-12 获取。

二叉排序树是一种经典的动态查找表。所谓动态查找表就是表结构本身在查找的过程中动态生成，对于给定的关键字 key，如果查找表中存在关键字等于 key 的记录，则查找成功，否则就在查找表中插入关键字等于 key 的记录。

二叉排序树中的每一个结点都保存着一条记录，或者一条记录的关键字。当给定了关键字 key，在二叉排序树中查找该关键字时，如果找到了该关键字，则查找成功；否则就在该二叉排序树中增加一个新的关键字（或者记录）结点。

下面给出二叉排序树的定义。

二叉排序树或者为一棵空树，或者是具有下列性质的二叉树：

1）若它的左子树不为空，则左子树上的所有结点的值均小于根结点的值。

2）若它的右子树不为空，则右子树上的所有结点的值均大于根结点的值。

3）二叉排序树的左右子树也都是二叉排序树。

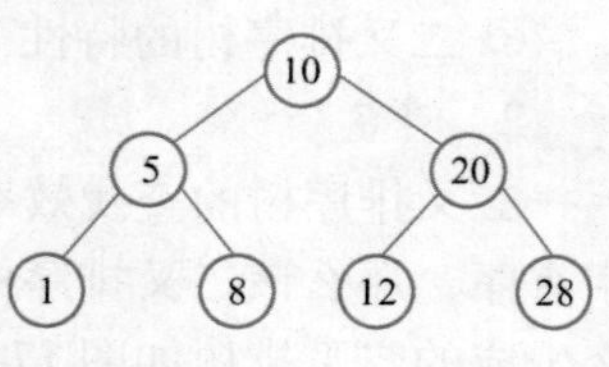

图 17-23　二叉排序树

很显然这是一个递归形式的定义方法，按照这种方式定义的二叉排序树可以有效地组织关键字的排列，从而以很高的效率查找到关键字。图 17-23 所示为一棵二叉排序树。

给定一个关键字 key，在二叉排序树 T 中查找该关键字的算法如下：

```
BiTree SearchBST(BiTree T,dataType key){
    if(T == NULL)
        return NULL;
```

```
    if(T -> data == key)
        return T;
    if(key  < T -> data)
        return SearchBST(T -> lchild,key);
    else
        return SearchBST(T -> rchild,key);
}
```

该算法利用了二叉排序树的递归特性采用递归方式实现。如果 T 等于 NULL，表示二叉排序树中不存在该关键字，返回 NULL；如果当前结点 T -> data 等于关键字 key，表示找到了该关键字，则返回该结点的指针；如果关键字 key 小于当前结点 T -> data，则在当前结点的左子树中继续查找；否则在当前结点的右子树中继续查找。

除了上述在二叉排序树中查找结点的操作外，二叉排序树的基本操作还包括向二叉排序树中插入结点、从二叉排序树中删除结点等操作，读者可以参看数据结构的相关书籍。

17.6.2　经典面试题解析

二维码 17-13

【面试题 1】二叉排序树的常识性问题

本题的教学视频请扫描二维码 17-13 获取。

（1）如果对一棵二叉排序树进行遍历，按照（　　）方式遍历可以得到该二叉排序树的所有结点按值从小到大排列的序列。

（A）先序　　（B）中序　　（C）后序　　（D）按层次遍历

1. 考查的知识点

❑ 二叉排序树的特性

2. 问题分析

前面的知识点梳理中已经提到，二叉排序树的特点是：左子树的结点值小于根结点值，根结点值小于右子树的结点值；同时每棵子树也是二叉排序树。因此只要按照左子树—根结点—右子树的顺序遍历整个二叉排序树，得到的二叉排序树结点序列一定是按值从小到大排列的。因此按中序遍历就可以得到二叉排序树从小到大递增的结点序列。

3. 答案

（B）

（2）随机情况下，在一棵具有 n 个结点的二叉排序树中查找一个结点的时间复杂度为（　　）。

（A）$O(1)$　　（B）$O(n)$　　（C）$O(n^2)$　　（D）$O(\log_2 n)$

1. 考查的知识点

❑ 二叉排序树的特性

2. 问题分析

二叉排序树的查找效率与二叉排序树的形态有关。如果二叉排序树在创建时，插入的关键字有序，那么该二叉排序树就会退化为单枝树。例如，插入的结点序列为 1，2，3，4，5，那么生成的二叉排树如图 17-24 所示。

如果在图 17-24 所示的二叉排序树中查找元素则相当于顺序查找，时间复杂度为 $O(n)$，体现不出二叉排序树的优势。最好的情况是二叉排序树完全处于平衡状态，如图 17-25 所示。此时二叉排序树的形态与折半查找的判定树相同，平均查找长度与 $\log_2 n$ 成正比。平衡的二叉排序树的形态取决于二叉排序树的生成序列，也可以通过平衡二叉树算法得到。

如果考虑随机的情况，构建的二叉排序树一般介于单枝二叉树和平衡二叉树之间。推导可以证明它的平均查找长度与 $\log_2 n$ 为同一数量级。因此随机情况下，二叉排序树查找的时间复杂度为 $O(\log_2 n)$。

图 17-24 蜕变为单枝树的二叉排序树　　图 17-25 平衡的二叉排序树

但是即便如此（二叉排序树的平均查找效率与最佳查找效率属于同一量级的时间复杂度），为了保证查找效率，有时还是需要通过一些平衡化处理（平衡二叉树算法）来使得二叉排序树趋于平衡状态。

3. 答案

(D)

【面试题 2】最低公共祖先问题

已知存在一棵二叉排序树，该二叉排序树中保存的结点值均为正整数。实现一个函数：

int findLowestCommonAncestor(BiTree T,int value1,int value2);

该函数的功能是在这棵二叉排序树中寻找 value1 和 value2 的最低公共祖先。其中 value1 和 value2 是二叉排序树中的两个结点值。该函数的返回值是最低公共祖先结点的值。例如，图 17-26 所示的二叉排序树，若 value1 =5，value2 =9，则它们的最低公共祖先是结点 8。

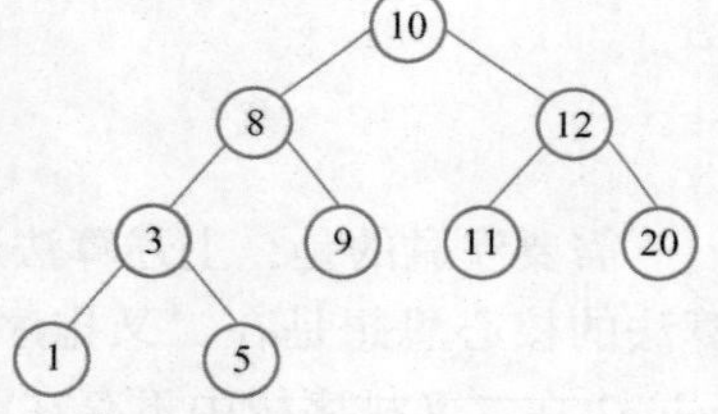

图 17-26 二叉排序树

1. 考查的知识点

- 二叉排序树的特性
- 二叉排序树相关的算法设计

2. 问题分析

本题的教学视频请扫描二维码 17-14 获取。

二维码 17-14

仔细观察图 17-26 不难发现一个规律：在二叉排序树中，value1 和 value2 的最低公共祖先是它们的公共祖先中介于 value1 和 value2 之间的那个结点。例如，5 和 9 的公共祖先有 8 和 10，那么其最低公共祖先是介于 5 和 9 之间的 8；再例如，1 和 5 的公共祖先有 3、8、10，那么其最低公共祖先是介于 1 和 5 之间的 3。这个规律是由二叉排序树的基本特性决定的，因为在二叉排序树中如果两个结点分别位于根结点的左子树和右子树，那么根结点必然是它们的最低公共祖先，且根结点的值介于这两个结点值之间，而其他公共祖先要么同时大于这两个结点，要么同时小于这两个结点。

由此得出解决此题的算法：从整棵二叉排序树的根结点出发，当访问的当前结点同时大于给定的两个结点时，沿左指针前进；当访问的当前结点同时小于给定的两个结点时，沿右指针前进；当第一次访问到介于给定的两个结点值之间的那个结点时即是它们的最低公共祖先结点。

细心的读者可能发现这个算法并不完善，因为这个算法适用的前提是给定的两个结点分别位于二叉排序树中某个根结点的左右子树上。例如，图 17-24 中结点 5 和结点 9 分别位于以结点 8 为根结点的左右子树上，两个结点不存在祖先和子孙的关系。如果给定的两个结点本身存在着祖先和子孙的关系，那么它们的最低公共祖先就不能按照上面的算法求得了。

假设给定的两个结点分别为 a 和 b，并且 a 是 b 的祖先，那么结点 a 和 b 的最低公共祖先就是 a 的父结点，因为 a 的父结点一定也是 b 的祖先，同时该结点也必然是 a 和 b 的最低公共祖先。

另外，如果给定的 value1 或 value2 其中一个为根结点的值，那么这种情况是不存在公共最低祖先的，因为根结点没有祖先，所以也应把这种情况考虑进去。

完整的在二叉排序树中寻找 value1 和 value2 的最低公共祖先的算法如下：

```
int findLowestCommonAncestor(BiTree T,int value1,int value2) {
    BiTree curNode = T;         /* curNode 为当前访问结点,初始化为 T */
    if(T->data == value1 || T->data == value2) {
        return -1;              /* value1 和 value2 有一个为根结点,因此没有公共祖先,返回 -1 */
    }
    while(curNode != NULL) {
        if (curNode->data > value1 &&
            curNode->data > value2 && curNode->lchild->data != value1 &&
            curNode->lchild->data != value2) {
/* 当前结点的值同时大于 value1 和 value2,且不是 value1 和 value2 的父结点 */
                curNode = curNode->lchild;
        } else if (curNode->data < value1 &&
            curNode->data < value2 && curNode->rchild->data != value1 &&
            curNode->rchild->data != value2) {
/* 当前结点的值同时小于 value1 和 value2,且不是 value1 和 value2 的父结点 */
                curNode = curNode->rchild;
        } else {
            return curNode->data;       /* 找到最低公共祖先 */
        }
    }
}
```

需要注意的是，上述算法适用的前提是 value1 和 value2 在二叉排序树中真实存在。因为该算法的核心思想是在二叉排序树中寻找介于 value1 和 value2 之间的值。所以，如果 value1 和 value2 在二叉排序树中不存在，得到的结果也是没有意义的。更加完备的做法是预先判断 value1 和 value2 是否在二叉排序树中都存在。

3. 答案

见分析。

4. 实战演练

本题完整的源代码及测试程序见云盘中 source/17-8/，读者可以编译调试该程序。在测试程序中，用户通过输入一串整数序列创建一棵二叉排序树，然后输入要计算公共祖先的两个结点值，程序会调用函数 findLowestCommonAncestor 找到这个公共祖先结点，并将该结点的值返回，输出到屏幕上。程序 17-8 的运行结果如图 17-27 所示。

```
Please create a binary sort tree
10 8 3 1 0 0 5 0 0 9 0 0 12 11 0 0 20 0 0
Input two values for searching lowest common ancestor
5,9
The  lowest common ancestor is 8
```

图 17-27　程序 17-8 的运行结果

注： 示例中通过输入整数序列 10 8 3 1 0 0 5 0 0 9 0 0 12 11 0 0 20 0 0 创建出一棵形如图 17-26 所示的二叉排序树，其中整数 0 表示子树为空（所以 0 不能作为结点值），该二叉排序树按照先序序列创建而成。然后输入要计算最低公共祖先的两个结点值，这里要用逗号将两个整数隔开，具体实现请参看云盘中的源代码。

第18章 图 结 构

相比于树结构，图结构是一种更为复杂的数据结构。在图结构中结点和结点之间存在着"一对多"或者"多对一"的关系，也就是任意的两个数据元素之间都可以存在着关系，这也是图结构复杂性的体现。

18.1 图结构的特性

18.1.1 知识点梳理

知识点梳理的教学视频请扫描二维码18-1获取。

图（Graph）是由顶点（图中的结点称为图的顶点）的非空有限集合V（由N>0个顶点组成）与边的集合E（顶点之间的关系）所构成的。若图G中每一条边都没有方向，则称G为无向图；若图G中每一条边都有方向，则称G为有向图。图18-1和图18-2所示分别为无向图和有向图的示例。

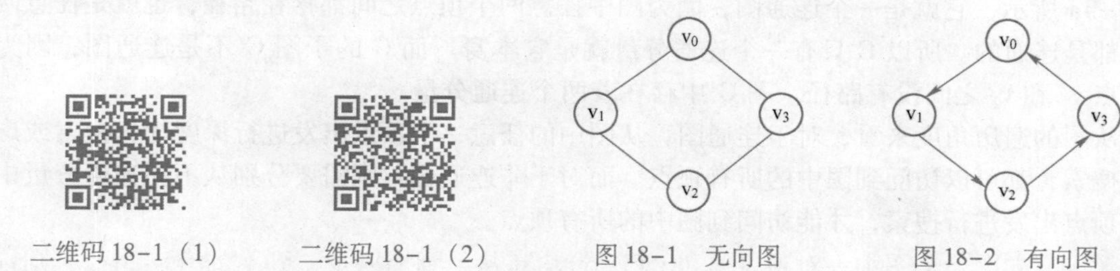

二维码18-1（1）　二维码18-1（2）　图18-1　无向图　图18-2　有向图

图结构的常见术语

（1）顶点的度

依附于某顶点v的边数称为该顶点的度，记作TD(v)。对于有向图来说，还有入度和出度的概念。有向图的顶点v的入度是指以顶点v为终点的弧的数目，记作ID(v)。顶点v的出度是指以v为起始点的弧的数目，记作OD(v)。入度和出度的和为有向图顶点v的度，即TD(v)=ID(v)+OD(v)。

图18-1中无向图每个顶点(v_0~v_3)的度均为2；图18-2中有向图每个顶点(v_0~v_3)的出度为1，入度为1，所以度为2。

（2）路径

对于无向图G，若存在顶点序列$v_1,v_2,\cdots,v_m$，使得顶点对$(v_i,v_{i+1})\in E(i=1,2,\cdots,m-1)$，则称该顶点序列为顶点$v_1$和顶点$v_m$之间的一条路径。路径上所包含的边数m-1为该路径的长度。

对于有向图G，它的路径也是有向的，其中每一条边$(v_i,v_{i+1})\in E(i=1,2,\cdots,m-1)$均为有向边。对于带权图，其路径长度为所有边上的权值之和。

（3）子图

对于图$G=(V,E)$与图$G'=(V',E')$，若存在$V'\in V$，$E'\in E$，则称图G'为G的一个子图。

如图 18-3 所示。

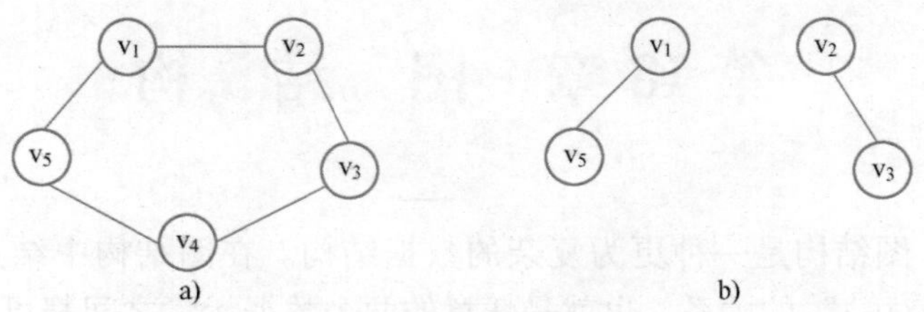

图 18-3　图 G 和图 G 的子图 G′

a）图 G　b）图 G 的子图 G′

如图 18-3 所示，图 18-3a 为图 G，包含 5 个顶点和 5 条边，图 18-3b 是图 G 的一个子图 G′。因为 G′中顶点的集合 $V'=\{v_1,v_2,v_3,v_5\}$ 是 G 中顶点的集合 $V=\{v_1,v_2,v_3,v_4,v_5\}$ 的子集，同时 G′中边的集合 $E'=\{(v_1,v_5),(v_2,v_3)\}$ 也是 G 中边的集合 $E=\{(v_1,v_2),(v_2,v_3),(v_3,v_4),(v_4,v_5),(v_5,v_1)\}$ 的子集，所以 G′是 G 的一个子图。

（4）连通图

对于无向图，若从顶点 v_i 到顶点 $v_j(i\neq j)$ 有路径，则称 v_i 和 v_j 之间是连通的。如果无向图中任意两个顶点都是连通的，则称该无向图为连通图，否则该无向图为非连通图。无向图的最大连通子图称为该图的连通分量。对于连通图来说，它的连通分量只有一个，就是它本身。如图 18-3a 所示，它就是一个连通图，因为图中任意两个顶点之间都存在路径，也就是任意两个顶点都是连通的。所以 G 只有一个连通分量就是它本身。而 G 的子图 G′不是连通图，因为至少顶点 v_1 和 v_2 之间没有路径。图 G′中存在着两个连通分量。

从图的遍历角度来看，对于连通图，从图中的任意一个顶点出发进行深度优先搜索或广度优先搜索，都可以访问到图中的所有顶点。而对于非连通图，则需要分别从不同连通分量中的某个顶点出发进行搜索，才能访问到图中的所有顶点。

对于有向图，若图中一对顶点 v_i 和 $v_j(i\neq j)$ 均有从 v_i 到 v_j 以及 v_j 到 v_i 的有向路径，则称 v_i 和 v_j 之间是连通的。若有向图中任意两点之间都是连通的，则称该有向图是强连通的。有向图中的最大强连通子图称为该有向图的强连通分量。强连通的有向图其强连通分量只有一个，就是它本身。非强连通的有向图可能存在着多个强连通分量，也可能不存在强连通分量。

如图 18-4 所示，图 18-4a 为一个强连通图，它的任意两个顶点之间都是连通的。图 18-4b 不是强连通图，因为至少 v_3 和 v_4 之间只存在一个方向上的路径（只有 v_4 到 v_3 的路径，没有 v_3 到 v_4 的路径），但是它有一个强连通分量，即顶点 v_1 和 v_2 以及它们之间的弧构成了强连通分量。图 18-4c 既不是强连通图，也没有强连通分量。

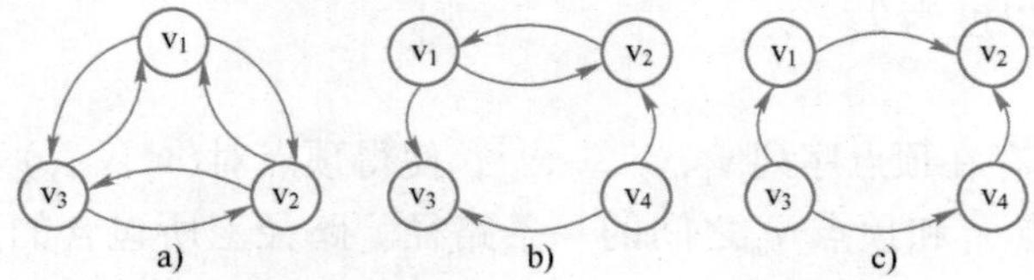

图 18-4　有向图的强连通分量

（5）生成树

若图 G 为包含 n 个顶点的连通图，则 G 中包含其全部 n 个顶点的一个极小连通子图，称为 G 的生成树。G 的生成树一定包含且仅包含 G 的 n－1 条边。如图 18-5 所示，图 18-5a 为一个图 G，图 18-5b 为 G 的一棵生成树。

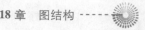

如果连通图是一个网络（图的边上带权），则其生成树中的边也带权，那么称该网络中所有带权生成树中权值总和最小的生成树为最小生成树，也叫作最小代价生成树。

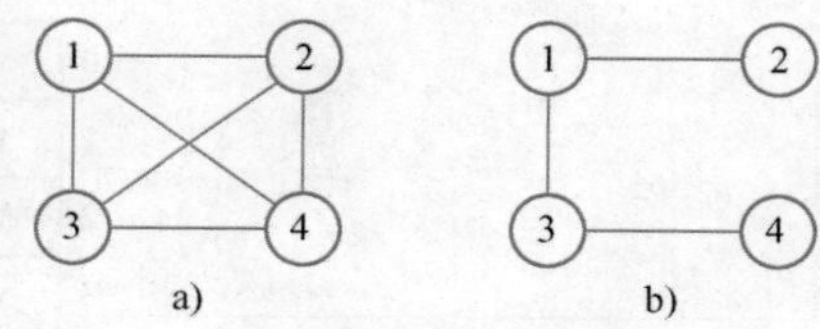

图 18-5　图 G 和它的一棵生成树

图的存储形式

最为常见的图的存储方法有两种：邻接矩阵存储法和邻接表存储法。

邻接矩阵存储法也称数组存储法，其核心思想是：利用两个数组来存储一个图。这两个数组一个是一维数组，用来存放图中顶点的数据；一个是二维数组，用来表示顶点之间的相互关系，称为邻接矩阵。具体来讲，一个具有 n 个顶点的图 G，可定义一个数组 vertex[n]，将该图中顶点的数据信息分别存放在该数组中对应的数组元素上，也就是将顶点 v_i 的数据信息存放在 vertex[i]中。再定义一个二维数组 A[n][n]，A 称为邻接矩阵，存放顶点之间的关系信息。其中 A[i][j]定义为

$$A[i][j]=\begin{cases}1, & \text{当顶点 i 与顶点 j 之间有边}\\0, & \text{当顶点 i 与顶点 j 之间无边}\end{cases}$$

例如，图 18-2 所示的有向图的邻接矩阵可表示为

$$\begin{pmatrix}0&1&0&1\\0&0&1&0\\0&0&0&1\\0&0&0&0\end{pmatrix}$$

这样通过一个简单的邻接矩阵就可以把一个图中顶点的关系表现出来。根据邻接矩阵的信息,可以操作数组 vertex 的元素,从而对整个图进行操作。

对于 n 个顶点的图,如果采用邻接矩阵表示,需要占用 n × n 个存储单元,空间复杂度为 $O(n^2)$。因此邻接矩阵适合存储稠密图，对于稀疏图，则会造成空间浪费。

另一种图的存储方法是邻接表存储法。邻接表存储法是一种顺序分配与链式分配相结合的存储方法。它由链表和顺序数组组成：链表存放边的信息，数组存放顶点的数据信息。具体来讲，对图中的每个顶点分别建立一个链表，具有 n 个顶点的图，其邻接表就含有 n 个链表。每个链表前面设置一个头结点，称为顶点结点，顶点结点的结构如图 18-6 所示。

顶点域 vertex 用来存放顶点的数据信息，指针域 next 指向依附于顶点 vertex 的第一条边。通常将一个图的 n 个顶点结点放到一个数组中进行管理，并用该数组的下标表示顶点在图中的位置。

在每一个链表中，链表的每一个结点称为边结点，它表示依附于对应的顶点结点的一条边。边结点的结构如图 18-7 所示。

图 18-6　顶点结点的结构　　图 18-7　边结点的结构

图 18-7 中的 adjvex 域存放该边的另一端顶点在顶点数组中的下标；weight 存放边的权重，对于无权重的图，此项省略；next 是指针域，它指向下一个边结点，最后一个边结点的 next 域为 NULL。

例如，图 18-2 所示的有向无权图的邻接表可表示为图 18-8。

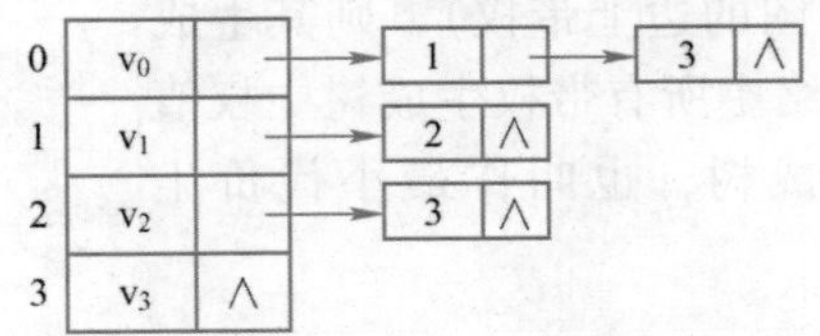

图 18-8　图 18-2 的邻接表存储形式

18.1.2　经典面试题解析

【面试题 1】图结构特性的常识性问题

本题的教学视频请扫描二维码 18-2 获取。

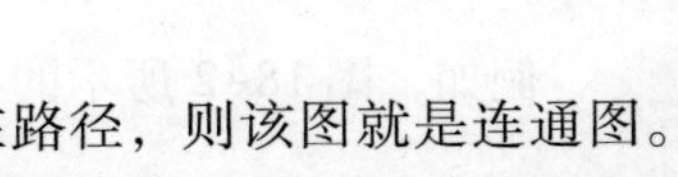

二维码 18-2

（1）n 个顶点的连通图中边的条数至少为（　　）。

（A）n　　（B）n-1　　（C）n-2　　（D）n+1

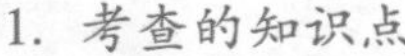

1. 考查的知识点

❑ 图结构的特性

2. 问题分析

对于无向图而言，如果图中任意两个顶点都是连通的，即存在路径，则该图就是连通图。如果一个包含有 n 个顶点的无向图，要想使它成为连通图，则只需要符合图 18-9 所示即可。

如图 18-9 所示，一个包含有 5 个顶点的图，只要有 4 条边就可以使它成为一个连通图。因为在该图中，任意两个顶点之间都存在着路径。

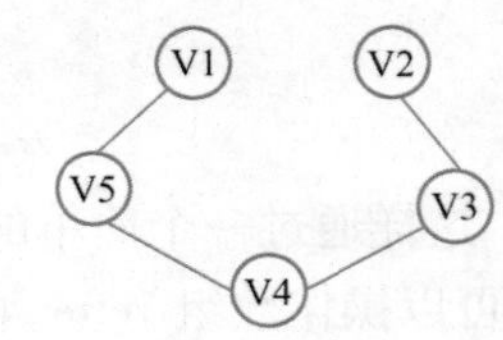

图 18-9　连通图结构示意

推而广之，一个含有 n 个顶点的无向图，要使其成为连通图，至少要有 n-1 条边。

其实 n 个顶点可以构成许多连通图，其中的极小连通子图称为该连通图的生成树。一棵生成树中包含了图中的全部顶点，但只有构成一棵树所需的n-1 条边。所以 n 个顶点的连通图中边数至少为 n-1 条。

3. 答案

（B）

（2）n 个顶点的强连通图的边数最少为（　　），边数最多为（　　）。

（A）n^2　　（B）n(n-1)　　（C）n　　（D）n+1

1. 考查的知识点

❑ 图结构的特性

2. 问题分析

强连通图是有向图的一个概念，是指对于图中每一对顶点 v_i 和 v_j（$i \neq j$），从 v_i 到 v_j 和从 v_j 到 v_i 都存在路径。如果一个强连通图中包含 n 个顶点，那么每个顶点最多会放射出 n-1 条边指向其他 n-1 个顶点，这样从 v_i 到 v_j 和从 v_j 到 v_i 都存在路径，如图 18-4a 所示。所以 n 个顶点的强连通图中最多边数为 n(n-1)条。具有 n(n-1)条边强连通图也称作有向完全图。

在强连通图中有这样一条定理：一个有向图 G 是强连通的，当且仅当 G 中有一个回路，该回路中至少包含每个顶点一次。如图 18-2 所示就是这样一个连通图，在该有向图中有且仅

有一个回路 $v_0 -> v_1 -> v_2 -> v_3 -> v_0$，该回路包含了图中每一个顶点，所以图 18-2 是一个强连通图，也是 4 个顶点的强连通图中边数最少的强连通图。

推而广之，n 个顶点边数最少的强连通图有 n 条边。

3. 答案

(C)、(B)

(3) 一个具有 n 个顶点的无向图最多有（　　）条边。

(A) n(n-1)/2　　(B) n(n-1)　　(C) n(n+1)/2　　(D) n^2

1. 考查的知识点

❑ 图结构的特性

2. 问题分析

因为无向图中的边没有方向，所以无向图中两个顶点之间最多只能有一条边。而有向图中的边是有方向的，所以有向图中两个顶点之间最多可有两条方向不同的边。因此一个具有 n 个顶点的有向图最多的边数应当是具有 n 个顶点的无向图最多边数的 2 倍。

由第（2）题可知，一个具有 n 个顶点的强连通图的边数最多为 n(n-1)，或者说一个具有 n 个顶点的有向图最多有 n(n-1)条边，因此一个具有 n 个顶点的无向图最多有 n(n-1)/2 条边。

3. 答案

(A)

(4) 具有 n 个顶点的连通图生成树一定有（　　）条边。

(A) n　　(B) n+1　　(C) n-1　　(D) 2n

1. 考查的知识点

❑ 图结构的特性

2. 问题分析

具有 n 个顶点的连通图的生成树就是包含其全部 n 个顶点的一个极小连通子图，从第（1）题的结论可知，一个具有 n 个顶点的无向连通图的极小连通子图的边数为 n-1 条，因此具有 n 个顶点的连通图的生成树一定有 n-1 条边。

3. 答案

(C)

(5) 若具有 n 个顶点的无向图采用邻接矩阵存储法，则该邻接矩阵一定为一个（　　）。

(A) 普通的矩阵　　(B) 对称矩阵　　(C) 对角矩阵　　(D) 稀疏矩阵

1. 考查的知识点

❑ 图的邻接矩阵存储方式

2. 问题分析

邻接矩阵使用一个二维数组来表示图中顶点之间的关系。如果用矩阵 A[N][N]存储一个包含 N 个顶点的图，若顶点 i 和顶点 j 之间有边，则 A[i][j] =1，若顶点 i 和顶点 j 之间没有边，则 A[i][j] =0。对于一个无向图，如果顶点 i 和顶点 j 之间有边，那么顶点 j 和顶点 i 之间也一定有边（因为它们是一条边），所以对应的邻接矩阵中 A[i][j]和 A[j][i]都等于 1。因此无向图的邻接矩阵一定是对称矩阵。

3. 答案

(B)

(6) 有向图的邻接表的第 i 个链表中边结点的个数是第 i 个顶点的（　　）。

(A) 度数　　(B) 出度　　(C) 入度　　(D) 边数

1. 考查的知识点

❑ 图的邻接表存储方式

2. 问题分析

邻接表中链表的每一个结点称为边结点，表示依附于对应顶点结点的一条边。边结点中的 adjvex 域存放的是该边另一端的顶点在顶点数组中的下标，对于有向图而言，这个值存放的是该边终点在顶点数组中的下标，因此有向图的邻接表中第 i 个链表中的边结点个数是从第 i 个顶点出发指向其他顶点的边的条数，也就是第 i 个顶点的出度。

3. 答案

(B)

18.2 图的遍历

18.2.1 知识点梳理

二维码 18-3

知识点梳理的教学视频请扫描二维码 18-3 获取。

图的遍历就是从图中的某一个顶点出发，访遍图中其余顶点，且每一个顶点只被访问一次。图的遍历操作是求解图的连通性问题、拓扑排序、最短路径、关键路径等运算的基础。图的遍历算法主要有两种：深度优先搜索遍历和广度优先搜索遍历。

深度优先搜索的基本思想是：从图中的某个顶点 v 出发，访问该顶点 v，然后依次从 v 的未被访问过的邻接点出发，继续深度优先遍历该图，直到图中与顶点 v 路径相通的所有顶点都被访问为止。对于非连通图，一次深度优先搜索不能遍历到图中所有的顶点，若此时在图中仍有顶点未被访问，就另选一个未被访问到的顶点作为起点，继续深度优先搜索。重复上述的操作，直到图中的所有顶点都被访问到为止。深度优先搜索是一个递归的过程，因为深度优先搜索每次都是重复"访问顶点 v，再依次从 v 的未被访问的邻接点出发继续深度优先搜索"这个操作。

广度优先搜索的基本思想是：从图中的某个顶点 v 出发，先访问顶点 v，再依次访问 v 的各个未被访问的邻接点，然后从这些邻接点出发，按照同样的原则依次访问它们的未被访问的邻接点，如此循环，直到图中的所有与 v 相通的邻接点都被访问。与深度优先搜索相同，若此时图中仍然有顶点未被访问，就另选一个没有被访问到的顶点作为起点，继续广度优先搜索，直到图中的所有顶点都被访问到为止。

广度优先搜索与深度优先搜索的思想存在着根本的不同。深度优先搜索从一个顶点 v_0 开始，先访问 v_0，再深度优先搜索 v_0 的第 1 个邻接点，深度优先搜索 v_0 的第 2 个邻接点，…，深度优先搜索 v_0 的第 n 个邻接点。深度优先搜索的特点是从一个顶点深入下去，深入到不能再深入为止，再从另一个未被访问过的顶点深入下去。而广度优先搜索则是一种按层次遍历的方法，先访问 v_0，再访问离 v_0 最近的邻接点 v_1、v_2、v_3、…，再逐一访问离 v_1、v_2、v_3、…最近的邻接点……

18.2.2 经典面试题解析

【面试题 1】图遍历的常识性问题

无向图 G(V,E)，其中 V = {a,b,c,d,e,f}，E = { <a,b>，<a,e>，<a,c>，<b,e>，

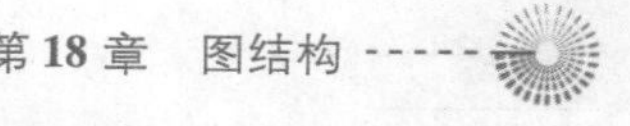

<c,f>, <f,d>, <e,d>}，对该图进行深度优先排序，得到的顶点序列是（　　）。（360 公司 2015 年校园招聘面试题）

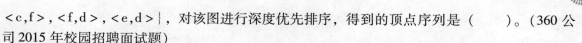

(A) a, b, e, c, d, f　　(B) a, c, f, e, b, d
(C) a, e, b, c, f, d　　(D) a, e, d, f, c, b

1. 考查的知识点

❑ 图的深度优先搜索遍历

2. 问题分析

本题的教学视频请扫描二维码 18-4 获取。

二维码 18-4

首先根据题目的已知条件，构建出该图的具体形状，然后结合图结构找出深度优先搜索序列。如图 18-10 所示为图 G 的实际结构。

图的深度优先搜索是从图中的一个顶点 v 出发，先访问顶点 v，然后依次从 v 的未被访问过的邻接点出发，继续深度优先遍历该图，直到图中与顶点 v 路径相通的所有顶点都被访问到为止。所以深度优先遍历是一种递归的遍历算法，每一步的操作都是相似的过程，只是访问的顶点不同，每一层递归访问一个顶点，当访问到没有顶点可以访问的时候，再一层一层地回退，直到退回到最初访问的那个顶点，整个遍历操作结束。

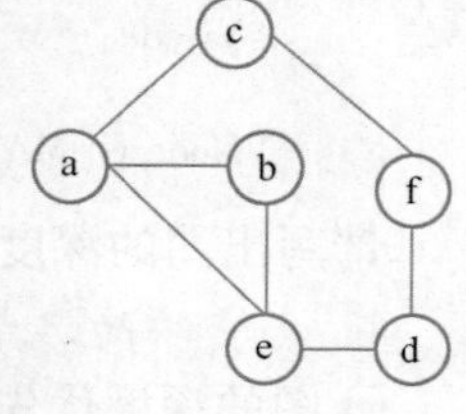

图 18-10　无向图 G 的实际结构

基于图 18-10 的图 G，可以如下判断题目中的四个选项：

首先访问顶点 a，然后访问 a 的一个邻接点。在图 G 中 a 的邻接点包括 c、b、e，所以可以从任何一个顶点开始深度优先遍历下去。

假设从 c 点继续深度优先遍历，访问完顶点 c 后下一个访问的顶点一定是 f，因为 c 的另一个邻接点 a 已经被访问过。访问完顶点 f 之后就要访问顶点 d，因为与 f 相邻的顶点 c 已被访问过。所以这个访问序列应该是 a，c，f，d，…，选项 B 错误。

假设访问完顶点 a 后继续从顶点 b 开始深度优先遍历，那么访问完顶点 b 后下一个访问的顶点一定是 e，因为顶点 a 已被访问过；然后再访问顶点 d，因为顶点 b 和 a 都已被访问过。所以这个访问序列应该是 a，b，e，d，…，选项 A 错误。

假设访问完顶点 a 后继续从顶点 e 开始深度优先遍历，那么访问完顶点 e 后可以访问顶点 b 或者顶点 d。如果访问顶点 b，则访问完顶点 b 后找不出 b 的未被访问过的邻接点了，所以递归要回退一层，从 e 的下一个未被访问过的邻接点 d 开始继续探索。所以这个访问序列应该是 a，e，b，d，…，选项 C 错误。

因此只有选项 D 正确。继续上面的分析，如果访问完顶点 e 后继续访问顶点 d，则下面就是访问顶点 f 和顶点 c，当访问完顶点 c 后已找不到 c 的未被访问过的邻接点了，所以递归回退到顶点 f，这时也找不到 f 的未被访问过的邻接点，递归继续回退到顶点 d，这时也找不到 d 的未被访问过的邻接点，递归继续回退到顶点 e，此时会发现 e 还有一个未被访问的邻接点 b，继续访问顶点 b。访问完顶点 b 后找不到 b 的未被访问过的邻接点，所以递归再次回退到顶点 e，这时也找不到 e 的任何未被访问过的邻接点，所以递归退回到顶点 a，至此，整个的深度优先遍历结束。所以它的访问序列为 a，e，d，f，c，b，选项 D 正确。

其实从顶点 a 出发深度优先遍历可以得到 4 个遍历序列：

```
a,c,f,d,e,b
a,b,e,d,f,c
a,e,d,f,c,b
a,e,b,d,f,c
```

3. 答案

(D)

【面试题2】图的深度优先遍历（DFS）和广度优先遍历（BFS）

用邻接表的形式存储图结构，图的定义如下：

```
#define MAX_VERTEX_NUM 5                 /* 指定图中顶点的最大个数为 5 */
typedef struct ArcNode{
    /* 单链表中的结点的类型 */
    int adjvex;                          /* 该边指向的顶点在顺序表中的位置(数组下标) */
    struct ArcNode *next;                /* 指向下一条边的指针 */
} ArcNode;

typedef struct VNode{
    /* 顶点类型 */
    VertexType data;                     /* 顶点中的数据信息,为 VertexType 类型 */
    ArcNode *firstarc;                   /* 指向单链表,即指向第一条边 */
} VNode;

VNode G[MAX_VERTEX_NUM];                 /* VNode 类型的数组 G,它是图中顶点的存储容器 */
```

请写出图的深度优先遍历算法和广度优先遍历算法。

1. 考查的知识点

❑ 图的深度优先搜索遍历的代码实现

❑ 图的广度优先搜索遍历的代码实现

2. 问题分析

本题的教学视频请扫描二维码 18-5 获取。

二维码 18-5

深度优先遍历是从图中的一个顶点出发，先访问该顶点，再依次从该顶点的未被访问过的邻接点开始继续深度优先遍历。所以深度优先遍历算法具有递归性质，是一种基于递归思想设计的遍历算法。下面给出该算法的代码实现：

```
int visited[MAX_VERTEX_NUM];             /* 定义访问标志数组 */
/* 深度优先搜索一个连通图 */
void DFS(VNode G[],int v){
    int w;
    visit(v);                            /* 访问当前顶点,打印出该顶点中的数据信息 */
    visited[v] = 1;                      /* 将顶点 v 对应的访问标记置 1 */
    w = FirstAdj(G,v);                   /* 找到顶点 v 的第一个邻接点,如果无邻接点,返回 -1 */
    while(w != -1){
        if(visited[w] ==0)               /* 该顶点未被访问 */
            DFS(G,w);                    /* 递归地进行深度优先搜索 */
        w = NextAdj(G,v,w);              /* 找到顶点 v 的下一个邻接点,如果无邻接点,返回 -1 */
    }
}
/* 对图 G = (V,E)进行深度优先搜索的主算法 */
void Travel_DFS(VNode G[],int n){
    int i;
    for(i =0;i < n;i ++)
        visited[i] =0;                   /* 将标记数组初始化为 0 */
    for(i =0;i < n;i ++)
        if(visited[i] ==0)               /* 若有顶点未被访问,从该顶点开始继续深度优先搜索 */
            DFS(G,i);
}
```

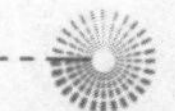

在代码中设置了一个访问标志数组 visited[n]，该数组中有 n 个元素，在遍历过程中约定：visited[i] = 1，表示图中的第 i 个顶点已被访问过；visited[i] = 0 则表示图中的第 i 个顶点尚未被访问。

首先调用主算法函数 Travel_DFS。该函数包含两个参数：G 为存储图的容器，即邻接表中的数组，每个数组元素都是 VNode 类型，存放顶点数据和指向第一条边的指针；n 表示图中顶点的个数。首先将标记数组 visited 初始化为 0，表示初始时任何顶点都没有被访问。然后从第一个没有被访问的顶点开始（即满足 visited[i] == 0 条件的顶点 i）调用递归函数 DFS，从该顶点开始深度优先遍历整个图。

函数 DFS 是一个递归函数。首先通过 visit 函数访问当前顶点 v，然后将顶点 v 对应的访问标记置 1，表明该顶点已被访问。接下来通过函数 FirstAdj 得到当前顶点 v 的第一个邻接点，将其标号赋值给 w，如果顶点 v 无邻接点，返回 -1。然后通过一个循环从顶点 v 的第一个邻接点 w 开始深度优先搜索。每搜索完 v 的一个邻接点，就调用函数 NextAdj 得到 v 的下一个邻接点，将其标号赋值给 w，继续从 w 开始深度优先搜索，直到 NextAdj 返回 -1，表明顶点 v 的所有邻接点都已被访问。由于题目中已给出了邻接表形式定义的图结构，所以可以依据图结构的具体形式给出函数 FirstAdj 及 NextAdj 的实现，代码如下：

```
int FirstAdj(VNode G[],int v){                /* 返回第一邻接点在数组中的下标 */
    if(G[v].firstarc != NULL) {
        return (G[v].firstarc) -> adjvex;
    }
    return -1;
}

int NextAdj(VNode G[],int v,int w){           /* 返回下一个邻接点在数组中的下标 */
    ArcNode *p;
    p = G[v].firstarc;
    while(p != NULL){
        if(p -> adjvex == w && p -> next != NULL) {
            return p -> next -> adjvex;
        }
        p = p -> next;
    }
    return -1;
}
```

之所以不能仅仅通过一个递归函数 DFS 来遍历整个图，是因为 DFS 只能遍历到从起始顶点 v 开始所有与 v 相通的图中的顶点，即一个连通分量。如果图不是连通的，仅通过函数 DFS 无法遍历所有顶点。

广度优先遍历的思想与深度优先遍历的思想不同，它是一种按层次遍历的算法。它先访问顶点 v_0，然后访问离顶点 v_0 最近的顶点 v_1，v_2，…，v_n，然后再依次访问离顶点 v_1，v_2，…，v_n 最近的顶点，这样就形成一条以 v_0 为中心，一层一层向外扩展访问路径。下面给出该算法的代码实现：

```
int visited[MAX_VERTEX_NUM];                  /* 定义访问标志数组 */
/* 广度优先搜索一个连通图 */
void BFS(VNode G[],int v){
    int w;
    visit(v);                                 /* 访问顶点 v */
```

```
        visited[v] = 1;                          /*将顶点v对应的访问标记置1*/
        EnQueue(&q,v);                           /*顶点v入队列*/
        while(! emptyQ(q)){
            DeQueue(&q,&v);                      /*出队列,元素由v返回*/
            w = FirstAdj(G,v);                   /*找到顶点v的第一个邻接点,无邻接点返回-1*/
            while(w != -1){
                if(visited[w] ==0){
                    visit(w);
                    EnQueue(&q,w);               /*顶点w入队列*/
                    visited[w] =1;
                }
                w = NextAdj(G,v,w);              /*找到顶点v的下一个邻接点,无邻接点返回-1*/
            }
        }
}

/*对图G=(V,E)进行广度优先搜索的主算法*/
void Travel_BFS(VNode G[],int n){
    int i;
    for(i=0;i<n;i++)
        visited[i] =0;                           /*将标记数组初始化为0*/
    for(i=0;i<n;i++)
        if(visited[i] ==0)                       /*若有顶点未被访问,从该顶点开始继续广度优先搜索*/
            BFS(G,i);
}
```

函数 BFS 实现广度优先遍历一个连通图。参数 G 表示存储图的容器，即邻接表中的数组，参数 v 表示广度优先遍历的访问起点。首先通过函数 visit 访问顶点 v，每访问一个顶点都将对应的访问标记置 1，并将已被访问过的顶点 v 入队，然后循环以下步骤：

1）从队列中取出队头元素。

2）调用函数 FirstAdj 得到该顶点的第 1 个邻接点。

3）如果该邻接点还未被访问，则用函数 visit 访问该邻接点，并将该邻接点入队，对应的访问标记置 1。

4）用函数 NextAdj 得到该顶点的下一个邻接点，如果存在邻接点，跳回到步骤 3），如果不存在邻接点，跳回到步骤 1）。

循环执行上述操作，直到队列为空，表明最后访问到的顶点已经没有未访问到的邻接点了。这里函数 FirstAdj 和 NextAdj 的实现与深度优先搜索遍历一样，因为构成该图的邻接表的数据结构是相同的。

3. 答案

见分析。

4. 实战演练

本题完整的源代码及测试程序见云盘中 source/18-1/。在测试程序中通过函数 CreateGraph 创建一个邻接表存储的无向图，然后调用函数 DFS 和 BFS 实现对图的深度优先遍历和广度优先遍历，并输出遍历路径。程序中 visited 数组初始化长度为 5，因此该程序只能遍历 5 个顶点的图，读者可以调整该值遍历其他图。如果通过 CreateGraph 创建一个如图 18-11 所示的无向图，则该程序的运行结果如图 18-12 所示。

通过函数 CreatGraph 创建图的步骤是：输入图的顶点信息（顶点中的数据）；创建每个顶

点依附的边，输入的值是边中另一个顶点在顶点数组中的下标。当输入 -1 时，表示该顶点依附的边创建完毕。

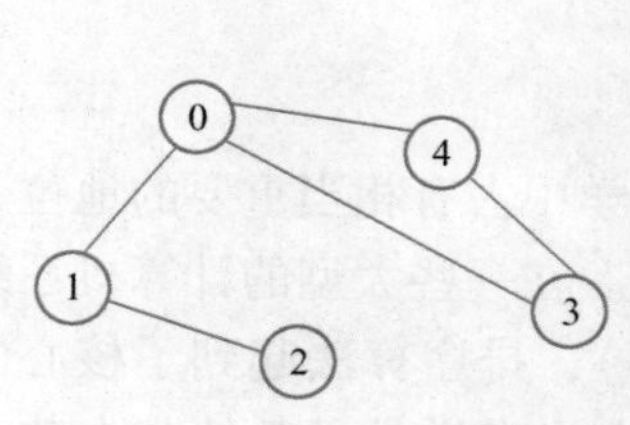

图 18-11　无向图

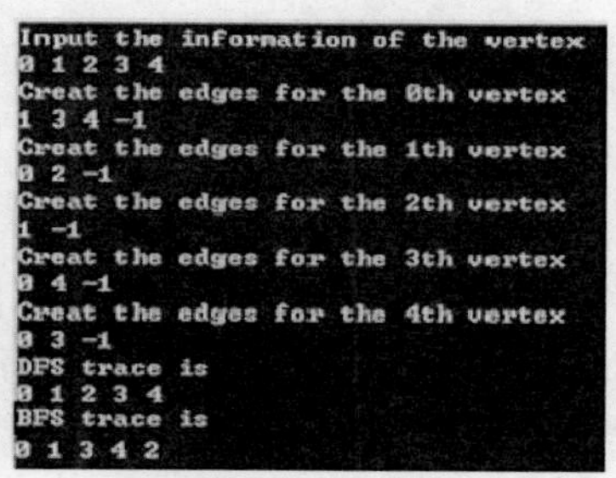

图 18-12　程序 18-1 的运行结果

例如，首先输入 5 个顶点信息 0，1，2，3，4，将这 5 个顶点存放在顶点数组中。然后创建第一个顶点所依附的边，第一个顶点（顶点 0）依附 3 条边，根据图 18-11 可知应该依次输入 1，3，4，然后输入 -1，表示顶点 0 依附的边创建完毕。图 18-11 所示无向图对应的邻接表存储结构如图 18-13 所示。

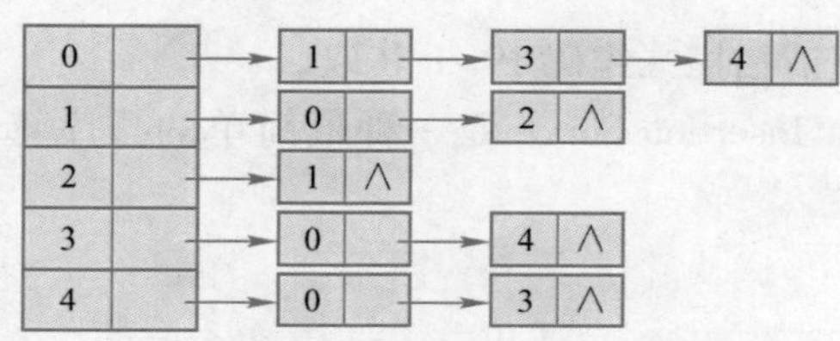

图 18-13　图 18-11 的邻接表存储结构

第 19 章　排　　序

排序算法是一类很重要的计算机算法，在计算机科学中占有相当重要的地位，这是因为排序本身具有广泛的应用范围，同时也具有理论研究价值。在一些大型的计算机系统中（例如数据库系统、信息管理系统、文件系统、网络搜索引擎等），排序算法起到了核心的作用，因此掌握一些经典的排序算法对于一名从事 IT 行业的专业人士来说是必备的基本功。本章将对一些经典而常用的排序算法给予详细说明和实例分析。

19.1　直接插入排序

二维码 19-1

19.1.1　知识点梳理

知识点梳理的教学视频请扫描二维码 19-1 获取。

直接插入排序（Straight Insertion Sort）是一种最简单的排序算法，也称为简单插入排序。其基本思想可描述为：

第 i 趟排序将序列中的第 i+1 个元素 k_{i+1} 插入到一个已经按值有序的子序列($k_1,k_2,\cdots,k_i$)中的合适位置，使得插入后的序列仍然保持按值有序。

直接插入排序的第 i 趟排序过程如图 19-1 所示。

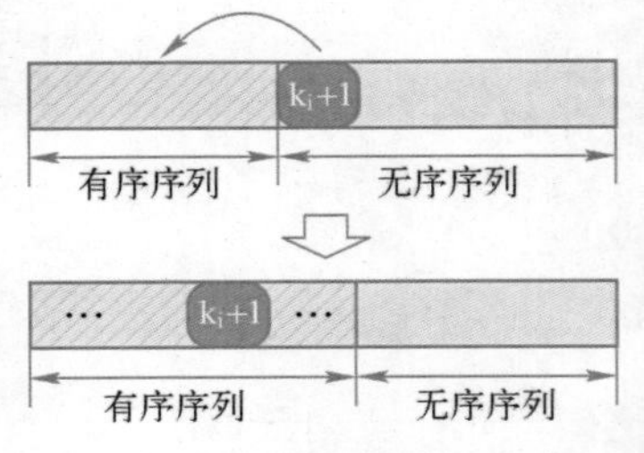

图 19-1　直接插入排序的第 i 趟排序过程

如果继续将后面第 i+2，i+3，…，n 个元素都按照上述方法插入到前面的子序列中，最终该有序子序列的长度会增加到与整个序列的长度相同，此时表明整个序列已按值有序排列，排序操作完成。

下面结合实例来理解直接插入排序的具体步骤：

设数据元素序列为{5,6,3,9,2,7,1}。

在进行直接插入排序时，首先将序列中的第一个元素看作一个有序的子序列，然后将后面的元素不断插入进去。序列的初始状态如下：

{**(5)**,6,3,9,2,7,1}

然后将 6 插入到前面这个子序列（5）之中，得到一个包含 2 个元素的有序子序列。在插入元素 6 的过程中，首先要判断 6 应当插入的位置，然后才能进行插入。判断元素 6 插入位置的方法是：从元素 5 开始向左查找。因为 5 小于 6，所以将 6 直接插入到 5 的右边即可。如果第二个元素是 4 而不是 6，那么因为 5 大于 4，所以需要将元素 5 后移，又由于元素 5 已经是第一个元素，因此把 4 插入到第一个元素的位置。按照上述方法插入元素，可在原序列中得到一个新的按值有序（从小到大排列）的子序列。

{**(5,6)**,3,9,2,7,1}

上述过程称为一趟直接插入排序。按照这种插入的方法，可将后续的 5 个元素逐一插入到前面的子序列中。

直接插入排序的过程实际上是有序子序列不断增长的过程，当有序子序列与原序列的长度一致时，排序过程结束。元素序列{5,6,3,9,2,7,1}的直接插入排序过程如图 19-2 所示。

```
初始状态：  {(5), 6, 3, 9, 2, 7, 1}
第1趟排序： {(5, 6), 3, 9, 2, 7, 1}
第2趟排序： {(3, 5, 6), 9, 2, 7, 1}
第3趟排序： {(3, 5, 6, 9), 2, 7, 1}
第4趟排序： {(2, 3, 5, 6, 9), 7, 1}
第5趟排序： {(2, 3, 5, 6, 7, 9), 1}
第6趟排序： {(1, 2, 3, 5, 6, 7, 9)}
```

图 19-2　直接插入排序的过程

19.1.2　经典面试题解析

【面试题 1】编程实现直接插入排序

编写一个程序，将一个整型数组中的数据从大到小排列，要求使用直接插入排序。

1. 考查的知识点

□ 直接插入排序算法的实现

2. 问题分析

本题要求将一个整型数组中的数据从大到小排列，而知识点梳理中描述的算法是将序列从小到大排列，这里应当注意区别。下面给出从大到小直接插入排序算法的代码描述：

```
void insertSort(int array[],int arraySize){
    int i,j,tmp;

    for(i = 1;i < arraySize;i ++){
        tmp = array[i];                         /* 将 array[i]保存在临时变量 tmp 中 */
        j = i - 1;
        while(j >= 0 && tmp > array[j]){        /* 从大到小排序,因此判断条件为 tmp > array[j] */
            array[j + 1] = array[j --];         /* 循环找到 array[i]应该放置的位置 */
        }
        array[j + 1] = tmp;                     /* 将元素 tmp 插入指定位置 */
    }
}
```

如上述算法描述，将元素 array[i]插入到前面的有序子序列 array[0] ~ array[i-1]的过程中要进行元素比较。如果子序列中的元素比 array[i]小，就将子序列中的元素向后移动，直到在子序列中找到第一个比 array[i]大的或相等的元素为止，再将 array[i]插入到这个元素的右边。如果子序列中所有元素都小于 array[i]，就将 array[i]插入到第一个元素的位置。

3. 答案

见分析。

4. 实战演练

本题完整的源代码及测试程序见云盘中 source/19-1/，读者可以编译调试该程序。在测试程序中，首先初始化一个整型数组 array 并输出，再调用函数 insertSort 对该数组进行从大到小的直接插入排序，最后输出排序后的结果。程序 19-1 的运行结果如图 19-3 所示。

```
The orginal data array is
0 3 1 2 4 6 6 10 5
The result of insertion sorting is
10 6 6 5 4 3 2 1 0
```

图 19-3　程序 19-1 的运行结果

19.2　冒泡排序

二维码 19-2

19.2.1　知识点梳理

知识点梳理的教学视频请扫描二维码 19-2 获取。

冒泡排序（Bubble Sort）又称起泡排序，是最为常用的一种排序方法。冒泡排序是一种具有“交换”性质的排序方法。其基本思想可描述为：

首先将待排序的序列中第 1 个元素与第 2 个元素进行比较，如果前者大于后者，则将两者交换位置，否则不做任何操作；然后将第 2 个元素与第 3 个元素进行比较，若前者大于后者，则将两者交换位置，否则不做任何操作；重复上述操作，直到将第 n－1 个元素与第 n 个元素进行比较为止。

上述过程称为第 1 趟冒泡排序。经过第 1 趟冒泡排序后，将长度为 n 的序列中最大的元素交换到了原序列的尾部，也就是第 n 个位置上。

然后进行第 2 趟冒泡排序，也就是对序列中前 n－1 个记录进行相同的操作。第 2 趟冒泡排序的结果是将剩下的 n－1 个元素中最大的元素交换到序列的第 n－1 个位置上。

以此类推，第 i 趟冒泡排序是将序列中前 n－i＋1 个元素依次进行相邻元素的比较，若前者大于后者，则交换前后记录的位置，否则不做任何操作。第 i 趟冒泡排序的结果是将第 1～第 n－i＋1 个元素中最大的元素交换到第 n－i＋1 个位置上。

按照这样的规律进行下去，当执行完第 n－1 趟冒泡排序后，就可以将序列中剩余的两个元素中的最大元素交换到序列的第 2 个位置上。第 1 个位置上的元素就是该序列中最小的元素，冒泡排序操作完成。

假设数据序列为{11,3,2,6,5,8,10}，其冒泡排序的过程如图 19-4 所示。

11, 3, 2, 6, 5, 8, 10

3, 2, 6, 5, 8, 10, 11　第1趟排序，比较6次

2, 3, 5, 6, 8, 10, 11　第2趟排序，比较5次

2, 3, 5, 6, 8, 10, 11　第3趟排序，比较4次

2, 3, 5, 6, 8, 10, 11　第4趟排序，比较3次

2, 3, 5, 6, 8, 10, 11　第5趟排序，比较2次

2, 3, 5, 6, 8, 10, 11　第6趟排序，比较1次

图 19-4　冒泡排序的过程

整个冒泡排序过程实现了将序列从小到大的排序，但是该算法还存在着可以优化的过程。从图 19-4 中不难发现，从第 3 趟排序开始，序列已经按值有序了，后面只是元素的比较，而没有发生元素的交换，元素序列始终保持有序的状态。因此从第 3 趟排序开始，后续的元素比较实际上是没有必要的，前三趟排序已经达到了将序列从小到大排序的目的。

在冒泡排序中，如果某一趟排序过程中没有发生元素交换，说明该序列中的元素已经按值有序排列，不需要再进行下一趟排序，排序过程可以结束。冒泡排序算法可以做出如下改进：

设置一个标志变量 flag，并约定：

- flag＝1：表示本趟排序过程中仍有元素交换；
- flag＝0：表示本趟排序过程中没有元素交换。

在每一趟冒泡排序之前，都将 flag 置为 0，一旦在排序过程中出现了元素交换的情况，就将 flag 置为 1，这样就可以通过变量 flag 决定是否还要进行下一趟的冒泡排序。

19.2.2　经典面试题解析

【面试题 1】编程实现冒泡排序

编写一个程序，从终端输入 10 个整数，将其从大到小排序，要求使用冒泡排序。

1. 考查的知识点

- 冒泡排序算法的实现

2. 问题分析

在知识点梳理中已经详细介绍了冒泡排序的过程，但是不同之处在于，本题要求将整数序列从大到小排序，因此要注意区别。下面给出从大到小冒泡排序算法的代码描述：

```
void bubbleSort(int array[],int arraySize){
    int i,j,tmp,flag = 1;
    for(i = 0;i < arraySize - 1 && flag == 1;i ++){   /* arraySize 个元素执行 arraySize - 1 趟冒泡排
                                                        序 */
        flag = 0;                                   /* flag 初始化为 0 */
        for(j = 0;j < arraySize - i;j ++){
            if(array[j] < array[j + 1]){            /* 数据交换,将较小的数往后换实现从大到小排序 */
                tmp = array[j + 1];
                array[j + 1] = array[j];
                array[j] = tmp;
                flag = 1;                           /* 发生数据交换,标志 flag 置为 1 */
            }
        }
    }
}
```

函数 bubbleSort 实现了将长度为 arraySize 的数组 array 中的元素从大到小进行冒泡排序。该算法通过一个二重循环实现排序过程。外层循环控制排序的趟数，长度为 arraySize 的序列最多执行 arraySize - 1 趟冒泡排序。内层循环实现数据的比较和交换，由于本题要求序列从大到小排序，所以在进行数据交换时将较小的数据往后换。如果本趟排序过程中发生了数据交换，则将标志变量 flag 置为 1。只有在 flag 等于 1 时才会进行下一趟的排序，否则说明本趟排序过程中未发生数据交换，此时序列已经按值有序排列，不需要进行下一趟排序。

3. 答案

见分析。

4. 实战演练

本题完整的源代码及测试程序见云盘中 source/19-2/，读者可以编译调试该程序。在测试程序中，用户首先需要从终端输入 10 个整数，然后程序调用函数 bubbleSort 对数组元素进行从大到小的冒泡排序，最后输出排序后的结果。程序 19-2 的运行结果如图 19-5 所示。

```
Input ten integer
1 2 3 4 5 9 8 7 6 10

The result of bubble sorting for the array is
10 9 8 7 6 5 4 3 2 1
```

图 19-5　程序 19-2 的运行结果

19.3　简单选择排序

19.3.1　知识点梳理

二维码 19-3

知识点梳理的教学视频请扫描二维码 19-3 获取。

简单选择排序（Simple Selection Sort）也是一种应用十分广泛的排序方法，其基本思想是：每一趟排序中在 n - i + 1(i = 1,2,…,n - 1) 个元素中选择最小的元素作为有序序列的第 i 个记录，也就是与第 i 个位置上的元素进行交换。每一趟的选择排序都是从序列里面未排好顺序的元素中选择一个最小的元素，再将该元素与这些未排好顺序的元素中的第一个元素交换位置。

第 i 趟选择排序的过程如图 19-6 所示。

从图 19-6 可以看出，每执行完一趟选择排序后，序列中的有序序列部分就会增加一个元素，无序序列部分会减少一个元素。最终有序序列部分增加到与整个序列长度相同时，选择排序完成。下面通过一个例子来介绍选择排序的执行过程。

假设数据序列为{1,3,5,2,9,6,0,13}，其选择排序的过程如下：

首先确定未排序的子序列是整个序列，因此在这 8 个元素中选择出最小的元素，并将其与第 1 个元素交换位置，上述过程称为第一趟选择排序。第一趟选择排序后序列的状态为

{(**0**),3,5,2,9,6,1,13}

接下来，未排序的子序列缩小到从第 2 个元素到最后一个元素的范围，因此在这 7 个元素中选择出最小的元素，并将其与第 2 个元素交换位置，完成第二趟选择排序。第二趟选择排序后序列的状态为

{(**0,1**),5,2,9,6,3,13}

以此类推，每一趟排序过程都要经历“选择”“交换”这两个过程，除非未排序的子序列中第一个元素就是最小的，这种情况就不需要交换元素了。

元素序列{1,3,5,2,9,6,0,13}完整的选择排序过程如图 19-7 所示。

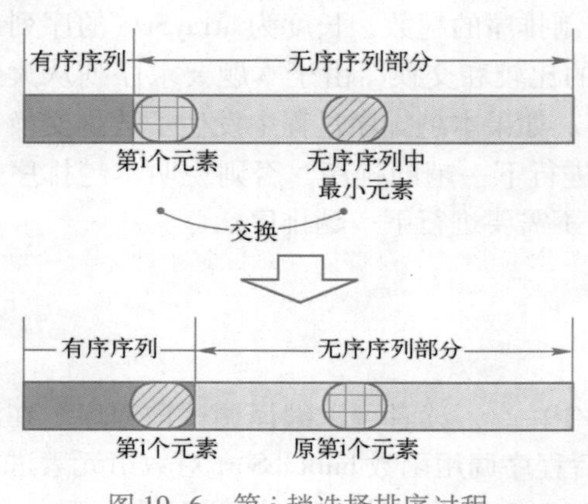

图 19-6　第 i 趟选择排序过程

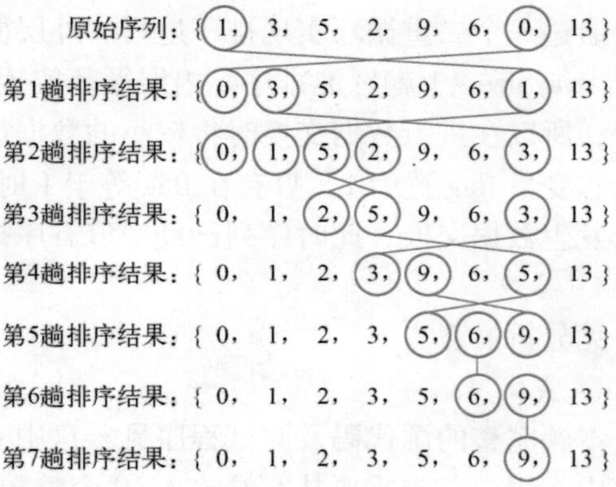

原始序列：{1, 3, 5, 2, 9, 6, 0, 13}
第1趟排序结果：{0, 3, 5, 2, 9, 6, 1, 13}
第2趟排序结果：{0, 1, 5, 2, 9, 6, 3, 13}
第3趟排序结果：{0, 1, 2, 5, 9, 6, 3, 13}
第4趟排序结果：{0, 1, 2, 3, 9, 6, 5, 13}
第5趟排序结果：{0, 1, 2, 3, 5, 6, 9, 13}
第6趟排序结果：{0, 1, 2, 3, 5, 6, 9, 13}
第7趟排序结果：{0, 1, 2, 3, 5, 6, 9, 13}

图 19-7　选择排序的过程

19.3.2　经典面试题解析

【面试题 1】编程实现简单选择排序

编写一个程序，将一个整型数组中的数据从小到大排列，要求使用简单选择排序。

1. 考查的知识点

❑ 简单选择排序算法的实现

2. 问题分析

在前面的知识点梳理中详细介绍了简单选择排序算法的执行过程，下面结合本题给出选择排序算法的代码描述：

```
void selectSort(int array[],int arraySize){
    int i,j,min,tmp;
    for(i=0;i<arraySize-1;i++){
        min=i;
        for(j=i+1;j<arraySize;j++){    /*在未排序的子序列中找到最小的元素位置*/
```

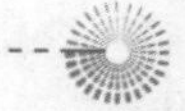

```
                if(array[j] < array[min]){
                    min = j;                /* 用 min 记录下最小元素的位置 */
                }
            }
            if(min != i){                   /* 最小的元素不位于未排序子序列的第 1 个位置 */
                tmp = array[min] ;
                array[min] = array[i];      /* 元素的交换 */
                array[i] = tmp;
            }
        }
    }
```

函数 selectSort 实现了将长度为 arraySize 的数组 array 中的元素进行从小到大的简单选择排序。函数中的外层循环控制排序的趟数，包含 arraySize 个元素的序列需要 arraySize - 1 趟选择排序。在每趟排序过程中，都要将未排序序列里面最小的元素与未排序序列中的第一个元素交换位置。内层循环找出未排序序列里面的最小元素的位置，并用 min 记录这个下标。如果 min 不等于 i，表明最小的元素不是未排序序列中的第一个元素，则将 array[min]与array[i]交换位置，完成本趟排序。

3. 答案

见分析。

4. 实战演练

本题完整的源代码及测试程序见云盘中 source/19-3/，读者可以编译调试该程序。在测试程序中，用户首先需要从终端输入 10 个整数，然后程序调用函数 selectSort 将数组中的元素进行从小到大的简单选择排序，最后输出排序后的结果。程序 19-3 的运行结果如图 19-8 所示。

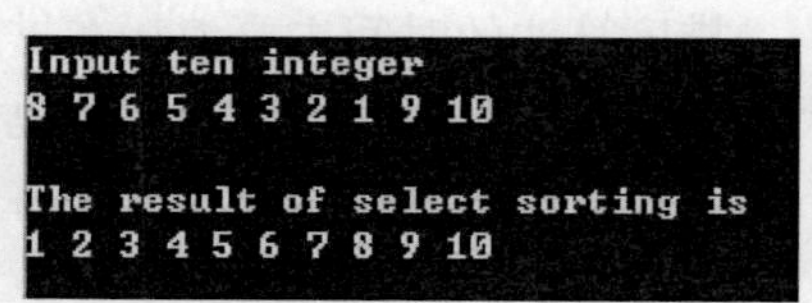

图 19-8　程序 19-3 的运行结果

19.4　希尔排序

二维码 19-4

19.4.1　知识点梳理

知识点梳理的教学视频请扫描二维码 19-4 获取。

希尔排序（Shell's Sort）也称为缩小增量排序，它是对直接插入排序算法的一种改进，因此希尔排序的效率比直接插入排序、冒泡排序、简单选择排序都要高。

希尔排序的基本思想是先将整个待排序列划分成为若干子序列，分别对子序列进行排序，然后逐步缩小划分子序列的间隔，并重复上述操作，直到划分的间隔变为 1。

具体来说，可以设定一个元素间隔增量，然后依据这个间隔对序列进行分割，从第 1 个元素开始依次分成若干个子序列。如图 19-9 所示，最开始间隔为 3，序列{5,30,7,9,20,10}，依据间隔为 3 被划分为 3 个子序列。按照希尔排序的思想，将这 3 个子序列分别进行排序。子序列排序的算法可以使用直接插入排序、冒泡排序等。将子序列排序完毕之后，就要缩小间隔，重新依据新的间隔值对序列进行划分，然后再对子序列进行排序。这样将“缩小间隔→划分序列→将每个子序列排序……”的操作进行下去，直到间隔缩小至 1 为止，排序完成。

序列{5,30,7,9,20,10}的希尔排序过程如图 19-10 所示。

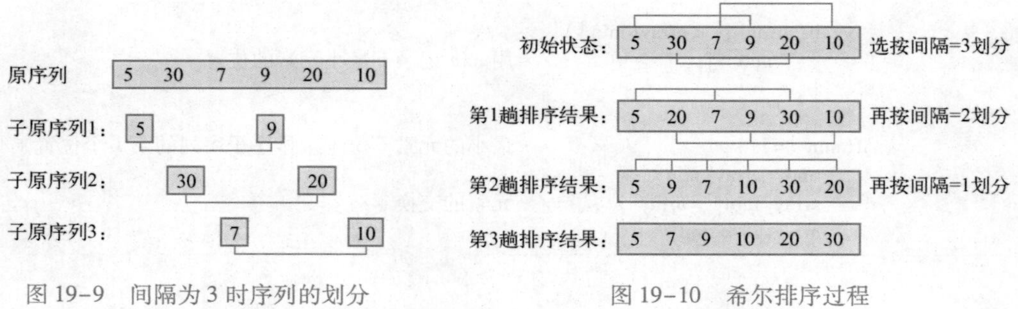

图 19-9　间隔为 3 时序列的划分　　　　图 19-10　希尔排序过程

从图 19-10 可以看出，第 1 趟排序间隔为 3，因此将原序列分成 3 个子序列{5,9}、{30,20}、{7,10}，排序后序列变为{5,20,7,9,30,10}；第 2 趟排序间隔为 2，因此第 1 趟排序后的序列分成 2 个子序列{5,7,20}、{20,9,10}，排序后序列变为{5,9,7,10,30,20}；第 3 趟排序间隔为 1，因此将第 2 趟排序后的序列分成 1 个子序列，即该序列本身，排序后序列变为{5,7,9,10,20,30}。

如何选取间隔值是一个比较复杂的问题，涉及数学上一些尚未解决的难题。一种比较常用且效果较好的选取间隔值的方法是：首先间隔取序列长度的一半；在后续的排序过程中，后一趟排序的间隔为前一趟排序间隔的一半。图 19-10 所示的希尔排序过程采取每次间隔减 1 的方法，其效率不高，间隔缩小得较慢，这里只是为了说明希尔排序的步骤。

排序算法的时间主要消耗在排序时元素的移动上，而采用希尔排序法，最初间隔的取值较大，因此排序时元素移动的跨度也比较大。当间隔等于 1 时，序列已经基本按值有序了，所以不需要进行较多的元素移动就能将序列排列有序。

19.4.2　经典面试题解析

【面试题 1】编程实现希尔排序

编写一个程序，从终端输入 10 个整数，将其从大到小排序，要求使用希尔排序。

1. 考查的知识点

❑ 希尔排序的算法实现

2. 问题分析

题目中要求对包含 10 个元素的序列进行希尔排序，因此按照经验间隔的初值取 5，原序列被划分成为 5 个子序列，再在每个子序列上进行排序的操作。每执行完一趟排序，间隔的值减半，直至间隔等于 1 为止。下面结合本题给出希尔排序算法的代码描述：

```
void shellSort(int array[],int arraySize){
    int i,j,flag,tmp,gap = arraySize;
    while(gap > 1){
        gap = gap/2;                          /*按照经验值,每次缩小间隔一半*/
        do{                                   /*子序列可以使用冒泡排序*/
            flag = 0;
            for(i = 0;i < arraySize - gap;i ++){
                j = i + gap;
                if(array[i] > array[j]){      /*子序列按照冒泡排序方法处理*/
                    tmp = array[i];           /*交换元素位置*/
                    array[i] = array[j];
                    array[j] = tmp;
```

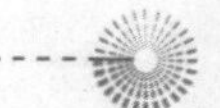

```
                    flag = 1;                   /* 本趟排序中存在数据交换,设置标志 flag = 1 */
                }
            }
        }while(flag != 0);                      /* 改进了的冒泡排序法 */
    }
}
```

函数 shellSort 中首先将变量 gap 初始化为 arraySize，也就是序列中元素的个数，然后进入 while 循环。如果 gap 大于 1，表示当前仍存在子序列需要排序，于是执行一趟冒泡排序。根据经验，执行每一趟冒泡排序操作前，gap 都要减半，直到 gap 值缩小为 1。算法中每一趟排序使用的是冒泡排序，只不过元素比较不是发生在相邻元素之间，而是在第 i 个元素和第 i + gap 个元素之间，使得元素交换是跳跃式的，从而减少了元素的移动次数。

3. 答案

见分析。

4. 实战演练

本题完整的源代码及测试程序见云盘中 source/19-4/，读者可以编译调试该程序。在测试程序中，用户首先需要从终端输入 10 个整数，然后程序调用函数 shellSort 将数组中的元素进行从小到大的希尔排序，最后输出排序后的结果。程序 19-4 的运行结果如图 19-11 所示。

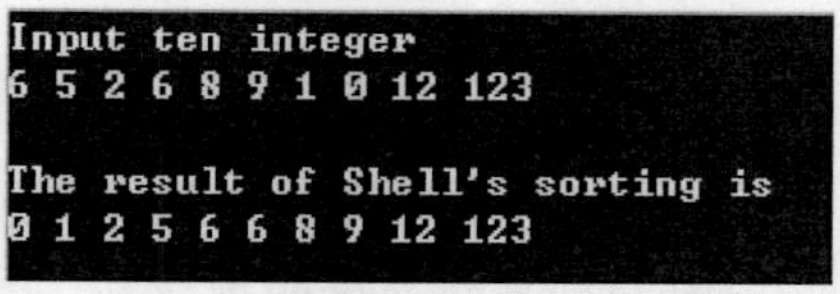

```
Input ten integer
6 5 2 6 8 9 1 0 12 123

The result of Shell's sorting is
0 1 2 5 6 6 8 9 12 123
```

图 19-11　程序 19-4 的运行结果

19.5　快速排序

二维码 19-5

19.5.1　知识点梳理

知识点梳理的教学视频请扫描二维码 19-5 获取。

快速排序（Quick Sort）是由 C. A. R Hoarse 提出的一种排序算法，它是冒泡排序算法的一种改进。相比冒泡排序算法，快速排序算法元素间比较的次数较少，因此排序效率较高，故得名快速排序。在各种内部排序算法中，快速排序被认为是目前最好的排序方法之一。

快速排序的基本思路是：通过一趟排序将待排序列分割为前后两个部分，其中一部分序列中的数据比另一部分序列中的数据小。然后分别对这前后两部分数据进行同样方法的排序，直至整个序列有序为止。

假设待排序的序列为(k_1, k_2, …, k_n)。首先从序列中任意选取一个元素，把该元素称为基准元素，然后将小于等于基准元素的所有元素都移到基准元素的前面，把大于基准元素的所有元素都移到基准元素的后面。由此以基准元素为界，将整个序列划分为两个子序列，基准元素前面的子序列中的元素都小于等于基准元素，基准元素后面的子序列中的元素都大于基准元素，基准元素不属于任何子序列，并且基准元素的位置就是该元素经排序后在序列中的最终位置。这个过程称为一趟快速排序，或者叫作快速排序的一次划分。

接下来的工作是分别对基准元素前后两个子序列重复上述的排序操作，即重复执行快速排序（如果子序列的长度大于 1），直到所有元素都被移动到它们应处的最终位置上（或者每个子序列的长度都为 1）。显然快速排序算法具有递归的特性。

假设数据序列为{3,9,2,1,6,8,10,7}，其快速排序的过程如图 19-12 所示。

图 19-12 中箭头所指元素的位置为基准元素排序后的最终位置，带有下划线的元素为划分

后的子序列。在第 3 趟排序后，子序列的长度都为 1，因此整个序列按值有序排列。

初始状态：　{3，9，2，1，6，8，10，7}

第1趟排序结果：{2，1，3，9，6，8，10，7}

第2趟排序结果：{1，2，3，7，6，8，9，10}

第3趟排序结果：{1，2，3，6，7，8，9，10}

图 19-12　序列快速排序的过程

由于快速排序算法特性的约束，快速排序一般适用于顺序表或数组序列的排序，而并不适用于在链表结构上进行排序。

19.5.2　经典面试题解析

【面试题 1】编程实现快速排序

编写一个程序，将一个整型数组中的数据从大到小排列，要求使用快速排序。

1. 考查的知识点

- 快速排序算法的实现

2. 问题分析

在知识点梳理中已经介绍了快速排序算法，但是题目中要求将数组中的数据从大到小排列，因此要注意区别。下面结合本题给出快速排序算法的代码描述：

```
void quickSortArray(int array[],int s,int t){
    int low,high;
    if(s<t){
        low=s;
        high=t+1;
        while(1){
            do low++;
                while(array[low]>=array[s] && low!=t);
                                        /*array[s]为基准元素,重复执行 low++ */
            do high--;
                while(array[high]<=array[s] && high!=s);
                                        /*array[s]为基准元素,重复执行 high-- */
            if(low<high)
                swap(&array[low],&array[high]);
                                        /*交换 array[low]和 array[high]的位置*/
            else
                break;
        }
        swap(&array[s],&array[high]);  /*将基准元素与 array[high]进行交换*/
        quickSortArray(array,s,high-1);  /*将基准元素前面的子序列快速排序*/
        quickSortArray(array,high+1,t);  /*将基准元素后面的子序列快速排序*/
    }
}
```

函数 quickSortArray 实现了将数组 array 中的元素进行从大到小的快速排序操作，该函数为一个递归函数。参数 array 为整个数组的首地址，参数 s 和 t 为当前子序列首尾元素在数组 array 中的下标。例如，最开始序列为{3,9,2,1,6,8,10,7}，因此 s=0，t=7。下一趟排序时，序列变为 2 个子序列{2,1}和{9,6,8,10,7}，因此在对子序列{2,1}排序时，s=0，t=1；对子序列{9,6,8,10,7}排序时，s=3，t=7。

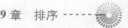

算法通过变量 low 和 high 实现对序列的一次划分，并将 array[s]作为本趟排序的基准元素。变量 low 和 high 与形参 s 和 t 的区别在于变量 low 和 high 会随着排序过程而改变，通过这两个变量交换数组中的元素，将大于基准元素的数据换到数组的前面，将小于基准元素的数据换到数组的后面（因为是从大到小排序），而形参 s 和 t 只是标识当前序列的范围。

当 s<t 时表示当前待排序的子序列中包含多个元素，因此排序继续进行；当 s==t 时表示当前待排序的序列中只包含一个元素，本层递归调用结束。

为了使代码更加符合结构化程序设计的要求，同时也为了使函数接口定义得更加规范，建议在函数 quickSortArray 外面包装一层，代码如下：

```
void quickSort(int array[ ],int arraySize){
    quickSortArray(array,0,arraySize - 1);                    /* 递归调用函数 quickSortArray */
}
```

3. 答案

见分析。

4. 实战演练

本题完整的源代码及测试程序见云盘中 source/19-5/，读者可以编译调试该程序。在测试程序中，用户首先需要从终端输入 10 个整数，然后程序调用函数 quickSort 将数组中的元素进行从大到小的快速排序，最后输出排序后的结果。程序 19-5 的运行结果如图 19-13 所示。

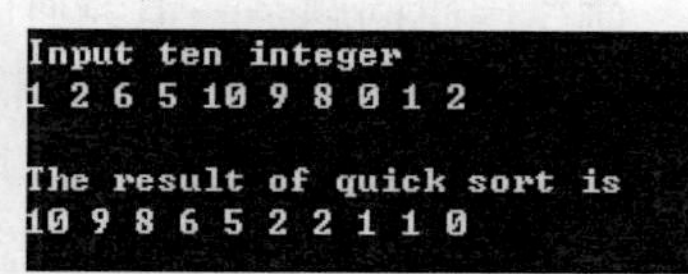

图 19-13 程序 19-5 的运行结果

【面试题 2】快速排序的性能分析

请分析一下快速排序的时间复杂度、空间复杂度，以及如何选取基准元素。

1. 考查的知识点

❑ 快速排序算法的性能

2. 问题分析

快速排序算法的平均时间复杂度为 O(nlogn)，通常认为在所有同数量级的排序算法中，快速排序的平均性能是最好的，这也是它被称为“快速排序”的原因。

上面所说的只是快速排序算法的平均时间复杂度，具体到一个实际的快速排序操作，它的时间复杂度与基准元素的选取有关。如果每趟排序都将大部分元素划分到基准元素的一侧（左边或右边），那么快速排序将退化为冒泡排序，时间复杂度变为 $O(n^2)$；一种更为特殊的情形就是序列初始状态按关键字有序排列，而每趟排序选取的基准元素为当前子序列中的第一个元素，这种情况下快速排序相当于冒泡排序，时间复杂度为 $O(n^2)$。

快速排序算法相比于其他排序算法来说比较耗费空间资源，因为快速排序需要栈空间来实现递归。如果每趟排序都将序列均匀地划分成长度相近的两个子序列，则栈的最大深度为 $\lfloor \log_2 n \rfloor + 1$。但是如果每趟排序的基准元素都偏向于子序列的一端，最坏情况下栈的深度为 n。平均起来，快速排序的空间复杂度为 O(logn)。

从上述分析不难看出，快速排序中基准元素的选取非常重要，如果基准元素选取不当，可能影响排序过程的时间复杂度和空间复杂度。为了避免快速排序退化为冒泡排序以及递归栈过深等问题，通常依照“三者取中”的法则来选取基准元素。三者取中法是指在当前待排序的子序列中，将其首元素、尾元素和中间元素进行比较，在三者中取中值作为本趟排序的基准元素。在本趟排序前将选取的基准元素与子序列中的第一个元素交换位置，然后再按照面试题1中给出的算法进行排序即可。经验证明，采用三者取中的方法选取基准元素可以大大改善快速排序的平均性能。

3. 答案

快速排序算法的平均时间复杂度为O(nlogn)，平均空间复杂度为O(logn)。为了避免快速排序退化为冒泡排序以及划分的子序列长度相差悬殊导致递归栈过深等问题，通常采用三者取中的法则来选取基准元素。

【面试题3】荷兰国旗问题

荷兰国旗仅由红、白、蓝三色构成。设有一个仅由红、白、蓝三种颜色的n个条块组成的条块序列，请设计一个时间复杂度为O(n)的算法使得这些条块按照红、白、蓝的顺序排好，也就是构成荷兰国旗的图案。

1. 考查的知识点

❑ 快速排序算法思想的灵活应用

2. 问题分析

荷兰国旗问题是一道经典的排序问题，本身不是很难，有很多方法可以解决。但是本题要求时间复杂度为O(n)，因此需要设计一个尽可能高效的算法来实现。

首先将这个问题抽象化。可以用一个数组来存放这三种颜色的条块，其中0表示红色条块，1表示白色条块，2表示蓝色条块。初始时，三种颜色的条块在数组中是无序的，要求排序后数组中的元素按照0→1→2的顺序排列。例如，包含9个条块的数组{0,1,2,1,0,2,1,0,2}，排序后变为{0,0,0,1,1,1,2,2,2}，从而构成荷兰国旗的图案。

如何用O(n)的算法将上述包含3种元素(0,1,2)的数组进行排序，从而构成荷兰国旗的图案呢？这里可以借鉴快速排序的算法思想。

快速排序中的一次划分将数组中的元素以基准元素为界分为两个子序列，分别为大于基准元素的序列和小于基准元素的序列。这里可以借鉴这种“元素划分”的思想，通过对数组的一次扫描，将数组中的0尽量往数组的左边交换，将数组中的2尽量往数组的右边交换，最后剩下的1集中在数组的中间位置。具体算法描述如下：

```
void HollandFlag(int a[],int n){
    int i=0,j=n-1,m;
    while(a[i]==0){
        i++;                         /*i指向数组中第一个非0的元素*/
    }
    m=i;
    while(a[j]==2){
        j--;                         /*j指向数组中最后一个非2的元素*/
    }
    while(m<=j){                     /*m在i~j之间扫描*/
        if(a[m]==0){
            if(i!=m){
                swap(&a[m],&a[i]);   /*如果a[m]为0且m不等于i,则交换a[m]和a[i]的位置*/
            }
            i++;
            m++;
            continue;
```

```
            }
            if(a[m]==1){                     /*如果 a[m]为 1,则继续扫描下一个元素*/
                m++;
                continue;
            }
            if(a[m]==2){
                swap(&a[m],&a[j]);           /*如果 a[m]为 2,则交换 a[m]和 a[j]的位置*/
                while(a[j]==2){
                    j--;                     /*j 始终指向最后一个非 2 的元素*/
                }
                continue;
            }
        }
    }
```

函数 HollandFlag 将数组中的 0,1,2 进行重新排列，以形成荷兰国旗的图案，参数 a 是存放三种颜色条块(0,1,2)的整型数组，参数 n 为数组 a 的长度。

该算法通过三个变量 i、j、m 来调整数组中元素的位置。首先通过一个循环将变量 i 指向数组 a 中第一个非 0 元素，将变量 j 指向数组 a 中最后一个非 2 的元素，这样在数组 a 中 i 之前的元素均为 0（红色条块），j 之后的元素均为 2（蓝色条块）。然后再通过一个 while 循环扫描 i 和 j 之间的元素。

当 a[m]==0 时，将该元素与 a[i]交换位置，同时 i++，m++，从而将元素 0 调整到数组的前部，而 i 依然指向数组 a 中第一个非 0 元素；当 a[m]==1 时仅执行 m++操作；当 a[m]==2 时，将该元素与 a[j]交换位置，同时 j--，这样元素 2 就被调整到数组的后部，而 j 依然指向数组 a 中最后一个非 2 的元素。当 m>j 时表明数组 a 中每个元素都已扫描，循环结束。

上述算法仅对数组进行一次扫描就将该数组元素调整为荷兰国旗的图案，因此它的时间复杂度为 O(n)，同时该算法只需固定的空间消耗，因此空间复杂度为 O(1)。

3. 答案

见分析。

4. 实战演练

本题完整的源代码及测试程序见云盘中 source/19-6/，读者可以编译调试该程序。在测试程序中，初始化了一个数组 a[]={1,2,0,0,2,1,1,2,0}，然后调用函数 HollandFlag 将数组中的元素调整成为荷兰国旗的图案，并输出结果。程序 19-6 的运行结果如图 19-14 所示。

```
0 0 0 1 1 1 2 2 2
```

图 19-14　程序 19-6 的运行结果

19.6 堆排序

19.6.1 知识点梳理

二维码 19-6（1）　二维码 19-6（2）

知识点梳理的教学视频请扫描二维码 19-6 获取。

堆排序（Heap Sort）是一种特殊形式的选择排序，它是简单选择排序的一种改进。首先来看一下什么是堆，进而了解堆排序算法。

具有 n 个数据元素的序列 $\{k_1,k_2,k_3,\cdots,k_n\}$，当且仅当满足下列条件时称为堆（Heap）。

$$①\begin{cases}k_i \geqslant k_{2i}\\ k_i \geqslant k_{2i+1}\end{cases} \text{或者}② \begin{cases}k_i \leqslant k_{2i}\\ k_i \leqslant k_{2i+1}\end{cases},\quad i=1,2,3,\cdots,\lfloor n/2 \rfloor$$

满足条件①的堆称为大顶堆，满足条件②的堆称为小顶堆。下面讨论的堆排序全是基于大顶堆的。

如果将堆序列中的元素存放在一棵完全二叉树中，数据从上至下、从左到右地按层次存放，那么堆与一棵完全二叉树对应。例如，堆序列为{49,22,40,20,18,36,6,12,17}，其对应的完全二叉树如图 19-15 所示。

如图 19-15 所示为一个大顶堆的完全二叉树表示。二叉树的根结点为大顶堆的第一个元素，因此该值最大。同时在大顶堆对应的完全二叉树中，每个分支结点的值均大于或等于其左子树和右子树中所有结点的值。

一个包含 n 个元素的大顶堆的堆排序的核心思想可描述如下：

1）将原始序列构成一个大顶堆。

2）交换堆的第一个元素和堆的最后一个元素的位置。

3）将移走（交换）最大值元素之后的剩余元素所构成的序列再转换成一个大顶堆。

4）重复上述步骤 2）和 3）n-1 次。

最终原序列会被调整为从小到大排序的序列。

这样问题就集中在两个方面：①如何将原始序列构成一个堆；②如何将移走（交换）最大值元素之后的剩余元素所构成的序列再转换为一个堆。

首先来讨论第②个问题，在此基础之上再讨论第①个问题。

以图 19-15 所示的堆为例，原始序列为{49,22,40,20,18,36,6,12,17}，它恰好是一个堆（如何将一个普通序列初始化成为堆后面再介绍）。进行堆排序时，先执行第 2）步：交换堆的第一个元素和堆的最后一个元素的位置。交换后的堆如图 19-16 所示。

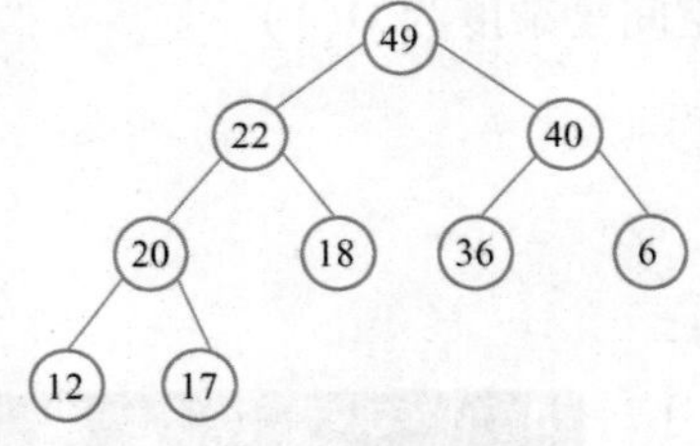

图 19-15　堆的完全二叉树表示

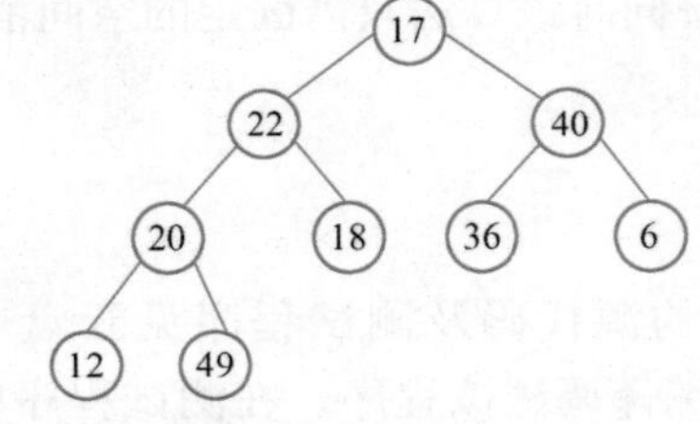

图 19-16　交换堆的第一个元素和最后一个元素

然后执行第 3）步：将移走最大值元素之后的剩余元素所构成的序列再转换为一个堆，也就是将除去结点 49 以外的其他结点重新构成一个堆。这个二叉树如图 19-17 所示。

不难发现，图 19-17 所示的二叉树虽不是一个堆，但除了根结点外，其左右子树仍满足堆的性质，因此可以采用自上而下的办法将该二叉树调整为一个堆。具体方法是将序号为 i 的结点与其左右孩子（序号分别为 2i 和 2i+1）这 3 个结点中的最大值替换到序号为 i 的结点的位置上。只要彻底地完成一次从上至下的调整，该二叉树就会变为一个堆。将图 19-17 所示的二叉树调整为一个堆的结果如图 19-18 所示。

调整过程并不一定就在二叉树上进行，这里用二叉树的形式描述比较清晰。实际上它是将一个普通序列调整为一个堆的过程，算法描述如下：

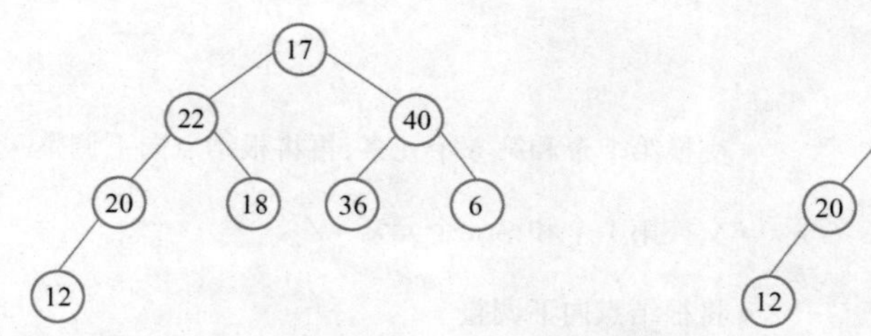

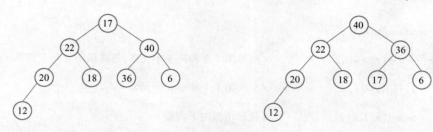

图 19-17 移走最大值元素之后的序列　　图 19-18 将图 19-17 所示的二叉树调整为一个堆

```
void adjust(keytype k[],int i,int n){
    int j;
    keytype tmp;
    tmp = k[i-1];
    j = 2 * i;
    while(j <= n){
        if(j < n && k[j-1] < k[j]){
            j++;                        /* j 为左右孩子中较大孩子的序号(位置) */
        }
        if(tmp >= k[j-1]){
            break;                      /* tmp 为最大的元素,则不需要元素的交换 */
        }
        k[j/2-1] = k[j-1];              /* 交换元素位置 */
        j = 2 * j;
    }
    k[j/2-1] = tmp;                     /* 将 k 中第 i 个元素放到调整后的最终位置上 */
}
```

函数 adjust 的作用是将包含 n 个元素的序列 k 中以第 i 个元素为根结点的子树调整为一个新的大顶堆。需要注意的是，调用函数 adjust 的前提是该子树中除了根结点以外，其余子树都满足堆的特性（如图 19-18 所示）。如果该子树中根结点的某个子树也不满足堆的条件，则仅调用一次 adjust 函数不能将其调整为堆。还需要注意，在该函数内部变量 i 和 j 都表示数组 k 中元素的位置，它们在数组中的下标是 i-1 和 j-1。

下面考虑第一个问题：如何将一个序列初始化为一个堆。如果原序列对应的完全二叉树有 n 个结点，那么从第⌊n/2⌋个结点开始（结点按层次编号，初始时 i=⌊n/2⌋）调用函数 adjust 进行调整，每调整一次后都执行 i=i-1，直到 i 等于 1 时再调整一次，就可以把原序列调整为一个堆了。

例如，原始序列为{23,6,77,2,60,10,58,16,48,20}，其对应的完全二叉树如图 19-19a 所示，将其调整为一个堆的过程如图 19-19b ~ f 所示，每幅图中的方框表示本次调整的范围，最终得到的堆序列为{77,60,58,48,20,10,23,16,2,6}。

将原始序列初始化成一个堆后就可以进行堆排序了。首先交换堆中第一个元素和最后一个元素的位置，将最大的元素移至最后；然后调用 adjust 函数将根元素向下调整，将除了最后一个元素的剩余元素调整为一个新的大顶堆；重复“交换”和“调整”操作 n-1 次，就可将序列堆排序为一个从小到大的有序序列。堆排序的算法描述如下：

```
void heapSort(keytype k[],int n){
    int i;
    keytype tmp;
    for(i = n/2;i >= 1;i--){            /* 将原始序列初始化为一个堆 */
```

```
            adjust(k,i,n);
        }
        for(i=n-1;i>=0;i--){          /*交换第1个和第n个元素,再将根结点向下调整*/
            tmp=k[i];
            k[i]=k[0];                /*交换第1个和第n个元素*/
            k[0]=tmp;
            adjust(k,1,i);            /*将根结点向下调整*/
        }
    }
```

上述代码描述了堆排序的过程。在理解堆排序时要把握以下几点：

1）堆排序是针对线性序列的排序，之所以用完全二叉树的形式解释堆排序的过程是出于形象直观的需要。

2）堆排序的第一步是将原始序列初始化为一个堆，这个过程可通过如下代码完成，其操作步骤如图 19-19 所示。

```
for(i=n/2;i>=1;i--){
    adjust(k,i,n);
}
```

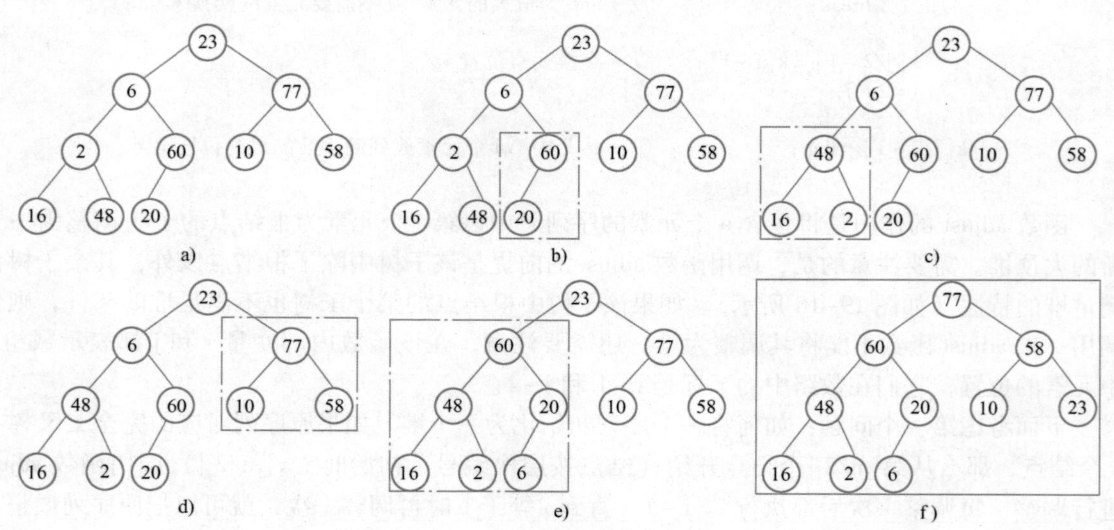

图 19-19　将一个原始序列建堆的过程

a）原始序列　b）调整完第 5 个结点　c）调整完第 4 个结点　d）调整完第 3 个结点　e）调整完第 2 个结点　f）调整完第 1 个结点

3）接下来就是一系列“交换 - 调整”的动作。交换是指将堆中第一个元素和本次调整范围内的最后一个元素交换位置，使得较大的元素置于序列的后面；调整是指将交换后的剩余元素从上至下调整为一个新堆。这个过程可通过如下代码完成：

```
for(i=n-1;i>=0;i--){
    tmp=k[i];
    k[i]=k[0];
    k[0]=tmp;
    adjust(k,1,i);
}
```

4）通过步骤 2）、3）可将一个无序序列从小到大排序。

5）大顶堆的堆排序结果是从小到大排列，小顶堆的堆排序结果是从大到小排列。

19.6.2　经典面试题解析

【面试题 1】编程实现堆排序

编写一个程序，实现将数据序列{5,2,12,6,9,0,3,6,15,20}从大到小排列，要求使用堆排序。

1. 考查的知识点

❑ 堆排序的算法实现

2. 问题分析

在前面的知识点梳理中已经详细介绍了基于大顶堆的堆排序算法，排序后序列从小到大排列。本题要求将序列从大到小排列，因此需要加以改造。算法描述如下：

```
void adjust(int k[],int i,int n){
    int j;
    int tmp;
    tmp = k[i-1];
    j = 2 * i ;
    while(j <= n){
        if(j < n && k[j-1] > k[j]){
            j ++;                       /* j 为 i 的左右孩子中较小孩子的序号 */
        }
        if(tmp <= k[j-1]){
            break;                      /* tmp 为最小的元素,则不需要元素的交换 */
        }
        k[j/2-1] = k[j-1];              /* 交换元素位置 */
        j = 2 * j;
    }
    k[j/2-1] = tmp;
}

void heapSort(int k[],int n){
    int i,j;
    int tmp;
    for(i = n/2;i >= 1;i --){
        adjust(k,i,n);                  /* 将原序列初始化成一个小顶堆 */
    }
    for(i = n-1;i >= 0;i --){
        tmp = k[i];                     /* 调整序列元素 */
        k[i] = k[0];
        k[0] = tmp;
        adjust(k,1,i);
    }
}
```

函数 heapSort 可将整型数组 k 按从大到小的顺序进行堆排序。它的过程与从小到大排序的过程相似，只是子函数 adjust(k,i,n)的作用是将数组 k 中第 i 个元素为根结点的子树调整为小顶堆，而不是大顶堆。

3. 答案

见分析。

4. 实战演练

本题完整的源代码及测试程序见云盘中 source/19-7/，读者可以编译调试该程序。在测试程序中，首先初始化了一个整型数组，然后调用函数 heapSort 将该数组中的元素从大到小进行堆排序，最后输出排序后的结果。程序 19-7 的运行结果如图 19-20 所示。

```
The orginal data array is
5 2 12 6 9 0 3 6 15 20
The result of heap sorting for the array is
20 15 12 9 6 6 5 3 2 0
```

图 19-20　程序 19-7 的运行结果

19.7　各种排序算法的比较

经典面试题解析

【面试题 1】简述各种排序算法的优劣及适用场景

1. 考查的知识点

☐ 各种排序算法的比较和应用场景

2. 问题分析

本题的教学视频请扫描二维码 19-7 获取。

二维码 19-7

各种排序算法的性能可从时间复杂度和空间复杂度两个角度进行比较。具体比较结果见表 19-1。

表 19-1　各种排序算法的时间复杂度和空间复杂度的比较

排序算法	平均时间	最坏情况	空间需求
直接插入排序	$O(n^2)$	$O(n^2)$	$O(1)$
冒泡排序	$O(n^2)$	$O(n^2)$	$O(1)$
简单选择排序	$O(n^2)$	$O(n^2)$	$O(1)$
希尔排序	$O(n\log_2 n)$	$O(n\log_2 n)$	$O(1)$
快速排序	$O(n\log_2 n)$	$O(n^2)$	$O(\log_2 n)$
堆排序	$O(n\log_2 n)$	$O(n\log_2 n)$	$O(1)$

虽然许多排序算法的时间复杂度或空间复杂度属于同一量级，但是不同的排序算法适用不同的应用场景，在选择排序算法时还要根据具体的应用场景进行选择。下面的描述希望有助于读者选择最为适合的排序算法。

从表 19-1 中不难看出，平均情况下希尔排序、快速排序和堆排序的时间复杂度是一致的，都能达到较快的排序速度，但是相对而言快速排序算法是最快的（只要不是最坏情况），而堆排序的空间消耗最小。

直接插入排序和冒泡排序的排序速度较慢，但是如果待排序列最开始就是基本有序或者局部有序的，使用这两种排序算法会取得十分满意的效果，排序速度较快。在最好的情况下（原序列按值有序），使用直接插入排序和冒泡排序的时间复杂度为 $O(n)$。

从待排序列的规模来看，序列中元素的个数越少，采用冒泡排序、直接插入排序或简单选择排序最为合适。序列的规模较大时，采用希尔排序、快速排序或堆排序比较适合。这是从成本的角度考虑，因为序列的规模 n 越小，$O(n^2)$ 与 $O(n\log_2 n)$ 的差距就越小，同时使用复杂的排序算法也会带来一些额外的系统开销。因此对小规模的序列进行排序使用相对简单的冒泡排

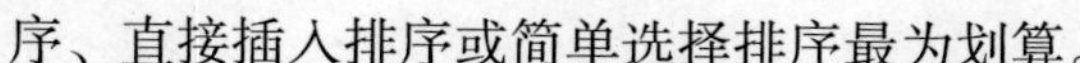

序、直接插入排序或简单选择排序最为划算。

从算法实现的角度来看，直接插入排序、简单选择排序和冒泡排序实现起来最简单最直接。其他的排序算法都可以看作是对上述某一种排序算法的改进和提高，因此实现相对比较复杂。

另外排序算法还有一个重要的概念——排序稳定性。如果序列中相等的数经过某种算法排序后，仍能保持它们排序前在序列中的相对次序，则称这种排序算法是稳定的，反之排序算法是不稳定的。例如，原序列为{3,5,6′,3′,6}，其中元素 3 和元素 6 是有重复的，这里用 3′、3 和 6′、6 来区分数值相同的多个数字。如果将该序列从小到大排序之后，结果是{3,3′,5,6′,6}，则称本次排序是稳定的，因为 3′、3 和 6′、6 保持了排序之前在序列中的相对次序。如果一种排序算法的排序结果都能保持稳定，则该排序算法是稳定的。

从算法的稳定性方面考虑，直接插入排序、冒泡排序是稳定排序算法。简单选择排序、希尔排序、快速排序、堆排序是不稳定排序算法。

从上面的分析可以看到，排序算法的好坏是相对的而非绝对的，没有一种绝对优秀的排序算法适合于所有场景。每一种排序算法都有其优点和不足，适用于不同的排序环境。在选取一种排序算法时要综合考虑各方面因素，在当前的应用环境下选择最适合的排序算法。

3. 答案

见分析。

第20章 查找算法

在当下这样一个"大数据"时代里，对海量信息搜索的需求越来越大，一些与数据搜索、信息系统开发、数据分析相关职位的面试中，查找算法的题目经常出现。本章针对一些查找的问题进行总结，不但涉及传统的查找算法，还涉及一些高级搜索算法（海量搜索）问题，希望对读者有所帮助。

20.1 折半查找

20.1.1 知识点梳理

二维码 20-1

知识点梳理的教学视频请扫描二维码 20-1 获取。

折半查找算法是一种比较高效的查找算法，它利用分治的算法思想将较大规模的问题缩小为较小规模的问题，从而大大减少了查找次数，因此折半查找应用十分广泛。

折半查找算法有着严格的使用条件。首先折半查找只适用于有序排列的关键字序列，例如，关键字序列{1,2,5,6,7,9,11,15}就可以使用折半查找算法；其次折半查找算法需要随机访问序列中的元素，因此它只能在顺序结构（例如顺序表和数组）中进行，而不适用于链表存储的数据序列。

折半查找算法的基本思想是：首先确定待查找记录的查找范围，然后逐步缩小查找范围，直到查找成功或查找失败。折半查找算法采用了分而治之的算法设计思想，将问题的规模不断缩小，因此是一种比较高效的查找算法。

折半查找的效率比顺序查找高很多，其平均查找长度 $ASL \approx \log_2(n+1)-1$，因此时间复杂度为 O(logn)，而且序列越长折半查找的效率优势就越明显。例如，在一个长为 1000 的序列中查找元素，顺序查找的平均查找长度 ASL=500，而折半查找的平均查找长度 ASL=9。

20.1.2 经典面试题解析

【面试题1】使用折半查找法查找数组中的元素

一个关键字数组 key[10]={1,3,5,7,10,12,15,19,21,50}，任意输入一个数字 k，使用折半查找算法找到 k 在数组中的下标，如果查找失败则返回 -1。

1. *考查的知识点*

❑ 折半查找算法的实现

2. *问题分析*

题目中数组 key 的元素是有序排列的，因此可以直接使用折半查找算法。

实现折半查找算法可以用递归和非递归两种方式实现。它们在本质上没有区别，只是递归方式利用了折半查找算法的递归特性，代码更加简洁。如果面试中没有特别指出，建议采用递归方式实现，因为这样能体现面试者对递归思想的理解。在实际工作中，特别是数据量庞大的情况下，建议采用非递归方式实现，因为递归算法消耗空间资源较大。

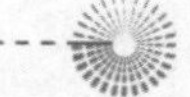

非递归方式实现如下：

```
int bin_search(int key[],int n,int k){
    int low = 0,high = n - 1,mid;
    while(low <= high){
        mid = (low + high)/ 2;
        if(key[mid] == k){
            return mid;                    /* 查找成功,返回 mid */
        }if(k > key[mid]){
            low = mid + 1;                 /* 在后半序列中查找 */
        }else{
            high = mid - 1;                /* 在前半序列中查找 */
        }
    }
    return -1;                             /* 查找失败,返回 -1 */
}
```

在算法中，参数 n 表示记录的个数，k 表示要查找记录的关键字，数组 key 为要查找的关键字数组。函数 bin_search 的作用是通过折半查找算法在数组 key 中找出关键字 k 所在的位置，并返回其在数组 key 中的下标。如果数组 key 中不存在关键字 k，则返回 -1。

递归方式实现如下：

```
int bin_search_recur(int key[],int low,int high,int k){
    int mid;
    if(low > high){
        return -1;                  /* low > high,查找失败,返回 -1 */
    }else{
        mid = (low + high)/ 2;
        if(key[mid] == k){
            return mid;
        }
        if(k > key[mid]){
            return bin_search_recur(key,mid + 1,high,k);
                                              /* 递归地在序列的后半部分查找 */
        }else{
            return bin_search_recur(key,low,mid - 1,k);
                                              /* 递归地在序列的前半部分查找 */
        }
    }
}
```

函数 bin_search_recur 使用递归方式对数组 key 进行折半查找。其中参数 key 为要查找的关键字数组，low 为当前查找数组序列的下界下标（初始值为 0），high 为当前查找数组序列的上界下标（初始值为 n -1），k 为待查找的关键字。如果查找成功，返回 k 在数组 key 中的下标，否则返回 -1。

需要注意一点，以上的折半查找算法的实现是基于从小到大排列的有序序列的，如果原序列是从大到小排列的，则需要对判断条件稍加修改，即当 k > key[mid]时在数组的前半部分查找，当 k < key[mid]时在数组的后半部分查找。

3. 答案

见分析。

4. 实战演练

本题完整的源代码及测试程序见云盘中 source/20-1/，读者可以编译调试该程序。在测试程序中，首先初始化了一个整型数组 key[10] = {1,3,5,7,10,12,15,19,21,50} 并输出数组内容，然后用户输入一个要查找的关键字，程序会分别调用函数 bin_search 和 bin_search_recur 在数组 key 中进行折半查找，并输入查找结果。程序 20-1 的运行结果如图 20-1 所示。

```
The contents of the Array key are
1 3 5 7 10 12 15 19 21 50
Input a interger for search
21
key[8] = 21
 key[8] = 21
```

图 20-1　程序 20-1 的运行结果

【面试题 2】从有序数组中找出某个数出现的次数

已知一个从小到大排列的有序整型数组，从中找出某个数的出现次数。

1. 考查的知识点

❑ 折半查找算法的实际应用

2. 问题分析

查找数组中某个数出现的次数，最简单的方法就是顺序遍历数组并统计出该数在数组中出现的频度。但是题目中的数组是一个有序数组，所以使用顺序遍历这种笨方法就失去这个条件的意义了。

既然是在有序数组中查找，那么可以借鉴折半查找算法。假设数组是从小到大有序排列的，要查找的数字为 key，为了求出 key 在数组中出现的次数，可以用折半查找算法在数组中找出 key 第一次出现的位置 loc_a 和最后一次出现的位置 loc_b，那么 loc_b - loc_a + 1 即为 key 在数组中出现的次数。图 20-2 形象地说明这个算法。

如图 20-2 所示，数字 5 在数组中第一次出现对应的下标 loc_a 是 2，最后一次出现对应的下标 loc_b 是 7，因此 5 出现的次数是 7 - 2 + 1 = 6。

现在的问题就是如何找到 loc_a 和 loc_b。不难发现 loc_a 是所有 key 中最左边的，loc_b 是所有 key 中最右边的，所以依然可以用折半查找算法，只不过不限于查找到 key 就返回，而是再继续向左或向右查找。具体做法是：如果要获取 loc_a 的位置，就在本次查找到的 key 左边的子序列中继续折半查找 key；如果要获取 loc_b 的位置，就在本次查找到的 key 右边的子序列中继续折半查找 key。直到最终在子序列中查找不到 key，则最后一次查找到 key 时记录下来的位置就是 loc_a 或者 loc_b 的值。图 20-3 描述了查找 loc_a 的过程。

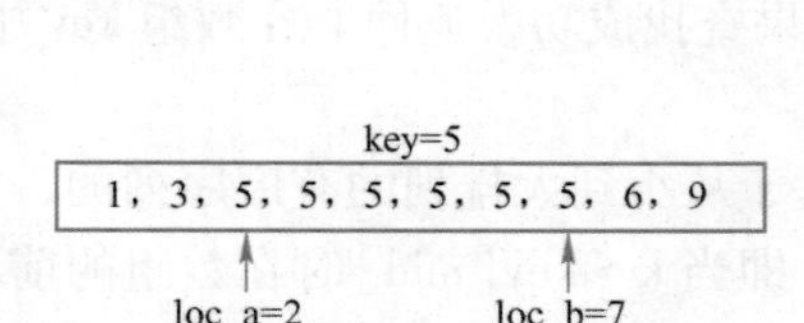

图 20-2　计算 key 在 Array 中出现的次数

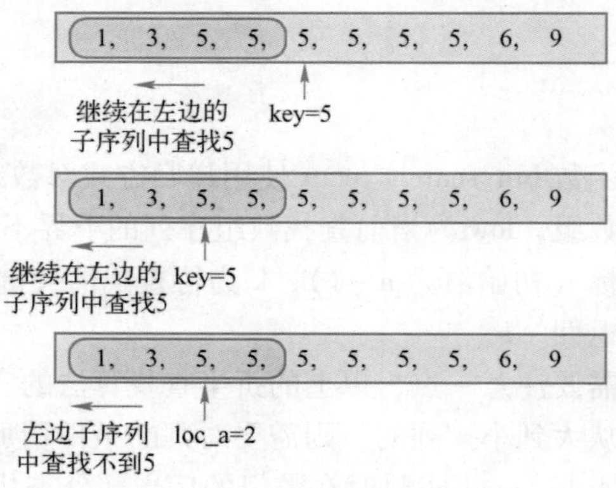

图 20-3　获取 loc_a 位置的过程

如图 20-3 所示，要查找 key = 5 在数组中第一次出现的位置，首先用折半查找找到 mid = 4 的值为 5，然后在其左边的子序列中继续折半查找 5，此时 low = 0，high = mid - 1 = 3。第二次查找中 mid = (low + high)/2 = 1，而 mid = 1 时的值为 3，所以查找失败。因为 3 < 5，依据折半

查找算法在其右边子序列中继续查找 5，此时 low = 2，high = 3。第三次查找中 mid = (low + high)/2 = 2，而 mid = 2 时的值为 5，因此查找成功。然后再在其左边的子序列中继续折半查找 5，但此时 low = 2，而 high = mid - 1 = 1，high < low，说明左边的子序列中已不存在 5，所以 loc_a 即为最后一次查找到 key 时记录下来的位置，也就是 loc_a = 2。

查找 loc_b 的方法与查找 loc_a 类似，在找到 key 之后，再在其右边的子序列中继续折半查找，直到找不到为止。下面给出该算法的代码实现：

```
int bin_search(int array[],int key,int length,int loc_flag){
    int low = 0,high = length - 1;
    int mid = 0;
    int last = -1;                      /*用 last 记录最终的位置 loc_a 或 loc_b*/
    while(low <= high){
        mid = (low + high)/ 2;
        if(array[mid] < key){
            low = mid + 1;
        }else if(array[mid] > key){
            high = mid - 1;
        }else{                          /*找到了 key*/
            last = mid;                 /*记录下当前 key 的位置*/
            if(loc_flag == 0){
                high = mid - 1;         /*查找 loc_a,调整 high 值继续在左边查找*/
            }else{
                low = mid + 1;          /*查找 loc_b,调整 low 值继续在右边查找*/
            }
        }
    }
    return last;                        /*返回 last,它是最终的位置 loc_a 或 loc_b*/
}

int getDataCount(int array[],int length,int key){
    int loc_a,loc_b;
    loc_a = bin_search(array,key,length,0);
    loc_b = bin_search(array,key,length,1);

    if(loc_a == -1 || loc_b == -1){
        return 0;                       /*数组 array 中没有 key 值,返回 0*/
    }else{
        return loc_b - loc_a + 1;       /*返回 key 出现的次数*/
    }
}
```

函数 getDataCount 用于计算长度为 length 的有序数组 array 中包含关键字 key 的个数。在该函数中会调用函数 bin_search 查找 loc_a 和 loc_b 的位置，函数 bin_search 的最后一个参数为 0 表示查找 loc_a 的位置，为 1 表示查找 loc_b 的位置。如果数组 array 中没有 key 则返回 0，否则返回通过 loc_b - loc_a + 1 计算出来的 key 出现的次数。

函数 bin_search 与普通的折半查找算法类似，只是当 array[mid] == key 时不是马上返回 mid，而是先记录下 mid 的值，然后再根据 loc_flag 调整 high 或 low 的值，进而在 key 的左边或右边的子序列中继续查找 key。当 loc_flag 等于 0 时，在 array[mid] 的左边子序列中继续查找 key；当 loc_flag 等于 1 时，在 array[mid] 的右边子序列中继续查找 key。

low > high 依然是折半查找的结束标志，此时说明该子序列中不存在关键字 key，那么最后一次记录下来的 mid 值，即 last 的值，就是最终的 loc_a 或 loc_b 的值。

3. 答案

见分析。

4. 实战演练

本题完整的源代码及测试程序见云盘中 source/20-2/，读者可以编译调试该程序。在测试程序中，首先初始化了一个整型数组 array[] = {0,1,3,5,5,5,5,5,5,5,5,5,5,5,5,5,5,6,9,12}，然后调用 getDataCount 计算 key = 5 出现的次数，并输出统计结果。程序 20-2 的运行结果如图 20-4 所示。

```
There are 13 data 5 in this array
```

图 20-4　程序 20-2 的运行结果

拓展性思考——为什么不用这种方法？

本题还有一种更容易实现的方法。首先通过折半查找法找到关键字 key，然后以 key 为中心向前和向后扫描序列，并统计与 key 相等的数据个数。这个算法似乎更加易于理解和实现，同时也利用了“原序列是有序序列”这一条件，但是这个算法的时间复杂度依然为O(n)，而上面介绍的算法的时间复杂度为 O(logn)。

虽然这个算法总体比直接遍历该数组并统计 key 出现次数的方法要高效，但它只是在最开始使用了折半查找的思想，也就是局部的折半查找，而在找到第一个 key 后又退回到了顺序查找。相比较于直接遍历数组的方法，这个算法可以减少一些冗余的查找操作，但是当以 key 为中心向前和向后扫描序列时，还是存在一些冗余的查找操作，如图 20-5 所示。

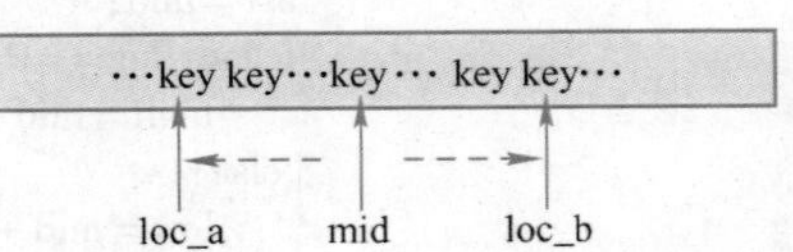

图 20-5　以 key 为中心向前和向后扫描序列

从 mid 处向数组的前后扫描找到 loc_a 和 loc_b 的位置，这个过程中遍历中间的 key 都属于冗余操作，因为我们只关心 loc_a 和 loc_b 的位置。对于一串完全相等的数据，统计它的个数只需要得到首尾两个元素的下标，采用遍历统计的方法是一种低效的选择。

注意啦

面试时要充分理解已知条件中给出的信息。例如，本题中的“有序序列”就是一个很重要的信息，只要看到题目中出现“有序序列”时就应当格外重视，在进行算法的设计时要充分利用这个条件。

20.2　TOP K 问题

20.2.1　知识点梳理

TOP K 问题是海量存储领域涉及的一个经典问题，也是现在笔试面试中经常考查的问题。

虽然 TOP K 问题相比较于一般的查找算法要复杂一些，但是它更加偏向于实际的工程应用，而且这类题目根据场景的不同，解法也并不唯一，开放性较强，因此 TOP K 问题会经常出现在一些大型公司的笔试题中。

解决 TOP K 问题的经典方法是“hash 统计 + 堆排序”的方法，当然也可以根据题目的实

际要求使用其他的方法求解。在后面的面试题中将结合题目的具体要求，分析一道经典的 TOP K 问题，读者可以通过这道题认识了解 TOP K 问题，进而举一反三，给出自己的解法。

20.2.2　经典面试题解析

【面试题 1】搜索关键词的 TOP K 问题

搜索引擎每天会把用户每次检索使用的关键词都记录下来，并保存到日志文件中，每个关键词的长度为 1 ~ 255 字节。假设目前有 1000 万个记录（这些关键词的重复度较高，虽然总数是 1000 万，但去重后不超过 300 万。一个关键词的重复度越高，说明检索它的用户越多，也就是越热门的关键词）。请你统计最热门的 10 个关键词，要求使用的内存不超过 1G。

1. 考查的知识点

❑ TOP K 问题的实际应用

2. 问题分析

本题的教学视频请扫描二维码 20-2 获取。

二维码 20-2

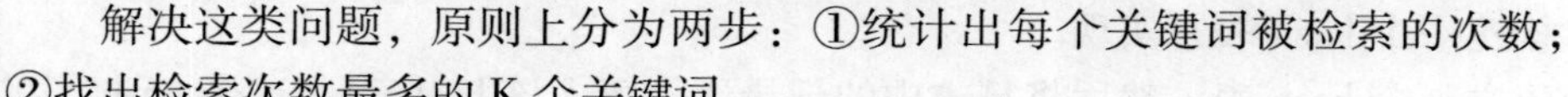

解决这类问题，原则上分为两步：①统计出每个关键词被检索的次数；②找出检索次数最多的 K 个关键词。

下面分别来分析如何实现这两步。

第一步：统计出每个关键词被检索的次数

首先需要统计出每个关键词被检索的次数。因为搜索引擎每天会把用户每次检索的关键词都记录到日志文件中，所以需要对日志文件中的记录进行处理。题目中已知目前日志文件中共有 1000 万条记录，但是里面包含了很多重复信息，如果去掉这些重复信息，剩下的记录不超过 300 万条。由此可知，被检索的关键词种类约为 300 万种，而由于某些关键词会被重复检索，所以日志记录共有 1000 万条。需要做的工作就是在这 1000 万条记录中统计出实际的 300 万种关键词中每个关键词出现的次数。举个例子，假设关键词只有 5 个{a,b,c,d,e}，而日志记录中包含 50 条记录，但是这些记录无非就是{a,b,c,d,e}这 5 个关键词的重复，因此需要统计出{a,b,c,d,e}这 5 个关键词在这 50 条记录中分别出现的次数。以此类推，现在就是要计算出这 300 万个关键词在这 1000 万条记录中分别出现的次数。理解了这一步要做什么，就可以思考具体的解决方案了。

最简单的解决方法就是直接排序法。将 1000 万条记录进行排序（例如，按关键词字母大小排序 about > apple > baby），然后扫描排好序的序列，统计出每个关键词出现的次数。题目中要求内存不能超过 1G，每条记录占 1 ~ 255 字节，1000 万条记录最大可占据 2.375G 内存，因此直接将 1000 万条记录读进内存并使用内部排序的方法是不行的。所以只能使用外部排序的方法，例如归并排序，排序算法的时间复杂度为 $O(N\lg N)$，其中 N 为日志文件中记录的条数。排序后扫描一遍序列并统计出每个关键词出现的次数，这个过程的时间复杂度为 $O(N)$。

综合考虑，使用“外部排序 + 一次扫描序列”的方法统计关键词出现次数的时间复杂度为 $O(N+N\lg N)=O(N\lg N)$。

完成这一步后的输出结果是什么呢？我们需要将统计的结果保存在内存中，可以用类似图 20-6 所示的结构体数组来存放结果。

如图 20-6 所示，可以将统计的结果保存在这样一个结构体数组里面。其中每个表项都是一个类似于下面定义的结构体变量。key 中保存关键词，value 中保存该关键词在日志记录中出现的次数。由于去重后关键词不超过 300 万个，所以这个表的大小不会超过 1G。

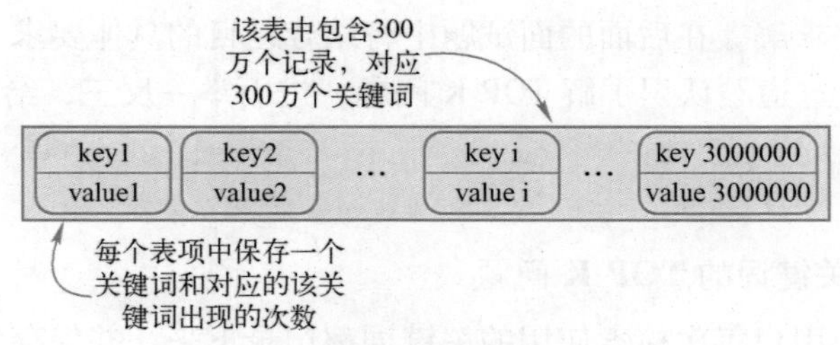

图 20-6　统计关键词出现次数的结果

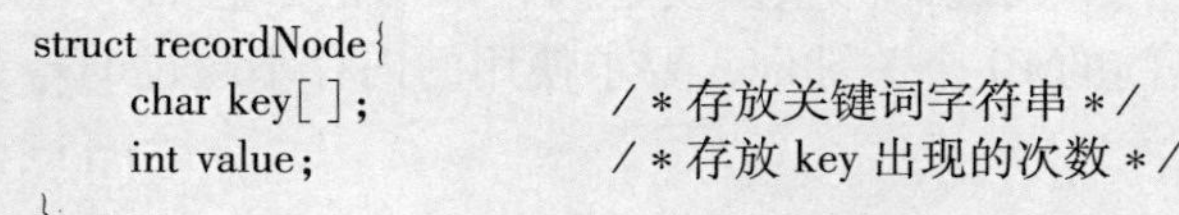

```
struct recordNode{
    char key[];             /*存放关键词字符串*/
    int value;              /*存放 key 出现的次数*/
}
```

以上这种统计关键词出现次数的方法虽然可行，但是并不高效。细心的读者可能发现，最终得到的输出结果就是形如图 20-6 所示的这样一个统计结果，然而这样一个数据结构的统计结果完全可以通过构建一个 hash 表来实现。

可以在内存中建立一个 hash 表，然后将日志中的记录逐一填入该 hash 表。这个 hash 表的结构类似于图 20-6 所示，每个表项中包含一个 key 用来存放关键词，一个 value 用来存放该关键词出现的次数。不同的是该表在 hash 造表的过程中动态生成：如果 hash 表中没有这个记录就将这个关键词插入表中；如果存在这条记录就将这个关键词的个数加 1，当扫描完 1000 万条日志记录后，hash 表就建好了。该 hash 表有 300 万个关键词，占用内存大约 730MB。

在 hash 造表的过程中，每次向 hash 表中插入关键词的时间复杂度为 O(1)，因此利用 hash 表的方法统计出每个关键词被检索次数的时间复杂度为 O(N)，相比于外部排序方法的时间复杂度 O(NlgN) 提高了一个数量级。

第二步：找出检索次数最多的 K 个关键词

接下来在刚才的统计结果中找出检索次数最多的 K 个关键词，也就是在生成的 hash 表中找出检索次数最多的 K 个关键词。

最直接的方法就是将 hash 表按照 value 值从大到小排序，排序后的前 K 个表项中的关键词就是要找的 TOP K 关键词，但是这种方法的时间复杂度为 O(NlogN)，并且会有大量冗余操作，因为没有必要对所有关键词排序，这里只关心检索次数最多的前 K 个关键词。

还有一种更优化的方法，就是利用一个长度为 K（本题中为 10）的数组存放 TOP K 的关键词，不妨称之为 TOP K 数组。初始状态时可将 hash 表中的前 10 个表项里的关键词存放到 TOP K 数组中，并按其 value 值从大到小排序；然后遍历后续 3000000 - 10 = 2999990 条记录，每读一条记录就将该记录的检索次数 value 和数组中最后一个关键词的 value 进行比较，如果小于这个关键词的 value，那么继续遍历，否则将 TOP K 数组中最后一个关键词淘汰，并把这个新关键词加入到 TOP K 数组中，加入后数组依然按照关键词的 value 从大到小排列。最后当 hash 表中的所有数据都遍历完毕之后，TOP K 数组中的 10 个关键词便是要找的 Top10 了。上述过程如图 20-7 所示。

如图 20-7 所示，这种方法省掉了将 300 万个关键词排序的操作，只需要遍历一次 hash 表中的这 300 万个记录，然后在 TOP K 数组中进行局部排序即可得到 TOP K 关键词。

但是新的问题又来了，这种局部排序算法的时间复杂度是多少呢？首先无论如何都要遍历一遍 hash 表，这个过程的时间复杂度为 O(N)。下面要考虑的是将某个关键词 key 插入到 TOP

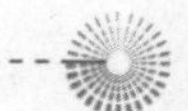

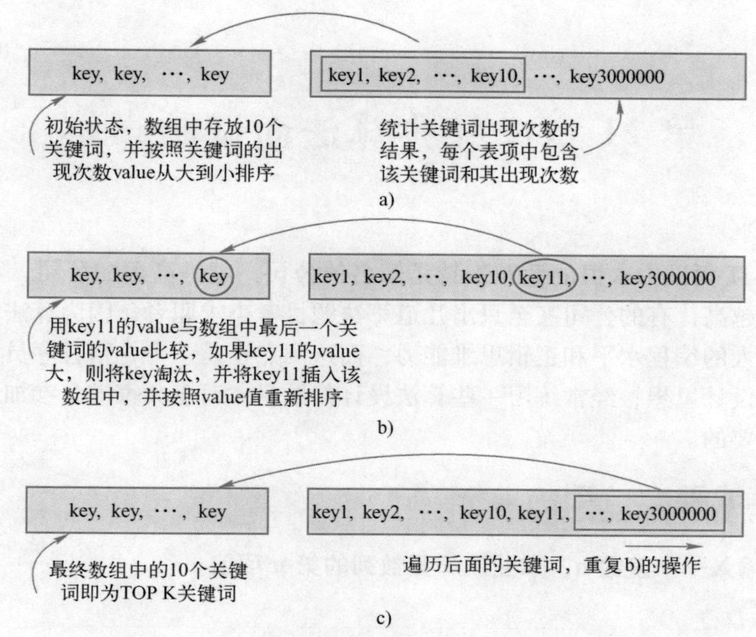

图 20-7　局部排序法计算 TOP K 关键词

a) 初始状态　b) 用 key11 与数组中最后一个关键词比较　c) 遍历后续关键词，得到 TOP K 关键词

K 数组的时间复杂度。如前所述，如果从 hash 表中拿到的关键词的 value 小于 TOP K 数组中最后一个关键词的 value，那么只需做一次比较操作即可，该时间复杂度为 O(1)。如果从 hash 表中拿到的关键词的 value 大于 TOP K 数组中最后一个关键词的 value，就要将这个关键词 key 插入到 TOP K 数组中，并重新按 value 值从大到小排序。这就牵扯到一个排序算法的选择问题，即便用快速排序算法，其时间复杂度也要 O(KlogK)。所以最佳情况下，这种局部排序方法的时间复杂度为 O(N) + NO(KlogK)。

还有没有更加优化的方法了？要想得到 300 万个关键词中的 TOP 10，遍历全部 300 万条记录是避免不了的，因此 O(N) 这个时间复杂度是省不掉的，只能在 O(KlogK) 这部分做文章。其实对于 TOP K 数组也是没有必要进行完全排序的，因为我们只关心这 K 个关键词是什么，而不是它们的排序结果，所以这里推荐使用小顶堆的方法代替完全的排序。

首先初始化 TOP K 数组时并不需要将里面的关键词按 value 值从小到大排序，而是可以将这些关键词按照 value 值的大小构成一个小顶堆。在将 key 插入 TOP K 数组时，就只需要一次时间复杂度为 O(logK) 的调整堆操作即可，而不需要再进行排序了。这样该算法的时间复杂度变为 O(N) + NO(logK)。

综上所述，解决这类 TOP K 问题最推荐的方法是：使用 hash 表进行关键词频度的统计，使用局部小顶堆的方法进行 TOP K 元素的查找。按照这种方法求解 TOP K 问题的时间复杂度为 O(N) + O(N) + N′O(logK) = O(N) + N′O(logK)，其中 N 为原始日志中记录的条数，本题 N 为 1000 万，N′为 hash 表中记录的条数，本题为 300 万，K 为 TOP K 问题中要求解的 K 值，本题为 10。

在解决此类问题时还要注意题目对内存空间大小的要求和限制。本题中内存消耗主要在统计关键词的频度，只要使用 hash 表这种数据结构，内存限制的问题就解决了。

3. 答案

见分析。

第 21 章　经典算法面试题详解

算法是各类 IT 面试中永恒的话题，越是知名的公司，越是高薪的公司，算法设计在面试中所占的比重就越高，有的公司甚至只出几道算法题目考查求职者，因为算法设计类的题目能很好地考查一个人的编程水平和逻辑思维能力，而这两点正是一个合格程序员所必备的。所以掌握基本的算法设计思想，经常练习一些算法设计的题目，对于大家准备参加各类公司的笔试面试都是很有必要的。

21.1　斐波那契数列的第 n 项

【面试题】输入一个整数 n，求斐波那契数列的第 n 项值。

1. 考查的知识点

- ❑ 斐波那契数列
- ❑ 递归与递推公式

2. 问题分析

二维码 21-1

本题的教学视频请扫描二维码 21-1 获取。

斐波那契数列是一个常识性的知识，它是指这样一个数列，它的第 1 项是 1，第 2 项是 1，以后每一项都等于前两项之和。直观来看，斐波那契数列就是 1，1，2，3，5，8，13，21，34，55，89，144，233，…的形式。斐波那契数列的通项公式可表示为

$$F_n=\begin{cases}1, & n=1\\ 1, & n=2\\ F_{n-1}+F_{n-2}, & n\geqslant 3\end{cases}$$

从上面公式中可以看出斐波那契数列是递归定义的，因为在计算第 n 项 $F_n(n\geqslant 3)$ 时需要先得到 F_{n-1} 和 F_{n-2} 这两项的值，而这两项的值也需要通过这个公式得到。根据这个递归的通项公式计算斐波那契数列的第 n 项值就很容易了。算法描述如下：

```
int fibonacci(int n) {
        if(n == 1 || n == 2) {
                return 1;
        } else {
                return fibonacci_1(n - 1) + fibonacci_1(n - 2);
        }
}
```

这个算法就是上述递归通项公式的直接描述，很容易理解。通过这个函数可以求出斐波那契数列的第 n 项值。

递归算法虽然易于理解和实现，但是有时面试题中会要求使用非递归算法实现。这是因为递归算法本身存在效率较低、系统开销过大、空间复杂度过高等缺点。此外斐波那契数列的递归方式在计算中存在着重复计算的问题，例如，按照递归公式 $F_4=F_3+F_2$，$F_3=F_2+F_1$，在计

算 F_3和 F_4的过程中都要计算 F_2，这就产生了重复运算。

斐波那契数列的非递归算法实现也很容易。已知斐波那契数列的第 n 项 $F_n(n\geq3)$等于 $F_{n-1}+F_{n-2}$，这是一种递推的迭代相加关系。因为 $F_1=1$，$F_2=1$，所以通过一个循环就可以得到 F_3，F_4，…，F_i，…，F_n的每一个值，只要在每次循环中都记录下前两项的值即可。算法描述如下：

```
int fibonacci(int n){
    int i,fb_a,fb_b,fb_c;
    if(n==1 || n==2){
        return 1;
    }else{
        fb_b=1;
        fb_c=1;
        for(i=3;i<=n;i++){
            fb_a=fb_b+fb_c;
            fb_c=fb_b;
            fb_b=fb_a;
        }
        return fb_a;
    }
}
```

算法中变量 fb_a 为当前循环中要求的斐波那契数列项，fb_b 为 fb_a 的前一项，fb_c 为 fb_b 的前一项。代码中 for 循环从 i 等于 3 开始，一直到 i 等于 n 结束，每次循环后所得的 fb_a 即为 fibonacci(i)的值，然后调整 fb_b 和 fb_c 的值（分别向后移一位），以便下次循环使用。当 i 等于 n 时求得的 fb_a 即为 fibonacci(n)的值。

注意啦——斐波那契数列的计算范围

代码中的斐波那契数列项值的取值范围限于整型，当 n 取值过大时，计算结果会超出整型范围，如果在代码中对参数进行有效性检验，程序的健壮性会更好。

3. 实战演练

本题完整的源代码及测试程序见云盘中 source/21-1/，读者可以编译调试该程序。在测试程序中，程序首先提示用户输入要计算的斐波那契数列项 n，然后分别调用函数 fibonacci_1（递归方式）和 fibonacci_2（非递归方式）计算出斐波那契数列的第 n 项值。程序 21-1 的运行结果如图 21-1 所示。

```
Please input n for getting fibonacci sequence n term
10
fibonacc(10) = 55
fibonacc(10) = 55
```

图 21-1　程序 21-1 的运行结果

21.2　寻找数组中的次大数

【面试题】10 个互不相等的整数，求其中的第 2 大的数字，要求数组不能用排序，设计的算法效率越高越好。

1. 考查的知识点

❑ 数组相关的算法设计

2. 问题分析

这是一道比较常见的算法面试题。可以设置两个变量 max、secmax，分别记录数列中的最大数和次大数。假设这 10 个数被事先存放到数组 Data 中，首先要初始化 max 和 secmax 这两个变量，可将 Data[0]和 Data[1]中的最大值和次大值分别放到 max 和 secmax 中。

这样变量 max 和 secmax 就将整个数据域划分为 3 个部分：x < secmax，secmax < x < max，x > max。题目中已知 10 个数互不相等，因此剩余的 8 个数只可能落在被划分的 3 个区域中，如图 21-2 所示。

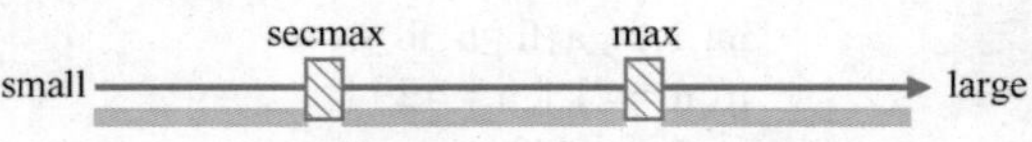

图 21-2 max 和 secmax 将整数域划分为 3 部分

接下来从 Data[2]开始将数组中的每个数据与 max 和 secmax 进行比较，并根据每个数据所处的不同区间来调整变量 max 和 secmax 的值，具体方法如下：

```
If Data[i] > max Then secmax = max;max = Data[i];   /* max 和 secmax 都发生改变 */
Else If Data[i] < max AND Data[i] > secmax Then secmax = Data[i];   /* 只改变 secmax */
Else Do nothing                    /* 不变 */
```

当扫描完最后一个元素，max 就是数组中的最大数，secmax 是次大数。

上述算法寻找数列中次大数的效率是最高的，时间复杂度为 O(n)。它只要扫描一次数列即可得到结果，不需要数据之间反复比较。按照类似的算法思路可以计算数列中的最大值、最小值、次小值、第 n 大值等。

该算法的代码描述如下：

```
int getSecMaxVal(const int array[],int n){
    int max,secmax,i;
    if(array[0] > array[1]){                      /* 比较头两个数组元素的大小 */
        max = array[0];                           /* 将最大值存放到 max 中 */
        secmax = array[1];                        /* 将次大值存放到 secmax 中 */
    }else{
        max = array[1];
        secmax = array[0];
    }
    for(i = 2;i < n;i ++){                        /* 扫描整个数组,调整 max 和 secmax 的取值 */
        if(array[i] > max){
            secmax = max;
            max = array[i];
        }else if(array[i] < max && array[i] > secmax){
            secmax = array[i];
        }
    }
    return secmax;
}
```

函数 getSecMaxVal 的作用是得到数组 array 中的次大值，并将其返回。其中参数 array 为要查找的数组名，参数 n 为数组中元素的个数，这里默认 n≥2。

3. 实战演练

本题完整的源代码及测试程序见云盘中 source/21-2/，读者可以编译调试该程序。在测试程序中初始化了一个整型数组{17,3,2,5,6,4,10,7,19,16}，然后调用函数 getSecMaxVal 得到

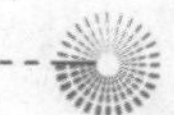

数组中的次大值，并将其输出到屏幕上。程序 21-2 的运行结果如图 21-3 所示。

```
The second max data in DATA is 17
```

图 21-3　程序 21-2 的运行结果

21.3　将大于 2 的偶数分解成两个素数之和

【面试题】输入一个大于 2 的偶数 N，将 N 分解为两个素数之和。例如，输入偶数 28，应当输出(5,23)，(11,17)。注意：1 不是素数。

1. 考查的知识点

- ❑ 素数相关问题的算法设计
- ❑ 穷举法相关算法设计

2. 问题分析

本题其实是在验证哥德巴赫猜想的正确性，最简单直接的解法是使用穷举法。找出所有的整数对(R1,R2)，使得 R1 + R2 = N，再从这些整数对中找出 R1 和 R2 都是素数的整数对。关键的问题是如何穷举出所有的整数对(R1,R2)，使得 R1 + R2 = N。由于 R1 和 R2 的取值范围无论如何也不会超过 N，因此有些读者可能很快得出以下的算法：

```
for(i = 1;i < N;i ++ ) {
    for(j = 1;j < N;j ++ ) {
        if(i + j == N) {
            找出了整数对(i,j),再判断 i,j 是否是素数…
        }
    }
}
```

但是同时还要注意数据对列举时的唯一性。例如，数据对(3,5)和数据对(5,3)应当只列举一次，因为这里只考虑数据的组合而不考虑数据的排列，也就是说，8 = 3 + 5 和 8 = 5 + 3 的本质是相同的，因此上面的算法构成的解空间存在着冗余。

可以把 R1 的范围限制在[2,N/2]。因为 1 不是素数，所以从 2 开始可以少做一次比较。用 N - R1 表示 R2 既保证了 R1 + R2 等于 N，也避免了对数据的重复列举。算法描述如下：

```
int getPrimePair(int n) {
    int i;
    if(n%2 != 0 && n <= 2) {
        return 0;      /* 本题是对大于 2 的偶数做分解,如果 n 不是大于 2 的偶数,则返回 0 */
    }
    for(i = 2;i <= n/2;i ++ ) {
        if(isPrime(i) && isPrime(n - i)) {
            printf("%d + %d = %d\n",i,n - i,n);
        }
    }
    return 1;      /* 返回 1 表示成功 */
}
```

该算法只通过一次循环就可以找出所有满足题目要求的素数对。它不需要判断是否满足条件 R1 + R2 = N，因为这里 R2 直接用 N - R1 来表示。R1 的取值范围是[2,N/2]，因此 R2 的取值范围就限定在了[N/2,N-2]，从而保证了数据对的唯一性，不会出现重复列举的情况，同时也覆盖了全部的解空间。函数 isPrime 判断参数 i 是否是素数，如果是，返回 1，否则返回 0。

3. 实战演练

本题完整的源代码及测试程序见云盘中 source/21-3/，读者可以编译调试该程序。在测试程序中用户可以从终端输入一个偶数，然后程序会调用函数 getPrimePair 求取构成它的素数对，并将结果打印在屏幕上。程序 21-3 的运行结果如图 21-4 所示。

```
Please input even number N
28
5 + 23 = 28
11 + 17 = 28
```

图 21-4 程序 21-3 的运行结果

21.4 计算一年中的第几天

【面试题】编程实现输入某年某月某日，计算这一天是这一年的第几天。

1. 考查的知识点

- ❑ 闰月的判断
- ❑ 与时间相关的算法设计

二维码 21-2

2. 问题分析

本题的教学视频请扫描二维码 21-2 获取。

要计算出某年某月某日是这一年中的第几天，其实就要计算出该月之前几个月的天数总和，再加上本月的日期。例如，计算 3 月 10 日是本年中的第几天时，首先计算出 1 月和 2 月的天数总和，再加上 3 月的日期 10，就可以得出 3 月 10 日是本年中的第几天。需要注意的是，一年中每个月的天数除 2 月之外都是固定的，2 月份平年为 28 天，闰年为 29 天。设计程序时，首先判断该年是平年还是闰年，再进行计算。算法描述如下：

```
int getDays(int year,int month,int date){
    int months[13] = {0,31,0,31,30,31,30,31,31,30,31,30,31},i,days = 0;
    if((year % 4 == 0 && year % 100 != 0) || (year % 400 == 0 )){    /* 判断是否是闰年 */
        months[2] = 29;
    }else{
        months[2] = 28;
    }
    if(month <= 0 || month > 12 || date > months[month] || date <= 0){    /* 参数的有效性判断 */
        printf("It is error\n");
        return -1;
    }
    for(i = 1;i < month;i ++){                                         /* 计算天数 */
        days = days + months[i];
    }
    days = days + date;
    return days;
}
```

函数 getDays 的作用是返回日期在本年的天数，3 个参数分别为年份 year、月份 month 和日期 date。

函数中的数组 months 存放每月的天数，为了使数组下标与月份对应，将数组第 1 个元素置 0，从 months[1]开始真正有效，months[i]表示第 i 月的天数（除 2 月）。

首先判断 year 是否为闰年，如果是闰年，将 months[2]赋值为 29，否则赋值为 28。然后进行参数有效性检验，包括月份 month 不能小于等于 0 或大于 12，日期 date 不能超过本月天数

months[month]或小于等于 0。之后通过一个循环计算第 month 月以前几个月的天数总和，即 1～(month－1)月的天数总和，再加上本月的日期 date，最终结果 days 为第 month 月第 date 日在 year 年中的天数。

3. 实战演练

本题完整的源代码及测试程序见云盘中 source/21-4/，读者可以编译调试该程序。在测试程序中计算了 2015 年 12 月 2 日在一年中的天数，程序 21-4 的运行结果如图 21-5 所示。

```
The days of 2th Dec 2015 is 336
```

图 21-5　程序 21-4 的运行结果

21.5　相隔多少天

【面试题】输入两天的信息（年、月、日），计算这两天之间相隔多少天。注意：这两天可以是任意年份和任意月份。

1. 考查的知识点

❑ 闰月的判断

❑ 与时间相关的算法设计

2. 问题分析

二维码 21-3

本题的教学视频请扫描二维码 21-3 获取。

本题是上一题的延伸和扩展，解法也要比上一题复杂一些。本题最经典也最容易实现的方法就是“找一个基准点”，然后分别计算这两天与这个“基准点”相差多少天，将两个结果求差即为两天相隔的天数，图 21-6 可以形象地描述这个算法的思想。

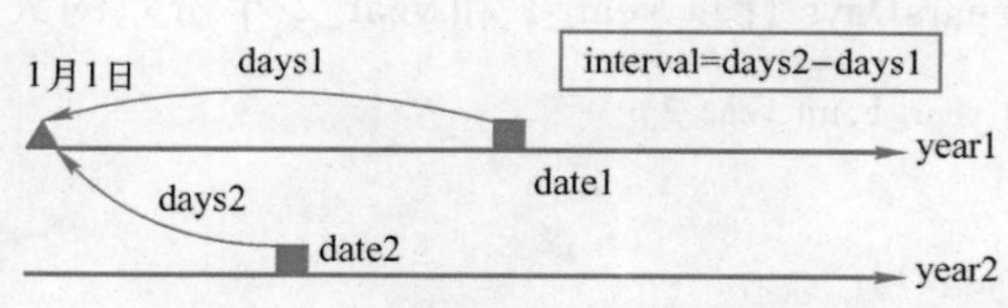

图 21-6　计算两天间隔的示意图

要计算某两天（date1，date2，图中黑色方块表示）之间相隔多少天，只要分别计算出这两天与较小年份（year1）中的 1 月 1 日（图中黑色三角表示）之间各自相差了多少天（即 days1 和 days2），然后用 days2 减去 days1 就是这两天之间相隔的天数。

计算 days1 很容易，因为它就是在计算 date1 是一年中的第几天，也就是上一题的解法。现在的关键就是如何计算 days2 的值。可以先计算出 date2 是一年中的第几天，然后再计算 date1 和 date2 所处的年份差，并将其换算成天数，将两者相加即为 days2 的值。

计算 year1 和 year2 之间的年份差对应的天数，其实就是计算[year1,year2)这个左闭右开区间（包括 year1 而不包括 year2）每年天数的累加。这里还要考虑闰年的问题，即闰年一年 366 天，平年一年 365 天。算法的代码描述如下：

```
int getIntervalDays(Date date_1,Date date_2){
    int days1,days2;
    if(date_1.year < date_2.year){
        /* 计算 date_1 是一年中的第几天 */
        days1 = getDays(date_1.year,date_1.month,date_1.day);
```

```
        /* 计算 date_1 所处年份 1 月 1 日到 date_2 所经历的天数 */
        days2 = getDays(date_2.year,date_2.month,date_2.day)
                    + getYearsDays(date_2.year,date_1.year);
    } else if(date_1.year > date_2.year) {
        /* 计算 date_2 是一年中的第几天 */
        days1 = getDays(date_2.year,date_2.month,date_2.day);
        /* 计算 date_2 所处年份 1 月 1 日到 date_1 所经历的天数 */
        days2 = getDays(date_1.year,date_1.month,date_1.day)
                    + getYearsDays(date_1.year,date_2.year);
    } else {
        /* date_1 和 date_2 处在同一年 */
        days1 = getDays(date_2.year,date_2.month,date_2.day);
        days2 = getDays(date_1.year,date_1.month,date_1.day);
    }
    return abs(days2 - days1);
}
```

函数 getIntervalDays 的作用是计算 date_1 和 date_2 之间相隔的天数，其中参数的类型是一个结构体类型，定义如下：

```
typedef struct date {
    int year;
    int month;
    int day;
} Date;
```

由于无法判定 date_1 和 date_2 所处年份的先后，因此在计算 date_1 和 date_2 之间相隔的天数时需要分三种情形讨论。函数 getDays 计算“一年中的第几天”已在上一题中介绍，这里不再赘述。函数 getYearsDays 计算 year_1 和 year_2 年份差的天数，代码描述如下：

```
int getYearsDays(int year_1,int year_2) {
    int i,early,late;
    int days = 0;
    if(year_1 <= year_2) {
        early = year_1;
        late = year_2;
    } else {
        early = year_2;
        late = year_1;
    }
    for(i = early;i < late;i ++) {
        if(isLeapYear(i)) {
            days = days + 366;            /* 闰年累加上 366 */
        } else {
            days = days + 365;            /* 平年累加上 365 */
        }
    }
    return days;
}
```

函数 getYearsDays 中从较早年份 early（包含）开始循环，直到较晚年份 late（不含）为止，每循环一次都累加当年的天数，最终函数返回累加结果。函数 isLeapYear 判断该年是否是闰年，是闰年返回 1，不是则返回 0。

3. 实战演练

本题完整的源代码及测试程序见云盘中 source/21-5/，读者可以编译调试该程序。在测

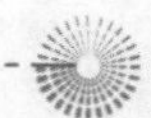

试程序中，计算 2005 年 11 月 6 日和 2015 年 11 月 6 日之间相隔多少天，程序 21-5 的运行结果如图 21-7 所示。

```
The interval days are 3652
```

图 21-7　程序 21-5 的运行结果

小技巧 —— 巧用时间函数

其实解决此类问题还有一种更为简单的方法 —— 利用 C 语言中的时间函数。在 C 库函数中有一些支持时间计算的函数和类型，巧妙地借用这些工具可以帮助我们更加轻松地解决此题。大家可以参考云盘中代码 source/21-6/。

但是这种解法存在着局限性，因为 mktime(struct tm * timeptr) 函数只能将参数 timeptr 指定的时间转换为从 1970 年 01 月 01 日 00:00:00 到那个时间点的秒数，所以如果题目中给定的时间点在 1970 年以前则不能使用这种方法。

21.6　渔夫捕鱼

【面试题】A、B、C、D、E 共 5 个渔夫夜间合伙捕鱼，凌晨时都疲倦不堪，各自在河边的树丛中找地方睡着了。待日上三竿，渔夫 A 第一个醒来，他将鱼分作 5 份，把多余的一条扔回河中，拿自己的一份回家去了；渔夫 B 第二个醒来，也将鱼分作 5 份，扔掉多余的一条，拿走自己的一份；接着 C、D、E 依次醒来，也都按同样的办法分鱼，问 5 个渔夫至少合伙捕了多少条鱼？

1. *考查的知识点*

- ❑ 递推算法设计
- ❑ 复杂算法设计

2. *问题分析*

二维码 21-4

本题的教学视频请扫描二维码 21-4 获取。

可以直观地想到，假设 5 位渔夫捕得的鱼的数量不够多，那么当某个渔夫醒来后，他会发现剩下的鱼将不够分为 5 份。例如，第 1 个渔夫醒来发现剩下的鱼为 6 条，于是他按照规则将其分为 5 份，并把多余的一条扔回河中，拿自己的一份回家去。这样剩下的鱼为 4 条。当第 2 个渔夫醒来后，由于剩下的鱼数为 4 条，因此就无法按照规则将鱼分成 5 份了。

因此要保证鱼的数量足够五名渔夫按照规则分，就要保证第 5 个渔夫 E 醒来分鱼时，剩下的鱼至少为 6 条。当然按照分鱼的规则，此时剩下的鱼的数目也可以是 11 条、16 条、21 条……，它的通式为 $5n+1$，$n \geq 1$，$n \in R$。

但是第 5 个渔夫看到剩下的鱼有多少条才能满足题目的要求呢？这个问题似乎不是很容易回答。假设第 5 个渔夫醒来看到的鱼有 6 条，那么这个渔夫可以扔掉 1 条鱼，然后将剩下的 5 条鱼平分 5 份，自己拿走 1 条，这次分配看起来合情合理。但是如果以此为基础，反推第 4 个渔夫醒来看到的鱼数，就会发现问题。

设第 4 个渔夫醒来看到的鱼数为 x，那么一定有如下关系：

$$\frac{4}{5}(x-1)=6$$

这个方程的解为 x = 8.5，这显然是不符合实际的。所以第 5 个渔夫醒来看到的鱼数就不应该是 6。

假设第 n 个渔夫醒来看到的鱼数为 S_n，第 n - 1 个渔夫醒来看到的鱼数为 $S_n - 1$，它们之间存在如下关系：

$$S_n = \frac{4}{5}(S_{n-1} - 1)$$

$$S_{n-1} = \frac{5}{4}S_n + 1$$

在解决此问题时，可以从第 5 个渔夫看到的鱼数入手，反推第 4 个渔夫看到的鱼数，第 3 个渔夫看到的鱼数，…，一直到第 1 个渔夫醒来看到的鱼数，这个数字就是 5 位渔夫总共的捕鱼数量。当然这个反推的过程中，可能因为从 S_n 求取 $S_n - 1$ 时得到了非整数（就像上面举例的那种情况）而被否定，那么此时就要重新调整第 5 位渔夫看到的鱼数 S_5，并以此为基础继续向上反推，直到 S_4、S_3、S_2、S_1 都是整数为止，那么 S_1 就是最终要求解的结果。

基于上述分析，可以得到下面的算法：

```
int getFishCount(){
    int left_fish;
    float s;
    int flag;
    int i,n;
    for(n=1;n<10000;n++){
        left_fish=5*n+1;                /*第5个渔夫醒来看到的鱼数,只能是5n+1条*/
        s=left_fish;                    /*以假设left_fish为基础向上反推*/
        for(i=0;i<4;i++){               /*循环反推S4,S3,S2,S1*/
            s=(5.0*s)/4.0+1.0;          /*从Sn反推Sn-1的结果*/
            if(isInteger(s)){
                flag=1;                 /*如果s为整数,则flag标记为1*/
            }else{
                flag=0;
                break;                  /*跳出内层循环,调整left_fish重新反推*/
            }
        }
        if(flag==1){
            return(int)s;               /*返回最终结果*/
        }
    }
    return -1;                          /*返回错误标志*/
}
```

函数 getFishCount() 的作用是计算渔夫捕鱼的数量，并将鱼数返回，如果无法得到答案则返回 -1。在函数中通过一个循环来试探得出第 5 个渔夫醒来看到的鱼数。内层循环是通过试探第 5 个渔夫醒来看到的鱼数来反推第 4 个渔夫，一直反推到第 1 个渔夫看到的鱼数（S_4, S_3, S_2, S_1）。如果这个 4 个值中有一个不是整数，就说明最初假设的第 5 个渔夫醒来看到的鱼数 S_5 是错误的，因此需要重新试探。

3. 实战演练

本题完整的源代码及测试程序见云盘中 source/21-7/，读者可以编译调试该程序。程序 21-7 的运行结果如图 21-8 所示。

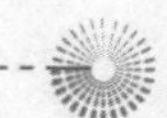

```
Fish which were gotten by fishers  at least are 3121
```

图 21-8　程序 21-7 的运行结果

21.7　丢番图的墓志铭

【面试题】古希腊数学丢番图的墓志铭上刻有一段有趣的文字：以下数字可以告诉你他的一生有多长——他生命的六分之一是愉快的童年，再过了生命的十二分之一，面颊上长了细细的胡须；又过了生命的七分之一他结婚了。婚后 5 年，他有了第一个孩子，感到很幸福，但命运给这个孩子的光辉灿烂的生命只有他父亲的一半。儿子死后，他在深切的悲痛中活了四年就告别了尘世。请问丢番图的年龄有多大？编写一个程序计算丢番图的年龄。

1. *考查的知识点*

- 穷举法解方程

2. *问题分析*

丢番图的墓志铭是麦特罗尔为了纪念数学家丢番图为数学做出的杰出贡献而撰写的，同时这也是一个经典的数学问题。我们可以很容易构建出该问题的数学模型。假设丢番图一生活了 x 岁，那么根据墓志铭的叙述可得出以下的方程式：

$$\frac{1}{6}x+\frac{1}{12}x+\frac{1}{7}x+5+\frac{1}{2}x+4=x$$

1/6x 为丢番图的童年时光；又过了 1/12x 年丢番图面颊上长了细细的胡须；又过了 1/7x 年丢番图结了婚；5 年后育有一子；1/2x 年后儿子早逝；再过 4 年丢番图走完了一生。如果用一个坐标轴来描述丢番图的一生，他人生的每一个阶段如图 21-9 所示。

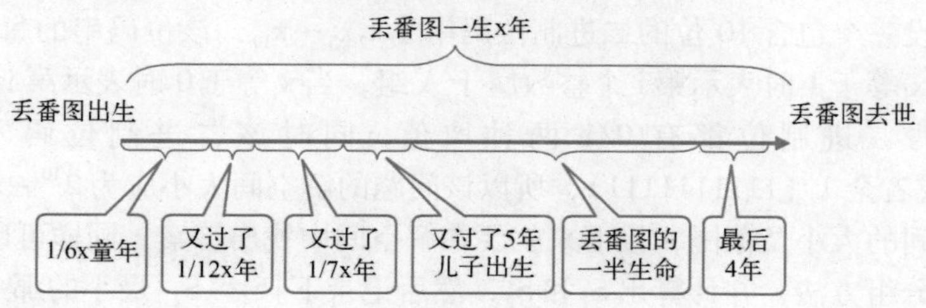

图 21-9　丢番图一生中每个阶段示意

因此只要求解了这个方程就可以得到丢番图的年龄。这类一元一次方程可以使用穷举法来求解。首先划定解空间，然后在该解空间中遍历每一个可能解，凡是符合上述方程条件的元素都是该问题的解。由于上述为一元一次方程，因此存在唯一解。本题算法描述如下：

```
float getDiophantusAge( ) {
    float age;
    for( age = 20.0;age < 100.0;age ++ ) {
        if( age/6.0 + age/12.0 + age/7.0 +5.0 + age/2.0 +4.0 == age) {
            return age;
        }
    }
}
```

算法选取的解空间为[20,100]，因为题目中已知丢番图已经有了儿子，并且儿子活了他的年龄的一半就去世了，而丢番图仍然活着。根据常识丢番图肯定活过了 20 岁，而丢番图活过100岁的可能性也不大。因此选定在20~100之间搜索答案，这样可以减小搜索范围，以尽快得到结果。

之所以采用浮点型数据进行运算是因为这样可以避免因整数运算而造成的舍入误差。例如，整数运算12/6等于2，而13/6也等于2，这样就会产生误差。为了获取精确值，这里采用浮点数运算。

3. 实战演练

本题完整的源代码及测试程序见云盘中source/21-8/，读者可以编译调试该程序。程序21-8的运行结果如图21-10所示。

```
Diophantus lived 84.000000
```

图21-10　程序21-11的运行结果

21.8　数的分组

【面试题】有10个任意的正整数，将其分为两组A和B，要求组A中每个数据的和与组B中每个数据的和之差的绝对值最小。请设计算法实现数的分组（找出一个答案即可）。

1. 考查的知识点

- 利用位码解决实际问题
- 复杂算法设计

2. 问题分析

本题的一种比较直观的解法是使用穷举法求解。可以将这10个数进行任意的分组，然后计算组合A中每个数字的和S_1，再计算组合B中每个数字的和S_2，$|S_1-S_2|$最小的那一种分组方法即为要得到的答案。

首先要确定解空间的大小。将10个任意的整数分为2组有多少种分法呢？可以借助二进制位码来分析。设一个包含10位的二进制位码串$x_1x_2x_3\cdots x_{10}$，该位码串的每一位与这10个整数一一对应。当x_i等于1时表示第i个整数属于A组，当x_i等于0时表示第i个整数属于B组。因为每一位上的二进制位都有0/1两种取值，同时该二进制位码不可能等于全0（0000000000）或者全1（1111111111），所以该问题的解空间大小应为$2^{10}-2=1022$。

确定了解空间的大小及范围，接下来就要在解空间中找出答案。同样可以借助位码来遍历解空间中每一种分组方法，并计算出S_1和S_2，然后记录下$|S_1-S_2|$最小的那一种分组。每一种分组方法所得到的$|S_1-S_2|$可能出现相等的情况，也就是说，虽然分组方式不同，但是组A元素之和与组B元素之和的差却相等。本题目只要求找出一种分组方案，具体的代码实现如下：

```
#include "stdio.h"
#include "math.h"
main() {
    unsigned int i,j,k=0,difference=0,r;
    unsigned int sum_A=0,sum_B=0;
    int a[10];
    printf("Please input 10 integer\n");
    for(i=0;i<10;i++) {
        scanf("%d",&a[i]);                    /*输入10个任意的整数,并保存到数组a[]中*/
        difference=difference+a[i];           /*初始化差值difference*/
    }
    for(i=0x0001;i<=0x03fe;i++) {             /*在2^10-2上搜索*/
```

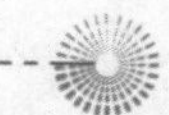

```
            for(j = 0x0001,k = 9;j <= 0x0200;j = j * 2,k -- ){
                if( (j&i) != 0) {
                    sum_A = sum_A + a[k];            /* 组 A 中的元素和 */
                } else {
                    sum_B = sum_B + a[k];            /* 组 B 中的元素和 */
                }
            }
            if( abs( sum_A - sum_B) < difference) {
                r = i;                               /* r 中保存 AB 差值最小的组合方式位码 */
                difference = abs( sum_A - sum_B) ;        /* 重置差值 difference */
            }
            sum_A = 0;
            sum_B = 0;
        }
        printf( "Group A: \n" ) ;                    /* 输出组 A 中的数据 */
        for( j = 0x0001,k = 9;j <= 0x0200;j = j * 2,k -- ) {
            if( (j&r) != 0) {
                printf( "%3d\n",a[k]);
            }
        }
        printf( "Group B: \n" ) ;                    /* 输出组 B 中的数据 */
        for( j = 0x0001,k = 9;j <= 0x0200;j = j * 2,k -- ) {
            if( (j&r) == 0) {
                printf( "%3d\n",a[k]);
            }
        }
        printf( "The difference fo Group A and Group B is %d\n",difference);
                                                     /* 输出 AB 组数据的差值 */
        getchar( );
    }
```

程序中遍历解空间并寻找答案的过程通过一个二重循环来实现。其中外层循环 for(i = 0x0001;i <= 0x03ef;i ++)是遍历（$2^{10}-2$）种分组方式。其中 0x0001 为十进制的 1，0x03fe 为十进制的 1022，其搜索范围是（0000000001）$_2$ ~（1111111110）$_2$。

内层循环计算每一种分组方法中组 A 和组 B 的和 sum_A 和 sum_B。事先要将 10 个整数放到数组 a 中，然后通过循环 for(j = 0x0001,k = 9;j <= 0x0200;j = j * 2,k --)来判断数组 a 中的每个元素 a[k]应当归为哪一分组中。其中变量 j 的初始值为 0x0001 = (0000000001)$_2$，循环上限为 0x0200 = (1000000000)$_2$，每次循环后 j = j * 2，对应的二进制位 1 左移一位。这样在组合方式 i（i 对应一种组合方式的位码）确定的前提下，如果(j&i) != 0，则说明数据 a[k]被划分到 A 组，如果(j&i) == 0，则说明数据 a[k]被划分到 B 组。

举个例子，如果当前的组合方式为 i = (1001001101)$_2$，表明数组 a 中的 a[0]、a[3]、a[6]、a[7]、a[9]被划分到 A 组，其余元素被划分到 B 组。这样当 j 等于(0000000001)$_2$时，(j&i) != 0，说明数组的第 10 个元素 a[9]被划分到 A 组中，当 j 等于(0000000010)$_2$时，(j&i) == 0，说明数组的第 9 个元素 a[8]被划分到 B 组中，如图 21-11 所示。

变量 sum_A 记录组 A 元素之和，sum_B 记录组 B 元素之和。每一种分组结束后都要判断 abs(sum_A - sum_B)是否小于 difference，如果是则记录下组合方式位码 i。表示当前的组合方式下，组 A 的元素和与组 B 的元素和之差的绝对值最小。两组数据之和的差值 difference 被初始化为输入的 10 个正整数之和，这样就能保证 A、B 两个分组数据之和的差的绝对值都小于 difference。

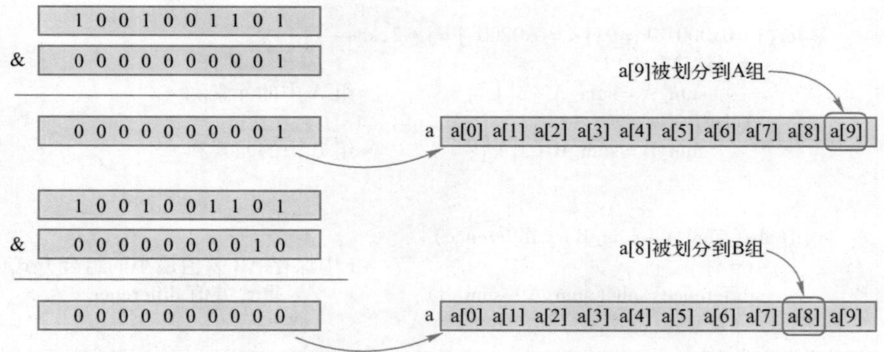

图 21-11　数组 a[ ]中元素分组的求解过程

通过上述过程，可以得到组 A 元素和与组 B 元素和之差最小的分组方式位码 r，接下来就要通过 r 输出具体的分组方式。程序通过一个变量 j 在 0x0001 ~ 0x0200 上与 r 进行按位与操作，当结果不等于 0 时，说明 a[k]被分配到了 A 组；当结果为 0 时，说明 a[k]被分配到了 B 组；并将分组结果输出到屏幕上。

其实在搜索的过程中可能遇到当前的 abs(sum_A - sum_B)与 difference 相等的情况，也就是说，当前的分组方式 i 同原先记录下来的分组方式 r 可以得到同样的差值绝对值。由于本题目只要求输出一种分组方式，因此可以不考虑这种情形。

3. 实战演练

本题完整的源代码及测试程序见云盘中 source/21-9/，读者可以编译调试该程序。程序 21-9 的运行结果如图 21-12 所示。

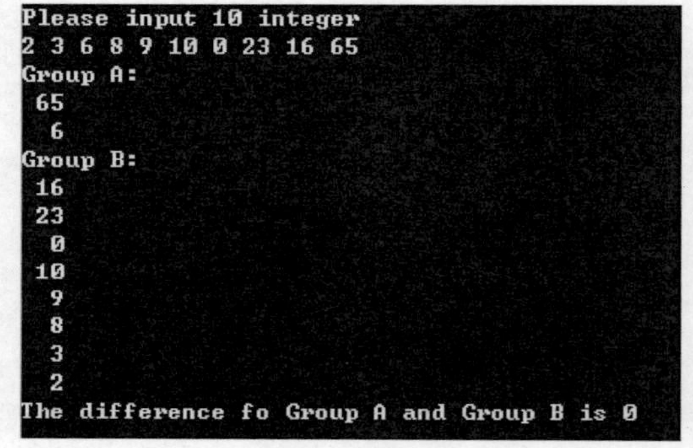

图 21-12　程序 21-9 的运行结果

21.9　寻找丑数

【面试题】我们把只包含因子 2、3、5 的数称为丑数。例如 6、8 都是丑数，而 14 不是丑数，因为它包含因子 7。通常也把 1 当作丑数。编程找出 1500 以内的全部丑数。注意：使用的算法效率应尽量高。

1. 考查的知识点

❑ 集合类问题算法设计

2. 问题分析

本题的教学视频请扫描二维码 21-5 获取。

二维码 21-5

本题最直观的解法是采用穷举筛选法：遍历 1 ~ 1500 这 1500 个整数，判断每一个数是否是丑数，如果该数是丑数则输出，否则跳过该数继续向下遍历。

这个解法的关键是如何判断丑数。根据题目已知，丑数只包含因子 2、3、5，而不包含其他任何因子，同时 1 也是丑数，因此可以把一个非 1 的丑数形式化地表示为

$$\text{UglyNumber} = 2 \times 2 \times 2 \times \cdots \times 2 \ \times 3 \times 3 \times 3 \times \cdots \times 3 \ \times 5 \times 5 \times 5 \times \cdots \times 5$$

不难看出，如果将该丑数循环除以 2，直到除不尽为止；再循环除以 3，直到除不尽为止；

再循环除以5，那么最终得到的结果一定为1。如果按照此法循环相除而最终得到的结果不为1，则说明该数中除了包含2、3、5这三个因子外，还包含其他因子，所以该数不是丑数。上述判断丑数的方法可用下面的这段代码描述：

```
int isUglyNumber(int number){
    while(number % 2 ==0){
        number /=2;
    }
    while(number % 3 ==0){
        number /=3;
    }
    while(number % 5 ==0){
        number /=5;
    }
    return number ==1;           /* 如果是丑数返回1,不是返回0 */
}
```

接下来遍历1~1500这1500个整数，判断每个数是否是丑数，并将丑数输出。算法描述如下：

```
int printUglyNumbers(int limit){
    int count =0,i;
    for(i =1;i <=limit;i ++){
        if(isUglyNumber(i)){
            count ++;
            printf("%5d",i);
        }
    }
    return count;
}
```

函数printUglyNumbers可将1~limit之间的丑数输出，并返回1~limit之间丑数的个数。如果要计算1500以内的全部丑数，只需将1500作为参数传递给函数printUglyNumbers。

这种方法的实现固然简单，但是题目中要求算法效率应尽量高，而上述算法还有优化空间。虽然该算法的时间复杂度是O(n)，但是里面有很多冗余计算。因为通过穷举筛选法在指定的范围内逐一判断每个数是否为丑数，就无法避免对不是丑数的数字进行判断。实践证明，整数区间越向后移，丑数的个数越少，例如，[1,100]包含34个丑数，而[8000,9000]仅包含6个丑数。所以采用穷举筛选法搜索丑数，搜索范围越大，无用的计算越多。

采用穷举筛选法是无法避免对搜索区间内的每个整数进行判断的，这是该算法的局限。其实可以通过计算直接获取某一范围内的丑数，这种方法比穷举筛选法更高效。

根据丑数的特性可知，丑数中只包含因子2、3、5，所以一个丑数乘以2或乘以3或乘以5之后得到的仍是丑数，而任何除1外的丑数，都能通过一个丑数再乘以2或乘以3或乘以5获得，所以可以采用将已有的丑数乘以(2,3,5)得到新丑数的方法来计算某一范围内的丑数，这样每次计算得到的都是丑数，效率要比穷举筛选法高很多。

可以将计算出来的丑数放入到一个数组中，这样就保证了数组中保存的整数都是丑数，那么数组中的下一个丑数一定是数组中已存在的某个丑数乘以2或乘以3或乘以5所得。这是使用该算法计算丑数的核心思想，可用图21-13表示。

从图21-13可以看出，数组中的每一个新的丑数都是通过数组中已有的丑数乘以(2,3,5)得到的，这样丑数不断地在数组内增加，直到达到预期查找的范围为止。

图 21-13 计算丑数的核心思想

那么问题来了：新的丑数要通过数组中已有的丑数获得，那么第一个丑数怎样获取呢？由于数组中已有的任何一个丑数乘以(2,3,5)都是丑数，下一个丑数要怎样获得才能保证数组中的丑数没有遗漏呢?

第一个问题很好解决，因为约定 1 是丑数，而 1 乘以(2,3,5)得到的也是丑数，所以数组中的第一个元素设置为 1 即可，以此为基础衍生出后续的丑数。

第二个问题则相对复杂一些。下面先看一个例子，看看这样计算丑数会不会有问题。

假设要计算[1,10]范围内的丑数，最初数组中只存放 1，数组内容为{1}；再用 1*2 得到第二个丑数 2，数组内容变为{1,2}；再用 2*2 得到第三个丑数 4，数组内容变为{1,2,4}；再用 4*2 得到第四个丑数 8，数组内容变为{1,2,4,8}；再用 2*5 得到第五个丑数 10，数组内容变为{1,2,4,8,10}。最终得到[1,10]范围内的丑数为{1,2,4,8,10}。

这种计算方法当然是有问题的，至少 3 和 5 没有算进去。出现这个错误的原因是计算“下一个丑数”的方法不对，不能保证计算出来的结果不重不漏。那么怎样保证计算结果没有重复和遗漏呢？用一句话概括就是：保证计算出来的“下一个丑数”是顺序递增且增量最小。换句话说，每次计算的“下一个丑数”都是大于数组中最后丑数的所有丑数中最小的一个。仍以计算[1,10]范围内的丑数为例介绍这种方法，如图 21-14 所示。

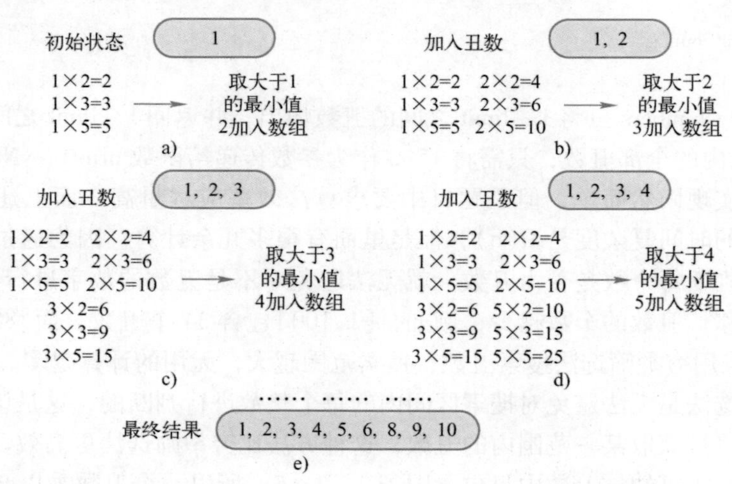

图 21-14 计算丑数的方法

通过上面的一系列计算，得到的丑数集合是不重和不漏的。但是新的问题又出来了：怎样计算大于数组中最后丑数的所有丑数中最小的一个呢？如果像图 21-14 所示那样把数组中已有的丑数都计算一遍（分别乘 2，3，5），再找出合适的取值，显然是存在冗余计算的。因为数组元素一定是顺序递增的，所以每次计算时只要从上次计算的点向后继续计算即可，前面的元素没有必要重复计算了。那么具体应该怎样做呢?

为了讲清楚这个算法，下面先给出算法的代码描述，然后再进行详细地讲解。

```
int getNext(int * loc2,int * loc3,int * loc5,int array[],int index){
    while(array[ * loc2] * 2 <= array[index]){
        ( * loc2) ++;
    }
    while(array[ * loc3] * 3 <= array[index]){
        ( * loc3) ++;
    }
    while(array[ * loc5] * 5 <= array[index]){
        ( * loc5) ++;
    }
    if(array[ * loc2] * 2 < array[ * loc3] * 3){
        return array[ * loc2] * 2 < array[ * loc5] * 5 ? array[ * loc2] * 2:array[ * loc5] * 5;
    }else{
        return array[ * loc3] * 3 < array[ * loc5] * 5 ? array[ * loc3] * 3:array[ * loc5] * 5;
    }
}
```

函数 getNext 的作用是根据数组中已有的丑数获取下一个丑数，并将其返回。参数 array 为该数组的数组名，index 为当前数组中最后一个元素的下标，参数 * loc2、 * loc3、 * loc5 分别为数组 array 中三个丑数元素的下标指针，通过这三个下标指针可以计算得到下一个丑数。

在函数中 loc2 指向的元素只做乘 2 操作，loc3 指向的元素只做乘 3 操作，loc5 指向的元素只做乘 5 操作。

```
while(array[ * loc2] * 2 <= array[index]){
    ( * loc2) ++;
}
```

通过上面的 while 循环，最终 array[* loc2] * 2 会大于 array[index]，并且 array[* loc2]是数组已有元素中乘以 2 大于 array[index]的最小值。同理可知，array[* loc3]是数组已有元素中乘以 3 且大于 array[index]的最小值，array[* loc5]是数组已有元素中乘以 5 且大于 array[index]的最小值。

```
if(array[ * loc2] * 2 < array[ * loc3] * 3){
    return array[ * loc2] * 2 < array[ * loc5] * 5 ? array[ * loc2] * 2:array[ * loc5] * 5;
}else{
    return array[ * loc3] * 3 < array[ * loc5] * 5 ? array[ * loc3] * 3:array[ * loc5] * 5;
}
```

然后通过上面的条件判断，计算出 array[* loc2] * 2、array[* loc3] * 3 和 array[* loc5] * 5 中的最小值，该值就是求得的“下一个丑数”。

注意，由于采用指针传递，数组下标 loc2、loc3 和 loc5 将在 getNext 中被修改，在下一次计算“下一个丑数”时，只需要从 loc2、loc3 和 loc5 指向的数组元素开始继续向下计算查找即可，因为它们前面的数组元素乘以（2 或 3 或 5）都是小于当前数组中最后一个丑数，所以没必要再重复计算比较了。

按照上面步骤逐个计算数组中的“下一个丑数”，每次得到的丑数都是从数组中已有丑数里衍生出来的丑数中的最小的一个。通过这种方式获得丑数的算法可描述如下：

```
int printUglyNumbers(int limit){
    int count = 1;
    int uglyNumberArray[1000];
    int loc2 = 0,loc3 = 0,loc5 = 0;
```

```
    int m2,m3,m5,max;
    int index =0;
    int i;

    uglyNumberArray[0] =1;                       /* 初始化数组,第一个赋值为1 */
    max = getNext(&loc2,&loc3,&loc5,uglyNumberArray,index);/* 计算下一个丑数 */

    while(max <= limit){            /* 循环计算下一个丑数,直到下一个丑数大于上限 limit 为止 */
        index ++;                                /* index 指向数组中最后一个元素 */
        uglyNumberArray[index] = max;            /* 将得到的丑数放入数组 */
        count ++;                                /* 记录数组中元素的个数 */
        max = getNext(&loc2,&loc3,&loc5,uglyNumberArray,index);
    }
    for(i =0;i < count;i ++){
        printf("%5d",uglyNumberArray[i]);   /* 打印出数组中的全部元素 */
    }
    return count;
}
```

函数 printUglyNumbers 可将 1 ~ limit 之间的丑数输出，并返回该范围内丑数的个数。

3. 实战演练

本题完整的源代码及测试程序见云盘中 source/21-10/，读者可以编译调试该程序。本程序实现了两种计算丑数的方法来寻找 1500 以内的丑数。程序会输出 1500 以内的全部丑数和丑数的个数。程序 21-10 的运行结果如图 21-15 所示。

```
    1    2    3    4    5    6    8    9   10   12   15   16   18   20   24   25
   27   30   32   36   40   45   48   50   54   60   64   72   75   80   81   90
   96  100  108  120  125  128  135  144  150  160  162  180  192  200  216  225
  240  243  250  256  270  288  300  320  324  360  375  384  400  405  432  450
  480  486  500  512  540  576  600  625  640  648  675  720  729  750  768  800
  810  864  900  960  972 1000 1024 1080 1125 1152 1200 1215 1250 1280 1296 1350
 1440 1458 1500
The count of ugly number below 1500 are 99
    1    2    3    4    5    6    8    9   10   12   15   16   18   20   24   25
   27   30   32   36   40   45   48   50   54   60   64   72   75   80   81   90
   96  100  108  120  125  128  135  144  150  160  162  180  192  200  216  225
  240  243  250  256  270  288  300  320  324  360  375  384  400  405  432  450
  480  486  500  512  540  576  600  625  640  648  675  720  729  750  768  800
  810  864  900  960  972 1000 1024 1080 1125 1152 1200 1215 1250 1280 1296 1350
 1440 1458 1500
The count of ugly number below 1500 are 99
```

图 21-15　程序 21-10 的运行结果

21.10　图中有多少个三角形

【面试题】请说出下面图形中包含多少个三角形？请用一个程序完成计算。

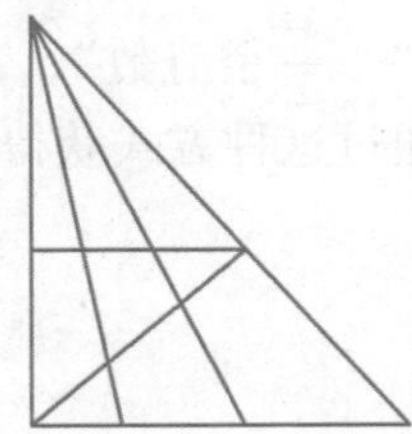

二维码 21-6

1. 考查的知识点

❑ 利用穷举法解决实际问题

❑ 图形问题

2. 问题分析

本题的教学视频请扫描二维码 21-6 获取。

当遇到这类“数三角”的问题时，很多人第一反应就是拿起笔在图上又描又画，想用蛮力数出三角的个数，但是对于一个计算机专业的人，应该想一想能否用程序解决。本题是一个使用程序设计解决实际问题的好例子，可以采用穷举法结合图形特性来解决。

首先给图中每个线段的交点设一个字母标记，如图 21-16 所示。这样就可以用两个字母表示一条线段。需要注意的是，不是任何两个字母都能构成一条线段，要依据图中交点的位置确定能否构成线段，例如，{a,d}和{k,i}就能构成线段，而{g,i}和{d,c}则不能。

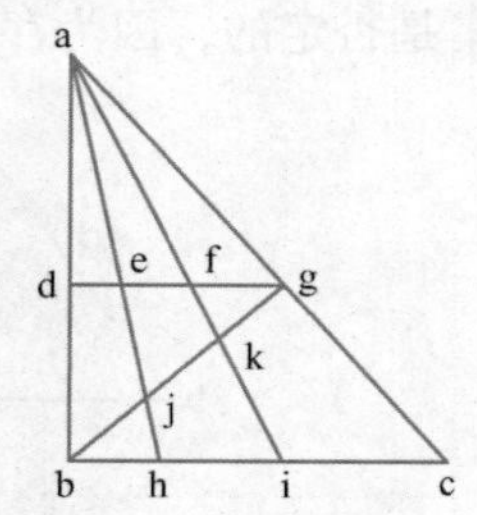

图 21-16　给图中每个线段的交点设一个字母标记

在使用穷举法解决此题时，要使用一个变量来记录图形中三角形的个数。然后将图中所有的线段进行任意 3 条的组合，如果这 3 条线段能构成一个三角形，则计数加 1，否则计数不变。这样将全部组合穷举完毕后就能得到图形中三角形的个数了。

首先要列出图形中所有的线段，一定要列全，这是采用穷举法计算三角形个数的第一步。用一个字符串数组将这些线段保存，图形中一共包含 36 条线段。

```
char * map[] =   {"ab","ad","db","ag","gc","ac","ah","ae","ej","jh",
    "aj","eh","af","ak","ai","fk","fi","ki","de","df","dg","ef","eg",
    "fg","bj","bk","bg","jk","jg","kg","bh","bi","bc","hi","hc","ic"};
```

通过图形数出线段的条数要比直接数出三角形的个数容易得多，技巧就是先从长的线段入手，例如 ab，再在这个线段里面找出子线段，例如 ad、db。这样找会比较方便全面。

接下来就要对这些线段进行任意 3 条的组合，然后判断每一种组合能否构成一个三角形。可以通过下面这个算法实现这个功能：

```
#define NO_POINT '0'
int isTriangle(char * str1,char * str2,char * str3){
    char p1,p2,p3;
    p1 = getCrossPoint(str1,str2);
    if(p1 == NO_POINT)return 0;
    p2 = getCrossPoint(str2,str3);
    if(p2 == NO_POINT)return 0;
    p3 = getCrossPoint(str1,str3);
    if(p3 == NO_POINT)return 0;

    if(p1!= p2 && p2 != p3 && p1 != p3 && isInALine(p1,p2,p3) ==0){
        printf("(%c,%c,%c)",p1,p2,p3);
        return 1;
    }
    return 0;
}
```

函数 isTriangle()的作用是判断 3 条线段能否组成一个三角形。如果能组成一个三角形，则函数返回 1，否则返回 0。三个参数 str1、str2 和 str3 分别指向代表这 3 条线段的字符串。在

isTriangle 中会调到函数 getCrossPoint，这个函数的作用是计算两条线端的交点并将代表这个交点的字母返回。如果 str1、str2、str3 这三条线段能构成一个三角形，那么任意两条线段都必然存在交点，如图 21-17 所示。

如图 21-17 所示，三条线段 str1、str2、str3 构成了一个三角形，则任意两条线段一定存在交点，交点分别为 a、b、c。

当通过 getCrossPoint 获取两条线段的交点时，如果返回结果为 NO_POINT，则表明这一组 3 条线段中的其中两条不存在交点，所以这 3 条线段不能构成一个三角形，程序返回 0。

如果三条线段的任意两条都存在交点，能否断定这三条线段就一定能构成一个三角形呢？答案是否定的，因为存在图 21-18 所示的两种情形。

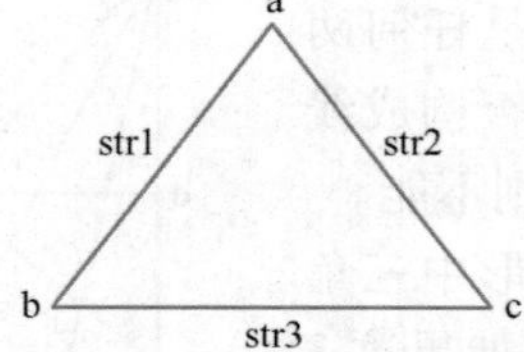

图 21-17　三条线段构成一个三角形的情形

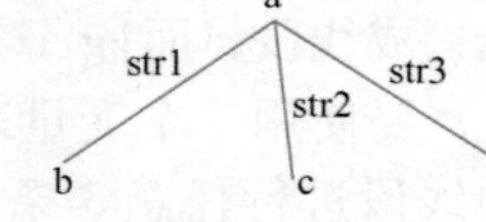

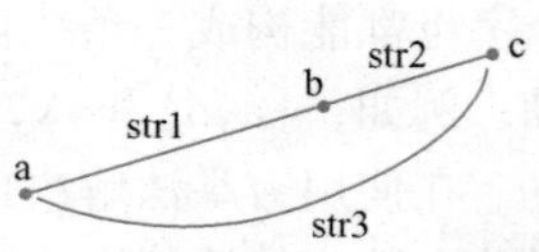

图 21-18　存在交点但不构成三角形

如图 21-18 所示，这两种情况都是三条线段的任意两条都存在交点但不构成三角形。可以将这两种情形归纳为：左图中三条线段（ab，ac，ad）存在重复交点 a，所以不能构成一个三角形；右图中三条线段（ab，bc，ac）的三个交点处于同一直线上，所以不能构成一个三角形。基于上述考虑，还要在获取两两线段的交点后做如下判断：

```
if(p1 != p2 && p2 != p3 && p1 != p3 && isInALine(p1,p2,p3) ==0) {
        return 1;
}
```

条件语句首先判断线段两两相交是否不存在重复交点，之后通过函数 isInALine 判断三个交点是否不处于同一直线。只有满足了上述两个条件，才能判定三条线段构成一个三角形。

函数 getCrossPoint 的实现如下：

```
char getCrossPoint(char * s1,char * s2) {
    if( * s1 == * s2 )return * s1;
    if( * s1 == * (s2 +1))return * s1;
    if( * (s1 +1) == * s2)return * s2;
    if( * (s1 +1) == * (s2 +1))return * (s1 +1);
    return NO_POINT;
}
```

函数 isInALine 的实现如下：

```
int isInALine(char a,char b,char c) {
    int i =0;
    for(i =0;i <7;i ++) {
        if(contains(line[i],a) ==1 && contains(line[i],b) ==1 && contains(line[i],c) ==1) {
            return 1;
        }
    }
    return 0;
}
```

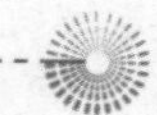

获取两条线段交点的方法很简单，这里不再详述。判断三个交点是否在同一直线上的方法稍复杂一些，因为无法通过三个交点的字母来判断它们是否处于一条直线上，所以要结合原图进行判断。

首先观察原图，找出所有三点处于一条直线上的实例，并将同一直线上的点以字符串的形式保存在一个字符串数组中：

```
char * line[] = {"adb","agc","aejh","afki","defg","bjkg","bhic"};
```

因为图中仅包含 7 条直线，所以只需将每条直线上的点组合在一起，构成字符串即可。如果三个交点处于同一条直线上，则这三个交点必然在同一字符串中。例如，{a,b,d} 在同一直线上，{a,f,i} 在同一直线上，{j,k,g} 在同一直线上等。

函数 contains 的实现如下：

```
int contains(char * str,char a){
    int i = 0;
    while(str[i] != '\0'){
        if(str[i] == a){
            return 1;
        }
        i++;
    }
    return 0;
}
```

它的作用是判断字符 a 是否包含于字符串 str 中。在调用时，需要将三个交点依次传入并判断每个交点是否都处于同一条直线上。如果三个交点不在同一个字符串中，则说明这三个交点不在同一直线上，反之则表明这三个交点在同一条直线上。

经过以上的穷举判断，就可以得到图中三角形的个数。

3. 实战演练

本题完整的源代码及测试程序见云盘中 source/21-11/，读者可以编译调试该程序。程序 21-11 的运行结果如图 21-19 所示。

```
It contains 24 triangle
```

图 21-19　程序 21-11 的运行结果

21.11　递归查找数组中的最大值

【面试题】编写一个程序，用递归的方法实现查找数组中的最大值。

1. 考查的知识点

- 利用递归算法解决实际问题

2. 问题分析

在查找数组中的最大值时，最常用的方法是遍历数组中的每个元素，使用一个变量 max 记录已遍历过的元素中的最大值，当访问到的元素大于 max 时，就将其赋值给 max。最终的 max 即为数组中的最大值。但是本题要求使用递归方式，就需要换一种思维考虑了。

首先应该考虑如何将“查找数组中的最大值”用递归的形式描述。要想找出数组中的最大值，可以将数组中的第一个元素 a 与除第一个元素之外的数组后续元素中的最大值 max'进行比较，如果 a 大于 max'，则 a 一定是数组中的最大值，否则 max'是数组中的最大值。

上述的问题描述是一种递归的描述方法，因为在提出解决方案的同时无形中又提出了一个新的问题，即如何查找除了第一个元素之外的后续数组元素中的最大值 max'。不难理解，查找数组后续元素最大值的方法与查找整个数组最大值的方法是一样的，只是问题规模缩小了一些。这就是该问题的递归解法，具体算法描述如下：

```
int getMaxValue(int * k,int n){
    int tmp;
    if(1 == n){
        return k[0];
    }else{
        tmp = getMaxValue(k + 1,n - 1);
    }
    if(k[0] > tmp){
        return k[0];
    }else{
        return tmp;
    }
}
```

函数 getMaxValue 的功能是返回数组中的最大值。参数 k 为数组的首地址，也是当前查找的子序列中第一个元素的指针；参数 n 为当前子序列元素的个数。

首先程序判断 n 是否等于 1，如果 n 等于 1，则表示当前所检索的数组中只包含 1 个元素，它必然是最大值，直接将其返回；如果 n 不等于 1，就调用函数 getMaxValue，计算从k + 1处开始的 n - 1 个元素的最大值，并将结果保存在变量 tmp 中。然后比较 k[0] 与 tmp 并返回较大值，即返回数组 k 中的最大值。在递归地调用函数 getMaxValue 的过程中，仍然是重复上述操作，只是数组的头指针和数组中元素的个数不同，也就是问题规模不同。

3. 实战演练

本题完整的源代码及测试程序见云盘中 source/21-12/，读者可以编译调试该程序。在测试程序中初始化了一个整型数组{2,4,5,65,2,8,2,5,6,55}，然后程序通过递归方法找出其中的最大值。程序 21-12 的运行结果如图 21-20 所示。

```
The max value in the array is 65
```

图 21-20　程序 21-12 的运行结果

21.12　分解质因数

【面试题】众所周知，任何一个合数都可以写成几个质数相乘的形式，这几个质数叫作这个合数的质因数。例如，24 = 2 × 2 × 2 × 3。把一个合数写成几个质数相乘的形式叫作分解质因数。对于一个质数，它的质因数可定义为它本身。编写一个程序实现分解质因数。

1. 考查的知识点

❑ 质数相关的算法设计

❑ 利用递归算法解决实际问题

二维码 21-7

2. 问题分析

本题的教学视频请扫描二维码 21-7 获取。

对一个合数进行分解质因数的方法很多，要解决此题，首先要理解什么是质数，什么是合数，以及它们之间的关系。

质数就是除了 1 和它本身外再没有其他因数的数字，例如，3、5、7 等；合数就是除了 1 和它本身之外还存在其他因数的数字，例如，24 除了 1 和 24 之外还有因数 2 等。任何一个合数都可以分解为几个质数乘积的形式，这个过程叫作分解质因数。例如，将 24 分解质因数为 24 =2 ×2 ×2 ×3，其中每个因数(2,2,2,3)都是质数。

对一个整数 n 进行质因数分解时，如果 n 就是质数，则直接返回 n，不需要分解；如果 n 是合数，则从 2 开始到 n－1 顺序地查找 n 的因数，那么第一个找到的因数 i 一定是质因数。例如，24 =2 ×12，2 是第一个找到的 24 的因数，同时它也是质因数。

可用反证法证明：假设 i 不是质因数，则 i 除了 1 和 i 还有其他因数，即存在 p,q∈[2,n－1]，使得 pq = i。因此 pq(n/i) = n，p 和 q 也是 n 的因数。但是我们是从 2 开始递增求 n 的因数，又因为 i 是第一个找到的因数，所以在 i 之前不会有其他的因数，所以结论与题设产生矛盾。因此假设错误，i 一定是质因数。

接下来继续对(n/i)进行质因数分解，方法跟前面所讲的一样。很显然，这是一种递归的方法。因为对(n/i)进行质因数分解的过程与对 n 进行质因数分解的过程是一样的，只是问题的规模缩小了。分解质因数的递归算法描述如下：

```
void PrimeFactor(int n){
  /*对参数 n 分解质因数*/
    int i;
    if(isPrime(n)){
        printf("%d ",n);                          /*参数 n 是质数,输出,并返回*/
    }else{
        for(i=2;i<=n-1;i++){
            if(n % i==0){
                printf("%d ",i);                  /*第一个因数一定是质因数*/
                PrimeFactor(n/i);                 /*递归地调用 PrimeFactor 分解 n/i*/
                break;
            }
        }
    }
}
```

代码中函数 isPrime 的作用是判断参数是否为质数，如果是质数返回 1，否则返回 0。

3. 实战演练

本题完整的源代码及测试程序见云盘中 source/21-13/，读者可以编译调试该程序。在测试程序中用户可从终端输入一个合数，程序会调用 PrimeFactor 将该数进行质因数分解，并将结果输出。程序 21-13 的运行结果如图 21-21 所示。

```
Please input a integer for getting Prime factor
1155
3 5 7 11
```

图 21-21　程序 21-13 的运行结果

21.13　在大矩阵中找 k

【面试题】已知有一个 m×n 阶的整数矩阵，m 和 n 可以是任意值。矩阵的每一行都按值严格递增，矩阵的每一列也按值严格递增。矩阵中没有重复数字。现在输入一个整数 k，要求

在该矩阵中查找是否存在 k 值，如果存在指出 k 位于矩阵中的位置，否则显示提示信息。要求使用复杂度尽可能小的算法实现。

1. *考查的知识点*

- ❑ 分治递归算法设计
- ❑ 复杂问题的算法设计

二维码 21-8

2. *问题分析*

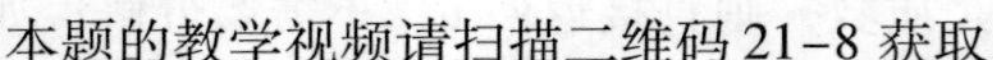

本题的教学视频请扫描二维码 21-8 获取。

如果使用普通的方法按行或按列逐一检索矩阵中的元素查找 k 是否存在，那是再简单不过的了。但是没有用到“矩阵的每一行都按值严格递增，矩阵的每一列也按值严格递增”这个条件，也不符合“使用复杂度尽可能小的算法实现”的要求。

因为矩阵的每一行都按值严格递增，矩阵的每一列也按值严格递增，所以可以充分利用这个条件设计出更加高效的算法。首先不妨来看下面这个矩阵：

$$\begin{bmatrix} 1 & 2 & 3 & 4 \\ 5 & 6 & 7 & 8 \\ 9 & 10 & 11 & 12 \\ 13 & 14 & 15 & 16 \end{bmatrix}$$

该矩阵符合题目中矩阵的要求。不难发现，任何一个子矩阵中左上角的元素最小，右下角的元素最大。在查找元素 k 时，如果 k 小于某一个子矩阵的左上角的元素，那么该子矩阵中的任何元素都会大于 k，这样就没有必要再逐一与 k 比较了；如果 k 大于某一个子矩阵的右下角的元素，那么该子矩阵中的任何元素都会小于 k，该矩阵中的元素也没有必要再与 k 进行比较了，这样会减少很多比较次数。

按照上述思路，可以设计出下面这个查找算法：

给定一个值 k，首先将 k 与该矩阵的对角线上的元素进行比较。如果 k 小于矩阵的第一行第一列元素，则该矩阵中的元素都大于 k；如果 k 大于矩阵的最后一行最后一列上的元素，则该矩阵中的元素都小于 k。否则就沿着对角线元素进行逐一地比较。如果恰好找到一条对角线上的元素等于 k，则程序返回成功，否则 k 必然会处在某两个对角线元素之间。例如，在上述矩阵中查找元素 8，将 8 与矩阵的对角线元素进行比较，结果发现 8 位于 6 和 11 之间。由于 8 小于 11，同时 8 大于 6，因此左上角的矩阵与右下角的矩阵可以排除在查找的范围之外，如图 21-22 所示。

图 21-22 中阴影部分遮盖的矩阵可以排除在查找的范围之外。下一步查找的矩阵块为仅为右上角的矩阵和左下角的矩阵。在这两个子矩阵中查找 k 值的方法与在整个大矩阵中查找 k 值的方法相同，依然是先在对角线上查找。

但是问题并非这样简单，因为上面只考虑了方阵的情况，即矩阵中存在对角线。而题目中并没有指出矩阵是方阵。同时假设查找的元素 k 为 4 而不是 8，那么下一次查找的右上角矩阵和左下角矩阵也不是方阵，如图 21-23 所示。

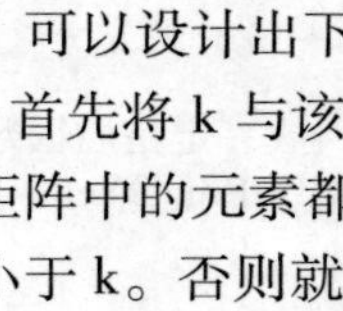

1	2	3	4
5	6	7	8
9	10	11	12
13	14	15	16

图 21-22　左上角的矩阵与右下角的矩阵可以排除在查找的范围之外

1	2	3	4
5	6	7	8
9	10	11	12
13	14	15	16

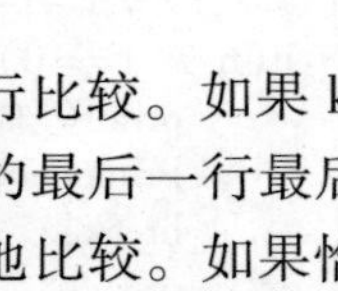

图 21-23　矩阵不是方阵的情形

可以看到，右上角的矩阵为 1×3 的矩阵，左下角的矩阵为 3×1 的矩阵。因此算法中还要考虑列数大于行数的矩阵以及行数大于列数的矩阵这两种情况。

对于列数大于行数的矩阵，如果 k 大于矩阵 p[i][j](i=j=0,1,2,…)的任何一个元素，那么下一步的查找范围就限定在图 21-24 中阴影区域覆盖的矩阵块中。显然空白的子矩阵部分的所有元素都小于 k。

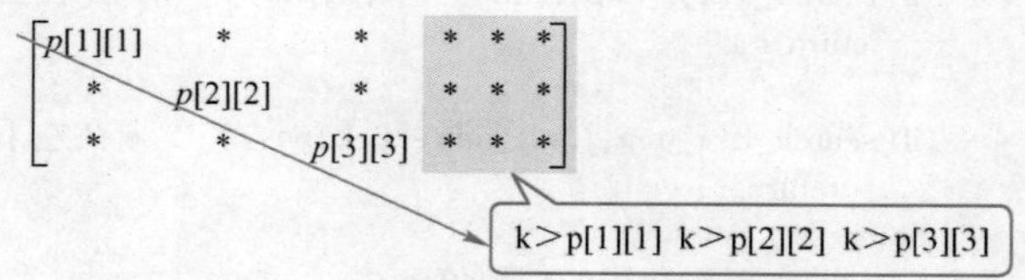

图 21-24　阴影部分为下一步查找的范围（1）

对于行数大于列数的矩阵，如果 k 大于矩阵 p[i][j](i=j=0,1,2,…)的任何一个元素，那么下一步的查找范围就限定在图 21-25 中阴影区域覆盖的矩阵块中。显然空白的子矩阵部分的所有元素都小于 k。

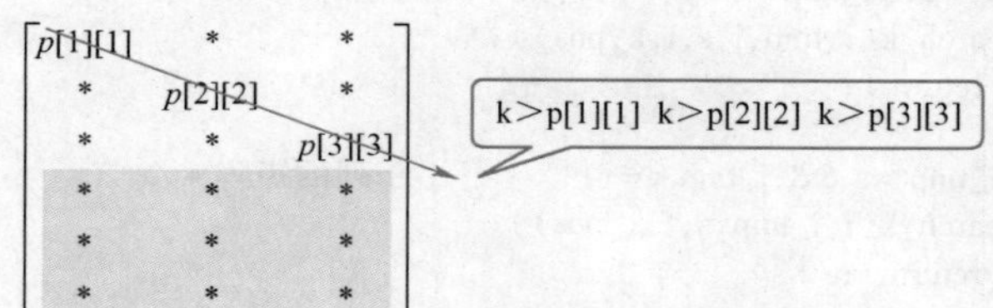

图 21-25　阴影部分为下一步查找的范围（2）

对于行数与列数不等的矩阵，如果要查找的元素 k 位于两个 p[i][j]之间，那么下面的查找工作与在方阵中的做法是一样的，仅在右上角的矩阵和左下角的矩阵中查找。

综上所述，在给定的元素 k 与矩阵 p 的 p[i][j](i=j=0,1,2,…)进行比较时，需要分以下几种情况考虑：

如果元素 k 小于矩阵的左上角元素，则表明该矩阵中不含有元素 k，返回；

如果在 p[i][j]上查找到元素 k，则返回成功；

如果元素 k 位于两个 p[i][j]之间，就在右上角和左下角两个矩阵中继续查找；

如果元素 k 大于 p[i][j]上的任何一个元素，则分为两种情况考虑：如果 p 是一个方阵，则表明元素 k 不在该矩阵中；如果 p 不是一个方阵，下一步就在如图 21-24 或图 21-25 所示的阴影部分的矩阵块中继续查找。

该算法运用递归分治的思想，具体的代码描述如下：

```
int p[x][y];                          /*初始化全局数组,保存矩阵 p*/
struct posxy{                         /*保存 k 值坐标的结构体*/
    int i;
    int j;
};
int search_k(int i,int j,int s,int t,int k,struct posxy *pos){
    int i_tmp=i,j_tmp=j;
    for(i_tmp=i,j_tmp=j;i_tmp<=s && j_tmp<=t;i_tmp++,j_tmp++){/*在对角线范围内
搜索*/
        if(p[i_tmp][j_tmp]==k){      /*在对角线上查找 k 成功*/
```

```
                        (*pos).i = i_tmp;
                        (*pos).j = j_tmp;
                        return 1;
                    }else if(k < p[i_tmp][j_tmp]){
                        if(i_tmp > i && j_tmp > j && i_tmp <= s && j_tmp <= t){ /*k位于两个p[i][j]之
间*/
                            if(search_k(i,j_tmp,i_tmp - 1,t,k,pos)){ /*在右上方矩阵中查找*/
                              return 1;
                            }
                            if(search_k(i_tmp,j,s,j_tmp - 1,k,pos)){ /*在左下方矩阵中查找*/
                                return 1;
                            }
                        }else{/*k小于对角线的任何值*/
                            return 0;
                        }
                    }
                }
        /*k大于对角线上的任何值,分两种情况讨论*/
        /*不是方阵的情况*/
          if(j_tmp > t && i_tmp <= s){/*行大于列的矩阵*/
              if(search_k(i_tmp,j,s,t,k,pos)){
                  return 1;
              }
          }else if(i_tmp > s && j_tmp <= t){/*行小于列的矩阵*/
              if(search_k(i,j_tmp,s,t,k,pos)){
                  return 1;
              }
          }
        /*如果是方阵则说明k大于矩阵中的任何值,返回0*/
          return 0;
}
```

代码中为了简化算法，矩阵采用全局变量的形式存储。函数 search_k 的作用是在矩阵 p 中查找元素 k，如果存在返回 1，否则返回 0。参数 i 和 j 为当前搜索的矩阵的左上角元素的行数和列数，参数 s 和 t 为当前搜索的矩阵的右下角元素的行数和列数，这两对行列数确定了当前的查找范围。参数 k 为查找的元素值。参数 *pos 为一个 posxy 类型的指针，用于保存 k 值在矩阵中的位置。

接下来通过一个 for 循环在矩阵的(i,j) ~ (s,t)范围内查找 k 值，这里通过两个变量 i_tmp 和 j_tmp 作为二维数组的下标与 k 值逐一比较。变量 i_tmp 和 j_tmp 的初始值都为 0（在函数调用时传递进来），每执行完一次循环都执行 i_tmp ++ 和 j_tmp ++ 操作，因此搜索 k 值的操作始终在对角线(p[i][j],i = j)上进行。

本算法中 for 循环的执行条件是 i_tmp <= s && j_tmp <= t，所以在矩阵的(i,j) ~ (s,t)范围内查找 k 值实际上是在一个矩阵的子矩阵中查找 k 值。它有 3 种情形：

1）如果查找的矩阵是一个方阵，则(i,j) ~ (s,t)的范围就是矩阵本身，如图 21-26所示。

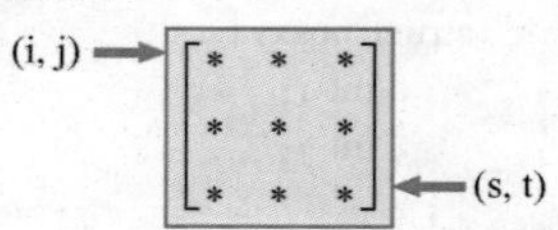

图 21-26　矩阵为方阵，(i,j) ~ (s,t)的范围为整个矩阵

2）如果矩阵行数大于列数，则(i,j) ~ (s,t)的范围是矩阵上半部分的方阵，如图 21-27 所示。

3）如果矩阵列数大于行数，则(i,j) ~ (s,t)的范围是矩阵左半部分的方阵，如图 21-28 所示。

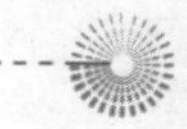

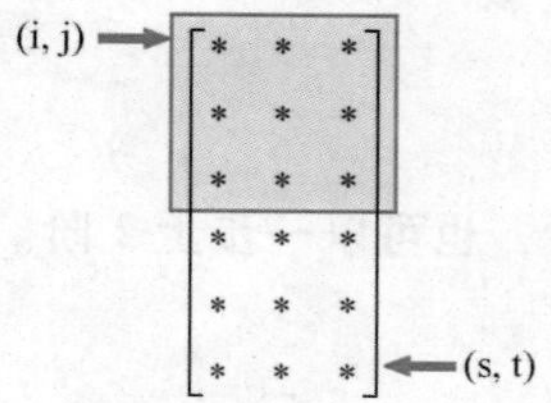

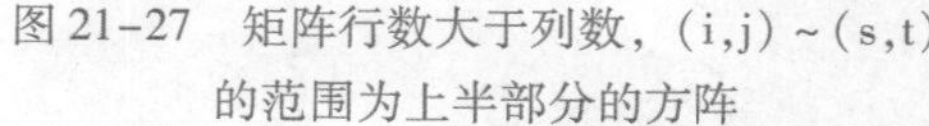

图 21-27　矩阵行数大于列数，(i,j) ~ (s,t) 的范围为上半部分的方阵

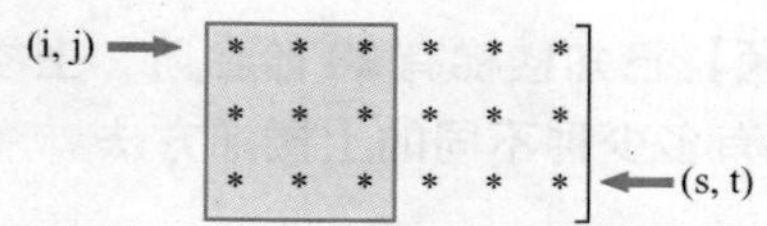

图 21-28　矩阵列数大于行数，(i,j) ~ (s,t) 的范围为左半部分的方阵

无论哪种情形，代码循环中搜索的都是图中阴影区域所框定方阵的对角线元素，因此有 3 种可能性：如果在矩阵 p[i_tmp][j_tmp]上成功找到 k 值，则将 pos 赋值并返回 1；如果 k 位于两个 p[i_tmp][j_tmp]之间，则递归地在右上方矩阵和左下方矩阵中继续查找；如果 k 小于 p[i_tmp][j_tmp]上的任何值，则说明 k 小于该矩阵中的任何值，返回 0。

如果通过上面的循环没有得到任何结果，即上述三个可能性均不符合，则说明 k 大于图中阴影区域所框定的方阵中的任何值。这就回到了图 21-27 和图 21-28 所示讨论的情形，这时需要在矩阵中“开辟”新的区域继续查找 k 值。

如果循环后 j_tmp > t 并且 i_tmp <= s，则表明当前搜索的矩阵是行数大于列数的矩阵，因此下一步的查找范围就限定在图 21-29 的阴影范围中，也就是代码中的递归调用 search_k(i_tmp,j,s,t,k,pos)的过程。阴影部分的左上角坐标为(i_tmp,j)，右下角坐标为(s,t)。

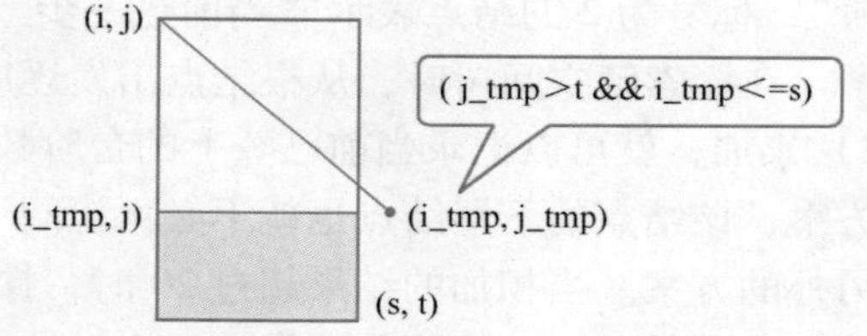

图 21-29　j_tmp > t && i_tmp <= s 时的示意图

同理，如果循环后 i_tmp > s 并且 j_tmp <= t，则表明当前搜索的矩阵是列数大于行数的矩阵，则下一步递归搜索的范围变为 search_k(i,j_tmp,s,t,k,pos)。

如果循环后 i_tmp > s 并且 j_tmp > t，则说明当前搜索的矩阵是方阵，之所以在循环中没有得到任何结果是因为 k 大于该矩阵中的任何值，所以返回 0 即可。

3. 实战演练

本题完整的源代码及测试程序见云盘中 source/21-14/，读者可以编译调试该程序。在测试程序中，首先初始化如下矩阵，然后调用递归函数 search_k 在矩阵 p 中查找 k 值，k 值由用户从终端输入。程序 21-14 的运行结果如图 21-30 和图 21-31 所示。

```
int p[4][5] = {
        {1,2,3,16,20},
        {5,8,9,17,21},
        {6,11,12,18,22},
        {7,14,15,19,23}
};
```

```
Input a integer for check wether it is in the matrix
18
18 is in the matrix P at k[2][3]
```

图 21-30　程序 21-14 的运行结果（查找成功）

```
Input a integer for check wether it is in the matrix
26
26 is NOT in the matrix P
```

图 21-31　程序 21-14 的运行结果（查找失败）

21.14 上楼梯的问题

【面试题】已知楼梯有 20 阶台阶，上楼可以一步上 1 阶，也可以一步上 2 阶。请编写一个程序计算共有多少种不同的上楼梯方法。

1. 考查的知识点

❑ 利用回溯法解决实际问题

2. 问题分析

本题使用回溯法求解比较简单。首先需要明确本题的解空间，并建立一棵解空间树，然后应用回溯法探索这棵解空间树，从中找出问题的解。就本题而言，可以用一棵二叉解空间树进行描述，如图 21-32 所示。

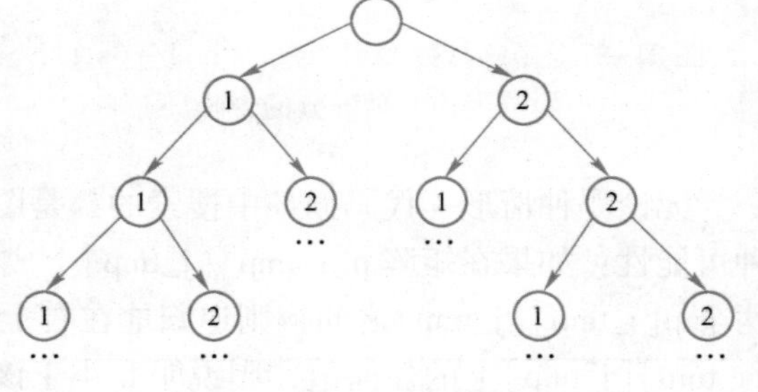

图 21-32 上楼梯问题的解空间树

所有的上楼梯方案都包含在这棵二叉解空间树中。不难理解，上楼梯时，要么一步上 1 个台阶，要么一步上 2 个台阶，对应到解空间树上，标号为 1 的结点表示“当前这一步上 1 个台阶”，标号为 2 的结点表示“当前这一步上 2 个台阶”。

在探索解空间树时，从根结点出发逐层向下探索。每经过一个结点将结点中的数字（1 或 2）累加，就可以记录当前已登上的台阶数，当这个数字等于 20 时，就表示找到一种上楼梯的方案，该结点的下层结点也就不必再访问了，而是向其父结点回溯并继续探索下一分支以寻求另外的方案。当相加的结果超过 20 时，探索也应立即停止，表示本条探索路径不是问题的答案，要向其父结点回溯并从另一分支继续向下探索。

在代码实现时，不用真的构建这样一棵解空间树，而是通过递归回溯的方法模拟进行解空间树的搜索。请参考下面的代码实现：

```
#define MAX_STEPS 20                /* 定义 20 个台阶的楼梯 */
int Steps[MAX_STEPS] = {0};         /* Steps[i]等于 1 或者 2,记录第 i 步登上的台阶数 */
int count = 0;                      /* 记录上楼梯方案的数目 */

void Upstairs(int footStep,int haveUpstairedCount,int steps) {
/* 参数 footStep 为当前要登的台阶数,haveUpstairedCount 是已走过的台阶数,steps 为已走过的步数 */
    int i;
    if(haveUpstairedCount + footStep == MAX_STEPS) {
    /* 已走过的台阶数 + 当前要登的台阶数 = 20,得到一种上楼梯的方案 */
        Steps[steps] = footStep;          /* 记录下这一步登上的台阶数 */
        for(i = 0;i <= steps;i ++) {      /* 输出这种上楼梯的方案 */
            printf("%d ",Steps[i]);
        }
        getchar();
        printf("\n");
        count ++;                         /* 累计上楼梯的方案数目 */
        return;
    }
    if(haveUpstairedCount + footStep > MAX_STEPS) {
        /* 超过了楼梯的阶数,后续的解空间树不再探索 */
            return;
    }
    Steps[steps] = footStep;         /* 记录当前上楼梯的阶数 */
```

```
        haveUpstairedCount = haveUpstairedCount + footStep;/ * 记录目前已走过的台阶数 * /
        steps ++;                          / * 步数加 1 * /
        for(i = 1;i <= 2;i ++){            / * 递归探索后续的分支 * /
            Upstairs(i,haveUpstairedCount,steps);
        }
    }
```

函数 Upstairs 的功能是输出所有上楼梯的方案，并统计方案数量。为了方便起见，代码中用全局变量 count 统计方案的数量，从而避免递归调用时的参数传递。

函数 Upstairs 包含 3 个参数：footStep 为当前要登的台阶数，也就是本次递归调用中要累加的台阶数，对应二叉解空间树上的一个结点值（1 或 2）；haveUpstairedCount 为目前已走过的台阶数，每次递归调用中要将 footStep 累加到 haveUpstairedCount 上面，以判断是否已走到或超过 20 级台阶；参数 steps 为已走过的步数（不是台阶数），用作数组 Steps 的下标，以便输出每种上楼梯的方案。如果不要求输出每种上楼梯的方案，而只是计算方案的数量，该参数和 Steps 数组都可省略。本算法中可以输出每一种上楼梯的方案。

函数 Upstairs 中首先判断 haveUpstairedCount + footStep 是否等于 MAX_STEPS，也就是台阶总数 20。如果相等，则表示当前要登的台阶数与已走过的台阶数之和等于 20，表明找到一种上楼梯方案，然后在数组 Steps 中记录下这一步登上的台阶数，并通过一个循环将 Steps 中记录的这种上楼梯方案输出，并将表示方案数量的变量 count 加 1。

如果 haveUpstairedCount + footStep 大于 MAX_STEPS，则说明当前要登的台阶数与已走过的台阶数之和超过了 20，表示到此为止的这条探索路径是错误的，它并不是一种正确的上楼方案，于是不再继续向后探索，直接返回。否则说明本次递归并没有得出明确的结论（既没有找到一种上楼梯的方案，也没有否定一条探索路径），所以要暂存下本次递归的结果并递归调用函数 Upstairs 继续向解空间树的更深层探索。

由于这个递归过程模拟的是探索一棵二叉解空间树，所以要对左右两个分支（一次登 1 个台阶和一次登 2 个台阶）分别进行探索，可通过一个循环实现：

```
    for(i = 1;i <= 2;i ++){
        / * i = 1 时表示本次上 1 个台阶,i = 2 时表示本次上 2 个台阶 * /
        Upstairs(i,haveUpstairedCount,steps);
    }
```

在外部调用函数 Upstairs 时，如果第一个参数 footStep 传递的是 1，则表示第一步上 1 个台阶，如果第一个参数 footStep 传递的是 2，则表示第一步上 2 个台阶。所以要找出全部的上楼梯方案，必须调用两次函数 Upstairs，第一次时传递参数 1，第二次时传递参数 2。这里用一个函数 Upstairs_All 将其封装。

```
    void Upstairs_All(){
        Upstairs(1,0,0);   / * 从第一步上 1 个台阶开始探索解空间树 * /
        Upstairs(2,0,0);   / * 从第一步上 2 个台阶开始探索解空间树 * /
    }
```

该算法不但统计上楼梯的方案数目，还输出每一种方案，部分方案如图 21-33 所示。每行对应一种上楼梯的方案，其中 1 表示登 1 个台阶，2 表示登 2 个台阶，每行之和都是 20。

3. 实战演练

本题完整的源代码及测试程序见云盘中 source/21-15/，读者可以编译调试该程序。程序 21-15 的运行结果如图 21-34 所示，结果显示 20 级台阶共有 10946 种上楼梯方案。

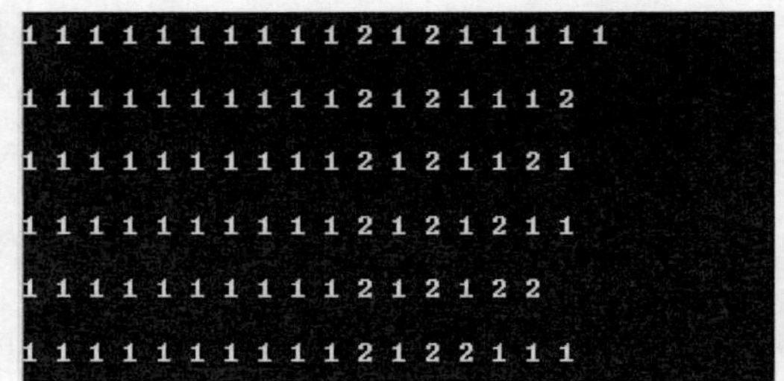

图 21-33 “上楼梯”方案的输出结果片段

```
2 2 2 2 2 2 2 2 2 2 1 1
2 2 2 2 2 2 2 2 2 2 2
共有10946种走法
```

图 21-34 程序 21-15 的运行结果

21.15 矩阵中的相邻数

【面试题】请编写一个程序，计算出与第二行第一列的元素 5 相邻的有几个 5，所谓相邻是指该元素的上下左右四个方向上的元素，同时相邻的相邻也算相邻元素。

$$
\begin{bmatrix}
1 & 1 & 5 & 5 & 1 \\
5 & 5 & 5 & 1 & 1 \\
1 & 1 & 5 & 5 & 1 \\
1 & 1 & 5 & 1 & 1 \\
5 & 1 & 1 & 1 & 5
\end{bmatrix}
$$

注：就上面的矩阵而言，与第二行第一列的元素 5 相邻的 5 共有 7 个，除去矩阵左下角的 5 和右下角的 5。

1. 考查的知识点

❑ 回溯法的实际应用

❑ 复杂算法设计

2. 问题分析

二维码 21-9

本题的教学视频请扫描二维码 21-9 获取。

题目中对于“相邻”给出的是一种递归方式的定义：相邻是指该元素的上下左右四个方向上的元素，同时相邻的相邻也算相邻元素。因此与第二行第一列的元素 5 相邻的 5 都应该是相通的，而不被元素 1 阻挡。总共可以找到 7 个相邻元素，矩阵左下角和右下角的两个 5 并不与第二行第一列的元素 5 相邻。

解决此题的一种比较简单的方法是回溯法，采取深度优先搜索的方法查找与第二行第一列的元素 5 相邻的 5。这种方法类似于图的遍历，只要从一点出发深度搜索，便可以找出所有与第二行第一列的元素 5 相邻的元素 5，不与之相通相邻的元素 5 是遍历不到的。

可以按照以下的步骤来计算与第二行第一列的元素 5 相邻的 5 的个数：

1）定义一个变量 s 作为累加器，用来计算矩阵中相邻 5 的个数，初始值为 0。

2）从第二行第一列的元素 5 出发，依次查找其相邻的 4 个元素（上下左右的元素），看其中是否有元素 5。如果有元素 5，累加器变量 s 自增 1，然后将这个元素 5 作为新的起点，继续深度搜索，也就是重复执行步骤 2）的操作（只是起点改变了）。如果其相邻的 4 个元素中没有元素 5，则执行步骤 3）。

3）返回上一层。

以上三步操作大致描述了寻找相邻数的过程。这是一个递归的过程，每一层递归调用都是

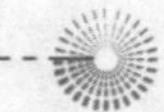

从一个矩阵元素 5 出发，深度搜索与其相邻的元素 5 的过程。最终递归过程会退回到第一层的函数调用，累加器变量 s 中保存的值就是与第二行第一列的元素 5 相邻的 5 的个数。

但是上述步骤没有考虑两个重要问题：重复搜索和矩阵越界。

所谓重复搜索，是指已经被访问过的元素再一次被访问。例如，在访问上述矩阵中第二行第二列的元素 5 时，它的相邻元素 5 包括其左边的元素 5 和其右边的元素 5，但是左边的元素 5 已经被访问过了。所以在查找第二行第二列 5 的相邻元素 5 时，其左边的元素 5 就不应包含在内，只应统计其右边的元素 5，并从其右边的这个元素 5 开始继续深度探索。

为了避免重复搜索，可以设置一个同等规模的矩阵 q。q 的初始元素都为 0，程序一旦访问到某个元素 5 时，就将矩阵 q 对应位置上的 0 改为 1。每次查找某个元素 5 的相邻元素 5 时都要查看矩阵 q，只有矩阵 q 中对应位置上的元素为 0 时，才能统计该相邻元素 5 并以此为新的起点，否则说明该相邻的元素 5 已经被统计过。图 21-35 解释了矩阵 q 的作用。

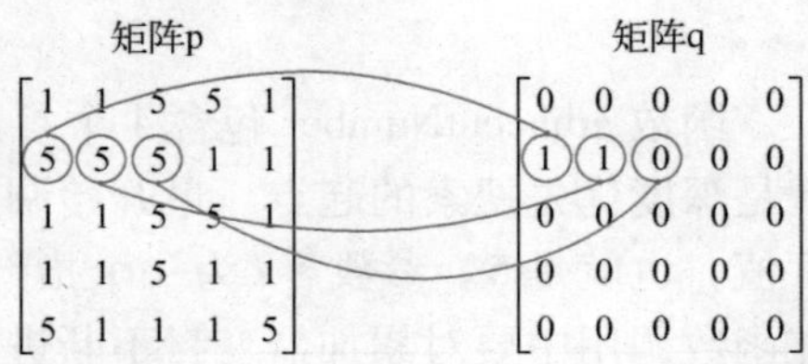

图 21-35　p 矩阵和 q 矩阵的对应关系

图 21-35 中的圆圈和连线表示两个矩阵元素之间的对应关系。此时正在访问矩阵 p 的第二行第二列的元素 5，并要查找它的相邻元素 5。从图中可知，它的相邻元素 5 只有左右两个，再查看矩阵 q，发现左边的元素 5 在矩阵 q 中的对应值为 1，说明该元素已被访问，因此本次不能再被访问了。而右边的元素 5 在矩阵 q 中的对应值为 0，说明该元素尚未被访问，因此下次从右边的这个元素 5 开始继续深度探索，同时矩阵 q 相应位置上的元素要置为 1。矩阵 q 的作用就是记录矩阵 p 上元素 5 的访问足迹，以免元素 5 被重复访问。

还有一个问题是矩阵越界。有时某些元素并没有上下左右这 4 个相邻元素，例如，第二行第一列的元素 5，它的相邻元素只有上下右这三个元素。所以在程序设计时要充分考虑到这一点，并不是每访问到一个元素 5 时都要查找其相邻的 4 个元素（可能是 3 个或 2 个）。

根据以上所述，可以归纳出下面的算法描述：

```
void adjacentNumber(int i,int j,int k,int * s){
    int a;
    q[i][j] =1;
    if(isvalid(i-1,j)){                          /* 从 p[i][j]的上方元素深度搜索 */
        if(p[i-1][j] ==k){
            (*s)++;
            q[i-1][j] =1;
            adjacentNumber(i-1,j,k,s);
        }
    }
    if(isvalid(i+1,j)){                          /* 从 p[i][j]的下方元素深度搜索 */
        if(p[i+1][j] ==k){
            (*s)++;
            q[i+1][j] =1;
            adjacentNumber(i+1,j,k,s);
        }
    }
    if(isvalid(i,j-1)){                          /* 从 p[i][j]的左边元素深度搜索 */
        if(p[i][j-1] ==k){
            (*s)++;
            q[i][j-1] =1;
            adjacentNumber(i,j-1,k,s);
```

```
            }
        }
        if(isvalid(i,j+1)){                    /*从p[i][j]的右边元素深度搜索*/
            if(p[i][j+1]==k){
                (*s)++;
                q[i][j+1]=1;
                adjacentNumber(i,j+1,k,s);
            }
        }
    }
```

函数 adjacentNumber 包含 4 个参数：参数 i 和 j 为要查找的起始元素在矩阵中的位置，也就是深度优先搜索的起点。最开始调用时为 i=1，j=0，即第二行第一列。参数 k 为搜索的元素值，也就是 5。参数 *s 为一个指针变量，用它作为累加器来统计相邻元素 5 的个数。因为在函数调用中要对累加器变量不断进行修改，所以这里采用指针传递的方法。

函数 isvalid 用于判断矩阵指定位置上的元素值是否有效。判断依据有两条：一是该位置的元素是否被访问过；二是该位置上是否存在元素（即该元素是否处在矩阵之中）。如果该位置上存在矩阵元素，且未被访问过，则进入下一步操作。函数 isvalid 的定义如下：

```
    int isvalid(int i,int j){
        if(i<0 || i>4 || j<0 || j>4)           /*(i,j)的位置不在矩阵上*/
            return 0;
        if(q[i][j]==1)                         /*该元素已被访问过*/
            return 0;
        return 1;
    }
```

题目中给定的矩阵为 5*5 的矩阵，因此矩阵的行列数 i 和 j 的范围只能是 0~4，超出这个范围就是非法的。如果矩阵的规模不同，i 和 j 的取值范围还应随之修改。

另外在本算法中，矩阵 p 和 q 都以全局变量的形式给出，这主要是为了使算法描述更加简单明了，避免了作为参数传递。同时本算法的代码有些冗余，主要是为了便于读者理解，但并不影响算法的效率，有兴趣的读者可以进一步优化代码。

3. 实战演练

本题完整的源代码及测试程序见云盘中 source/21-16/，读者可以编译调试该程序。在测试程序中，首先初始化了两个数组 p 和 q，然后调用函数 adjacentNumber 计算矩阵 p 的第二行第一列元素 5 有多少个相邻的 5，最后输出计算结果和矩阵 p 和 q 的内容。程序 21-16 的运行结果如图 21-36 所示。

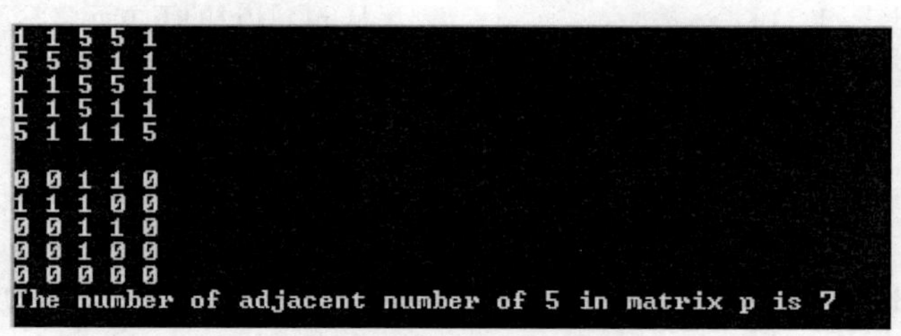

图 21-36　程序 21-16 的运行结果

第 22 章　操作系统、数据库及计算机网络

操作系统、数据库和计算机网络的相关内容是每一个程序员都应当具备的基础知识。虽然不一定从事这三个领域的研究和开发工作，但是作为 IT 从业人员，在日常的工作中总会或多或少地接触到这些知识，所以一般大型公司在笔试面试中也都会考查这部分内容，主要以基本原理为主。因此本书对这部分内容的介绍也仅限于一些基础性的、常识性的问题，并通过一些公司常见的笔试面试题对这一部分内容进行讲解。如果读者想要更加深入地学习和理解这部分内容，可以参考相关专业书籍。

22.1　操作系统

22.1.1　知识点梳理

本书仅对在面试笔试中出现的操作系统知识点做一个基础的概括和总结，希望全面而深刻地掌握操作系统知识读者，可以同时参考其他专业书籍。

1. 操作系统基础知识

操作系统的基本类型主要包括：批处理系统、分时系统和实时系统。

1）批处理系统：用户提交作业后不再和系统交互，作业成批处理，多道程序运行。优点：系统资源被多道程序共享，提高了系统资源的利用率和作业的吞吐量；缺点：无交互性，作业周转时间长。因为现代操作系统中有很多批处理的部分，所以批处理的优缺点一定要掌握。

2）分时系统：采用时间片轮转方式，多个终端用户使用系统。优点：多用户，交互性强，独立性强，UNIX 操作系统就是一种多用户分时操作系统。

3）实时系统：具有即时响应和高可靠性，但比分时系统、批处理系统资源利用率低。

2. 进程管理

进程管理主要涉及的内容包括几个方面：进程和线程的基本概念、进程和线程的区别、进程与程序的区别、进程间互斥、进程的状态及其转换、死锁的相关原理。下面逐一总结一下：

（1）进程和线程的基本概念

- 进程是具有独立功能的程序在某个数据集合上的一次执行过程。进程是系统进行资源分配和调度的一个独立单位。
- 线程是进程内的一个执行实体或执行单元，是比进程更小的能独立运行的基本单位。
- 在现代操作系统中，资源申请的基本单位是进程，进程由程序段、数据段和 PCB（进程控制块）组成。

（2）进程和线程的区别

- 操作系统引入线程机制后，进程是资源分配和调度的单位，线程是处理机调度和分配的单位，资源分配给进程，线程只拥有很少资源，线程切换代价比进程低。
- 不同进程地址空间相互独立，同一进程内的线程共享同一地址空间。一个进程的线程在

另一个进程内是不可见的。

- 创建进程或撤销进程，系统都要为之分配或回收资源，操作系统开销远大于创建或撤销线程时的开销。

(3) 进程和程序的区别

- 进程是动态概念，程序是静态概念，所以进程有并行特征。
- 进程是竞争系统资源的基本单位，程序不反映执行也不会竞争计算机系统资源。
- 不同的进程可以包含同一程序，只要该程序所对应的数据集不同。

(4) 进程互斥

在现代操作系统中，许多进程可以共享系统资源，但很多资源一次只能供一个进程使用，这些资源被称为临界资源。在每个进程中访问临界资源的一段代码被称为临界区。对临界资源应采取互斥访问的方式，最为常见的进程互斥方法是 PV 原语。

执行一次 P 操作，信号量的值减 1，当信号量的值小于 0 时，则阻塞该进程；执行一次 V 操作，信号量的值加 1，若信号量大于 0，V 原语停止执行，若信号量值小于等于 0，应唤醒等待（阻塞）队列中的进程。PV 原语的执行流程如图 22-1 所示。

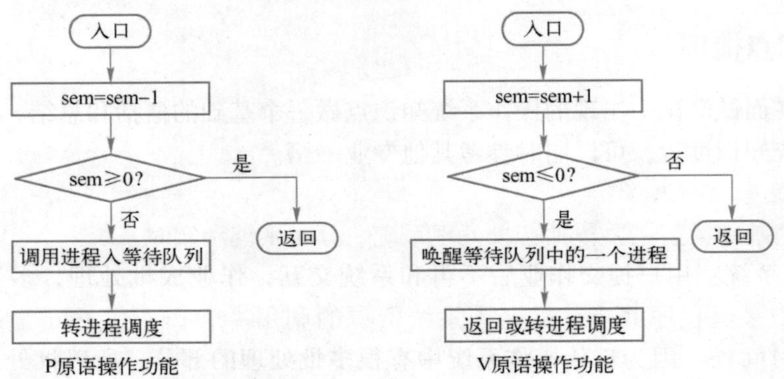

图 22-1　PV 原语的执行流程

(5) 进程的状态及其转换

在进程的生命周期中，一个进程至少有 5 种基本状态：初始状态、执行状态、等待状态（又称阻塞状态）、就绪状态和终止状态。

就绪状态：进程已得到除 CPU 之外的其他资源，只要调度到处理机，便可进入执行状态。

执行状态：当进程获得处理机，正在处理机上执行，此时的进程状态称为执行状态。

等待状态：进程因等待某个事件发生而放弃处理机进入等待状态。

进程状态的转换：

- 就绪→执行：已处在就绪状态的进程，当进程调度程序分配处理机后，该进程便由就绪状态转变成执行状态。
- 执行→就绪：处于执行状态的进程在其执行过程中，分配给它的时间片已用完而不得不让出处理机，于是进程从执行状态转变成就绪状态。
- 执行→等待（阻塞）：正在执行的进程因等待某种事件发生而无法继续执行时，便从执行状态变成等待（阻塞）状态。
- 等待（阻塞）→就绪：处于等待（阻塞）状态的进程，若其等待的事件已经发生，于是进程由等待（阻塞）状态转变为就绪状态。

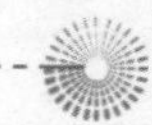

进程状态转换如图 22-2 所示。

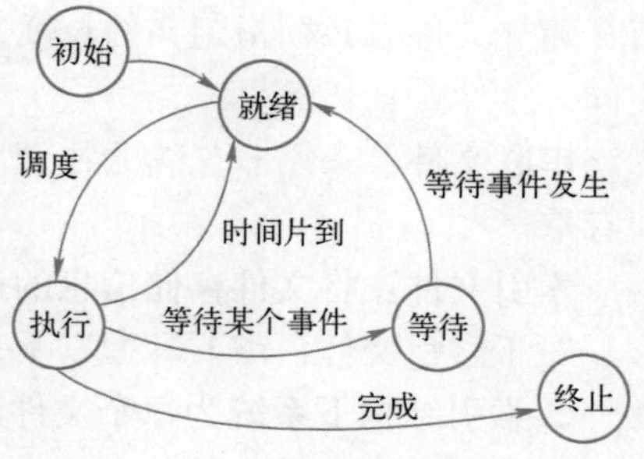

图 22-2　进程状态转换

（6）死锁

所谓死锁是指多个并发进程，各自持有资源又都等待别的进程释放所拥有的资源，在未改变这种状态之前不能向前推进，这种状态称为死锁。

死锁产生的根本原因是系统资源不足，产生死锁的必要条件主要包括以下几点：

- 互斥条件：并发进程要求和占用的资源只能被一个进程使用。
- 不剥夺条件：进程已经获得的资源，在未使用完成前，不可被剥夺。
- 占有并等待：进程申请并等待新资源的过程中，继续占有已分配的资源。
- 环路条件：若干进程形成首尾相接的循环链，循环等待上一个进程的资源。

只要系统发生死锁，这些条件必然都成立，只要上述条件之一不满足，就不会发生死锁。

3. *存储管理*

现代操作系统中的内存管理主要包括页式管理、段式管理和段页式管理，下面分别归纳总结一下：

（1）页式管理

在页式管理中，各进程的虚拟空间被划分成长度相等的页。内存空间也按页的大小划分成长度相等的页面。使用请求调页或预调页技术实现了内外存储器的统一管理。

（2）段式管理

段式管理把程序地址空间分成若干大小不等的段，逻辑地址空间由一组段组成，每个段有段名称和段内偏移量，通过地址映射机构把段式虚拟地址转换为物理地址。

（3）分页和分段的区别

首先，页是信息的物理单位，分页是为实现非连续的分配方式，以消减内存的碎片，提高内存的使用率，这个碎片指外零头，分页是系统管理的需要。段是信息的逻辑单位，包含一组意义完整的信息，分段的目的是为了更好地满足用户的需要。

其次，页的大小是固定的且由系统决定，由系统把逻辑地址划分为页号和页内地址两部分。段的大小不固定，由用户所编写的程序决定。

分页的作业地址空间是一维的，一个标识符就表示一个地址。分段的作业地址空间是二维的，标识一个地址需给出段名和段内地址。

（4）段页式

将分段和分页两种存储方式结合起来，形成段页式存储管理方式，作业的地址空间首先被分成若干个逻辑分段，每段都有自己的段号。再将每段分成若干个大小相等的页。对于主存空间也分成大小相等的页，主存的分配以页为单位。

段页式存储结构中，地址结构包含三部分内容：段号、页号和页内偏移量。

程序员按照地址结构将地址分为段号与段内偏移量，地址变换机构将段内偏移量分解为页号和页内偏移量。

4. *文件管理*

在现代操作系统中，常用的文件结构包括连续文件、串联文件和索引文件。

连续文件：把在逻辑上连续的文件信息依次存放到物理块中。优点：物理存取较快；缺点：建立文件时必须指定文件长度，不能动态扩展，文件部分被删除后会出现无法使用的零头空间。

串联文件：采用非连续的物理块来存放文件信息。串联文件结构的搜索效率低，不适宜随机存取。

索引文件：将文件存储信息的逻辑块号和物理块号组织成索引，从而便于文件的读取。

对于索引文件，需要掌握以下几点：

- 索引结构下系统为每个文件建立一张索引表。
- 索引表中存储文件信息所在的逻辑块号和对应的物理块号。
- 索引结构既可顺序存取，又可随机存取。
- 满足文件动态增长、插入删除的需求。
- 索引结构的缺点是引入索引表增加了存储空间的开销。

5. Linux 文件系统及常用命令

文件系统是操作系统磁盘或分区上文件的组织方法或数据结构。对文件系统这一部分，考查的重点大都集中在 Linux 文件系统上，除了对文件系统的基本概念有一个了解之外，还需要对 Linux 的文件系统结构以及 Linux 的常用命令进行掌握。

（1）Linux 系统的常用命令

Linux 系统常用命令见表 22-1。

表 22-1　Linux 系统常用命令

常用命令	功　能
ls	显示文件目录
mkdir	建立子目录
cd	改变当前目录或进入子目录
rm	删除文件
cp	文件复制命令
chown	改变文件属组
chmod	修改文件属性
more/cat/tail	查看文件
mv	文件重命名（源文件目录和目标文件目录相同）；文件移动到新目录（源文件目录和目标文件目录不同）
|	管道命令，把上一个命令的结果交给 | 后面的命令处理
find	在特定的目录下搜索指定名称的文件或目录

以上命令的基本用法建议读者全部掌握，如希望了解更多的 Linux 常用命令，可参看 Linux 相关书籍。

（2）Linux 系统的文件权限

在 Linux 文件系统中，每个用户必须属于一个组，在 Linux 系统中每个文件都涉及所有者、所在组、其他组等概念。

- 文件所有者：文件的创建者，可以使用 chown 命令来修改文件的所有者。
- 文件所在组：文件所在组为所有者用户所在的组。
- 其他组：除了文件所在组外，系统的其他用户都属于文件的其他组。

下面通过一个具体实例来了解上述概念。例如，在一个 Linux 目录下执行 ls -al 命令，屏

幕上会显示出如图 22-3 所示的内容。

```
drwxr-xr-x.  14 root   root        4096 3月  28 10:18 .
dr-xr-xr-x.  26 root   root        4096 7月  13 2015 ..
-rwxrwxr-x    1 oracle oinstall       0 3月  28 10:18 a
drwxr-xr-x.   2 root   root       40960 7月  17 2014 bin
drwxr-xr-x.   2 root   root        4096 9月  23 2011 etc
drwxr-xr-x.   2 root   root        4096 9月  23 2011 games
drwxr-xr-x.  42 root   root        4096 6月   3 2014 include
drwxr-xr-x.   3 root   root        4096 5月  21 2014 java
dr-xr-xr-x.  28 root   root        4096 6月   8 2014 lib
drwxr-xr-x.  81 root   root       57344 6月   4 2014 lib64
drwxr-xr-x.  22 root   root       12288 5月  30 2014 libexec
drwxr-xr-x.  12 root   root        4096 5月  21 2014 local
dr-xr-xr-x.   2 root   root       12288 6月   6 2014 sbin
drwxr-xr-x. 169 root   root        4096 6月   3 2014 share
drwxr-xr-x.   4 root   root        4096 5月  21 2014 src
lrwxrwxrwx.   1 root   root          10 5月  21 2014 tmp -> ../var/tmp
```

图 22-3　在一个目录下执行 ls -al 的输出结果

第一列 10 个字符表示文件的权限，其中第一个字符的含义：文件（-）、目录（d）、链接（l），其余字符每 3 个（rwx）一组，其中 r 表示具有读权限，w 表示具有写权限，x 表示具有执行权限。如果是字符（-）则表示不具备对应的权限。

- 第一组的三个字符表示文件所有者的权限，可以是读、写或者执行。
- 第二组的三个字符表示与文件所有者同一组的用户的权限，可以是读、写或者执行。
- 第三组的三个字符表示不与文件所有者同组的其他用户的权限，可以是读、写或者执行。

第二列表示文件个数。如果是文件，那这个数目自然是 1，如果是目录，那它的数目就是该目录中的文件个数。

第三列和第四列表示所有者和所属组。

第五列表示文件的大小。

第六列到第八列表示创建时间。

最后一列表示文件名。

再来看图 22-3 中方框里面这一行表示的含义是什么：

首字符为 -，表示这是一个文件，接下来 9 个字符，前三个 rwx，表示所有者可读可写可执行该文件，中间三个 rwx，表示同组用户可读、可写、可执行 a 文件，最后三个 r-x，表示其他用户可读，不可写，可执行 a 文件。

也可用数字表示为 r=4，w=2，x=1，因此 rwx=4+2+1=7，a 文件的权限为 7 7 5。

22.1.2　经典面试题解析

【面试题 1】操作系统常识性问题（选择题）

（1）下面哪个不是进程和程序的区别（　　）？

（A）程序是一组有序的静态指令，进程是一次程序的执行过程

（B）程序只能在前台运行，而进程可用在前台或后台运行

（C）程序可以长期保存，进程是暂时的

（D）程序没有状态，而进程是有状态的

1. *考查的知识点*

- 程序和进程的含义

❑ 程序和进程的区别

2. 问题分析

在本节的知识点梳理部分已经对程序和进程的区别有所陈述，其中第一条区别可归纳为：程序是静态概念，进程是动态概念，进程是一次程序的执行过程，可见选项 A 是程序和进程的区别。程序作为软件资料可以长期保留，而进程是有生命周期的，因创建而产生，因撤销而消亡，可见选项 C 是程序和进程的区别。程序是静态概念，没有状态的说法，进程是有状态的，进程有 5 种基本状态：初始状态、就绪状态、执行状态、等待状态和终止状态（五态模型），可见选项 D 是进程和程序的区别。对于选项 B，因为程序是静态概念，其本身没有任何运行的含义，所以不存在前台还是后台运行的说法，进程可在前台或者后台运行。所以选项 B 的说法有误。

3. 答案

（B）

注意啦

进程与线程的区别，进程与程序的区别，是操作系统考试题目的一个常考点，必须要掌握。

（2）批处理操作系统的目的是（　　）。

（A）提高资源利用率　　（B）提高系统与用户的交互性能
（C）减少用户作业的等待时间　　（D）降低用户作业的周转时间

1. 考查的知识点

❑ 批处理操作系统的基本特点

2. 问题分析

因现在的操作系统几乎都具有批处理功能，所以批处理程序的优缺点是考试的一个知识点，在知识梳理部分，对批处理系统的优缺点进行过简单总结：批处理操作系统主要是多道程序运行，提高了资源利用率，所以选项 A 是正确的。批处理系统的缺点是无交互性，作业提交后就无法交互，所以选项 B 提高系统与用户的交互性能，明显是错的。批处理系统的另一个缺点是用户不能及时地了解自己程序的运行情况并加以控制，导致作业的周转时间较长，而周转时间是指用户向系统提交作业到获得系统的处理信息的时间间隔，包括作业的等待时间，可见选项 C、D 都是错的。

3. 答案

（A）

（3）在一个分时操作系统中，进程出现由运行状态进入就绪状态，由阻塞状态进入就绪状态的原因分别可能是（　　）。

（A）等待资源而阻塞，时间片用完　　（B）时间片用完，因获得资源被唤醒
（C）等待资源而阻塞，因获得资源被唤醒　　（D）时间片用完，等待资源而阻塞

1. 考查的知识点

❑ 分时操作系统的基础知识

❑ 进程的状态及状态转换

2. 问题分析

本节的知识点梳理部分已经介绍过进程的基本状态和状态之间的转换，就绪状态是得到了

处理机之外的所有资源，由运行状态进入就绪状态的原因是时间片用完，所以首先排除了选项A、C，由阻塞状态进入就绪状态的原因是因等待资源获得而唤醒，可见正确答案是 B。

3. 答案

(B)

(4) 同一进程下的多个线程可以共享哪一种资源（　　）?

(A) stack　(B) data section　(C) register set　(D) thread ID

1. 考查的知识点

❑ 线程的基础知识

2. 问题分析

进程是资源分配和调度的单位，线程是处理机调度和分配的单位，资源分配给进程，线程只拥有很少资源。同一进程下的多个线程是共享数据段和代码段的，可见选项 B 正确，而每个线程都有自己的线程 ID，所以选项 D 不对，它是独有资源。每个线程都有自己的堆栈和寄存器组，这些代表了当前线程的状态，当线程发生切换时，必须将堆栈和寄存器组的值保存，以便将来切换回来时恢复状态，所以选项 A、C 也不是共享资源。

3. 答案

(B)

注意啦

同一进程的不同线程共享的资源包括:进程代码段、进程的数据段、进程打开的文件描述符、信号的处理器、进程的当前目录和进程用户 ID 与进程组 ID。

线程的独有资源包括:线程 ID、寄存器组的值、线程的堆栈、错误返回码、信号屏蔽码、线程的优先级。

(5) 某系统有 n 台互斥使用的同类设备，3 个并发进程需要 3、4、5 台设备，可确保系统不发生死锁的设备数 n 最小为（　　）。

(A) 9　(B) 10　(C) 11　(D) 12

1. 考查的知识点

❑ 死锁的基本原理

❑ 死锁的解除

2. 问题分析

死锁是指多个并发进程，各自持有资源又都等待别的进程释放所拥有的资源，在未改变这种状态之前不能向前推进。

针对本题，3 个并发进程使用 n 台互斥设备，各自需要 3、4、5 台设备，题目的要求是确保系统不发生死锁的设备数 n 的最小值。解题的思路如下：

通过题目可以看到，3 个并发进程需要 3、4、5 台设备就可以继续推进。假设 3 个进程目前占有的设备数为 2、3、4，它们各自都还需再申请 1 台设备。也就是说，2 + 3 + 4 = 9 台设备正好死锁，为了确保系统不发生死锁，再增加 1 台设备，就可以打破死锁状态，所以确保系统不发生死锁的设备数 n 的最小值 = (9 + 1) 台 = 10 台。

3. 答案

(B)

注意啦

死锁是操作系统的常考内容，进程需要申请多少资源才能打破死锁是命题点，解题的思路是考虑死锁情况下资源拥有的峰值，再增加一个资源就能打破死锁。

(6) 操作系统中关于竞争和死锁的关系，下面描述正确的是（　　）？

(A) 竞争一定会导致死锁

(B) 死锁一定由竞争引起

(C) 竞争可能引起死锁

(D) 预防死锁可以防止竞争

1. 考查的知识点

❑ 死锁的基本知识

❑ 竞争和死锁的关系

2. 问题分析

在知识梳理环节，对死锁已经进行了较详细的介绍。死锁是指多个并发进程，各自持有资源又都等待别的进程释放所拥有的资源，在未改变这种状态之前不能向前推进。

简单地说，死锁就是多个进程在运行过程中因竞争资源而造成的一种“僵局”，产生死锁的原因有两点：①竞争资源，资源分为可剥夺资源和非可剥夺资源，竞争可剥夺资源，一般不会引起死锁；②进程间推进顺序非法，在程序的运行过程中，请求和释放资源的顺序不当，同样会导致死锁。由①可见，选项A不正确，由②可见，选项B不正确，至于选项D，预防死锁，破坏死锁产生的一个或多个必要条件，与防止竞争无关。所以选项C，竞争有可能会产生死锁，是正确的。

3. 答案

(C)

(7) 一进程刚获得3个主存块的使用权，若该进程访问页面的次序是{1,2,3,4,1,2,5,1,2,3,4,5}。当采用先进先出调度算法时，发生缺页次数是（　　）次。

(A) 12　　(B) 10　　(C) 9　　(D) 11

1. 考查的知识点

❑ 内存页式管理

❑ 请求页式管理中的页面置换算法

❑ 缺页次数的计算

2. 问题分析

缺页次数的计算一般采用表22-2所示的方式。

表22-2　缺页次数的计算方法

1	2	3	4	1	2	5	1	2	3	4	5
1	1	1	4	4	4	5	5	5	5	5	5
	2	2	2	1	1	1	1	1	3	3	3
		3	3	3	2	2	2	2	2	4	4

内存的分页管理的基础知识在知识梳理环节已经有所介绍，其中的动态页式管理的页面置换算法是一个笔试的考查点。先入先出算法（FIFO）是请求页式管理中的常用算法之一。它的基本思想是：总是选择在内存驻留时间最长的一页将其淘汰。

在表 22-2 中，第一行表示访问的页号，按照题目的已知，访问的顺序为 {1，2，3，4，1，2，5，1，2，3，4，5}。下面的三行表示 3 个主存块，按照先入先出的页面替换算法，每当访问一个新的页面时都会将驻留在内存中时间最长的页替换掉（如果需要替换）。每次缺页替换的页面已在表中用下划线的形式标出，很显然缺页的次数共 9 次。

3. 答案

（C）

（8）下列关于文件索引结构的叙述中，哪些是正确的（　　）?（可多选）

（A）系统为每个文件建立一张索引表

（B）采用索引结构会引入存储开销

（C）从文件控制块中可以找到索引表或索引表的地址

（D）采用索引结构，逻辑上连续的文件存放在连续的物理块中

1. 考查的知识点

❑ 文件管理的基础知识

❑ 索引结构

2. 问题分析

文件管理里面最重要的内容就是文件物理结构，而文件物理结构的重点就是索引结构，索引结构下，系统为每个文件建立一张索引表，选项 A 正确；采用索引结构会引入存储开销，选项 B 正确；在文件控制块中放置了主索引表或者索引表的指针，所以选项 C 正确；对于文件索引结构，逻辑上连续的文件可以存放在若干不连续的物理块中，与 D 的说法相反，所以选项 D 是错误的。

3. 答案

（A）（B）（C）

（9）用 ls - al 命令列出下面的文件列表，哪个文件是符号链接文件（　　）?

（A）- rw - rw - rw - 2 hel - s users 56 Sep 09 11:05 hello

（B）- rwxrwxrwx 2 hel - s users 56 Sep 09 11:05 helloworld

（C）drwxr - - r - - 1 hel users 1024 Sep 10 08:10 zhang

（D）lrwxr - - r - - 1 hel users 2024 Sep 12 08:12 cheng > peng. yuan1

1. 考查的知识点

❑ Linux 的基本命令

❑ Linux 文件的权限

2. 问题分析

在本节的知识点梳理部分对 linux 系统的常考知识点进行了汇总，其中有两个重点：一是 linux 的基本命令；二是 linux 系统的文件权限，需要考生重点掌握。针对本题，ls-al 命令的含义是：列出当前目录下所有文件或子目录的详细信息，详细信息总共由 5 个部分的内容组成。第 1 部分，由 10 个字母组成，第一个字母，- 表示这是一个文件，d 表示是一个目录，l 表示是一个链接文件（link 首字母），由此，已经可以判断选项 D 为链接文件，选项 A、B 为文件，选项 C 为目录。后面的 9 个字母 rwx 为读写执行权限，hel-s 为所有者，users 为所属组，数字

56 或 1024 为文件大小，之后是创建时间，hello 等都是文件名。

3. 答案

（D）

【面试题 2】进程间的通信如何实现

1. 考查的知识点

❑ 进程通信的主要方式

2. 问题分析

进程间通信是指进程之间的信息交换，目前进程间通信的主要方式有以下几种：

（1）信号量

它作为一个卓有成效的同步工具，可以实现进程间的同步和互斥。但由于其交换的信息量少而被归为低级通信。

（2）共享存储器系统

相互通信的进程之间存在一块可直接访问的共享空间，通过对这片共享空间进行写/读操作实现进程之间的信息交换。在对共享空间进行操作时，需要使用同步互斥工具（如 P 操作、V 操作）对临界资源进行控制。

（3）消息传递

消息传递系统是最为广泛的一种进程间的通信机制，进程间的数据交换是以格式化的消息为单位。

（4）管道通信

管道是指用于连接一个读进程和一个写进程以实现它们之间通信的一个共享文件。向管道（共享文件）提供输入的写进程，以字符流形式将数据送入管道，而接收管道输出的读进程，则从管道中接收数据，从而实现双方的通信。

3. 答案

见分析。

【面试题 3】关于虚拟存储器的一些问题

什么是虚拟存储器？就虚拟存储器回答以下问题：①虚拟存储器的应用背景是什么？②虚拟存储器的可行性是什么？③实现虚拟存储器的主要技术是什么？④虚拟存储器可以有多大？

1. 考查的知识点

❑ 虚拟存储器的基本概念

❑ 虚拟存储器的基本原理

2. 问题分析

虚拟存储器是指具有请求调入功能和置换功能，能从逻辑上对内存容量加以扩充的一种存储器系统。其运行速度接近于内存速度，但成本却接近于外存。

虚拟存储技术是一种性能非常优越的存储管理技术。

虚拟存储器的应用背景：有的作业很大，其要求的内存空间超过了内存总容量，作业不能全部装入内存而运行；多道作业要求运行，但由于内存容量不足以容纳所有这些作业，导致大量作业在外存等待。这种一次性装入，以及作业装入后，即使部分模块执行完成但整个作业没有完成，还是会一直驻留在内存中，占用了大量内存空间。虚拟内存就是解决这种大作业的运行问题。

虚拟存储器的可行性是因为程序运行的局部性原理：在一段较短的时间内，程序的执行仅

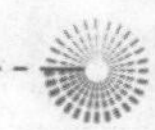

限于某个部分，相应地，它所访问的存储空间也局限于某个区域。

实现虚拟存储器的主要技术：请求调页（段）技术、页面（分段）置换技术。

虚拟存储器的大小：虚拟存储器的最大容量，或者说是理论容量，是由计算机的地址结构决定的。实际容量由地址结构和内外存容量综合决定。

3. 答案

见分析。

22.2　数据库

22.2.1　知识点梳理

数据库作为计算机所有学科方向都要涉猎的重要基础知识，也是笔试面试的重要考查内容之一。现代信息系统中，数据库是不可缺少的一部分，数据库建模、关系模型、SQL 语言、视图、索引、存储过程等基础知识的掌握程度，都反映了一个求职者扎实的学科功底和全面的技术水平。因此对数据库技术的掌握是一个开发者必备的能力之一。本节就对数据库的基础知识进行归纳总结，并分析一些具有代表性的面试题。

1. 关系模型的完整性约束

关系模型的完整性规则是对关系的某种约束条件。关系的完整性约束分为三类：

- 实体完整性：关系必须有主键，主键必须唯一且不能为空。
- 参照完整性：维护实体之间的引用关系，外键可以为空，或者其值为被参照关系对应的主键值。
- 用户定义的完整性：由应用环境决定，针对具体关系数据库的约束条件。

2. SQL 语言

SQL 语言：即结构化的查询语言，是关系数据库的标准语言。SQL 语言包括：

- 数据定义：create 、alter、drop。
- 数据操纵：select、insert、update、delete。
- 数据控制：grant、revoke。

3. 视图

视图是一个虚拟表，是由 select 语句组成的查询定义的虚拟表。视图由一张表、多张表或其他视图中的数据经过查询等定义动态生成，视图经过定义便存储在数据库中，与其相对应的数据并没有再存储一份，通过视图看到的数据只是存放在基本表中的数据。对视图的操作与对表的操作一样，可以对其进行查询、修改（有一定的限制）、删除等。

4. 范式

关系模式的规范化是在关系型数据库中减少冗余和对数据库进行优化的过程。常用的分为第一范式（1NF）、第二范式（2NF）和第三范式（3NF）。规范化程度更高的还有 BCNF、4NF、5NF，因为这些不常用，了解即可。

（1）1NF

第一范式：在关系模式中每个属性值都是不可再分的最小数据单位。

（2）2NF

第二范式：首先必须满足第一范式，其次，在关系模式中，所有非主关键字段完全依赖于任意一个主关键字，即不存在依赖组合关键字中的部分关键字的情况。特例是，如果是单关键字，必然至少是2NF。

(3) 3NF

第三范式：在关系模式中，不存在传递依赖，不存在非主关键字之间的依赖关系，即某个属性既依赖于主键，又同时依赖于其他非主关键字。

1）关系模式的规范化的优点和缺点。

规范化的优点：避免了大量的数据冗余，节省了空间，保持了数据的一致性，如果完全达到3NF，不会在超过一个地方更改同一个值。如果记录经常地改变，这个优点超过所有可能的缺点。

规范化的缺点：把信息放置在不同的表中，增加了操作的难度，同时把多个表连接在一起的花费也是巨大的，性能会有所影响。

2）几个结论。

存在关系模式R：

❑ 只要存在主键，R至少为1NF。

❑ 若R为1NF，而主键只含一个属性，则R为2NF。

❑ 若R为2NF，而只有1个或0个非主属性，则R为3NF。

❑ 范式并非越高越好，适可而止。

5. 索引

(1) 索引的概念

索引是一种数据库对象（数据结构），是一个单独的、物理的数据库结构，它是某个表中一列或若干列值的集合和相应的指向表中物理标识这些值的数据页的逻辑指针清单。应用索引可以提高查询性能的数据结构，可以将索引理解为目录。通过索引，数据库程序无须扫描整个表就可在其中找到数据，因此索引可以大大提高数据库检索的效率。

(2) 索引的类型

按照数据表中的记录存储顺序，分为聚簇索引和非聚簇索引。

❑ **聚簇索引**

聚簇索引即指明数据的物理存储顺序的索引，数据行的物理存储顺序与索引存储顺序完全相同，索引顺序决定了数据库中表的记录顺序，先将表中数据进行排序，重新存储。

表中建立聚簇索引，数据会按照索引的顺序来存放，索引顺序和物理顺序相同。每个表只能建立一个聚簇索引。

❑ **非聚簇索引**

非聚簇索引完全独立于数据行，其叶结点存储了组成非聚簇索引的关键字值和行定位器（指针），不影响实际的存储顺序，并通过指针定位数据。改变一个建立非聚簇索引的表中的数据时，必须同时更新索引。若一个表要频繁地更新数据，不要对它建立太多非聚簇索引。每个表中可以建立多个非聚簇索引。

按照索引行是否有相同的值划分，可分为唯一索引和普通索引。

❑ **唯一索引 UNIQUE**

唯一索引的数据列可以为空，但是只要存在数据值，就必须是唯一的。

❑ **普通索引 NORMAL**

普通索引可以有相同的索引值。

(3) 建立索引的优点（为什么要创建索引？）

❑ 通过创建唯一性索引，可以保证数据库表中每一行数据的唯一性。

- 加快数据的检索速度，这是创建索引的最主要的原因。
- 加速表和表之间的连接，特别是在实现数据的参照完整性方面特别有意义。
- 使用分组和排序子句进行数据检索时，同样可以显著减少查询中分组和排序的时间。

（4）建立索引的缺点

- 创建索引和维护索引要耗费时间，这种时间随着数据量的增加而增加。
- 索引需要占物理空间。除了数据表占数据空间之外，每一个索引还要占一定的物理空间，如果要建立非聚簇索引，那么需要的空间就会更大。
- 当对表中的数据进行增加、删除和修改的时候，索引也要动态地维护，这样就降低了数据的维护速度。

6. 事务

事务是作为一个逻辑单元执行的一组操作（一组语句），是一个不可分割的整体，任何一个语句操作失败则整个操作失败，之后就会回滚到操作前状态。如果要确保某组任务要么都执行要么都不执行，就可以使用事务。

事务的四个属性：

- 原子性：整个数据库事务是不可分割的工作单元，只有事务中所有操作执行成功，才算整个事务成功，事务中任何一个 SQL 语句执行失败，那么已经执行成功的 SQL 语句也必须撤销，数据库状态应该退回到执行事务前的状态。
- 一致性：数据库事务不能破坏关系数据的完整性以及业务逻辑上的一致性。
- 隔离性：在并发环境中，不同的事务同时操作相同的数据，每个事务都有各自的完整数据空间，采用锁机制来实现。当多个事务同时更新数据库中的临界数据时，只允许持有锁的事务才能更新该数据，其他事务必须等待。
- 持久性：只要事务成功结束，它对数据库所做的更新就必须永久保存。

7. 存储过程和触发器

（1）存储过程的定义

存储过程是为了完成某一特定功能由用户定义的一组 SQL 语句的集合。它经过第一次编译后再次调用不需要再次编译，从而提高数据库的执行效率。用户通过指定存储过程的名字并给出参数（如果该存储过程带有参数）来执行该存储过程。存储过程可调用其他存储过程。

（2）存储过程的优缺点

优点：SQL 语句的执行性能会得到提高，充分利用了数据库本身的优越性，逻辑的修改能够迅速发布。

缺点：调试存在困难，可移植性不强。

（3）触发器

触发器是一种特殊的存储过程，通过事件触发而被执行。触发器常用来加强数据的完整性约束和业务规则等，可以跟踪数据库内的操作从而不允许未经许可的更新和变化。

22.2.2　经典面试题解析

【面试题 1】数据库常识性问题（选择题）

（1）在关系数据库中，用来表示实体之间联系的是（　　）。

（A）树结构　（B）网结构　（C）线性表　（D）二维表

1. 考查的知识点

❑ 关系型数据库的基本原理

2. 问题分析

在关系数据库中，从用户角度看，关系模型的数据的逻辑结构是一张扁平的二维表，由若干行和若干列组成，而实体之间的联系均用关系来表示。树结构是层次模型的基本形式。而网结构或图结构是网状模型的基本形式，线性表与数据库模型无关。

3. 答案

（D）

（2）下列关于视图和基本表的对比，正确的是（　　）。

（A）视图的定义功能强于基本表　（B）视图的操作功能强于基本表

（C）视图的数据控制功能弱于基本表　（D）上面提到的三种功能二者均相当

1. 考查的知识点

❑ 视图的基本定义

❑ 视图和基本表的区别

2. 问题分析

视图是由一个或多个表（或视图）导出的虚拟表。

视图和基本表的区别如下：

1）基本表是保存数据的实体，写入的数据都保存在基本表中，视图不保存数据，也没有数据，可以简单理解为：视图就是 select 语句组成，视图不占用实际的物理空间。

2）视图可以简化用户对数据的查询操作，包括简化查询语句的编写。

3）视图能够对用户提供从不同侧面看待同一数据，同时对基本表提供了一定的安全保护，是不同的数据列出现在不同用户的视图上。

SQL 的基本功能有数据定义、数据操纵、数据控制等几个方面。数据定义是指创建和删除表。一般情况下可以用 SQL 创建和删除基本表和视图，但视图在定义时可以对一个表创建不同的视图，同时可以创建只读视图等，可见视图的定义功能强于基本表，所以选项 A 正确。视图可以在表能够使用的任何地方使用，但在对视图的操作上，同基本表相比有很多限制，特别是插入和修改操作，可见视图的操作功能是弱于基本表的，所以选项 B 错误。数据控制主要是指安全性控制、完整性控制、并发控制等方面，视图在安全性方面的数据控制功能明显优于基本表，所以选项 C 错误，同时选项 D 也不是正确选项。

3. 答案

（A）

注意啦

视图是考试的重点，需要掌握的两个知识点：

1）视图的优点。

2）视图和基本表的区别。

（3）一个关系模式为 Y(X1,X2,X3,X4)，假定该关系存在如下函数依赖：（X1,X2）->X3，X2->X4，则该关系属于（　　）。

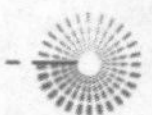

（A）第一范式　　（B）第二范式　　（C）第三范式　　（D）第四范式

1. 考查的知识点

❑ 数据库的范式

❑ 范式的特点

2. 问题分析

关系模式的规范化是在关系型数据库中减少冗余的过程，具体由范式来实现，常见的范式有第一范式、第二范式和第三范式。在本节的知识点梳理环节已经进行了介绍。第一范式的规则是：在关系模式中每个属性值都是不可再分的最小数据单位，此关系模式 Y(X1,X2,X3,X4)，共有 4 个属性值，满足条件，所以至少是第一范式。第二范式的规则是：在关系模式中，所有非主关键字段完全依赖于任意一个主关键字，即不存在依赖组合关键字中的部分关键字的情况，针对本题目，(X1,X2)是主关键字，但 X4 依赖于主关键字的部分 X2，即存在部分依赖，所以不满足第二范式，所以更加不是第三和第四范式了。

3. 答案

（A）

注意啦

第四范式，属于多值属性问题，单纯的范式意义不大。第四范式，首先必须是第三范式，其次，当表中的非主属性互相独立时，这些非主属性不应该有多个值，如果有多个值，违反了第四范式。比如用户联系方式表：INFOM(custormerID, phone)，首先 customerID 是独立主键，不存在部分依赖和传递依赖，是第三范式，但 phone 作为非主属性，可能有多部手机，即有多个值，所以不满足第四范式。

（4）设有一个关系，DEPT(DNO,DNAME)，如果要找出倒数第三个字母为 W，并且至少包含 4 个字母的 DNAME，则查询条件子句应该写成 WHERE DNAME LIKE（　）。

(A)'_ _W_%'　　(B)'_ %W_ _'　　(C)'_ W_ _'　　(D)'_ W_%'

1. 考查的知识点

❑ SQL 语言的编写

❑ SQL 通配符的使用

2. 问题分析

SQL 语言是数据库必须掌握的重点内容，会用 SQL 语言解决实际中的一些问题，是数据库基础技能的评判标准之一。

在 SQL 语言中，有两个通配符：_和%。

_代表任意一个字符，例如，a_b 的含义：以 a 开头、b 结束的长度为 3 的任意字符串，acb、afb 都满足条件。

%代表任意长度的字符串（长度可以为0），例如，a%b 的含义：a 开头、b 结束的任意长度的字符串，ab、acb、acdb 都满足条件。

分析本题，倒数第三个字母为 W，则最后三个字母应该为 W_ _，则正确答案应该在选项 B、C 中，选项 C 的含义：只有 4 个字母，和题目至少包含 4 个字母不符，所以排除选项 C。对于选项 B，% 表示可以为 0 个或多个字符，则符合题意，所以本题的 SQL 语句为

```
SELECT DNAME
FROM DEPT
WHERE DNAME LIKE '_ %W_ _'
```

3. 答案

(B)

(5) 数据库事务正确执行的四个基本要素不包括（　　）。

(A) 隔离性　(B) 持久性　(C) 强制性　(D) 一致性

1. 考查的知识点

❑ 数据库事务的基本概念

❑ 事务的特性

2. 问题分析

事务是作为一个逻辑单元执行的一组操作（一组语句），是一个不可分割的整体，其中任何一个语句操作失败则整个操作失败，之后就会回滚到操作前状态。数据库事务正确执行的四个基本要素：原子性（Atomicity）、一致性（Consistency）、隔离性（Isolation）和持久性（Durability），首字母的缩写 ACID，可见，选项 C 强制性不是数据库事务正确执行的四个基本要素之一。

3. 答案

(C)

(6) MYSQL 数据库有选课表 learn(student_id int,course_id int)，字段分别表示学号和课程编号，现在想获取每个学生所选课程的个数信息，请问如下的 SQL 语句正确的是（　　）。

(A) select student_id, sum (course_id) from learn

(B) select student_id, count (course_id) from learn group by student_id

(C) select student_id, count (course_id) from learn

(D) select student_id, sum (course_id) from learn group by student_id

1. 考查的知识点

❑ SQL 语言的编写，解决实际问题的能力

❑ 聚集函数的用法；group by 子句的用法

2. 问题分析

MYSQL 是一种关系型数据库系统，是一种开源数据库，也广泛应用于各种数据库系统中。SQL 的编写能力是衡量数据库能力的标准之一，需要读者重点掌握。

针对本题，在 SQL 中可以用到很多聚集函数，也叫作聚合函数，本题考查的第一个重点是聚集函数的使用。sum（列名）表示计算一列中值的综合（值的求和）。count（列名）表示计算一列中值的个数（行数）。本题想获取每个学生所选课程的个数信息，选用的集函数应该为 count，所以排除选项 A、D。

group by 子句把查询结果按照某一列或多列的值分组，值相等的分为一组。group by 子句就是和聚集函数配合使用的。分组后，聚集函数就作用于每一组，而不是整个查询结果。统计每个学生所选课程的个数，首先需要按学生的学号将记录分组，然后统计每个学生的课程个数，选项 C 没有分组的操作，显然不正确，因此只有选项 B 是正确答案。

3. 答案

(B)

(7) 下列哪个不是存储过程的好处（　　）?

(A) 更加安全　　(B) SQL 优化

(C) 增加网络流量　　(D) 重复使用

1. 考查的知识点

❑ 存储过程的特点

2. 问题分析

在知识点梳理环节已经对存储过程进行了简单的介绍，存储过程是由用户定义的一组 SQL 语句的集合，为了执行某个任务，预先编译好的代码放在高速缓存中供以后使用，提高数据库的执行效率。

使用存储过程的优点如下：

1）执行速度快，只在创造时进行编译，数据库对其进行了一次性解析及优化，不需要每次执行再编译。

2）降低网络流量。存储过程是编译好的代码直接存储于数据库中，所以不会产生大量 SQL 语句的代码流量。

3）重复使用，存储过程可重复被调用，减少开发人员的工作量。

4）安全性有所提高，可以对存储过程的使用用户进行指定，限定了用户权限，在一定程度上防止了 SQL 注入。

5）便于部署，可在生产环境下直接修改，而不用重启服务等。

使用存储过程的缺点如下：

1）存储过程的调试不方便，不便于排错。

2）存储过程的可移植性较差。

由以上分析可知，选项 C 的描述是错误的。

3. 答案

(C)

(8) 下列哪些字段适合建立索引（　　）?（多选题）

(A) 在 select 子句中的字段　　(B) 外键字段

(C) 主键字段　　(D) 在 where 子句中的字段

1. 考查的知识点

❑ 索引的定义

❑ 索引的特点

2. 问题分析

在知识点梳理环节，对索引也进行了简单的介绍和分析，索引是为了提高查询效率而引入的数据结构，简单地说就是类似于目录，将数据库中某列或若干列进行了排序的一种结构。索引的创建使得查询效率大大地提高，但并不是创建的索引越多越好，也并不是所有属性字段都适合创建索引。

数据库适合创建索的规则如下：

1）表的主键、外键应该创建索引。

2）数据量比较大的表应该创建索引。

3）经常需要和其他表建立连接，在连接字段应该创建索引。

4）经常出现在 where 子句中的字段，应该创建索引。

数据库不适合创建索引的情况：

1）比较大的文本字段或者长度较长的字段，不适合创建索引。

2）频繁进行数据操作的表，不适合创建过多的索引，因为额外维护索引表需要很多的开销。

3）小型表（数据量低于300行）不要建立索引。

分析本题目，适合建立索引的为选项B、C、D。

3. 答案

（B）（C）（D）

（9）设有两个事务T1、T2，其并发操作见表22-3，下面评价正确的是（　　）。

表22-3　事务T1和T2的并发操作

步　骤	T1	T2
1	读A=100	
2		读A=100
3	A=A+10写回	
4		A=A-10写回

（A）该操作不能重复读　　（B）该操作不存在问题

（C）该操作读“脏”数据　　（D）该操作丢失修改

1. 考查的知识点

❑ 事务的概念和特点

❑ 事务的并发引起的问题分析

2. 问题分析

数据库事务是数据库的重要概念之一。事务是作为一个逻辑单元执行的一组操作（一组语句），是一个不可分割的整体，其中任何一个语句操作失败则整个操作失败，之后就会回滚到操作前状态。

为了充分利用数据库的资源，允许多个事务并发或者并行地执行。但当多个并发事务存取同一个数据时，如果并发操作不加控制就可能存取不正确的数据，破坏事务的一致性和数据库的一致性，所以并发控制显得格外重要。

事务并发操作带来的数据不一致主要包括：

（1）丢失修改

两个事务T1和T2读入同一数据并修改，T2提交的结果破坏了T1提交的结果，导致T1的修改被丢失。

（2）不可重复读

事务T1读入数据后，事务T2执行更新操作，使得T1无法再现前一次读取的结果。不可重复读出现的条件是：事务T1要有2次读。有以下3种情况：

❑ 事务T1读取数据后，事务T2对其修改，事务T1再次读取数据，读到的数据和前一次不同。

❑ 事务T1按一定条件从数据库中读取了某些数据记录后，事务T2删除了其中部分记录，当T1再次按相同条件读取数据时，发现部分数据消失了。

❑ 事务T1按一定条件从数据库中读取了某些数据记录后，事务T2插入了一些记录，当

T1 再次按相同条件读取数据时，发现多了一些记录。

（3）读“脏”数据

事务 T1 修改某些数据，并将其写回磁盘，事务 T2 读取同一数据后，T1 由于某些原因被撤销，这时 T1 已经修改过的数据恢复原值，T2 读到的数据就和数据库中的数据不一致，T2 就读到了“脏”数据。

关于本题，两个并发事务 T1 和 T2，读取同一个数据 A，并进行了修改，T1 的结果为 110，但题目中的 T2 并非在 110 的基础上操作，而是在读取的 100 的基础上操作，T2 的结果 90，破坏了 T1 的结果，所以为丢失修改。

如果两个事务顺序执行，最终数据 A 仍会保持 100，这个才是期望的结果。

3. 答案

（D）

【面试题 2】用 SQL 语句查出分数最高前 20 位学生

请用 SQL 语句查询出学院名称为“计算机系”的分数最高的前 20 位的学生姓名。[2016 年 58 同城研发工程师笔试题]

数据库中有学院表和成绩表。

学院表 T_SCHOOL，结构如下：

学院 ID：school_id；

学院名称：school_name。

成绩表 T_SCORE，结构如下：

学号：id；

姓名：name；

分数：score；

学院 ID：school_id。

1. 考查的知识点

❑ SQL 语言解决实际问题的能力

2. 问题分析

利用 SQL 语言解决实际中的问题，是数据库考试的重中之重，它体现了应试者的动手能力和问题分析能力，同时在实际工作中也很有用。

分析本题目，有两个表——学院表 T_SCHOOL 和成绩表 T_SCORE，属于多表查询。需要查询学院名称为“计算机系”的分数最高的前 20 位学生的姓名，用学院 ID 进行连接，学生的姓名在成绩表 T_SCORE 中，需要用到 order by score，按照分数排序，且为降序，前 20 位可用 top 20 来获取。

3. 答案

```
select top 20 T_SCORE. name from T_SCORE,T_SCHOOL
where T_SCORE. school_id = T_SCHOOL. school_id and T_SCHOOL. name = "计算机系"
order by T_SCORE. score desc
```

【面试题 3】SQL 设计的优化

在执行数据库的查询时，如果要查询的数据有很多，假设有 2000 万条，用什么方法可以提高查询效率（速度）？在数据库设计，SQL 设计方面有什么优化的办法？

1. 考查的知识点

❑ 千万级别数据量的数据库查询的优化

❑ 数据库的设计

❑ SQL 的优化

2. 问题分析

本题考查的是大数据量数据条件下，数据库设计和数据查询优化的问题，是数据库知识的深度考查，对考生的数据库能力的要求较高。

结合本题目，已知数据量为 2000 万条，为了提高查询效率，需要从数据库的设计、SQL 设计方面入手，结合数据库的基础知识，尽量多地总结出提高查询效率的方法，本题的重点也是考查优化的思路，而并不是要具体实现。

对于大数量数据（2000 万条），要提高查询效率，在数据库设计方面可做以下考虑：

1）考虑建立索引，基于主键的查询可提高效率。

2）考虑表分区，比如按范围分、按业务分等，提高查询效率。

3）在表设计时，尽量使用数值型字段，避免将能使用数值型的字段设计为字符型，既可节省存储开销，又可提高查询的性能。

4）考虑表的设计模式，尽量范式化设计。

5）考虑加大数据库缓存，或引入大内存，提高数据查询效率。

SQL 语句设计方面，应该重点考虑以下几点：

1）SQL 语句优化，整合复杂的多表查询，可借助 SQL 优化工具等识别执行效率低下的 SQL 语句。

2）避免产生全表扫描，可能导致全表扫描的典型情况如下：

① 查询语句的 where 子句中时使用 or、!= 等运算符。

② 使用 in、not in 等子查询语句。

③ where 子句中对某个字段进行表达式操作。

④ where 子句中对某个字段进行函数操作。

以上可能导致全表扫描的操作在实际应用中应当尽量避免。

3）可考虑使用存储过程，提高 SQL 语句的执行效率。

3. 答案

见分析。

22.3 计算机网络

22.3.1 知识点梳理

计算机网络是计算机专业的一门必修课，也是计算机理论的一个重要研究分支，其内容涵盖十分广泛——从最上层的应用程序到中间的网络层协议，再到各层的网络设备，最后到物理层的通信机制都属于计算机网络的研究范畴。所以计算机网络是个很宽泛的概念，里面包含的内容也非常丰富。

本书只对一些在面试中经常出现的计算机网络的常识性问题进行总结和介绍。如果读者希望系统全面地学习计算机网络的知识，可以参考其他专业书籍。

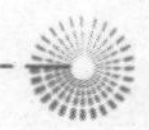

1. OSI 七层参考模型

OSI 是 Open System Interconnection（开放系统互联）的缩写，它是国际标准化组织（ISO）制定的不同计算机互联的国际标准，是设计和描述计算机网络通信的基本框架。OSI 参考模型共分七层，每一层的名称、基本功能、对应网络设备等信息见表 22-4。

表 22-4　OSI 七层参考模型

层　数	名　称	基本功能	对应设备
第 1 层	物理层	负责链路上比特流传输	中继器，集线器
第 2 层	数据链路层	负责网络内部帧的传输	网桥，交换机
第 3 层	网络层	负责网间两点间可达性	路由器
第 4 层	传输层	保证端到端的传输	软件实现，无特殊设备
第 5 层	会话层	会话的控制	软件实现，无特殊设备
第 6 层	表示层	数据的表达及数据格式的转换	软件实现，无特殊设备
第 7 层	应用层	为用户具体应用服务	软件实现，无特殊设备

之所以采用按层次划分不同功能，主要有以下优点：

1）各层之间相互独立，如果一层发生了变化（协议，产品设备等），不会影响其他层（只要保证接口不变即可）。

2）使网络易于实现和维护，不同层实现不同的功能，一旦某层发生故障更加容易定位。

3）促进标准化工作，由于标准统一，有利于实现互连互通互操作。

在 OSI 七层参考模型中，每一层的功能相对独立。纵向来看，低层为高层提供服务；横向来看，对等层之间协同工作完成通信。

2. TCP/IP 参考模型

TCP/IP 参考模型也称为 TCP/IP 协议栈，与 OSI 参考模型不同，TCP/IP 参考模型是一种工业标准，并非国际标准。TCP/IP 参考模型共包含四层结构，分别是接入层、网间网层、传输层和应用层，它们与 OSI 七层参考模型有着对应的关系，见表 22-5。

表 22-5　OSI 七层模型与 TCP/IP 四层模型的对应关系

TCP/IP 参考模型	OSI 参考模型
接入层	数据链路层，物理层
网间网层（也称为网络层）	网络层
传输层	传输层
应用层	会话层，表示层，应用层

由表 22-5 可以看出，TCP/IP 协议栈中的接入层对应的是 OSI 模型中的数据链路层和物理层，它实现了局域网和广域网的技术细节，因此该层也称为承载层。TCP/IP 协议栈中的网间网层和传输层分别对应的是 OSI 模型中的网络层和传输层。TCP/IP 协议栈中的应用层对应的是 OSI 模型中的会话层、表示层和应用层。

在 TCP/IP 参考模型中，每一层中主要的协议是需要掌握的重点，也是面试中经常考查的知识点。TCP/IP 参考模型中每层的主要协议见表 22-6。

表 22-6　TCP/IP 参考模型中每层的主要协议

TCP/IP 参考模型	主要协议
接入层	没有定义协议。之所以不定义接入层的协议，是为了增强 TCP/IP 协议栈的可扩展性，这样 TCP/IP 协议栈可以基于现有的任何承载方法
网间网层（也称为网络层）	IP 协议：负责网间的路由 ARP 协议（Address Resolution Protocol）：负责 2～3 层之间地址转换 ICMP 协议（Internet Control Manage Protocol）：负责因特网控制管理
传输层	TCP 协议：面向连接的网络传输协议 UDP 协议：无连接协议，只做数据包发送
应用层	Telnet 协议：远程登录协议，基于 TCP 协议，端口号为 23 FTP 协议：文件传输协议，基于 TCP 协议，控制端口号 21，数据端口号 20 HTTP 协议：超文本传输协议，基于 TCP 协议，端口号为 80 SMTP 协议 简单邮件传输协议，基于 TCP 协议，端口号为 24 SNMP 协议 简单网络管理协议，基于 UDP 协议，端口号为 161 ……

3. IP 协议与 IP 地址

IP 协议是负责网络之间路由的协议，属于网络层中的基本协议。在网络层中数据传输的基本单位是包（Packet），它是在原有的数据帧上封装一个 20 字节 IP 头后组成的。在这个 IP 头中包含着源主机的 IP 地址和目标主机的 IP 地址。

IP 地址是 IP 协议中一个很重要的概念。在 IPv4（IP 协议第 4 版）中，IP 地址是由一个 32bits 的二进制数表示的。为了书写简单，通常将其表示为点分十进制的形式。

一个 IP 地址分为网络地址和主机地址两部分。依据 IP 地址网络部分和主机部分长度以及引导位的不同，又可将 IP 地址划分为五类：A 类地址、B 类地址、C 类地址、D 类地址和 E 类地址。这五类地址的范围，地址结构等信息在表 22-7 中给予了归纳总结。

表 22-7　五类 IP 地址

地址类型	引导位	地址范围	地址结构	可用网络地址数	可用主机地址数
A 类	0	1.0.0.0～126.255.255.255	网.主.主.主	126	$2^{24}-2$
B 类	10	128.0.0.0～191.255.255.255	网.网.主.主	2^{14}	$2^{16}-2$
C 类	110	192.0.0.0～223.255.255.255	网.网.网.主	2^{21}	$2^{8}-2$
D 类	1110	224.0.0.0～239.255.255.255	一般用于组播		
E 类	1111	240.0.0.0～255.255.255.255	一般用于研究实验		

由表 22-7 可以看出，A 类地址的引导位是 0，也就是说，A 类地址的第一位二进制数为 0。它的地址范围是 1.0.0.0～126.255.255.255，网络地址部分占 8 bits，主机地址部分占 24 bits。A 类地址的引导位（第一位）为 0，同时地址区段 127.0.0.0～127.255.255.255 为环回地址，用于本地环回测试等用途，不属于 A 类地址的范围。所以虽然 A 类地址网络地址部分占有 8 bits，但是它能容纳的网络地址数仅为 126 个。同时 A 类地址可用的主机数为 $2^{24}-2$ 台，这是因为 IPv4 的地址中存在两类特殊的 IP 地址，当主机部分全为 0 时，它表示一个网络号；当主机部分全为 0 时，它表示一个广播地址。所以这两类地址不能作为主机地址来使用。因此 A 类地址能够容纳的主机数为 $2^{24}-2$ 台。

同理，B 类地址的引导位为 10，它的地址范围是 128.0.0.0～191.255.255.255，网络地址部分占 16 bits，主机地址部分占 16 bits。因为引导位占了 2 位，所以 B 类地址能容纳的网络地

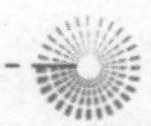

址数 2^{14} 个。B 类地址可容纳的主机数为 $2^{16}-2$ 台。

C 类地址的引导位为 110，它的地址范围是 192.0.0.0 ~ 223.255.255.255，网络地址部分占 24 bits，主机地址部分占 8 bits。因为引导位占了 3 位，所以 C 类地址能容纳的网络地址数 2^{21} 个。C 类地址可容纳的主机数为 $2^{8}-2$ 台。

D 类地址的引导位为 1110，一般用于组播。E 类地址的引导位为 1111，一般用于实验和研究。这里不再详述。

与有类地址相对的还有一种无类 IP 地址。无类地址不固定网络地址部分和主机地址部分的长度，而是由掩码（Mask）划分主机部分和网络部分。掩码也是一个 32 bits 的二进制数，其中所有为 1 的部分所对应的是 IP 地址中的网络地址部分，为 0 的部分所对应的是 IP 地址中的主机地址部分。将掩码与 IP 地址进行逻辑与操作，得到 IP 地址的网络地址部分；将掩码按位取反再与 IP 地址进行逻辑与操作，得到 IP 地址的主机地址部分。一般用 A.B.C.D/X 的方式表示一个无类地址，斜线后面的 X 表示网络地址部分的长度。

利用子网掩码可以划分子网（Subnet）和超网（Supernet）。所谓子网就是将有类地址网络和主机的划分向右移动，以产生更多的网络，使得每个网络中主机更少，这样可以减少网络中主机的冗余。所谓超网就是将有类地址网络和主机的划分向左移动，减少网络数量，使得每个网络中主机增多，这样可以减轻骨干网络的压力。这些都可以通过掩码来实现。

4. 重要的网络协议说明

在表 22-6 中归纳总结了 TCP/IP 参考模型各层中主要的协议。下面就网络层和传输层的一些重要的协议做进一步的说明。

（1）ARP 协议

ARP 协议是 Address Resolution Protocol（地址解析协议）的缩写。它的功能是将目的 3 层地址转换为目的 2 层地址，具体来说就是将目的 IP 地址转换为目的 MAC 地址。在局域网中数据的传输单位是帧，帧里面包含有目标主机的 MAC 地址。在一个以太网中，一台主机要实现与另一台主机的通信，就需要知道对方的 MAC 地址。而实际在通信时，网络层只提供了对方的 IP 地址，这样在进入数据链路层后，就要将目的主机的 IP 地址解析为目的主机的 MAC 地址，这个工作由 ARP 协议完成。

（2）ICMP 协议

ICMP 协议是 Internet Control Manage Protocol（因特网控制管理协议）的缩写。它是 TCP/IP 协议族的一个子协议，用于在主机 - 路由器之间传递控制消息，包括报告错误、交换受限控制和状态信息等。平时使用最多的是基于 ICMP 协议的 Ping 命令，它是用来检查网络是否连通的一个命令，可以帮助用户分析和判定网络故障。

（3）TCP/UDP 协议

TCP 协议是一个面向连接的网络传输协议。使用 TCP 协议传输数据时需要先通过三次握手建立数据连接；在传输数据过程中，一旦传输出现错误需要重传数据；数据传输完毕需要断开数据连接。因此 TCP 协议保证了数据包传输的不丢、不错、不乱序，是一种可靠的数据传输协议。

UDP 协议是一个无连接的网络传输协议。它只提供面向事务的简单不可靠信息传送服务，没有数据重传机制，当报文发送之后，是无法得知其是否安全完整到达的。因此 UDP 协议是一种不可靠的数据传输协议。

以上简单地总结了一些计算机网络的基础知识，在面试中这部分的考查主要是以基础知识为主，所以这里只做了概要性的介绍。下面通过一些常见的面试题对这部分内容进行更加细化的讲解。

22.3.2 经典面试题解析

【面试题 1】计算机网络常识性问题（选择题）

（1）在视频传输中几乎都要使用 UDP 协议，关于 UDP 协议，以下说法错误的是（　　）。

（A）数据通过 UDP 协议传输存在丢包的可能，其安全性不如 TCP 协议

（B）UDP 协议的数据传输是面向无连接的，TCP 协议的数据传输是面向有连接的

（C）UDP 协议传输数据时执行速度一定比 TCP 快

（D）视频、聊天等数据传输都可使用 UDP 协议

1. 考查的知识点

❑ TCP 与 UDP 协议

2. 问题分析

在前面的知识点梳理中已经讲过，TCP 和 UDP 协议都是数据传输层的协议。TCP 协议是面向连接的传输协议，它是一种可靠的数据传输协议，带有流量控制，并有重传机制，这样可以保证数据包在传输过程中不丢、不错、不乱序。而 UDP 协议是无面向连接的传输协议，因此在传输过程中存在丢包的可能。

所以选项 A、B 显然是正确的。选项 D 也是正确的，因为视频，聊天信息等数据传输都可以通过 UDP 协议完成。只有选项 C 说法不严谨。TCP 协议和 UDP 协议的差别主要在于可靠性和适用性上，而并非传输速度的差异。不同的网络环境可能导致各自的性能存在差别，所以要具体问题具体分析，两个协议之间并没有传输速度的绝对差异。

3. 答案

（C）

注意啦

TCP 协议与 UDP 协议历来是计算机网络面试题的热门考点。在实际工作中，也经常会通过抓包工具（例如 Wireshark）获取传输层的数据，并对 TCP 或 UDP 包进行分析，所以 TCP 与 UDP 协议是一个常考查的重点，大家应当予以重视。

（2）在一个 IP 数据包到达目的地址之前，它会（　　）。

（A）可能成为碎片，但是不会重组　　（B）可能成为碎片，也可以重组

（C）不能成为碎片，也不能重组　　（D）不能成为碎片，但可以重组

1. 考查的知识点

❑ IP 数据包特性

2. 问题分析

上层数据信息进入传输层后要进行数据的封装操作，主要是在原有数据前添加一个 20 字节的 IP 头，将其封装成一个 IP 数据包。IP 头的数据结构如图 22-4 所示。

由图 22-4 可以看出，在 IP 头中有一个长度为 16 bits 的包分段标识，里面会存放 IP 包拆分的控制信息（如果 IP 包需要被拆分的话）。

其实 IP 包有时需要被拆分传输，因为一个较大的 IP 包可能无法通过一个较小的承载方

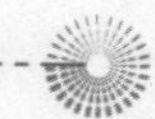

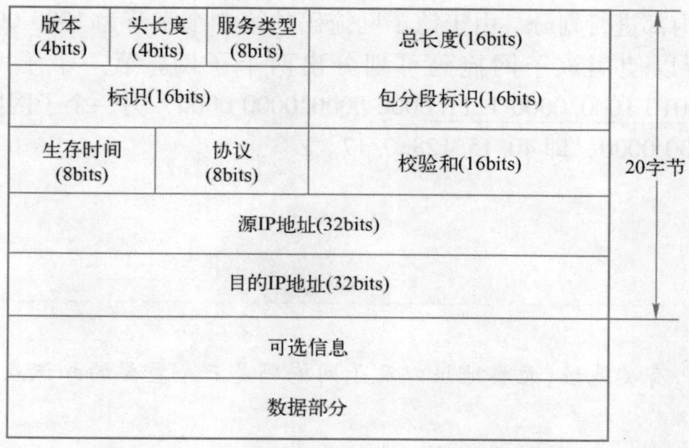

图 22-4　IP 头的数据结构

式。例如，以太帧的最大长度（MTU）为 1.5 K，如果此时一个 IP 数据包的长度为 2 K，则需要 IP 内置的包分段功能对 IP 包进行拆分，以适应下层的以太网传输。但是 IP 包在未到达目标地址之前不可能被重组。所以本题的正确答案为 A。

3. 答案

（A）

（3）一个 C 类网络最多可容纳多少台主机（　　）？

（A）256　　（B）255　　（C）254　　（D）253

1. 考查的知识点

❑ IP 协议与 IP 地址

2. 问题分析

在知识点梳理中已经讲到，IP 地址根据引导位以及网络地址和主机地址长度的不同可分为（A ~ E）5 类 IP 地址。C 类地址网络地址部分占 24 bits，主机地址部分占 8 bits。因为引导位占了 3 位，所以 C 类地址能容纳的网络地址数 2^{21} 个，可容纳的主机数为 2^8-2 台，即 $256-2=254$ 台。

3. 答案

（C）

（4）如果把一个网络 40.15.0.0 分为两个子网，第一个子网是 40.15.0.0/17，那么第二个子网是（　　）。

（A）40.15.1.0/17　　（B）40.15.2.0/16

（C）40.15.100.0/17　　（D）40.15.128.0/17

1. 考查的知识点

❑ 子网的划分和子网掩码

2. 问题分析

从前面的知识点梳理中可知，可以利用子网掩码对一个网络进行子网的划分。例如，本题所述将网络 40.15.0.0 分为两个子网，第一个子网是 40.15.0.0/17，由此可知它是利用子网掩码 1111 1111. 1111 1111. 1000 0000 .0000 0000 对网络进行划分的，网络地址的长度为 17。

该子网掩码的前 2 个字节对应的是原 IP 地址的网络号部分 40.15，这是固定不变的。第 3

个字节用来对网络内部进行划分。由于该子网掩码的第 3 个字节为 1000 0000，只有第 1 位用做子网的划分，所以使用该子网掩码可划分出两个子网。第一个子网是题目中给出的 40.15.0.0/17，即0010 1000.0000 1111.0000 0000.0000 0000，另一个子网则是0010 1000.0000 1111.1000 0000.0000 0000，即 40.15.128.0/17。

3. 答案

(D)

注意啦

在 IP 地址中，有类地址，无类地址以及子网掩码是三个重要的知识点。我们起码要熟记以下内容：

1）ABC 类地址可用的网络数和主机数。

2）两类特殊的 IP 地址：网络地址和广播地址。

3）理解子网掩码，以及用子网掩码划分子网的方法。

(5) FTP 协议基于哪个传输层协议（　　）？

(A) TCP　　(B) UDP

(C) TCP 和 UDP　　(D) 不是以上任何一个

1. 考查的知识点

❑ 应用层 FTP 协议

2. 问题分析

在知识点梳理中已经讲到，FTP 协议的数据端口号为 20，控制端口号为 21，在数据传输层使用的是 TCP 协议，也就是说，FTP 是一种有连接的服务。

3. 答案

(A)

(6) 下面哪个协议是电子邮件的传输协议（　　）？

(A) HTTP　(B) POP　(C) SSL　(D) SMTP

1. 考查的知识点

❑ 应用层的基本协议

2. 问题分析

在前面的知识点梳理中总结了应用层的基本协议。其中 SMTP 协议是简单邮件传输协议（Simple Mail Transfer Protocol），它是一种专门用来为邮件传输而制定的协议。SMTP 协议属于 TCP/IP 协议族，它的主要作用是为邮件的发送和中转找到下一个目的地址。

3. 答案

(D)

注意啦

应用层的协议也是一个常考查的知识点。对应用层协议的掌握主要包括以下两点：

1）协议的名称、作用。

2）使用的传输层协议（TCP 或 UDP），以及对应的端口号。

（7）以下所列的设备中，属于物理层的设备是（　　），属于数据链路层的设备是（　　），属于网络层的设备是（　）。（可多选）

（A）交换机　（B）路由器　（C）中继器　（D）网桥　（E）集线器

1. 考查的知识点

❑ 协议栈各层的设备

2. 问题分析

在前面的知识点梳理中总结了 TCP/IP 协议栈不同层中专属的网络设备。在物理层中常用的网络设备是集线器和中继器，它们提供了信号的接续、整形、放大等功能，但是这些设备只面向是信号，不关心数据的含义，不具备智能。数据链路层常用的网络设备是交换机和网桥，它们的作用主要是通过识别设备的链路层地址（MAC 地址）决定数据如何在网络内部转发。网络层的设备主要是路由器，它的作用是负责网间的路径选择和数据转发。

3. 答案

第一个空（C）（E），第二个空（A）（D），第三个空（B）

（8）应用程序 Ping 发出的是什么报文（　　）？

（A）TCP 请求报文　（B）TCP 应答报文　（C）ICMP 请求报文　（D）ICMP 应答报文

1. 考查的知识点

❑ ICMP 协议

2. 问题分析

前面的知识点梳理中已经讲过，ICMP 协议是因特网控制管理协议的缩写，它是网络层中的一个协议，负责在主机－路由器之间传递控制消息，包括报告错误、交换受限控制和状态信息等。Ping 是最常见的 ICMP 报文的一种，应用程序 Ping 发出的报文属于 ICMP 回显请求报文，该程序发送一份 ICMP 回显请求报文给主机，并等待主机返回的 ICMP 回显应答。

3. 答案

（C）

（9）在 TCP/IP 协议中，采用（　　）来区分不同的应用进程。

（A）端口号　（B）IP 地址　（C）协议类型　（D）MAC 地址

1. 考查的知识点

❑ 协议区分问题

2. 问题分析

无论是 OSI 七层参考模型还是 TCP/IP 四层参考模型，它们都是采用按层次划分不同功能的，而且下层的协议为上层提供服务。这里面就存在一个协议区分的问题。对于应用进程，是靠端口号进行区分的。例如，如果 TCP 数据包中的 port = 23，这就是一包为 Telnet 应用进程提供的数据；如果 TCP 数据包中的 port = 80，这就是一包为 HTTP 应用进程提供的数据。所以本题的答案应当为 A。

3. 答案

（A）

【面试题 2】简述 OSI 七层模型和 TCP/IP 四层模型

1. 考查的知识点

❑ OSI 参考模型和 TCP/IP 协议的基础常识

2. 问题分析

OSI 参考模型又称为开放系统互联模型，它是美国 ISO 国际标准化组织定义的网络参考模型。OSI 参考模型共分为七层，分别是：

1）物理层：链路上 bit 流传输。

2）数据链路层：网络内部帧的传输。

3）网络层：网间两点间可达性。

4）传输层：保证端到端的传输。

5）会话层：会话的控制。

6）表示层：数据的表达及数据格式的转换。

7）应用层：为用户具体应用服务。

这七层之间相互独立又相互关联，提供了相对完备的网络服务支持。

TCP/IP 参考模型也称为 TCP/IP 协议栈。与 OSI 不同，它是一种工业标准，并非国际标准。

目前使用的互联网络大都是基于 TCP/IP 协议栈的。TCP/IP 参考模型包含四层结构：

1）接入层：对应于 OSI 的物理层和数据链路层，它实现了局域网和广域网的技术细节，也称为承载层。

2）网间网层：对应于 OSI 的网络层，它提供了端到端的可达性、最佳路径的选择及数据包的转发。

3）传输层：对应于 OSI 的传输层，它负责传输可靠性的保证，包含 TCP 协议和 UDP 协议。

4）应用层：对应于 OSI 的会话层、表示层、应用层，主要是应用层面的协议栈。

之所以 TCP/IP 模型而非 OSI 模型得以广泛应用，是因为在 OSI 模型被制定出来时，TCP/IP 和基于 TCP/IP 的 Internet 已经飞速发展，所以 TCP/IP 作为主流网络协议得到长足的发展，而 OSI 则更多地应用于研究领域和教学。

3. 答案

见分析。

【面试题 3】简述 TCP 协议三次握手的过程

1. 考查的知识点

❑ TCP 协议建立连接的过程

2. 问题分析

在知识点梳理中已经讲到，TCP 协议是一个面向连接的服务，它具有可靠性的保证。这种可靠性保证在 TCP 建立连接时主要体现在它的三次握手过程。TCP 建立连接的三次握手过程如图 22-5 所示。

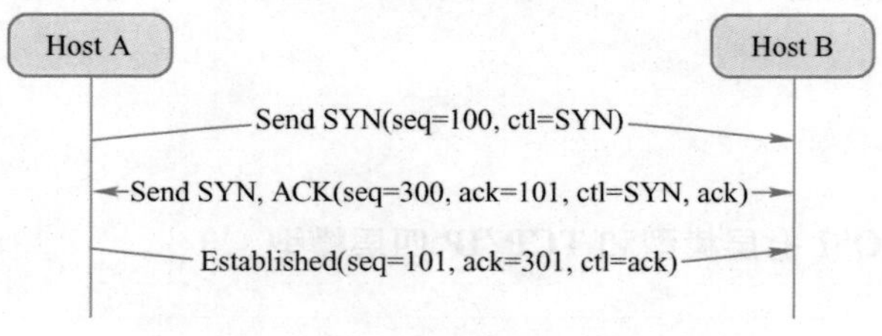

图 22-5 TCP 连接的三次握手过程

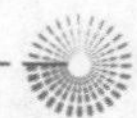

第一次握手：主机 A 向主机 B 发送一个 SYN 包并进入 SYN_SEND 状态，表示主机 A 申请发出一次连接，并等待 B 的确认。

第二次握手：主机 B 接收到 SYN 包后要回应主机 A 一个确认信息——ACK 包，表示同意建立此连接，同时主机 B 还要向主机 A 发出一个 SYN 包，表示主机 B 也有建立连接的请求。此时主机 B 进入 SYN_RECV 状态。

第三次握手：主机 A 接收到主机 B 发送过来的 SYN 包和 ACK 包后还要向主机 B 发一个 ACK 包。A 和 B 进入 ESTABLISHED 状态，包发送完毕，三次握手完成。

三次握手保证了两个流程：①主机 A 向主机 B 发出建立连接请求 SYN，并得到了主机 B 的回应 ACK；②主机 B 向主机 A 发出建立连接请求 SYN，并得到了主机 A 的回应 ACK。这样 A、B 双方连接的建立是确切可靠的，保证了主机 A 和主机 B 都知道对方要建立这个连接，并都予以了对方回应。

另外，在三次握手过程中，双方除了发送 SYN 包和 ACK 包之外还会发送一个序号 seq，这个序号是 A、B 双方初始的序号，表示今后发送的数据包都是在这个序号上面的累加。如图 22-5所示，主机 A 发送给主机 B 的 seq = 100 作为建立连接时的初始序号，下面 A 再向 B 发送数据包时就是从 101 开始计数。主机 B 发送给主机 A 的 seq = 300 也是同样的道理。

同时，与 seq 序号并列的还有一个 ack 序号，它是对对方传送数据的应答同时也是对对方下一次传输数据的期待。如图 22-5 所示，主机 A 给主机 B 发送的 seq = 100，主机 B 回应主机 A 的 ack = 101，表示已接收到 seq = 100 的数据包，下一次期待主机 A 的 seq = 101 的数据包。主机 B 发送给主机 A 的 seq = 300，主机 A 回应主机 B 的 ack = 301，表示已接收到 seq = 300 的数据包，下一次期待主机 B 的 seq = 301 的数据包。因此 TCP 建立连接时的三次握手是一种数据传输可靠性的保证。

3. 答案

见分析。

【面试题 4】IPv4 协议和 IPv6 协议

请简述为什么要推出 IPv6 协议，IPv6 在 IPv4 的基础上做了哪些方面的改进。

1. 考查的知识点

❑ IPv4 与 IPv6

❑ IP 地址紧张的解决方案

2. 问题分析

IPv4 协议是传统的 IP 协议，它的 IP 地址是由一个 32 bits 的二进制数表示的，常用点分十进制的形式表示出来，例如，172.21.16.115 等。但是随着互联网的飞速发展，计算机数量的激增，IP 地址紧张的问题逐渐浮出水面，如何解决 IP 地址耗竭的问题成为人们关注的焦点。目前公认的有以下三种解决方案：

1）划分子网（Subneting）：利用子网掩码将 IP 地址的网络部分右移，也就是在同一网络中划分出几个不同的子网，这样可以更加经济高效地使用 IP 地址，减少了主机地址的冗余。

2）保留 IP 地址（Reserved IP Address）：公共专网地址可在不同的单位重复使用。这个方案的缺点是保留的 IP 地址不能被连到 Internet 上，只能在企业内部使用，企业使用时需要有公网连接手段。

3）IPv6：前两种方案只能在某种条件下减缓 IP 地址耗竭的速度，并不能从根本上解决 IP 地址的紧张问题，因为它们仍然是基于 IPv4 协议的，地址空间的长度并没有发生改变。而只有 IPv6 的出现才是 IP 地址紧张的终极解决方案。

IPv6 是 IP 协议的第 6 版，它在 IPv4 的基础上扩大了地址空间的范围，从而支持更多的 IP 地址，从根本上解决了 IP 地址紧张的问题。

相比较于 IPv4，IPv6 做了如下的改进：

1）在 IPv6 中，IP 地址空间由过去的 32bits 扩大到 128bits，这样可表示的 IP 地址理论上增大至 2^{128} 个，这样可以完全满足当下以及很长一段时期内对 IP 地址的需求。

2）IPv6 支持前缀的地址类型，不同类型的地址有不同的前缀，这样地址类型可以更加方便地区分出来。

3）IPv6 支持接口的自动配置。

4）IPv6 改进了对组播的支持。

5）IPv6 支持了内置的认证加密机制，提高了安全性。

6）IPv6 提供了 IPv4 到 IPv6 的升级方式，减少了从 IPv4 到 IPv6 升级的成本消耗。

总之，IPv6 是 IPv4 的升级，其最显著的特点是增加了 IP 地址的长度，从而在根本上解决了 IP 地址紧张的问题。另外，IPv6 在其他方面也做了许多改进，更加适应现代复杂多变的互联网环境。

3. 答案

见分析。